大学数学精讲丛书

高等数学
同步辅导及习题精讲（上）

配同济·第七版

主编 韩国平

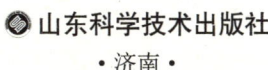
·济南·

图书在版编目（CIP）数据

高等数学同步辅导及习题精讲. 上 / 韩国平主编. — 济南：山东科学技术出版社，2021.9
ISBN 978-7-5723-1049-2

Ⅰ.①高… Ⅱ.①韩… Ⅲ.①高等数学—高等学校—教学参考资料 Ⅳ.①O13

中国版本图书馆CIP数据核字（2021）第179500号

高等数学同步辅导及习题精讲（上）

GAODENG SHUXUE TONGBU FUDAO JI XITI JINGJIANG SHANG

责任编辑：宋　涛　胡启航

主管单位：山东出版传媒股份有限公司
出 版 者：山东科学技术出版社
　　　　　地址：济南市市中区英雄山路189号
　　　　　邮编：250002　电话：(0531) 82098088
　　　　　网址：www.lkj.com.cn
　　　　　电子邮件：sdkj@sdcbcm.com
发 行 者：山东科学技术出版社
　　　　　地址：济南市市中区英雄山路189号
　　　　　邮编：250002　电话：(0531) 82098071
印 刷 者：北京盛通印刷股份有限公司
　　　　　地址：北京市北京经济技术开发区经海三路18号
　　　　　邮编：100176　电话：(010) 52249888

规格：16开（170mm×230mm）
印张：19
版次：2021年9月第1版　2021年9月第1次印刷
定价：24.00元

前言 PREFACE

高等数学是一门重要公共课程,也是硕士研究生入学考试的重点科目。为此我们编写了《高等数学同步辅导及习题精讲》,以配套同济大学数学系编写的《高等数学》(第七版)教材。本书旨在提高读者的思维能力和解题能力,以达到迅速提升考试成绩的效果。

本书主要包括以下内容:

本章知识结构树: 每章开头利用思维导图将章节知识点进行综述,增强读者对知识体系的宏观了解。

大纲解读: 提炼教学大纲和考研大纲对考试内容掌握程度的要求,便于了解教材重点难点,更好地安排学习。

内容精讲: 归纳讲解教学大纲和考研大纲中要求掌握的概念、性质和公式,突出重点和易错点,条理清晰,便于理解和记忆。

题型及考点解析: 列举不同难度、不同类型的重点题目,并给出详细解答,以帮助读者形成题型分类的概念,以及掌握每种题型对应的解决方法。题型分析部分可以强化读者对考点的印象,并达到举一反三、融会贯通的效果。

教材习题精讲: 对教材习题做了详细解答,力求思路简洁,步骤清晰,以帮助读者检验学习效果。

由于编者水平有限,书中存在的不足之处敬请读者批判指正,以使本书日臻完善。

编　者

2021 年 9 月

目录 CONTENTS

第一章 函数与极限 ·· (1)

第一节 映射与函数 ·· (2)
习题 1—1 精讲 ··· (6)
第二节 数列的极限 ·· (10)
习题 1—2 精讲 ··· (12)
第三节 函数的极限 ·· (14)
习题 1—3 精讲 ··· (17)
第四节 无穷小与无穷大 ·· (19)
习题 1—4 精讲 ··· (20)
第五节 极限运算法则 ··· (22)
习题 1—5 精讲 ··· (24)
第六节 极限存在准则 两个重要极限 ·· (26)
习题 1—6 精讲 ··· (28)
第七节 无穷小的比较 ··· (29)
习题 1—7 精讲 ··· (32)
第八节 函数的连续性与间断点 ··· (33)
习题 1—8 精讲 ··· (35)
第九节 连续函数的运算与初等函数的连续性 ···································· (37)
习题 1—9 精讲 ··· (39)
第十节 闭区间上连续函数的性质 ·· (40)
习题 1—10 精讲 ··· (42)
总习题一精讲 ··· (43)

第二章　导数与微分 ·· (48)

第一节　导数概念 ·· (49)
习题 2-1 精讲 ·· (53)
第二节　函数的求导法则 ·· (55)
习题 2-2 精讲 ·· (59)
第三节　高阶导数 ·· (63)
习题 2-3 精讲 ·· (65)
第四节　隐函数及由参数方程确定的函数的导数　相关变化率 ········ (67)
习题 2-4 精讲 ·· (70)
第五节　函数的微分 ··· (74)
习题 2-5 精讲 ·· (76)
总习题二精讲 ·· (79)

第三章　微分中值定理与导数的应用 ······································· (82)

第一节　微分中值定理 ·· (83)
习题 3-1 精讲 ·· (86)
第二节　洛必达法则 ··· (89)
习题 3-2 精讲 ·· (93)
第三节　泰勒公式 ·· (94)
习题 3-3 精讲 ·· (98)
第四节　函数的单调性与曲线的凹凸性 ····································· (101)
习题 3-4 精讲 ·· (105)
第五节　函数的极值与最大值、最小值 ····································· (111)
习题 3-5 精讲 ·· (114)
第六节　函数图形的描绘 ·· (119)
习题 3-6 精讲 ·· (121)
第七节　曲率 ·· (124)
习题 3-7 精讲 ·· (126)
第八节　方程的近似解 ·· (128)
习题 3-8 精讲 ·· (130)
总习题三精讲 ·· (132)

第四章 不定积分 (137)

- 第一节 不定积分的概念与性质 (138)
- 习题 4-1 精讲 (142)
- 第二节 换元积分法 (145)
- 习题 4-2 精讲 (152)
- 第三节 分部积分法 (156)
- 习题 4-3 精讲 (161)
- 第四节 有理函数的积分 (164)
- 习题 4-4 精讲 (169)
- 第五节 积分表的使用 (172)
- 习题 4-5 精讲 (172)
- 总习题四精讲 (174)

第五章 定积分 (181)

- 第一节 定积分的概念与性质 (182)
- 习题 5-1 精讲 (185)
- 第二节 微积分基本公式 (189)
- 习题 5-2 精讲 (194)
- 第三节 定积分的换元法和分部积分法 (197)
- 习题 5-3 精讲 (201)
- 第四节 反常积分 (205)
- 习题 5-4 精讲 (207)
- 第五节 反常积分的审敛法 Γ函数 (209)
- 习题 5-5 精讲 (211)
- 总习题五精讲 (212)

第六章 定积分的应用 (219)

- 第一节 定积分的元素法 (219)
- 第二节 定积分在几何学上的应用 (221)
- 习题 6-2 精讲 (228)
- 第三节 定积分在物理学上的应用 (234)

习题 6-3 精讲 ……………………………………………………… (238)

总习题六精讲 ……………………………………………………… (240)

第七章　微分方程 …………………………………………………… (244)

第一节　微分方程的基本概念 ……………………………………… (245)
习题 7-1 精讲 ……………………………………………………… (246)

第二节　可分离变量的微分方程 …………………………………… (247)
习题 7-2 精讲 ……………………………………………………… (249)

第三节　齐次方程 …………………………………………………… (251)
习题 7-3 精讲 ……………………………………………………… (253)

第四节　一阶线性微分方程 ………………………………………… (256)
习题 7-4 精讲 ……………………………………………………… (259)

第五节　可降阶的高阶微分方程 …………………………………… (262)
习题 7-5 精讲 ……………………………………………………… (265)

第六节　高阶线性微分方程 ………………………………………… (268)
习题 7-6 精讲 ……………………………………………………… (270)

第七节　常系数齐次线性微分方程 ………………………………… (273)
习题 7-7 精讲 ……………………………………………………… (274)

第八节　常系数非齐次线性微分方程 ……………………………… (276)
习题 7-8 精讲 ……………………………………………………… (280)

第九节　欧拉方程 …………………………………………………… (284)
习题 7-9 精讲 ……………………………………………………… (285)

第十节　常系数线性微分方程组解法举例 ………………………… (287)
习题 7-10 精讲 …………………………………………………… (288)

总习题七精讲 ……………………………………………………… (291)

第一章 函数与极限

 **本章知识结构树**

- 函数与极限
  - 函数
    - 集合、邻域、映射的概念
    - 函数的概念与分类——分段函数、初等函数、复合函数、反函数
    - 函数的性质——有界性、单调性、周期性、奇偶性
  - 极限
    - 极限的定义——极限概念及 "$\varepsilon-N$" "$\varepsilon-\delta$" 表述
    - 极限的性质
      - 数列极限的唯一性、有界性、保号性
      - 收敛数列与其子数列间的关系
      - 函数极限的唯一性、局部有界性、局部保号性
      - 函数极限与数列极限的关系
    - 极限的计算方法
      - 四则运算法则、幂指函数运算、复合函数运算
      - 夹逼准则、单调有界准则
      - 洛必达法则
      - 两个重要极限、等价无穷小因子替换
    - 无穷小
      - 无穷小与无穷大的定义
      - 无穷小的性质及运算、无穷小与极限的关系
      - 无穷小阶的比较与确定
  - 连续
    - 连续的定义——初等函数、分段函数、复合函数连续性的判定
    - 连续函数的性质——闭区间上连续函数的有界性与最大值最小值定理、零点定理与介值定理、一致连续性
    - 连续函数的运算——四则运算
    - 间断点的分类
      - 第一类间断点：可去间断点和跳跃间断点
      - 第二类间断点：无穷间断点与震荡间断点

大纲解读

1. 理解函数的概念,掌握函数的表示法,会建立应用问题的函数关系.
2. 了解函数的有界性、单调性、周期性和奇偶性.
3. 理解复合函数及分段函数的概念,了解反函数及隐函数的概念.
4. 掌握基本初等函数的性质及其图形,了解初等函数的概念.
5. 了解数列极限和函数极限(包括左极限与右极限)的概念.
6. 了解极限的性质与极限存在的两个准则,掌握极限的四则运算法则,掌握利用两个重要极限求极限的方法.
7. 理解无穷小量的概念和基本性质,掌握无穷小量的比较方法.了解无穷大量的概念及其与无穷小量的关系.
8. 理解函数连续性的概念(含左连续与右连续),会判别函数间断点的类型.
9. 了解连续函数的性质和初等函数的连续性,理解闭区间上连续函数的性质(有界性、最大值和最小值定理、介值定理),并会应用这些性质.

第一节 映射与函数

内容精讲

1. 集合 具有某种特定性质的事物或对象的全体称为集合,其中每个对象或事物称为集合的元素.

2. 邻域 设 $a, \delta \in R$ 且 $\delta > 0$,则称开区间 $(a-\delta, a+\delta)$ 为点 a 的 δ 邻域,记作 $U(a,\delta)$,即
$$U(a,\delta) = \{x \mid a-\delta < x < a+\delta\},$$
其中点 a 称为邻域的中心,δ 称为邻域的半径. 去掉中心 a 后,所得集合称为点 a 的去心 δ 邻域,记作 $\overset{\circ}{U}(a,\delta)$,即
$$\overset{\circ}{U}(a,\delta) = \{x \mid 0 < |x-a| < \delta\}.$$

3. 映射 设 X, Y 是两个非空集合,如存在一个对应法则 f,使得 $\forall x \in X$,按照法则 f 总有 Y 中唯一确定的元素 $y \in Y$ 与该 x 对应,则称 f 为从 X 到 Y 的映射,记为
$$f: X \to Y,$$
其中 X 称为 f 的定义域,x 称为 f 的原象,y 称为 x 在 f 下的象,即 $y = f(x)$,并称集合 $\{y \mid y = f(x), x \in X\}$ 为 f 的值域.

4. 函数

(1)函数的概念 设有两个变量 x 与 y,D 是一个给定的数集. 若对于每个数 $x \in D$,y 按照一定的规则 f 总有唯一确定的数值与它对应,则称 y 是 x 的函数,记为 $y = f(x)$. x 称为自变量,y 称为因变量,D 称为函数的定义域,f 表示由 x 确定 y 的对应法则.

构成函数关系的决定因素,一个是对应关系 f(即映射),另一个是定义域 D,只有当两者都相同时,才表示同一个函数.

(2)反函数和复合函数

①反函数 设函数 $y=f(x)$ 的定义域是 D,值域为 D_1,若 $\forall y\in D_1$,$\exists x\in D$,使得 $f(x)=y$,如此确定了 x 是 y 的函数,称它为 $y=f(x)$ 的反函数,记为 $x=f^{-1}(y)$,但习惯上记为 $y=f^{-1}(x)$.

直接函数 $y=f(x)$ 与其反函数 $y=f^{-1}(x)$ 的图形关于直线 $y=x$ 对称.

②复合函数 若函数 $y=f(u)$ 的定义域是 D_1,而函数 $u=\varphi(x)$ 的定义域是 D_2,且其值域 $D_3 \subset D_1$,则称 $y=f[\varphi(x)](x\in D_2)$ 是由函数 $y=f(u)$ 和 $u=\varphi(x)$ 构成的复合函数.

注意:并不是任意两个函数都能构成复合函数的.只有当函数 $u=\varphi(x)$ 的值域包含在 $y=f(u)$ 的定义域中时才能构成复合函数.

求函数的定义域和函数表达式是这部分的常考题型.

(3)分段函数 分段函数是特别要注意的一类函数,它用几个不同解析式"分段"表示一个函数,所有解析式对应的自变量集合的并集是该函数的定义域.定义域的各段最多只能在端点处重合,重合时对应的函数值应该相等.图象分段的函数不一定是分段函数,分段函数的图象也可以是一条不断开的曲线(或曲面).

本节的难点是复合函数,重点是复合函数及分段函数.

5. 函数的主要性质

(1)有界性 设函数 $f(x)$ 在集合 D 上有定义,如果存在一个正常数 M,使得对于 x 在 D 上的任意取值,均有 $|f(x)|\leqslant M$,则称函数 $f(x)$ 在 D 上有界,否则称 $f(x)$ 在 D 上无界.

(2)单调性 设函数 $f(x)$ 在某区间 D 上有定义,如果对于 D 上任意两点 x_1,x_2,且 $x_1<x_2$,均有 $f(x_1)<f(x_2)$(或 $f(x_1)>f(x_2)$),则称函数 $f(x)$ 在 D 上单调增加(或单调减少).单调增加与单调减少函数统称为单调函数.

(3)奇偶性 设函数 $f(x)$ 在关于原点对称的区间 D 上有定义,如果对 D 上任意点 x,均有 $f(-x)=f(x)$(或 $f(-x)=-f(x)$),则称函数 $f(x)$ 为偶函数(或奇函数).

(4)周期性 设函数 $f(x)$ 在集合 D 上有定义,如果存在正常数 T,使得对于 D 上任意 x,均有 $f(x+T)=f(x)$,则称 $f(x)$ 为周期函数,使上式成立的最小正数为周期函数的周期.

6. 基本初等函数与初等函数 常量函数 $y=c(c$ 为常数$)$,幂函数 $y=x^a(a\in R)$,指数函数 $y=a^x(a\neq 1,a>0)$,对数函数 $y=\log_a x(a\neq 1,a>0)$,三角函数和反三角函数称为基本初等函数.由基本初等函数经过有限次四则运算或有限次复合,并由一个式子表示的函数称为初等函数.

题型及考点解析

例 1 已知 $f(x)=\sin x$,$f[\varphi(x)]=1-x^2$,求函数 $\varphi(x)$ 的定义域.

解 由 $f[\varphi(x)]=1-x^2$ 及 $f(x)=\sin x$ 知 $\sin\varphi(x)=1-x^2$,所以 $\varphi(x)=\arcsin(1-x^2)$,从而 $-1\leqslant 1-x^2\leqslant 1$,所以 $-\sqrt{2}\leqslant x\leqslant \sqrt{2}$.故 $\varphi(x)$ 的定义域为 $[-\sqrt{2},\sqrt{2}]$.

例 2 求函数 $y=\sqrt{\lg\dfrac{5x-x^2}{4}}$ 的定义域.

解 由对数定义知: $\dfrac{5x-x^2}{4}>0$,即 $0<x<5$.

当 $\lg\dfrac{5x-x^2}{4} \geqslant 0$ 时,函数有定义.即 $\dfrac{5x-x^2}{4} \geqslant 1$.可知 $1 \leqslant x \leqslant 4$.

故函数定义域为:$1 \leqslant x \leqslant 4$.

题型分析 求初等函数的定义域有下列原则:①分母不能为零.②偶次根式的被开方数不能为负数.③对数的真数不能为零或负数.④$\arcsin x$ 或 $\arccos x$ 的定义域为 $|x| \leqslant 1$.⑤$\tan x$ 的定义域为 $x \neq k\pi + \dfrac{\pi}{2}, k \in Z$.⑥$\cot x$ 的定义域为 $x \neq k\pi, k \in Z$.求复合函数的定义域,通常将复合函数看成一系列初等函数的复合,然后考查每个初等函数的定义域和值域,得到对应的不等式组,通过联立求解不等式组,就可以得到复合函数的定义域.

例 3 设 $f\left(\dfrac{x+1}{x-1}\right) = 3f(x) - 2x$,求 $f(x)$.

解 令 $t = \dfrac{x+1}{x-1}$,则 $x = \dfrac{t+1}{t-1}$,于是 $f(t) = 3f\left(\dfrac{t+1}{t-1}\right) - \dfrac{2t+2}{t-1} = 3[3f(t) - 2t] - \dfrac{2t+2}{t-1}$,整理得 $8f(t) = 6t + 2\dfrac{t+1}{t-1}$,所以 $f(x) = \dfrac{3}{4}x + \dfrac{1}{4}\dfrac{x+1}{x-1}$.

例 4 设 $g(x) = \begin{cases} 2-x, & x \leqslant 0 \\ x+2, & x > 0 \end{cases}$,$f(x) = \begin{cases} x^2, & x < 0 \\ -x, & x \geqslant 0 \end{cases}$,则 $g[f(x)] = (\quad)$.

(A) $\begin{cases} 2+x^2, & x < 0 \\ 2-x, & x \geqslant 0 \end{cases}$ (B) $\begin{cases} 2-x^2, & x < 0 \\ 2+x, & x \geqslant 0 \end{cases}$

(C) $\begin{cases} 2-x^2, & x < 0 \\ 2-x, & x \geqslant 0 \end{cases}$ (D) $\begin{cases} 2+x^2, & x < 0 \\ 2+x, & x \geqslant 0 \end{cases}$

解 $g[f(x)] = \begin{cases} 2-f(x), & f(x) \leqslant 0 \\ f(x)+2, & f(x) > 0 \end{cases} = \begin{cases} 2+x, & x \geqslant 0 \\ x^2+2, & x < 0 \end{cases} = \begin{cases} 2+x^2, & x < 0 \\ 2+x, & x \geqslant 0 \end{cases}$.故应选(D).

题型分析 1. 本题考查将两个分段函数复合成一个复合函数的过程.先将 $g[f(x)]$ 表示为 $f(x)$ 的函数,再解不等式 $f(x) \leqslant 0$ 与 $f(x) > 0$,最后将 $g[f(x)]$ 表示为 x 的函数.

2. 复合函数的求解方法主要有三种:(1)代入法:将一个函数中的自变量用另一个函数的表达式来代替,适用于初等函数的复合.(2)分析法:抓住最外层函数定义域的各区间段,结合中间变量的表达式及中间变量的定义域进行分析,适用于初等函数与分段函数的复合或两分段函数的复合.(3)图示法:a)画出中间变量 $u = \varphi(x)$ 的图象;b)将 $y = f(u)$ 的分界点在 xu 坐标平面上画出;c)写出 u 在不同区间上 x 所对应的变化区间;d)将 c 所得的结果代入 $y = f(u)$ 中,便得到复合函数 $f[\varphi(x)]$ 的表达式及相应的变化区间.适用于两分段函数的复合.

例 5 函数 $y = \dfrac{1+\sqrt{1-x}}{1-\sqrt{1-x}}$ 的反函数为 _____.

解 令 $t = \sqrt{1-x}$,则 $y = \dfrac{1+t}{1-t}$,所以 $t = \dfrac{y-1}{y+1}$,即 $\sqrt{1-x} = \dfrac{y-1}{y+1}$,从而

$x = 1 - \left(\dfrac{y-1}{y+1}\right)^2 = \dfrac{4y}{(y+1)^2}$,因此反函数为 $y = \dfrac{4x}{(x+1)^2}$.故应填 $y = \dfrac{4x}{(x+1)^2}$.

| 题型分析 | 反函数求解方法比较固定,即由 $y=f(x)$ 解出 x 的表达式,然后交换 x 与 y 的位置,即可求得反函数 $y=f^{-1}(x)$. |

例 6　指出下列函数是否有界.

(1) $y=\dfrac{1}{x^2},a\leqslant x\leqslant 1$,其中 $0<a<1$.　　(2) $y=x\cos x,x\in \mathbf{R}$.

解　(1) 因为 $a\leqslant x\leqslant 1,(0<a<1)$,所以 $a^2\leqslant x^2\leqslant 1\Rightarrow 1\leqslant \dfrac{1}{x^2}\leqslant \dfrac{1}{a^2}$,

取 $M=\dfrac{1}{a^2}$,则 $\forall x\in[a,1]$ 有 $|y|=\dfrac{1}{x^2}\leqslant M$,故 $y=\dfrac{1}{x^2}$ 在 $[a,1]$ 上有界($0<a<1$).

(2) 对 $\forall M>0$,取 $x=(2[M]+1)\pi$([M] 表示不超过 M 的最大整数部分),则 $\cos x=-1$,此时
$$|y(x)|=|(2[M]+1)\pi \cdot \cos(2[M]+1)\pi|=(2[M]+1)\pi>M,$$
由定义得 $y=x\cos x$ 在 R 上无界.

| 题型分析 | 证明函数有界的常用方法:
① 利用函数有界性的定义,对函数取绝对值,然后对不等式进行缩放处理.
② 利用导数求最值的方法.(详见第三章第五节)
③ 根据连续函数的性质.(详见本章第十节) |

例 7　判断函数 $y=\cos x$ 在区间 $(0,\pi)$ 上的单调性.

解　$\forall x_1,x_2\in(0,\pi),x_1<x_2$,因为 $\cos x_2-\cos x_1=-2\sin\dfrac{x_1+x_2}{2}\sin\dfrac{x_2-x_1}{2}$,由于 $x_1<x_2$,故有 $0<\dfrac{x_1+x_2}{2}<\pi,0<\dfrac{x_2-x_1}{2}<\pi$,所以 $\sin\dfrac{x_1+x_2}{2}>0$,$\sin\dfrac{x_2-x_1}{2}>0$,从而 $\cos x_2-\cos x_1<0$. 即 $y=\cos x$ 在区间 $(0,\pi)$ 上单调递减.

| 题型分析 | 证明函数单调性的主要方法有:
① 利用函数单调性定义.　② 利用导数.(例题详见第三章第四节例 2) |

例 8　设对任何 $x\in(-\infty,+\infty)$,存在常数 $c\neq 0$,使 $f(x+c)=-f(x)$.证明 $f(x)$ 是周期函数.

证　对任意 $x\in(-\infty,+\infty)$,有 $f(x+c)=-f(x)$,所以
$$f(x+2c)=f[(x+c)+c]=-f(x+c)=f(x),$$
故 $f(x)$ 为周期函数,$2c$ 是它的一个周期.

| 题型分析 | 判定函数为周期函数的主要方法:
① 从定义出发,找到 $T\neq 0$,使得 $f(x+T)=f(x)$;② 利用周期函数的运算性质证明. |

例9 已知函数 $f(x)$ 满足 $f(x+y)=f(x)+f(y)$，则 $f(x)$ 是 _____.

(A)奇函数　　(B)偶函数　　(C)非奇非偶函数　　(D)不能确定

解 因为 $f(x)+f(y)=f(x+y)$，所以 $f(0)+f(0)=f(0+0)$，从而 $f(0)=0$.

因为 $f(0)=f(x-x)=f[x+(-x)]=f(x)+f(-x)$，

所以 $f(-x)=-f(x)$，因此，$f(x)$ 是奇函数. 故应选(A).

题型分析

1. 判定函数奇偶性通常采用的方法有：

① 从定义出发，或者利用运算性质(奇函数的代数和为奇函数等).

② 证明 $f(-x)+f(x)=0$ 或 $f(-x)-f(x)=0$.

2. 两个奇函数的和或差仍是奇函数；两个偶函数的和、差、积、商(除数不为0)仍是偶函数；两个奇数的积或商(除数不为0)为偶函数；一个奇函数与一个偶函数的积、商(除数不为0)为奇函数.

⬇ 习题1-1精讲

1. **解**：(1) $3x+2\geqslant 0 \Rightarrow x\geqslant -\dfrac{2}{3}$ 即定义域为 $\left[-\dfrac{2}{3},+\infty\right)$.

   (2) $1-x^2\neq 0 \Rightarrow x\neq \pm 1$，即定义域为 $(-\infty,-1)\cup(-1,1)\cup(1,+\infty)$.

   (3) $x\neq 0$ 且 $1-x^2\geqslant 0 \Rightarrow x\neq 0$ 且 $|x|\leqslant 1$，即定义域为 $[-1,0)\cup(0,1]$.

   (4) $4-x^2>0 \Rightarrow |x|<2$，即定义域为 $(-2,2)$.

   (5) $x\geqslant 0$，即定义域为 $[0,+\infty)$.

   (6) $x+1\neq k\pi+\dfrac{\pi}{2}(k\in \mathbf{Z})$ 即定义域为 $\left\{x\Big|x\in \mathbf{R} \text{且} x\neq \left(k+\dfrac{1}{2}\right)\pi-1, k\in \mathbf{Z}\right\}$.

   (7) $|x-3|\leqslant 1 \Rightarrow 2\leqslant x\leqslant 4$，即定义域为 $[2,4]$.

   (8) $3-x\geqslant 0$ 且 $x\neq 0$，即定义域为 $(-\infty,0)\cup(0,3]$.

   (9) $x+1>0 \Rightarrow x>-1$，即定义域为 $(-1,+\infty)$.

   (10) $x\neq 0$，即定义域为 $(-\infty,0)\cup(0,+\infty)$.

2. **解**：(1) 不同，因为定义域不同.

   (2) 不同，因为对应法则不同，$g(x)=\sqrt{x^2}=\begin{cases}x, & x\geqslant 0,\\ -x, & x<0.\end{cases}$

   (3) 相同，因为定义域、对应法则均相同. (4) 不同，因为定义域不同.

3. **解**：$\varphi\left(\dfrac{\pi}{6}\right)=\left|\sin\dfrac{\pi}{6}\right|=\dfrac{1}{2}$，$\varphi\left(\dfrac{\pi}{4}\right)=\left|\sin\dfrac{\pi}{4}\right|=\dfrac{\sqrt{2}}{2}$，

   $\varphi\left(-\dfrac{\pi}{4}\right)=\left|\sin\left(-\dfrac{\pi}{4}\right)\right|=\dfrac{\sqrt{2}}{2}$，$\varphi(-2)=0$.

   $y=\varphi(x)$ 的图形如图1-1所示.

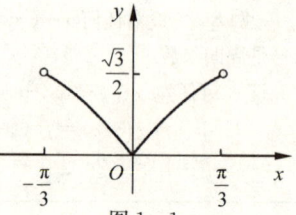

图1-1

4. **证**：(1) $y=f(x)=\dfrac{x}{1-x}=-1+\dfrac{1}{1-x}$，$x\in(-\infty,1)$.

   设 $x_1<x_2<1$. 因为 $f(x_2)-f(x_1)=\dfrac{1}{1-x_2}-\dfrac{1}{1-x_1}=\dfrac{x_2-x_1}{(1-x_1)(1-x_2)}>0$，

   所以 $f(x_2)>f(x_1)$，即 $f(x)$ 在 $(-\infty,1)$ 内单调增加.

(2) $y=f(x)=x+\ln x$, $x\in(0,+\infty)$. 设 $0<x_1<x_2$.

因为 $f(x_2)-f(x_1)=x_2+\ln x_2-x_1-\ln x_1=x_2-x_1+\ln\dfrac{x_2}{x_1}>0$,

所以 $f(x_2)>f(x_1)$, 即 $f(x)$ 在 $(0,+\infty)$ 内单调增加.

5. 证：设 $-l<x_1<x_2<0$, 则 $0<-x_2<-x_1<l$, 由 $f(x)$ 是奇函数，得 $f(x_2)-f(x_1)=-f(-x_2)+f(-x_1)$. 因为 $f(x)$ 在 $(0,l)$ 内单调增加，所以 $f(-x_1)-f(-x_2)>0$, 从而 $f(x_2)>f(x_1)$ 即 $f(x)$ 在 $(-l,0)$ 内也单调增加.

6. 证：(1) 设 $f_1(x)$, $f_2(x)$ 均为偶函数，则 $f_1(-x)=f_1(x)$, $f_2(-x)=f_2(x)$. 令 $F(x)=f_1(x)+f_2(x)$, 于是 $F(-x)=f_1(-x)+f_2(-x)=f_1(x)+f_2(x)=F(x)$, 故 $F(x)$ 为偶函数.

设 $g_1(x)$, $g_2(x)$ 是奇函数，则 $g_1(-x)=-g_1(x)$, $g_2(-x)=-g_2(x)$. 令 $G(x)=g_1(x)+g_2(x)$, 于是 $G(-x)=g_1(-x)+g_2(-x)=-g_1(x)-g_2(x)=-G(x)$, 故 $G(x)$ 为奇函数.

(2) 设 $f_1(x)$, $f_2(x)$ 均为偶函数，则 $f_1(-x)=f_1(x)$, $f_2(-x)=f_2(x)$. 令 $F(x)=f_1(x)\cdot f_2(x)$. 于是 $F(-x)=f_1(-x)\cdot f_2(-x)=f_1(x)f_2(x)=F(x)$, 故 $F(x)$ 为偶函数.

设 $g_1(x)$, $g_2(x)$ 均为奇函数，则 $g_1(-x)=-g_1(x)$, $g_2(-x)=-g_2(x)$. 令 $G(x)=g_1(x)\cdot g_2(x)$. 于是 $G(-x)=g_1(-x)\cdot g_2(-x)=[-g_1(x)][-g_2(x)]=g_1(x)\cdot g_2(x)=G(x)$, 故 $G(x)$ 为偶函数.

设 $f(x)$ 为偶函数，$g(x)$ 为奇函数，则 $f(-x)=f(x)$, $g(-x)=-g(x)$. 令 $H(x)=f(x)\cdot g(x)$, 于是 $H(-x)=f(-x)\cdot g(-x)=f(x)[-g(x)]=-f(x)\cdot g(x)=-H(x)$, 故 $H(x)$ 为奇函数.

7. 解：(1) $y=f(x)=x^2(1-x^2)$, 因为 $f(-x)=(-x)^2[1-(-x)^2]=x^2(1-x^2)=f(x)$, 所以 $f(x)$ 为偶函数.

(2) $y=f(x)=3x^2-x^3$, 因为 $f(-x)=3(-x)^2-(-x)^3=3x^2+x^3$, $f(-x)\neq f(x)$, 且 $f(-x)\neq -f(x)$, 所以 $f(x)$ 既非偶函数又非奇函数.

(3) $y=f(x)=\dfrac{1-x^2}{1+x^2}$, 因为 $f(-x)=\dfrac{1-(-x)^2}{1+(-x)^2}=\dfrac{1-x^2}{1+x^2}=f(x)$, 所以 $f(x)$ 为偶函数.

(4) $y=f(x)=x(x-1)(x+1)$, 因为 $f(-x)=(-x)[(-x)-1][(-x)+1]=-x(x+1)(x-1)=-f(x)$, 所以 $f(x)$ 为奇函数.

(5) $y=f(x)=\sin x-\cos x+1$, 因为 $f(-x)=\sin(-x)-\cos(-x)+1=-\sin x-\cos x+1$, $f(-x)\neq f(x)$, 且 $f(-x)\neq -f(x)$, 所以 $f(x)$ 既非偶函数又非奇函数.

(6) $y=f(x)=\dfrac{a^x+a^{-x}}{2}$, 因为 $f(-x)=\dfrac{a^{-x}+a^x}{2}=f(x)$, 所以 $f(x)$ 为偶函数.

8. 解：(1) 是周期函数，周期 $l=2\pi$.   (2) 是周期函数，周期 $l=\dfrac{\pi}{2}$.

(3) 是周期函数，周期 $l=2$.   (4) 不是周期函数.

(5) 是周期函数，周期 $l=\pi$.

9. 分析：函数 f 存在反函数的前提条件为：$f:D\to f(D)$ 是单射. 本题中所给出的各函数易证均为单射，特别 (1)、(4)、(5)、(6) 中的函数均为单调函数，故都存在反函数.

解:(1)由 $y=\sqrt[3]{x+1}$ 解得 $x=y^3-1$,即反函数为 $y=x^3-1$.

(2)由 $y=\dfrac{1-x}{1+x}$ 解得 $x=\dfrac{1-y}{1+y}$,即反函数为 $y=\dfrac{1-x}{1+x}$.

(3)由 $y=\dfrac{ax+b}{cx-d}$ 解得 $x=\dfrac{-dy+b}{cy-a}$,即反函数为 $y=\dfrac{-dx+b}{cx-a}$.

(4)由 $y=2\sin 3x\left(-\dfrac{\pi}{6}\leqslant x\leqslant\dfrac{\pi}{6}\right)$ 解得 $x=\dfrac{1}{3}\arcsin\dfrac{y}{2}$,即反函数为 $y=\dfrac{1}{3}\arcsin\dfrac{x}{2}$.

(5)由 $y=1+\ln(x+2)$ 解得 $x=e^{y-1}-2$,即反函数为 $y=e^{x-1}-2$.

(6)由 $y=\dfrac{2^x}{2^x+1}$ 解得 $x=\log_2\dfrac{y}{1-y}$,即反函数为 $y=\log_2\dfrac{x}{1-x}$.

10. **解**:设 $f(x)$ 在 X 有界,即存在 $M>0$,使得 $|f(x)|\leqslant M$,$x\in X$,故 $-M\leqslant f(x)\leqslant M$,$x\in X$,即 $f(x)$ 在 X 上有上界 M,下界 $-M$. 反之,设 $f(x)$ 在 X 上有上界 K_1,下界 K_2,即 $K_2\leqslant f(x)\leqslant K_1$,$x\in X$. 取 $M=\max\{|K_1|,|K_2|\}$,则有 $|f(x)|\leqslant M$,$x\in X$,即 $f(x)$ 在 X 上有界.

11. **解**:(1) $y=\sin^2 x$,$y_1=\dfrac{1}{4}$,$y_2=\dfrac{3}{4}$. (2) $y=\sin 2x$,$y_1=\dfrac{\sqrt{2}}{2}$,$y_2=1$.

(3) $y=\sqrt{1+x^2}$,$y_1=\sqrt{2}$,$y_2=\sqrt{5}$. (4) $y=e^{x^2}$,$y_1=1$,$y_2=e$.

(5) $y=e^{2x}$,$y_1=e^2$,$y_2=e^{-2}$.

12. **解**:(1) $0\leqslant x^2\leqslant 1\Rightarrow x\in[-1,1]$. (2) $0\leqslant\sin x\leqslant 1\Rightarrow x\in[2n\pi,(2n+1)\pi]$,$n\in\mathbf{Z}$.

(3) $0\leqslant x+a\leqslant 1\Rightarrow x\in[-a,1-a]$.

(4) $\begin{cases}0\leqslant x+a\leqslant 1\\ 0\leqslant x-a\leqslant 1\end{cases}\Rightarrow$ 当 $0<a\leqslant\dfrac{1}{2}$ 时,$x\in[a,1-a]$;当 $a>\dfrac{1}{2}$ 时,定义域为 $\varnothing$(即空集).

13. **解**: $f[g(x)]=f(e^x)=\begin{cases}1, & x<0,\\ 0, & x=0,\\ -1, & x>0.\end{cases}$ $g[f(x)]=e^{f(x)}=\begin{cases}e, & |x|<1,\\ 1, & |x|=1,\\ e^{-1}, & |x|>1.\end{cases}$

$f[g(x)]$ 与 $g[f(x)]$ 的图形依次如图 1-2,图 1-3 所示.

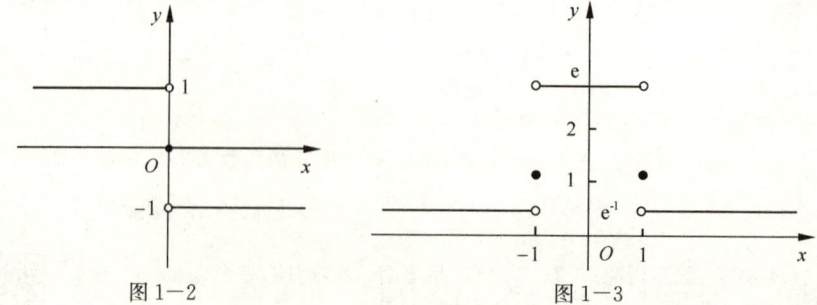

图 1-2   图 1-3

14. **解**: $AB=CD=\dfrac{h}{\sin 40°}$,又 $S_0=\dfrac{1}{2}h[BC+(BC+2\cot 40°\cdot h)]$,得 $BC=\dfrac{S_0}{h}-\cot 40°\cdot h$,所以 $L=\dfrac{S_0}{h}+\dfrac{2-\cos 40°}{\sin 40°}h$,而 $h>0$ 且 $\dfrac{S_0}{h}-\cot 40°\cdot h>0$,因此湿周

函数的定义域为$(0, \sqrt{S_0 \tan 40°})$.

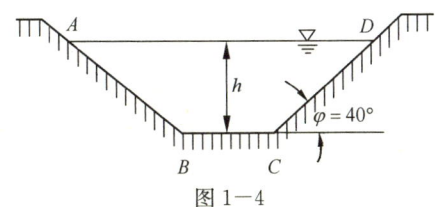

图 1-4

15. **解**: 当 $0 \leqslant t \leqslant 1$ 时, $S(t) = \frac{1}{2}t^2$; 当 $1 < t \leqslant 2$ 时, $S(t) = 1 - \frac{1}{2}(2-t)^2 = -\frac{1}{2}t^2 + 2t - 1$; 当 $t > 2$ 时, $S(t) = 1$.

故 $S(t) = \begin{cases} \frac{1}{2}t^2, & 0 \leqslant t \leqslant 1, \\ -\frac{1}{2}t^2 + 2t - 1, & 1 < t \leqslant 2, \\ 1, & t > 2. \end{cases}$

16. **解**: 设 $F = mC + b$, 其中 m, b 均为常数.

因为 $F = 32°$ 相当于 $C = 0°$, $F = 212°$ 相当于 $C = 100°$, 所以 $b = 32$, $m = \frac{212-32}{100} = 1.8$.

故 $F = 1.8C + 32$ 或 $C = \frac{5}{9}(F - 32)$.

(1) $F = 90°$, $C = \frac{5}{9}(90 - 32) \approx 32.2°$. $C = -5°$, $F = 1.8 \times (-5) + 32 = 23°$.

(2) 设温度值 t 符合题意, 则有 $t = 1.8t + 32$, $t = -40$. 即华氏 $-40°$ 恰好也是摄氏 $-40°$.

17. **解**: 因为 $AC = 20$, $BC = 15$, 所以, $AB = \sqrt{20^2 + 15^2} = 25$.

由 $20 < 2 \times 15 < 20 + 25$ 可知, 点 P, Q 在斜边 AB 上相遇.

令 $x + 2x = 15 + 20 + 25$, 得 $x = 20$. 即当 $x = 20$ 时, 点 P, Q 相遇. 因此, 所求函数的定义域为 $(0, 20)$.

(1) 当 $0 < x < 10$ 时, 点 P 在 CB 上, 点 Q 在 CA 上 (图 1-5). 由 $|CP| = x$, $|CQ| = 2x$, 得
$$y = x^2.$$

(2) 当 $10 \leqslant x \leqslant 15$ 时, 点 P 在 CB 上, 点 Q 在 AB 上 (图 1-6). $|CP| = x$, $|AQ| = 2x - 20$.

设点 Q 到 BC 的距离为 h, 则 $\frac{h}{20} = \frac{|BQ|}{25} = \frac{45 - 2x}{25}$,

得 $h = \frac{4}{5}(45 - 2x)$, 故 $y = \frac{1}{2}xh = \frac{2}{5}x(45 - 2x) = -\frac{4}{5}x^2 + 18x$.

(3) 当 $15 < x < 20$ 时, 点 P, Q 都在 AB 上 (图 1-7).

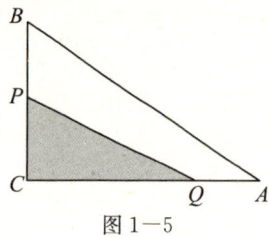
图 1-5

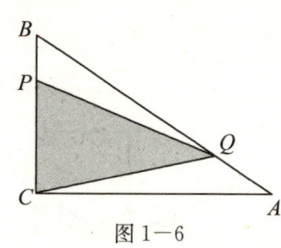
图 1-6

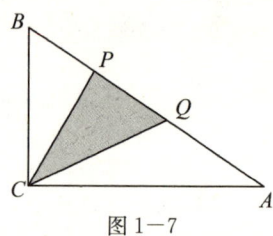
图 1-7

$|BP|=x-15$, $|AQ|=2x-20$, $|PQ|=60-3x$.

设点 C 到 AB 的距离 h'，则 $h'=\dfrac{15\times 20}{25}=12$，得 $y=\dfrac{1}{2}|PQ|\cdot h'=-18x+360$.

综上可得 $y=\begin{cases} x^2, & 0<x<10, \\ -\dfrac{4}{5}x^2+18x, & 10\leqslant x\leqslant 15, \\ -18x+360, & 15<x<20. \end{cases}$

18. **解**：由表中第 3 列，猜想 2008 年后世界人口的年增长率是 1.1%. 于是，在 2008 年后的第 t 年，世界人口将是 $p(t)=6\,708.2\times(1.011)^t$ (百万).
2020 年对应 $t=12$，于是 $p(12)=6\,708.2\times(1.011)^{12}\approx 7\,649.3$ (百万) $\approx$ 76(亿).

即推测 2020 年的世界人口约为 76 亿.

第二节　数列的极限

内容精讲

1. 数列　一个定义在正整数集合上的函数 $a_n=f(n)$ (称为整标函数)，当自变量 n 按正整数 $1,2,3,\cdots$ 依次增大的顺序取值时，函数按相应的顺序排成一串数：

$$f(1),f(2),f(3),\cdots,f(n),\cdots$$

称为一个无穷数列，简称数列. 数列中的每一个数称为数列的项，$f(n)$ 称为数列的一般项或通项.

2. 数列极限的定义

(1) 设 $\{x_n\}$ 是一数列，如果存在常数 a，当 n 无限增大时，x_n 无限接近(或趋近)于 a，则称数列 $\{x_n\}$ 收敛，a 称为数列 $\{x_n\}$ 的极限，或称数列 $\{x_n\}$ 收敛于 a，记为 $\lim\limits_{n\to\infty}x_n=a$，或 $x_n\to a$. 当 $n\to\infty$ 时，若不存在这样的常数 a，则称数列 $\{x_n\}$ 发散或不收敛，也可以说极限 $\lim\limits_{n\to\infty}x_n$ 不存在.

(2) 设 $\{x_n\}$ 为一个数列，a 为一个常数. 若对任意给定的 $\varepsilon>0$，都存在一个正整数 N，使得 $n>N$ 的一切 x_n 都满足不等式 $|x_n-a|<\varepsilon$，则称 a 为数列 $\{x_n\}$ 当 $n\to\infty$ 时的极限，记为

$$\lim\limits_{n\to\infty}x_n=a.$$

3. 数列极限的性质

(1) 唯一性：收敛数列的极限是唯一的.
即若数列 $\{x_n\}$ 收敛，且 $\lim\limits_{n\to\infty}x_n=a$ 和 $\lim\limits_{n\to\infty}x_n=b$，则 $a=b$.

(2)有界性:假设数列$\{x_n\}$收敛,则数列$\{x_n\}$必有界,即存在常数$M>0$,使得$|x_n|<M$(对任意$n\in N$).这个性质中的M显然不是唯一的,重要的是它的存在性.

(3)保号性:假设数列$\{x_n\}$收敛,其极限为a.

①若有正整数N,使得当$n>N$时$x_n>0$(或<0),则$a\geq 0$(或≤ 0).

②若$a>0$(或<0),则有正整数N,使得当$n>N$时,$x_n>0$(或<0).

(4)若数列$\{x_n\}$收敛于a,则它的任一子数列也收敛于a.

题型及考点解析

例1 用$\varepsilon-N$方法证明:$\lim\limits_{n\to+\infty}\dfrac{n!}{n^n}=0$.

证 $\forall \varepsilon>0$,要证$\left|\dfrac{n!}{n^n}\right|=\dfrac{n!}{n^n}=\dfrac{1}{n}\cdot\dfrac{2}{n}\cdots\dfrac{n}{n}<\varepsilon$,实际上只须$\dfrac{1}{n}\cdot\dfrac{2}{n}\cdots\dfrac{n}{n}<\dfrac{1}{n}\cdot\dfrac{n^{n-1}}{n^{n-1}}=\dfrac{1}{n}<\varepsilon$即可,从而$n>\dfrac{1}{\varepsilon}$,取$N=\left[\dfrac{1}{\varepsilon}\right]+1$,则当$n>N$时,有$\left|\dfrac{n!}{n^n}\right|<\varepsilon$成立.故$\lim\limits_{n\to+\infty}\dfrac{n!}{n^n}=0$.

例2 "对任意给定的$\varepsilon\in(0,1)$,总存在正整数N,当$n\geq N$时,恒有$|x_n-a|\leq 2\varepsilon$"是数列$\{x_n\}$收敛于a的( ).(考研题)

(A)充分条件但非必要条件 (B)必要条件但非充分条件

(C)充分必要条件 (D)既非充分条件又非必要条件

解 由数列$\{x_n\}$收敛于a的定义得"$\forall\varepsilon_1>0$,总存在正整数N_1,当$n>N_1$时,恒有$|x_n-a|\leq\varepsilon_1$".显然可推导出"对任意给定的$\varepsilon\in(0,1)$,总存在正整数N,当$n\geq N$时,恒有$|x_n-a|\leq 2\varepsilon$",则对于任意的$\varepsilon_1>0$(不妨令$0<\varepsilon_1<1$,当$\varepsilon_1\geq 1$时,取ε_2,使$0<\varepsilon_2<1<\varepsilon_1$,用$\varepsilon_2$代替$\varepsilon_1$即可),取$\varepsilon=\dfrac{1}{3}\varepsilon_1>0$,存在正整数$N$,当$n\geq N$时,恒有$|x_n-a|\leq 2\varepsilon<\dfrac{2}{3}\varepsilon_1<\varepsilon_1$,令$N_1=N-1$,则满足"对任意给定的$\varepsilon_1>0$,总存在正整数$N_1$,当$n>N_1$时,恒有$|x_n-a|\leq\varepsilon_1$".

可见上述两种说法是等价的.故应选(C).

题型分析

1.用极限定义证明$\lim\limits_{n\to+\infty}x_n=a$是本节的难点.

用定义证明$\lim\limits_{n\to+\infty}x_n=a$的关键在于给了$\varepsilon$,求对应的$N=N(\varepsilon)$,这往往通过解不等式实现,有时$N$可直接解出,有时要利用一些技巧将不等式放大.读者熟练掌握解证不等式的技巧是攻克这一难点的关键.

2.正确理解数列极限的$\varepsilon-N$定义.

①$\varepsilon>0$的任意给定性,ε是任意给定的正数,它是任意的,但一经给出,又可视为固定的,以便依ε来求N,由于$\varepsilon>0$的任意性,所以定义中的不等式$|x_n-a|<\varepsilon$可改为$|x_n-a|<k\varepsilon$($k>0$为常数),也可改为$|x_n-a|\leq\varepsilon^2$,$|x_n-a|<\dfrac{1}{M}$(M是任意正数),$|x_n-a|\leq\varepsilon$等等,其含义与$|x_n-a|<\varepsilon$等价.

②N的相应存在性,N依赖于ε,通常记作$N=N(\varepsilon)$,但N并不是唯一的,$N(\varepsilon)$是强调其依赖性的一个符号,并不是函数关系,这里,N的存在性是重要的,一般不计较其大小,甚至也不必

是自然数,只要是正数就可以.所以,定义中的 $n>N$ 可改为 $n\geq N$ 或 $n>A(A\in \mathbf{R}^+)$.

③定义中"当 $n>N$ 时有 $|x_n-a|<\varepsilon$"是指下标 $n>N$ 的无穷多项 x_n 都进入数 a 的 ε 邻域: $x_n\in(a-\varepsilon,a+\varepsilon)$. 即在 a 的 ε 邻域外最多只有 $\{x_n\}$ 的有限项,由此可知:改变或增减数列 $\{x_n\}$ 的有限项,并不影响数列 $\{x_n\}$ 的收敛性.

例3 设 $x_n=\left(1+\dfrac{1}{n}\right)\sin\dfrac{n\pi}{2}$,证明数列 $\{x_n\}$ 没有极限.

分析 若数列 $\{x_n\}$ 有极限,则由极限性质知道极限应是唯一的,要证明 $\{x_n\}$ 没有极限,只要找到两个子列分别收敛到不同的值即可.

证 设 k 为正整数,若 $n=4k$,则 $x_{4k}=\left(1+\dfrac{1}{4k}\right)\sin\dfrac{4k\pi}{2}=\left(1+\dfrac{1}{4k}\right)\sin 2k\pi=0$;

若 $n=4k+1$,则 $x_{4k+1}=\left(1+\dfrac{1}{4k+1}\right)\sin\left(\dfrac{4k\pi}{2}+\dfrac{\pi}{2}\right)=\left(1+\dfrac{1}{4k+1}\right)\sin\dfrac{\pi}{2}=1+\dfrac{1}{4k+1}\to 1$

$(k\to+\infty)$. 因此 $\{x_n\}$ 没有极限.

例4 证明:数列 $x_n=(-1)^n\cdot\dfrac{n+1}{n}$ 是发散的.

证 考察子序列 $x_{2n}=\dfrac{2n+1}{2n}=1+\dfrac{1}{2n}\to 1\ (n\to+\infty)$,

$x_{2n+1}=-\dfrac{2n+2}{2n+1}=-1-\dfrac{1}{2n+1}\to -1\ (n\to+\infty)$.

由子序列的收敛性与数列收敛性的关系,可知 $\lim\limits_{n\to+\infty}x_n$ 不存在.

题型分析 在证明数列发散时,可采用下列两种方法:
①找两个极限不相等的子数列.   ②找一个发散的子数列.

习题1-2精讲

1. **解**:(1)收敛,$\lim\limits_{n\to\infty}\dfrac{1}{2^n}=0$. (2)收敛,$\lim\limits_{n\to\infty}(-1)^n\dfrac{1}{n}=0$. (3)收敛,$\lim\limits_{n\to\infty}\left(2+\dfrac{1}{n^2}\right)=2$.

   (4)收敛,$\lim\limits_{n\to\infty}\dfrac{n-1}{n+1}=1$. (5)$\{n(-1)^n\}$发散. (6)收敛,$\lim\limits_{n\to\infty}\dfrac{2^n-1}{3^n}=0$.

   (7)$\left\{n-\dfrac{1}{n}\right\}$发散. (8)$\left\{[(-1)^n+1]\dfrac{n+1}{n}\right\}$发散.

2. **解**:(1)必要条件. (2)一定发散. (3)未必一定收敛,收数列 $\{(-1)^n\}$ 有界,但它是发散的.

3. **解**:(1)错误. 如对数列 $\left\{(-1)^n+\dfrac{1}{n}\right\}$,$a=1$. 对任给的 $\varepsilon>0$(设 $\varepsilon<1$),存在 $N=\left[\dfrac{1}{\varepsilon}\right]$,当 $n>N$ 时,$(-1)^n+\dfrac{1}{n}-1\leq\dfrac{1}{n}<\varepsilon$,但 $\left\{(-1)^n+\dfrac{1}{n}\right\}$ 的极限不存在.

(2)错误. 如对数列 $x_n=\begin{cases}n, & n=2k-1,\\ 1-\dfrac{1}{n}, & n=2k,\end{cases} k\in \mathbf{N}_+, a=1.$

对任给的 $\varepsilon>0$(设 $\varepsilon<1$),存在 $N=\left[\dfrac{1}{\varepsilon}\right]$,当 $n>N$ 且 n 为偶数时,$|x_n-a|=\dfrac{1}{n}<\varepsilon$ 成立,但 $\{x_n\}$ 的极限不存在.

(3)正确. 对任给的 $\varepsilon>0$,取 $\dfrac{1}{c}\varepsilon>0$,按假设,存在 $N\in \mathbf{N}_+$,当 $n>N$ 时,不等式 $|x_n-a|<c\cdot \dfrac{1}{c}\varepsilon=\varepsilon$ 成立.

(4)正确. 对任给的 $\varepsilon>0$,取 $m\in \mathbf{N}_+$,使 $\dfrac{1}{m}<\varepsilon$. 按假设,存在 $N\in \mathbf{N}_+$,当 $n>N$ 时,不等式 $|x_n-a|<\dfrac{1}{m}<\varepsilon$ 成立.

*4. 解:$\lim\limits_{n\to\infty}x_n=0$. 证明如下:因为 $|x_n-0|=\left|\dfrac{1}{n}\cos\dfrac{n\pi}{2}\right|\leqslant\dfrac{1}{n}$,要使 $|x_n-0|<\varepsilon$,只要 $\dfrac{1}{n}<\varepsilon$,即 $n>\dfrac{1}{\varepsilon}$. 所以 $\forall \varepsilon>0$,取 $N=\left[\dfrac{1}{\varepsilon}\right]$,则当 $n>N$ 时,就有 $|x_n-0|<\varepsilon$.

当 $\varepsilon=0.001$ 时,取 $N=\left[\dfrac{1}{\varepsilon}\right]=1000.$

即若 $\varepsilon=0.001$,只要 $n>1000$,就有 $|x_n-0|<0.001.$

*5. 证:(1)因为要使 $\left|\dfrac{1}{n^2}-0\right|=\dfrac{1}{n^2}<\varepsilon$,只要 $n>\dfrac{1}{\sqrt{\varepsilon}}$. 所以 $\forall\varepsilon>0$,取 $N=\left[\dfrac{1}{\sqrt{\varepsilon}}\right]$,

则当 $n>N$ 时,就有 $\left|\dfrac{1}{n^2}-0\right|<\varepsilon$,即 $\lim\limits_{n\to\infty}\dfrac{1}{n^2}=0.$

(2)因为 $\left|\dfrac{3n+1}{2n+1}-\dfrac{3}{2}\right|=\dfrac{1}{2(2n+1)}<\dfrac{1}{4n}$,要使 $\left|\dfrac{3n+1}{2n+1}-\dfrac{3}{2}\right|<\varepsilon$,只要 $\dfrac{1}{4n}<\varepsilon$,

即 $n>\dfrac{1}{4\varepsilon}$,所以 $\forall\varepsilon>0$,取 $N=\left[\dfrac{1}{4\varepsilon}\right]$,则当 $n>N$ 时,就有 $\left|\dfrac{3n+1}{2n+1}-\dfrac{3}{2}\right|<\varepsilon$,

即 $\lim\limits_{n\to\infty}\dfrac{3n+1}{2n+1}=\dfrac{3}{2}.$

(3)因为 $\left|\dfrac{\sqrt{n^2+a^2}}{n}-1\right|=\dfrac{\sqrt{n^2+a^2}-n}{n}=\dfrac{a^2}{n(\sqrt{n^2+a^2}+n)}<\dfrac{a^2}{2n^2}$,要使 $\left|\dfrac{\sqrt{n^2+a^2}}{n}-1\right|<\varepsilon$,只要 $\dfrac{a^2}{2n^2}<\varepsilon$,即 $n>\dfrac{|a|}{\sqrt{2\varepsilon}}$. 所以 $\forall\varepsilon>0$,取 $N=\left[\dfrac{|a|}{\sqrt{2\varepsilon}}\right]$,则当 $n>N$ 时,就有 $\left|\dfrac{\sqrt{n^2+a^2}}{n}-1\right|<\varepsilon$,即 $\lim\limits_{n\to\infty}\dfrac{\sqrt{n^2+a^2}}{n}=1.$

(4)因为 $|\underbrace{0.999\cdots9}_{n\uparrow}-1|=\dfrac{1}{10^n}$,要使 $|\underbrace{0.999\cdots9}_{n\uparrow}-1|<\varepsilon$,只要 $\dfrac{1}{10^n}<\varepsilon$,即 $n>\lg\dfrac{1}{\varepsilon}$. 所以 $\forall\varepsilon>0$(不妨设 $\varepsilon<1$),取 $N=\left[\lg\dfrac{1}{\varepsilon}\right]$,则当 $n>N$ 时,就有 $|\underbrace{0.999\cdots9}_{n\uparrow}-1|<\varepsilon$,即 $\lim\limits_{n\to\infty}\underbrace{0.999\cdots9}_{n\uparrow}=1.$

*6. **证**:因为 $\lim\limits_{n\to\infty}u_n=a$,所以 $\forall\varepsilon>0$,$\exists N$,当 $n>N$ 时,有 $|u_n-a|<\varepsilon$,
从而有 $||u_n|-|a||\leqslant|u_n-a|<\varepsilon$,故 $\lim\limits_{n\to\infty}|u_n|=|a|$.
但由 $\lim\limits_{n\to\infty}|u_n|=|a|$,并不能推得 $\lim\limits_{n\to\infty}u_n=a$. 例如,考虑数列 $\{(-1)^n\}$,
虽然 $\lim\limits_{n\to\infty}|(-1)^n|=1$,但 $\{(-1)^n\}$ 没有极限.

*7. **证**:因数列 $\{x_n\}$ 有界,故 $\exists M>0$,使得对一切 n 有 $|x_n|\leqslant M$. $\forall\varepsilon>0$,
由于 $\lim\limits_{n\to\infty}y_n=0$,故对 $\varepsilon_1=\dfrac{\varepsilon}{M}>0$,$\exists N$,当 $n>N$ 时,就有 $|y_n|<\varepsilon_1=\dfrac{\varepsilon}{M}$,
从而有 $|x_ny_n-0|=|x_n|\cdot|y_n|<M\cdot\dfrac{\varepsilon}{M}=\varepsilon$,所以 $\lim\limits_{n\to\infty}x_ny_n=0$.

*8. **证**:因为 $x_{2k-1}\to a(k\to\infty)$,所以 $\forall\varepsilon>0$,$\exists k_1$,当 $k>k_1$ 时,有 $|x_{2k-1}-a|<\varepsilon$.
又因为 $x_{2k}\to a(k\to\infty)$,所以对上述 $\varepsilon>0$,$\exists k_2$,当 $k>k_2$ 时,有 $|x_{2k}-a|<\varepsilon$.
记 $K=\max\{k_1,k_2\}$,取 $N=2K$,则当 $n>N$ 时,若 $n=2k-1$,则 $k>K+\dfrac{1}{2}>$
$k_1\Rightarrow|x_n-a|=|x_{2k-1}-a|<\varepsilon$,若 $n=2k$,则 $k>K\geqslant k_2\Rightarrow|x_n-a|=|x_{2k}-a|$
$<\varepsilon$. 从而只要 $n>N$,就有 $|x_n-a|<\varepsilon$,即 $\lim\limits_{n\to\infty}x_n=a$.

第三节 函数的极限

内容精讲

1. 函数极限的定义 设函数 $f(x)$ 在点 x_0 的邻域内(点 x_0 可除外)有定义,A 为一个常数.
若对任意给定的 $\varepsilon>0$,都存在一个正数 δ,使得满足 $0<|x-x_0|<\delta$ 的一切 x 所对应的 $f(x)$ 都
满足不等式 $|f(x)-A|<\varepsilon$,则称 A 为函数 $f(x)$ 当 $x\to x_0$ 时的极限,记为 $\lim\limits_{x\to x_0}f(x)=A$.

2. 左极限和右极限的定义 若对于满足 $0<x_0-x<\delta(0<x-x_0<\delta)$ 的一切 x 所对应的
$f(x)$ 都满足不等式 $|f(x)-A|<\varepsilon$,则称 A 为函数 $f(x)$ 当 x 自 x_0 左(右)侧趋于 x_0 时的极限,即
左(右)极限,分别记为 $\lim\limits_{x\to x_0^-}f(x)=f(x_0-0)=A$ $(\lim\limits_{x\to x_0^+}f(x)=f(x_0+0)=A)$

类似地,可以给出当 $x\to\infty$,$x\to+\infty$,$x\to-\infty$ 时,$f(x)$ 的极限为 A 的定义.

3. 极限的性质

(1)唯一性 若 $\lim\limits_{x\to x_0}f(x)=A$,则 A 必唯一.

(2)有界性 若 $\lim\limits_{x\to x_0}f(x)=A$,则 $f(x)$ 在 x_0 的某一邻域(x_0 除外)内是有界的.

(3)保号性 设 $f(x)$ 在 x_0 的某邻域(x_0 除外)内均有 $f(x)\geqslant 0$(或 $f(x)\leqslant 0$),且 $\lim\limits_{x\to x_0}f(x)=$
A,则 $A\geqslant 0$(或 $A\leqslant 0$).

4. 充要条件 $\lim\limits_{x\to x_0}f(x)=A\Leftrightarrow f(x_0-0)=f(x_0+0)=A$.

$\lim\limits_{x\to x_0}f(x)=A\Leftrightarrow \lim\limits_{x\to x_0^-}f(x)=\lim\limits_{x\to x_0^+}f(x)=A$.

5. 函数极限与数列极限的关系 若 $\lim\limits_{x\to x_0}f(x)=A$($A$ 为定数),$\{x_n\}$ 为 $f(x)$ 的定义域内任一
收敛于 x_0 的数列,且满足 $x_n\neq x_0(n\in N^+)$,则有 $\lim\limits_{n\to\infty}f(x_n)=\lim\limits_{x\to x_0}f(x)=A$.

题型及考点解析

例1 利用极限定义证明下列极限：

(1) $\lim\limits_{x\to 2}(5x+2)=12$，　(2) $\lim\limits_{x\to a}\sqrt{x}=\sqrt{a}\ (a>0)$.

证 (1) 对 $\forall \varepsilon>0$，由 $|5x+2-12|=|5x-10|=5|x-2|<\varepsilon$ 得 $|x-2|<\dfrac{\varepsilon}{5}$，

故取 $\delta=\dfrac{\varepsilon}{5}$，则 $\forall \varepsilon>0$，$\exists \delta>0$，当 $0<|x-2|<\delta$ 时，有 $|5x+2-12|<\varepsilon$，

即 $\lim\limits_{x\to 2}(5x+2)=12$.

题型分析 用定义证明函数极限存在的步骤：

① 对于任给的 $\varepsilon>0$，由不等式 $|f(x)-A|<\varepsilon$，经一系列适当放大可得：$|f(x)-A|<\cdots<c|x-x_0|<\varepsilon$（$c$ 为正常数）（或 $|f(x)-A|<\cdots<cM(x)<\varepsilon$（$c$ 为正常数））.

② 解不等式 $c|x-x_0|<\varepsilon$（或 $cM(x)<\varepsilon$），得 $|x-x_0|<\dfrac{\varepsilon}{c}$（或 $|x|>N(\varepsilon)$）.

③ 取 $\delta=\dfrac{\varepsilon}{c}$（或取正数 $X=N(\varepsilon)$），则当 $0<|x-x_0|<\delta$ 时（或当 $|x|>X$ 时），总有 $|f(x)-A|<\varepsilon$，即 $\lim\limits_{x\to x_0}f(x)=A$（或 $\lim\limits_{x\to\infty}f(x)=A$）.

解题的关键在于对 $\forall \varepsilon>0$，找到 $\delta>0$，常用到不等式放大的方法.

(2) 要使 $\sqrt{x}$ 有意义，须限制 x，不妨令：$|x-a|<a\Rightarrow 0<x<2a$，

对 $\forall \varepsilon>0$，要证 $\exists \delta>0$，当 $0<|x-a|<\delta$ 时，有 $|\sqrt{x}-\sqrt{a}|=\left|\dfrac{x-a}{\sqrt{x}+\sqrt{a}}\right|<\dfrac{1}{\sqrt{a}}|x-a|<\varepsilon$，

取 $\delta=\min\{\sqrt{a}\cdot\varepsilon, a\}$，则当 $0<|x-a|<\delta$ 时，有 $|\sqrt{x}-\sqrt{a}|<\varepsilon$，即 $\lim\limits_{x\to a}\sqrt{x}=\sqrt{a}\ (a>0)$.

题型分析 用定义证明某些极限时，一般地都需对原来的式子做适当的放大，然后再考虑如何取 δ. 若 $x\to x_0$，x_0 是有限值，在放大的式子中应想法保留住 $|x-x_0|$ 的一个因子，这样可便于利用 $|x-x_0|<\delta$ 来得到 $|f(x)-A|<\varepsilon$ 的结论，而 δ 的确定也正是基于这一点，且 δ 只与 ε 有关，δ 不依赖于 x. 对于任意给定的小正数 ε，与 ε 对应的小正数 δ 不唯一，δ 是用来说明变量 x 与常数 x_0 接近程度的.

例2 设 $f(x)=\begin{cases} x, & \text{当}\ |x|\leqslant 1 \\ x-2, & \text{当}\ |x|>1 \end{cases}$. 试讨论 $\lim\limits_{x\to 1}f(x)$ 及 $\lim\limits_{x\to -1}f(x)$.

分析 本题中函数是分段表达的，因此要讨论 $x\to 1$ 时 $f(x)$ 的极限值必须从左、右极限入手.

解 (1) 由题目条件知 $f(x)=\begin{cases} x-2, & \text{当}\ x<-1 \\ x, & \text{当}\ -1\leqslant x\leqslant 1 \\ x-2, & \text{当}\ x>1 \end{cases}$.

因为 $\lim\limits_{x\to 1^+}f(x)=\lim\limits_{x\to 1^+}(x-2)=-1$，$\lim\limits_{x\to 1^-}f(x)=\lim\limits_{x\to 1^-}x=1$，$\lim\limits_{x\to 1^+}f(x)\neq\lim\limits_{x\to 1^-}f(x)$，

所以 $\lim\limits_{x\to 1}f(x)$ 不存在.

(2) 因为 $\lim\limits_{x\to -1^+}f(x)=\lim\limits_{x\to -1^+}x=-1$，$\lim\limits_{x\to -1^-}f(x)=\lim\limits_{x\to -1^-}(x-2)=-3$. $\lim\limits_{x\to -1^+}f(x)\neq\lim\limits_{x\to -1^-}f(x)$，所以 $\lim\limits_{x\to -1}f(x)$ 不存在.

例 3 证明 $\lim\limits_{x\to 0}\cos\dfrac{1}{x}$ 不存在.

证 取 $x_n=\dfrac{1}{2n\pi}, y_n=\dfrac{1}{2n\pi+\dfrac{\pi}{2}}$,则均有 $\lim\limits_{n\to\infty}x_n=0, \lim\limits_{n\to\infty}y_n=0$,

但 $\lim\limits_{n\to\infty}\cos\dfrac{1}{x_n}=\lim\limits_{n\to\infty}\cos 2n\pi=1$,$\lim\limits_{n\to\infty}\cos\dfrac{1}{y_n}=\lim\limits_{n\to\infty}\cos(2n\pi+\dfrac{\pi}{2})=0$,所以 $\lim\limits_{x\to 0}\cos\dfrac{1}{x}$ 不存在.

例 4 求函数 $f(x)=\dfrac{|x|}{x}$,$g(x)=\dfrac{1-a^{\frac{1}{x}}}{1+a^{\frac{1}{x}}}$ $(a>1)$,当 $x\to 0$ 时的左、右极限,并说明 $x\to 0$ 时极限是否存在.

解 $\lim\limits_{x\to 0^+}f(x)=\lim\limits_{x\to 0^+}\dfrac{x}{x}=1$, $\lim\limits_{x\to 0^-}f(x)=\lim\limits_{x\to 0^-}(-\dfrac{x}{x})=-1$.

$\lim\limits_{x\to 0^+}g(x)=\lim\limits_{x\to 0^+}\dfrac{1-a^{\frac{1}{x}}}{1+a^{\frac{1}{x}}}=\lim\limits_{x\to 0^+}\dfrac{a^{-\frac{1}{x}}-1}{a^{-\frac{1}{x}}+1}=-1$,

$\lim\limits_{x\to 0^-}g(x)=\lim\limits_{x\to 0^-}\dfrac{1-a^{\frac{1}{x}}}{1+a^{\frac{1}{x}}}=1$.

所以 $\lim\limits_{x\to 0}f(x)$,$\lim\limits_{x\to 0}g(x)$ 都不存在.

题型分析 一般而言,证明一元函数的极限不存在常用以下两种方法:

① 若 $f(x_0^+)\neq f(x_0^-)$,或至少有一个不存在,则 $\lim\limits_{x\to x_0}f(x)$ 不存在,又当 $x\to\infty$ 时的极限式中若含有 $a^x(a>0,a\neq 1)$ 或 $\arctan x, \text{arccot} x$,应分别求出 $x\to+\infty$ 与 $x\to-\infty$ 时的极限值,若两者相等,则当 $x\to\infty$ 时极限存在;否则不存在.

② 若存在 $x_n\to x_0, x_n\neq x_0, \lim\limits_{n\to\infty}f(x_n)$ 不存在或存在 $x_n\to x_0, x_n\neq x_0$ 及 $y_n\to x_0, y_n\neq x_0$,使得 $\lim\limits_{n\to\infty}f(x_n)\neq\lim\limits_{n\to\infty}f(y_n)$,则 $\lim\limits_{x\to x_0}f(x)$ 不存在.

例 5 在求函数极限时,何时要考虑单侧极限?

解 在求函数极限的过程中,以下几种情形通常都需考虑单侧极限.

(1)分段函数在分界点处; (2)含有绝对值的函数; (3)取整函数;

(4)一些函数在特殊点处或无穷远处,如 $\cot x$ 在 $x=0$ 处,$\tan x$ 在 $x=\dfrac{\pi}{2}$ 处;$a^x(a>0,a\neq 1)$, $e^x, \arctan x, \text{arccot} x$ 当 $x\to\infty$ 时,应特别注意事实:

$$\lim\limits_{x\to 0^+}a^{\frac{1}{x}}=+\infty, \lim\limits_{x\to 0^-}a^{\frac{1}{x}}=0 \ (a>1).$$

例如,若 $f(x)=\begin{cases}\dfrac{3^{\frac{1}{x}}-1}{3^{\frac{1}{x}}+1}, & x\neq 0 \\ 2, & x=0\end{cases}$, 则 $\lim\limits_{x\to 0}f(x)$ 不存在.

事实上,$f(0^+)=\lim\limits_{x\to 0^+}f(x)=\lim\limits_{x\to 0^+}\dfrac{3^{\frac{1}{x}}-1}{3^{\frac{1}{x}}+1}=\lim\limits_{x\to 0^+}\dfrac{1-\dfrac{1}{3^{\frac{1}{x}}}}{1+\dfrac{1}{3^{\frac{1}{x}}}}=1$,

$f(0^-)=\lim\limits_{x\to 0^-}f(x)=\lim\limits_{x\to 0^-}\dfrac{3^{\frac{1}{x}}-1}{3^{\frac{1}{x}}+1}=\lim\limits_{x\to 0^-}\dfrac{0-1}{0+1}=-1$.

习题1-3精讲

1. **解**:(1) $\lim\limits_{x\to-2}f(x)=0$. (2) $\lim\limits_{x\to-1}f(x)=-1$. (3) $\lim\limits_{x\to 0}f(x)$ 不存在,因为 $f(0^+)\neq f(0^-)$.

2. **解**:(1) 错, $\lim\limits_{x\to 0}f(x)$ 存在与否,与 $f(0)$ 的值无关. (2) 对,因为 $f(0^+)=f(0^-)=0$.
   (3) 错, $\lim\limits_{x\to 0}f(x)$ 的值与 $f(0)$ 的值无关. (4) 错, $f(1^+)=0$,但 $f(1^-)=-1$, 故 $\lim\limits_{x\to 1}f(x)$ 不存在.
   (5) 对,因为 $f(1^-)\neq f(1^+)$. (6) 对.

3. **解**:(1) 对. (2) 对,因为当 $x<-1$ 时, $f(x)$ 无定义.
   (3) 对,因为 $f(0^+)=f(0^-)=0$.
   (4) 错, $\lim\limits_{x\to 0}f(x)$ 的值与 $f(0)$ 的值无关. (5) 对. (6) 对. (7) 对.
   (8) 错,因为当 $x>2$ 时, $f(x)$ 无定义, $f(2^+)$ 不存在.

4. **解**: $\lim\limits_{x\to 0^+}f(x)=\lim\limits_{x\to 0^+}\dfrac{x}{x}=\lim\limits_{x\to 0^+}1=1$, $\lim\limits_{x\to 0^-}f(x)=\lim\limits_{x\to 0^-}\dfrac{x}{x}=\lim\limits_{x\to 0^-}1=1$.
   因为, $\lim\limits_{x\to 0^+}f(x)=1=\lim\limits_{x\to 0^-}f(x)$, 所以 $\lim\limits_{x\to 0}f(x)=1$.
   $\lim\limits_{x\to 0^+}\varphi(x)=\lim\limits_{x\to 0^+}\dfrac{|x|}{x}=\lim\limits_{x\to 0^+}\dfrac{x}{x}=1$, $\lim\limits_{x\to 0^-}\varphi(x)=\lim\limits_{x\to 0^-}\dfrac{|x|}{x}=\lim\limits_{x\to 0^-}\dfrac{-x}{x}=-1$.
   因为 $\lim\limits_{x\to 0^+}\varphi(x)\neq\lim\limits_{x\to 0^-}\varphi(x)$, 所以 $\lim\limits_{x\to 0}\varphi(x)$ 不存在.

*5. **解**:(1) 因为 $|(3x-1)-8|=|3x-9|=3|x-3|$,
   要使 $|(3x-1)-8|<\varepsilon$, 只要 $|x-3|<\dfrac{\varepsilon}{3}$, 所以 $\forall\varepsilon>0$, 取 $\delta=\dfrac{\varepsilon}{3}$, 则当 $0<|x-3|<\delta$ 时, 就有 $|(3x-1)-8|<\varepsilon$, 即 $\lim\limits_{x\to 3}(3x-1)=8$.
   (2) 因为 $|(5x+2)-12|=|5x-10|=5|x-2|$,
   要使 $|(5x+2)-12|<\varepsilon$, 只要 $|x-2|<\dfrac{\varepsilon}{5}$, 所以 $\forall\varepsilon>0$, 取 $\delta=\dfrac{\varepsilon}{5}$, 则当 $0<|x-2|<\delta$ 时, 就有 $|(5x+2)-12|<\varepsilon$, 即 $\lim\limits_{x\to 2}(5x+2)=12$.
   (3) 因为 $x\to-2$, $x\neq-2$,
   $\left|\dfrac{x^2-4}{x+2}-(-4)\right|=|x-2-(-4)|=|x+2|=|x-(-2)|$,
   要使 $\left|\dfrac{x^2-4}{x+2}-(-4)\right|<\varepsilon$, 只要 $|x-(-2)|<\varepsilon$, 所以 $\forall\varepsilon>0$, 取 $\delta=\varepsilon$,
   则当 $0<|x-(-2)|<\delta$ 时, 就有 $\left|\dfrac{x^2-4}{x+2}-(-4)\right|<\varepsilon$,
   即 $\lim\limits_{x\to-2}\dfrac{x^2-4}{x+2}=-4$.
   (4) 因为 $x\to-\dfrac{1}{2}$, $x\neq-\dfrac{1}{2}$, $\left|\dfrac{1-4x^2}{2x+1}-2\right|=|1-2x-2|=2\left|x-\left(-\dfrac{1}{2}\right)\right|$,
   要使 $\left|\dfrac{1-4x^2}{2x+1}-2\right|<\varepsilon$, 只要 $\left|x-\left(-\dfrac{1}{2}\right)\right|<\dfrac{\varepsilon}{2}$, 所以 $\forall\varepsilon>0$, 取 $\delta=\dfrac{\varepsilon}{2}$, 则当 $0<\left|x-\left(-\dfrac{1}{2}\right)\right|<\delta$ 时, 就有 $\left|\dfrac{1-4x^2}{2x+1}-2\right|<\varepsilon$ 即 $\lim\limits_{x\to-\frac{1}{2}}\dfrac{1-4x^2}{2x+1}=2$.

*6. **证**:(1) 因为 $\left|\dfrac{1+x^3}{2x^3}-\dfrac{1}{2}\right|=\dfrac{1}{2|x|^3}$. 要使 $\left|\dfrac{1+x^3}{2x^3}-\dfrac{1}{2}\right|<\varepsilon$, 只要 $\dfrac{1}{2|x|^3}<\varepsilon$, 即 $|x|>\dfrac{1}{\sqrt[3]{2\varepsilon}}$, 所

以 $\forall \varepsilon > 0$，取 $X = \dfrac{1}{\sqrt[3]{2\varepsilon}}$，则当 $|x| > X$ 时，就有 $\left|\dfrac{1+x^3}{2x^3} - \dfrac{1}{2}\right| < \varepsilon$，

即 $\lim\limits_{x \to \infty} \dfrac{1+x^3}{2x^3} = \dfrac{1}{2}$.

(2) 因为 $\left|\dfrac{\sin x}{\sqrt{x}} - 0\right| \leqslant \dfrac{1}{\sqrt{x}}$，要使 $\left|\dfrac{\sin x}{\sqrt{x}} - 0\right| < \varepsilon$，只要 $\dfrac{1}{\sqrt{x}} < \varepsilon$，即 $x > \dfrac{1}{\varepsilon^2}$，所以 $\forall \varepsilon > 0$，取 $X = \dfrac{1}{\varepsilon^2}$，则当 $x > X$ 时，就有 $\left|\dfrac{\sin x}{\sqrt{x}} - 0\right| < \varepsilon$，即 $\lim\limits_{x \to +\infty} \dfrac{\sin x}{\sqrt{x}} = 0$.

*7. **解**：由于 $x \to 2$，$|x - 2| \to 0$，不妨设 $|x - 2| < 1$，即 $1 < x < 3$.

要使 $|x^2 - 4| = |x + 2| |x - 2| < 5|x - 2| < 0.001$，只要 $|x - 2| < \dfrac{0.001}{5} = 0.0002$，

取 $\delta = 0.0002$，则当 $0 < |x - 2| < \delta$ 时，就有 $|x^2 - 4| < 0.001$.

*8. **解**：因为 $\left|\dfrac{x^2-1}{x^2+3} - 1\right| = \dfrac{4}{x^2+3} < \dfrac{4}{x^2}$，要使 $\left|\dfrac{x^2-1}{x^2+3} - 1\right| < 0.01$，只要 $\dfrac{4}{x^2} <$

0.01，即 $|x| > 20$，取 $X = 20$，则当 $|x| > X$ 时，就有 $|y - 1| < 0.01$.

*9. **证**：因为 $||x| - 0| = |x| = |x - 0|$，所以 $\forall \varepsilon > 0$，取 $\delta = \varepsilon$，则当 $0 < |x - 0| < \delta$ 时，就有 $||x| - 0| < \varepsilon$，即 $\lim\limits_{x \to 0} |x| = 0$.

*10. **证**：因为 $\lim\limits_{x \to +\infty} f(x) = A$，所以 $\forall \varepsilon > 0$，$\exists X_1 > 0$，当 $x > X_1$ 时，就有 $|f(x) - A| < \varepsilon$.

又因为 $\lim\limits_{x \to -\infty} f(x) = A$，所以对上面的 $\varepsilon > 0$，$\exists X_2 > 0$，当 $x < -X_2$ 时，就有 $|f(x) - A| < \varepsilon$.

取 $X = \max\{X_1, X_2\}$，则当 $|x| > X$，即 $x > X$ 或 $x < -X$ 时，就有 $|f(x) - A| < \varepsilon$，即 $\lim\limits_{x \to \infty} f(x) = A$.

*11. **证**：**必要性** 若 $\lim\limits_{x \to x_0} f(x) = A$，则 $\forall \varepsilon > 0$，$\exists \delta > 0$，当 $0 < |x - x_0| < \delta$ 时，就有

$|f(x) - A| < \varepsilon$. 特别，当 $0 < x - x_0 < \delta$ 时，有 $|f(x) - A| < \varepsilon$，即 $\lim\limits_{x \to x_0^+} f(x) =$

A；当 $0 < x_0 - x < \delta$ 时，有 $|f(x) - A| < \varepsilon$，即 $\lim\limits_{x \to x_0^-} f(x) = A$.

充分性 若 $\lim\limits_{x \to x_0^+} f(x) = A = \lim\limits_{x \to x_0^-} f(x)$，则 $\forall \varepsilon > 0$，$\exists \delta_1 > 0$，当 $0 < x - x_0 < \delta_1$ 时，就有

$|f(x) - A| < \varepsilon$；又 $\exists \delta_2 > 0$，当 $0 < x_0 - x < \delta_2$ 时，就有 $|f(x) - A| < \varepsilon$，取 $\delta = \min\{\delta_1, \delta_2\}$，则

当 $0 < |x - x_0| < \delta$ 时，就有 $|f(x) - A| < \varepsilon$，即 $\lim\limits_{x \to x_0} f(x) = A$.

*12. **解**：局部有界性定理　如果 $\lim\limits_{x \to \infty} f(x) = A$，那么存在常数 $M > 0$ 和 $X > 0$，使

得当 $|x| > X$ 时，有 $|f(x)| \leqslant M$.

证明如下：因为 $\lim\limits_{x \to \infty} f(x) = A$，所以对 $\varepsilon = 1 > 0$，$\exists X > 0$，当 $|x| > X$ 时，就有

$|f(x) - A| < 1$，从而 $|f(x)| \leqslant |f(x) - A| + |A| < 1 + |A|$，

取 $M = |A| + 1$，即有当 $|x| > X$ 时，$|f(x)| \leqslant M$.

第四节 无穷小与无穷大

内容精讲

1. 无穷小与无穷大的定义

(1)无穷小的定义 若 $\lim\limits_{\substack{x\to x_0\\(x\to\infty)}}f(x)=0$,则称 $f(x)$ 当 $x\to x_0(x\to\infty)$ 时为无穷小.

(2)无穷大的定义 若对任意给定的 $M>0$,都存在一个正数 δ,使得满足 $0<|x-x_0|<\delta(|x|>X)$ 的一切 x 所对应的 $f(x)$ 都满足不等式 $|f(x)|>M$,则称 $f(x)$ 当 $x\to x_0(x\to\infty)$ 时为无穷大,记为 $\lim\limits_{\substack{x\to x_0\\(x\to\infty)}}f(x)=\infty$.

2. 无穷小与无穷大的关系 (以下所讨论的极限,都是在自变量同一变化过程中的极限)

若 $\lim f(x)=0$ ($f(x)\neq 0$),则 $\lim\dfrac{1}{f(x)}=\infty$;若 $\lim f(x)=\infty$,则 $\lim\dfrac{1}{f(x)}=0$.

3. 无穷小与函数极限的关系

$\lim\limits_{\substack{x\to x_0\\(x\to\infty)}}f(x)=A$($A$ 为常数)的充分必要条件是 $f(x)=A+\alpha$(其中 α 是当 $x\to x_0$(或 $x\to\infty$)时的无穷小).

题型及考点解析

例1 设数列 x_n 与 y_n 满足 $\lim\limits_{n\to\infty}x_ny_n=0$,则下列断言正确的是_____.

(A)若 x_n 发散,则 y_n 必发散　　　　(B)若 x_n 无界,则 y_n 必有界

(C)若 x_n 有界,则 y_n 必为无穷小　　(D)若 $\dfrac{1}{x_n}$ 为无穷小,则 y_n 必为无穷小

解 (1)若取 $x_n=n$,$y_n=0$,则 $\lim\limits_{n\to\infty}x_ny_n=0$,且 x_n 发散,但 y_n 不发散,故(A)错误.

(2)若取 $x_n=n+(-1)^{n-1}n$,$y_n=n+(-1)^n n$,则有 $\lim\limits_{n\to\infty}x_ny_n=\lim\limits_{n\to\infty}[n+(-1)^{n-1}n][n+(-1)^n n]=\lim\limits_{n\to\infty}0=0$ 且 x_n 无界,但 y_n 无界,故(B)也不对.

(3)若取 $x_n=0$,y_n 为任何数列,则均有 $\lim\limits_{n\to\infty}x_ny_n=0$,故(C)错误.

(4)若 $\dfrac{1}{x_n}$ 为无穷小,则 $\lim\limits_{n\to\infty}\dfrac{1}{x_n}=0$,而 $\lim\limits_{n\to\infty}x_ny_n=\lim\limits_{n\to\infty}\dfrac{y_n}{\dfrac{1}{x_n}}=0$,因此必有 $\lim\limits_{n\to\infty}y_n=0$.故应选(D).

例2 指出下列哪些是无穷小量,哪些是无穷大量.

(1)$\dfrac{1}{x}$,当 $x\to 0$ 时;(2)$\dfrac{\sin x}{1+\cos x}$,当 $x\to 0$ 时;(3)$\dfrac{x+1}{x^2-4}$,当 $x\to 2$ 时;(4)$\dfrac{x^4+2x^2-3}{x^2-3x+2}$,当 $x\to 1$ 时.

分析 由定义判定无穷小或无穷大需要判断其极限是零还是 ∞.

解 (1) $\lim\limits_{x\to 0}\dfrac{1}{x}=\infty\Rightarrow$ 当 $x\to 0$ 时,$\dfrac{1}{x}$ 为无穷大量.

(2) $\lim\limits_{x\to 0}\dfrac{\sin x}{1+\cos x}=0\Rightarrow$ 当 $x\to 0$ 时,$\dfrac{\sin x}{1+\cos x}$ 为无穷小量.

(3) $\lim\limits_{x\to 2}\dfrac{x+1}{x^2-4}=\lim\limits_{x\to 2}\dfrac{x+1}{(x-2)(x+2)}=\infty\Rightarrow$ 当 $x\to 2$ 时,$\dfrac{x+1}{x^2-4}$ 是无穷大量.

(4) $\lim\limits_{x\to 1}\dfrac{x^4+2x^2-3}{x^2-3x+2}=\lim\limits_{x\to 1}\dfrac{(x^2-1)(x^2+3)}{(x-1)(x-2)}=\lim\limits_{x\to 1}\dfrac{(x+1)(x^2+3)}{x-2}=-8\Rightarrow$ 当 $x\to 1$ 时，$\dfrac{x^4+2x^2-3}{x^2-3x+2}$ 既不是无穷大量也不是无穷小量.

> **题型分析** 无穷小是一个变量，"0"是唯一的无穷小常数，任何一个绝对值很小很小的常数都不是无穷小.

例 3 函数 $f(x)=x\sin x$ _____.
(A) 当 $x\to\infty$ 时为无穷大 (B) 在 $(-\infty,+\infty)$ 内有界
(C) 在 $(-\infty,+\infty)$ 内无界 (D) 当 $x\to\infty$ 时有有限极限

解 若取 $x_k=2k\pi$，则 $f(x_k)=2k\pi\cdot\sin 2k\pi=0$，故当 $x\to\infty$ 时，$f(x)$ 不是无穷大量，从而排除(A).

分别取 $y_k=2k\pi$，$z_k=\left(2k+\dfrac{1}{2}\right)\pi$，则当 $k\to\infty$ 时，$f(y_k)=0$，而 $f(z_k)\to\infty$，因此 $x\to\infty$ 时 $f(x)$ 不存在有限极限，且在 $(-\infty,+\infty)$ 内 $f(x)$ 也不是有界的，因此(B)、(D)也不成立.

由于在 $k\to\infty$ 时，$f(z_k)\to\infty$，所以(C)正确. 故应选(C).

> **题型分析** 只有正确理解 $f(x)$ 为无穷大与 $f(x)$ 无界两个概念之间的区别，以上题目才能作出正确选择.
>
> 无穷大必为无界，而无界未必是无穷大，这是因为无穷大要求对于一切满足 $n>N$（或 $0<|x-x_0|<\delta$ 或 $|x|>X$）的 x_n（或 $f(x)$）均有 $|x_n|>M$（或 $|f(x)|>M$），而无界仅需存在一个 n_0（或 x_0）使对于不论多么大正数 M 总有 $|x_{n_0}|>M$（或 $|f(x_0)|>M$）即可.

习题1-4精讲

1. **解:** 不一定. 例如 $\alpha(x)=2x$ 与 $\beta(x)=3x$ 都是当 $x\to 0$ 时的无穷小，但 $\dfrac{\alpha(x)}{\beta(x)}=\dfrac{2}{3}$ 却不是当 $x\to 0$ 时的无穷小.

*2. **证:** (1) 因为 $\left|\dfrac{x^2-9}{x+3}\right|=|x-3|$，所以 $\forall\varepsilon>0$，取 $\delta=\varepsilon$，则当 $0<|x-3|<\delta$ 时，就有 $\left|\dfrac{x^2-9}{x+3}\right|<\varepsilon$，即 $\dfrac{x^2-9}{x+3}$ 为当 $x\to 3$ 时的无穷小.

(2) 因为 $\left|x\sin\dfrac{1}{x}\right|\leqslant|x|$，所以 $\forall\varepsilon>0$，取 $\delta=\varepsilon$，则当 $0<|x|<\delta$ 时，就有 $\left|x\sin\dfrac{1}{x}\right|<\varepsilon$，即 $x\sin\dfrac{1}{x}$ 为当 $x\to 0$ 时的无穷小.

*3. **证:** 因为 $\left|\dfrac{1+2x}{x}\right|=\left|\dfrac{1}{x}+2\right|\geqslant\left|\dfrac{1}{x}\right|-2$，要使 $\left|\dfrac{1+2x}{x}\right|>M$，只要 $\left|\dfrac{1}{x}\right|-2>M$，即 $|x|<\dfrac{1}{M+2}$，所以 $\forall M>0$，取 $\delta=\dfrac{1}{M+2}$，则当 $0<|x-0|<\delta$ 时，就有

$\left|\dfrac{1+2x}{x}\right|>M$,即 $\dfrac{1+2x}{x}$ 为当 $x\to 0$ 时的无穷大.

令 $M=10^4$,取 $\delta=\dfrac{1}{10^4+2}$,当 $0<|x-0|<\dfrac{1}{10^4+2}$ 时,就能使 $\left|\dfrac{1+2x}{x}\right|>10^4$.

4. **解**:(1) $\lim\limits_{x\to\infty}\dfrac{2x+1}{x}=\lim\limits_{x\to\infty}\left(2+\dfrac{1}{x}\right)=2$. 理由:由定理 2,$\dfrac{1}{x}$ 为当 $x\to\infty$ 时的无穷

小;再由定理 1,$\lim\limits_{x\to\infty}\left(2+\dfrac{1}{x}\right)=2$.

(2) $\lim\limits_{x\to 0}\dfrac{1-x^2}{1-x}=\lim\limits_{x\to 0}(1+x)=1$. 理由:由定理 1,$\lim\limits_{x\to 0}(1+x)=1$.

5. 根据函数极限或无穷大定义,填写下表:

	$f(x)\to A$	$f(x)\to\infty$	$f(x)\to+\infty$	$f(x)\to-\infty$
$x\to x_0$	$\forall\varepsilon>0,\exists\delta>0$,使当 $0<|x-x_0|<\delta$ 时,即有 $|f(x)-A|<\varepsilon$.	$\forall M>0,\exists\delta>0$,使当 $0<|x-x_0|<\delta$ 时,即有 $|f(x)|>M$.	$\forall M>0,\exists\delta>0$,使当 $0<|x-x_0|<\delta$ 时,即有 $f(x)>M$.	$\forall M>0,\exists\delta>0$,使当 $0<|x-x_0|<\delta$ 时,即有 $f(x)<-M$.
$x\to x_0^+$	$\forall\varepsilon>0,\exists\delta>0$,使当 $0<x-x_0<\delta$ 时,即有 $|f(x)-A|<\varepsilon$.	$\forall M>0,\exists\delta>0$,使当 $0<x-x_0<\delta$ 时,即有 $|f(x)|>M$.	$\forall M>0,\exists\delta>0$,使当 $0<x-x_0<\delta$ 时,即有 $f(x)>M$.	$\forall M>0,\exists\delta>0$,使当 $0<x-x_0<\delta$ 时,即有 $f(x)<-M$.
$x\to x_0^-$	$\forall\varepsilon>0,\exists\delta>0$,使当 $0>x-x_0>-\delta$ 时,即有 $|f(x)-A|<\varepsilon$.	$\forall M>0,\exists\delta>0$,使当 $0>x-x_0>-\delta$ 时,即有 $|f(x)|>M$.	$\forall M>0,\exists\delta>0$,使当 $0>x-x_0>-\delta$ 时,即有 $f(x)>M$.	$\forall M>0,\exists\delta>0$,使当 $0>x-x_0>-\delta$ 时,即有 $f(x)<-M$.
$x\to\infty$	$\forall\varepsilon>0,\exists X>0$,使当 $|x|>X$ 时,即有 $|f(x)-A|<\varepsilon$.	$\forall M>0,\exists X>0$,使当 $|x|>X$ 时,即有 $|f(x)|>M$.	$\forall M>0,\exists X>0$,使当 $|x|>X$ 时,即有 $f(x)>M$.	$\forall M>0,\exists X>0$,使当 $|x|>X$ 时,即有 $f(x)<-M$.
$x\to+\infty$	$\forall\varepsilon>0,\exists X>0$,使当 $x>X$ 时,即有 $|f(x)-A|<\varepsilon$.	$\forall M>0,\exists X>0$,使当 $x>X$ 时,即有 $|f(x)|>M$.	$\forall M>0,\exists X>0$,使当 $x>X$ 时,即有 $f(x)>M$.	$\forall M>0,\exists X>0$,使当 $x>X$ 时,即有 $f(x)<-M$.
$x\to-\infty$	$\forall\varepsilon>0,\exists X>0$,使当 $x<-X$ 时,即有 $|f(x)-A|<\varepsilon$.	$\forall M>0,\exists X>0$,使当 $x<-X$ 时,即有 $|f(x)|>M$.	$\forall M>0,\exists X>0$,使当 $x<-X$ 时,即有 $f(x)>M$.	$\forall M>0,\exists X>0$,使当 $x<-X$ 时,即有 $f(x)<-M$.

6. **解**:因为 $\forall M>0$,总有 $x_0\in(M,+\infty)$,使 $\cos x_0=1$,从而 $y=x_0\cos x_0=x_0>M$,所以 $y=x\cos x$ 在 $(-\infty,+\infty)$ 内无界.

又因为 $\forall M>0, X>0$,总有 $x_0\in(X,+\infty)$,使 $\cos x_0=0$,从而 $y=x_0\cos x_0=0<M$,所以 $y=x\cos x$ 不是当 $x\to+\infty$ 时的无穷大.

*7. **证**:先证函数 $y=\dfrac{1}{x}\sin\dfrac{1}{x}$ 在区间 $(0,1]$ 上无界.

因为 $\forall M>0$，在 $(0,1]$ 中总可找到点 x_0，使 $f(x_0)>M$. 例如，可取 $x_0=\dfrac{1}{2k\pi+\dfrac{\pi}{2}}$ $(k\in\mathbf{N})$，则 $f(x_0)=2k\pi+\dfrac{\pi}{2}$，当 k 充分大时，可使 $f(x_0)>M$. 所以 $y=\dfrac{1}{x}\sin\dfrac{1}{x}$ 在 $(0,1]$ 上无界.

再证函数 $y=f(x)=\dfrac{1}{x}\sin\dfrac{1}{x}$ 不是 $x\to 0^+$ 时的无穷大.

因为 $\forall M>0$，$\delta>0$，总可找到点 x_0，使 $0<x_0<\delta$，但 $f(x_0)<M$.

例如，可取 $x_0=\dfrac{1}{2k\pi}$ $(k\in\mathbf{N}^+)$，当 k 充分大时，$0<x_0<\delta$ 但 $f(x_0)=2k\pi\sin 2k\pi=0<M$.

所以 $y=\dfrac{1}{x}\sin\dfrac{1}{x}$ 不是 $x\to 0^+$ 时的无穷大.

8. **解**：因为 $\lim\limits_{x\to\infty}f(x)=0$，所以 $y=0$ 是函数图形的水平渐近线.

因为 $\lim\limits_{x\to-\sqrt{2}}f(x)=\infty$，$\lim\limits_{x\to\sqrt{2}}f(x)=\infty$，所以 $x=-\sqrt{2}$ 及 $x=\sqrt{2}$ 都是函数图形的铅直渐近线.

第五节 极限运算法则

内容精讲

1. 函数极限的四则运算法则

以下运算法则对 $x\to x_0$ 和 $x\to\infty$ 均成立.

设 $\lim f(x)=A$，$\lim g(x)=B$（A，B 均为常数），则

$$\lim[f(x)\pm g(x)]=\lim f(x)\pm\lim g(x)=A\pm B$$

$$\lim[f(x)\cdot g(x)]=\lim f(x)\cdot\lim g(x)=A\cdot B$$

$$\lim\dfrac{f(x)}{g(x)}=\dfrac{\lim f(x)}{\lim g(x)}=\dfrac{A}{B}\quad (B\neq 0)$$

以上结论对数列也成立，且上述法则成立的条件是各自的极限都存在，否则不可以进行极限的四则运算.

2. 无穷小运算法则

(1) 有限多个无穷小的代数和仍是无穷小；

(2) 有限多个无穷小之积仍是无穷小；

(3) 有界函数与无穷小的乘积仍是无穷小.

所谓函数 $\varphi(x)$ 有界是指：存在常数 $M>0$，使当 $\varphi(x)$ 在 x 的变化过程中总有 $|\varphi(x)|\leqslant M$ 成立.

3. 复合函数的极限运算法则

设函数 $y=f[\varphi(x)]$ 是由函数 $u=\varphi(x)$ 与函数 $y=f(u)$ 复合而成，$f[\varphi(x)]$ 在点 x_0 的某去心邻域内有定义，若 $\lim\limits_{x\to x_0}\varphi(x)=u_0$，$\lim\limits_{u\to u_0}f(u)=A$，且存在 $\delta_1>0$，当 $x\in\overset{\circ}{U}(x_0,\delta_1)$ 时，有 $\varphi(x)\neq u_0$，则 $\lim\limits_{x\to x_0}f[\varphi(x)]=\lim\limits_{u\to u_0}f(u)=A$.

题型及考点解析

例1 求极限 $\lim\limits_{n\to\infty}[\sqrt{1+2+3+\cdots+n}-\sqrt{1+2+3+\cdots+(n-1)}]$.

解 原式 $=\lim\limits_{n\to\infty}\dfrac{n}{\sqrt{1+2+3+\cdots+n}+\sqrt{1+2+3+\cdots+(n-1)}}$

$=\lim\limits_{n\to\infty}\dfrac{n}{\sqrt{\dfrac{n(n+1)}{2}}+\sqrt{\dfrac{n(n-1)}{2}}}=\lim\limits_{n\to\infty}\dfrac{\sqrt{2}}{\sqrt{1+\dfrac{1}{n}}+\sqrt{1-\dfrac{1}{n}}}=\dfrac{\sqrt{2}}{2}$.

例2 求极限 $\lim\limits_{x\to-\infty}x(\sqrt{x^2+100}+x)$.

解 原式 $=\lim\limits_{x\to-\infty}\dfrac{100x}{\sqrt{x^2+100}-x}=\lim\limits_{x\to-\infty}\dfrac{100}{-\sqrt{1+\dfrac{100}{x^2}}-1}=-50$.

例3 $\lim\limits_{x\to1}\dfrac{\sqrt{3-x}-\sqrt{1+x}}{x^2+x-2}$.

解 原式 $=\lim\limits_{x\to1}\dfrac{\sqrt{3-x}-\sqrt{1+x}}{(x+2)(x-1)}=\lim\limits_{x\to1}\dfrac{2(1-x)}{(x+2)(x-1)}\cdot\dfrac{1}{\sqrt{3-x}+\sqrt{1+x}}=-\dfrac{\sqrt{2}}{6}$.

例4 求极限 $\lim\limits_{n\to\infty}\sin(\sqrt{n^2+1}\pi)$.

解 $\lim\limits_{n\to\infty}\sin(\sqrt{n^2+1}\pi)=\lim\limits_{n\to\infty}\sin(n+\sqrt{n^2+1}-n)\pi=\lim\limits_{n\to\infty}(-1)^n\sin(\sqrt{n^2+1}-n)\pi$

$=\lim\limits_{n\to\infty}(-1)^n\sin\dfrac{\pi}{\sqrt{n^2+1}+n}=0$.

例5 设函数 $f(x)=a^x(a>0,a\neq1)$,则 $\lim\limits_{n\to\infty}\dfrac{1}{n^2}\ln[f(1)f(2)\cdots f(n)]=$ _____.

解 原式 $=\lim\limits_{n\to\infty}\dfrac{1}{n^2}\ln[a^1 a^2\cdots a^n]=\lim\limits_{n\to\infty}\dfrac{1}{n^2}\ln a^{\frac{n(n+1)}{2}}=\lim\limits_{n\to\infty}\dfrac{\dfrac{n(n+1)}{2}}{n^2}\ln a=\dfrac{1}{2}\ln a$.

故应填 $\dfrac{1}{2}\ln a$.

例6 求 $\lim\limits_{n\to\infty}(1+x)(1+x^2)(1+x^4)\cdots(1+x^{2^n})$,$(|x|<1)$.

解 原式 $=\lim\limits_{n\to\infty}\dfrac{(1-x)(1+x)(1+x^2)(1+x^4)\cdots(1+x^{2^n})}{1-x}=\lim\limits_{n\to\infty}\dfrac{1-(x^{2^n})^2}{1-x}=\dfrac{1}{1-x}$.

题型分析

①由以上例题可知,在求极限时,经常会碰到各种障碍使四则运算法则不能直接应用.如 $\dfrac{0}{0}$,$\dfrac{\infty}{\infty}$,$\infty-\infty$ 等不定式,此时应运用各种方法对函数作恒等变形,比如分解因式(如例3)、分子或分母有理化(如例1、例2)、三角恒等变形(如例4)、先求和(如例5)或先求积(如例6)再求极限等方法,从而使四则运算法则能顺利地运用.

②利用有界变量乘无穷小量的性质,是求极限问题的一个很好的技巧(如例4).

例7 指出下列所论数列的收敛性:

(1) 设 $\{x_n\}$ 收敛，$\{y_n\}$ 发散，则 $\{x_n+y_n\}$ _____；

(2) 设 $\{x_n\}$ 与 $\{y_n\}$ 均发散，则 $\{x_n+y_n\}$ _____；

(3) 设 $\{x_n\}$ 收敛，$\{y_n\}$ 发散，则 $\{x_n y_n\}$ _____；

解 (1) 数列 $\{x_n+y_n\}$ 发散. 事实上，令 $z_n=x_n+y_n$，若 $\{z_n\}=\{x_n+y_n\}$ 收敛，则 $y_n=z_n-x_n$，由条件知 $\{y_n\}$ 也收敛，这与已知 $\{y_n\}$ 发散矛盾，故 $\{x_n+y_n\}$ 发散.

(2) $\{x_n+y_n\}$ 收敛性不确定. 比如，令 $x_n=n+\dfrac{1}{n}$，$y_n=-n+\dfrac{1}{n}$，$z_n=n^2-\dfrac{1}{n}$，则 $x_n+y_n=\dfrac{2}{n}$，$x_n+z_n=n^2+n$，显然数列 $\{x_n\}$，$\{y_n\}$，$\{z_n\}$ 均发散，但是 $\{x_n+y_n\}$ 收敛，而 $\{x_n+z_n\}$ 发散.

(3) 数列 $\{x_n y_n\}$ 的收敛性不确定. 例如，取 $\{x_n\}=\dfrac{1}{n}$，$y_n=n$，$z_n=(-1)^n n$，则数列 $\{x_n\}$ 收敛，$\{y_n\}$ 与 $\{z_n\}$ 均发散，但 $\{x_n y_n\}=1$ 收敛，而 $\{x_n z_n\}=\{(-1)^n\}$ 发散.

题型分析 由例 7 进一步说明，利用极限的四则运算法则是有条件的，只有当每个变量的极限都存在时才能用法则.

习题 1-5 精讲

1. 解：(1) $\lim\limits_{x\to 2}\dfrac{x^2+5}{x-3}=\dfrac{\lim\limits_{x\to 2}(x^2+5)}{\lim\limits_{x\to 2}(x-3)}=\dfrac{9}{-1}=-9.$

(2) $\lim\limits_{x\to\sqrt{3}}\dfrac{x^2-3}{x^2+1}=\dfrac{\lim\limits_{x\to\sqrt{3}}(x^2-3)}{\lim\limits_{x\to\sqrt{3}}(x^2+1)}=\dfrac{0}{4}=0.$

(3) $\lim\limits_{x\to 1}\dfrac{x^2-2x+1}{x^2-1}=\lim\limits_{x\to 1}\dfrac{(x-1)^2}{(x-1)(x+1)}=\lim\limits_{x\to 1}\dfrac{x-1}{x+1}=\dfrac{\lim\limits_{x\to 1}(x-1)}{\lim\limits_{x\to 1}(x+1)}=\dfrac{0}{2}=0.$

(4) $\lim\limits_{x\to 0}\dfrac{4x^3-2x^2+x}{3x^2+2x}=\lim\limits_{x\to 0}\dfrac{4x^2-2x+1}{3x+2}=\dfrac{\lim\limits_{x\to 0}(4x^2-2x+1)}{\lim\limits_{x\to 0}(3x+2)}=\dfrac{1}{2}.$

(5) $\lim\limits_{h\to 0}\dfrac{(x+h)^2-x^2}{h}=\lim\limits_{h\to 0}\dfrac{h(2x+h)}{h}=\lim\limits_{h\to 0}(2x+h)=2x.$

(6) $\lim\limits_{x\to\infty}\left(2-\dfrac{1}{x}+\dfrac{1}{x^2}\right)=\lim\limits_{x\to\infty}2-\lim\limits_{x\to\infty}\dfrac{1}{x}+\lim\limits_{x\to\infty}\dfrac{1}{x^2}=2-0+0=2.$

(7) $\lim\limits_{x\to\infty}\dfrac{x^2-1}{2x^2-x-1}=\lim\limits_{x\to\infty}\dfrac{1-\dfrac{1}{x^2}}{2-\dfrac{1}{x}-\dfrac{1}{x^2}}=\dfrac{\lim\limits_{x\to\infty}\left(1-\dfrac{1}{x^2}\right)}{\lim\limits_{x\to\infty}\left(2-\dfrac{1}{x}-\dfrac{1}{x^2}\right)}=\dfrac{1}{2}.$

(8) $\lim\limits_{x\to\infty}\dfrac{x^2+x}{x^4-3x^2+1}=\lim\limits_{x\to\infty}\dfrac{\dfrac{1}{x^2}+\dfrac{1}{x^3}}{1-\dfrac{3}{x^2}+\dfrac{1}{x^4}}=\dfrac{\lim\limits_{x\to\infty}\left(\dfrac{1}{x^2}+\dfrac{1}{x^3}\right)}{\lim\limits_{x\to\infty}\left(1-\dfrac{3}{x^2}+\dfrac{1}{x^4}\right)}=\dfrac{0}{1}=0.$

(9) $\lim\limits_{x\to 4}\dfrac{x^2-6x+8}{x^2-5x+4}=\lim\limits_{x\to 4}\dfrac{(x-4)(x-2)}{(x-4)(x-1)}=\lim\limits_{x\to 4}\dfrac{x-2}{x-1}=\dfrac{\lim\limits_{x\to 4}(x-2)}{\lim\limits_{x\to 4}(x-1)}=\dfrac{2}{3}.$

(10) $\lim\limits_{x\to\infty}\left(1+\dfrac{1}{x}\right)\left(2-\dfrac{1}{x^2}\right)=\lim\limits_{x\to\infty}\left(1+\dfrac{1}{x}\right)\cdot\lim\limits_{x\to\infty}\left(2-\dfrac{1}{x^2}\right)=1\cdot 2=2.$

(11) $\lim\limits_{n\to\infty}\left(1+\dfrac{1}{2}+\dfrac{1}{4}+\cdots+\dfrac{1}{2^n}\right)=\lim\limits_{n\to\infty}\dfrac{1-\dfrac{1}{2^{n+1}}}{1-\dfrac{1}{2}}=\lim\limits_{n\to\infty}2\left(1-\dfrac{1}{2^{n+1}}\right)=2\left(1-\lim\limits_{n\to\infty}\dfrac{1}{2^{n+1}}\right)=2.$

(12) $\lim\limits_{n\to\infty}\dfrac{1+2+3+\cdots+(n-1)}{n^2}=\lim\limits_{n\to\infty}\dfrac{n(n-1)}{2n^2}=\lim\limits_{n\to\infty}\dfrac{1}{2}\left(1-\dfrac{1}{n}\right)=\dfrac{1}{2}.$

(13) $\lim\limits_{n\to\infty}\dfrac{(n+1)(n+2)(n+3)}{5n^3}=\lim\limits_{n\to\infty}\dfrac{1}{5}\left(1+\dfrac{1}{n}\right)\left(1+\dfrac{2}{n}\right)\left(1+\dfrac{3}{n}\right)$
$=\dfrac{1}{5}\lim\limits_{n\to\infty}\left(1+\dfrac{1}{n}\right)\lim\limits_{n\to\infty}\left(1+\dfrac{2}{n}\right)\lim\limits_{n\to\infty}\left(1+\dfrac{3}{n}\right)=\dfrac{1}{5}.$

(14) $\lim\limits_{x\to 1}\left(\dfrac{1}{1-x}-\dfrac{3}{1-x^3}\right)=\lim\limits_{x\to 1}\dfrac{1+x+x^2-3}{1-x^3}=\lim\limits_{x\to 1}\dfrac{(x-1)(x+2)}{(1-x)(1+x+x^2)}=\lim\limits_{x\to 1}\dfrac{-(x+2)}{1+x+x^2}$
$=-\dfrac{\lim\limits_{x\to 1}(x+2)}{\lim\limits_{x\to 1}(1+x+x^2)}=-\dfrac{3}{3}=-1.$

2. 解:(1)因为 $\lim\limits_{x\to 2}\dfrac{(x-2)^2}{x^3+2x^2}=\dfrac{\lim\limits_{x\to 2}(x-2)^2}{\lim\limits_{x\to 2}(x^3+2x^2)}=0$,所以 $\lim\limits_{x\to 2}\dfrac{x^3+2x^2}{(x-2)^2}=\infty.$

(2)因为 $\lim\limits_{x\to\infty}\dfrac{2x+1}{x^2}=\lim\limits_{x\to\infty}\left(\dfrac{2}{x}+\dfrac{1}{x^2}\right)=0$,所以 $\lim\limits_{x\to\infty}\dfrac{x^2}{2x+1}=\infty.$

(3)因为 $\lim\limits_{x\to\infty}\dfrac{1}{2x^3-x+1}=\lim\limits_{x\to\infty}\dfrac{\dfrac{1}{x^3}}{2-\dfrac{1}{x^2}+\dfrac{1}{x^3}}=\dfrac{\lim\limits_{x\to\infty}\dfrac{1}{x^3}}{\lim\limits_{x\to\infty}\left(2-\dfrac{1}{x^2}+\dfrac{1}{x^3}\right)}=0$,所以 $\lim\limits_{x\to\infty}(2x^3-x+1)=\infty.$

3. 解:(1)因为 $x^2\to 0(x\to 0)$,$\left|\sin\dfrac{1}{x}\right|\leqslant 1$,所以 $\lim\limits_{x\to 0}x^2\sin\dfrac{1}{x}=0.$

(2)因为 $\dfrac{1}{x}\to 0(x\to\infty)$,$|\arctan x|<\dfrac{\pi}{2}$,所以 $\lim\limits_{x\to\infty}\dfrac{\arctan x}{x}=0.$

4. 解:(1)错. 例如 $a_n=\dfrac{1}{n}$,$b_n=\dfrac{n}{n+1}$,$n\in\mathbf{N}^+$,当 $n=1$ 时,$a_1=1>\dfrac{1}{2}=b_1$,故对任意 $n\in\mathbf{N}^+$ $a_n<b_n$ 不成立.

(2)错. 例如 $b_n=\dfrac{n}{n+1}$,$c_n=(-1)^n n$,$n\in\mathbf{N}^+$ 当 n 为奇数时,$b_n<c_n$ 不成立.

(3)错. 例如 $a_n=\dfrac{1}{n^2}$,$c_n=n$,$n\in\mathbf{N}^+$. $\lim\limits_{n\to\infty}a_n c_n=0.$

(4)对. 因为,若 $\lim\limits_{n\to\infty}b_n c_n$ 存在,则 $\lim\limits_{n\to\infty}c_n=\lim\limits_{n\to\infty}(b_n c_n)\cdot\lim\limits_{n\to\infty}\dfrac{1}{b_n}$ 也存在,与已知条件矛盾.

5. 解:(1)对. 因为若 $\lim\limits_{x\to x_0}[f(x)+g(x)]$ 存在,则 $\lim\limits_{x\to x_0}g(x)=\lim\limits_{x\to x_0}[f(x)+g(x)]-\lim\limits_{x\to x_0}f(x)$ 也存在,与已知条件矛盾.

(2)错. 例如 $f(x)=\mathrm{sgn}x$,$g(x)=-\mathrm{sgn}x$ 在 $x\to 0$ 时的极限都不存在,但 $f(x)+g(x)\equiv 0$ 在 $x\to 0$ 时的极限存在.

(3)错. 例如 $\lim\limits_{x\to 0}x=0$,$\lim\limits_{x\to 0}\sin\dfrac{1}{x}$ 不存在,但 $\lim\limits_{x\to 0}x\sin\dfrac{1}{x}=0$

6. 证:因 $\lim f(x)=A$,$\lim g(x)=B$,由上节定理1,有 $f(x)=A+\alpha$, $g(x)=B+\beta$,

其中 α、β 都是无穷小,于是 $f(x)g(x)=(A+\alpha)(B+\beta)=AB+(A\beta+B\alpha+\alpha\beta)$,
由本节定理 2 推论 1、2,$A\beta$、$B\alpha$、$\alpha\beta$ 都是无穷小,再由本节定理 1,$(A\alpha+B\beta+\alpha\beta)$ 也是无穷小,
由上节定理 1,得 $\lim f(x)g(x)=AB=\lim f(x)\cdot\lim g(x)$.

第六节 极限存在准则 两个重要极限

内容精讲

1. 两个准则

准则 Ⅰ（夹逼准则） 如果数列 $\{x_n\}$,$\{y_n\}$ 及 $\{z_n\}$ 满足下列条件:

(1) $y_n \leqslant x_n \leqslant z_n$, $n=1,2,\cdots$

(2) $\lim\limits_{n\to\infty}y_n=\lim\limits_{n\to\infty}z_n=a$, 则数列 $\{x_n\}$ 的极限存在,且 $\lim\limits_{n\to\infty}x_n=a$.

准则 Ⅰ′ 设函数 $f(x)$、$g(x)$、$h(x)$ 有定义,且满足下列条件:

(1) 当 $x\in\{x\mid 0<|x-x_0|<\delta\}$（或 $|x|>M$）时,有 $g(x)\leqslant f(x)\leqslant h(x)$ 成立;

(2) $\lim\limits_{\substack{x\to x_0\\(x\to\infty)}}g(x)=\lim\limits_{\substack{x\to x_0\\(x\to\infty)}}h(x)=a$, 则 $\lim\limits_{\substack{x\to x_0\\(x\to\infty)}}f(x)$ 存在,且 $\lim\limits_{\substack{x\to x_0\\(x\to\infty)}}f(x)=a$.

准则 Ⅱ 单调有界数列必有极限.

2. 两个重要极限

(1) $\lim\limits_{x\to 0}\dfrac{\sin x}{x}=1$, 特点是 $\dfrac{0}{0}$ 型极限;

(2) $\lim\limits_{x\to 0}(1+x)^{\frac{1}{x}}=e$ 或 $\lim\limits_{x\to\infty}\left(1+\dfrac{1}{x}\right)^x=e$, 特点是 1^∞ 型极限.

题型及考点解析

例 1 设 $a>0$, $x_1>0$, $x_{n+1}=\dfrac{1}{2}\left(x_n+\dfrac{a}{x_n}\right)$, $(n=1,2,\cdots)$

(1) 求证:数列 $\{x_n\}$ 单调减少且有下界. (2) 求 $\lim\limits_{n\to\infty}x_n$. (考研题).

证 (1) 显然 $x_n\geqslant 0(n\geqslant 1)$ 因 $x_{n+1}=\dfrac{1}{2}\left(x_n+\dfrac{a}{x_n}\right)\geqslant\sqrt{x_n\cdot\dfrac{a}{x_n}}=\sqrt{a}(n\geqslant 2)$, 故 $\{x_n\}$ 有下界,又

$x_{n+1}-x_n=\dfrac{1}{2}\left(x_n+\dfrac{a}{x_n}\right)-x_n=\dfrac{a-x_n^2}{2x_n}\leqslant 0(n\geqslant 2)$, 即 $x_{n+1}\leqslant x_n$,

故数列 $\{x_n\}$ 单调减少.

(2) 由(1)知 $\lim\limits_{n\to\infty}x_n=A$ 存在. 对 $x_{n+1}=\dfrac{1}{2}\left(x_n+\dfrac{a}{x_n}\right)$ 两边取极限,得 $A=\dfrac{1}{2}\left(A+\dfrac{a}{A}\right)$, 解得 $A=\sqrt{a}$ 或 $A=-\sqrt{a}$（舍去）.

题型分析 单调有界性判别法主要分为两部分:单调、有界,是证明数列极限存在最常用的准则,是本节的难点. 证明数列单调性的方法常用归纳法、缩放法,也可证明 $x_{n+1}-x_n\geqslant 0$（或 $x_{n+1}-x_n\leqslant 0$）或 $x_{n+1}-x_n$ 与 x_n-x_{n-1} 同号等.

例2 求 $\lim\limits_{n\to\infty}\left(\dfrac{1}{n^2+n+1}+\dfrac{2}{n^2+n+2}+\cdots+\dfrac{n}{n^2+n+n}\right)$.

解 $\dfrac{1+2+\cdots+n}{n^2+n+n}\leqslant \dfrac{1}{n^2+n+1}+\dfrac{2}{n^2+n+2}+\cdots+\dfrac{n}{n^2+n+n}\leqslant \dfrac{1+2+\cdots+n}{n^2+n+1}$,

而 $\lim\limits_{n\to\infty}\dfrac{1+2+\cdots+n}{n^2+n+n}=\lim\limits_{n\to\infty}\dfrac{\frac{n(n+1)}{2}}{n^2+n+n}=\dfrac{1}{2}$,$\lim\limits_{n\to\infty}\dfrac{1+2+\cdots+n}{n^2+n+1}=\lim\limits_{n\to\infty}\dfrac{\frac{n(n+1)}{2}}{n^2+n+1}=\dfrac{1}{2}$,

所以由夹逼定理得：原式 $=\dfrac{1}{2}$.

题型分析 对于 n 项求和的数列极限问题，一般考虑用夹逼准则或定积分定义(详见第五章第一节). 本例是用夹逼准则.

例3 $\lim\limits_{x\to 0}\dfrac{3\sin x^2+x^2\cos\frac{1}{x}}{(1+\cos x)x}=$ _____.

解 原式 $=\lim\limits_{x\to 0}\dfrac{1}{1+\cos x}\cdot\lim\limits_{x\to 0}\dfrac{3\sin x^2+x^2\cos\frac{1}{x}}{x}=\dfrac{1}{2}\lim\limits_{x\to 0}\left(3\dfrac{\sin x^2}{x}+x\cos\dfrac{1}{x}\right)$

$=\dfrac{1}{2}\left(3\lim\limits_{x\to 0}\dfrac{\sin x^2}{x^2}\cdot x+\lim\limits_{x\to 0}x\cos\dfrac{1}{x}\right)=\dfrac{1}{2}(3\cdot 1\cdot 0+0)=0$.

题型分析 利用重要极限 $\lim\limits_{x\to 0}\dfrac{\sin x}{x}=1$ 时，必须具备两个条件：

(1) 在给定的极限过程下为 $\dfrac{0}{0}$ 型；

(2) 形如 $\dfrac{\sin\varphi(x)}{\varphi(x)}$ 且分子、分母中 $\varphi(x)$ 形式相同，并满足 $\lim\varphi(x)=0$.

例4 设常数 $a\neq\dfrac{1}{2}$，则 $\lim\limits_{x\to +\infty}\ln\left[\dfrac{x-2xa+1}{x(1-2a)}\right]^x=$ _____.

解 原式 $=\lim\limits_{x\to +\infty}x\ln\dfrac{1-2a+\frac{1}{x}}{1-2a}=\lim\limits_{x\to +\infty}x\ln\left(1+\dfrac{1}{1-2a}\cdot\dfrac{1}{x}\right)$

$=\ln\lim\limits_{x\to +\infty}\left(1+\dfrac{1}{1-2a}\cdot\dfrac{1}{x}\right)^x=\ln\lim\limits_{x\to +\infty}\left[\left(1+\dfrac{1}{(1-2a)x}\right)^{(1-2a)x}\right]^{\frac{1}{1-2a}}=\ln e^{\frac{1}{1-2a}}=\dfrac{1}{1-2a}$.

题型分析 在利用重要极限 $\lim\limits_{x\to\infty}\left(1+\dfrac{1}{x}\right)^x=e$ (或 $\lim\limits_{x\to 0}(1+x)^{\frac{1}{x}}=e$) 时，必须具备两个条件：

(1) 在给定极限过程下为 1^∞ 型；(2) 形如 $\left[1+\dfrac{1}{\varphi(x)}\right]^{\varphi(x)}(\varphi(x)\to\infty)$ 或 $[1+\varphi(x)]^{\frac{1}{\varphi(x)}}(\varphi(x)\to 0)$ 计算时把要求极限的式子拼成以上形式便得结果.

例 5 已知 $\lim\limits_{x\to\infty}\left(\dfrac{x^2}{x+1}-ax-b\right)=0$,其中 a,b 是常数,则

(A) $a=1, b=1$ (B) $a=-1, b=1$
(C) $a=1, b=-1$ (D) $a=-1, b=-1$

解 由 $\lim\limits_{x\to\infty}\left(\dfrac{x^2}{x+1}-ax-b\right)=\lim\limits_{x\to\infty}\left[\dfrac{1+(x^2-1)}{x+1}-ax-b\right]$

$=\lim\limits_{x\to\infty}\dfrac{1}{x+1}+\lim\limits_{x\to\infty}(x-1-ax-b)=\lim\limits_{x\to\infty}[(1-a)x-(1+b)]=0.$

知 $\lim\limits_{x\to\infty}(1-a)x=1+b$,由于 a,b 是常数,所以当且仅当 $\begin{cases}1-a=0\\1+b=0\end{cases}$ 时上式才成立,故 $a=1$,$b=-1$. 应选(C).

题型分析 这一类题,要求根据某个极限满足一定的条件,确定极限中参数的值或关系式,解决这类问题的基本思想是根据极限的求解方法,求得含有参数的极限值,让其满足给定的条件,从而求得参数值或关系式.

习题1-6精讲

1. **解**：(1)当 $\omega\neq 0$ 时,$\lim\limits_{x\to 0}\dfrac{\sin\omega x}{x}=\lim\limits_{x\to 0}\left(\omega\cdot\dfrac{\sin\omega x}{\omega x}\right)=\omega\lim\limits_{x\to 0}\dfrac{\sin\omega x}{\omega x}=\omega;$

当 $\omega=0$ 时,$\lim\limits_{x\to 0}\dfrac{\sin\omega x}{x}=0=\omega,$

故不论 ω 为何值,均有 $\lim\limits_{x\to 0}\dfrac{\sin\omega x}{x}=\omega.$

(2) $\lim\limits_{x\to 0}\dfrac{\tan 3x}{x}=\lim\limits_{x\to 0}\left(3\cdot\dfrac{\tan 3x}{3x}\right)=3\lim\limits_{x\to 0}\dfrac{\tan 3x}{3x}=3.$

(3) $\lim\limits_{x\to 0}\dfrac{\sin 2x}{\sin 5x}=\lim\limits_{x\to 0}\left(\dfrac{\sin 2x}{2x}\cdot\dfrac{5x}{\sin 5x}\cdot\dfrac{2}{5}\right)=\dfrac{2}{5}\lim\limits_{x\to 0}\dfrac{\sin 2x}{2x}\cdot\lim\limits_{x\to 0}\dfrac{5x}{\sin 5x}=\dfrac{2}{5}.$

(4) $\lim\limits_{x\to 0}x\cot x=\lim\limits_{x\to 0}\left(\dfrac{x}{\sin x}\cdot\cos x\right)=\lim\limits_{x\to 0}\dfrac{x}{\sin x}\cdot\lim\limits_{x\to 0}\cos x=1.$

(5) $\lim\limits_{x\to 0}\dfrac{1-\cos 2x}{x\sin x}=\lim\limits_{x\to 0}\dfrac{2\sin^2 x}{x\sin x}=2\lim\limits_{x\to 0}\dfrac{\sin x}{x}=2.$ (6) $\lim\limits_{n\to\infty}2^n\sin\dfrac{x}{2^n}=\lim\limits_{n\to\infty}\left(\dfrac{\sin\frac{x}{2^n}}{\frac{x}{2^n}}\cdot x\right)=x.$

2. **解**：(1) $\lim\limits_{x\to 0}(1-x)^{\frac{1}{x}}=\lim\limits_{x\to 0}[1+(-x)]^{\frac{1}{(-x)}\cdot(-1)}=e^{-1}.$

(2) $\lim\limits_{x\to 0}(1+2x)^{\frac{1}{x}}=\lim\limits_{x\to 0}[(1+2x)^{\frac{1}{2x}}]^2=e^2.$

(3) $\lim\limits_{x\to\infty}\left(\dfrac{1+x}{x}\right)^{2x}=\lim\limits_{x\to\infty}\left[\left(1+\dfrac{1}{x}\right)^x\right]^2=e^2.$

(4) $\lim\limits_{x\to\infty}\left(1-\dfrac{1}{x}\right)^{kx}=\lim\limits_{x\to\infty}\left[1+\dfrac{1}{(-x)}\right]^{(-x)(-k)}=e^{-k}.$

* 3. **证**：$\forall\varepsilon>0$,因 $\lim\limits_{x\to x_0}g(x)=A$,,故 $\exists\delta_1>0$,当 $0<|x-x_0|<\delta_1$ 时,有 $|g(x)-A|<\varepsilon$,即

$A-\varepsilon<g(x)<A+\varepsilon,$ \hfill (3)

又因 $\lim\limits_{x\to x_0}h(x)=A$,故对上面的 $\varepsilon>0$,$\exists \delta_2>0$,当 $0<|x-x_0|<\delta_2$ 时,有 $|h(x)-A|<\varepsilon$,即
$$A-\varepsilon<h(x)<A+\varepsilon. \qquad (4)$$
取 $\delta=\min\{\delta_1,\delta_2,r\}$,则当 $0<|x-x_0|<\delta$ 时,假设(1)及关系式(3)、(4)同时成立,从而有
$$A-\varepsilon<g(x)\leqslant f(x)\leqslant h(x)<A+\varepsilon,$$
即有 $|f(x)-A|<\varepsilon$. 因此 $\lim\limits_{x\to x_0}f(x)$ 存在,且等于 A.

4. 证:(1)因 $1<\sqrt{1+\dfrac{1}{n}}<1+\dfrac{1}{n}$,而 $\lim\limits_{n\to\infty}1=1$, $\lim\limits_{n\to\infty}\left(1+\dfrac{1}{n}\right)=1$,由夹逼准则,即得证.

(2)因 $\dfrac{n}{n+\pi}\leqslant n\left(\dfrac{1}{n^2+\pi}+\dfrac{1}{n^2+2\pi}+\cdots+\dfrac{1}{n^2+n\pi}\right)\leqslant \dfrac{n^2}{n^2+\pi}$,

而 $\lim\limits_{n\to\infty}\dfrac{n}{n+\pi}=1$, $\lim\limits_{n\to\infty}\dfrac{n^2}{n^2+\pi}=1$,由夹逼准则,即得证.

(3) $x_{n+1}=\sqrt{2+x_n}$ $(n\in\mathbf{N}^+)$, $x_1=\sqrt{2}$.

先证数列 $\{x_n\}$ 有界:$n=1$ 时,$x_1=\sqrt{2}<2$;假定 $n=k$ 时,$x_k<2$. 当 $n=k+1$ 时,$x_{k+1}=\sqrt{2+x_k}<\sqrt{2+2}=2$,故 $x_n<2(n\in\mathbf{N}^+)$.

再证数列单调增加:因 $x_{n+1}-x_n=\sqrt{2+x_n}-x_n=\dfrac{2+x_n-x_n^2}{\sqrt{2+x_n}+x_n}=-\dfrac{(x_n-2)(x_n+1)}{\sqrt{2+x_n}+x_n}$,由 $0<x_n<2$,得 $x_{n+1}-x_n>0$,即 $x_{n+1}>x_n(n\in\mathbf{N}^+)$.

由单调有界准则,即知 $\lim\limits_{n\to\infty}x_n$ 存在. 记 $\lim\limits_{n\to\infty}x_n=a$. 由 $x_{n+1}=\sqrt{2+x_n}$,得 $x_{n+1}^2=2+x_n$.

上式两端同时取极限:$\lim\limits_{n\to\infty}x_{n+1}^2=\lim\limits_{n\to\infty}(2+x_n)$,得 $a^2=2+a\Rightarrow a^2-a-2=0\Rightarrow a_1=2, a_2=-1$(舍去). 即 $\lim\limits_{n\to\infty}x_n=2$.

(4)当 $x>0$ 时,$1<\sqrt[n]{1+x}<1+x$;当 $-1<x<0$ 时,$1+x<\sqrt[n]{1+x}<1$.

而 $\lim\limits_{x\to 0}1=1$, $\lim\limits_{x\to 0}(1+x)=1$. 由夹逼准则,即得证.

(5)当 $x>0$ 时,$1-x<x\left[\dfrac{1}{x}\right]\leqslant 1$. 而 $\lim\limits_{x\to 0^+}(1-x)=1$, $\lim\limits_{x\to 0^+}1=1$. 由夹逼准则,即得证.

第七节　无穷小的比较

内容精讲

1. 无穷小的比较

设 $\lim\alpha=0, \lim\beta=0$.

若 $\lim\dfrac{\beta}{\alpha}=0$,则称 β 是比 α 高阶的无穷小,记为 $\beta=o(\alpha)$;

若 $\lim\dfrac{\beta}{\alpha}=\infty$,则称 β 是比 α 低阶的无穷小;

若 $\lim\dfrac{\beta}{\alpha}=c\neq 0$,则称 β 与 α 是同阶无穷小;

特别当 $c=1$ 时,则称 β 与 α 是等价无穷小,记作 $\alpha\sim\beta$.

2. 等价无穷小代换

(1) 若 $\lim \alpha = 0$, $\lim \beta = 0$, 且 $\alpha \sim \alpha'$, $\beta \sim \beta'$, 则

$$\lim \frac{\alpha}{\beta} = \lim \frac{\alpha'}{\beta} = \lim \frac{\alpha}{\beta'} = \lim \frac{\alpha'}{\beta'}.$$

(2) 设 $\alpha, \alpha', \beta, \beta'$ 都是在自变量同一变化过程中的无穷小, 且 $\alpha \sim \alpha'$, $\beta \sim \beta'$, 如果 $\lim \frac{\beta}{\alpha} = c \neq 1 (\text{或} -1)$, 则 $\alpha - \beta \sim \alpha' - \beta'$ (或 $\alpha + \beta \sim \alpha' + \beta'$).

3. 常见的等价无穷小 设 $\alpha(x) \to 0$, 则

$\sin \alpha(x) \sim \alpha(x)$; $\tan \alpha(x) \sim \alpha(x)$;

$\arcsin \alpha(x) \sim \alpha(x)$; $\arctan \alpha(x) \sim \alpha(x)$;

$[e^{\alpha(x)} - 1] \sim \alpha(x)$; $\ln[1 + \alpha(x)] \sim \alpha(x)$;

$[1 - \cos \alpha(x)] \sim \frac{1}{2}[\alpha(x)]^2$; $[1 + \alpha(x)]^k - 1 \sim k\alpha(x)$ $(k \neq 0)$;

$a^{\alpha(x)} - 1 \sim \alpha(x) \ln a$ $(a > 0, a \neq 1)$.

4. 无穷小的阶数

若 $\lim \frac{\beta}{\alpha^k} = c \neq 0$, 则称 β 是 α 的 k 阶无穷小 $(k > 0)$.

上式是判断无穷小阶数的基本方法.

题型及考点解析

例 1 若 $x \to 0$ 时, $(1 - ax^2)^{\frac{1}{4}} - 1$ 与 $x \sin x$ 是等价无穷小, 则 $a = $ _____.

解 当 $x \to 0$ 时, $(1 - ax^2)^{\frac{1}{4}} - 1 \sim -\frac{1}{4} ax^2$, $x \sin x \sim x^2$. 于是, 根据题设有

$$\lim_{x \to 0} \frac{(1 - ax^2)^{\frac{1}{4}} - 1}{x \sin x} = \lim_{x \to 0} \frac{-\frac{1}{4} ax^2}{x^2} = -\frac{1}{4} a = 1, \text{所以} a = -4.$$

例 2 设当 $x \to 0$ 时, $(1 - \cos x) \ln(1 + x^2)$ 是比 $x \sin x^n$ 高阶的无穷小, 而 $x \sin x^n$ 是比 $(e^{x^2} - 1)$ 高阶的无穷小, 则正整数 $n = $ _____.

(A) 1   (B) 2   (C) 3   (D) 4

解 由于 $\ln(1 + x^2) \sim x^2$, $\sin x^n \sim x^n$, $1 - \cos x \sim \frac{1}{2} x^2$, $x \to 0$. 所以当 $x \to 0$ 时有

$$(1 - \cos x) \ln(1 + x^2) = o(x^3), \quad x \sin x^n = o(x^n). \quad e^{x^2} - 1 = o(x).$$

由题目条件: $3 > n > 1$. 故 $n = 2$.

题型分析 深刻理解阶的概念, 记住常用的无穷小等价形式, 是解此类题目的关键.

例 3 下面求极限的方法是否正确?为什么?

当 $x \to 0$ 时, 由于 $\tan x \sim x$, $\sin x \sim x$, 所以 $\lim_{x \to 0} \frac{\tan x - \sin x}{x^3} = \lim_{x \to 0} \frac{x - x}{x^3} = \lim_{x \to 0} 0 = 0$.

解 不正确. 虽然利用等价无穷小量代换可使得求极限过程简化, 但是在两个无穷小量相

减时,若想用它们的等价无穷小量代换是有条件的(详见例 4),此时,当 $x\to 0$ 时,$\sin x$ 与 $\tan x$ 恰好是等价无穷小,所以题中所求极限是不能用各自的等价无穷小量代换的. 该极限的正确解法之一是 $\lim\limits_{x\to 0}\dfrac{\tan x-\sin x}{x^3}=\lim\limits_{x\to 0}\dfrac{\sin x}{x}\cdot\dfrac{1-\cos x}{x^2}\cdot\dfrac{1}{\cos x}=\lim\limits_{x\to 0}\dfrac{\sin x}{x}\cdot\dfrac{\frac{1}{2}x^2}{x^2}\cdot\dfrac{1}{\cos x}=\dfrac{1}{2}$.

例 4 设在自变量 x 的同一变化过程中,$\alpha,\alpha',\beta,\beta'$ 均为无穷小且 $\alpha\sim\alpha',\beta\sim\beta'$,若 $\lim\dfrac{\beta}{\alpha}=c\neq 1$(或 -1),则 $\alpha-\beta\sim\alpha'-\beta'$(或 $\alpha+\beta\sim\alpha'+\beta'$).

证 因为 $\lim\dfrac{\alpha}{\beta}=c\neq 1$,所以 $\lim\dfrac{\alpha'}{\beta'}=c\neq 1$,

从而 $\lim\dfrac{\alpha-\beta}{\alpha'-\beta'}=\lim\dfrac{\beta}{\beta'}\cdot\dfrac{\frac{\alpha}{\beta}-1}{\frac{\alpha'}{\beta'}-1}=\lim\dfrac{\beta}{\beta'}\cdot\lim\dfrac{\frac{\alpha}{\beta}-1}{\frac{\alpha'}{\beta'}-1}=\dfrac{c-1}{c-1}=1$,即 $\alpha-\beta\sim\alpha'-\beta'$;

同理,若 $\lim\dfrac{\beta}{\alpha}=c\neq -1$,有 $\alpha+\beta\sim\alpha'+\beta'$.

题型分析 当无穷小量 $\alpha(x)$ 作为因子(不论是分子或分母的因子)出现在极限式中时,均可用它的等价无穷小来代替,以简化极限运算;但是在加减情况下,必须注意命题的条件(见例 4 的结论),只有在满足条件 $\lim\dfrac{\alpha}{\beta}\neq 1$ 时,才可以在两个无穷小量相减时用等价无穷小代换,否则会出现计算错误(见例 3).

例 5 求下列极限

(1) $\lim\limits_{x\to\infty}\dfrac{\sin\frac{1}{x}+\tan\frac{1}{x}}{\arcsin\frac{1}{x}}$; (2) $\lim\limits_{x\to 0^+}\dfrac{1-\sqrt{\cos x}}{x(1-\cos\sqrt{x})}$.

解 (1) 当 $x\to\infty$ 时,$\sin\dfrac{1}{x}\to 0$,$\tan\dfrac{1}{x}\to 0$,$\arcsin\dfrac{1}{x}\sim\dfrac{1}{x}$ 且 $\lim\limits_{x\to\infty}\dfrac{\sin\frac{1}{x}}{\tan\frac{1}{x}}=1\neq -1$,从而由例 4 的结论知:当 $x\to\infty$ 时,$\sin\dfrac{1}{x}+\tan\dfrac{1}{x}\sim\dfrac{1}{x}+\dfrac{1}{x}$,于是 $\lim\limits_{x\to\infty}\dfrac{\sin\frac{1}{x}+\tan\frac{1}{x}}{\arcsin\frac{1}{x}}=\lim\limits_{x\to\infty}\dfrac{\frac{1}{x}+\frac{1}{x}}{\frac{1}{x}}=2$.

(2) $\lim\limits_{x\to 0^+}\dfrac{1-\sqrt{\cos x}}{x(1-\cos\sqrt{x})}=\lim\limits_{x\to 0^+}\dfrac{1-\cos x}{x(1-\cos\sqrt{x})\cdot(1+\sqrt{\cos x})}=\lim\limits_{x\to 0^+}\dfrac{1}{1+\sqrt{\cos x}}\cdot\lim\limits_{x\to 0^+}\dfrac{\frac{1}{2}x^2}{x\cdot\frac{1}{2}x}=\dfrac{1}{2}$.

例 6 极限 $\lim\limits_{x\to 0}[1+\ln(1+x)]^{\frac{2}{x}}=$ _____.

解 设 $y=[1+\ln(1+x)]^{\frac{2}{x}}$,则 $\ln y=\dfrac{2}{x}\ln[1+\ln(1+x)]$,

$\lim\limits_{x\to 0}\ln y=\lim\limits_{x\to 0}\dfrac{2\ln[1+\ln(1+x)]}{x}=2\lim\limits_{x\to 0}\dfrac{\ln(1+x)}{x}=2\lim\limits_{x\to 0}\dfrac{x}{x}=2$,

所以　原式$=\lim\limits_{x\to 0}y=\lim\limits_{x\to 0}\exp(\ln y)=\exp(\lim\limits_{x\to 0}\ln y)=e^2$，

题型分析　幂指函数求极限常用对数法，即$\lim\limits_{x\to 0}f(x)^{g(x)}=\exp(\lim\limits_{x\to 0}g(x)\cdot\ln f(x))$。

习题1-7精讲

1. **解**：因为$\lim\limits_{x\to 0}(2x-x^2)=0$，$\lim\limits_{x\to 0}(x^2-x^3)=0$，$\lim\limits_{x\to 0}\dfrac{x^2-x^3}{2x-x^2}=\lim\limits_{x\to 0}\dfrac{x-x^2}{2-x}=0$，

   所以当$x\to 0$时，x^2-x^3是比$2x-x^2$高阶的无穷小．

2. **解**：因为$\lim\limits_{x\to 0}(1-\cos x)^2=0$，$\lim\limits_{x\to 0}\sin^2 x=0$，$\lim\limits_{x\to 0}\dfrac{(1-\cos x)^2}{\sin^2 x}=\lim\limits_{x\to 0}\dfrac{\left(\dfrac{1}{2}x^2\right)^2}{x^2}=0$，

   所以当$x\to 0$时，$(1-\cos x)^2$是比$\sin^2 x$高阶的无穷小．

3. **解**：(1) $\dfrac{1-x}{1-x^3}=\dfrac{1-x}{(1-x)(1+x+x^2)}=\dfrac{1}{1+x+x^2}\to\dfrac{1}{3}(x\to 1)$，同阶，不等价．

   (2) $\dfrac{1-x}{\dfrac{1}{2}(1-x^2)}=\dfrac{1-x}{\dfrac{1}{2}(1-x)(1+x)}=\dfrac{2}{1+x}\to 1(x\to 1)$，同阶，等价．

4. **证**：(1) 令$x=\tan t$，即$t=\arctan x$，当$x\to 0$时，$t\to 0$．

   因为$\lim\limits_{x\to 0}\dfrac{\arctan x}{x}=\lim\limits_{t\to 0}\dfrac{t}{\tan t}=1$，　所以$\arctan x\sim x\ (x\to 0)$．

   (2) 因为$\lim\limits_{x\to 0}\dfrac{\sec x-1}{\dfrac{x^2}{2}}=\lim\limits_{x\to 0}\left(\dfrac{1-\cos x}{\dfrac{x^2}{2}}\cdot\dfrac{1}{\cos x}\right)=\lim\limits_{x\to 0}\left(\dfrac{2\sin^2\dfrac{x}{2}}{\dfrac{x^2}{2}}\cdot\dfrac{1}{\cos x}\right)=\lim\limits_{x\to 0}\dfrac{\sin^2\dfrac{x}{2}}{\left(\dfrac{x}{2}\right)^2}\cdot\lim\limits_{x\to 0}\dfrac{1}{\cos x}$

   $=1$，所以$\sec x-1\sim\dfrac{x^2}{2}\ (x\to 0)$．

5. **解**：(1) $\lim\limits_{x\to 0}\dfrac{\tan 3x}{2x}=\lim\limits_{x\to 0}\dfrac{3x}{2x}=\dfrac{3}{2}$．

   (2) $\lim\limits_{x\to 0}\dfrac{\sin(x^n)}{(\sin x)^m}=\lim\limits_{x\to 0}\dfrac{x^n}{x^m}=\begin{cases}0,\ n>m\\ 1,\ n=m\\ \infty,\ n<m.\end{cases}$

   (3) $\lim\limits_{x\to 0}\dfrac{\tan x-\sin x}{\sin^3 x}=\lim\limits_{x\to 0}\dfrac{\sec x-1}{\sin^2 x}=\lim\limits_{x\to 0}\dfrac{\dfrac{x^2}{2}}{x^2}=\dfrac{1}{2}$

   (4) $\lim\limits_{x\to 0}\dfrac{\sin x-\tan x}{(\sqrt[3]{1+x^2}-1)(\sqrt{1+\sin x}-1)}=\lim\limits_{x\to 0}\dfrac{\sin x(1-\sec x)}{\dfrac{1}{3}x^2\cdot\dfrac{1}{2}\sin x}=\lim\limits_{x\to 0}\dfrac{-\dfrac{1}{2}x^2}{\dfrac{1}{6}x^2}=-3$．

6. **证**：(1) 因为$\lim\dfrac{\alpha}{\alpha}=1$，所以$\alpha\sim\alpha$；

   (2) 因为$\alpha\sim\beta$，即$\lim\dfrac{\alpha}{\beta}=1$，所以$\lim\dfrac{\beta}{\alpha}=1$，即$\beta\sim\alpha$；

(3)因为 $\alpha\sim\beta$, $\beta\sim\gamma$, 即 $\lim\dfrac{\alpha}{\beta}=1$, $\lim\dfrac{\beta}{\gamma}=1$ 所以

$$\lim\dfrac{\alpha}{\gamma}=\lim\left(\dfrac{\alpha}{\beta}\cdot\dfrac{\beta}{\gamma}\right)=\lim\dfrac{\alpha}{\beta}\cdot\lim\dfrac{\beta}{\gamma}=1, 即 \alpha\sim\gamma.$$

第八节 函数的连续性与间断点

> **内容精讲**

1. 函数的连续性

(1)函数 $f(x)$ 在 x_0 处连续的等价定义:

设 $y=f(x)$ 在 x_0 的某邻域内有定义.

①如果 $\lim\limits_{x\to x_0}f(x)$ 存在,且 $\lim\limits_{x\to x_0}f(x)=f(x_0)$,则称函数 $f(x)$ 在 x_0 处连续.

②如果对 $\forall \varepsilon>0, \exists \delta>0$,当 $|x-x_0|<\delta$ 时,有 $|f(x)-f(x_0)|<\varepsilon$,那么就称函数 $f(x)$ 在点 x_0 处连续.

③如果 $\lim\limits_{\Delta x\to 0}\Delta y=\lim\limits_{\Delta x\to 0}[f(x_0+\Delta x)-f(x_0)]=0$,则称函数 $f(x)$ 在 x_0 处连续.

(2)单侧连续

左连续:如果 $\lim\limits_{x\to x_0^-}f(x)=f(x_0)$,则 $f(x)$ 在点 x_0 处左连续.

右连续:如果 $\lim\limits_{x\to x_0^+}f(x)=f(x_0)$,则 $f(x)$ 在点 x_0 处右连续.

(3)函数 $f(x)$ 在 x_0 处连续的充要条件:它在 x_0 处左连续并且右连续.

(4)连续函数:在区间上每一点都连续的函数,叫做在该区间上的连续函数,或者说函数在该区间上连续. 如果区间包括端点,那么函数在左端点连续是指右连续,右端点连续是指左连续.

2. 函数的间断点

(1)定义:设 $f(x)$ 在点 x_0 的某去心邻域内有定义.

①如果 $f(x)$ 在 x_0 没有定义;

②虽然 $f(x)$ 在 x_0 有定义,但 $\lim\limits_{x\to x_0}f(x)$ 不存在.

③虽然 $f(x)$ 在 x_0 有定义且 $\lim\limits_{x\to x_0}f(x)$ 存在,但 $\lim\limits_{x\to x_0}f(x)\neq f(x_0)$.

如果满足以上三条中的任一条,则 x_0 称为函数 $f(x)$ 的间断点.

(2)间断点的分类:

设 x_0 是函数 $f(x)$ 的间断点:

①虽然 $f(x)$ 在 x_0 没有定义,但 $\lim\limits_{x\to x_0}f(x)$ 存在,则称 x_0 为 $f(x)$ 的可去间断点;

②若 $f(x_0^+)$, $f(x_0^-)$ 都存在,但不相等,则称 x_0 为 $f(x)$ 的跳跃间断点;

③若 $\lim\limits_{x\to x_0}f(x)=\infty$,则称 x_0 为 $f(x)$ 的无穷间断点;

④在 $x\to x_0$ 的过程中,函数值 $f(x)$ 无限次地在摆动,则称 x_0 为 $f(x)$ 的振荡间断点.

可去间断点和跳跃间断点的左右极限都存在,这类间断点统称第一类间断点,除此之外的间断点都称为第二类间断点.

题型及考点解析

例 1 设 $f(x)$ 在 $x=2$ 连续,且 $\lim\limits_{x\to 2}\dfrac{f(x)-3}{x-2}$ 存在,则 $f(2)=$ _____.

解 由 $\lim\limits_{x\to 2}\dfrac{f(x)-3}{x-2}$ 存在知 $\lim\limits_{x\to 2}[f(x)-3]=0$,从而 $\lim\limits_{x\to 2}f(x)=3$. 另一方面,由 $f(x)$ 在 $x=2$ 处连续,根据连续函数的定义得 $f(2)=\lim\limits_{x\to 2}f(x)=3$.

例 2 设函数 $f(x)=\begin{cases}\dfrac{1-e^{\tan x}}{\arcsin\dfrac{x}{2}}, & x>0\\ ae^{2x}, & x\leqslant 0\end{cases}$ 在 $x=0$ 处连续,则 $a=$ _____.

解 $\lim\limits_{x\to 0^+}f(x)=\lim\limits_{x\to 0^+}\dfrac{1-e^{\tan x}}{\arcsin\dfrac{x}{2}}=-\lim\limits_{x\to 0^+}\dfrac{\tan x}{\dfrac{x}{2}}=-2$,$\lim\limits_{x\to 0^-}f(x)=\lim\limits_{x\to 0^-}ae^{2x}=a$.

由连续定义知: $a=-2$.

> **题型分析** 求右极限时使用等价无穷小代换简单,本题必须分左、右极限讨论,因为 $f(x)$ 在 $x=0$ 的左、右两侧表达式不同.

例 3 设 $f(x)$ 在 $(-\infty,+\infty)$ 内有定义,且 $\lim\limits_{x\to\infty}f(x)=a$,$g(x)=\begin{cases}f\left(\dfrac{1}{x}\right), & x\neq 0\\ 0, & x=0\end{cases}$ 则 ( ).

(A) $x=0$ 必是 $g(x)$ 的第一类间断点
(B) $x=0,x=1$ 必是 $g(x)$ 的第二类间断点
(C) $x=0$ 必是 $g(x)$ 的连续点
(D) $g(x)$ 在点 $x=0$ 处的连续性与 a 的取值有关

解 若 $a=0$,则 $\lim\limits_{x\to 0}g(x)=\lim\limits_{x\to 0}f\left(\dfrac{1}{x}\right)=0=g(0)$,从而 $g(x)$ 在 $x=0$ 处连续;

若 $a\neq 0$,则 $\lim\limits_{x\to 0}g(x)=\lim\limits_{x\to 0}f\left(\dfrac{1}{x}\right)=a\neq g(0)$,从而 $g(x)$ 在 $x=0$ 处不连续. 故应选 (D).

> **题型分析** 本题主要考查的是分段函数在分界点处的连续性. 函数 $f(x)$ 在点 x_0 处连续应满足三个条件:
> (1) 在 $x=x_0$ 处有定义;(2) $\lim\limits_{x\to x_0}f(x)$ 存在;(3) $\lim\limits_{x\to x_0}f(x)=f(x_0)$.
> 不满足上述任一条件,则导致函数 $f(x)$ 在点 $x=x_0$ 处间断.

例 4 设函数 $f(x)=\dfrac{1}{e^{\frac{x}{x-1}}-1}$,则 _____.

(A) $x=0,x=1$ 都是 $f(x)$ 的第一类间断点
(B) $x=0,x=1$ 都是 $f(x)$ 的第二类间断点

(C) $x=0$ 是 $f(x)$ 的第一类间断点，$x=1$ 是 $f(x)$ 的第二类间断点

(D) $x=0$ 是 $f(x)$ 的第二类间断点，$x=1$ 是 $f(x)$ 的第一类间断点

解 由于函数 $f(x)$ 在 $x=0$，$x=1$ 处无定义，因此是间断点. 又因 $\lim\limits_{x\to 0}f(x)=\infty$，所以 $x=0$ 为第二类间断点；而 $\lim\limits_{x\to 1^+}f(x)=0$，$\lim\limits_{x\to 1^-}f(x)=-1$，所以 $x=1$ 为第一类间断点. 故应选 (D).

题型分析 求函数的间断点并判定其类型的做题步骤为

(1) 找出间断点 $x_1, x_2, \cdots, x_k$ (若函数是初等函数，则其间断点就是函数没定义的点).

(2) 对每一个间断点 x_i，求极限 $\lim\limits_{x\to x_i^-}f(x)$ 及 $\lim\limits_{x\to x_i^+}f(x)$；

(3) 判断类型：极限为常数时，属于第一类间断点，且为可去间断点；

左、右极限存在但不相等时，属于第一类间断点，且为跳跃间断点；

左、右极限至少有一个不存在时，属于第二类间断点；

极限为 ∞ 时，属于第二类间断点，且为无穷间断点.

例 5 设 $f(x)=\lim\limits_{n\to\infty}\dfrac{(n-1)x}{nx^2+1}$，则 $f(x)$ 的间断点为 $x=$ _____.

解 $f(x)=\lim\limits_{n\to\infty}\dfrac{(n-1)x}{nx^2+1}=\lim\limits_{n\to\infty}\dfrac{\left(1-\dfrac{1}{n}\right)x}{x^2+\dfrac{1}{n}}=\dfrac{1}{x}$，所以 $f(x)$ 的间断点为 $x=0$.

习题 1-8 精讲

1. **解**：$x=-1,0,1,2,3$ 均为 $f(x)$ 的间断点，除 $x=0$ 外它们均为 $f(x)$ 的可去间断点. 补充定义 $f(-1)=f(2)=f(3)=0$，修改定义使 $f(1)=2$，则它们均成为 $f(x)$ 的连续点.

2. **解**：(1) $f(x)$ 在 $[0,1)$ 及 $(1,2]$ 内连续，在 $x=1$ 处，$\lim\limits_{x\to 1^-}f(x)=\lim\limits_{x\to 1^-}x^2=1$，$\lim\limits_{x\to 1^+}f(x)=\lim\limits_{x\to 1^+}(2-x)=1$，又 $f(1)=1$，故 $f(x)$ 在 $x=1$ 处连续，因此 $f(x)$ 在 $[0,2]$ 上连续，函数的图形如图 1-9 所示.

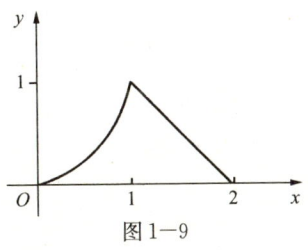

图 1-9

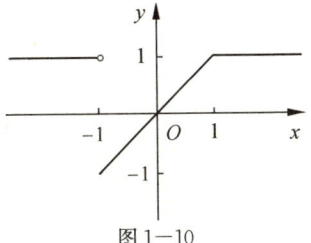

图 1-10

(2) $f(x)$ 在 $(-\infty,-1)$ 与 $(-1,+\infty)$ 内连续，在 $x=-1$ 处间断，但右连续，因为在 $x=-1$ 处 $\lim\limits_{x\to -1^-}f(x)=\lim\limits_{x\to -1^-}x=-1$，$f(-1)=-1$，但 $\lim\limits_{x\to -1^+}f(x)=\lim\limits_{x\to -1^+}1=1$ 即 $\lim\limits_{x\to -1^+}f(x)\neq \lim\limits_{x\to -1^-}f(x)$. 函数的图形如图 1-10 所示.

3. **解**：(1)对 $x=1$，因为 $f(1)$ 无定义，但 $\lim\limits_{x\to 1}\dfrac{x^2-1}{x^2-3x+2}=\lim\limits_{x\to 1}\dfrac{(x-1)(x+1)}{(x-2)(x-1)}=\lim\limits_{x\to 1}\dfrac{x+1}{x-2}=-2$，

所以，$x=1$ 为第一类间断点（可去间断点），重新定义函数：$f_1(x)=\begin{cases}\dfrac{x^2-1}{x^2-3x+2},&x\neq 1,2\\-2,&x=1\end{cases}$，则 $f_1(x)$ 在 $x=1$ 处连续. 因为 $\lim\limits_{x\to 2}f(x)=\infty$，

所以 $x=2$ 为第二类间断点（无穷间断点）.

(2)对 $x=0$，因为 $f(0)$ 无定义，$\lim\limits_{x\to 0}\dfrac{x}{\tan x}=\lim\limits_{x\to 0}\dfrac{x}{x}=1$，所以 $x=0$ 为第一类间断点（可去间断点），重新

定义函数：$f_1(x)=\begin{cases}\dfrac{x}{\tan x},&x\neq k\pi,k\pi+\dfrac{\pi}{2},\\1,&x=0,\end{cases}$ $(k\in\mathbf{Z})$，则 $f_1(x)$ 在 $x=0$ 处连续.

对 $x=k\pi$ $(k=\pm 1,\pm 2,\cdots)$，因为 $\lim\limits_{x\to k\pi}\dfrac{x}{\tan x}=\infty$，所以 $x=k\pi(k=\pm 1,\pm 2,\cdots)$ 为第二类间断点（无穷间断点）.

对 $x=k\pi+\dfrac{\pi}{2}(k\in\mathbf{Z})$，因为 $\lim\limits_{x\to k\pi+\frac{\pi}{2}}\dfrac{x}{\tan x}=0$，而函数在 $k\pi+\dfrac{\pi}{2}$ 处无定义，所以 $x=k\pi+\dfrac{\pi}{2}$

$(k\in\mathbf{Z})$ 为第一类间断点（可去间断点），重新定义函数：

$f_2(x)=\begin{cases}\dfrac{x}{\tan x},&x\neq k\pi,k\pi+\dfrac{\pi}{2},\\0,&x=k\pi+\dfrac{\pi}{2},\end{cases}$ $(k\in\mathbf{Z})$，则 $f_2(x)$ 在 $x=k\pi+\dfrac{\pi}{2}(k\in\mathbf{Z})$ 处连续.

(3)对 $x=0$，因为 $\lim\limits_{x\to 0^+}\cos^2\dfrac{1}{x}$ 及 $\lim\limits_{x\to 0^-}\cos^2\dfrac{1}{x}$ 均不存在，所以 $x=0$ 为第二类间断点.

(4)对 $x=1$，因为 $\lim\limits_{x\to 1^+}f(x)=\lim\limits_{x\to 1^+}(3-x)=2$，$\lim\limits_{x\to 1^-}f(x)=\lim\limits_{x\to 1^-}(x-1)=0$，即左、右极限存在，

但不相等，所以 $x=1$ 为第一类间断点（跳跃间断点）.

4. **解**：$f(x)=\lim\limits_{n\to\infty}\dfrac{1-x^{2n}}{1+x^{2n}}x=\begin{cases}-x,&\text{当}|x|>1,\\0,&\text{当}|x|=1,\\x,&\text{当}|x|<1.\end{cases}$

在分段点 $x=-1$ 处，因为 $\lim\limits_{x\to-1^-}f(x)=\lim\limits_{x\to-1^-}(-x)=1$，$\lim\limits_{x\to-1^+}f(x)=\lim\limits_{x\to-1^+}x=-1$，

$\lim\limits_{x\to-1^-}f(x)\neq\lim\limits_{x\to-1^+}f(x)$，所以 $x=-1$ 为第一类间断点（跳跃间断点）.

在分段点 $x=1$ 处，因为 $\lim\limits_{x\to 1^-}f(x)=\lim\limits_{x\to 1^-}x=1$，$\lim\limits_{x\to 1^+}f(x)=\lim\limits_{x\to 1^+}(-x)=-1$，

$\lim\limits_{x\to 1^-}f(x)\neq\lim\limits_{x\to 1^+}f(x)$，所以 $x=1$ 为第一类间断点（跳跃间断点）.

5. **解**：(1)对. 因为 $||f(x)|-|f(a)||\leqslant |f(x)-f(a)|\to 0(x\to a)$，

即 $\lim\limits_{x\to a}|f(x)|=|f(a)|$，所以 $|f(x)|$ 也在 a 连续.

(2)错. 例如 $f(x)=\begin{cases}1,&x\geqslant 0,\\-1,&x<0,\end{cases}$ 则 $|f(x)|$ 在 $x=0$ 处连续，而 $f(x)$ 在 $x=0$ 处不连续.

*6. 证:若 $f(x_0)>0$,因为 $f(x)$ 在 x_0 连续,所以取 $\varepsilon=\frac{1}{2}f(x_0)>0$, $\exists\delta>0$,当 $x\in U(x_0,\delta)$ 时,有

$$|f(x)-f(x_0)|<\frac{1}{2}f(x_0), \quad 即 \quad 0<\frac{1}{2}f(x_0)<f(x)<\frac{3}{2}f(x_0);$$

若 $f(x_0)<0$,因为 $f(x)$ 在 x_0 连续,所以取 $\varepsilon=-\frac{1}{2}f(x_0)>0$, $\exists\delta>0$,当 $x\in U(x_0,\delta)$ 时,有

$$|f(x)-f(x_0)|<-\frac{1}{2}f(x_0), \quad 即 \quad \frac{3}{2}f(x_0)<f(x)<\frac{1}{2}f(x_0)<0;$$

因此,不论 $f(x_0)>0$ 或 $f(x_0)<0$,总存在 x_0 的某一邻域 $U(x_0)$,当 $x\in U(x_0)$ 时,$f(x)\neq 0$.

*7. 证:(1) $\forall\varepsilon>0$,取 $\delta=\varepsilon$,则当 $|x-0|=|x|<\delta$ 时,$|f(x)-f(0)|=|f(x)|\leqslant|x|<\varepsilon$,
故 $\lim\limits_{x\to 0}f(x)=f(0)$,即 $f(x)$ 在 $x=0$ 连续.

(2) 我们证明: $\forall x_0\neq 0$,$f(x)$ 在 x_0 处不连续.

若 $x_0=r\neq 0$,$r\in\mathbf{Q}$,则 $f(x_0)=f(r)=r$.

分别取一有理数列 $\{r_n\}:r_n\to r(n\to\infty)$,$r_n\neq r$;取一无理数列 $\{s_n\}:s_n\to r(n\to\infty)$,则

$$\lim\limits_{n\to\infty}f(r_n)=\lim\limits_{n\to\infty}r_n=r, \quad \lim\limits_{n\to\infty}f(s_n)=\lim\limits_{n\to\infty}0=0,$$

而 $r\neq 0$,由函数极限与数列极限的关系知 $\lim\limits_{x\to r}f(x)$ 不存在,故 $f(x)$ 在 x_0 处不连续.

若 $x_0=s$,$s\in\mathbf{Q}^c$. 同理可证:$f(x_0)=f(s)=0$,但 $\lim\limits_{x\to s}f(x)$ 不存在,故 $f(x)$ 在 x_0 处不连续.

*8. 解:设 $f(x)=\cot(\pi x)+\cot\dfrac{\pi}{x}$,显然 $f(x)$ 具有所要求的性质.

第九节　连续函数的运算与初等函数的连续性

> 内容精讲

1. 连续函数的四则运算性质

若函数 $f(x)$、$g(x)$ 在点 x_0 连续,则 $f(x)\pm g(x)$、$f(x)g(x)$、$\dfrac{f(x)}{g(x)}$　($g(x_0)\neq 0$)在点 x_0 均连续;

2. 初等函数的连续性

一切初等函数在其定义区间内均连续.

本结论提供了求初等函数极限的一种方法,即求初等函数在其定义区间内某点的极限就是求函数在该点的值.

3. 复合函数的连续性

若函数 $u=\varphi(x)$ 在点 x_0 连续,函数 $y=f(u)$ 在点 $u_0=\varphi(x_0)$ 连续,则函数 $y=f[\varphi(x)]$ 在点 x_0 连续;

4. 反函数的连续性

设函数 $y=f(x)$ 在区间 (a,b) 内为单调增(减)的连续函数,其值域为 (A,B),则必存在反函数 $x=f^{-1}(y)$,且 $x=f^{-1}(y)$ 在 (A,B) 内为单调增(减)的连续函数.

题型及考点解析

例1 设 $f(x) = \lim\limits_{n \to \infty} \dfrac{e^{nx}-1}{e^{nx}+1}$,讨论 $f(x)$ 的连续性.

解 先求出 $f(x)$ 的解析表达式.当 $x>0$ 时,$e^{nx} \to +\infty(n \to \infty)$,则 $f(x)=1$;当 $x<0$ 时,$e^{nx} \to 0(n \to \infty)$,则 $f(x)=-1$.又 $x=0$ 时,$f(0)=0$.

于是
$$f(x) = \begin{cases} -1, & x<0 \\ 0, & x=0 \\ 1, & x>0 \end{cases}$$

显然,当 $x \neq 0$ 时,$f(x)$ 连续;而当 $x=0$ 时,函数的左、右极限不相等,从而 $f(x)$ 间断.

例2 已知 $f(x) = \lim\limits_{n \to \infty} \dfrac{\ln(e^n + x^n)}{n}$,$(x>0)$.
(1) 求 $f(x)$;(2) 函数 $f(x)$ 在定义域内是否连续.

解 (1) 当 $x \leqslant e$ 时,$f(x) = \lim\limits_{n \to \infty} \dfrac{\ln e^n + \ln\left[1+\left(\dfrac{x}{e}\right)^n\right]}{n} = 1 + \lim\limits_{n \to \infty} \dfrac{\left(\dfrac{x}{e}\right)^n}{n} = 1$;

当 $x > e$ 时,$f(x) = \lim\limits_{n \to \infty} \dfrac{\ln x^n + \ln\left[1+\left(\dfrac{e}{x}\right)^n\right]}{n} = \ln x + \lim\limits_{n \to \infty} \dfrac{\left(\dfrac{e}{x}\right)^n}{n} = \ln x$;

当 $x = e$ 时,$f(e) = \lim\limits_{n \to \infty} \dfrac{\ln 2 + n}{n} = 1$,所以 $f(x) = \begin{cases} 1, & 0 < x \leqslant e \\ \ln x, & x > e \end{cases}$

(2) 由 $\lim\limits_{x \to e^-} f(x) = \lim\limits_{x \to e^+} f(x) = f(e)$,知 $f(x)$ 在 $x=e$ 连续;
又当 $0<x<e$ 时,$f(x)=1$ 连续;当 $x \geqslant e$ 时,$f(x)=\ln x$ 连续.
故 $f(x)$ 在 $(0,+\infty)$ 内连续.

例3 设 $f(x) = \begin{cases} \dfrac{\ln(1+2x)}{\sqrt{1+x}-\sqrt{1-x}}, & -1 \leqslant x < 0 \\ a, & x=0 \\ x^2+b, & 0 < x \leqslant 1 \end{cases}$,求 a、b 使 $f(x)$ 在 $x=0$ 处连续.

解 因为 $f(0^+) = \lim\limits_{x \to 0^+} f(x) = \lim\limits_{x \to 0^+} (x^2+b) = b$,

$f(0^-) = \lim\limits_{x \to 0^-} f(x) = \lim\limits_{x \to 0^-} \dfrac{\ln(1+2x)}{\sqrt{1+x}-\sqrt{1-x}} = \lim\limits_{x \to 0^-} \dfrac{2x(\sqrt{1+x}+\sqrt{1-x})}{2x} = 2$.

要使 $f(x)$ 在 $x=0$ 处连续,则应有 $f(0^+) = f(0^-) = f(0)$,即 $b = 2 = a$,
故当 $a = b = 2$ 时,$f(x)$ 在 $x=0$ 处连续.

例4 若 $f(x)$ 在 $x=0$ 处连续,且 $f(x+y)=f(x)+f(y)$ 对任意的 $x,y \in \mathbf{R}$ 都成立,试证:$f(x)$ 为 $\mathbf{R}$ 上的连续函数.

证 由题设知,对任意的 $x \in \mathbf{R}$ 有 $f(x)=f(x+0)=f(x)+f(0)$,所以 $f(0)=0$;
又因为 $f(x)$ 在点 $x=0$ 连续,即 $\lim\limits_{x \to 0} f(x) = f(0) = 0$;
从而,对任意 $x \in \mathbf{R}$,有 $\lim\limits_{\Delta x \to 0} f(x+\Delta x) = \lim\limits_{\Delta x \to 0} [f(x)+f(\Delta x)] = f(x)+0 = f(x)$.
由定义知:$f(x)$ 在 x 处连续,由 x 的任意性知 $f(x)$ 在 $\mathbf{R}$ 上连续.

题型分析	函数连续性的判断方法：

(1)利用连续函数定义；一般适用于抽象函数(如例4)；

(2)利用初等函数在其定义区间内是连续的结论；

(3)利用连续函数定义的等价条件，即
$$f(x_0^+)=f(x_0^-)=f(x_0).$$
本方法一般用于判断分段函数在分界点处的连续性．

习题1-9精讲

1. 解：$f(x)$ 在 $x_1=-3$，$x_2=2$ 处无意义，所以这两个点为间断点，此外函数到处连续，连续区间为 $(-\infty,-3),(-3,2),(2,+\infty)$．

 因为 $f(x)=\dfrac{x^3+3x^2-x-3}{x^2+x-6}=\dfrac{(x^2-1)(x+3)}{(x+3)(x-2)}=\dfrac{x^2-1}{x-2}$，

 所以 $\lim\limits_{x\to 0}f(x)=\dfrac{1}{2}$，$\lim\limits_{x\to -3}f(x)=-\dfrac{8}{5}$，$\lim\limits_{x\to 2}f(x)=\infty$．

2. 证：$\varphi(x)=\max\{f(x),g(x)\}=\dfrac{1}{2}[f(x)+g(x)+|f(x)-g(x)|]$，

 $\psi(x)=\min\{f(x),g(x)\}=\dfrac{1}{2}[f(x)+g(x)-|f(x)-g(x)|]$．

 又，若 $f(x)$ 在点 x_0 连续，则 $|f(x)|$ 在点 x_0 也连续；连续函数的和、差仍连续，故 $\varphi(x)$、$\psi(x)$ 在点 x_0 也连续．

3. 解：(1) $\lim\limits_{x\to 4}\sqrt{x^2-2x+5}=\sqrt{\lim\limits_{x\to 4}(x^2-2x+5)}=\sqrt{5}$．

 (2) $\lim\limits_{\alpha\to\frac{\pi}{4}}(\sin 2\alpha)^3=(\lim\limits_{\alpha\to\frac{\pi}{4}}\sin 2\alpha)^3=\left(\sin\dfrac{\pi}{2}\right)^3=1$．

 (3) $\lim\limits_{x\to\frac{\pi}{6}}\ln(2\cos 2x)=\ln(\lim\limits_{x\to\frac{\pi}{6}}2\cos 2x)=\ln\left(2\cos\dfrac{\pi}{3}\right)=\ln 1=0$．

 (4) $\lim\limits_{x\to 0}\dfrac{\sqrt{x+1}-1}{x}=\lim\limits_{x\to 0}\dfrac{1}{\sqrt{x+1}+1}=\dfrac{1}{2}$．

 (5) $\lim\limits_{x\to 1}\dfrac{\sqrt{5x-4}-\sqrt{x}}{x-1}=\lim\limits_{x\to 1}\dfrac{4}{\sqrt{5x-4}+\sqrt{x}}=2$．

 (6) $\lim\limits_{x\to\alpha}\dfrac{\sin x-\sin\alpha}{x-\alpha}=\lim\limits_{x\to\alpha}\dfrac{2\sin\dfrac{x-\alpha}{2}\cos\dfrac{x+\alpha}{2}}{x-\alpha}=\lim\limits_{x\to\alpha}\dfrac{\sin\dfrac{x-\alpha}{2}}{\dfrac{x-\alpha}{2}}\cdot\lim\cos\dfrac{x+\alpha}{2}=\cos\alpha$．

 (7) $\lim\limits_{x\to +\infty}(\sqrt{x^2+x}-\sqrt{x^2-x})=\lim\limits_{x\to +\infty}\dfrac{2x}{\sqrt{x^2+x}+\sqrt{x^2-x}}=\lim\limits_{x\to +\infty}\dfrac{2}{\sqrt{1+\dfrac{1}{x}}+\sqrt{1-\dfrac{1}{x}}}=1$．

 (8) $\lim\limits_{x\to 0}\dfrac{\left(1-\dfrac{1}{2}x^2\right)^{\frac{2}{3}}-1}{x\ln(1+x)}=\lim\limits_{x\to 0}\dfrac{\dfrac{2}{3}\cdot\left(-\dfrac{1}{2}x^2\right)}{x\cdot x}=-\dfrac{1}{3}$．

4. **解**:(1) $\lim\limits_{x\to\infty} e^{\frac{1}{x}} = e^{\lim\limits_{x\to\infty}\frac{1}{x}} = e^0 = 1.$ (2) $\lim\limits_{x\to 0}\ln\dfrac{\sin x}{x} = \ln\left(\lim\limits_{x\to 0}\dfrac{\sin x}{x}\right) = \ln 1 = 0.$

(3) $\lim\limits_{x\to\infty}\left(1+\dfrac{1}{x}\right)^{\frac{x}{2}} = \lim\limits_{x\to\infty}\left[\left(1+\dfrac{1}{x}\right)^x\right]^{\frac{1}{2}} = e^{\frac{1}{2}} = \sqrt{e}.$

(4) $\lim\limits_{x\to 0}(1+3\tan^2 x)^{\cot^2 x} = \lim\limits_{x\to 0}[(1+3\tan^2 x)^{\frac{1}{3\tan^2 x}}]^3 = e^3.$

(5) $\lim\limits_{x\to\infty}\left(\dfrac{3+x}{6+x}\right)^{\frac{x-1}{2}} = \lim\limits_{x\to\infty}\left[\left(1-\dfrac{3}{6+x}\right)^{-\frac{6+x}{3}}\right]^{-\frac{3}{2}} \cdot \lim\limits_{x\to\infty}\left(1-\dfrac{3}{6+x}\right)^{-\frac{7}{2}} = e^{-\frac{3}{2}};$

(6) $\lim\limits_{x\to 0}\dfrac{\sqrt{1+\tan x} - \sqrt{1+\sin x}}{x\sqrt{1+\sin^2 x} - x} = \lim\limits_{x\to 0}\dfrac{\tan x - \sin x}{x(\sqrt{1+\sin^2 x}-1)(\sqrt{1+\tan x}+\sqrt{1+\sin x})}$

$= \lim\limits_{x\to 0}\left(\dfrac{\sin x}{x} \cdot \dfrac{\sec x - 1}{\sqrt{1+\sin^2 x}-1} \cdot \dfrac{1}{\sqrt{1+\tan x}+\sqrt{1+\sin x}}\right)$

$= \lim\limits_{x\to 0}\dfrac{\sin x}{x} \cdot \lim\limits_{x\to 0}\dfrac{\frac{1}{2}x^2}{\frac{1}{2}\sin^2 x} \cdot \lim\limits_{x\to 0}\dfrac{1}{\sqrt{1+\tan x}+\sqrt{1+\sin x}} = 1 \cdot 1 \cdot \dfrac{1}{2} = \dfrac{1}{2}.$

(7) $\lim\limits_{x\to e}\dfrac{\ln x - 1}{x - e} \xlongequal{x-e=t} \lim\limits_{t\to 0}\dfrac{\ln(e+t)-\ln e}{t} = \lim\limits_{t\to 0}\dfrac{\ln\left(1+\frac{t}{e}\right)}{t} = \dfrac{1}{e}.$

(8) $\lim\limits_{x\to 0}\dfrac{e^{3x}-e^{2x}-e^x+1}{\sqrt[3]{(1-x)(1+x)}-1} = \lim\limits_{x\to 0}\dfrac{(e^{2x}-1)(e^x-1)}{(1-x^2)^{\frac{1}{3}}-1} = \lim\limits_{x\to 0}\dfrac{2x \cdot x}{-\frac{1}{3}x^2} = -6.$

5. **解**:(1) 错. 例如 $\varphi(x) = \mathrm{sgn}\,x$, $f(x) = e^x$, $\varphi[f(x)] \equiv 1$, 在 **R** 上处处连续.

(2) 错. 例如 $\varphi(x) = \begin{cases} 1, & x \in \mathbf{R} \\ -1, & x \in \mathbf{R}^C \end{cases}$, $[\varphi(x)]^2 \equiv 1$ 在 **R** 上处处连续.

(3) 对. 例如 $\varphi(x)$ 同(2), $f(x) = |x|+1$, $f[\varphi(x)] \equiv 2$ 在 **R** 上处处连续.

(4) 对. 因为, 若 $F(x) = \dfrac{\varphi(x)}{f(x)}$ 在 **R** 上处处连续, 则 $\varphi(x) = F(x) \cdot f(x)$ 也在 **R** 上处处连续, 这与已知条件矛盾.

6. **解**:由初等函数的连续性, $f(x)$ 在 $(-\infty, 0)$ 及 $(0, +\infty)$ 内连续, 所以要使 $f(x)$ 在 $(-\infty, +\infty)$ 内连续, 只要选择数 a, 使 $f(x)$ 在 $x=0$ 处连续即可.

在 $x=0$ 处, $\lim\limits_{x\to 0^-}f(x) = \lim\limits_{x\to 0^-}e^x = 1$, $\lim\limits_{x\to 0^+}f(x) = \lim\limits_{x\to 0^+}(a+x) = a$, $f(0)=a$,

取 $a=1$, 即有 $\lim\limits_{x\to 0^-}f(x) = \lim\limits_{x\to 0^+}f(x) = f(0)$,

即 $f(x)$ 在 $x=0$ 处连续. 于是, 选择 $a=1$, $f(x)$ 就成为在 $(-\infty, +\infty)$ 内的连续函数.

第十节　闭区间上连续函数的性质

内容精讲

闭区间上连续函数的性质

(1) 最大值和最小值定理　闭区间上的连续函数必取得最大值和最小值.

(2) 有界性定理　闭区间上的连续函数在该区间上有界.

(3) 介值定理　闭区间上的连续函数必取得介于它的最大值和最小值之间的一切值.

零点定理　设函数 $f(x)$ 在区间 $[a,b]$ 上连续,且 $f(a) \cdot f(b) < 0$,则在开区间 (a,b) 内至少存在一点 ξ,使 $f(\xi) = 0$.

题型及考点解析

例1　函数 $f(x) = \dfrac{|x|\sin(x-2)}{x(x-1)(x-2)^2}$ 在下列哪个区间内有界_____.

(A) $(-1, 0)$　　(B) $(0, 1)$　　(C) $(1, 2)$　　(D) $(2, 3)$

解　当 $x \neq 0, 1, 2$ 时,$f(x)$ 连续,而 $\lim\limits_{x \to 0^-} f(x) = -\dfrac{\sin 2}{4}$,　$\lim\limits_{x \to 0^+} f(x) = \dfrac{\sin 2}{4}$,
$\lim\limits_{x \to 1} f(x) = \infty$,　$\lim\limits_{x \to 2} f(x) = \infty$,所以函数 $f(x)$ 在 $(-1, 0)$ 内有界.故应选 (A).

题型分析　一般地,若函数 $f(x)$ 在闭区间 $[a, b]$ 上连续,则 $f(x)$ 在 $[a, b]$ 上有界;若函数 $f(x)$ 在开区间 (a, b) 内连续,且 $\lim\limits_{x \to a^+} f(x)$ 与 $\lim\limits_{x \to b^-} f(x)$ 存在,则函数 $f(x)$ 在 (a, b) 内有界.

例2　设函数 $f(x)$ 在 $(a, b]$ 上连续,且 $x \to a^+$ 时函数 $f(x)$ 的极限存在,则函数 $f(x)$ 在 $(a, b]$ 上有界.

证　设 $\lim\limits_{x \to a^+} f(x) = A$,由极限的定义知:对于 $\varepsilon = 1$,存在正数 δ,使当 $0 < x - a < \delta$ 时,有 $|f(x) - A| < \varepsilon$ 也就是 $A - 1 < f(x) < A + 1$.

对于闭区间 $[a+\delta, b]$,由函数 $f(x)$ 的连续性,必存在正数 K,使对任一 $x \in [a+\delta, b]$ 有 $|f(x)| \leqslant K$,取 $M = \max\{K, |A+1|, |A-1|\}$,则对任何 $x \in (a, b]$ 有 $|f(x)| \leqslant M$. 这表明函数 $f(x)$ 在 $(a, b]$ 上有界.

例3　证明方程 $x^3 - 9x - 1 = 0$ 恰有 3 个实根.

证　令 $f(x) = x^3 - 9x - 1$. 因为

$f(-3) = -1 < 0$,　$f(-2) = 9 > 0$,　$f(0) = -1 < 0$,　$f(4) = 27 > 0$,

又 $f(x)$ 在 $[-3, 4]$ 上连续,所以 $f(x)$ 在 $(-3, -2), (-2, 0), (0, 4)$ 各区间内至少有一零点,即 $x^3 - 9x - 1 = 0$ 至少有 3 个实根.

又因为它是一元三次方程,所以方程恰有 3 个实根.

例4　设 $f(x)$ 在 $[a, b]$ 连续,且 $a < c < d < b$,证明:在 (a, b) 内至少存在一点 ξ,使得 $pf(c) + qf(d) = (p+q)f(\xi)$,其中 p, q 为任意正常数.

证法一　令 $F(x) = (p+q)f(x) - pf(c) - qf(d)$,可知 $F(x)$ 在 $[c, d]$ 上连续,注意到

$F(c) = (p+q)f(c) - pf(c) - qf(d) = q[f(c) - f(d)]$,
$F(d) = (p+q)f(d) - pf(c) - qf(d) = p[f(d) - f(c)]$,

故当 $f(c) - f(d) = 0$ 时,可知 c, d 均可取作 ξ;

而当 $f(c) - f(d) \neq 0$ 时,又 $p > 0, q > 0$,于是有 $F(c)F(d) = -pq[f(c) - f(d)]^2 < 0$

由零点定理可知,至少存在一点 $\xi \in (c, d) \subset (a, b)$,使得 $F(\xi) = 0$,即 $pf(c) + qf(d) = (p+$

$q)f(\xi)$.

证法二 因为 $f(x)$ 在 $[a,b]$ 上连续,故 $f(x)$ 在 $[a,b]$ 上有最大值 M 与最小值 m,且有
$$m \leqslant f(x) \leqslant M$$
由于 $c,d \in [a,b]$,也有
$$pm \leqslant pf(c) \leqslant pM, \quad qm \leqslant qf(d) \leqslant qM,$$
两式相加得
$$(p+q)m \leqslant pf(c)+qf(d) \leqslant (p+q)M,$$
即
$$m \leqslant \frac{pf(c)+qf(d)}{p+q} \leqslant M.$$
由介值定理知,在 (a,b) 内至少存在一点 ξ,使得
$$\frac{pf(c)+qf(d)}{p+q} = f(\xi),$$
即 $pf(c)+qf(d)=(p+q)f(\xi)$.

题型分析 利用闭区间上连续函数的性质证明的题型常见的有以下两种:

(1) 利用零点定理证明函数 $f(x)$ 有零点(或方程 $f(x)=0$ 有实根),解决这类问题应从已给条件出发,设法找出两点 a 与 b,使 $f(a) \cdot f(b)<0$;若还需证明此根是唯一的,则可以再证 $f(x)$ 在 $[a,b]$ 上单调(可用单调函数的定义或导数的符号证明单调性,这种方法在第三章中介绍).

(2) 另一类问题则是证明存在一点 ξ,使得 $f(\xi)$ 等于某个数值 b,这需要从题设条件出发,设法证明 b 介于 $f(x)$ 的最大值 M 及最小值 m 之间,即 $m \leqslant b \leqslant M$,然后利用介值定理证明 ξ 的存在性.

⬇ 习题1-10精讲

1. **证**:设 $F(x)=f(x)-x$,则 $F(0)=f(0) \geqslant 0$, $F(1)=f(1)-1 \leqslant 0$.
若 $F(0)=0$ 或 $F(1)=0$,则 0 或 1 即为 $f(x)$ 的不动点;若 $F(0) \geqslant 0$ 且 $F(1)<0$,则由零点定理,必存在 $c \in (0,1)$,使 $F(c)=0$,即 $f(c)=c$,这时 c 为 $f(x)$ 的不动点.

2. **证**:设 $f(x)=x^5-3x-1$,则 $f(x)$ 在闭区间 $[1,2]$ 上连续,且 $f(1)=-3<0$, $f(2)=25>0$. 由零点定理,即知 $\exists \xi \in (1,2)$,使 $f(\xi)=0$, ξ 即为方程的根.

3. **证**:设 $f(x)=x-a\sin x-b$,则 $f(x)$ 在闭区间 $[0,a+b]$ 上连续,且 $f(0)=-b<0$, $f(a+b)=a[1-\sin(a+b)]$,当 $\sin(a+b)<1$ 时, $f(a+b)>0$. 由零点定理,即知 $\exists \xi \in (0,a+b)$,使 $f(\xi)=0$,即 ξ 为原方程的根,它是正根且不超过 $a+b$,当 $\sin(a+b)=1$ 时, $f(a+b)=0$, $a+b$ 就是满足条件的正根.

4. **证**:当 x 的绝对值充分大时, $f(x)=a_0 x^{2n+1}+a_1 x^{2n}+\cdots+a_{2n}x+a_{2n+1}$ 的符号取决于 a_0 的符号,即当 x 为正时与 a_0 同号,当 x 为负时与 a_0 异号,而 $a_0 \neq 0$. 因 $f(x)$ 是连续函数,它在某充分大的区间的两端处异号,由零点定理可知它在区间内某一点处必定为零,故方程 $f(x)=0$ 至少有一实根.

5. **证**:因为 $f(x)$ 在 $[a,b]$ 上连续,又 $[x_1,x_n] \subset [a,b]$,所以 $f(x)$ 在 $[x_1,x_n]$ 上连续. 设
$$M=\max\{f(x) | x_1 \leqslant x \leqslant x_n\}, \quad m=\min\{f(x) | x_1 \leqslant x \leqslant x_n\},$$
则
$$m \leqslant \frac{f(x_1)+f(x_2)+\cdots+f(x_n)}{n} \leqslant M.$$

若上述不等式中为严格不等号,则由介值定理知,$\exists \xi \in (x_1, x_n)$ 使
$$f(\xi) = \frac{f(x_1) + f(x_2) + \cdots + f(x_n)}{n};$$
若上述不等式中出现等号,如 $m = \frac{f(x_1) + f(x_2) + \cdots + f(x_n)}{n}$,
则有 $f(x_1) = f(x_2) = \cdots = f(x_n) = m$,任取 $x_2, \cdots, x_{n-1}$ 中一点作为 ξ,即有 $\xi \in (x_1, x_n)$,使 $f(\xi) = \frac{f(x_1) + f(x_2) + \cdots + f(x_n)}{n}$. 如 $\frac{f(x_1) + f(x_2) + \cdots + f(x_n)}{n} = M$,同理可证.

* 6. **证**:任取 $x_0 \in (a, b)$,$\forall \varepsilon > 0$,取 $\delta = \min\left\{\frac{\varepsilon}{L}, x_0 - a, b - x_0\right\}$,则当 $|x - x_0| < \delta$ 时,由假设
$$|f(x) - f(x_0)| \leq L|x - x_0| < L\delta \leq \varepsilon,$$
所以 $f(x)$ 在 x_0 连续. 由 $x_0 \in (a, b)$ 的任意性知 $f(x)$ 在 (a, b) 内连续.

当 $x_0 = a$ 或 $x_0 = b$ 时,取 $\delta = \frac{\varepsilon}{L}$,并将 $|x - x_0| < \delta$ 换成 $x \in [a, a+\delta]$ 或 $x \in (b-\delta, b]$,便可知 $f(x)$ 在 $x = a$ 右连续,在 $x = b$ 左连续. 从而 $f(x)$ 在 $[a, b]$ 上连续.

又由假设 $f(a) \cdot f(b) < 0$,由零点定理即知 $\exists \xi \in (a, b)$,使得 $f(\xi) = 0$.

* 7. **证**:设 $\lim_{x \to \infty} f(x) = A$,则对 $\varepsilon = 1 > 0$,$\exists X > 0$,当 $|x| > X$ 时,有
$$|f(x) - A| < 1 \Rightarrow |f(x)| \leq |f(x) - A| + |A| < |A| + 1.$$
又,$f(x)$ 在 $[-X, X]$ 上连续,利用有界性定理,得:$\exists M > 0$,对 $\forall x \in [-X, X]$,有 $|f(x)| \leq M$. 取 $M' = \max\{M, |A|+1\}$,即有 $|f(x)| \leq M'$,$\forall x \in (-\infty, +\infty)$.

* 8. **解**:若 $f(a^+)$、$f(b^-)$ 均存在,设 $F(x) = \begin{cases} f(a^+), & x = a \\ f(x), & x \in (a, b) \\ f(b^-), & x = b. \end{cases}$

易证 $F(x)$ 在 $[a, b]$ 上连续,从而 $F(x)$ 在 $[a, b]$ 上一致连续,也就有 $F(x)$ 在 (a, b) 内一致连续,即 $f(x)$ 在 (a, b) 内一致连续.

总习题一精讲

1. **解**:(1)必要,充分.   (2)必要,充分.   (3)必要,充分.   (4)充分必要.

2. **解**:$a = f(0) = \lim_{x \to 0} f(x) = \lim_{x \to 0} (\cos x)^{-x^2} = 1$.

3. **解**:(1)因为
$$\lim_{x \to 0} \frac{f(x)}{x} = \lim_{x \to 0} \frac{2^x + 3^x - 2}{x} = \lim_{x \to 0} \frac{2^x - 1}{x} + \lim_{x \to 0} \frac{3^x - 1}{x} = \ln 2 + \ln 3 = \ln 6 \neq 1,$$
所以当 $x \to 0$ 时,$f(x)$ 与 x 同阶但非等价无穷小,应选(B).

(2)$f(0^-) = \lim_{x \to 0^-} f(x) = -1$,$f(0^+) = \lim_{x \to 0^+} f(x) = 1$,因为 $f(0^+)$、$f(0^-)$ 均存在,但 $f(0^+) \neq f(0^-)$,所以 $x = 0$ 是 $f(x)$ 的跳跃间断点,应选(B).

4. **解**:(1)因为 $0 \leq e^x \leq 1$,所以 $x \leq 0$,即函数 $f(e^x)$ 的定义域为 $(-\infty, 0]$.

(2)因为 $0 \leq \ln x \leq 1$,所以 $1 \leq x \leq e$,即函数 $f(\ln x)$ 的定义域为 $[1, e]$.

(3)因为 $0 \leq \arctan x \leq 1$,所以 $0 \leq x \leq \tan 1$,即函数 $f(\arctan x)$ 的定义域为 $[0, \tan 1]$.

(4)因为 $0 \leqslant \cos x \leqslant 1$,所以 $2n\pi - \dfrac{\pi}{2} \leqslant x \leqslant 2n\pi + \dfrac{\pi}{2}$, $n \in \mathbf{Z}$,即函数 $f(\cos x)$ 的定义域为 $\left[2n\pi - \dfrac{\pi}{2}, 2n\pi + \dfrac{\pi}{2}\right]$, $n \in \mathbf{Z}$.

5. **解**:因为 $f[f(x)] = \begin{cases} 0, & f(x) \leqslant 0, \\ f(x), & f(x) > 0, \end{cases}$ 而 $f(x) \geqslant 0$, $x \in \mathbf{R}$,

所以 $f[f(x)] = f(x)$, $x \in \mathbf{R}$.

因为 $g[g(x)] = \begin{cases} 0, & g(x) \leqslant 0, \\ -g^2(x), & g(x) > 0, \end{cases}$ 而 $g(x) \leqslant 0$, $x \in \mathbf{R}$,

所以 $g[g(x)] = 0$, $x \in \mathbf{R}$.

因为 $f[g(x)] = \begin{cases} 0, & g(x) \leqslant 0, \\ g(x), & g(x) > 0, \end{cases}$ 而 $g(x) \leqslant 0$, $x \in \mathbf{R}$,

所以 $f[g(x)] = 0$, $x \in \mathbf{R}$.

因为 $g[f(x)] = \begin{cases} 0, & f(x) \leqslant 0, \\ -f^2(x), & f(x) > 0, \end{cases}$ 而 $f(x) \geqslant 0$, $x \in \mathbf{R}$,

所以 $g[f(x)] = g(x)$, $x \in \mathbf{R}$.

6. **解**:$y = \sin x$ 的图形为如图 1-11 所示.

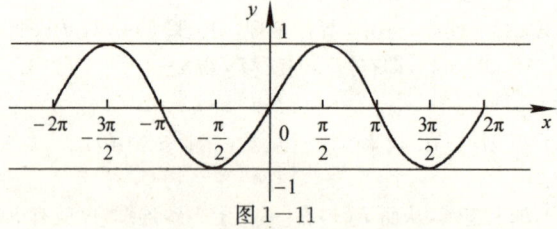

图 1-11

(1)$y = |\sin x|$ 应将 $y = \sin x$ 的下方图形翻至上方如图 1-12 所示.

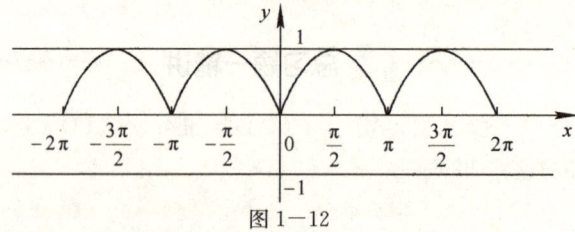

图 1-12

(2)$y = \sin |x|$ 应将 $y = \sin x$ 的右方图形翻至左方如图 1-13 所示.

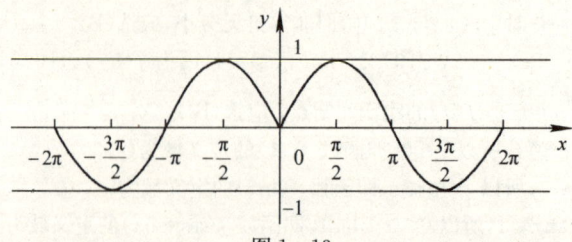

图 1-13

(3) $y=2\sin\dfrac{x}{2}$ 将 $y=\sin x$ 宽度拉宽高度升高,如图 1—14 所示.

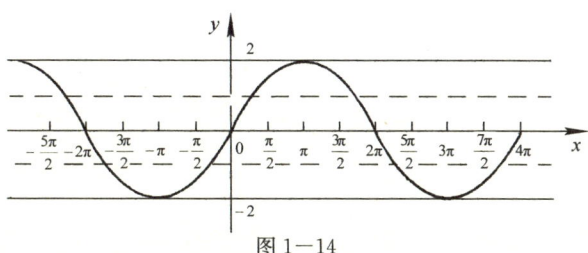

图 1—14

7. 解: 设围成的圆锥底半径为 r,高为 h,则按题意(图 1—15)有

$$(2\pi-\alpha)R=2\pi r, \qquad h=\sqrt{R^2-r^2}.$$

故 $r=\dfrac{(2\pi-\alpha)R}{2\pi}, h=\sqrt{R^2-\dfrac{(2\pi-\alpha)^2}{4\pi^2}R^2}=\dfrac{\sqrt{4\pi\alpha-\alpha^2}}{2\pi}R,$

圆锥体积 $V=\dfrac{1}{3}\pi\cdot\dfrac{(2\pi-\alpha)^2}{4\pi^2}R^2\cdot\dfrac{\sqrt{4\pi\alpha-\alpha^2}}{2\pi}R$

$=\dfrac{R^3}{24\pi^2}(2\pi-\alpha)^2\sqrt{4\pi\alpha-\alpha^2}\ (0<\alpha<2\pi).$

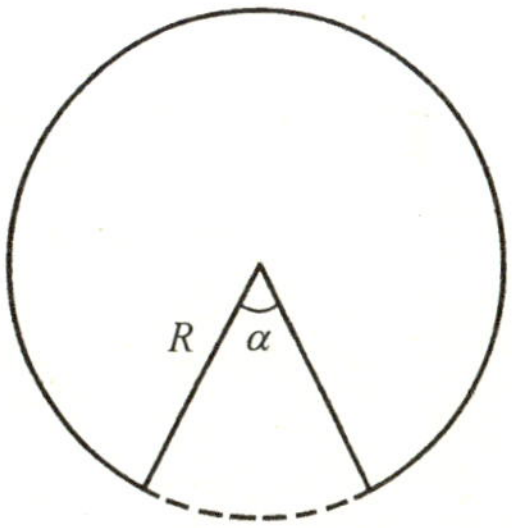

图 1—15

*8. 证: 因为 $\left|\dfrac{x^2-x-6}{x-3}-5\right|=\left|\dfrac{(x-3)(x+2)}{x-3}-5\right|=|x-3|,$

要使 $\left|\dfrac{x^2-x-6}{x-3}-5\right|<\varepsilon,$ 只要 $|x-3|<\varepsilon,$ 所以 $\forall \varepsilon>0,$

取 $\delta=\varepsilon,$ 则当 $0<|x-3|<\delta$ 时,就有 $\left|\dfrac{x^2-x-6}{x-3}-5\right|<\varepsilon.$ 即 $\lim\limits_{x\to 3}\dfrac{x^2-x-6}{x-3}=5.$

9. 解: (1) 因为 $\lim\limits_{x\to 1}\dfrac{(x-1)^2}{x^2-x+1}=0,$ 所以 $\lim\limits_{x\to 1}\dfrac{x^2-x+1}{(x-1)^2}=\infty.$

(2) $\lim\limits_{x\to+\infty}x(\sqrt{x^2+1}-x)=\lim\limits_{x\to+\infty}\dfrac{x(\sqrt{x^2+1}-x)(\sqrt{x^2+1}+x)}{\sqrt{x^2+1}+x}$

$=\lim\limits_{x\to+\infty}\dfrac{x}{\sqrt{x^2+1}+x}=\lim\limits_{x\to+\infty}\dfrac{1}{\sqrt{1+\dfrac{1}{x^2}}+1}=\dfrac{1}{2}.$

(3) $\lim\limits_{x\to\infty}\left(\dfrac{2x+3}{2x+1}\right)^{x+1}=\lim\limits_{x\to\infty}\left(1+\dfrac{1}{\frac{2x+1}{2}}\right)^{\frac{2x+1}{2}}\cdot\lim\limits_{x\to\infty}\left(\dfrac{2x+3}{2x+1}\right)^{\frac{1}{2}}=e.$

(4) $\lim\limits_{x\to 0}\dfrac{\tan x-\sin x}{x^3}=\lim\limits_{x\to 0}\left(\dfrac{\sin x}{x}\cdot\dfrac{\sec x-1}{x^2}\right)=\lim\limits_{x\to 0}\dfrac{\sin x}{x}\cdot\lim\limits_{x\to 0}\dfrac{\frac{1}{2}x^2}{x^2}=\dfrac{1}{2}.$

(5) 因为 $\left(\dfrac{a^x+b^x+c^x}{3}\right)^{\frac{1}{x}}=\left(1+\dfrac{a^x+b^x+c^x-3}{3}\right)^{\frac{3}{a^x+b^x+c^x-3}\cdot\frac{1}{3}\left(\frac{a^x-1}{x}+\frac{b^x-1}{x}+\frac{c^x-1}{x}\right)},$

而 $\left(1+\dfrac{a^x+b^x+c^x-3}{3}\right)^{\frac{3}{a^x+b^x+c^x-3}}\to e\ (x\to 0), \dfrac{a^x-1}{x}\to\ln a, \dfrac{b^x-1}{x}\to\ln b,$

$\dfrac{c^x-1}{x}\to\ln c(x\to 0),$ 所以 $\lim\limits_{x\to 0}\left(\dfrac{a^x+b^x+c^x}{3}\right)^{\frac{1}{x}}=e^{\frac{1}{3}(\ln a+\ln b+\ln c)}=(abc)^{\frac{1}{3}}.$

(6)因为 $(\sin x)^{\tan x} = [1+(\sin x-1)]^{\frac{1}{\sin x-1} \cdot (\sin x-1)\tan x}$,而 $\lim\limits_{x\to\frac{\pi}{2}}[1+(\sin x-1)]^{\frac{1}{\sin x-1}} = e$,

$$\lim_{x\to\frac{\pi}{2}}(\sin x-1)\tan x = \lim_{x\to\frac{\pi}{2}}\frac{\sin x-\sin\frac{\pi}{2}}{\sin\left(x+\frac{\pi}{2}\right)}\cdot\sin x = \lim_{x\to\frac{\pi}{2}}\frac{2\sin\frac{x-\frac{\pi}{2}}{2}\cos\frac{x+\frac{\pi}{2}}{2}}{2\sin\frac{x+\frac{\pi}{2}}{2}\cos\frac{x+\frac{\pi}{2}}{2}}\cdot\sin x$$

$$=\lim_{x\to\frac{\pi}{2}}\frac{\sin\left(\frac{x}{2}-\frac{\pi}{4}\right)}{\sin\left(\frac{x}{2}+\frac{\pi}{4}\right)}\cdot\sin x = 0,\text{所以}\lim_{x\to\frac{\pi}{2}}(\sin x)^{\tan x}=e^0=1.$$

(7)令 $x-a=t$,则 $x=a+t$,当 $x\to a$ 时,$t\to 0$. 故

$$\lim_{x\to a}\frac{\ln x-\ln a}{x-a}=\lim_{t\to 0}\frac{\ln\left(1+\frac{t}{a}\right)}{t}=\frac{1}{a}\lim_{t\to 0}\ln\left(1+\frac{t}{a}\right)^{\frac{a}{t}}=\frac{1}{a}.$$

(8) $\lim\limits_{x\to 0}\dfrac{x\tan x}{\sqrt{1-x^2}-1}=\lim\limits_{x\to 0}\dfrac{x^2}{-\frac{1}{2}x^2}=-2.$

10. **解**:$f(x)$ 在 $(-\infty,0)$ 及 $(0,+\infty)$ 内均连续,要使 $f(x)$ 在 $(-\infty,+\infty)$ 内连续,只要选择数 a,使 $f(x)$ 在 $x=0$ 处连续即可. 而

$$\lim_{x\to 0^+}f(x)=\lim_{x\to 0^+}x\sin\frac{1}{x}=0 \qquad \lim_{x\to 0^-}f(x)=\lim_{x\to 0^-}(a+x^2)=a,$$

又 $f(0)=a$,故应选择 $a=0$,$f(x)$ 在 $x=0$ 处连续,从而 $f(x)$ 在 $(-\infty,+\infty)$ 内连续.

11. **解**:当 $|x|<1$ 时,$\lim\limits_{n\to\infty}\dfrac{1+x}{1+x^{2n}}=1+x$;当 $|x|>1$ 时,$\lim\limits_{n\to\infty}\dfrac{1+x}{1+x^{2n}}=0$. 故 $f(x)=\begin{cases}0, & x\leqslant -1\\ 1+x, & -1<x<1\\ 1, & x=1\\ 0, & x>1\end{cases}$

由于 $\lim\limits_{x\to -1^-}f(x)=\lim\limits_{x\to -1^+}f(x)=f(-1)=0$,所以 $x=-1$ 为连续点. 而 $\lim\limits_{x\to 1^-}f(x)=2$,$\lim\limits_{x\to 1^+}f(x)=0$,所以 $x=1$ 为第一类间断点.

12. **证**:因为 $\dfrac{n}{\sqrt{n^2+n}}<\dfrac{1}{\sqrt{n^2+1}}+\dfrac{1}{\sqrt{n^2+2}}+\cdots+\dfrac{1}{\sqrt{n^2+n}}<1,$

而 $\lim\limits_{n\to\infty}\dfrac{n}{\sqrt{n^2+n}}=\lim\limits_{n\to\infty}\dfrac{1}{\sqrt{1+\frac{1}{n}}}=1,\quad \lim\limits_{n\to\infty}1=1,$ 所以由夹逼准则,即得证.

13. **证**:设 $f(x)=\sin x+x+1$,则 $f(x)$ 在 $\left[-\dfrac{\pi}{2},\dfrac{\pi}{2}\right]$ 上连续. 因为

$$f\left(-\frac{\pi}{2}\right)=\sin\left(-\frac{\pi}{2}\right)-\frac{\pi}{2}+1=-\frac{\pi}{2}<0,\ f\left(\frac{\pi}{2}\right)=\sin\frac{\pi}{2}+\frac{\pi}{2}+1=\frac{\pi}{2}+2>0$$

由介值定理,至少存在一点 $\xi\in\left(-\dfrac{\pi}{2},\dfrac{\pi}{2}\right)$,使 $f(\xi)=0$,即 $\sin\xi+\xi+1=0$. 所以方程 $\sin x+x+1=0$ 在 $\left(-\dfrac{\pi}{2},\dfrac{\pi}{2}\right)$ 内至少有一个根.

14. **解**:(1)就 $x\to +\infty$ 的情形证明,其他情形类似. 设 $L:y=kx+b$ 为曲线 $y=f(x)$ 的渐近线.

$1°$ 若 $k \neq 0$, 如图 1—16 所示, $k = \tan\alpha$ (α 为 L 的倾角, $\alpha \neq \frac{\pi}{2}$), 曲线 $y = f(x)$ 上动点 $M(x, y)$ 到直线 L 的距离为 $|MK|$. 过 M 作横轴的垂线, 交直线 L 于 K_1, 则 $|MK_1| = \frac{|MK|}{\cos\alpha}$.

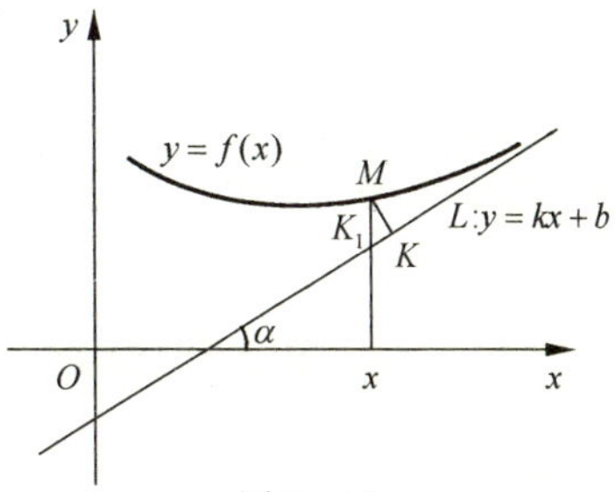

显然 $|MK| \to 0$ $(x \to +\infty)$ 与 $|MK_1| \to 0$ $(x \to +\infty)$ 等价, 而 $|MK_1| = |f(x) - (kx+b)|$.

因为 $L: y = kx + b$ 是曲线 $y = f(x)$ 的渐近线,

所以 $|MK| \to 0$ $(x \to +\infty) \Rightarrow |MK_1| \to 0$ $(x \to +\infty)$,

即 $\lim_{x \to +\infty}[f(x) - (kx+b)] = 0$, ①

从而 $\lim_{x \to +\infty}[f(x) - kx] = \lim_{x \to +\infty}[f(x) - (kx+b)] + b = 0 + b = b$, ②

$\lim_{x \to +\infty} \frac{f(x)}{x} = \lim_{x \to +\infty} \frac{1}{x}[f(x) - kx] + k = 0 + k = k$. ③

图 1—16

反之, 若②、③成立, 则①成立, 即 $L: y = kx + b$ 是曲线 $y = f(x)$ 的渐近线.

$2°$ 若 $k = 0$, 设 $L: y = b$ 是曲线 $y = f(x)$ 的水平渐近线, 如图 1—17 所示. 按定义有 $|MK| \to 0$ $(x \to +\infty)$, 而 $|MK| = |f(x) - b|$, 故有

$\lim_{x \to +\infty} f(x) = b$. ④

$\lim_{x \to +\infty} \frac{f(x)}{x} = \lim_{x \to +\infty} \frac{1}{x} \cdot \lim_{x \to +\infty} f(x) = 0$. ⑤

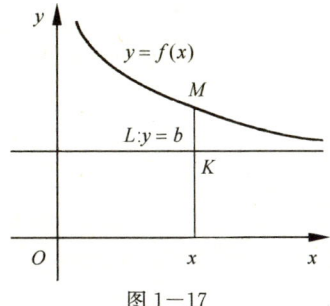

图 1—17

反之, 若④、⑤成立, 即有

$|MK| = |f(x) - b| \to 0$ $(x \to +\infty)$,

故 $y = b$ 是曲线 $y = f(x)$ 的水平渐近线.

(2) 因为 $k = \lim_{x \to \infty} \frac{f(x)}{x} = \lim_{x \to \infty} \frac{(2x-1)}{x} e^{\frac{1}{x}} = 2$,

$b = \lim_{x \to \infty}[f(x) - 2x] = \lim_{x \to \infty}[(2x-1)e^{\frac{1}{x}} - 2x] = \lim_{x \to \infty} 2x(e^{\frac{1}{x}} - 1) - \lim_{x \to \infty} e^{\frac{1}{x}}$

$= \lim_{x \to \infty} 2 \frac{e^{\frac{1}{x}} - 1}{\frac{1}{x}} - 1 = 2\lim_{u \to 0} \frac{e^u - 1}{u} - 1 = 2\ln e - 1 = 1$,

所以, 所求曲线的渐近线为 $y = 2x + 1$.

第二章 导数与微分

本章知识结构树

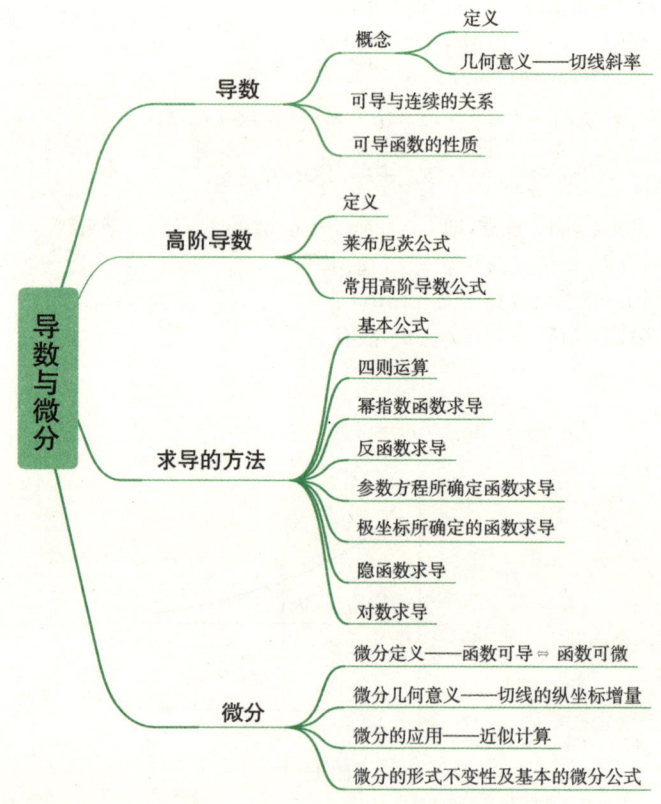

大纲解读

1.理解导数的概念及可导性与连续性之间的关系,了解导数的几何意义与经济意义(含边际与弹性的概念),会求平面曲线的切线方程和法线方程.

2.掌握基本初等函数的导数公式、导数的四则运算法则及复合函数的求导法则,会求分段函数的导数,会求反函数与隐函数的导数.

3.了解高阶导数的概念,会求简单函数的高阶导数.

4.了解微分的概念、导数与微分之间的关系以及一阶微分形式的不变性,会求函数的微分.

第一节　导数概念

内容精讲

1. 导数定义　设函数 $y=f(x)$ 在 x_0 点的某邻域内有定义,当自变量 x 在 x_0 点处取得增量 $\Delta x(\Delta x\neq 0)$ 时,相应地,函数 y 取得增量 $\Delta y=f(x_0+\Delta x)-f(x_0)$,如果极限

$$\lim_{\Delta x\to 0}\frac{\Delta y}{\Delta x}=\lim_{\Delta x\to 0}\frac{f(x_0+\Delta x)-f(x_0)}{\Delta x}$$

存在,则称函数 $y=f(x)$ 在 x_0 点可导,并称这个极限值为函数 $y=f(x)$ 在 x_0 点处的导数,记为

$$f'(x_0),y'(x_0),\left.\frac{\mathrm{d}y}{\mathrm{d}x}\right|_{x=x_0}.$$

如果记 $x=x_0+\Delta x$,则导数又可表示为

$$f'(x_0)=\lim_{x\to x_0}\frac{f(x)-f(x_0)}{x-x_0}.$$

若极限 $\lim\limits_{\Delta x\to 0^-}\dfrac{\Delta y}{\Delta x}=\lim\limits_{\Delta x\to 0^-}\dfrac{f(x_0+\Delta x)-f(x_0)}{\Delta x}$ 存在,则该极限值称为 $f(x)$ 在 x_0 点的左导数,记作

$$f'_-(x_0),\quad 或 \quad f'_-(x_0)=\lim_{x\to x_0^-}\frac{f(x)-f(x_0)}{x-x_0}.$$

若极限 $\lim\limits_{\Delta x\to 0^+}\dfrac{\Delta y}{\Delta x}=\lim\limits_{\Delta x\to 0^+}\dfrac{f(x_0+\Delta x)-f(x_0)}{\Delta x}$ 存在,则该极限值称为 $f(x)$ 在 x_0 点的右导数,记作

$$f'_+(x_0) \quad 或 \quad f'_+(x_0)=\lim_{x\to x_0^+}\frac{f(x)-f(x_0)}{x-x_0}.$$

函数 $f(x)$ 在 x_0 点可导,且导数为 A 的充要条件是

$$f'(x_0)=f'_-(x_0)=f'_+(x_0)=A.$$

2. 导数的几何意义　导数 $f'(x_0)$ 在几何上表示曲线 $y=f(x)$ 在 $M(x_0,f(x_0))$ 点处的切线斜率.

曲线 $y=f(x)$ 在点 M 的切线方程是

$$y=f'(x_0)(x-x_0)+f(x_0),$$

曲线 $y=f(x)$ 在点 M 的法线方程是

$$y=-\frac{1}{f'(x_0)}(x-x_0)+f(x_0) \quad (当 f'(x_0)\neq 0 时).$$

3. 可导函数的性质

(1)可导必连续,即连续是可导的必要而非充分条件,故连续不一定可导,不连续一定不可导.

(2)可导的偶函数的导数是奇函数;可导的奇函数的导数是偶函数.

(3)可导的周期函数的导数仍是周期函数且周期不变.

题型及考点解析

例 1 设 $f(x)=x(x+1)(x+2)\cdots(x+n)$，求 $f'(0)$.

解 由 $f(x)$ 在点 $x=0$ 导数的定义知

$$f'(0)=\lim_{x\to 0}\frac{f(x)-f(0)}{x}=\lim_{x\to 0}(x+1)(x+2)\cdots(x+n)=n!.$$

例 2 设函数 $f(x)=\begin{cases}\dfrac{x}{1+\mathrm{e}^{\frac{1}{x}}}, & x<0 \\ 0, & x=0 \\ \dfrac{2x}{1+\mathrm{e}^x}, & x>0\end{cases}$，则函数在点 $x=0$ 处的导数为 _____.

解 $f(x)$ 是分段函数，按定义分别求 $f(x)$ 在点 $x=0$ 处的左、右导数.

$$f'_-(0)=\lim_{x\to 0^-}\frac{\frac{x}{1+\mathrm{e}^{\frac{1}{x}}}-0}{x}=\lim_{x\to 0^-}\frac{1}{1+\mathrm{e}^{\frac{1}{x}}}=1, f'_+(0)=\lim_{x\to 0^+}\frac{\frac{2x}{1+\mathrm{e}^x}-0}{x}=\lim_{x\to 0^+}\frac{2}{1+\mathrm{e}^x}=1,$$

因以上左、右导数存在且相等，所以导数存在，$f'(0)=1$.

例 3 函数 $f(x)=(x^2-x-2)|x^3-x|$ 不可导点的个数是 _____.

(A) 3　　　　(B) 2　　　　(C) 1　　　　(D) 0

解法一 $f(x)=\begin{cases}-(x-2)x(x-1)(x+1)^2, & x\leqslant -1 \\ (x-2)x(x-1)(x+1)^2, & -1<x\leqslant 0 \\ -(x-2)x(x-1)(x+1)^2, & 0<x\leqslant 1 \\ (x-2)x(x-1)(x+1)^2, & x>1\end{cases}$

$f(x)$ 的不可导的可能点为 $x=-1, x=0, x=1$.

$$f'_-(-1)=\lim_{x\to -1^-}\frac{-(x-2)x(x-1)(x+1)^2}{x+1}=0$$

$$f'_+(-1)=\lim_{x\to -1^+}\frac{(x-2)x(x-1)(x+1)^2}{x+1}=0$$

所以由 $f'_-(-1)=f'_+(-1)$ 得：$x=-1$ 为 $f(x)$ 的可导点.

由

$$f'_-(0)=\lim_{x\to 0^-}\frac{(x-2)x(x-1)(x+1)^2}{x}=2$$

$$f'_+(0)=\lim_{x\to 0^+}\frac{-(x-2)x(x-1)(x+1)^2}{x}=-2$$

$$f'_-(1)=\lim_{x\to 1^-}\frac{-(x-2)x(x-1)(x+1)^2}{x-1}=4$$

$$f'_+(1)=\lim_{x\to 1^+}\frac{(x-2)x(x-1)(x+1)^2}{x-1}=-4$$

因此 $f(x)$ 的不可导点有两个：$x=0, x=1$. 故应选 (B).

解法二 因为 $f(x)=(x-2)(x+1)\cdot|x|\cdot|x+1|\cdot|x-1|$，
由于含因子 $(x+1)\cdot|x+1|$，故 $f(x)$ 在 $x=-1$ 点可导.
于是 $f(x)$ 有两个不可导点 $x=0, x=1$. 故应选 (B).

> **题型分析** 本题解法二使用下述结论讨论.
> 若 $\varphi(x)$ 在点 $x=x_0$ 处连续,则 $f(x)=|x-x_0|\varphi(x)$ 在 $x=x_0$ 处可导的充要条件是 $\varphi(x_0)=0$. 特别地,$|x-x_0|$ 在 $x=x_0$ 处不可导,而 $(x-x_0)|x-x_0|$ 在 $x=x_0$ 处可导.

例 4 设 $f(x)$ 是 $(-\infty,+\infty)$ 上的非零函数,对任意 $x,y\in(-\infty,+\infty)$ 有 $f(x+y)=f(x)\cdot f(y)$,且 $f'(0)=1$,证明:$f'(x)=f(x)$.

证 因为对任意 $x,y\in(-\infty,+\infty)$ 有 $f(x+y)=f(x)\cdot f(y)$ 且 $f(x)$ 非零,令 $y=0$,所以 $f(x)=f(x)f(0)$,于是 $f(0)=1$.

任取 $x\in(-\infty,+\infty)$,使得 $f(x+\Delta x)=f(x)\cdot f(\Delta x)$. 根据导数的定义得,
$$f'(x)=\lim_{\Delta x\to 0}\frac{f(x+\Delta x)-f(x)}{\Delta x}=\lim_{\Delta x\to 0}\frac{f(x)[f(\Delta x)-1]}{\Delta x}$$
$$=f(x)\cdot\lim_{\Delta x\to 0}\frac{f(\Delta x)-f(0)}{\Delta x}=f(x)\cdot f'(0)=f(x).$$

> **题型分析** 由以上例题可知,下列情况常用导数的定义求导数:①用导数定义求导数能使运算简化(如例 1);②分段函数在分界点处的导数(如例 2、例 3);③抽象函数的导数或有关导数关系式的证明等(如例 5).

例 5 设 $y=f(x)=\begin{cases}x^2 & x\leqslant x_0\\ax+b & x>x_0\end{cases}$ 选取适合的 a、b 的值,使得 $f(x)$ 在 x_0 处连续、可导.

解 当 $x<x_0$ 时,$f(x)=x^2$ 是初等函数,因此连续;当 $x>x_0$ 时,$f(x)=ax+b$ 也是初等函数,因此也连续. 现只要讨论分段点 $x=x_0$ 处即可.

(1) 连续性. $f(x_0)=x_0^2$, $f(x_0-0)=\lim_{x\to x_0^-}x^2=x_0^2$,

$f(x_0+0)=\lim_{x\to x_0^+}f(x)=\lim_{x\to x_0^+}(ax+b)=ax_0+b$,

要使 $f(x)$ 在 x_0 点连续,应有 $\quad x_0^2=ax_0+b\Rightarrow x_0^2-ax_0=b.$

(2) 可导性. $f'_-(x_0)=\lim_{x\to x_0^-}\frac{f(x)-f(x_0)}{x-x_0}=\lim_{x\to x_0^-}\frac{x^2-x_0^2}{x-x_0}=\lim_{x\to x_0^-}(x+x_0)=2x_0$

$f'_+(x_0)=\lim_{x\to x_0^+}\frac{f(x)-f(x_0)}{x-x_0}=\lim_{x\to x_0^+}\frac{ax+b-x_0^2}{x-x_0}=\lim_{x\to x_0^+}\frac{ax+x_0^2-ax_0-x_0^2}{x-x_0}=a.$

由函数在这一点可导的充要条件有:

$f'(x_0-0)=f'(x_0+0)$,即 $a=2x_0$,代入 $b=x_0^2-ax_0=-x_0^2$,

因此当 $\begin{cases}a=2x_0\\b=-x_0^2\end{cases}$ 时,$f(x)$ 在 $x=x_0$ 处连续、可导.

> **题型分析** 特别地,当 $\alpha=\beta=1$ 时,有 $\lim_{h\to 0}\frac{f(x_0+h)-f(x_0-h)}{2h}=f'(x_0).$ ①
> 但是式①不能作为函数 $y=f(x)$ 在点 x_0 的导数定义,因为它与导数定义式

$$\lim_{h\to 0}\frac{f(x_0+h)-f(x_0)}{h}=f'(x_0). \qquad ②$$

是不等价的. 事实上, 若式②成立, 则式①左边的极限存在, 且等于 $f'(x_0)$. 但是, 反之不成立, 即若式①左边的极限存在, 并不能保证式②左边的极限存在. 换言之, 式①只是式②的必要条件, 并不是充分条件.

这是因为式①中以 x_0 为中心的对称点 x_0+h, x_0-h 处的函数值之差 $f(x_0+h)-f(x_0-h)$ 对点 x_0 处的函数值没有任何要求. 也就是说, 极限 $\lim\limits_{h\to 0}\frac{f(x_0+h)-f(x_0-h)}{2h}$ 存在与否跟点 x_0 处的函数值 $f(x_0)$ 无关. 这不符合导数定义的要求. 例如, 对于任何偶函数 $f(x)$, 它的极限 $\lim\limits_{h\to 0}\frac{f(0+h)-f(0-h)}{2h}$ 总是存在的, 且为零, 但是极限 $\lim\limits_{h\to 0}\frac{f(0+h)-f(0)}{h}$ 却不一定存在. 例如函数:

$$f(x)=\begin{cases}\cos\dfrac{1}{x}, & x\neq 0 \\ 0, & x=0\end{cases} \quad \text{在 } x=0 \text{ 处不连续, 但有}$$

$$\lim_{h\to 0}\frac{f(0+h)-f(0-h)}{2h}=\lim_{h\to 0}\frac{\cos\dfrac{1}{h}-\cos\dfrac{1}{h}}{2h}=\lim_{h\to 0}0=0.$$

但由于极限 $\lim\limits_{h\to 0}\dfrac{f(0+h)-f(0)}{h}=\lim\limits_{h\to 0}\dfrac{\cos\dfrac{1}{h}}{h}$ 不**存在**, 因此函数 $f(x)$ 在 $x=0$ 处不可导.

例 6 设函数 $f(x)$ 在点 x_0 处的导数 $f'(x_0)$ 存在, α, β 是常数, 求极限
$$\lim_{h\to 0}\frac{f(x_0+\alpha h)-f(x_0-\beta h)}{h}.$$

解 因导数 $f'(x_0)$ 存在, 则由导数定义与极限的运算法则得
$$\lim_{h\to 0}\frac{f(x_0+\alpha h)-f(x_0-\beta h)}{h}=\lim_{h\to 0}\frac{[f(x_0+\alpha h)-f(x_0)]-[f(x_0-\beta h)-f(x_0)]}{h}$$
$$=\alpha\lim_{h\to 0}\frac{f(x_0+\alpha h)-f(x_0)}{\alpha h}+\beta\lim_{h\to 0}\frac{f(x_0-\beta h)-f(x_0)}{-\beta h}=\alpha f'(x_0)+\beta f'(x_0).$$

特别地, 当 α, β 至少有一个为零时, 上述结果显然成立.

题型分析 分段函数在分界点的极限、连续和可导问题一般应采用定义通过分界点左、右两端进行讨论. 极限、连续、可导三者之间的关系是: 可导⇒连续⇒极限存在. 但反过来未必成立.

例 7 设周期函数 $f(x)$ 在 $(-\infty, +\infty)$ 内可导, 周期为 4, 又 $\lim\limits_{x\to 0}\dfrac{f(1)-f(1-x)}{2x}=-1$, 求曲线 $y=f(x)$ 在点 $(5, f(5))$ 处的切线方程.

解 因为 $\lim\limits_{x\to 0}\dfrac{f(1)-f(1-x)}{2x}=\dfrac{1}{2}\lim\limits_{x\to 0}\dfrac{f(1-x)-f(1)}{-x}=\dfrac{1}{2}f'(1)=-1.$

所以 $f'(1)=-2$, 而由题设 $f(x)$ 以 4 为周期得
$$f'(5)=f'(4+1)=f'(1)=-2.$$

由导数几何意义得曲线 $y=f(x)$ 在点 $(5,f(5))$ 处的切线斜率为 $f'(5)=-2$，于是所求切线方程为：$y-f(5)=f'(5)\cdot(x-5)$. 即 $2x+y-f(5)-10=0$ 为所求.

题型分析 本题主要考察导数的定义、导数的几何意义及周期函数的性质. 一般地，若 $f(x)$ 是以 T 为周期的可导函数，则 $f'(x)$ 也是周期函数且周期仍为 T.

习题2-1精讲

1. **解**：在时间间隔 $[t_0, t_0+\Delta t]$ 内的平均角速度 $\bar{\omega}=\dfrac{\Delta\theta}{\Delta t}=\dfrac{\theta(t_0+\Delta t)-\theta(t_0)}{\Delta t}$.

   在时刻 t_0 的角速度 $\omega=\lim\limits_{\Delta t\to 0}\bar{\omega}=\lim\limits_{\Delta t\to 0}\dfrac{\Delta\theta}{\Delta t}=\theta'(t_0)$.

2. **解**：在时间间隔 $[t, t+\Delta t]$ 内平均冷却速度 $\bar{v}=\dfrac{\Delta T}{\Delta t}=\dfrac{T(t+\Delta t)-T(t)}{\Delta t}$. 在时刻 t 的冷却速度 $v=\lim\limits_{\Delta t\to 0}\dfrac{\Delta T}{\Delta t}=\lim\limits_{\Delta t\to 0}\dfrac{T(t+\Delta t)-T(t)}{\Delta t}=T'(t)$.

3. **解**：(1) $C'(x)=100-0.2x$， $C'(100)=100-20=80$（元/件）.

   (2) $C(101)=2000+100\times101-0.1\times(101)^2=11079.9$（元），

   $C(100)=2000+100\times100-0.1\times(100)^2=11000$（元），

   $C(101)-C(100)=11079.9-11000=79.9$（元）.

   即生产第 101 件产品的成本为 79.9 元，与(1)中求得的边际成本比较，可以看出边际成本 $C'(x)$ 的实际意义是近似表达产量达到 x 单位时再增加一个单位产品所需的成本.

4. **解**：$f'=\lim\limits_{\Delta x\to 0}\dfrac{f(-1+\Delta x)-f(-1)}{\Delta x}=\lim\limits_{\Delta x\to 0}\dfrac{10(-1+\Delta x)^2-10(-1)^2}{\Delta x}$

   $=\lim\limits_{\Delta x\to 0}\dfrac{-20\Delta x+10(\Delta x)^2}{\Delta x}=\lim\limits_{\Delta x\to 0}(-20+10\Delta x)=-20.$

5. **证**：$(\cos x)'=\lim\limits_{\Delta x\to 0}\dfrac{\cos(x+\Delta x)-\cos x}{\Delta x}=\lim\limits_{\Delta x\to 0}\dfrac{-2\sin\left(x+\dfrac{\Delta x}{2}\right)\sin\dfrac{\Delta x}{2}}{\Delta x}$

   $=\lim\limits_{\Delta x\to 0}\left[-\sin\left(x+\dfrac{\Delta x}{2}\right)\right]\dfrac{\sin\dfrac{\Delta x}{2}}{\dfrac{\Delta x}{2}}=-\sin x.$

6. **解**：(1) $A=\lim\limits_{\Delta x\to 0}\dfrac{f(x_0-\Delta x)-f(x_0)}{\Delta x}=-\lim\limits_{-\Delta x\to 0}\dfrac{f(x_0+(-\Delta x))-f(x_0)}{-\Delta x}=-f'(x_0).$

   (2) 由于 $f(0)=0$，故 $A=\lim\limits_{x\to 0}\dfrac{f(x)}{x}=\lim\limits_{x\to 0}\dfrac{f(x)-f(0)}{x-0}=f'(0).$

   (3) $A=\lim\limits_{h\to 0}\dfrac{f(x_0+h)-f(x_0-h)}{h}=\lim\limits_{h\to 0}\left[\dfrac{f(x_0+h)-f(x_0)}{h}-\dfrac{f(x_0-h)-f(x_0)}{h}\right]$

   $=\lim\limits_{h\to 0}\dfrac{f(x_0+h)-f(x_0)}{h}+\lim\limits_{-h\to 0}\dfrac{f(x_0+(-h))-f(x_0)}{-h}=2f'(x_0).$

7. **解**: $f'_-(1)=\lim\limits_{x\to 1^-}\dfrac{f(x)-f(1)}{x-1}=\lim\limits_{x\to 1^-}\dfrac{\frac{2}{3}x^3-\frac{2}{3}}{x-1}=\lim\limits_{x\to 1^-}\dfrac{2}{3}\cdot\dfrac{x^3-1}{x-1}=\lim\limits_{x\to 1^-}\dfrac{2}{3}(x^2+x+1)=2$;

$f'_+(1)=\lim\limits_{x\to 1^+}\dfrac{f(x)-f(1)}{x-1}=\lim\limits_{x\to 1^+}\dfrac{x^2-\frac{2}{3}}{x-1}=\infty$,

故该函数左导数存在,右导数不存在,因此应选(B).

8. **解**: $F'_+(0)=\lim\limits_{x\to 0^+}\dfrac{F(x)-F(0)}{x-0}=\lim\limits_{x\to 0^+}\dfrac{f(x)(1+\sin x)-f(0)}{x}$

$=\lim\limits_{x\to 0^+}\left[\dfrac{f(x)-f(0)}{x}+f(x)\dfrac{\sin x}{x}\right]=f'(0)+f(0)$,

$F'_-(0)=\lim\limits_{x\to 0^-}\dfrac{F(x)-F(0)}{x-0}=\lim\limits_{x\to 0^-}\dfrac{f(x)(1-\sin x)-f(0)}{x}$

$=\lim\limits_{x\to 0^-}\left[\dfrac{f(x)-f(0)}{x}-f(x)\dfrac{\sin x}{x}\right]=f'(0)-f(0)$,

当 $f(0)=0$ 时,$F'_+(0)=F'_-(0)$,反之当 $F'_+(0)=F'_-(0)$ 时,$f(0)=0$,因此应选(A).

9. **解**: (1) $y'=4x^3$. (2) $y=x^{\frac{2}{3}}$, $y'=\dfrac{2}{3}x^{-\frac{1}{3}}$. (3) $y'=1.6x^{0.6}$.

(4) $y=x^{-\frac{1}{2}}$, $y'=-\dfrac{1}{2}x^{-\frac{3}{2}}$. (5) $y=x^{-2}$, $y'=-2x^{-3}$. (6) $y=x^{\frac{16}{5}}$, $y'=\dfrac{16}{5}x^{\frac{11}{5}}$.

(7) $y=x^{2+\frac{2}{3}-\frac{5}{2}}=x^{\frac{1}{6}}$, $y'=\dfrac{1}{6}x^{-\frac{5}{6}}$.

10. **解**: $v=\dfrac{\mathrm{d}s}{\mathrm{d}t}=3t^2$, $v|_{t=2}=12(\text{m/s})$.

11. **证**: $f(x)$ 为偶函数,故有 $f(-x)=f(x)$.

因为 $f'(0)=\lim\limits_{x\to 0}\dfrac{f(x)-f(0)}{x-0}=\lim\limits_{x\to 0}\dfrac{f(-x)-f(0)}{x-0}=-\lim\limits_{-x\to 0}\dfrac{f(-x)-f(0)}{-x-0}=-f'(0)$,

所以 $f'(0)=0$.

12. **解**: 由导数的几何意义知 $k_1=y'|_{x=\frac{2}{3}\pi}=\cos x|_{x=\frac{2}{3}\pi}=-\dfrac{1}{2}$, $k_2=y'|_{x=\pi}=\cos x|_{x=\pi}=-1$.

13. **解**: $y'|_{x=\frac{\pi}{3}}=(-\sin x)|_{x=\frac{\pi}{3}}=-\dfrac{\sqrt{3}}{2}$,故曲线在点 $\left(\dfrac{\pi}{3},\dfrac{1}{2}\right)$ 处的切线方程为

$$y-\dfrac{1}{2}=-\dfrac{\sqrt{3}}{2}\left(x-\dfrac{\pi}{3}\right),\quad \text{即}\quad \dfrac{\sqrt{3}}{2}x+y-\dfrac{1}{2}\left(1+\dfrac{\sqrt{3}}{3}\pi\right)=0.$$

在点 $\left(\dfrac{\pi}{3},\dfrac{1}{2}\right)$ 处的法线方程为 $y-\dfrac{1}{2}=\dfrac{2}{\sqrt{3}}\left(x-\dfrac{\pi}{3}\right)$,即 $\dfrac{2\sqrt{3}}{3}x-y+\dfrac{1}{2}-\dfrac{2\sqrt{3}}{9}\pi=0$.

14. **解**: $y'|_{x=0}=\mathrm{e}^x|_{x=0}=1$,故曲线在点 $(0,1)$ 处的切线方程为

$$y-1=1\cdot(x-0),\quad \text{即}\quad x-y+1=0.$$

15. **解**: 割线的斜率 $k=\dfrac{3^2-1^2}{3-1}=\dfrac{8}{2}=4$.

假设抛物线上点 (x_0,x_0^2) 处的切线平行于该割线,则有 $(x^2)'|_{x=x_0}=4$, 即 $2x_0=4$.

故 $x_0=2$,由此得所求点为 $(2,4)$.

16. **解**: (1) $\lim\limits_{x\to 0}f(x)=\lim\limits_{x\to 0}|\sin x|=0=f(0)$,故 $y=|\sin x|$ 在 $x=0$ 处连续. 又

$$f'_-(0) = \lim_{x \to 0^-} \frac{f(x)-f(0)}{x-0} = \lim_{x \to 0^-} \frac{-\sin x}{x} = -1,$$

$$f'_+(0) = \lim_{x \to 0^+} \frac{f(x)-f(0)}{x-0} = \lim_{x \to 0^+} \frac{\sin x}{x} = 1,$$

$f'_-(0) \neq f'_+(0)$,故 $y=|\sin x|$ 在 $x=0$ 处不可导.

(2) $\lim\limits_{x \to 0} f(x) = \lim\limits_{x \to 0} x^2 \sin\dfrac{1}{x} = 0 = f(0)$,故函数在 $x=0$ 处连续.又

$$f'(0) = \lim_{x \to 0} \frac{f(x)-f(0)}{x-0} = \lim_{x \to 0} \frac{x^2 \sin\frac{1}{x}}{x} = \lim_{x \to 0} x \sin\frac{1}{x} = 0,$$

故函数在 $x=0$ 处可导.

17. **解**:要函数 $f(x)$ 在 $x=1$ 处连续,应有 $\lim\limits_{x \to 1^-} f(x) = \lim\limits_{x \to 1^+} f(x) = f(1)$,即 $1=a+b$.

要函数 $f(x)$ 在 $x=1$ 处可导,应有 $f'_-(1) = f'_+(1)$,而

$$f'_-(1) = \lim_{x \to 1^-} \frac{f(x)-f(1)}{x-1} = \lim_{x \to 1^-} \frac{x^2-1}{x-1} = 2,$$

$$f'_+(1) = \lim_{x \to 1^+} \frac{f(x)-f(1)}{x-1} = \lim_{x \to 1^+} \frac{ax+b-1}{x-1} = \lim_{x \to 1^+} \frac{a(x-1)+a+b-1}{x-1} = \lim_{x \to 1^+} \frac{a(x-1)}{x-1} = a.$$

故 $a=2, b=-1$.

18. **解**: $f'_-(0) = \lim\limits_{x \to 0^-} \dfrac{f(x)-f(0)}{x-0} = \lim\limits_{x \to 0^-} \dfrac{-x-0}{x} = -1$, $f'_+(0) = \lim\limits_{x \to 0^+} \dfrac{f(x)-f(0)}{x-0} = \lim\limits_{x \to 0^+} \dfrac{x^2-0}{x} = 0$.

由于 $f'_-(0) \neq f'_+(0)$,故 $f'(0)$ 不存在.

19. **解**: $f'_-(0) = \lim\limits_{x \to 0^-} \dfrac{f(x)-f(0)}{x-0} = \lim\limits_{x \to 0^-} \dfrac{\sin x}{x} = 1$, $f'_+(0) = \lim\limits_{x \to 0^+} \dfrac{f(x)-f(0)}{x-0} = \lim\limits_{x \to 0^+} \dfrac{x}{x} = 1$.

由于 $f'_-(0) = f'_+(0) = 1$,故 $f'(0) = 1$. 因此 $f'(x) = \begin{cases} \cos x, & x<0, \\ 1, & x \geq 0. \end{cases}$

20. **证**: 设 (x_0, y_0) 为双曲线 $xy=a^2$ 上任一点,曲线在该点处的切线斜率 $k = \left(\dfrac{a^2}{x}\right)'\Big|_{x=x_0} = -\dfrac{a^2}{x_0^2}$,

切线方程为 $y - y_0 = -\dfrac{a^2}{x_0^2}(x-x_0)$ 或 $\dfrac{x}{2x_0} + \dfrac{y}{2y_0} = 1$,

由此可得所构成的三角形的面积为 $A = \dfrac{1}{2}|2x_0||2y_0| = 2a^2$.

第二节 函数的求导法则

内容精讲

1. 基本初等函数的导数公式

(1) $(c)' = 0$; (2) $(x^\mu)' = \mu x^{\mu-1}$ (μ 为实数);

(3) $(\sin x)' = \cos x$; (4) $(\cos x)' = -\sin x$;

(5) $(\tan x)' = \sec^2 x$; (6) $(\cot x)' = -\csc^2 x$;

(7) $(\sec x)' = \sec x \cdot \tan x$; (8) $(\csc x)' = -\csc x \cdot \cot x$;

(9) $(a^x)' = a^x \ln a$ ($a>0, a \neq 1$); (10) $(e^x)' = e^x$;

(11) $(\log_a x)' = \dfrac{1}{x\ln a}$ ($a>0, a\neq 1$);　　(12) $(\ln x)' = \dfrac{1}{x}$;

(13) $(\arcsin x)' = \dfrac{1}{\sqrt{1-x^2}}$;　　(14) $(\arccos x)' = -\dfrac{1}{\sqrt{1-x^2}}$;

(15) $(\arctan x)' = \dfrac{1}{1+x^2}$;　　(16) $(\text{arccot}\, x)' = -\dfrac{1}{1+x^2}$.

2. 导数的四则运算法则　　设函数 $u(x), v(x)$ 在 x 点可导，则

(1) $[u(x) \pm v(x)]' = u'(x) \pm v'(x)$;

(2) $[u(x) \cdot v(x)]' = u'(x)v(x) + u(x)v'(x)$;

(3) $\left[\dfrac{u(x)}{v(x)}\right]' = \dfrac{u'(x)v(x) - u(x)v'(x)}{[v(x)]^2}$　　$(v(x) \neq 0)$.

3. 复合函数的求导法则　　若 $u = \varphi(x)$ 在 x 点可导，而 $y = f(u)$ 在对应点 $u(u = \varphi(x))$ 可导，则复合函数 $y = f[\varphi(x)]$ 在 x 点可导，且 $y'(x) = f'(u) \cdot \varphi'(x)$.

4. 反函数的求导法则　　若单调连续函数 $x = \varphi(y)$ 在 y 点可导，且其导数 $\varphi'(y) \neq 0$，则它的反函数 $y = f(x)$ 在对应点 x 可导，且 $f'(x) = \dfrac{1}{\varphi'(y)}$，或 $\dfrac{\mathrm{d}y}{\mathrm{d}x} = \dfrac{1}{\frac{\mathrm{d}x}{\mathrm{d}y}}$.

▶ 题型及考点解析

例 1　　设 $f(x) = (x-a)\varphi(x)$，其中 $\varphi(x)$ 在 $x=a$ 处连续，求 $f'(a)$.

解　　由导数的定义知 $f'(a) = \lim\limits_{x \to a} \dfrac{f(x) - f(a)}{x - a} = \lim\limits_{x \to a} \dfrac{(x-a)\varphi(x) - 0}{x - a} = \lim\limits_{x \to a} \varphi(x)$.

因为 $\varphi(x)$ 在 $x=a$ 处连续，从而有 $\lim\limits_{x \to a} \varphi(x) = \varphi(a)$，故 $f'(a) = \varphi(a)$.

题型分析　　求含有抽象函数的导数时，一定要注意所给抽象函数满足的条件，否则就会出错。在本例中我们只知道 $\varphi(x)$ 在 $x=a$ 处连续，并不知 $\varphi'(x)$ 是否存在，因此下述作法是错误的:

因为 $f'(x) = \varphi(x) + (x-a) \cdot \varphi'(x)$；所以 $f'(a) = \varphi(a)$.

这个结果虽然正确，但只是一个巧合，由于题设条件中并未告知 $\varphi'(x)$ 存在，故不能应用两个函数乘积的求导法则求 $f'(x)$，本例只能用导数定义求 $f'(a)$.

例 2　　设 $y = \arctan \mathrm{e}^x - \ln\sqrt{\dfrac{\mathrm{e}^{2x}}{\mathrm{e}^{2x}+1}}$，则 $\dfrac{\mathrm{d}y}{\mathrm{d}x}\bigg|_{x=1} = $ _____.

解　　$y = \arctan \mathrm{e}^x - \dfrac{1}{2}\ln \mathrm{e}^{2x} + \dfrac{1}{2}\ln(\mathrm{e}^{2x}+1) = \arctan \mathrm{e}^x - x + \dfrac{1}{2}\ln(\mathrm{e}^{2x}+1)$,

故 $\dfrac{\mathrm{d}y}{\mathrm{d}x} = \dfrac{\mathrm{e}^x}{1+\mathrm{e}^{2x}} - 1 + \dfrac{\mathrm{e}^{2x}}{\mathrm{e}^{2x}+1} = \dfrac{\mathrm{e}^x - 1}{1+\mathrm{e}^{2x}}$，从而 $\dfrac{\mathrm{d}y}{\mathrm{d}x}\bigg|_{x=1} = \dfrac{\mathrm{e}-1}{\mathrm{e}^2+1}$.

题型分析　　一般初等函数在求导之前应先化简，将函数化成最简形式后再求导，可使求导过程大大简化，避免出错。

例 3　设 $y=(\cos x)^{x^2}$，求 y'.

解法一　将函数 $y=(\cos x)^{x^2}$ 化为指数函数的形式 $y=(\cos x)^{x^2}=e^{x^2\ln\cos x}$，由复合函数的求导法则得 $y'=e^{x^2\ln\cos x}\cdot\left(2x\ln\cos x+x^2\cdot\dfrac{-\sin x}{\cos x}\right)$，即 $y'=(\cos x)^{x^2}(2x\ln\cos x-x^2\cdot\tan x)$.

解法二　对数求导法.

对 $y=(\cos x)^{x^2}$ 两边取对数得 $\ln y=x^2\ln\cos x$，在方程 $\ln y=x^2\ln\cos x$ 两边对 x 求导数得 $\dfrac{1}{y}y'=2x\ln\cos x+x^2\cdot\dfrac{-\sin x}{\cos x}$，即 $y'=y(2x\ln\cos x-x^2\cdot\tan x)=(\cos x)^{x^2}(2x\ln\cos x-x^2\cdot\tan x)$.

> **题型分析**　本例所用的两种方法，是求形如 $y=f(x)^{g(x)}$ 类型函数的导数的典型方法. 显然求导数的方法不是唯一的，可根据题目所给条件及不同的需要灵活选择适当的方法.

例 4　试确定常数 a,b 的值，使函数 $f(x)=\begin{cases}1+\ln(1-2x), & x\leqslant 0\\ a+be^x, & x>0\end{cases}$

在 $x=0$ 处可导，并求出此时的 $f'(x)$.

解　因要使函数 $f(x)$ 在 $x=0$ 处可导，故 $f(x)$ 在 $x=0$ 处连续，即

$$\lim_{x\to 0^-}f(x)=\lim_{x\to 0^+}f(x)=f(0)=1,$$

得 $a+b=1$，即当 $a+b=1$ 时，函数 $f(x)$ 在 $x=0$ 处连续.

由导数定义及 $a+b=1$，有

$$f'_-(0)=\lim_{x\to 0^-}\dfrac{f(x)-f(0)}{x-0}=\lim_{x\to 0^-}\dfrac{[1+\ln(1-2x)]-1}{x}=-2,$$

$$f'_+(0)=\lim_{x\to 0^+}\dfrac{f(x)-f(0)}{x-0}=\lim_{x\to 0^+}\dfrac{(a+be^x)-1}{x}=\lim_{x\to 0^+}\dfrac{b(e^x-1)}{x}=b.$$

要使 $f(x)$ 在 $x=0$ 处可导，应有 $b=f'_+(0)=f'_-(0)=-2$，故 $a=3$. 即当 $a=3,b=-2$ 时，函数 $f(x)$ 在 $x=0$ 处可导，且 $f'(0)=-2$. 于是 $f'(x)=\begin{cases}-\dfrac{2}{1-2x}, & x\leqslant 0\\ -2e^x, & x>0\end{cases}$.

> **题型分析**　确定参数的值使分段函数可导的问题，通常一要利用函数在一点处可导的充要条件是在该点的左导数与右导数均存在且相等；二要利用函数可导必连续，而函数在一点处连续的充要条件是其在该点的左极限与右极限均存在且相等，又等于其函数值.

例 5　设 $f(x)=\begin{cases}x\arctan\dfrac{1}{x^2}, & x\neq 0\\ 0, & x=0\end{cases}$，试讨论 $f'(x)$ 在 $x=0$ 处的连续性.

解　当 $x\neq 0$ 时，$f'(x)=\arctan\dfrac{1}{x^2}-\dfrac{2x^2}{1+x^4}$ 且

$$f'(0)=\lim_{x\to 0}\dfrac{f(x)-f(0)}{x}=\lim_{x\to 0}\dfrac{x\cdot\arctan\dfrac{1}{x^2}-0}{x}=\dfrac{\pi}{2},$$

从而，$f'(x)=\begin{cases}\arctan\dfrac{1}{x^2}-\dfrac{2x^2}{1+x^4}, & x\neq 0\\ \dfrac{\pi}{2}, & x=0\end{cases}$．因为 $\lim\limits_{x\to 0}f'(x)=\lim\limits_{x\to 0}\left(\arctan\dfrac{1}{x^2}-\dfrac{2x^2}{1+x^4}\right)=\dfrac{\pi}{2}=f'(0)$，所以导函数 $f'(x)$ 在 $x=0$ 处是连续的．

题型分析 本题考查了分段函数导数的求法及导函数在某点处连续的定义．一般地，分段函数在区间上的导数可用求导法则及公式计算，而分段函数在分界点的导数应按导数定义计算．若分段函数在分界点两侧表达式不同，则应分别求左、右导数．

例 6 求下列函数的导函数

(1) $y=(x^2+\cos x)^5$；　　(2) $y=e^{\cos x^3}$；　　(3) $y=\arcsin\sqrt{\ln\cos x}$；　　(4) $y=\dfrac{1}{\sqrt{\sin\dfrac{1}{x}}}$．

解 (1) $y'=[(x^2+\cos x)^5]'=5(x^2+\cos x)^4(x^2+\cos x)'$
$=5(x^2+\cos x)^4(2x-\sin x)$．

(2) $y'=(e^{\cos x^3})'=e^{\cos x^3}(\cos x^3)'=e^{\cos x^3}\cdot(-\sin x^3)\cdot(x^3)'=-3x^2\sin x^3 e^{\cos x^3}$．

(3) 首先分析复合成分，$y=\arcsin u, u=\sqrt{v}, v=\ln w, w=\cos x$，依复合函数求导的链式法则得：

$y'=\dfrac{\mathrm{d}y}{\mathrm{d}x}=\dfrac{\mathrm{d}y}{\mathrm{d}u}\cdot\dfrac{\mathrm{d}u}{\mathrm{d}v}\cdot\dfrac{\mathrm{d}v}{\mathrm{d}w}\cdot\dfrac{\mathrm{d}w}{\mathrm{d}x}=\dfrac{1}{\sqrt{1-u^2}}\cdot\dfrac{1}{2\sqrt{v}}\cdot\dfrac{1}{w}\cdot(-\sin x)$

$=\dfrac{1}{\sqrt{1-\ln\cos x}}\cdot\dfrac{1}{2\sqrt{\ln\cos x}}\cdot\dfrac{1}{\cos x}\cdot(-\sin x)=-\dfrac{\tan x}{2\sqrt{\ln\cos x(1-\ln\cos x)}}$．

(4) $y=\dfrac{1}{\sqrt{\sin\dfrac{1}{x}}}=\left(\sin\dfrac{1}{x}\right)^{-\frac{1}{2}}$, $y'=-\dfrac{1}{2}\left(\sin\dfrac{1}{x}\right)^{-\frac{3}{2}}\cos\dfrac{1}{x}\cdot\left(-\dfrac{1}{x^2}\right)=\dfrac{\cot\dfrac{1}{x}}{2x^2\cdot\sqrt{\sin\dfrac{1}{x}}}$．

题型分析 复合函数的求导关键在于搞清复合关系，从外层到内层一步一步进行求导运算，不要遗漏，尤其当既有四则运算，又有复合函数运算时，要根据题目中给出的函数表达式决定先用四则运算求导法则还是先用复合函数求导法则．

例 7 证明 $(\arctan x)'=\dfrac{1}{1+x^2}$．

证 令 $y=\arctan x$，则 $x=\tan y, y\in\left(-\dfrac{\pi}{2},\dfrac{\pi}{2}\right)$．

根据反函数求导法则：$y'(x)=\dfrac{1}{x'(y)}=\dfrac{1}{\sec^2 y}$，其中 $y=\arctan x$．

因为 $\sec^2 y=1+\tan^2 y=1+x^2$，所以 $(\arctan x)'=\dfrac{1}{1+x^2}$．

题型分析：若函数 $y=f(x)$ 可导且有反函数 $x=f^{-1}(y)$，则在 $x'(y)\neq 0$ 时，$y'(x)$ 与 $x'(y)$ 的关系是：$y'(x)=\dfrac{1}{x'(y)}$，利用这个关系可以使求导简单，原则是求 $y'(x)$ 与 $x'(y)$ 中易求的一个.

习题2-2精讲

1. 解：$(\cot x)'=\left(\dfrac{\cos x}{\sin x}\right)'=\dfrac{-\sin x\sin x-\cos x\cos x}{\sin^2 x}=-\dfrac{1}{\sin^2 x}=-\csc^2 x.$

   $(\csc x)'=\left(\dfrac{1}{\sin x}\right)'=\dfrac{-\cos x}{\sin^2 x}=-\csc x\cot x.$

2. 解：(1) $y'=3x^2-\dfrac{28}{x^5}+\dfrac{2}{x^2}.$ (2) $y'=15x^2-2^x\ln 2+3\mathrm{e}^x.$

   (3) $y'=2\sec^2 x+\sec x\tan x=\sec x(2\sec x+\tan x).$

   (4) $y'=\left(\dfrac{1}{2}\sin 2x\right)'=\dfrac{1}{2}\cdot 2\cos 2x=\cos 2x.$

   (5) $y'=2x\ln x+x^2\cdot\dfrac{1}{x}=x(2\ln x+1).$ (6) $y'=3\mathrm{e}^x\cos x-3\mathrm{e}^x\sin x=3\mathrm{e}^x(\cos x-\sin x).$

   (7) $y'=\dfrac{\dfrac{1}{x}\cdot x-\ln x}{x^2}=\dfrac{1-\ln x}{x^2}.$ (8) $y'=\dfrac{\mathrm{e}^x\cdot x^2-2x\mathrm{e}^x}{x^4}=\dfrac{\mathrm{e}^x(x-2)}{x^3}.$

   (9) $y'=2x\ln x\cos x+x^2\cdot\dfrac{1}{x}\cos x+x^2\ln x(-\sin x)=2x\ln x\cos x+x\cos x-x^2\ln x\sin x.$

   (10) $s'=\dfrac{\cos t(1+\cos t)-(1+\sin t)(-\sin t)}{(1+\cos t)^2}=\dfrac{1+\sin t+\cos t}{(1+\cos t)^2}.$

3. 解：(1) $y'=\cos x+\sin x,\quad y'|_{x=\frac{\pi}{6}}=\cos\dfrac{\pi}{6}+\sin\dfrac{\pi}{6}=\dfrac{\sqrt{3}+1}{2},$

   $y'|_{x=\frac{\pi}{4}}=\cos\dfrac{\pi}{4}+\sin\dfrac{\pi}{4}=\sqrt{2}.$

   (2) $\dfrac{\mathrm{d}\rho}{\mathrm{d}\theta}=\sin\theta+\theta\cos\theta+\dfrac{1}{2}(-\sin\theta)=\dfrac{1}{2}\sin\theta+\theta\cos\theta,$

   $\dfrac{\mathrm{d}\rho}{\mathrm{d}\theta}\bigg|_{\theta=\frac{\pi}{4}}=\dfrac{1}{2}\sin\dfrac{\pi}{4}+\dfrac{\pi}{4}\cos\dfrac{\pi}{4}=\dfrac{\sqrt{2}}{4}\left(1+\dfrac{\pi}{2}\right).$

   (3) $f'(x)=\dfrac{3}{(5-x)^2}+\dfrac{2}{5}x,\quad f'(0)=\dfrac{3}{25},\quad f'(2)=\dfrac{1}{3}+\dfrac{4}{5}=\dfrac{17}{15}.$

4. 解：(1) $v(t)=\dfrac{\mathrm{d}s}{\mathrm{d}t}=v_0-gt.$ (2) 物体达到最高点的时刻 $v=0$，即 $v_0-gt=0$，故 $t=\dfrac{v_0}{g}.$

5. 解：$y'=2\cos x+2x,\quad y'|_{x=0}=2,\quad y|_{x=0}=0,$

   因此曲线在点 $(0,0)$ 处的切线方程为 $y-0=2(x-0)$，即 $2x-y=0,$

   法线方程为 $y-0=-\dfrac{1}{2}(x-0)$，即 $x+2y=0.$

6. 解：(1) $y'=4(2x+5)^3\cdot 2=8(2x+5)^3.$ (2) $y'=-\sin(4-3x)(-3)=3\sin(4-3x).$

   (3) $y'=\mathrm{e}^{-3x^2}\cdot(-6x)=-6x\mathrm{e}^{-3x^2}.$ (4) $y'=\dfrac{1}{1+x^2}\cdot 2x=\dfrac{2x}{1+x^2}.$

(5) $y' = 2\sin x\cos x = \sin 2x$.

(6) $y' = \dfrac{1}{2\sqrt{a^2-x^2}}(-2x) = -\dfrac{x}{\sqrt{a^2-x^2}}$.

(7) $y' = \sec^2 x^2 \cdot 2x = 2x\sec^2 x^2$.

(8) $y' = \dfrac{1}{1+(e^x)^2} \cdot e^x = \dfrac{e^x}{1+e^{2x}}$.

(9) $y' = 2\arcsin x \cdot \dfrac{1}{\sqrt{1-x^2}} = \dfrac{2}{\sqrt{1-x^2}}\arcsin x$.

(10) $y' = \dfrac{1}{\cos x}(-\sin x) = -\tan x$.

7. 解：(1) $y' = \dfrac{1}{\sqrt{1-(1-2x)^2}} \cdot (-2) = -\dfrac{1}{\sqrt{x-x^2}}$. (2) $y' = \dfrac{-\dfrac{(-2x)}{2\sqrt{1-x^2}}}{(\sqrt{1-x^2})^2} = \dfrac{x}{\sqrt{(1-x^2)^3}}$.

(3) $y' = -\dfrac{1}{2}e^{-\tfrac{x}{2}}\cos 3x - 3e^{-\tfrac{x}{2}}\sin 3x = -\dfrac{1}{2}e^{-\tfrac{x}{2}}(\cos 3x + 6\sin 3x)$.

(4) $y' = -\dfrac{1}{\sqrt{1-\left(\dfrac{1}{x}\right)^2}} \cdot \left(-\dfrac{1}{x^2}\right) = \dfrac{|x|}{x^2\sqrt{x^2-1}}$.

(5) $y' = \dfrac{-\dfrac{1}{x}(1+\ln x)-(1-\ln x)\cdot\dfrac{1}{x}}{(1+\ln x)^2} = -\dfrac{2}{x(1+\ln x)^2}$.

(6) $y' = \dfrac{2x\cos 2x - \sin 2x}{x^2}$.

(7) $y' = \dfrac{1}{\sqrt{1-(\sqrt{x})^2}} \cdot \dfrac{1}{2\sqrt{x}} = \dfrac{1}{2\sqrt{x-x^2}}$.

(8) $y' = \dfrac{1}{x+\sqrt{a^2+x^2}}\left(1+\dfrac{2x}{2\sqrt{a^2+x^2}}\right) = \dfrac{1}{x+\sqrt{a^2+x^2}} \cdot \dfrac{x+\sqrt{a^2+x^2}}{\sqrt{a^2+x^2}} = \dfrac{1}{\sqrt{a^2+x^2}}$.

(9) $y' = \dfrac{1}{\sec x + \tan x}(\sec x\tan x + \sec^2 x) = \sec x$.

(10) $y' = \dfrac{1}{\csc x - \cot x}(-\csc x\cot x + \csc^2 x) = \csc x$.

8. 解：(1) $y' = 2\arcsin\dfrac{x}{2} \cdot \dfrac{1}{\sqrt{1-\left(\dfrac{x}{2}\right)^2}} \cdot \dfrac{1}{2} = \dfrac{2\arcsin\dfrac{x}{2}}{\sqrt{4-x^2}}$.

(2) $y' = \dfrac{1}{\tan\dfrac{x}{2}} \cdot \sec^2\dfrac{x}{2} \cdot \dfrac{1}{2} = \dfrac{1}{2\sin\dfrac{x}{2}\cos\dfrac{x}{2}} = \dfrac{1}{\sin x} = \csc x$.

(3) $y' = \dfrac{1}{2\sqrt{1+\ln^2 x}} \cdot 2\ln x \cdot \dfrac{1}{x} = \dfrac{\ln x}{x\sqrt{1+\ln^2 x}}$.

(4) $y' = e^{\arctan\sqrt{x}} \cdot \dfrac{1}{1+(\sqrt{x})^2} \cdot \dfrac{1}{2\sqrt{x}} = \dfrac{1}{2\sqrt{x}(1+x)} e^{\arctan\sqrt{x}}$.

(5) $y' = n\sin^{n-1} x\cos x\cos nx + \sin^n x(-\sin nx) \cdot n = n\sin^{n-1} x(\cos x\cos nx - \sin x\sin nx)$
$= n\sin^{n-1} x\cos(n+1)x$.

(6) $y' = \dfrac{1}{1+\left(\dfrac{x+1}{x-1}\right)^2} \cdot \dfrac{(x-1)-(x+1)}{(x-1)^2} = \dfrac{-2}{(x-1)^2+(x+1)^2} = -\dfrac{1}{1+x^2}$.

(7) $y' = \dfrac{\dfrac{1}{\sqrt{1-x^2}}\arccos x - \arcsin x\left(-\dfrac{1}{\sqrt{1-x^2}}\right)}{(\arccos x)^2} = \dfrac{\arccos x + \arcsin x}{\sqrt{1-x^2}(\arccos x)^2} = \dfrac{\pi}{2\sqrt{1-x^2}(\arccos x)^2}$.

(8) $y' = \dfrac{1}{\ln\ln x} \cdot \dfrac{1}{\ln x} \cdot \dfrac{1}{x} = \dfrac{1}{x\ln x \ln\ln x}.$

(9)
$$y' = \dfrac{\left(\dfrac{1}{2\sqrt{1+x}} + \dfrac{1}{2\sqrt{1-x}}\right)(\sqrt{1+x}+\sqrt{1-x}) - (\sqrt{1+x}-\sqrt{1-x})\left(\dfrac{1}{2\sqrt{1+x}} - \dfrac{1}{2\sqrt{1-x}}\right)}{(\sqrt{1+x}+\sqrt{1-x})^2}$$

$$= \dfrac{1}{2} \cdot \dfrac{\dfrac{1}{\sqrt{1+x}\sqrt{1-x}}(\sqrt{1+x}+\sqrt{1-x})^2 + \dfrac{1}{\sqrt{1+x}\sqrt{1-x}}(\sqrt{1+x}-\sqrt{1-x})^2}{2+2\sqrt{1-x^2}}$$

$$= \dfrac{1}{4} \cdot \dfrac{2+2}{(1+\sqrt{1-x^2})\sqrt{1-x^2}} = \dfrac{1-\sqrt{1-x^2}}{x^2\sqrt{1-x^2}}.$$

(10) $y' = \dfrac{1}{\sqrt{1-\left(\sqrt{\dfrac{1-x}{1+x}}\right)^2}} \cdot \dfrac{1}{2\sqrt{\dfrac{1-x}{1+x}}} \cdot \dfrac{-(1+x)-(1-x)}{(1+x)^2}$

$= -\dfrac{1}{\sqrt{1-\dfrac{1-x}{1+x}}} \cdot \dfrac{1}{\sqrt{\dfrac{1-x}{1+x}}} \cdot \dfrac{1}{(1+x)^2} = -\dfrac{1}{\sqrt{2x}(1+x)\sqrt{1-x}} = -\dfrac{1}{(1+x)\sqrt{2x(1-x)}}.$

9. 解: $y' = \dfrac{1}{2\sqrt{f^2(x)+g^2(x)}}[2f(x)f'(x) + 2g(x)g'(x)] = \dfrac{f(x)f'(x)+g(x)g'(x)}{\sqrt{f^2(x)+g^2(x)}}.$

10. 解:(1) $y' = f'(x^2) 2x = 2xf'(x^2).$

(2) $y' = f'(\sin^2 x) 2\sin x \cos x + f'(\cos^2 x) 2\cos x(-\sin x) = \sin 2x[f'(\sin^2 x) - f'(\cos^2 x)].$

11. 解:(1) $y' = -e^{-x}(x^2-2x+3) + e^{-x}(2x-2) = e^{-x}(-x^2+4x-5).$

(2) $y' = 2\sin x \cos x \cdot \sin(x^2) + \sin^2 x \cos(x^2) \cdot 2x = \sin 2x \sin(x^2) + 2x\sin^2 x \cos(x^2).$

(3) $y' = 2\arctan\dfrac{x}{2} \cdot \dfrac{1}{1+\left(\dfrac{x}{2}\right)^2} \cdot \dfrac{1}{2} = \dfrac{4}{4+x^2}\arctan\dfrac{x}{2}.$

(4) $y' = \dfrac{\dfrac{1}{x}x^n - nx^{n-1}\ln x}{x^{2n}} = \dfrac{1-n\ln x}{x^{n+1}}.$

(5) $y' = \dfrac{(e^t+e^{-t})(e^t+e^{-t}) - (e^t-e^{-t})(e^t-e^{-t})}{(e^t+e^{-t})^2} = \dfrac{4}{(e^t+e^{-t})^2}.$ 或 $y' = (\text{th}\,t)' = \dfrac{1}{\text{ch}^2 t}.$

(6) $y' = \dfrac{1}{\cos\dfrac{1}{x}}\left(-\sin\dfrac{1}{x}\right) \cdot \left(-\dfrac{1}{x^2}\right) = \dfrac{1}{x^2}\tan\dfrac{1}{x}.$

(7) $y' = e^{-\sin^2\frac{1}{x}}\left(-2\sin\dfrac{1}{x}\cos\dfrac{1}{x}\right) \cdot \left(-\dfrac{1}{x^2}\right) = \dfrac{1}{x^2}\sin\dfrac{2}{x}e^{-\sin^2\frac{1}{x}}.$

(8) $y' = \dfrac{1}{2\sqrt{x+\sqrt{x}}}\left(1+\dfrac{1}{2\sqrt{x}}\right) = \dfrac{2\sqrt{x}+1}{4\sqrt{x}\sqrt{x+\sqrt{x}}}.$

(9) $y' = \arcsin\dfrac{x}{2} + x \cdot \dfrac{1}{\sqrt{1-\left(\dfrac{x}{2}\right)^2}} \cdot \dfrac{1}{2} + \dfrac{(-2x)}{2\sqrt{4-x^2}}$

$= \arcsin\dfrac{x}{2} + \dfrac{x}{\sqrt{4-x^2}} - \dfrac{x}{\sqrt{4-x^2}} = \arcsin\dfrac{x}{2}.$

$(10)\ y' = \dfrac{1}{\sqrt{1-\left(\dfrac{2t}{1+t^2}\right)^2}} \cdot \dfrac{2(1+t^2)-2t \cdot 2t}{(1+t^2)^2} = \dfrac{1+t^2}{\sqrt{(1-t^2)^2}} \cdot \dfrac{2(1-t^2)}{(1+t^2)^2}$

$= \dfrac{2(1-t^2)}{|1-t^2|(1+t^2)} = \begin{cases} \dfrac{2}{1+t^2}, & |t|<1, \\ -\dfrac{2}{1+t^2}, & |t|>1. \end{cases}$

*12. **解**:$(1)\ y' = \text{sh}(\text{sh}x) \cdot \text{ch}x = \text{ch}x\,\text{sh}(\text{sh}x).$

$(2)\ y' = \text{ch}x\,e^{\text{ch}x} + \text{sh}x\,e^{\text{ch}x}\text{sh}x = e^{\text{ch}x}(\text{ch}x + \text{sh}^2 x).$

$(3)\ y' = \dfrac{1}{\text{ch}^2(\ln x)} \cdot \dfrac{1}{x} = \dfrac{1}{x\,\text{ch}^2(\ln x)}.$

$(4)\ y' = 3\text{sh}^2 x\,\text{ch}x + 2\text{ch}x\,\text{sh}x = \text{sh}x\,\text{ch}x(3\text{sh}x+2).$

$(5)\ y' = \dfrac{1}{\text{ch}^2(1-x^2)} \cdot (-2x) = -\dfrac{2x}{\text{ch}^2(1-x^2)}.$

$(6)\ y' = \dfrac{1}{\sqrt{1+(x^2+1)^2}} \cdot 2x = \dfrac{2x}{\sqrt{x^4+2x^2+2}}.$

$(7)\ y' = \dfrac{1}{\sqrt{(e^{2x})^2-1}} \cdot e^{2x} \cdot 2 = \dfrac{2e^{2x}}{\sqrt{e^{4x}-1}}.$

$(8)\ y' = \dfrac{1}{1+(\text{th}x)^2} \cdot \dfrac{1}{\text{ch}^2 x} = \dfrac{1}{1+\dfrac{\text{sh}^2 x}{\text{ch}^2 x}} \cdot \dfrac{1}{\text{ch}^2 x} = \dfrac{1}{\text{ch}^2 x + \text{sh}^2 x} = \dfrac{1}{1+2\text{sh}^2 x}.$

$(9)\ y' = \dfrac{1}{\text{ch}x}\text{sh}x - \dfrac{1}{(2\text{ch}^2 x)^2} \cdot 4\text{ch}x\,\text{sh}x = \dfrac{\text{sh}x}{\text{ch}x} - \dfrac{\text{sh}x}{\text{ch}^3 x} = \dfrac{\text{sh}x(\text{ch}^2 x - 1)}{\text{ch}^3 x} = \dfrac{\text{sh}^3 x}{\text{ch}^3 x} = \text{th}^3 x.$

$(10)\ y' = 2\text{ch}\left(\dfrac{x-1}{x+1}\right)\text{sh}\left(\dfrac{x-1}{x+1}\right) \cdot \dfrac{x+1-(x-1)}{(x+1)^2} = \dfrac{2}{(x+1)^2}\text{sh}\left(2 \cdot \dfrac{x-1}{x+1}\right).$

13. **解**:由 $f(x)$ 在 x_0 处可导,且 $f(x_0)=0$,则有 $f'(x_0) = \lim\limits_{x \to x_0}\dfrac{f(x)-f(x_0)}{x-x_0} = \lim\limits_{x \to x_0}\dfrac{f(x)}{x-x_0}.$

由 $g(x)$ 在 x_0 处连续,则有 $\lim\limits_{x \to x_0} g(x) = g(x_0)$,故

$\lim\limits_{x \to x_0}\dfrac{f(x)g(x)-f(x_0)g(x_0)}{x-x_0} = \lim\limits_{x \to x_0}\dfrac{f(x)}{x-x_0}g(x) = f'(x_0)g(x_0),$

即 $f(x)g(x)$ 在 x_0 处可导,其导数为 $f'(x_0)g(x_0).$

14. **证**:由(2)知 $f(0)=1$,故

$f'(x) = \lim\limits_{\Delta x \to 0}\dfrac{f(x+\Delta x)-f(x)}{\Delta x} = \lim\limits_{\Delta x \to 0}\dfrac{f(x)f(\Delta x)-f(x)}{\Delta x} = \lim\limits_{\Delta x \to 0}\left[f(x) \cdot \dfrac{f(\Delta x)-1}{\Delta x}\right]$

$= \lim\limits_{\Delta x \to 0}\left[f(x) \cdot \dfrac{\Delta x\,g(\Delta x)}{\Delta x}\right] = \lim\limits_{\Delta x \to 0}[f(x)g(\Delta x)] = f(x) \cdot 1 = f(x).$

第三节　高阶导数

内容精讲

1. 定义

函数 $y=f(x)$ 的导数的导数，即 $(y')'$，称为 $f(x)$ 的二阶导数，记为 y'' 或 $f''(x)$；一般 $y=f(x)$ 的 $(n-1)$ 阶导数的导数称为 $f(x)$ 的 n 阶导数，记为 $y^{(n)}=f^{(n)}(x)$. 二阶及二阶以上的导数称为**高阶导数**.

设函数 $u=u(x), v=v(x)$ 具有 n 阶导数，则

$$[u \pm v]^{(n)} = u^{(n)} \pm v^{(n)} \qquad [ku]^{(n)} = ku^{(n)}$$

$$[uv]^{(n)} = \sum_{k=0}^{n} C_n^k u^{(n-k)} v^{(k)} = u^{(n)} v + nu^{(n-1)} v' + \frac{n(n-1)}{2!} u^{(n-2)} v'' + \cdots + nu' v^{(n-1)} + uv^{(n)}$$

称为**莱布尼茨 n 阶导数公式**.

2. 常用的高阶导数公式

(1) $(a^x)^{(n)} = a^x \ln^n a \quad (a>0)$；　　(2) $(e^x)^{(n)} = e^x$；

(3) $(\sin kx)^{(n)} = k^n \sin\left(kx + \frac{n\pi}{2}\right)$；　　(4) $(\cos kx)^{(n)} = k^n \cos\left(kx + \frac{n\pi}{2}\right)$；

(5) $\left(\dfrac{1}{ax+b}\right)^{(n)} = (-1)^n \dfrac{a^n n!}{(ax+b)^{n+1}}$；　　(6) $(\ln(ax+b))^{(n)} = (-1)^{n-1} \dfrac{(n-1)! \, a^n}{(ax+b)^n}$.

题型及考点解析

例1　设 $y = \sin[f(x^2)]$，其中 f 具有二阶导数，求 $\dfrac{d^2 y}{dx^2}$.

解　$\dfrac{dy}{dx} = 2x f'(x^2) \cos[f(x^2)]$，

$\dfrac{d^2 y}{dx^2} = 2 f'(x^2) \cos[f(x^2)] + 4x^2 f''(x^2) \cos[f(x^2)] - 4x^2 [f'(x^2)]^2 \sin[f(x^2)]$

$\qquad = 2 f'(x^2) \cos[f(x^2)] + 4x^2 \{ f''(x^2) \cos[f(x^2)] - [f'(x^2)]^2 \sin[f(x^2)] \}$.

例2　设 $y = \ln \sqrt{\dfrac{1-x}{1+x^2}}$，则 $y''\big|_{x=0} = $ _____ .

解　$y = \dfrac{1}{2}[\ln(1-x) - \ln(1+x^2)]$，　$y' = \dfrac{1}{2}\left(\dfrac{-1}{1-x} - \dfrac{2x}{1+x^2}\right)$，

$y'' = \dfrac{1}{2}\left[-\dfrac{1}{(1-x)^2} - \dfrac{2(1-x^2)}{(1+x^2)^2}\right]$，　$y''\big|_{x=0} = -\dfrac{3}{2}$.

题型分析：求导前先利用对数的性质把函数化简，可使求导运算简便.

例3 设 $f(x)=\dfrac{1-x}{1+x}$，则 $f^{(n)}(x)=$ _____.

解 $f(x)=-1+2(1+x)^{-1}$, $f'(x)=2\cdot(-1)\cdot(1+x)^{-2}$,

$f''(x)=2\cdot(-1)(-2)\cdot(1+x)^{-3}$,

$f'''(x)=2\cdot(-1)(-2)(-3)\cdot(1+x)^{-4}\cdots$,

$f^{(n)}(x)=2\cdot(-1)(-2)\cdots(-n)\cdot(1+x)^{-n-1}=\dfrac{(-1)^n\cdot 2\cdot n!}{(1+x)^{n+1}}$.

题型分析 (1) 求 $f(x)$ 的 n 阶导数时，一般先求出前几阶导数，从中找出规律，进而得出 $f(x)$ 的 n 阶导数表达式．

(2) 对于某些复杂函数求高阶导数，需先化简、恒等变形，化为常见函数类，再求其 n 阶导数．

例4 求函数 $f(x)=x^2\ln(1+x)$ 在 $x=0$ 处的 n 阶导数 $f^{(n)}(0)(n\geqslant 3)$.

解 由莱布尼茨公式

$(uv)^{(n)}=u^{(n)}v^{(0)}+C_n^1 u^{(n-1)}v'+C_n^2 u^{(n-2)}v''+\cdots+u^{(0)}v^{(n)}$

及 $[\ln(1+x)]^{(k)}=(-1)^{k-1}\dfrac{(k-1)!}{(1+x)^k}$ （k 为正整数）

得 $f^{(n)}(x)=x^2\dfrac{(-1)^{n-1}(n-1)!}{(1+x)^n}+2nx\dfrac{(-1)^{n-2}(n-2)!}{(1+x)^{n-1}}+n(n-1)\cdot\dfrac{(-1)^{n-3}(n-3)!}{(1+x)^{n-2}}$

故 $f^{(n)}(0)=(-1)^{n-3}n(n-1)(n-3)!=\dfrac{(-1)^{n-1}n!}{n-2}$.

例5 设 $y=\sin^3 x+\sin x\cos x$，求 $y^{(n)}$.

分析 利用三倍角公式 $\sin 3x=3\sin x-4\sin^3 x$，二倍角公式 $\sin 2x=2\sin x\cos x$.

解 由 $y=\sin^3 x+\sin x\cos x=\dfrac{3}{4}\sin x-\dfrac{1}{4}\sin 3x+\dfrac{1}{2}\sin 2x$,

得 $y^{(n)}=\dfrac{3}{4}\sin\left(x+\dfrac{n}{2}\pi\right)-\dfrac{3^n}{4}\sin\left(3x+\dfrac{n}{2}\pi\right)+2^{n-1}\sin\left(2x+\dfrac{n}{2}\pi\right)$.

题型分析 在求函数的高阶导数时，有些三角函数可以先化为 $\sin kx$ 与 $\cos kx$ 的和或差的形式，然后再利用 n 阶导数公式

$(\sin kx)^{(n)}=k^n\sin\left(kx+\dfrac{n\pi}{2}\right)$, $(\cos kx)^{(n)}=k^n\cos\left(kx+\dfrac{n\pi}{2}\right)$ 即可．

如 $y=\sin^4 x-\cos^4 x=(\sin^2 x-\cos^2 x)(\sin^2 x+\cos^2 x)=\sin^2 x-\cos^2 x=-\cos 2x$,

则 $y^{(n)}=-2^n\cos\left(2x+\dfrac{n\pi}{2}\right)=2^n\sin\left(2x+\dfrac{n-1}{2}\pi\right)$.

例6 设函数 $x=f(y)$ 的反函数 $y=f^{-1}(x)$ 及 $f'[f^{-1}(x)]$，$f''[f^{-1}(x)]$ 均存在，且 $f'[f^{-1}(x)]\neq 0$，则 $\dfrac{d^2 f^{-1}(x)}{dx^2}$ 为 _____.

(A) $-\dfrac{f''[f^{-1}(x)]}{\{f'[f^{-1}(x)]\}^2}$ 　　(B) $\dfrac{f''[f^{-1}(x)]}{\{f'[f^{-1}(x)]\}^2}$

(C) $-\dfrac{f''[f^{-1}(x)]}{\{f'[f^{-1}(x)]\}^3}$ (D) $\dfrac{f''[f^{-1}(x)]}{\{f'[f^{-1}(x)]\}^3}$

解 因为 $f'[f^{-1}(x)]\neq 0$,所以由反函数的导数公式有

$$\dfrac{\mathrm{d}f^{-1}(x)}{\mathrm{d}x}=\dfrac{\mathrm{d}y}{\mathrm{d}x}=\dfrac{1}{\dfrac{\mathrm{d}x}{\mathrm{d}y}}=\dfrac{1}{f'(y)}=\dfrac{1}{f'[f^{-1}(x)]}$$

$$\dfrac{\mathrm{d}^2 f^{-1}(x)}{\mathrm{d}x^2}=\dfrac{\mathrm{d}}{\mathrm{d}x}\left(\dfrac{1}{f'[f^{-1}(x)]}\right)=\dfrac{-\{f'[f^{-1}(x)]\}'}{\{f'[f^{-1}(x)]\}^2}=\dfrac{-f''[f^{-1}(x)][f^{-1}(x)]'}{\{f'[f^{-1}(x)]\}^2}$$

$$=\dfrac{-f''[f^{-1}(x)]}{\{f'[f^{-1}(x)]\}^2}\cdot\dfrac{1}{f'[f^{-1}(x)]}=\dfrac{-f''[f^{-1}(x)]}{\{f'[f^{-1}(x)]\}^3}.\text{ 故应选(C)}.$$

习题2-3精讲

1. **解**:(1) $y'=4x+\dfrac{1}{x}$, $\qquad y''=4-\dfrac{1}{x^2}$.

(2) $y'=\mathrm{e}^{2x-1}\cdot 2=2\mathrm{e}^{2x-1}$, $\qquad y''=2\mathrm{e}^{2x-1}\cdot 2=4\mathrm{e}^{2x-1}$.

(3) $y'=\cos x+x(-\sin x)=\cos x-x\sin x, y''=-\sin x-\sin x-x\cos x$
$=-2\sin x-x\cos x.$

(4) $y'=\mathrm{e}^{-t}(-1)\sin t+\mathrm{e}^{-t}\cos t=\mathrm{e}^{-t}(\cos t-\sin t),$
$y''=\mathrm{e}^{-t}(-1)(\cos t-\sin t)+\mathrm{e}^{-t}(-\sin t-\cos t)=\mathrm{e}^{-t}(-2\cos t)=-2\mathrm{e}^{-t}\cos t.$

(5) $y'=\dfrac{-2x}{2\sqrt{a^2-x^2}}=-\dfrac{x}{\sqrt{a^2-x^2}}, y''=-\dfrac{\sqrt{a^2-x^2}-x\cdot\dfrac{(-2x)}{2\sqrt{a^2-x^2}}}{(\sqrt{a^2-x^2})^2}=\dfrac{-a^2}{(a^2-x^2)^{\frac{3}{2}}}.$

(6) $y'=\dfrac{1}{1-x^2}\cdot(-2x)=\dfrac{2x}{x^2-1}, y''=\dfrac{2(x^2-1)-2x\cdot(2x)}{(x^2-1)^2}=-\dfrac{2(1+x^2)}{(1-x^2)^2}.$

(7) $y'=\sec^2 x,$ $\qquad y''=2\sec^2 x\tan x.$

(8) $y'=\dfrac{-3x^2}{(x^3+1)^2}, y''=-\dfrac{3[2x(x^3+1)^2-x^2\cdot 2(x^3+1)\cdot 3x^2]}{(x^3+1)^4}=\dfrac{6x(2x^3-1)}{(x^3+1)^3}.$

(9) $y'=2x\arctan x+(1+x^2)\cdot\dfrac{1}{1+x^2}=2x\arctan x+1, y''=2\arctan x+2x\dfrac{1}{1+x^2}=2\arctan x+\dfrac{2x}{1+x^2}.$

(10) $y'=\dfrac{x\mathrm{e}^x-\mathrm{e}^x}{x^2}=\dfrac{(x-1)\mathrm{e}^x}{x^2},$
$y''=\dfrac{(\mathrm{e}^x+(x-1)\mathrm{e}^x)x^2-2x(x-1)\mathrm{e}^x}{x^4}=\dfrac{\mathrm{e}^x(x^2-2x+2)}{x^3}.$

(11) $y'=\mathrm{e}^{x^2}+x\mathrm{e}^{x^2}\cdot 2x=(1+2x^2)\mathrm{e}^{x^2},$
$y''=4x\mathrm{e}^{x^2}+(1+2x^2)\mathrm{e}^{x^2}\cdot 2x=2x(3+2x^2)\mathrm{e}^{x^2}.$

(12) $y'=\dfrac{1}{x+\sqrt{1+x^2}}\left(1+\dfrac{2x}{2\sqrt{1+x^2}}\right)=\dfrac{1}{\sqrt{1+x^2}}, y''=-\dfrac{\dfrac{2x}{2\sqrt{1+x^2}}}{(\sqrt{1+x^2})^2}=-\dfrac{x}{\sqrt{(1+x^2)^3}}.$

2. **解**:$f'(x)=6(x+10)^5,$ $\quad f''(x)=30(x+10)^4,$ $\quad f'''(x)=120(x+10)^3,$
$f'''(2)=120\times 12^3=207360.$

3. 解:(1) $y'=f'(x^2) \cdot 2x = 2xf'(x^2)$, $y''=2f'(x^2)+2xf''(x^2) \cdot 2x = 2f'(x^2)+4x^2 f''(x^2)$

(2) $y'=\dfrac{f'(x)}{f(x)}$, $y''=\dfrac{f''(x)f(x)-f'^{2}(x)}{f^{2}(x)}$.

4. 解:(1) $\dfrac{\mathrm{d}^2 x}{\mathrm{d}y^2}=\dfrac{\mathrm{d}}{\mathrm{d}y}\left(\dfrac{\mathrm{d}x}{\mathrm{d}y}\right)=\dfrac{\mathrm{d}}{\mathrm{d}x}\left(\dfrac{1}{y'}\right) \cdot \dfrac{\mathrm{d}x}{\mathrm{d}y}=-\dfrac{y''}{(y')^2} \cdot \dfrac{1}{y'}=-\dfrac{y''}{(y')^3}$.

(2) $\dfrac{\mathrm{d}^3 x}{\mathrm{d}y^3}=\dfrac{\mathrm{d}}{\mathrm{d}y}\left(\dfrac{\mathrm{d}^2 x}{\mathrm{d}y^2}\right)=\dfrac{\mathrm{d}}{\mathrm{d}x}\left(\dfrac{-y''}{(y')^3}\right)\dfrac{\mathrm{d}x}{\mathrm{d}y}=-\dfrac{y'''(y')^3-y'' \cdot 3(y')^2 y''}{(y')^6} \cdot \dfrac{1}{y'}=\dfrac{3(y'')^2-y'y'''}{(y')^5}$.

5. 解:$\dfrac{\mathrm{d}s}{\mathrm{d}t}=A\cos\omega t \cdot \omega = A\omega\cos\omega t$, $\dfrac{\mathrm{d}^2 s}{\mathrm{d}t^2}=-A\omega^2\sin\omega t$,

故 $\dfrac{\mathrm{d}^2 s}{\mathrm{d}t^2}+\omega^2 s=-A\omega^2\sin\omega t+\omega^2 A\sin\omega t=0$.

6. 证:由题意知 $v=\dfrac{\mathrm{d}s}{\mathrm{d}t}=\dfrac{k}{\sqrt{s}}$,其中 k 为比例系数,则

$a=\dfrac{\mathrm{d}^2 s}{\mathrm{d}t^2}=\dfrac{\mathrm{d}}{\mathrm{d}s}\left(\dfrac{k}{\sqrt{s}}\right) \cdot \dfrac{\mathrm{d}s}{\mathrm{d}t}=-\dfrac{1}{2} \cdot \dfrac{k}{s^{\frac{3}{2}}} \cdot \dfrac{k}{\sqrt{s}}=-\dfrac{k^2}{2s^2}$,

即陨星的加速度与 s^2 成反比.

7. 解:质点运动的加速度为 $a=\dfrac{\mathrm{d}^2 x}{\mathrm{d}t^2}=\dfrac{\mathrm{d}}{\mathrm{d}x}(f(x)) \cdot \dfrac{\mathrm{d}x}{\mathrm{d}t}=f'(x)f(x)$.

8. 解:$y'=C_1\lambda e^{\lambda x}-C_2\lambda e^{-\lambda x}$, $y''=C_1\lambda^2 e^{\lambda x}+C_2\lambda^2 e^{-\lambda x}$

故 $y''-\lambda^2 y=C_1\lambda^2 e^{\lambda x}+C_2\lambda^2 e^{-\lambda x}-\lambda^2(C_1 e^{\lambda x}+C_2 e^{-\lambda x})=0$.

9. 解: $y'=e^x\sin x+e^x\cos x=e^x(\sin x+\cos x)$,

$y''=e^x(\sin x+\cos x)+e^x(\cos x-\sin x)=2e^x\cos x$,

故 $y''-2y'+2y=2e^x\cos x-2e^x(\sin x+\cos x)+2e^x\sin x=0$.

10. 解:(1)利用莱布尼茨公式 $(uv)^n=\sum_{k=0}^{n}C_n^k u^{(n-k)}v^{(k)}$,

其中 $C_n^k=\dfrac{n(n-1)(n-2)\cdots(n-k+1)}{k!}$.

$(e^x\cos x)^{(4)}=(e^x)^{(4)}\cos x+4(e^x)'''(\cos x)'+\dfrac{4 \cdot 3}{2!}(e^x)''(\cos x)''$

$+\dfrac{4 \cdot 3 \cdot 2}{3!}(e^x)'(\cos x)'''+e^x(\cos x)^{(4)}$

$=e^x\cos x-4e^x\sin x+6e^x(-\cos x)+4e^x\sin x+e^x\cos x=-4e^x\cos x$.

(2)由 $(\sin 2x)^{(n)}=2^n\sin\left(2x+\dfrac{n\pi}{2}\right)$ 及莱布尼茨公式

$(x^2\sin 2x)^{(50)}=x^2(\sin 2x)^{(50)}+50(x^2)'(\sin 2x)^{(49)}+\dfrac{50 \cdot 49}{2!}(x^2)''(\sin 2x)^{(48)}=2^{(50)}x^2\sin\left(2x+\dfrac{50\pi}{2}\right)+100 \cdot 2^{(49)}x\sin\left(2x+\dfrac{49\pi}{2}\right)+\dfrac{50 \cdot 49}{2} \cdot 2 \cdot 2^{(48)}\sin\left(2x+\dfrac{48\pi}{2}\right)=2^{50}\left(-x^2\sin 2x\right.$

$\left.+50x\cos 2x+\dfrac{1225}{2}\sin 2x\right)$.

*11. 解:(1) $y'=nx^{n-1}+a_1(n-1)x^{n-2}+a_2(n-2)x^{n-3}+\cdots+a_{n-1}$,

$y''=n(n-1)x^{n-2}+a_1(n-1)(n-2)x^{n-3}+\cdots+a_{n-2}$,

......

$y^{(n)} = n(n-1)(n-2)\cdots 3 \cdot 2 \cdot 1 = n!$.

(2) $y = \sin^2 x = \frac{1}{2}(1-\cos 2x)$, $y^{(n)} = \frac{-1}{2}\cos\left(2x + \frac{n\pi}{2}\right) \cdot 2^n = -2^{n-1}\cos\left(2x + \frac{n\pi}{2}\right)$.

(3) $y' = \ln x + x \cdot \frac{1}{x} = \ln x + 1$, $y'' = \frac{1}{x}$, $y^{(n)} = \frac{(-1)^{n-2}(n-2)!}{x^{n-1}}$ $(n \geq 2)$.

(4) $y' = e^x + xe^x = (1+x)e^x$, $y'' = e^x + (1+x)e^x = (2+x)e^x$.

设 $y^{(k)} = (k+x)e^x$, 则 $y^{(k+1)} = e^x + (k+x)e^x = (1+k+x)e^x$, 故 $y^{(n)} = (n+x)e^x$.

*12. **解**: 本题可用莱布尼茨公式求解.

设 $u = \ln(1+x)$, $v = x^2$, 则 $u^{(n)} = \frac{(-1)^{n-1}(n-1)!}{(1+x)^n}$ $(n=1,2,\cdots)$, $v' = 2x$, $v'' = 2$, $v^{(k)} = 0$

$(k \geq 3)$. 故由莱布尼茨公式, 得

$f^{(n)}(x) = \frac{(-1)^{n-1}(n-1)!}{(1+x)^n} \cdot x^2 + n\frac{(-1)^{n-2}(n-2)!}{(1+x)^{n-1}} \cdot 2x + \frac{n(n-1)}{2} \cdot \frac{(-1)^{n-3}(n-3)!}{(1+x)^{n-2}} \cdot 2$

$(n \geq 3)$, $f^{(n)}(0) = \frac{(-1)^{n-1}n!}{n-2}$ $(n \geq 3)$.

第四节 隐函数及由参数方程确定的函数的导数 相关变化率

内容精讲

1. 隐函数的导数

求由方程 $F(x,y) = 0$ 所确定的隐函数 $y = y(x)$ 的导数 $y'(x)$ 的方法为: 在方程 $F(x,y) = 0$ 两边同时对 x 求导, 并注意 y 是 x 的函数, 而所有关于 y 的函数均为以 y 为中间变量的 x 的复合函数, 最后解出 y'.

2. 参数方程确定的函数的导数

设 $\begin{cases} x = \varphi(t) \\ y = \psi(t) \end{cases}$ 确定了 y 是 x 的函数, t 为参数, $\varphi(t), \psi(t)$ 均有二阶导数且 $\varphi'(t) \neq 0$,

则 $\frac{dy}{dx} = \frac{dy/dt}{dx/dt} = \frac{\psi'(t)}{\varphi'(t)}$.

$\frac{d^2y}{dx^2} = \frac{d}{dx}\left(\frac{dy}{dx}\right) = \frac{d}{dt}\left(\frac{dy}{dx}\right) \cdot \frac{dt}{dx} = \frac{d}{dt}\left(\frac{\psi'(t)}{\varphi'(t)}\right) \cdot \frac{1}{\varphi'(t)}$

$= \frac{\psi''(t) \cdot \varphi'(t) - \psi'(t) \cdot \varphi''(t)}{[\varphi'(t)]^3}$.

题型及考点解析

例1 求由方程 $\sqrt{x^2+y^2} = ae^{\arctan\frac{y}{x}}$ 所确定的隐函数 y 的二阶导数, 其中 $a > 0$ 是常数.

解 为简化计算先取对数得 $\frac{1}{2}\ln(x^2+y^2) = \ln a + \arctan\frac{y}{x}$,

两边对 x 求导得 $\dfrac{1}{2}\dfrac{2x+2yy'}{x^2+y^2}=0+\dfrac{1}{1+\left(\dfrac{y}{x}\right)^2}\cdot\dfrac{xy'-y}{x^2}$,

化简得 $\quad x+yy'=xy'-y$, ①

解得 $\quad y'=\dfrac{x+y}{x-y}$. $(x\neq y)$ ②

由①式两边对 x 求导得：$1+(y')^2+yy''=y'+xy''-y'=xy''$,

即 $1+(y')^2+yy''=xy''$,将 $y'=\dfrac{x+y}{x-y}$ 代入上式并化简得 $y''=\dfrac{2(x^2+y^2)}{(x-y)^3}$.

题型分析 求隐函数的二阶导数,一般有两种解法：
(1)先求出 y'(注意,结果中一般含有 y),再继续求二阶导数；
(2)对方程两边同时求导两次,然后再解出 y''.(如例1)
无论是哪一种解法,在求导时,都应该记住 y 是 x 的函数.在 y'' 的结果中,如果含有 y',应将一阶导数的结果代入.总之最后结果中只能含有 x、y.如果要求点 x_0 的二阶导数,应先求出对应的 y_0 及 $y'|_{(x_0,y_0)}$,然后代入求出的 y'' 中.

例 2 已知函数 $y=y(x)$ 由方程 $e^y+6xy+x^2-1=0$ 确定,则 $y''(0)=$ _____.

解 方程两边关于 x 求导,得

$e^y\cdot y'+6y+6xy'+2x=0, y'=-\dfrac{6y+2x}{e^y+6x}$, 且 $y'(0)=y'\big|_{\substack{x=0\\y=0}}=0$.

对上式关于 x 求导得,

$y''=-\dfrac{(6y'+2)(e^y+6x)-(6y+2x)\cdot(e^y\cdot y'+6)}{(e^y+6x)^2}$,

把 $x=0,y=0,y'(0)=0$ 代入得 $y''(0)=-2$.

题型分析 (1)欲求由方程 $F(x,y)=0$ 所确定的隐函数 $y=f(x)$ 的一阶导数,要把方程中的 x 看作自变量,而将 y 视为 x 的函数,方程中关于 y 的函数便是 x 的复合函数,用复合函数的求导法则,便可得到关于 y' 的一次方程,从中解得 y' 即为所求.

(2)若求 $y'\big|_{x=x_0}$,由于(1)中所得 y' 的表达式通常是用隐函数 y 及自变量 x 表示的,所以,在计算 $x=x_0$ 时的导数时,通常由原方程解出相应的 y_0,然后将 (x_0,y_0) 一起代入 y' 的表达式中,便可求得 $y'\big|_{x=x_0}$.

例 3 设 $y=(x-2)^2\cdot\sqrt[3]{\dfrac{(x+3)^2\cdot(3-2x^2)}{(1+x^2)\cdot(5-3x^3)}}$,求 y'.

解 先将表达式写成分式指数幂形式：

$y=(x-2)^2\cdot(x+3)^{\frac{2}{3}}(3-2x^2)^{\frac{1}{3}}(1+x^2)^{-\frac{1}{3}}(5-3x^3)^{-\frac{1}{3}}$

两边取自然对数

$$\ln y = 2\ln(x-2) + \frac{2}{3}\ln(x+3) + \frac{1}{3}\ln(3-2x^2) - \frac{1}{3}\ln(1+x^2) - \frac{1}{3}\ln(5-3x^3)$$

上式两边对 x 求导 $\dfrac{y'}{y} = \dfrac{2}{x-2} + \dfrac{2}{3(x+3)} - \dfrac{4x}{3(3-2x^2)} - \dfrac{2x}{3(1+x^2)} + \dfrac{3x^2}{5-3x^3}$

得 $y' = (x-2)^2 \sqrt[3]{\dfrac{(x+3)^2(3-2x^2)}{(1+x^2)(5-3x^3)}} \left[\dfrac{2}{x-2} + \dfrac{2}{3(x+3)} - \dfrac{4x}{3(3-2x^2)} - \dfrac{2x}{3(1+x^2)} + \dfrac{3x^2}{5-3x^3} \right]$

题型分析 取对数是一种重要的映射,它能把运算的级别降低,这是它的本质;对数求导法就是利用了对数的这一性质来简化求导运算. 即先对函数 $y=f(x)$ 的两边取对数,再利用复合函数的求导法则求出 y'. 该方法一般适用于幂指函数 $y=f(x)^{g(x)}$ 以及由简单函数的乘积、商、幂所表示的函数的求导,可以简化计算.

例 4 在求由参数方程 $\begin{cases} x = a\cos t + \ln 3 \\ y = b\sin t \end{cases}$ 确定的函数 $y=f(x)$ 的二阶导数 $\dfrac{d^2 y}{dx^2}$ 时,试问下面的解法正确吗?

$$\frac{dy}{dx} = \frac{y'(t)}{x'(t)} = \frac{b\cos t}{-a\sin t} = -\frac{b}{a}\cot t,$$

$$\frac{d^2 y}{dx^2} = \frac{d}{dx}\left(\frac{dy}{dx}\right) = \left(-\frac{b}{a}\cot t\right)' = -\frac{b}{a}(-\csc^2 t) = \frac{b}{a}(\csc^2 t).$$

解 不正确. 上述解法中一阶导数是正确的,但二阶导数的求法是错误的. 二阶导数 $\dfrac{d^2 y}{dx^2}$ 是一阶导数 $\dfrac{dy}{dx}$ 关于 x 的导数,而不是一阶导数 $\dfrac{dy}{dx}$ 关于 t 的导数.

正确的解法是 $\dfrac{d^2 y}{dx^2} = \dfrac{d}{dx}\left(\dfrac{dy}{dx}\right) = \dfrac{d}{dt}\left(\dfrac{dy}{dx}\right) \cdot \dfrac{dt}{dx} = \dfrac{\dfrac{d}{dt}\left(\dfrac{dy}{dx}\right)}{\dfrac{dx}{dt}} = \dfrac{\dfrac{d}{dt}\left(-\dfrac{b}{a}\cot t\right)}{\dfrac{d}{dt}(a\cos t + \ln 3)} = -\dfrac{b}{a^2}\csc^3 t.$

题型分析 由参数方程所确定的函数的一阶导数一般都是参数 t 的函数,而所求函数的二阶导数 $\dfrac{d^2 y}{dx^2}$ 是 $\dfrac{dy}{dx}$ 再对 x 求导,事实上是一种复合函数的求导问题,因此求高阶导数(如二阶导数)时,应视参数 t 为中间变量,再利用复合函数求导法求导即可.

例 5 设 $y=y(x)$ 由方程 $\begin{cases} x = \arctan t \\ 2y - ty^2 + e^t = 5 \end{cases}$ 确定,求 $\dfrac{dy}{dx}$.

分析 y 是由已知参数方程确定的 x 的函数,故 $\dfrac{dy}{dx} = \dfrac{y'(t)}{x'(t)}$;而 y 与 t 的关系是:y 是由方程 $2y - ty^2 + e^t = 5$ 所确定的 t 的函数,是隐函数,所以求 $y'(t)$ 时应采用隐函数求导法.

解 在方程 $2y - ty^2 + e^t = 5$ 两边对 t 求导:$2y'(t) - y^2 - 2ty \cdot y'(t) + e^t = 0$,

所以 $y'(t) = \dfrac{y^2 - e^t}{2(1 - ty)}$,又因为 $x'(t) = \dfrac{1}{1+t^2}$,故 $\dfrac{dy}{dx} = \dfrac{y'(t)}{x'(t)} = \dfrac{(y^2 - e^t)(1 + t^2)}{2(1 - ty)}$.

例 6 求曲线 $\begin{cases} x = e^t \sin 2t \\ y = e^t \cos t \end{cases}$ 在点 $(0, 1)$ 处的法线方程.

解 由 $x=0, y=1$ 得 $t=0$,因为 $\dfrac{dy}{dx}=\dfrac{y'(t)}{x'(t)}=\dfrac{e^t\cos t-e^t\sin t}{e^t\sin 2t+2e^t\cos 2t}=\dfrac{\cos t-\sin t}{\sin 2t+2\cos 2t}$,

所以 $\left.\dfrac{dy}{dx}\right|_{(0,1)}=\left.\dfrac{dy}{dx}\right|_{t=0}=\dfrac{1}{2}$,即曲线在 $(0,1)$ 处的切线斜率为 $\dfrac{1}{2}$,从而知法线斜率为 -2.

法线方程为:$y-1=-2(x-0)$,即 $y+2x-1=0$.

例 7 水自深 12cm,顶直径 12cm 的正圆锥形漏斗中漏入一直径为 10cm 的圆柱形筒中,开始时漏斗中盛满了水,已知当水面在漏斗中深为 8cm 时,其表面下降的速率为 1cm/min,问此时圆柱形筒中水面上升的速率为多少?

解 设在 t 时刻漏斗中的水面高度为 $h=h(t)$,圆柱形筒中的水面高度为 $H=H(t)$ 且漏斗中水的体积与圆柱形筒中水的体积之和为常数 V,则有等式 $\dfrac{\pi}{3}r^2 \cdot h+\pi5^2 \cdot H=V$,

利用相似三角形的性质知:$\dfrac{r}{6}=\dfrac{h}{12}$ 即 $r=\dfrac{h}{2}$,从而有 $\dfrac{\pi}{3}\left(\dfrac{h}{2}\right)^2 h+25\pi H=V$,

上式两端分别对 t 求导得:$\dfrac{\pi}{4}h^2 \cdot h'(t)+25\pi H'(t)=0$,

当 $h=8$ 时,$h'(t)=-1$. 代入上式得 $H'(t)=0.64$cm/min.

即在漏斗中水深为 8cm 时,圆柱形筒中水面上升的速率是 0.64cm/min.

> **题型分析**
> 求相关变化率问题的步骤:
> (1)根据题意,建立相关变量之间的等量关系式;
> (2)在所得等式两边同时对 t 求导;
> (3)代入变量在指定时刻的值及变化率,从而求出未知变化率.
> 另外,相关变化率问题大部分是实际问题,解题的关键在于把实际问题用数学语言表达出来,即要写出问题的函数表达式.

习题 2-4 精讲

1. **解**:(1)在方程两端分别对 x 求导,得 $2yy'-2y-2xy'=0$,

   从而 $y'=\dfrac{y}{y-x}$,其中 $y=y(x)$ 是由方程 $y^2-2xy+9=0$ 所确定的隐函数.

   (2)在方程两端分别对 x 求导,得 $3x^2+3y^2y'-3ay-3axy'=0$,

   从而 $y'=\dfrac{ay-x^2}{y^2-ax}$,其中 $y=y(x)$ 是由方程 $x^3+y^3-3axy=0$ 所确定的隐函数.

   (3)在方程两端分别对 x 求导,得 $y+xy'=e^{x+y}(1+y')$,

   从而 $y'=\dfrac{e^{x+y}-y}{x-e^{x+y}}$,其中 $y=y(x)$ 是由方程 $xy=e^{x+y}$ 所确定的隐函数.

   (4)在方程两端分别对 x 求导,得 $y'=-e^y-xe^yy'$,

   从而 $y'=\dfrac{-e^y}{1+xe^y}$,其中 $y=y(x)$ 是由方程 $x=1-xe^y$ 所确定的隐函数.

2. **解**:由导数的几何意义知,所求切线的斜率为 $k=y'\left|_{\left(\frac{\sqrt{2}}{4}a,\frac{\sqrt{2}}{4}a\right)}\right.$,

   在曲线方程两端分别对 x 求导,得 $\dfrac{2}{3}x^{-\frac{1}{3}}+\dfrac{2}{3}y^{-\frac{1}{3}}y'=0$,

从而 $y'=-\dfrac{x^{-\frac{1}{3}}}{y^{-\frac{1}{3}}}$，　　　$y'\Big|_{(\frac{\sqrt{2}}{4}a,\frac{\sqrt{2}}{4}a)}=-1$.

于是所求的切线方程为 $y-\dfrac{\sqrt{2}}{4}a=-1\left(x-\dfrac{\sqrt{2}}{4}a\right)$，　　即　$x+y=\dfrac{\sqrt{2}}{2}a$.

法线方程为 $y-\dfrac{\sqrt{2}}{4}a=1\cdot\left(x-\dfrac{\sqrt{2}}{4}a\right)$，　　即　$x-y=0$.

3. **解**：(1)应用隐函数的求导方法，得 $2x-2yy'=0$，于是 $y'=\dfrac{x}{y}$.

在上式两端再对 x 求导，得 $y''=\dfrac{y-xy'}{y^2}=\dfrac{y-\frac{x^2}{y}}{y^2}=\dfrac{y^2-x^2}{y^3}=-\dfrac{1}{y^3}$.

(2)应用隐函数的求导方法，得 $2xb^2+2a^2yy'=0$，

于是　　$y'=-\dfrac{b^2x}{a^2y}$, $y''=-\dfrac{b^2}{a^2}\cdot\dfrac{y-xy'}{y^2}=-\dfrac{b^4}{a^2y^3}$.

(3)应用隐函数的求导方法，得

$$y'=\sec^2(x+y)(1+y')=[1+\tan^2(x+y)](1+y')=(1+y^2)(1+y'),$$

于是 $y'=\dfrac{(1+y^2)}{1-(1+y^2)}=-\dfrac{1}{y^2}-1$, $y''=\dfrac{2y'}{y^3}=-\dfrac{2(1+y^2)}{y^5}=-2\csc^2(x+y)\cot^3(x+y)$.

(4)应用隐函数的求导方法，得 $y'=e^y+xe^yy'$，

于是 $y'=\dfrac{e^y}{1-xe^y}$, $y''=\dfrac{e^y\cdot y'(1-xe^y)-e^y(-e^y-xe^yy')}{(1-xe^y)^2}=\dfrac{e^yy'+e^{2y}}{(1-xe^y)^2}=\dfrac{e^{2y}(2-xe^y)}{(1-xe^y)^3}$.

4. **解**：(1)在 $y=\left(\dfrac{x}{1+x}\right)^x$ 两端取对数，得 $\ln y=x[\ln x-\ln(1+x)]$.

在上式两端分别对 x 求导，并注意到 $y=y(x)$，得

$$\dfrac{y'}{y}=[\ln x-\ln(1+x)]+x\left(\dfrac{1}{x}-\dfrac{1}{1+x}\right)=\ln\dfrac{x}{1+x}+\dfrac{1}{1+x},$$

于是 $y'=y\left(\ln\dfrac{x}{1+x}+\dfrac{1}{1+x}\right)=\left(\dfrac{x}{1+x}\right)^x\left(\ln\dfrac{x}{1+x}+\dfrac{1}{1+x}\right)$.

(2)在 $y=\sqrt[5]{\dfrac{x-5}{\sqrt[5]{x^2+2}}}$ 两端取对数，得

$$\ln y=\dfrac{1}{5}\left[\ln(x-5)-\dfrac{1}{5}\ln(x^2+2)\right]=\dfrac{1}{5}\ln(x-5)-\dfrac{1}{25}\ln(x^2+2).$$

在上式两端分别对 x 求导，并注意到 $y=y(x)$，得 $\dfrac{y'}{y}=\dfrac{1}{5}\cdot\dfrac{1}{x-5}-\dfrac{1}{25}\cdot\dfrac{2x}{x^2+2}$,

于是 $y'=y\left[\dfrac{1}{5(x-5)}-\dfrac{2x}{25(x^2+2)}\right]=\sqrt[5]{\dfrac{x-5}{\sqrt[5]{x^2+2}}}\left[\dfrac{1}{5(x-5)}-\dfrac{2x}{25(x^2+2)}\right]$.

(3)在 $y=\dfrac{\sqrt{x+2}(3-x)^4}{(x+1)^5}$ 两端取对数，得 $\ln y=\dfrac{1}{2}\ln(x+2)+4\ln(3-x)-5\ln(1+x)$.

在上式两端分别对 x 求导，并注意到 $y=y(x)$，得

$$\dfrac{y'}{y}=\dfrac{1}{2}\cdot\dfrac{1}{x+2}+4\cdot\dfrac{(-1)}{3-x}-5\cdot\dfrac{1}{1+x}$$

于是 $y'=y\left[\dfrac{1}{2(x+2)}-\dfrac{4}{3-x}-\dfrac{5}{1+x}\right]=\dfrac{\sqrt{x+2}(3-x)^4}{(x+1)^5}\left[\dfrac{1}{2(x+2)}-\dfrac{4}{3-x}-\dfrac{5}{1+x}\right]$.

(4)在 $y=\sqrt{x\sin x \sqrt{1-e^x}}$ 两端取对数,得 $\ln y=\frac{1}{2}\left[\ln x+\ln\sin x+\frac{1}{2}\ln(1-e^x)\right]$.

在上式两端分别对 x 求导,并注意到 $y=y(x)$,得 $\frac{y'}{y}=\frac{1}{2}\left[\frac{1}{x}+\frac{\cos x}{\sin x}+\frac{1}{2}\cdot\frac{(-e^x)}{1-e^x}\right]$,

于是 $y'=y\left[\frac{1}{2x}+\frac{\cos x}{2\sin x}-\frac{e^x}{4(1-e^x)}\right]=\frac{1}{2}\sqrt{x\sin x \sqrt{1-e^x}}\left[\frac{1}{x}+\cot x-\frac{e^x}{2(1-e^x)}\right]$.

5. 解:(1) $\dfrac{dy}{dx}=\dfrac{\dfrac{dy}{dt}}{\dfrac{dx}{dt}}=\dfrac{3bt^2}{2at}=\dfrac{3b}{2a}t$. (2) $\dfrac{dy}{dx}=\dfrac{\dfrac{dy}{d\theta}}{\dfrac{dx}{d\theta}}=\dfrac{\cos\theta-\theta\sin\theta}{1-\sin\theta+\theta(-\cos\theta)}=\dfrac{\cos\theta-\theta\sin\theta}{1-\sin\theta-\theta\cos\theta}$.

6. 解: $\dfrac{dy}{dx}=\dfrac{\dfrac{dy}{dt}}{\dfrac{dx}{dt}}=\dfrac{e^t\cos t-e^t\sin t}{e^t\sin t+e^t\cos t}=\dfrac{\cos t-\sin t}{\sin t+\cos t}$,于是 $\dfrac{dy}{dx}\bigg|_{t=\frac{\pi}{3}}=\dfrac{\dfrac{1}{2}-\dfrac{\sqrt{3}}{2}}{\dfrac{\sqrt{3}}{2}+\dfrac{1}{2}}=\sqrt{3}-2$.

7. 解:(1) $\dfrac{dy}{dx}=\dfrac{\dfrac{dy}{dt}}{\dfrac{dx}{dt}}=\dfrac{-2\sin 2t}{\cos t}=-4\sin t$, $\dfrac{dy}{dx}\bigg|_{t=\frac{\pi}{4}}=-4\cdot\dfrac{\sqrt{2}}{2}=-2\sqrt{2}$. $t=\dfrac{\pi}{4}$ 对应点 $(\dfrac{\sqrt{2}}{2},0)$.

曲线在点 $(\dfrac{\sqrt{2}}{2},0)$ 处的切线方程为 $y-0=-2\sqrt{2}\left(x-\dfrac{\sqrt{2}}{2}\right)$,即 $2\sqrt{2}x+y-2=0$.

法线方程为 $y-0=\dfrac{1}{2\sqrt{2}}\left(x-\dfrac{\sqrt{2}}{2}\right)$,即 $\sqrt{2}x-4y-1=0$.

(2) $\dfrac{dy}{dx}=\dfrac{\dfrac{dy}{dt}}{\dfrac{dx}{dt}}=\dfrac{\left(\dfrac{3at^2}{1+t^2}\right)'}{\left(\dfrac{3at}{1+t^2}\right)'}=\dfrac{\dfrac{3a[2t(1+t^2)-t^2\cdot 2t]}{(1+t^2)^2}}{\dfrac{3a[(1+t^2)-t\cdot 2t]}{(1+t^2)^2}}=\dfrac{2t}{1-t^2}$, $\dfrac{dy}{dx}\bigg|_{t=2}=-\dfrac{4}{3}$. $t=2$ 对应点 $(\dfrac{6}{5}a,\dfrac{12}{5}a)$.

曲线在点 $(\dfrac{6}{5}a,\dfrac{12}{5}a)$ 处的切线方程为 $y-\dfrac{12}{5}a=-\dfrac{4}{3}\left(x-\dfrac{6}{5}a\right)$,即 $4x+3y-12a=0$.

法线方程为 $y-\dfrac{12}{5}a=\dfrac{3}{4}\left(x-\dfrac{6}{5}a\right)$,即 $3x-4y+6a=0$.

8. 解:(1) $\dfrac{dy}{dx}=\dfrac{\dfrac{dy}{dt}}{\dfrac{dx}{dt}}=\dfrac{-1}{t}$, $\dfrac{d^2y}{dx^2}=\dfrac{\dfrac{d}{dt}\left(\dfrac{dy}{dx}\right)}{\dfrac{dx}{dt}}=\dfrac{\dfrac{1}{t^2}}{t}=\dfrac{1}{t^3}$.

(2) $\dfrac{dy}{dx}=\dfrac{b\cos t}{-a\sin t}=-\dfrac{b}{a}\cot t$, $\dfrac{d^2y}{dx^2}=\dfrac{\dfrac{d}{dt}\left(\dfrac{dy}{dx}\right)}{\dfrac{dx}{dt}}=\dfrac{-\dfrac{b}{a}(-\csc^2 t)}{-a\sin t}=\dfrac{-b}{a^2\sin^3 t}$.

(3) $\dfrac{dy}{dx}=\dfrac{2e^t}{-3e^{-t}}=-\dfrac{2}{3}e^{2t}$, $\dfrac{d^2y}{dx^2}=\dfrac{-\dfrac{4}{3}e^{2t}}{-3e^{-t}}=\dfrac{4}{9}e^{3t}$.

(4) $\dfrac{dy}{dx}=\dfrac{f'(t)+tf''(t)-f'(t)}{f''(t)}=t$, $\dfrac{d^2y}{dx^2}=\dfrac{1}{f''(t)}$.

*9. 解:(1) $\dfrac{dy}{dx}=\dfrac{1-3t^2}{-2t}=-\dfrac{1}{2t}+\dfrac{3}{2}t$, $\dfrac{d^2y}{dx^2}=\dfrac{\dfrac{1}{2t^2}+\dfrac{3}{2}}{-2t}=-\dfrac{1}{4}\left(\dfrac{1}{t^3}+\dfrac{3}{t}\right)$,

$$\frac{d^3y}{dx^3}=\frac{-\frac{1}{4}\left(-\frac{3}{t^4}-\frac{3}{t^2}\right)}{-2t}=-\frac{3}{8t^5}(1+t^2).$$

(2) $\dfrac{dy}{dx}=\dfrac{1-\dfrac{1}{1+t^2}}{\dfrac{2t}{1+t^2}}=\dfrac{t}{2}$, $\qquad \dfrac{d^2y}{dx^2}=\dfrac{\dfrac{1}{2}}{\dfrac{2t}{1+t^2}}=\dfrac{1+t^2}{4t}=\dfrac{1}{4}\left(\dfrac{1}{t}+t\right)$,

$$\frac{d^3y}{dx^3}=\frac{\frac{1}{4}\left(-\frac{1}{t^2}+1\right)}{\frac{2t}{1+t^2}}=\frac{t^4-1}{8t^3}.$$

10. **解**：设最外一圈波的半径为 $r=r(t)$，圆的面积 $S=S(t)$. 在 $S=\pi r^2$ 两端分别对 t 求导，得

$$\frac{dS}{dt}=2\pi r\frac{dr}{dt}\text{当}t=2\text{时},r=6\times 2=12,\frac{dr}{dt}=6\text{代入上式得}$$

$$\left.\frac{dS}{dt}\right|_{t=2}=2\pi\cdot 12\cdot 6=144\pi(\text{m}^2/\text{s}).$$

11. **解**：如图 2—1 所示，设在 t 时刻容器中的水深为 $h(t)$，水的容积为 $V(t)$，$\dfrac{r}{4}=\dfrac{h}{8}$，即 $r=\dfrac{h}{2}$.

$V=\dfrac{1}{3}\pi r^2 h=\dfrac{1}{3}\pi\left(\dfrac{h}{2}\right)^2 h=\dfrac{\pi}{12}h^3$. $\dfrac{dV}{dt}=\dfrac{\pi}{4}h^2\dfrac{dh}{dt}$，即 $\dfrac{dh}{dt}=\dfrac{4}{\pi h^2}\dfrac{dV}{dt}$. 故 $\left.\dfrac{dh}{dt}\right|_{h=5}=\dfrac{4}{25\pi}\cdot 4=\dfrac{16}{25\pi}$

$\approx 0.204(\text{m/min})$.

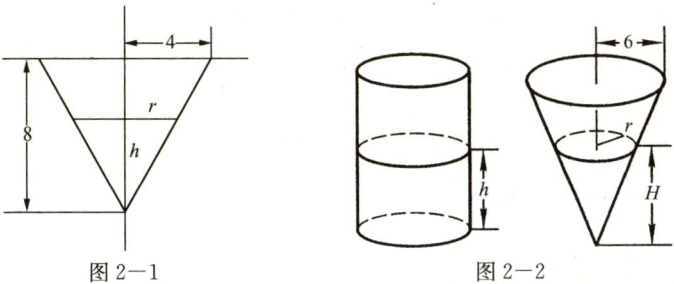

图 2—1　　　　　　　　　　　图 2—2

12. **解**：如图 2—2，设在 t 时刻漏斗中的水深为 $H=H(t)$，圆柱形筒中水深为 $h=h(t)$.

建立 h 与 H 之间的关系：$\dfrac{1}{3}\pi 6^2\cdot 18-\dfrac{1}{3}\pi r^2 H=\pi 5^2 h$.

又 $\dfrac{r}{6}=\dfrac{H}{18}$，即 $r=\dfrac{H}{3}$. 故 $\dfrac{1}{3}\pi 6^2\cdot 18-\dfrac{1}{3}\pi\left(\dfrac{H}{3}\right)^2 H=\pi 5^2 h$，即 $216\pi-\dfrac{\pi}{27}H^3=25\pi h$.

上式两端分别对 t 求导，得 $-\dfrac{3}{27}\pi H^2\dfrac{dH}{dt}=25\pi\dfrac{dh}{dt}$.

当 $H=12$ 时，$\dfrac{dH}{dt}=-1$，此时 $\dfrac{dh}{dt}=\dfrac{1}{25\pi}\left(-\dfrac{3}{27}\pi H^2\dfrac{dH}{dt}\right)\bigg|_{\substack{H=12\\ \frac{dH}{dt}=-1}}=\dfrac{16}{25}=0.64(\text{cm/min})$.

第五节 函数的微分

> **内容精讲**

1. 微分定义 若函数 $f(x)$ 在 x 点的增量 $\Delta y = f(x+\Delta x) - f(x)$, 可表示为 $\Delta y = A\Delta x + o(\Delta x)$, 其中: A 是与 Δx 无关的量; 当 $\Delta x \to 0$ 时, $o(\Delta x)$ 是比 Δx 高阶的无穷小. 则称 $y=f(x)$ 在 x 点可微, 而线性主部 $A\Delta x$ 称为 $y=f(x)$ 在 x 点的微分, 记为 $\mathrm{d}y$ 或 $\mathrm{d}f(x)$, 即 $\mathrm{d}y = \mathrm{d}f(x) = A \cdot \Delta x$.

当函数 $f(x)$ 可微时, 微分中 Δx 的系数 $A = f'(x)$, 记 $\mathrm{d}x = \Delta x$, 称之为自变量的微分, 微分表达式通常写为对称形式

$$\mathrm{d}y = f'(x)\mathrm{d}x$$

而导数就是函数微分与自变量微分之商(微商)

$$f'(x) = \frac{\mathrm{d}y}{\mathrm{d}x}.$$

2. 基本初等函数的微分公式

(1) $\mathrm{d}(c) = 0$;

(2) $\mathrm{d}(x^\mu) = \mu x^{\mu-1}\mathrm{d}x$ (μ 为实数);

(3) $\mathrm{d}(\sin x) = \cos x \mathrm{d}x$;

(4) $\mathrm{d}(\cos x) = -\sin x \mathrm{d}x$;

(5) $\mathrm{d}(\tan x) = \sec^2 x \mathrm{d}x$;

(6) $\mathrm{d}(\cot x) = -\csc^2 x \mathrm{d}x$;

(7) $\mathrm{d}(\sec x) = \sec x \cdot \tan x \mathrm{d}x$;

(8) $\mathrm{d}(\csc x) = -\csc x \cdot \cot x \mathrm{d}x$;

(9) $\mathrm{d}(a^x) = a^x \ln a \mathrm{d}x$ ($a>0, a\neq 1$);

(10) $\mathrm{d}(e^x) = e^x \mathrm{d}x$;

(11) $\mathrm{d}(\log_a x) = \frac{1}{x\ln a}\mathrm{d}x$ ($a>0, a\neq 1$);

(12) $\mathrm{d}(\ln x) = \frac{1}{x}\mathrm{d}x$;

(13) $\mathrm{d}(\arcsin x) = \frac{1}{\sqrt{1-x^2}}\mathrm{d}x$;

(14) $\mathrm{d}(\arccos x) = -\frac{1}{\sqrt{1-x^2}}\mathrm{d}x$;

(15) $\mathrm{d}(\arctan x) = \frac{1}{1+x^2}\mathrm{d}x$;

(16) $\mathrm{d}(\mathrm{arccot\,} x) = -\frac{1}{1+x^2}\mathrm{d}x$.

3. 微分四则运算法则 设函数 $u(x), v(x)$ 可微, 则有

(1) $\mathrm{d}[u(x) \pm v(x)] = \mathrm{d}u(x) \pm \mathrm{d}v(x)$;

(2) $\mathrm{d}[u(x) \cdot v(x)] = v(x)\mathrm{d}u(x) + u(x)\mathrm{d}v(x)$;

(3) $\mathrm{d}\left[\dfrac{u(x)}{v(x)}\right] = \dfrac{v(x)\mathrm{d}u(x) - u(x)\mathrm{d}v(x)}{[v(x)]^2}$, ($v(x) \neq 0$).

4. 微分的形式不变性 设函数 $u = \varphi(x)$ 在 x 点可微, 函数 $y = f(u)$ 在相应的点 $u = \varphi(x)$ 处可微, 则复合函数 $y = f[\varphi(x)]$ 在 x 点可微, 且微分式

$$\mathrm{d}y = f'[\varphi(x)] \cdot \varphi'(x)\mathrm{d}x = f'(u)\mathrm{d}u.$$

这表明, 不论 u 是自变量或中间变量, 函数 $y = f(u)$ 的微分形式都是一样的, 这个性质称为一阶微分形式的不变性.

5. 可微的充要条件 函数 $f(x)$ 在 x_0 点可微的充分必要条件是 $f(x)$ 在 x_0 点可导, 且 $\mathrm{d}y = f'(x_0)\mathrm{d}x$.

6. 可微的必要条件 函数 $f(x)$ 在 x_0 点可微的必要条件是 $f(x)$ 在 x_0 点连续.

题型及考点解析

例1 函数 $y=f(x)$ 的微分与导数有什么联系与区别?

解 微分和导数是两个不同的概念,但它们之间又有联系:可微的充分必要条件是可导,且有 $dy=f'(x)dx$;

但又有区别,从数值上考虑,函数 $f(x)$ 在点 x_0 的导数 $f'(x_0)$ 是一个仅与 x_0 有关的常数,而函数 $f(x)$ 在点 x_0 的微分 $df'(x_0)=f'(x_0)\Delta x$ 不仅与 x_0 有关,还与自变量的增量 Δx 有关;

由几何意义知,导数 $f'(x_0)$ 表示曲线 $y=f(x)$ 在点 $(x_0,f(x_0))$ 处切线的斜率,而微分 $df(x_0)$ 表示曲线 $y=f(x)$ 在点 $(x_0,f(x_0))$ 处切线纵坐标的增量.

例2 设函数 $y=y(x)$ 由方程 $2^{xy}=x+y$ 所确定,则 $dy\Big|_{x=0}=$ _____.

解 把 $x=0$ 代入 $2^{xy}=x+y$ 得 $y=1$.

对方程两端关于 x 求导得 $2^{xy}\cdot\ln 2\cdot(y+xy')=1+y'$.

令 $x=0, y=1$,得 $y'\Big|_{\substack{x=0\\y=1}}=\ln 2-1$,所以 $dy\Big|_{\substack{x=0\\y=1}}=y'dx\Big|_{\substack{x=0\\y=1}}=(\ln 2-1)dx$.

例3 设 $y=f(\ln x)e^{f(x)}$,其中 f 可微,求 dy. (考研题)

解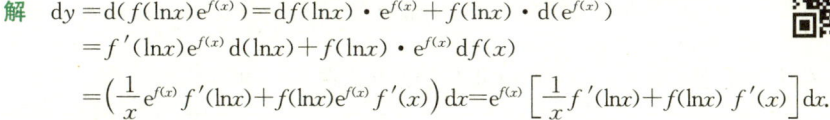
$$dy=d(f(\ln x)e^{f(x)})=df(\ln x)\cdot e^{f(x)}+f(\ln x)\cdot d(e^{f(x)})$$
$$=f'(\ln x)e^{f(x)}d(\ln x)+f(\ln x)\cdot e^{f(x)}df(x)$$
$$=\left(\frac{1}{x}e^{f(x)}f'(\ln x)+f(\ln x)e^{f(x)}f'(x)\right)dx=e^{f(x)}\left[\frac{1}{x}f'(\ln x)+f(\ln x)f'(x)\right]dx.$$

例4 当 $|x|$ 较小时,证明下列近似公式:$\sqrt[n]{1+x}\approx 1+\dfrac{x}{n}$.

证 令 $f(x)=\sqrt[n]{1+x}$,取 $x_0=0, \Delta x=x$,

由 $f'(x)=\dfrac{1}{n}(1+x)^{\frac{1}{n}-1}$,得 $f(0)=\sqrt[n]{1+0}=1, f'(0)=\dfrac{1}{n}$,

所以 $f(x)\approx f(0)+f'(0)x=1+\dfrac{1}{n}x$. 即 $\sqrt[n]{1+x}\approx 1+\dfrac{1}{n}x$.

题型分析 由微分的定义,我们知道如果 $y=f(x)$ 在点 x_0 可微,则
$$\Delta y=f(x_0+\Delta x)-f(x_0)=f'(x_0)\Delta x+o(\Delta x) \quad (\Delta x\to 0).$$

因此若 $f'(x_0)$ 和 $f(x_0)$ 易求,则 $f(x_0+\Delta x)\approx f(x_0)+f'(x_0)\Delta x$,误差是 Δx 的高阶无穷小.

例5 利用微分求 $\tan 46°$ 的近似值.

解 选取 $f(x)=\tan x$,所以 $f'(x)=(\tan x)'=\sec^2 x$.

令 $x_0=\dfrac{\pi}{4}=45°, \Delta x=1°=\dfrac{\pi}{180}$,所以 $\tan 46°=f\left(\dfrac{\pi}{4}+\dfrac{\pi}{180}\right)\approx f\left(\dfrac{\pi}{4}\right)+f'\left(\dfrac{\pi}{4}\right)\cdot\dfrac{\pi}{180}$.

又因为 $f\left(\dfrac{\pi}{4}\right)=1, f'\left(\dfrac{\pi}{4}\right)=\sec^2\dfrac{\pi}{4}=2$.

所以 $\tan 46°\approx 1+2\cdot\dfrac{\pi}{180}=1+0.0349=1.0349$.

题型分析: 此类题在于利用公式 $f(x_0+\Delta x)\approx f(x_0)+f'(x_0)\Delta x$，关键在于选好 $y=f(x)$ 使 $f(x_0)$ 及 $f'(x_0)$ 均可方便的得到.

例 6 设函数 $f(x)=\begin{cases} x^3\sin\dfrac{1}{x}, & x\neq 0 \\ 0, & x=0 \end{cases}$,

证明：(1) $f(x)$ 在 $x=0$ 处可微；(2) $f'(x)$ 在 $x=0$ 处不可微.

证 (1) $\lim\limits_{x\to 0}\dfrac{f(x)-f(0)}{x-0}=\lim\limits_{x\to 0}\dfrac{x^2\sin\dfrac{1}{x}}{x}=0$. 所以 $f(x)$ 在 $x=0$ 处可导，且 $f'(0)=0$，由于一元函数的可微与可导是等价的，所以 $f(x)$ 在 $x=0$ 处可微.

(2) 当 $x\neq 0$ 时，显然
$$f'(x)=\left(x^3\sin\dfrac{1}{x}\right)'=3x^2\sin\dfrac{1}{x}+x^3\cos\dfrac{1}{x}\left(-\dfrac{1}{x^2}\right)=3x^2\sin\dfrac{1}{x}-x\cos\dfrac{1}{x}.$$

所以 $f'(x)=\begin{cases} 3x^2\sin\dfrac{1}{x}-x\cos\dfrac{1}{x}, & x\neq 0 \\ 0, & x=0 \end{cases}$, 而 $\lim\limits_{x\to 0}\dfrac{f'(x)-f'(0)}{x-0}=\lim\limits_{x\to 0}\left(3x\sin\dfrac{1}{x}-\cos\dfrac{1}{x}\right)$,

极限不存在. 依导数定义知 $f'(x)$ 在 $x=0$ 处不可导，从而在 $x=0$ 处不可微.

题型分析: 由于 $y=f(x)$ 的可导与可微是等价的，因此通过判定函数在一点处的可导性，确定其可微性，而不是用微分的定义判定.

习题2-5精讲

1. **解**: $\Delta y=(x+\Delta x)^3-(x+\Delta x)-x^3+x=3x(\Delta x)^2+3x^2\Delta x+(\Delta x)^3-\Delta x$,
$dy=(3x^2-1)\Delta x$. 于是

$$\Delta y\Big|_{\substack{x=2\\ \Delta x=1}}=6\cdot 1+3\cdot 4+1^3-1=18, \quad dy\Big|_{\substack{x=2\\ \Delta x=1}}=11\cdot 1=11;$$

$$\Delta y\Big|_{\substack{x=2\\ \Delta x=0.1}}=6\cdot(0.1)^2+12\cdot(0.1)+(0.1)^3-0.1=1.161,$$

$$dy\Big|_{\substack{x=2\\ \Delta x=0.1}}=11\cdot(0.1)=1.1;$$

$$\Delta y\Big|_{\substack{x=2\\ \Delta x=0.01}}=6\cdot(0.01)^2+12\cdot(0.01)-(0.01)^3-0.01=0.110601,$$

$$dy\Big|_{\substack{x=2\\ \Delta x=0.01}}=11\cdot(0.01)=0.11.$$

2. **解**: (a) $\Delta y>0$, $dy>0$, $\Delta y-dy>0$.   (b) $\Delta y>0$, $dy>0$, $\Delta y-dy<0$.
(c) $\Delta y<0$, $dy<0$, $\Delta y-dy<0$.   (d) $\Delta y<0$, $dy<0$, $\Delta y-dy>0$.

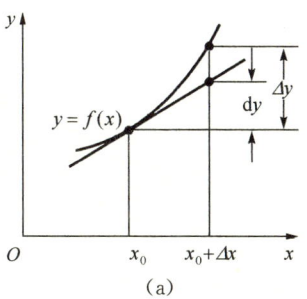
(a)
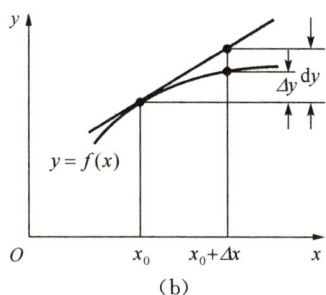
(b)
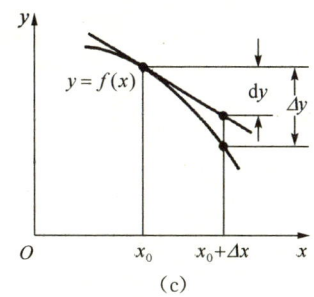
(c)
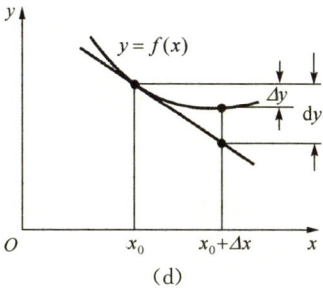
(d)

图 2－3

3. **解**：(1) $dy = y'dx = \left(-\dfrac{1}{x^2} + \dfrac{1}{\sqrt{x}}\right)dx.$

(2) $dy = y'dx = (\sin 2x + x\cos 2x \cdot 2)dx = (\sin 2x + 2x\cos 2x)dx.$

(3) $dy = y'dx = \dfrac{\sqrt{x^2+1} - x\dfrac{x}{\sqrt{1+x^2}}}{(\sqrt{x^2+1})^2}dx = \dfrac{dx}{(x^2+1)^{\frac{3}{2}}}.$

(4) $dy = y'dx = 2\ln(1-x) \cdot \dfrac{(-1)}{1-x}dx = \dfrac{2}{x-1}\ln(1-x)dx.$

(5) $dy = y'dx = (2xe^{2x} + x^2 e^{2x} \cdot 2)dx = 2x(1+x)e^{2x}dx.$

(6) $dy = y'dx = [-e^{-x}\cos(3-x) + e^{-x}\sin(3-x)]dx = e^{-x}[\sin(3-x) - \cos(3-x)]dx.$

(7) $dy = y'dx = \left[\dfrac{1}{\sqrt{1-(\sqrt{1-x^2})^2}} \cdot \dfrac{(-2x)}{2\sqrt{1-x^2}}\right]dx = -\dfrac{x}{|x|} \cdot \dfrac{dx}{\sqrt{1-x^2}}$

$= \begin{cases} \dfrac{dx}{\sqrt{1-x^2}}, & -1 < x < 0, \\ -\dfrac{dx}{\sqrt{1-x^2}}, & 0 < x < 1. \end{cases}$

(8) $dy = y'dx = [2\tan(1+2x^2) \cdot \sec^2(1+2x^2) \cdot 4x]dx = 8x\tan(1+2x^2)\sec^2(1+2x^2)dx.$

(9) $dy = y'dx = \dfrac{1}{1+\left(\dfrac{1-x^2}{1+x^2}\right)^2} \cdot \dfrac{(-2x)(1+x^2) - (1-x^2) \cdot 2x}{(1+x^2)^2}dx = -\dfrac{2x}{1+x^4}dx.$

(10) $ds = s'dt = (A\cos(\omega t + \varphi) \cdot \omega)dt = A\omega\cos(\omega t + \varphi)dt.$

4. **解**：(1) $d(2x+C)=2dx$.　　(2) $d\left(\dfrac{3}{2}x^2+C\right)=3xdx$.

　(3) $d(\sin t+C)=\cos t dt$.　　(4) $d\left(-\dfrac{1}{\omega}\cos\omega x+C\right)=\sin\omega x dx$.

　(5) $d(\ln(1+x)+C)=\dfrac{1}{1+x}dx$.　　(6) $d\left(-\dfrac{1}{2}e^{-2x}+C\right)=e^{-2x}dx$.

　(7) $d(2\sqrt{x}+C)=\dfrac{1}{\sqrt{x}}dx$.　　(8) $d\left(\dfrac{1}{3}\tan 3x+C\right)=\sec^2 3x dx$.

　上述 C 均为任意常数.

5. **解**：$s=2l\left(1+\dfrac{2f^2}{3l^2}\right)$，　$\Delta s\approx ds=2l\cdot\dfrac{4f}{3l^2}\Delta f=\dfrac{8f}{3l}\Delta f$.

6. **解**：扇形面积公式为 $S=\dfrac{R^2}{2}\alpha$. 于是 $\Delta S\approx dS=\dfrac{R^2}{2}\Delta\alpha$.

　将 $R=100$，$\Delta\alpha=-30'=-\dfrac{\pi}{360}$，$\alpha=\dfrac{\pi}{3}$ 代入上式得 $\Delta S\approx\dfrac{1}{2}\cdot 100^2\cdot\left(-\dfrac{\pi}{360}\right)\approx-43.63\text{cm}^2$.

　又 $\Delta S\approx dS\approx\alpha R\Delta R$.

　将 $\alpha=\dfrac{\pi}{3}$，$R=100$，$\Delta R=1$ 代入上式得 $\Delta S\approx\dfrac{\pi}{3}\cdot 100\cdot 1\approx 104.72\text{cm}^2$.

7. **解**：(1) 由 $\cos x\approx\cos x_0+(\cos x)'\big|_{x=x_0}\cdot(x-x_0)$，及取 $x_0=30°=\dfrac{\pi}{6}$ 得

$$\cos 29°=\cos\left(\dfrac{\pi}{6}-\dfrac{\pi}{180}\right)\approx\cos\dfrac{\pi}{6}+(-\sin x)\big|_{x=\frac{\pi}{6}}\cdot\left(-\dfrac{\pi}{180}\right)\approx\dfrac{\sqrt{3}}{2}+\dfrac{\pi}{360}\approx 0.87467.$$

　(2) 由 $\tan x\approx\tan x_0+(\tan x)'\big|_{x=x_0}\cdot(x-x_0)$，及取 $x_0=\dfrac{3}{4}\pi$ 得

$$\tan 136°\approx\tan\dfrac{3}{4}\pi+\sec^2 x\big|_{x=\frac{3}{4}\pi}\cdot\dfrac{\pi}{180}\approx-0.96509.$$

8. **解**：(1) 由 $\arcsin x\approx\arcsin x_0+(\arcsin x)'\big|_{x=x_0}\cdot(x-x_0)$ 及取 $x_0=0.5$ 得

$$\arcsin(0.5002)\approx\arcsin 0.5+\dfrac{1}{\sqrt{1-x^2}}\bigg|_{x=0.5}\cdot 0.0002\approx 30°47'.$$

　(2) 由 $\arccos x\approx\arccos x_0+(\arccos x)'\big|_{x=x_0}\cdot(x-x_0)$，及取 $x_0=0.5$ 得

$$\arccos 0.4995\approx\arccos(0.5)-\dfrac{1}{\sqrt{1-x^2}}\bigg|_{x=0.5}\cdot(-0.0005)\approx 60°2'.$$

9. **解**：(1) $\tan x\approx\tan 0+(\tan x)'\big|_{x=0}\cdot x=0+\sec^2 0\cdot x=x$.

　(2) $\ln(1+x)\approx\ln(1+0)+[\ln(1+x)]'\big|_{x=0}\cdot x=0+\dfrac{1}{1+0}x=x$.

　(3) $\dfrac{1}{1+x}\approx\dfrac{1}{1+0}+\left(\dfrac{1}{1+x}\right)'\big|_{x=0}\cdot x=1-\dfrac{1}{(1+0)^2}\cdot x=1-x$.

　$\tan 45'=\tan 0.01309\approx 0.01309$，　$\ln(1.002)\approx 0.002$.

10. **解**：由 $\sqrt[n]{1+x}\approx 1+\dfrac{x}{n}$ 知

　(1) $\sqrt[3]{996}=\sqrt[3]{1000-4}=10\sqrt[3]{1-\dfrac{4}{1000}}\approx 10\left[1+\dfrac{1}{3}\left(-\dfrac{4}{1000}\right)\right]\approx 9.987$.

　(2) $\sqrt[6]{65}=\sqrt[6]{64+1}=2\sqrt[6]{1+\dfrac{1}{64}}\approx 2\left(1+\dfrac{1}{6}\cdot\dfrac{1}{64}\right)\approx 2.0052$.

*11. **解**：由 $V=\dfrac{1}{6}\pi D^3$ 知 $dV=\dfrac{\pi}{2}D^2\Delta D$，

于是由 $\left|\dfrac{dV}{V}\right|=\left|\dfrac{\dfrac{\pi}{2}D^2\Delta D}{\dfrac{1}{6}\pi D^3}\right|=3\left|\dfrac{\Delta D}{D}\right|\leqslant 2\%$，知 $\left|\dfrac{\Delta D}{D}\right|\leqslant\dfrac{0.02}{3}\approx 0.667\%$.

*12. **解**：如图 2-6，由 $\dfrac{l}{2}=R\sin\dfrac{\alpha}{2}$ 得 $\alpha=2\arcsin\dfrac{l}{2R}=2\arcsin\dfrac{l}{400}$，

故 $\delta_\alpha=|\alpha'_l|\delta_l=\dfrac{2}{\sqrt{1-\left(\dfrac{l}{400}\right)^2}}\cdot\dfrac{1}{400}\cdot\delta_l$.

当 $\alpha=55°$ 时，$l=2R\sin\dfrac{\alpha}{2}=400\sin(27.5°)\approx 184.7$.

将 $l\approx 184.7$，$\delta_l=0.1$ 代入上式得

$\delta_\alpha\approx\dfrac{2}{\sqrt{1-\left(\dfrac{184.7}{400}\right)^2}}\cdot\dfrac{1}{400}\cdot 0.1\approx 0.00056$（弧度）$=1'55''$.

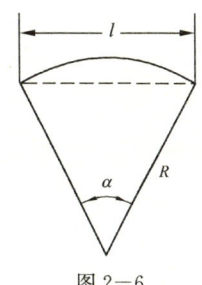

图 2-6

总习题二精讲

1. **解**：(1) 充分，必要.   (2) 充分必要.   (3) 充分必要.

2. **解**：$f'(0)=\lim\limits_{x\to 0}\dfrac{f(x)-f(0)}{x-0}=\lim\limits_{x\to 0}[(x+1)(x+2)\cdots(x+n)]=n!$.

3. **解**：由 $\lim\limits_{h\to +\infty}h\left[f\left(a+\dfrac{1}{h}\right)-f(a)\right]=\lim\limits_{h\to +\infty}\dfrac{f\left(a+\dfrac{1}{h}\right)-f(a)}{\dfrac{1}{h}}$ 存在，仅可知存在 $f'_+(a)$，故不能选

(A). 取 $f(x)=\begin{cases}1,& x\neq 0,\\ 0,& x=0.\end{cases}$ 显然 $\lim\limits_{h\to 0}\dfrac{f(0+2h)-f(0+h)}{h}=0$，但 $f(x)$ 在 $x=0$ 处不可导，故不能选择

(B). 取 $f(x)=|x|$，显然 $\lim\limits_{h\to 0}\dfrac{f(0+h)-f(0-h)}{2h}=0$. 但 $f(x)$ 在 $x=0$ 处不可导，故不能选择(C).

而 $\lim\limits_{h\to 0}\dfrac{f(a)-f(a-h)}{h}=\lim\limits_{-h\to 0}\dfrac{f(a+(-h))-f(a)}{-h}$ 存在，按导数定义知 $f'(a)$ 存在，故选择(D).

4. **解**：在区间 $[x_0,x_0+\Delta x]$ 上的平均线密度为 $\bar\rho=\dfrac{\Delta m}{\Delta x}=\dfrac{m(x_0+\Delta x)-m(x_0)}{\Delta x}$.

在点 x_0 处的线密度为 $\rho(x_0)=\lim\limits_{\Delta x\to 0}\dfrac{m(x_0+\Delta x)-m(x_0)}{\Delta x}=\dfrac{dm}{dx}\Big|_{x=x_0}$.

5. **解**：由导数的定义知，当 $x\neq 0$ 时，$\left(\dfrac{1}{x}\right)'=\lim\limits_{\Delta x\to 0}\dfrac{\dfrac{1}{x+\Delta x}-\dfrac{1}{x}}{\Delta x}=\lim\limits_{\Delta x\to 0}\dfrac{-1}{x(x+\Delta x)}=-\dfrac{1}{x^2}$.

6. **解**：(1) $f'_-(0)=\lim\limits_{x\to 0^-}\dfrac{f(x)-f(0)}{x-0}=\lim\limits_{x\to 0^-}\dfrac{\sin x}{x}=1$，$f'_+(0)=\lim\limits_{x\to 0^+}\dfrac{f(x)-f(0)}{x-0}=\lim\limits_{x\to 0^+}\dfrac{\ln(1+x)}{x}=1$.

由 $f'_-(0)=f'_+(0)=1$，知 $f'(0)=f'_-(0)=f'_+(0)=1$.

(2) $f'_-(0)=\lim\limits_{x\to 0^-}\dfrac{f(x)-f(0)}{x-0}=\lim\limits_{x\to 0^-}\dfrac{\dfrac{x}{1+e^{\frac{1}{x}}}-0}{x}=\lim\limits_{x\to 0^-}\dfrac{1}{1+e^{\frac{1}{x}}}=1$，

$$f'_+(0)=\lim_{x\to 0^+}\frac{f(x)-f(0)}{x-0}=\lim_{x\to 0^+}\frac{\frac{x}{1+e^{\frac{1}{x}}}-0}{x}=\lim_{x\to 0^+}\frac{1}{1+e^{\frac{1}{x}}}=0.$$

由 $f'_-(0)\neq f'_+(0)$ 知 $f'(0)$ 不存在.

7. **解**: $\lim\limits_{x\to 0}f(x)=\lim\limits_{x\to 0}x\sin\frac{1}{x}=0=f(0)$，故 $f(x)$ 在 $x=0$ 处连续.

$$f'(0)=\lim_{x\to 0}\frac{f(x)-f(0)}{x-0}=\lim_{x\to 0}\frac{x\sin\frac{1}{x}}{x}=\lim_{x\to 0}\sin\frac{1}{x} \text{ 不存在, 故 } f(x) \text{ 在 } x=0 \text{ 处不可导.}$$

8. **解**: (1) $y'=\dfrac{1}{\sqrt{1-\sin^2 x}}\cos x=\dfrac{\cos x}{|\cos x|}$. (2) $y'=\dfrac{1}{1+\left(\dfrac{1+x}{1-x}\right)^2}\cdot\dfrac{(1-x)+(1+x)}{(1-x)^2}=\dfrac{1}{1+x^2}$.

(3) $y'=\dfrac{1}{\tan\dfrac{x}{2}}\cdot\sec^2\dfrac{x}{2}\cdot\dfrac{1}{2}+\sin x\ln\tan x-\cos x\dfrac{1}{\tan x}\sec^2 x-\sec^2 x=\sin x\cdot\ln\tan x.$

(4) $y'=\dfrac{1}{e^x+\sqrt{1+e^{2x}}}\left(e^x+\dfrac{2e^{2x}}{2\sqrt{1+e^{2x}}}\right)=\dfrac{e^x}{\sqrt{1+e^{2x}}}.$

(5) 先在等式两端分别取对数, 得 $\ln y=\dfrac{\ln x}{x}$, 再在所得等式两端分别对 x 求导, 得

$$\frac{y'}{y}=\frac{\frac{1}{x}\cdot x-\ln x}{x^2}=\frac{1-\ln x}{x^2}, \text{ 于是 } y'=x^{\frac{1}{x}-2}(1-\ln x).$$

9. **解**: (1) $y'=2\cos x(-\sin x)\cdot\ln x+\cos^2 x\cdot\dfrac{1}{x}=-\sin 2x\cdot\ln x+\dfrac{\cos^2 x}{x}.$

$$y''=-2\cos 2x\cdot\ln x-\sin 2x\cdot\frac{1}{x}+\frac{2\cos x(-\sin x)\cdot x-\cos^2 x}{x^2}$$

$$=-2\cos 2x\cdot\ln x-\frac{2\sin 2x}{x}-\frac{\cos^2 x}{x^2}.$$

(2) $y'=\dfrac{\sqrt{1-x^2}-x\dfrac{(-2x)}{2\sqrt{1-x^2}}}{(\sqrt{1-x^2})^2}=\dfrac{1}{(1-x^2)^{\frac{3}{2}}}.$ $y''=-\dfrac{3}{2}\cdot(1-x^2)^{-\frac{5}{2}}\cdot(-2x)=\dfrac{3x}{(1-x^2)^{\frac{5}{2}}}.$

*10. **解**: (1) $y'=\dfrac{1}{m}(1+x)^{\frac{1}{m}-1}$, $y''=\dfrac{1}{m}\left(\dfrac{1}{m}-1\right)(1+x)^{\frac{1}{m}-2},\cdots,$

$$y^{(n)}=\frac{1}{m}\left(\frac{1}{m}-1\right)\cdots\left(\frac{1}{m}-n+1\right)(1+x)^{\frac{1}{m}-n}.$$

(2) 由 $\left(\dfrac{1}{1+x}\right)^{(n)}=\dfrac{(-1)^n n!}{(1+x)^{n+1}}$ 知

$$y^{(n)}=\left(\frac{1-x}{1+x}\right)^{(n)}=\left(-1+\frac{2}{x+1}\right)^{(n)}=2\left(\frac{1}{x+1}\right)^{(n)}=\frac{2\cdot(-1)^n n!}{(1+x)^{n+1}}.$$

11. **解**: 把方程两边分别对 x 求导, 得 $e^y y'+y+xy'=0.$ ①

将 $x=0$ 代入 $e^y+xy=e$ 得 $y=1$, 再将 $x=0, y=1$ 代入①式得 $y'|_{x=0}=-\dfrac{1}{e}$,

在①式两边分别关于 x 再求导, 可得 $e^y y'^2+e^y y''+y'+y'+xy''=0.$ ②

将 $x=0, y=1, y'|_{x=0}=-\dfrac{1}{e}$ 代入②式, 得 $y''(0)=\dfrac{1}{e^2}.$

12. 解：(1) $\dfrac{dy}{dx}=\dfrac{\dfrac{dy}{d\theta}}{\dfrac{dx}{d\theta}}=\dfrac{3a\sin^2\theta\cos\theta}{3a\cos^2\theta(-\sin\theta)}=-\tan\theta, \dfrac{d^2y}{dx^2}=\dfrac{\dfrac{d}{d\theta}\left(\dfrac{dy}{dx}\right)}{\dfrac{dx}{d\theta}}=\dfrac{-\sec^2\theta}{-3a\cos^2\theta\sin\theta}=\dfrac{1}{3a}\sec^4\theta\csc\theta.$

(2) $\dfrac{dy}{dx}=\dfrac{\dfrac{dy}{dt}}{\dfrac{dx}{dt}}=\dfrac{\dfrac{1}{1+t^2}}{\dfrac{t}{1+t^2}}=\dfrac{1}{t}, \dfrac{d^2y}{dx^2}=\dfrac{\dfrac{d}{dt}\left(\dfrac{dy}{dx}\right)}{\dfrac{dx}{dt}}=\dfrac{-\dfrac{1}{t^2}}{\dfrac{t}{1+t^2}}=-\dfrac{1+t^2}{t^3}.$

13. 解：$\dfrac{dy}{dx}=\dfrac{\dfrac{dy}{dt}}{\dfrac{dx}{dt}}=\dfrac{-e^{-t}}{2e^t}=-\dfrac{1}{2e^{2t}}, \quad \dfrac{dy}{dx}\bigg|_{t=0}=-\dfrac{1}{2}. t=0$ 对应的点为 $(2,1).$

故曲线在点 $(2,1)$ 处的切线方程为 $y-1=-\dfrac{1}{2}(x-2),$ 即 $x+2y-4=0.$

法线方程为 $y-1=2(x-2),$ 即 $2x-y-3=0.$

14. 解：由 $f(x)$ 连续，令关系式两端 $x\to 0,$ 取极限得 $f(1)-3f(1)=0, \quad f(1)=0.$

又 $\lim\limits_{x\to 0}\dfrac{f(1+\sin x)-3f(1-\sin x)}{x}=8,$

而 $\lim\limits_{x\to 0}\dfrac{f(1+\sin x)-3f(1-\sin x)}{x}=\lim\limits_{x\to 0}\dfrac{f(1+\sin x)-3f(1-\sin x)}{\sin x}\cdot\lim\limits_{x\to 0}\dfrac{\sin x}{x}$

$\xrightarrow{\diamondsuit t=\sin x}\lim\limits_{t\to 0}\dfrac{f(1+t)-3f(1-t)}{t}=\lim\limits_{t\to 0}\dfrac{f(1+t)-f(1)}{t}+3\lim\limits_{t\to 0}\dfrac{f(1-t)-f(1)}{-t}=4f'(1),$

故 $f'(1)=2.$ 由于 $f(x+5)=f(x),$ 于是 $f(6)=f(1)=0,$

$f'(6)=\lim\limits_{x\to 0}\dfrac{f(6+x)-f(6)}{x}=\lim\limits_{x\to 0}\dfrac{f(1+x)-f(1)}{x}=f'(1)=2,$

因此，曲线 $y=f(x)$ 在点 $(6,f(6))$ 即 $(6,0)$ 处的切线方程为

$y-0=2(x-6), \quad$ 即 $2x-y-12=0.$

15. 解：设立坐标系如图 2-7 所示. 根据题意，可知
$y|_{x=0}=0, \Rightarrow d=0. \quad y|_{x=-L}=H, \Rightarrow -aL^3+bL^2-cL=H.$
为使飞机平稳降落，尚需满足
$y'|_{x=0}=0, \Rightarrow c=0. \quad y'|_{x=-L}=0, \Rightarrow 3aL^2-2bL=0.$
解得 $a=\dfrac{2H}{L^3}, b=\dfrac{3H}{L^2}.$ 故飞机的降落路径为
$y=H\left[2\left(\dfrac{x}{L}\right)^3+3\left(\dfrac{x}{L}\right)^2\right].$

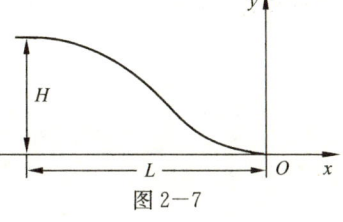

图 2-7

16. 解：设从中午十二点整起，经过 t 小时，甲船与乙船的距离为 $s=\sqrt{(16-8t)^2+(6t)^2},$

故速率 $v=\dfrac{ds}{dt}=\dfrac{2(16-8t)\cdot(-8)+72t}{2\sqrt{(16-8t)^2+(6t)^2}}.$

当 $t=1$ 时(即下午一点整)两船相离的速率为 $v|_{t=1}=\dfrac{-128+72}{20}=-2.8(\text{km/h}).$

17. 解：利用 $\sqrt[3]{1+x}\approx 1+\dfrac{1}{3}x,$ 取 $x=0.02,$ 得 $\sqrt[3]{1.02}\approx 1+\dfrac{1}{3}\times(0.02)=1.007.$

18. 解：由 $\Delta T\approx dT=\dfrac{\pi}{\sqrt{gl}}\Delta l,$ 得 $\Delta l=\dfrac{\sqrt{gl}}{\pi}dT\approx\dfrac{\sqrt{gl}}{\pi}\Delta T.$ 故 $\Delta l|_{t=20}\approx\dfrac{\sqrt{980\times 20}}{3.14}\times 0.05\approx 2.23(\text{cm}).$

即原摆长约需加长 2.23(cm).

第三章 微分中值定理与导数的应用

 **本章知识结构树**

- 微分中值定理与导数的应用
  - 中值定理
    - 费马引理
    - 罗尔定理
    - 拉格朗日中值定理
    - 柯西中值定理
    - 泰勒公式
      - 泰勒中值定理
      - 常用泰勒公式
  - 洛必达法则
    - "$\frac{0}{0}$"型、"$\frac{\infty}{\infty}$"型求极限
    - 未定式形式
  - 导数应用
    - 函数的单调性
    - 曲线的凹凸性——曲线凹凸的判别法
    - 函数的极值与最大值最小值
      - 极值的定义
      - 极值的第一充分条件
      - 极值的第二充分条件
      - 函数的最大值与最小值
    - 函数图形
      - 曲线的渐近线
      - 函数作图步骤
    - 曲率
      - 曲率半径、曲率圆
      - 曲率的计算公式
      - 曲率中心、渐屈线与渐伸线
  - 方程的近似解
    - 二分法
    - 切线法
    - 割线法

微分中值定理与导数的应用

大纲解读

1. 理解罗尔(Rolle)定理、拉格朗日(Lagrange)中值定理，了解泰勒(Taylor)定理、柯西(Cauchy)中值定理，掌握这四个定理的简单应用．

2. 会用洛必达法则求极限．

3. 掌握函数单调性的判别方法，了解函数极值的概念，掌握函数极值、最大值和最小值的求法及其应用．

4. 会用导数判断函数图形的凹凸性（注：在区间 (a,b) 内，设函数 $f(x)$ 具有二阶导数．当 $f''(x)>0$ 时，$f(x)$ 的图形是凹的；当 $f''(x)<0$ 时，$f(x)$ 的图形是凸的），会求函数图形的拐点和渐近线．

5. 会描述简单函数的图形．

第一节　微分中值定理

内容精讲

1. 罗尔定理　设函数 $f(x)$ 在 $[a,b]$ 上连续，在 (a,b) 内可导，且 $f(a)=f(b)$，则至少存在一点 $\xi\in(a,b)$，使得 $f'(\xi)=0$．

2. 拉格朗日定理　设函数 $f(x)$ 在 $[a,b]$ 上连续，在 (a,b) 内可导，则至少存在一点 $\xi\in(a,b)$，使得

$$f(b)-f(a)=f'(\xi)(b-a)$$

3. 柯西定理　设函数 $f(x)$、$g(x)$ 在 $[a,b]$ 上连续，在 (a,b) 内可导，$g'(x)$ 在 (a,b) 内每一点处均不为零，则至少有一点 $\xi\in(a,b)$，使得

$$\frac{f(b)-f(a)}{g(b)-g(a)}=\frac{f'(\xi)}{g'(\xi)}$$

题型及考点解析

例 1　假设函数 $f(x)$ 和 $g(x)$ 在 $[a,b]$ 上存在二阶导数，并且
$$g''(x)\neq 0,\quad f(a)=f(b)=g(a)=g(b)=0,$$
证明：(1) 在开区间 (a,b) 内 $g(x)\neq 0$.

(2) 在开区间 (a,b) 内至少存在一点 ξ，使得 $\dfrac{f(\xi)}{g(\xi)}=\dfrac{f''(\xi)}{g''(\xi)}$．

分析　要证 $g(x)\neq 0$，一般可用反证法，而(2)可将结论变形为 $F'(\xi)=f(\xi)g''(\xi)-f''(\xi)g(\xi)$，由此得辅助函数 $F(x)=f(x)g'(x)-f'(x)g(x)$．

证　(1) 若存在点 $c\in(a,b)$ 使 $g(c)=0$，则对 $g(x)$ 在 $[a,c]$ 和 $[c,b]$ 上分别利用罗尔定理：$g(a)=g(b)=g(c)=0$，存在 $\xi_1\in(a,c),\xi_2\in(c,b)$ 使 $g'(\xi_1)=0=g'(\xi_2)$，对 $g'(x)$ 在 $[\xi_1,\xi_2]$ 上用罗尔定理，知存在 $\xi_3\in(\xi_1,\xi_2)\subset(a,b)$ 使得 $g''(\xi_3)=0$．与题设 $g''(x)\neq 0$ 矛盾，故 $g(x)$ 在 (a,b) 上

恒不为 0.

(2)令 $F(x)=f(x)g'(x)-f'(x)g(x)$ 易知 $F(x)$ 在 $[a,b]$ 上连续,在 (a,b) 内可导,且 $F(a)=F(b)=0$,用罗尔定理,存在 $\xi\in(a,b)$ 使得:$F'(\xi)=f(\xi)g''(\xi)-f''(\xi)g(\xi)=0$.由(1)可知 $g(\xi)\neq 0,g''(\xi)\neq 0$,两边除以 $g(\xi)\cdot g''(\xi)$ 得:$\dfrac{f(\xi)}{g(\xi)}=\dfrac{f''(\xi)}{g''(\xi)}$.

题型分析 当欲证结论为"至少存在一点 $\xi\in(a,b)$ 使得某个等式成立"时,其证题程序一般为:"第一步构造辅助函数 $F(x)$;第二步验证 $F(x)$ 满足罗尔定理条件".

而 $F(x)$ 的构造常用常(或参)数变易法,其步骤为:

(1)把结论中的 ξ 换成 x;

(2)通过恒等变形化为易于消除导数或降低导数阶数的形式;

(3)利用观察法或后续讲的积分法及解微分方程的方法求出使等式成立的全部函数;

(4)移项使等式一边为常数,另一边为函数,该函数即为所构造的辅助函数.

例 2 $f(x)=x^2,F(x)=x^3$ 在 $[0,1]$ 上分别就拉格朗日中值定理、柯西中值定理,计算相应的 ξ.

分析 对于给定函数表达式,在区间上应用中值定理时,其中值 ξ 可以直接计算.

解 对于 $f(x)=x^2$,由拉格朗日中值定理知:$\exists\xi_1\in(0,1)$ 满足等式

$f(1)-f(0)=(1-0)f'(\xi_1)$,即 $1-0=2\xi_1$,故 $\xi_1=\dfrac{1}{2}$,

对于 $F(x)=x^3$ 同理知:$\exists\xi_2\in(0,1)$ 满足等式,

$F(1)-F(0)=(1-0)F'(\xi_2)$,即 $1-0=3\xi_2^2$,故 $\xi_2=\dfrac{1}{\sqrt{3}}$.

最后对 $f(x)、F(x)$ 在 $[0,1]$ 上应用柯西中值定理知:$\exists\xi_3\in(0,1)$ 满足等式,

$\dfrac{f(1)-f(0)}{F(1)-F(0)}=\dfrac{f'(\xi_3)}{F'(\xi_3)}$,即 $\dfrac{1-0}{1-0}=\dfrac{2\xi_3}{3\xi_3^2}$,故 $\xi_3=\dfrac{2}{3}$.

题型分析 凡函数满足中值定理的条件,则适合中值等式的 ξ 总是存在的;而对于不同函数在同一区间上或者同一函数在不同区间上所产生的 ξ 是不同的,所以对于柯西中值定理中的中值等式 $\dfrac{f(b)-f(a)}{F(b)-F(a)}=\dfrac{f'(\xi)}{F'(\xi)}$,$\xi\in(a,b)$ 不能错误地理解为两个拉格朗日中值等式的商.

例 3 以下四个命题中,正确的是_____.(考研题)

(A)若 $f'(x)$ 在 $(0,1)$ 内连续,则 $f(x)$ 在 $(0,1)$ 内有界

(B)若 $f(x)$ 在 $(0,1)$ 内连续,则 $f(x)$ 在 $(0,1)$ 内有界

(C)若 $f'(x)$ 在 $(0,1)$ 内有界,则 $f(x)$ 在 $(0,1)$ 内有界

(D)若 $f(x)$ 在 $(0,1)$ 内有界,则 $f'(x)$ 在 $(0,1)$ 内有界

解 由拉格朗日中值定理 $f(x)-f\left(\dfrac{1}{2}\right)=f'(\xi)\left(x-\dfrac{1}{2}\right)$,$\xi$ 在 $(0,1)$ 之间.

由此可以看出,若 $f'(x)$ 在 $(0,1)$ 内有界,则 $f(x)$ 在 $(0,1)$ 内有界.

另外也可举反例用排除法:

设 $f(x)=\dfrac{1}{x}$,排除(A)、(B);设 $f(x)=\sqrt{x}$,排除(D).故应选(C).

例4 设函数 $f(x)$ 在 $[a,b]$ 上连续,在 (a,b) 内可导,且 $f'(x)\neq 0$.证明存在 $\xi,\eta\in(a,b)$,使 $\dfrac{f'(\xi)}{f'(\eta)}=\dfrac{e^b-e^a}{b-a}\cdot e^{-\eta}$.(考研题)

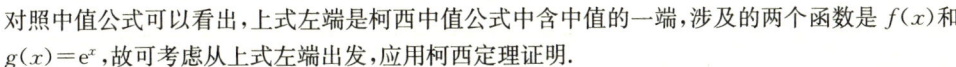

分析 把所证等式变形,使含 ξ,η 的表示式各在等式的一边,

$$\frac{f'(\eta)}{e^\eta}=\frac{b-a}{e^b-e^a}f'(\xi),$$

对照中值公式可以看出,上式左端是柯西中值公式中含中值的一端,涉及的两个函数是 $f(x)$ 和 $g(x)=e^x$,故可考虑从上式左端出发,应用柯西定理证明.

证 易知 $f(x)$ 和 $g(x)=e^x$ 在 $[a,b]$ 上满足柯西中值定理的条件,

于是,存在 $\eta\in(a,b)$,使 $\dfrac{f'(\eta)}{e^\eta}=\dfrac{f(b)-f(a)}{e^b-e^a}$.

再由拉格朗日中值定理,存在 $\xi\in(a,b)$,使 $f(b)-f(a)=f'(\xi)(b-a)$,因此

$$\frac{f'(\eta)}{e^\eta}=\frac{f(b)-f(a)}{e^b-e^a}=\frac{b-a}{e^b-e^a}f'(\xi).$$

故存在 $\xi,\eta\in(a,b)$,使 $\dfrac{f'(\xi)}{f'(\eta)}=\dfrac{e^b-e^a}{b-a}\cdot e^{-\eta}$.

题型分析 利用中值定理证明在 (a,b) 内至少存在 ξ,η,$\xi\neq\eta$ 满足某种关系式的命题.此类命题证明方法是两次使用拉格朗日中值定理;或者两次使用柯西中值定理;或者一次利用拉格朗日定理,一次利用柯西定理,最后作变形运算.

例5 设 $\lim\limits_{x\to\infty}f'(x)=9$,求 $\lim\limits_{x\to\infty}[f(x+6)-f(x)]$.

解 因为 $\lim\limits_{x\to\infty}f'(x)=9$,于是当 x 充分大时,在区间 $[x,x+6]$ 上对函数 $f(x)$ 使用拉格朗日中值定理得 $f(x+6)-f(x)=f'(\xi)\cdot 6$ ($\xi\in(x,x+6)$),

令 $x\to\infty$,有 $\lim\limits_{x\to\infty}[f(x+6)-f(x)]=\lim\limits_{x\to\infty}f'(\xi)\cdot 6=\lim\limits_{\xi\to\infty}f'(\xi)\cdot 6=9\times 6=54$

例6 设 $a_1,a_2,\cdots,a_n$ 满足 $a_1-\dfrac{a_2}{3}+\dfrac{a_3}{5}+\cdots+(-1)^{n-1}\dfrac{a_n}{2n-1}=0$, $a_i\in R$,$i=1,2,\cdots,n$. 证明方程 $a_1\cos x+a_2\cos 3x+\cdots+a_n\cos(2n-1)x=0$ 在 $\left(0,\dfrac{\pi}{2}\right)$ 内至少有一个实根.

证 设 $F(x)=a_1\sin x+\dfrac{a_2}{3}\sin 3x+\cdots+\dfrac{a_n}{2n-1}\sin(2n-1)x$,则

$F'(x)=a_1\cos x+a_2\cos 3x+\cdots+a_n\cos(2n-1)x$,

$F(0)=0$, $F\left(\dfrac{\pi}{2}\right)=a_1-\dfrac{a_2}{3}+\dfrac{a_3}{5}+\cdots+(-1)^{n-1}\cdot\dfrac{a_n}{2n-1}=0$.

由罗尔定理,至少存在一点 $\xi\in\left(0,\dfrac{\pi}{2}\right)$,使 $F'(\xi)=0$,即方程 $a_1\cos x+a_2\cos 3x+\cdots+a_n\cos(2n-1)x=0$ 在 $\left(0,\dfrac{\pi}{2}\right)$ 内至少有一个实根.

题型分析 利用中值定理验证方程根的思路主要有两种：

(1) 把所证问题化为 $f^{(n)}(\xi)=0$ 形式.

当 $n=0$ 时，直接用连续函数的零点定理证明；当 $n=1$ 时，应用罗尔定理证明；当 $n=2$ 时，对导函数 $f'(x)$ 应用罗尔定理证明，$n>2$ 时，反复对高阶导数应用罗尔定理.

(2) 把所证命题化为 $f'(\xi)=\dfrac{f(b)-f(a)}{b-a}$, $\xi\in(a,b)$，然后用拉格朗日定理证明.

以上思路的关键是要构造出适当的函数 $f(x)$ 及选择相应的区间 $[a,b]$.

例 7 当 $x>0$ 时，证明：$x<e^x-1<xe^x$.

证 令 $f(x)=e^x$，则 $f(x)$ 在 $[0,x]$ 上连续可导，有拉格朗日中值定理知：至少存在一点 $\xi\in(0,x)$，使得 $\dfrac{f(x)-f(0)}{x-0}=f'(\xi)$，即 $\dfrac{e^x-1}{x}=e^\xi$.

从而有 $e^x-1=xe^\xi$，因为 $0<\xi<x$，所以 $e^\xi>1$，且 $f(x)=e^x$ 为单调增函数，因此有 $1=e^0<e^\xi<e^x$.

综上知：$xe^0<xe^\xi=e^x-1<xe^x$，故 $x<e^x-1<xe^x$.

题型分析 利用中值定理证明不等式的步骤是：首先利用中值定理得到等式，然后根据中值的取值范围对所得等式进行适当放大或缩小即可得不等式.

例 8 设函数 $f(x)$ 在 $[0,1]$ 连续，在 $(0,1)$ 内二阶可导，过点 $A(0,f(0))$ 与 $B(1,f(1))$ 的直线与曲线 $y=f(x)$ 相交于点 $C(c,f(c))$ $(0<c<1)$，证明在 $(0,1)$ 内至少存在一点 ξ，使 $f''(\xi)=0$.

证 由于 $f(x)$ 在 $[0,c]$ 上满足拉格朗日中值定理，故存在 $\eta_1\in(0,c)$ 使得

$$f'(\eta_1)=\dfrac{f(c)-f(0)}{c-0}=\dfrac{f(c)-f(0)}{c},$$

同理，在 $[c,1]$ 上存在 $\eta_2\in(c,1)$，使得 $f'(\eta_2)=\dfrac{f(1)-f(c)}{1-c}$，而 $\dfrac{f(c)-f(0)}{c}$ 和 $\dfrac{f(1)-f(c)}{1-c}$ 都是过点 A、B 的直线斜率，从而 $\dfrac{f(c)-f(0)}{c}=\dfrac{f(1)-f(c)}{1-c}$，即 $f'(\eta_1)=f'(\eta_2)$.

故 $f'(x)$ 在 $[\eta_1,\eta_2]$ 上满足罗尔定理的条件，于是存在 $\xi\in(\eta_1,\eta_2)\subset(0,1)$，使得 $f''(\xi)=0$.

习题3-1精讲

1. **证**：函数 $f(x)=\ln\sin x$ 在 $\left[\dfrac{\pi}{6},\dfrac{5\pi}{6}\right]$ 上连续，在 $\left(\dfrac{\pi}{6},\dfrac{5\pi}{6}\right)$ 内可导，又

$$f\left(\dfrac{\pi}{6}\right)=\ln\sin\dfrac{\pi}{6}=\ln\dfrac{1}{2}, \quad f\left(\dfrac{5\pi}{6}\right)=\ln\sin\dfrac{5\pi}{6}=\ln\dfrac{1}{2},$$

即 $f\left(\dfrac{\pi}{6}\right)=f\left(\dfrac{5\pi}{6}\right)$，故 $f(x)$ 在 $\left[\dfrac{\pi}{6},\dfrac{5\pi}{6}\right]$ 上满足罗尔定理条件，由罗尔定理知至少存在一点 $\xi\in\left(\dfrac{\pi}{6},\dfrac{5\pi}{6}\right)$，使 $f'(\xi)=0$. 又 $f'(x)=\dfrac{\cos x}{\sin x}=\cot x$，令 $f'(x)=0$ 得 $x=n\pi+\dfrac{\pi}{2}$ $(n=0,\pm1,\pm2,\cdots)$. 取 $n=0$ 得 $\xi=\dfrac{\pi}{2}\in\left(\dfrac{\pi}{6},\dfrac{5\pi}{6}\right)$.

因此罗尔定理对函数 $y=\ln\sin x$ 在区间 $\left[\dfrac{\pi}{6},\dfrac{5\pi}{6}\right]$ 上是正确的.

2. 证：函数 $f(x)=4x^3-5x^2+x-2$ 在区间 $[0,1]$ 上连续，在 $(0,1)$ 内可导，故 $f(x)$ 在 $[0,1]$ 上满足拉格朗日中值定理条件，从而至少存在一点 $\xi\in(0,1)$，使 $f'(\xi)=\dfrac{f(1)-f(0)}{1-0}=\dfrac{-2-(-2)}{1}=0$.

又 $f'(\xi)=12\xi^2-10\xi+1=0$，可知 $\xi=\dfrac{5\pm\sqrt{13}}{12}\in(0,1)$，因此拉格朗日中值定理对函数 $y=4x^3-5x^2+x-2$ 在区间 $[0,1]$ 上是正确的.

3. 证：函数 $f(x)=\sin x$，$F(x)=x+\cos x$ 在区间 $\left[0,\dfrac{\pi}{2}\right]$ 上连续，在 $\left(0,\dfrac{\pi}{2}\right)$ 内可导，且在 $\left(0,\dfrac{\pi}{2}\right)$ 内 $F'(x)=1-\sin x\neq 0$，故 $f(x)$、$F(x)$ 满足柯西中值定理条件，从而至少存在一点 $\xi\in\left(0,\dfrac{\pi}{2}\right)$，使 $\dfrac{f\left(\dfrac{\pi}{2}\right)-f(0)}{F\left(\dfrac{\pi}{2}\right)-F(0)}=\dfrac{f'(\xi)}{F'(\xi)}$.

由 $\dfrac{1-0}{\dfrac{\pi}{2}-1}=\dfrac{\cos\xi}{1-\sin\xi}$，即 $\dfrac{\cos\xi}{1-\sin\xi}=\dfrac{2}{\pi-2}\Leftrightarrow 2\sin\xi+(\pi-2)\cos\xi-2=0$.

实际上需要找到 $\xi\in\left(0,\dfrac{\pi}{2}\right)$ 满足上式，于是令：$G(x)=2\sin x+(\pi-2)\cos x-2$，只需证明对于方程 $G(x)=0$，一定存在一个位于 $\left(0,\dfrac{\pi}{2}\right)$ 的根. 显然 $G(x)$ 在 $\left[0,\dfrac{\pi}{2}\right]$ 上连续，且 $G(0)=\pi-4<0$，$G\left(\dfrac{\pi}{3}\right)=\sqrt{3}+\dfrac{\pi}{2}-3>0$，由零点定理可知存在 $\xi\in\left(0,\dfrac{\pi}{3}\right)$ 使 $G(\xi)=0$，而 $\left(0,\dfrac{\pi}{3}\right)\subset\left(0,\dfrac{\pi}{2}\right)$，这说明方程 $G(x)=0$ 在 $\left(0,\dfrac{\pi}{2}\right)$ 内有一个根 ξ. 因此，柯西中值定理对函数 $f(x)=\sin x$，$F(x)=x+\cos x$ 在区间 $\left[0,\dfrac{\pi}{2}\right]$ 上是正确的.

4. 证：任取数值 a,b，不妨设 $a<b$，函数 $f(x)=px^2+qx+r$ 在区间 $[a,b]$ 上连续，在 (a,b) 内可导，故由拉格朗日中值定理知至少存在一点 $\xi\in(a,b)$，使 $f(b)-f(a)=f'(\xi)(b-a)$
即 $pb^2+qb+r-pa^2-qa-r=(2p\xi+q)(b-a)$.

经整理得 $\xi=\dfrac{a+b}{2}$. 即所求得的 ξ 总是位于区间的正中间.

5. 解：函数 $f(x)$ 分别在 $[1,2]$，$[2,3]$，$[3,4]$ 上连续，分别在 $(1,2)$，$(2,3)$，$(3,4)$ 内可导，且 $f(1)=f(2)=f(3)=f(4)=0$. 由罗尔定理知至少存在 $\xi_1\in(1,2)$，$\xi_2\in(2,3)$，$\xi_3\in(3,4)$，使 $f'(\xi_1)=f'(\xi_2)=f'(\xi_3)=0$.
即方程 $f'(x)=0$ 至少有三个实根，又方程 $f'(x)=0$ 为三次方程，故它至多有三个实根，因此方程 $f'(x)=0$ 有且仅有三个实根，它们分别位于区间 $(1,2)$，$(2,3)$，$(3,4)$ 内.

6. 证：取函数 $f(x)=\arcsin x+\arccos x$，$x\in[-1,1]$ 因 $f'(x)=\dfrac{1}{\sqrt{1-x^2}}-\dfrac{1}{\sqrt{1-x^2}}\equiv 0$，

故 $f(x)\equiv C$. 取 $x=0$，得 $f(0)=C=\dfrac{\pi}{2}$. 因此 $\arcsin x+\arccos x=\dfrac{\pi}{2}$，$x\in[-1,1]$.

7. 证：取函数 $f(x)=a_0x^n+a_1x^{n-1}+\cdots+a_{n-1}x$. $f(x)$ 在 $[0,x_0]$ 上连续，在 $(0,x_0)$ 内可导，且 $f(0)$

$= f(x_0) = 0$，由罗尔定理知至少存在一点 $\xi \in (0, x_0)$，使 $f'(\xi) = 0$，即方程 $a_0 n x^{n-1} + a_1(n-1)x^{n-2} + \cdots + a_{n-1} = 0$ 必有一个小于 x_0 的正根.

8. **证**：根据题意知函数 $f(x)$ 在 $[x_1, x_2]$，$[x_2, x_3]$ 上连续，在 (x_1, x_2)，(x_2, x_3) 内可导，且 $f(x_1) = f(x_2) = f(x_3)$，故由罗尔定理知至少存在点 $\xi_1 \in (x_1, x_2)$，$\xi_2 \in (x_2, x_3)$，使 $f'(\xi_1) = f'(\xi_2) = 0$. 又 $f'(x)$ 在 $[\xi_1, \xi_2]$ 上连续，在 (ξ_1, ξ_2) 内可导，故由罗尔定理知至少存在一点 $\xi \in (\xi_1, \xi_2) \subset (x_1, x_2)$ 使 $f''(\xi) = 0$.

9. **证**：取函数 $f(x) = x^n$，$f(x)$ 在 $[b, a]$ 上连续，在 (b, a) 内可导，由拉格朗日中值定理知，至少存在一点 $\xi \in (b, a)$，使 $f(a) - f(b) = f'(\xi)(a - b)$，即 $a^n - b^n = n\xi^{n-1}(a - b)$.
又 $0 < b < \xi < a$，$n > 1$，故 $0 < b^{n-1} < \xi^{n-1} < a^{n-1}$.
因此 $nb^{n-1}(a-b) < n\xi^{n-1}(a-b) < na^{n-1}(a-b)$，即 $nb^{n-1}(a-b) < a^n - b^n < na^{n-1}(a-b)$.

10. **证**：取函数 $f(x) = \ln x$，$f(x)$ 在 $[b, a]$ 上连续，在 (b, a) 内可导，由拉格朗日中值定理知，至少存在一点 $\xi \in (b, a)$，使 $f(a) - f(b) = f'(\xi)(a - b)$，即 $\ln a - \ln b = \dfrac{1}{\xi}(a - b)$.
又 $0 < b < \xi < a$，故 $0 < \dfrac{1}{a} < \dfrac{1}{\xi} < \dfrac{1}{b}$，因此 $\dfrac{a-b}{a} < \dfrac{a-b}{\xi} < \dfrac{a-b}{b}$，即 $\dfrac{a-b}{a} < \ln \dfrac{a}{b} < \dfrac{a-b}{b}$.

11. **解**：(1) 当 $a = b$ 时，显然成立. 当 $a \neq b$ 时，取函数 $f(x) = \arctan x$，$f(x)$ 在 $[a, b]$ 或 $[b, a]$ 上连续，在 (a, b) 或 (b, a) 内可导，由拉格朗日中值定理知至少存在一点 $\xi \in (a, b)$ 或 (b, a)，使 $f(a) - f(b) = f'(\xi)(a - b)$，即 $\arctan a - \arctan b = \dfrac{1}{1 + \xi^2}(a - b)$，故 $|\arctan a - \arctan b| = \dfrac{1}{1 + \xi^2}|a - b| \leqslant |a - b|$.

(2) 取函数 $f(t) = e^t$，$f(t)$ 在 $[1, x]$ 上连续，在 $(1, x)$ 内可导. 由拉格朗日中值定理知，至少存在一点 $\xi \in (1, x)$，使 $f(x) - f(1) = f'(\xi)(x - 1)$，即 $e^x - e = e^\xi(x - 1)$.
又 $1 < \xi < x$，故 $e^\xi > e$，因此 $e^x - e > e(x - 1)$，即 $e^x > x \cdot e$.

12. **证**：取函数 $f(x) = x^5 + x - 1$，$f(x)$ 在 $[0, 1]$ 上连续，$f(0) = -1 < 0$，$f(1) = 1 > 0$，由零点定理知至少存在点 $x_1 \in (0, 1)$ 使 $f(x_1) = 0$，即方程 $x^5 + x - 1 = 0$ 在 $(0, 1)$ 内至少有一个正根.
若方程 $x^5 + x - 1 = 0$ 还有一个正根 x_2，即 $f(x_2) = 0$. 则由 $f(x) = x^5 + x - 1$ 在 $[x_1, x_2]$ （或 $[x_2, x_1]$）上连续，在 (x_1, x_2)（或 (x_2, x_1)）内可导知 $f(x)$ 满足罗尔定理条件，故至少存在点 $\xi \in (x_1, x_2)$（或 (x_2, x_1)），使 $f'(\xi) = 0$.
但 $f'(\xi) = 5\xi^4 + 1 > 0$，矛盾. 因此方程 $x^5 + x - 1 = 0$ 只有一个正根.

13. **证**：取函数 $F(x) = \begin{vmatrix} f(a) & f(x) \\ g(a) & g(x) \end{vmatrix}$，由 $f(x)$，$g(x)$ 在 $[a, b]$ 上连续，在 (a, b) 内可导知 $F(x)$ 在 $[a, b]$ 上连续，在 (a, b) 内可导，由拉格朗日中值定理知至少存在一点 $\xi \in (a, b)$，使 $F(b) - F(a) = F'(\xi)(b - a)$.

即 $F(b) = \begin{vmatrix} f(a) & f(b) \\ g(a) & g(b) \end{vmatrix}$，$F(a) = \begin{vmatrix} f(a) & f(a) \\ g(a) & g(a) \end{vmatrix} = 0$，

$F'(x) = \begin{vmatrix} 0 & f(x) \\ 0 & g(x) \end{vmatrix} + \begin{vmatrix} f(a) & f'(x) \\ g(a) & g'(x) \end{vmatrix} = \begin{vmatrix} f(a) & f'(x) \\ g(a) & g'(x) \end{vmatrix}$，

故 $\begin{vmatrix} f(a) & f(b) \\ g(a) & g(b) \end{vmatrix} = \begin{vmatrix} f(a) & f'(\xi) \\ g(a) & g'(\xi) \end{vmatrix}(b - a)$.

14. 证:取函数 $F(x)=\dfrac{f(x)}{e^x}$, 因 $F'(x)=\dfrac{f'(x)e^x-f(x)e^x}{e^{2x}}=\dfrac{f'(x)-f(x)}{e^x}=0$,

故 $F(x)=C$. 又 $F(0)=C=f(0)=1$, 因此 $F(x)=1$, 即 $\dfrac{f(x)}{e^x}=1$, 故 $f(x)=e^x$.

*15. 证:已知 $f(x)$ 在 $x=0$ 的某邻域内具有 n 阶导数,在该邻域内任取点 x,由柯西中值定理得

$$\dfrac{f(x)}{x^n}=\dfrac{f(x)-f(0)}{x^n-0^n}=\dfrac{f'(\xi_1)}{n\xi_1^{n-1}}, \quad \text{其中 } \xi_1 \text{ 介于 } 0,x \text{ 之间.}$$

又 $\dfrac{f'(\xi_1)}{n\xi_1^{n-1}}=\dfrac{f'(\xi_1)-f'(0)}{n(\xi_1^{n-1}-0^{n-1})}=\dfrac{f''(\xi_2)}{n(n-1)\xi_2^{n-2}}, \quad \text{其中 } \xi_2 \text{ 介于 } 0,\xi_1 \text{ 之间.}$

依次类推,得 $\dfrac{f^{(n-1)}(\xi_{n-1})}{n!\,\xi_{n-1}}=\dfrac{f^{(n-1)}(\xi_{n-1})-f^{(n-1)}(0)}{n!\,(\xi_{n-1}-0)}=\dfrac{f^{(n)}(\xi_n)}{n!}$, 其中 ξ_n 介于 $0,\xi_{n-1}$ 之间,记 $\xi_n=\theta x$ $(0<\theta<1)$, 因此 $\dfrac{f(x)}{x^n}=\dfrac{f^{(n)}(\xi_n)}{n!}=\dfrac{f^{(n)}(\theta x)}{n!}$ $(0<\theta<1)$.

第二节　洛必达法则

内容精讲

1. 洛必达法则 I　设函数 $f(x)$ 与 $g(x)$ 满足:

(1) 在点 x_0 的某一邻域内(点 x_0 可除外)有定义, 且 $\lim\limits_{x\to x_0}f(x)=0$, $\lim\limits_{x\to x_0}g(x)=0$;

(2) 在该邻域内可导,且 $g'(x)\neq 0$;

(3) $\lim\limits_{x\to x_0}\dfrac{f'(x)}{g'(x)}$ 存在(或为 ∞). 则 $\lim\limits_{x\to x_0}\dfrac{f(x)}{g(x)}=\lim\limits_{x\to x_0}\dfrac{f'(x)}{g'(x)}$ 存在(或为 ∞).

2. 洛必达法则 II　设函数 $f(x)$ 与 $g(x)$ 满足:

(1) 在 x_0 的某一邻域内(点 x_0 可除外)有定义, 且 $\lim\limits_{x\to x_0}f(x)=\infty$, $\lim\limits_{x\to x_0}g(x)=\infty$;

(2) 在该邻域内可导,且 $g'(x)\neq 0$;

(3) $\lim\limits_{x\to x_0}\dfrac{f'(x)}{g'(x)}$ 存在(或为 ∞). 则 $\lim\limits_{x\to x_0}\dfrac{f(x)}{g(x)}=\lim\limits_{x\to x_0}\dfrac{f'(x)}{g'(x)}$ 存在(或为 ∞).

以上两法则对于 $x\to\infty$ 时的未定式"$\dfrac{0}{0}$","$\dfrac{\infty}{\infty}$"同样适用.

题型及考点解析

例 1　求下列极限

(1) $\lim\limits_{x\to+\infty}\dfrac{x^2+\sin x}{x^2}$;　　　　(2) $\lim\limits_{x\to 0}\dfrac{x-\sin x}{x^2(e^x-1)}$;

(3) $\lim\limits_{x\to\infty}\left[x-x^2\cdot\ln\left(1+\dfrac{1}{x}\right)\right]$;　　(4) $\lim\limits_{x\to\infty}\left[\left(1+\dfrac{1}{x}\right)^x-e\right]$.

解　(1) 利用洛必达法则得 $\lim\limits_{x\to+\infty}\dfrac{x^2+\sin x}{x^2}=\lim\limits_{x\to+\infty}\dfrac{2x+\cos x}{2x}=\lim\limits_{x\to+\infty}\dfrac{2-\sin x}{2}$

由于 $\lim\limits_{x\to+\infty}\sin x$ 不存在, 所以原极限不存在.

题型分析 以上解法是错误的. 原因是第二次使用洛必达法则时忽视了法则成立的第 3 个条件,即 $\lim\limits_{x\to+\infty}\dfrac{f'(x)}{g'(x)}$ 必须存在或为无穷大,正确解法是

$$\lim_{x\to+\infty}\frac{x^2+\sin x}{x^2}=\lim_{x\to+\infty}\left(1+\frac{1}{x^2}\cdot\sin x\right)=1+0=1.$$

(2) **解法一**　分母用 (e^x-1) 的等价无穷小代换,之后用洛必达法则.

$$\lim_{x\to 0}\frac{x-\sin x}{x^2(e^x-1)}=\lim_{x\to 0}\frac{x-\sin x}{x^3}\xlongequal{\text{洛}}\lim_{x\to 0}\frac{1-\cos x}{3x^2}\xlongequal{\text{洛}}\lim_{x\to 0}\frac{\sin x}{6x}\xlongequal{\text{洛}}\lim_{x\to 0}\frac{\cos x}{6}=\frac{1}{6}.$$

解法二　对原式直接运用洛必达法则

$$\lim_{x\to 0}\frac{x-\sin x}{x^2(e^x-1)}=\lim_{x\to 0}\frac{1-\cos x}{2x(e^x-1)+x^2 e^x}=\lim_{x\to 0}\frac{\sin x}{2(e^x-1)+2xe^x+2xe^x+x^2 e^x}$$

$$=\lim_{x\to 0}\frac{\sin x}{2(e^x-1)+4xe^x+x^2 e^x}=\lim_{x\to 0}\frac{\cos x}{2e^x+4e^x+6xe^x+x^2 e^x}=\lim_{x\to 0}\frac{\cos x}{6e^x+6xe^x+x^2 e^x}$$

$$=\lim_{x\to 0}\frac{1}{6+0+0}=\frac{1}{6}.$$

题型分析 比较上面两种方法知:在求未定式的极限过程中,适当地运用等价无穷小代换可简化计算.

(3) 令 $t=\dfrac{1}{x}$,则当 $x\to\infty$ 时,$t\to 0$,原式 $=\lim\limits_{t\to 0}\left[\dfrac{1}{t}-\dfrac{1}{t^2}\cdot\ln(1+t)\right]=\lim\limits_{t\to 0}\dfrac{t-\ln(1+t)}{t^2}=$

$$\lim_{t\to 0}\frac{1-\dfrac{1}{1+t}}{2t}=\lim_{t\to 0}\frac{t}{2t(1+t)}=\lim_{t\to 0}\frac{1}{2(1+t)}=\frac{1}{2}.$$

(4) 令 $\dfrac{1}{x}=t$,则原式 $=\lim\limits_{t\to 0}\dfrac{(1+t)^{\frac{1}{t}}-e}{t}=\lim\limits_{t\to 0}\dfrac{e^{\frac{1}{t}\ln(1+t)}-e}{t}=e\lim\limits_{t\to 0}\dfrac{e^{\frac{1}{t}\ln(1+t)-1}-1}{t}=$

$$e\lim_{t\to 0}\frac{\dfrac{1}{t}\cdot\ln(1+t)-1}{t}=e\lim_{t\to 0}\frac{\ln(1+t)-t}{t^2}=e\lim_{t\to 0}\frac{\dfrac{1}{1+t}-1}{2t}=\frac{e}{2}\lim_{t\to 0}\frac{-1}{1+t}=-\frac{e}{2}.$$

例 2　试确定常数 A、B、C 的值,使得 $e^x(1+Bx+Cx^2)=1+Ax+o(x^3)$,其中 $o(x^3)$ 是当 $x\to 0$ 时比 x^3 高阶的无穷小. (考研题)

解　根据题设和洛必达法则,由于

$$0=\lim_{x\to 0}\frac{e^x(1+Bx+Cx^2)-1-Ax}{x^3}=\lim_{x\to 0}\frac{e^x(1+B+Bx+2Cx+Cx^2)-A}{3x^2}$$

$$=\lim_{x\to 0}\frac{e^x[2C+1+2B+(B+4C)x+Cx^2]}{6x}=\lim_{x\to 0}\frac{B+4C+2Cx}{6}.$$

得 $\begin{cases}1+B-A=0,\\2B+2C+1=0,\\B+4C=0.\end{cases}$ 解得 $A=\dfrac{1}{3}$,$B=-\dfrac{2}{3}$,$C=\dfrac{1}{6}$.

例 3　$\lim\limits_{x\to 0}\dfrac{a\tan x+b(1-\cos x)}{c\ln(1-2x)+d(1-e^{-x^2})}=2$,其中 $a^2+c^2\neq 0$,则必有(　　).

(A) $b=4d$ (B) $b=-4d$ (C) $a=4c$ (D) $a=-4c$

解 由左式 $=\lim\limits_{x\to 0}\dfrac{a\sec^2 x+b\sin x}{-2c/(1-2x)+2dxe^{-x^2}}=-\dfrac{a}{2c}=2$,即 $a=-4c$,故选(D).

题型分析 此类问题一般是给出一个含有参数的函数,已知此函数在 x 趋于某一 x_0(x_0 可为一确定数值,也可为 $\pm\infty$)时的极限,要求参数值. 一般而言,这类问题应先利用函数的连续性、可导性条件,把极限号去掉,之后求解以参数为未知量的方程(组)以确定参数值.

例 4 求 $\lim\limits_{n\to\infty}\tan^n\left(\dfrac{\pi}{4}+\dfrac{2}{n}\right)$.

解 令 $f(x)=\tan^x\left(\dfrac{\pi}{4}+\dfrac{2}{x}\right)$,则 $f(n)=\tan^n\left(\dfrac{\pi}{4}+\dfrac{2}{n}\right)$ 且

$$\lim_{x\to+\infty}f(x)=\lim_{x\to+\infty}\tan^x\left(\dfrac{\pi}{4}+\dfrac{2}{x}\right)=\lim_{x\to+\infty}e^{x\ln\tan\left(\frac{\pi}{4}+\frac{2}{x}\right)}=e^{\lim\limits_{x\to+\infty}x\ln\tan\left(\frac{\pi}{4}+\frac{2}{x}\right)}$$

$$=e^{\lim\limits_{x\to+\infty}\frac{\ln\tan\left(\frac{\pi}{4}+\frac{2}{x}\right)}{\frac{1}{x}}}=e^{\lim\limits_{x\to+\infty}\frac{2}{\tan\left(\frac{\pi}{4}+\frac{2}{x}\right)\cdot\cos^2\left(\frac{\pi}{4}+\frac{2}{x}\right)}}=e^4$$

故 $\lim\limits_{n\to\infty}\tan^n\left(\dfrac{\pi}{4}+\dfrac{2}{n}\right)=\lim\limits_{x\to+\infty}\tan^x\left(\dfrac{\pi}{4}+\dfrac{2}{x}\right)=e^4$.

题型分析 因为对数列而言不存在导数,所以不能直接用洛必达法则求数列的极限,应先用洛必达法则求出相应函数的极限,然后由函数的极限与数列极限的关系得出所求数列极限,这是一种由一般推出特殊的思想.

例 5 设 $f''(x)$ 存在,求证:$\lim\limits_{h\to 0}\dfrac{f(x+2h)-2f(x+h)+f(x)}{h^2}=f''(x)$

分析 把 f 视为 h 的函数,可见原极限是 $\dfrac{0}{0}$ 型的未定式,故考虑用洛必达法则.

解
$$\lim_{h\to 0}\dfrac{f(x+2h)-2f(x+h)+f(x)}{h^2}=\lim_{h\to 0}\dfrac{2f'(x+2h)-2f'(x+h)}{2h}$$
$$=\lim_{h\to 0}\dfrac{f'(x+2h)-f'(x+h)}{h}=\lim_{h\to 0}\dfrac{f'(x+2h)-f'(x)+f'(x)-f'(x+h)}{h}$$
$$=\lim_{h\to 0}2\dfrac{f'(x+2h)-f'(x)}{2h}+\lim_{h\to 0}\dfrac{f'(x+h)-f'(x)}{h}\cdot(-1)$$
$$=2f''(x)-f''(x)=f''(x)$$

错误解法:连续两次用洛必达法则
$$\lim_{h\to 0}\dfrac{f(x+2h)-2f(x+h)+f(x)}{h^2}=\lim_{h\to 0}\dfrac{2f'(x+2h)-2f'(x+h)}{2h}$$
$$=\lim_{h\to 0}\dfrac{f'(x+2h)-f'(x+h)}{h}=\lim_{h\to 0}\dfrac{2f''(x+2h)-f''(x+h)}{1}=2f''(x)-f''(x)=f''(x).$$

题型分析 以上两种解法结果相同,试问后一种解法错在何处?
其原因是题设中只告诉 $f''(x)$ 存在,并未给出 $f''(x)$ 连续的条件,即

$$\lim_{h\to 0}f''(x+2h)=f''(x) \quad 及 \quad \lim_{h\to 0}f''(x+h)=f''(x)$$

未必成立.故洛必达法则只能使用一次.

综上所述知,利用洛必达法则求未定式极限时应注意以下几个问题:

1. 审查计算的极限是不是未定式,如果不是未定式就不能使用洛必达法则.例如,$\lim_{x\to 0}\dfrac{1-\cos x}{1+x^2}=\lim_{x\to 0}\dfrac{(1-\cos x)'}{(1+x^2)'}=\lim_{x\to 0}\dfrac{\sin x}{2x}=\dfrac{1}{2}$,这样计算是错误的,因为极限 $\lim_{x\to 0}\dfrac{1-\cos x}{1+x^2}$ 不是 $\dfrac{0}{0}$ 型的未定式,事实上,$\lim_{x\to 0}\dfrac{1-\cos x}{1+x^2}=\dfrac{1-1}{1+0}=0$.

2. 如果极限 $\lim\dfrac{f'(x)}{g'(x)}$ 不存在,计算极限 $\lim\dfrac{f(x)}{g(x)}$ 就不能应用洛必达法则,但是不能说明极限 $\lim\dfrac{f(x)}{g(x)}$ 不存在.例如,极限 $\lim_{x\to\infty}\dfrac{x+\sin x}{x}$ 是 $\dfrac{\infty}{\infty}$ 型的未定式,应用洛必达法则,

$$\lim_{x\to\infty}\dfrac{x+\sin x}{x}=\lim_{x\to\infty}\dfrac{(x+\sin x)'}{x'}=\lim_{x\to\infty}\dfrac{1+\cos x}{1}=\lim_{x\to\infty}(1+\cos x)$$

不存在,但是不能说明 $\lim_{x\to\infty}\dfrac{x+\sin x}{x}$ 极限不存在,事实上 $\lim_{x\to\infty}\dfrac{x+\sin x}{x}=\lim_{x\to\infty}\left(1+\dfrac{\sin x}{x}\right)=1$,即这个极限是存在的.

3. 应用洛必达法则计算未定式的极限,如果 $\lim\dfrac{f'(x)}{g'(x)}$ 仍是未定式,则可以继续使用洛必达法则.

4. 在应用洛必达法则计算未定式的极限时,如果出现极限 $\dfrac{f^{(n)}(x)}{g^{(n)}(x)}$ 始终是 $\dfrac{\infty}{\infty}$ 型未定式,则不能用洛必达法则计算.例如,$\lim_{x\to+\infty}\dfrac{e^x-e^{-x}}{e^x+e^{-x}}$ 是 $\dfrac{\infty}{\infty}$ 型未定式,使用洛必达法则,有

$$\lim_{x\to+\infty}\dfrac{e^x-e^{-x}}{e^x+e^{-x}}=\lim_{x\to+\infty}\dfrac{(e^x-e^{-x})'}{(e^x+e^{-x})'}=\lim_{x\to+\infty}\dfrac{e^x+e^{-x}}{e^x-e^{-x}},$$

仍是 $\dfrac{\infty}{\infty}$ 型未定式,如果再一次使用洛必达法则,则回到原来形式,故需要用其他方法解决:

$$\lim_{x\to+\infty}\dfrac{e^x-e^{-x}}{e^x+e^{-x}}=\lim_{x\to+\infty}\dfrac{1-\dfrac{1}{e^{2x}}}{1+\dfrac{1}{e^{2x}}}=1.$$

5. 应用洛必达法则计算未定式极限通常比其他方法简单,但是对于少数的未定式极限应用洛必达法则并不简单,甚至很繁琐.例如,计算极限

$$\lim_{x\to 0}\dfrac{e^x-e^{\sin x}}{x-\sin x}=\lim_{x\to 0}\dfrac{e^x-e^{\sin x}\cos x}{1-\cos x}=\lim_{x\to 0}\dfrac{e^x-e^{\sin x}\cos^2 x+e^{\sin x}\sin x}{\sin x}$$

$$=\lim_{x\to 0}\dfrac{e^x-e^{\sin x}\cos^3 x+e^{\sin x}\sin 2x+\dfrac{1}{2}e^{\sin x}\sin 2x+e^{\sin x}\cos x}{\cos x}=1$$

如果用等价无穷小替换的方法却很简单,如

$$\lim_{x\to 0}\dfrac{e^x-e^{\sin x}}{x-\sin x}=\lim e^{\sin x}\dfrac{e^{x-\sin x}-1}{x-\sin x}=\lim e^{\sin x}\dfrac{x-\sin x}{x-\sin x}=1.$$

显然,应用洛必达法则计算这个极限并没有达到简化计算的目的.因此,大家在使用洛必达法则解题时,为了避免复杂的计算,应能化简尽可能先化简,并综合运用以下方法:函数的连续

性与四则运算法则;适当的恒等变形(如分子或分母的有理化、三角恒等式等);利用已知极限和等价无穷小代换;利用换元法(即复合函数求极限)等.

习题3-2精讲

1. **解**:(1) $\lim\limits_{x\to 0}\dfrac{\ln(1+x)}{x}=\lim\limits_{x\to 0}\dfrac{\dfrac{1}{1+x}}{1}=1.$ (2) $\lim\limits_{x\to 0}\dfrac{e^x-e^{-x}}{\sin x}=\lim\limits_{x\to 0}\dfrac{e^x+e^{-x}}{\cos x}=\dfrac{2}{1}=2.$

(3) $\lim\limits_{x\to 0}\dfrac{\tan x-x}{x-\sin x}=\lim\limits_{x\to 0}\dfrac{\sec^2 x-1}{1-\cos x}=\lim\limits_{x\to 0}\dfrac{\tan^2 x}{\dfrac{x^2}{2}}=\lim\limits_{x\to 0}\dfrac{x^2}{\dfrac{x^2}{2}}=2.$ (4) $\lim\limits_{x\to \pi}\dfrac{\sin 3x}{\tan 5x}=\lim\limits_{x\to \pi}\dfrac{3\cos 3x}{5\sec^2 5x}=-\dfrac{3}{5}.$

(5) $\lim\limits_{x\to \frac{\pi}{2}}\dfrac{\ln\sin x}{(\pi-2x)^2}=\lim\limits_{x\to \frac{\pi}{2}}\dfrac{\dfrac{1}{\sin x}\cos x}{2(\pi-2x)\cdot(-2)}=-\lim\limits_{x\to \frac{\pi}{2}}\dfrac{\cot x}{4(\pi-2x)}=-\lim\limits_{x\to \frac{\pi}{2}}\dfrac{-\csc^2 x}{-8}=-\dfrac{1}{8}.$

(6) $\lim\limits_{x\to a}\dfrac{x^m-a^m}{x^n-a^n}=\lim\limits_{x\to a}\dfrac{mx^{m-1}}{nx^{n-1}}=\dfrac{m}{n}a^{m-n}\,(a\ne 0).$

(7) $\lim\limits_{x\to 0^+}\dfrac{\ln\tan 7x}{\ln\tan 2x}=\lim\limits_{x\to 0^+}\dfrac{\dfrac{1}{\tan 7x}\sec^2 7x\cdot 7}{\dfrac{1}{\tan 2x}\sec^2 2x\cdot 2}=\lim\limits_{x\to 0^+}\dfrac{\tan 2x}{\tan 7x}\cdot\dfrac{\sec^2 7x}{\sec^2 2x}\cdot\dfrac{7}{2}=\lim\limits_{x\to 0^+}\dfrac{2x}{7x}\cdot\dfrac{\sec^2 7x}{\sec^2 2x}\cdot\dfrac{7}{2}=1.$

(8) $\lim\limits_{x\to \frac{\pi}{2}}\dfrac{\tan x}{\tan 3x}=\lim\limits_{x\to \frac{\pi}{2}}\dfrac{\sec^2 x}{3\sec^2 3x}=\lim\limits_{x\to \frac{\pi}{2}}\dfrac{\cos^2 3x}{3\cos^2 x}=\lim\limits_{x\to \frac{\pi}{2}}\dfrac{-6\cos 3x\sin 3x}{-6\cos x\sin x}=-\lim\limits_{x\to \frac{\pi}{2}}\dfrac{\cos 3x}{\cos x}=-\lim\limits_{x\to \frac{\pi}{2}}\dfrac{-3\sin 3x}{-\sin x}=3.$

(9) $\lim\limits_{x\to +\infty}\dfrac{\ln\left(1+\dfrac{1}{x}\right)}{\operatorname{arccot} x}=\lim\limits_{x\to +\infty}\dfrac{\dfrac{1}{1+\dfrac{1}{x}}\left(-\dfrac{1}{x^2}\right)}{-\dfrac{1}{1+x^2}}=\lim\limits_{x\to +\infty}\dfrac{1+x^2}{x+x^2}=\lim\limits_{x\to +\infty}\dfrac{\dfrac{1}{x^2}+1}{\dfrac{1}{x}+1}=1.$

(10) $\lim\limits_{x\to 0}\dfrac{\ln(1+x^2)}{\sec x-\cos x}=\lim\limits_{x\to 0}\dfrac{\dfrac{2x}{1+x^2}}{\sec x\tan x+\sin x}=\lim\limits_{x\to 0}\dfrac{x}{\sin x}\cdot\dfrac{\cos^2 x}{1+\cos^2 x}\cdot\dfrac{2}{1+x^2}=1.$

(11) $\lim\limits_{x\to 0}x\cot 2x=\lim\limits_{x\to 0}\dfrac{x}{\tan 2x}=\lim\limits_{x\to 0}\dfrac{1}{2\sec^2 2x}=\dfrac{1}{2}.$

(12) $\lim\limits_{x\to 0}x^2 e^{\frac{1}{x^2}}=\lim\limits_{x\to 0}\dfrac{e^{\frac{1}{x^2}}}{\dfrac{1}{x^2}}=\lim\limits_{x\to 0}\dfrac{e^{\frac{1}{x^2}}\left(\dfrac{1}{x^2}\right)'}{\left(\dfrac{1}{x^2}\right)'}=\lim\limits_{x\to 0}e^{\frac{1}{x^2}}=+\infty.$

(13) $\lim\limits_{x\to 1}\left(\dfrac{2}{x^2-1}-\dfrac{1}{x-1}\right)=\lim\limits_{x\to 1}\dfrac{-x+1}{x^2-1}=\lim\limits_{x\to 1}\dfrac{-1}{2x}=-\dfrac{1}{2}.$

(14) $\lim\limits_{x\to \infty}\left(1+\dfrac{a}{x}\right)^x=e^{\lim\limits_{x\to \infty}x\ln\left(1+\frac{a}{x}\right)}=e^{\lim\limits_{x\to \infty}\frac{\ln\left(1+\frac{a}{x}\right)}{\frac{1}{x}}}=e^{\lim\limits_{x\to \infty}\frac{\frac{1}{1+\frac{a}{x}}\left(-\frac{a}{x^2}\right)}{-\frac{1}{x^2}}}=e^{\lim\limits_{x\to \infty}\frac{a}{1+\frac{a}{x}}}=e^a.$

(15) $\lim\limits_{x\to 0^+}x^{\sin x}=e^{\lim\limits_{x\to 0^+}\sin x\ln x}=e^{\lim\limits_{x\to 0^+}\frac{\sin x}{\frac{1}{\ln x}}\cdot\frac{\ln x}{1}}=e^{\lim\limits_{x\to 0^+}\frac{\frac{1}{x}}{-\frac{1}{\sin^2 x}}}=e^{\lim\limits_{x\to 0^+}(-x)}=e^0=1.$

(16) $\lim\limits_{x\to 0^+}\left(\dfrac{1}{x}\right)^{\tan x}=e^{\lim\limits_{x\to 0^+}\tan x\ln\frac{1}{x}}=e^{\lim\limits_{x\to 0^+}\frac{\tan x}{1}\cdot\frac{-\ln x}{1}}=e^{\lim\limits_{x\to 0^+}\frac{-\frac{1}{x}}{-\frac{1}{x^2}}}=e^{\lim\limits_{x\to 0^+}x}=e^0=1.$

2. **证**：由于 $\lim\limits_{x\to\infty}\dfrac{(x+\sin x)'}{(x)'}=\lim\limits_{x\to\infty}\dfrac{1+\cos x}{1}$ 不存在，故不能使用洛必达法则来求此极限，但并不表明此极限不存在，此极限可用以下方法求得：$\lim\limits_{x\to\infty}\dfrac{x+\sin x}{x}=\lim\limits_{x\to\infty}\left(1+\dfrac{\sin x}{x}\right)=1+0=1.$

3. **证**：由于 $\lim\limits_{x\to 0}\dfrac{\left(x^2\sin\dfrac{1}{x}\right)'}{(\sin x)'}=\lim\limits_{x\to 0}\dfrac{2x\sin\dfrac{1}{x}-\cos\dfrac{1}{x}}{\cos x}$ 不存在，故不能使用洛必达法则来求此极限，但可用以下方法求此极限：$\lim\limits_{x\to 0}\dfrac{x^2\sin\dfrac{1}{x}}{\sin x}=\lim\limits_{x\to 0}\left(\dfrac{x}{\sin x}\cdot x\sin\dfrac{1}{x}\right)=\lim\limits_{x\to 0}\dfrac{x}{\sin x}\cdot\lim\limits_{x\to 0}x\sin\dfrac{1}{x}=1\cdot 0=0.$

*4. **解**：$\lim\limits_{x\to 0^+}f(x)=\lim\limits_{x\to 0^+}\left[\dfrac{(1+x)^{\frac{1}{x}}}{e}\right]^{\frac{1}{x}}=e^{\lim\limits_{x\to 0^+}\frac{1}{x}\ln\left[\frac{(1+x)^{\frac{1}{x}}}{e}\right]},$

而 $\lim\limits_{x\to 0^+}\dfrac{1}{x}\left[\dfrac{1}{x}\ln(1+x)-1\right]=\lim\limits_{x\to 0^+}\dfrac{\ln(1+x)-x}{x^2}=\lim\limits_{x\to 0^+}\dfrac{\dfrac{1}{1+x}-1}{2x}=\lim\limits_{x\to 0^+}-\dfrac{1}{2(1+x)}=-\dfrac{1}{2},$

故 $\lim\limits_{x\to 0^+}f(x)=e^{-\frac{1}{2}}$，又 $\lim\limits_{x\to 0^-}f(x)=\lim\limits_{x\to 0^-}e^{-\frac{1}{2}}=e^{-\frac{1}{2}}$，$f(0)=e^{-\frac{1}{2}}.$

因为 $\lim\limits_{x\to 0^+}f(x)=\lim\limits_{x\to 0^-}f(x)=f(0)$，故函数 $f(x)$ 在 $x=0$ 处连续.

第三节 泰勒公式

内容精讲

1. 泰勒定理 若 $f(x)$ 在含有 x_0 的某个邻域内具有直到 $n+1$ 阶的导数，则对于该邻域内任意点 x，有泰勒公式

$$f(x)=\sum_{k=0}^{n}\dfrac{f^{(k)}(x_0)}{k!}(x-x_0)^k+\dfrac{f^{(n+1)}(\xi)}{(n+1)!}(x-x_0)^{n+1},$$

其中 ξ 介于 x_0 与 x 之间，$f^{(0)}(x_0)=f(x_0).$

2. 麦克劳林公式 在 $x_0=0$ 展开的泰勒公式，也称为麦克劳林公式，即

$$f(x)=\sum_{k=0}^{n}\dfrac{f^{(k)}(0)}{k!}x^k+\dfrac{f^{(n+1)}(\xi)}{(n+1)!}x^{n+1},$$

其中 ξ 介于 0 与 x 之间.

带有皮亚诺余项的麦克劳林展开式为 $f(x)=f(0)+f'(0)x+\cdots+\dfrac{1}{n!}f^{(n)}(0)x^n+o(x^n).$

3. 常用的六个泰勒展开式

$$e^x=1+x+\dfrac{x^2}{2!}+\cdots+\dfrac{x^n}{n!}+o(x^n),$$

$$\sin x=x-\dfrac{x^3}{3!}+\dfrac{x^5}{5!}-\cdots+(-1)^n\dfrac{x^{2n+1}}{(2n+1)!}+o(x^{2n+1}),$$

$$\cos x=1-\dfrac{x^2}{2!}+\dfrac{x^4}{4!}-\dfrac{x^6}{6!}+\cdots+(-1)^n\dfrac{x^{2n}}{(2n)!}+o(x^{2n}),$$

$$\ln(1+x)=x-\dfrac{x^2}{2}+\dfrac{x^3}{3}-\cdots+(-1)^n\dfrac{x^{n+1}}{n+1}+o(x^{n+1}),$$

$$\frac{1}{1-x}=1+x+x^2+\cdots+x^n+o(x^n),$$

$$(1+x)^m=1+mx+\frac{m(m-1)}{2!}x^2+\cdots+\frac{m(m-1)\cdots(m-n+1)}{n!}x^n+o(x^n).$$

题型及考点解析

例 1 把 $f(x)=\ln\dfrac{1+x}{1-x}$ 在 $x=0$ 处展开成带有皮亚诺余项的泰勒公式.

解 $\ln\dfrac{1+x}{1-x}=\ln(1+x)-\ln(1-x)$

$$=[x-\frac{x^2}{2}+\frac{x^3}{3}+\cdots-\frac{x^{2n}}{2n}+o(x^{2n})]-[-x-\frac{x^2}{2}-\frac{x^3}{3}+\cdots-\frac{x^{2n}}{2n}+o(x^{2n})]$$

$$=2(x+\frac{x^3}{3}+\frac{x^5}{5}+\cdots+\frac{x^{2n-1}}{2n-1})+o(x^{2n}). \quad (x\to 0)$$

题型分析 将函数在某点处展成泰勒公式的方法:
(1)直接按公式展开,有时需将函数作简单变形,转化为可展开的形式.
(2)利用常用的泰勒公式,通过适当的变量代换,四则运算,复合以及逐项微分等方法将函数展开.

例 2 求极限 $\lim\limits_{x\to 0}\dfrac{1}{x}(\dfrac{1}{x}-\cot x)$.

解 用泰勒公式

$$\lim_{x\to 0}\frac{1}{x}(\frac{1}{x}-\cot x)=\lim_{x\to 0}\frac{1}{x}(\frac{1}{x}-\frac{\cos x}{\sin x})=\lim_{x\to 0}\frac{\sin x-x\cos x}{x^2\sin x}$$

$$=\lim_{x\to 0}\frac{x-\dfrac{x^3}{3!}+o(x^4)-x(1-\dfrac{x^2}{2!}+\dfrac{x^4}{4!}+o(x^4))}{x^2\sin x}=\lim_{x\to 0}\frac{-\dfrac{x^3}{6}+\dfrac{x^3}{2}+o(x^4)}{x^2\sin x}$$

$$=-\frac{1}{6}+\frac{1}{2}=\frac{1}{3}.$$

题型分析 在用泰勒公式求极限时,要灵活运用,分清哪些项要展开,哪些项可以保留,本题分母中的 $\sin x$ 是作为一个乘积因子,$x\to 0$ 时与 x 是等价无穷小,因此可直接看作 x,而无须展开,而分子中的 $\sin x$ 则不同,要用泰勒公式展开,对于复杂函数的极限,泰勒公式是一个有力的工具,在寻找未定式极限时常用的方法是等价无穷小代换以及洛必达法则,事实上,$e^x-1=x+\dfrac{x^2}{2!}+o(x^2)$,所以也可以用 $x+\dfrac{x^2}{2}$ 来代换 $e^x-1(x\to 0$ 时),而等价无穷小只利用了 $e^x-1=x+o(x)$ 的一阶性质,所以要求更精细的极限必须使用泰勒公式.

例 3 求极限 $\lim\limits_{x\to 0}\dfrac{x^2}{\sqrt{1+x\sin x}-\sqrt{\cos x}}$.

解 当 $x\to 0$ 时,$1-\cos x=1-1+\dfrac{1}{2}x^2+o(x^2)$, $x\sin x=x^2+o(x^2)$. 因此:

$$\sqrt{\cos x} = \sqrt{1-(1-\cos x)} = \sqrt{1-\frac{1}{2}x^2 + o(x^2)}$$
$$= 1 + \frac{1}{2}\left[-\frac{1}{2}x^2 + o(x^2)\right] + o\left[-\frac{1}{2}x^2 + o(x^2)\right] = 1 - \frac{x^2}{4} + o(x^2),$$
$$\sqrt{1+x\sin x} = \sqrt{1+x^2+o(x^2)} = 1 + \frac{x^2}{2} + o(x^2),$$
$$\lim_{x\to 0} \frac{x^2}{\sqrt{1+x\sin x}-\sqrt{\cos x}} = \lim_{x\to 0} \frac{x^2}{1+\frac{1}{2}x^2+o(x^2)-1+\frac{x^2}{4}-o(x^2)}$$
$$= \lim_{x\to 0} \frac{x^2}{\frac{3}{4}x^2 + o(x^2)} = \frac{4}{3}.$$

题型分析 在第一章中我们强调等价无穷小代换在加减运算中要慎用,如在表达式 $\ln(1+x)-x$ 中,$\ln(1+x)$ 不能用 x 代替,但用 $x-\frac{1}{2}x^2$ 代替就不会产生问题,因此把泰勒公式用于求极限并没有什么限制,只是展开到哪一阶较好应根据分子、分母的无穷小阶数而定.

例 4 设函数 $f(x)$ 在 $x=0$ 的某邻域内具有一阶连续导数,且 $f(0)\neq 0, f'(0)\neq 0$,若 $af(h)+bf(2h)-f(0)$ 在 $h\to 0$ 时是比 h 高阶的无穷小,试确定 a、b 的值.

解 因为 $f(x)$ 在 $x=0$ 的某邻域内具有一阶连续导数,所以由泰勒公式采用皮亚诺余项得:
$$f(x) = f(0) + f'(0)x + o(x),$$
所以: $f(h) = f(0) + f'(0)h + o(h),\quad f(2h) = f(0) + 2f'(0)h + o(h),$
由此: $af(h) + bf(2h) - f(0) = (a+b-1)f(0) + (a+2b)f'(0)h + o(h),$
因此要使 $af(h)+bf(2h)-f(0)$ 为 h 高阶无穷小量必须有:
$$\begin{cases} a+b-1=0. \\ a+2b=0. \end{cases} \quad 即 \quad \begin{cases} a=2. \\ b=-1. \end{cases}$$

题型分析 此类题目的关键是根据条件灵活运用泰勒公式,得到相应的展开式和余项,然后根据极限存在等条件(本题为高阶无穷小的必要条件)解决问题.

例 5 设函数 $f(x)$ 在闭区间 $[-1,1]$ 上具有三阶连续导数,且 $f(-1)=0, f(1)=1, f'(0)=0$. 证明在开区间 $(-1,1)$ 内至少存在一点 ξ,使 $f'''(\xi)=3$.

证 $f(x)$ 在 $x=0$ 点的泰勒展式为:
$$f(x) = f(0) + f'(0)x + \frac{f''(0)}{2!}x^2 + \frac{f'''(\eta)}{3!}x^3, \tag{1}$$
其中 η 在 0 与 x 之间,$x\in[-1,1]$,在(1)式中分别取 $x=1$ 与 $x=-1$ 得:
$$f(1) = 1 = f(0) + \frac{f''(0)}{2} + \frac{1}{6}f'''(\eta_1), \quad 0<\eta_1<1, \tag{2}$$
$$f(-1) = 0 = f(0) + \frac{1}{2}f''(0) - \frac{1}{6}f'''(\eta_2), \quad -1<\eta_2<0. \tag{3}$$

(2)−(3)得:$f'''(\eta_1)+f'''(\eta_2)=6.$

由 $f'''(x)$ 在 $[-1,1]$ 上的连续性,知它在 $[\eta_2,\eta_1]\subset[-1,1]$ 上存在最大值 M 与最小值 m,故有 $m\leqslant\frac{1}{2}[f'''(\eta_1)+f'''(\eta_2)]\leqslant M.$

再由闭区间 $[\eta_2,\eta_1]$ 上连续函数 $f'''(x)$ 的介值性定理,知 $\exists\xi\in[\eta_2,\eta_1]\subset[-1,1]$ 使得:
$$f'''(\xi)=\frac{1}{2}[f'''(\eta_1)+f'''(\eta_2)]=3.$$

题型分析 用泰勒公式证明一些结论时,点 x_0 的选取是关键.

例 6 设 $\lim\limits_{x\to 0}\frac{f(x)}{x}=1$,且 $f''(x)>0$,证明:$f(x)\geqslant x.$

分析 由 $f''(x)>0$ 可知 $f'(x)$ 在 $x=0$ 处连续,$f(x)$ 在 $x=0$ 处也连续,又已知 $\lim\limits_{x\to 0}\frac{f(x)}{x}=1$,于是 $f(0)=\lim\limits_{x\to 0}f(x)=0$,且 $f'(0)=\lim\limits_{x\to 0}\frac{f(x)-f(0)}{x-0}=\lim\limits_{x\to 0}\frac{f(x)-0}{x}=1$,能够将函数的一阶导数及二阶导数联系在一起的首选是泰勒公式.

证 由 $f''(x)>0$ 及 $\lim\limits_{x\to 0}\frac{f(x)}{x}=1$ 知,$f(0)=0,f'(0)=\lim\limits_{x\to 0}\frac{f(x)}{x}=1$,于是 $f(x)$ 在点 $x=0$ 处的一阶泰勒展开式为 $f(x)=f(0)+f'(0)x+\frac{f''(\xi)}{2!}x^2=x+\frac{1}{2!}f''(\xi)x^2$ (ξ 介于 0 与 x 之间),由 $f''(x)\geqslant 0$ 知 $f(x)\geqslant x.$

例 7 用泰勒公式对 $\sqrt[3]{30}$ 作近似计算(精确到 10^{-3}).

解 $\sqrt[3]{30}=\sqrt[3]{27+3}=3\sqrt[3]{1+\frac{1}{9}}=3\left(1+\frac{1}{9}\right)^{\frac{1}{3}}$

由 $(1+x)^{\alpha}=1+\alpha x+\frac{\alpha(\alpha-1)}{2!}x^2+\cdots+\frac{\alpha(\alpha-1)\cdots(\alpha-n+1)}{n!}x^n$
$$+\frac{\alpha(\alpha-1)\cdots(\alpha-n)}{(n+1)!}x^{n+1}(1+\theta x)^{\alpha-n-1},\ (0<\theta<1)$$

得 $\left(1+\frac{1}{9}\right)^{\frac{1}{3}}=1+\frac{1}{3}\times\frac{1}{9}+\frac{1}{2!}\cdot\frac{1}{3}\cdot\left(-\frac{2}{3}\right)\left(\frac{1}{9}\right)^2+\cdots$

$+\frac{\frac{1}{3}\left(\frac{1}{3}-1\right)\cdots\left(\frac{1}{3}-n+1\right)}{n!}\left(\frac{1}{9}\right)^n+\frac{\frac{1}{3}\left(\frac{1}{3}-1\right)\cdots\left(\frac{1}{3}-n\right)}{(n+1)!}\left(\frac{1}{9}\right)^{n+1}(1+\theta x)^{-\frac{2}{3}-n}$

要使 $3\left[\frac{\frac{1}{3}\left(\frac{1}{3}-1\right)\cdots\left(\frac{1}{3}-n\right)}{(n+1)!}\cdot\left(\frac{1}{9}\right)^{n+1}\right]<0.001$,取 $n\geqslant 2$ 即可.

$\sqrt[3]{30}\approx 3\left[1+\frac{1}{3}\times\frac{1}{9}+\left(-\frac{1}{9}\right)^3+\frac{\frac{1}{3}\times\left(-\frac{2}{3}\right)\times\left(-\frac{5}{3}\right)}{3!}\cdot\left(\frac{1}{9}\right)^3\right]$

$=3\left(1+\frac{1}{27}-\frac{1}{9^3}+\frac{5}{81}\cdot\frac{1}{9^3}\right)\approx 3.107.$

题型分析 用泰勒公式作计算或证明命题时,有两点是要注意的,其一是展到第几阶,对近似计算这是容易由余项作出判断的,而对于命题,则没有统一的规律,要根据题意灵活选取.其二是采用哪种余项,一般来说,若命题出现极限过程,大多用皮亚诺余项,反之多用拉格朗日余项,显然作计算用拉格朗日余项可以检验精度.

例 8 设 $f(x)$ 在点 $x=0$ 的某个邻域内二阶可导,且 $\lim\limits_{x\to 0}\dfrac{\sin x+xf(x)}{x^3}=\dfrac{1}{2}$,求:$f(0),f'(0)$ 及 $f''(0)$ 的值.

解 因为 $\sin x=x-\dfrac{1}{3!}x^3+o(x^3)$, $f(x)=f(0)+f'(0)x+\dfrac{1}{2!}f''(0)x^2+o(x^2)$.

所以 $\dfrac{1}{2}=\lim\limits_{x\to 0}\dfrac{\sin x+xf(x)}{x^3}$

$=\lim\limits_{x\to 0}\dfrac{1}{x^3}\left[x-\dfrac{1}{3!}x^3+o(x^3)+f(0)x+f'(0)x^2+\dfrac{1}{2!}f''(0)x^3+o(x^3)\right]$

$=\lim\limits_{x\to 0}\dfrac{1}{x^3}\left[(1+f(0))x+f'(0)x^2+\left(\dfrac{1}{2}f''(0)-\dfrac{1}{6}\right)x^3+o(x^3)\right]$

从而知 $1+f(0)=0,f'(0)=0,\dfrac{1}{2}f''(0)-\dfrac{1}{6}=\dfrac{1}{2}$,故 $f(0)=-1,f'(0)=0,f''(0)=\dfrac{4}{3}$.

习题3-3精讲

1. **解**:因为 $f'(x)=4x^3-15x^2+2x-3, f''(x)=12x^2-30x+2, f'''(x)=24x-30, f^{(4)}(x)=24, f^{(n)}(x)=0\ (n\geq 5)$.

    $f(4)=-56,\quad f'(4)=21,\quad f''(4)=74,\quad f'''(4)=66,\quad f^{(4)}(4)=24$.

    故 $x^4-5x^3+x^2-3x+4$

    $=f(4)+f'(4)(x-4)+\dfrac{f''(4)}{2!}(x-4)^2+\dfrac{f'''(4)}{3!}(x-4)^3+\dfrac{f^{(4)}(4)}{4!}(x-4)^4$

    $=-56+21(x-4)+37(x-4)^2+11(x-4)^3+(x-4)^4$.

2. **解**:$f(x)=x^6-9x^5+30x^4-45x^3+30x^2-9x+1,\quad f(0)=1$,

    $f'(x)=6x^5-45x^4+120x^3-135x^2+60x-9,\quad f'(0)=-9$,

    $f''(x)=30x^4-180x^3+360x^2-270x+60,\quad f''(0)=60$,

    $f'''(x)=120x^3-540x^2+720x-270,\quad f'''(0)=-270$,

    $f^{(4)}=360x^2-1080x+720,\quad f^{(4)}(0)=720$,

    $f^{(5)}=720x-1080,\quad f^{(5)}=-1080$,

    $f^{(6)}=720,\quad f^{(6)}(0)=720$,

    $f^{(n)}=0\ \ (n\geq 7)$,

    故 $(x^2-3x+1)^3$

    $=f(0)+f'(0)x+\dfrac{f''(0)}{2!}x^2+\dfrac{f'''(0)}{3!}x^3+\dfrac{f^{(4)}(0)}{4!}x^4+\dfrac{f^{(5)}(0)}{5!}x^5+\dfrac{f^{(6)}(0)}{6!}x^6$

    $=1-9x+30x^2-45x^3+30x^4-9x^5+x^6$.

3. **解**: 因为 $f(x)=\sqrt{x}$, $f'(x)=\frac{1}{2}x^{-\frac{1}{2}}$, $f''(x)=-\frac{1}{4}x^{-\frac{3}{2}}$, $f'''(x)=\frac{3}{8}x^{-\frac{5}{2}}$,

$f^{(4)}(x)=-\frac{15}{16}x^{-\frac{7}{2}}$, $f(4)=2$, $f'(4)=\frac{1}{4}$, $f''(4)=-\frac{1}{32}$, $f'''(4)=\frac{3}{256}$.

故 $\sqrt{x}=f(4)+f'(4)(x-4)+\frac{f''(4)}{2!}(x-4)^2+\frac{f'''(4)}{3!}(x-4)^3+\frac{f^{(4)}(\xi)}{4!}(x-4)^4$

$=2+\frac{1}{4}(x-4)-\frac{1}{64}(x-4)^2+\frac{1}{512}(x-4)^3-\frac{15}{384\xi^{\frac{7}{2}}}(x-4)^4$, 其中 ξ 介于 x 与 4 之间.

4. **解**: 因为 $f^{(n)}(x)=\frac{(-1)^{n-1}(n-1)!}{x^n}$, $f^{(n)}(2)=\frac{(-1)^{n-1}(n-1)!}{2^n}$, 故

$\ln x = f(2)+f'(2)(x-2)+\frac{f''(2)}{2!}(x-2)^2+\frac{f'''(2)}{3!}(x-2)^3+\cdots$

$\qquad +\frac{f^{(n)}(2)}{n!}(x-2)^n+o[(x-2)^n]$

$=\ln 2+\frac{1}{2}(x-2)-\frac{1}{2^3}(x-2)^2+\frac{1}{3\cdot 2^3}(x-2)^3+\cdots$

$\qquad +(-1)^{n-1}\frac{1}{n\cdot 2^n}(x-2)^n+o[(x-2)^n]$.

5. **解**: 因为 $f^{(n)}(x)=\frac{(-1)^n n!}{x^{n+1}}$, $f^{(n)}(-1)=-n!$, 故

$\frac{1}{x}=f(-1)+f'(-1)(x+1)+\frac{f''(-1)}{2!}(x+1)^2+\frac{f'''(-1)}{3!}(x+1)^3+\cdots$

$\qquad +\frac{f^{(n)}(-1)}{n!}(x+1)^n+\frac{f^{(n+1)}(\xi)}{(n+1)!}(x+1)^{n+1}$

$=-[1+(x+1)+(x+1)^2+\cdots+(x+1)^n]+(-1)^{n+1}\xi^{-(n+2)}(x+1)^{n+1}$,

其中 ξ 介于 x 与 -1 之间.

6. **解**: 因为 $f(x)=\tan x$, $f'(x)=\sec^2 x$, $f''(x)=2\sec^2 x\tan x$, $f'''(x)=4\sec^2 x\tan^2 x+2\sec^4 x$,

$f^{(4)}(x)=8\sec^2 x\tan^3 x+8\sec^4 x\tan x+8\sec^4 x\tan x=8\sec^2 x\tan^3 x+16\sec^4 x\tan x$

$\qquad =\frac{8(\sin^2 x+2)\sin x}{\cos^5 x}$,

$f(0)=0$, $f'(0)=1$, $f''(0)=0$, $f'''(0)=2$,

且 $\lim\limits_{x\to 0}f^{(4)}(x)=0$, 从而存在 0 的一个邻域, 使 $f^{(4)}(x)$ 在该邻域内有界, 因此

$f(x)=x+\frac{x^3}{3}+o(x^3)$.

7. **解**: 因为 $f(x)=xe^x$, $f^{(n)}(x)=(n+x)e^x$ (见习题 2-3, 11(4)), $f^{(n)}(0)=n$, 故

$xe^x=f(0)+f'(0)x+\frac{1}{2!}f''(0)x^2+\cdots+\frac{1}{n!}f^{(n)}(0)x^n+o(x^n)$

$\qquad =x+x^2+\frac{x^3}{2!}+\cdots+\frac{x^n}{(n-1)!}+o(x^n)$.

8. **证**: 设 $f(x)=e^x$, 则 $f^{(n)}(0)=1$, 故 $f(x)=e^x$ 的三阶麦克劳林公式为

$e^x=1+x+\frac{x^2}{2!}+\frac{x^3}{3!}+\frac{e^\xi}{4!}x^4$, 其中 ξ 介于 $0, x$ 之间. 按 $e^x\approx 1+x+\frac{x^2}{2}+\frac{x^3}{6}$ 计算 e^x 的近似值时,

其误差为 $|R_3(x)|=\frac{e^\xi}{4!}x^4$.

当 $0<x\leqslant\frac{1}{2}$ 时, $0<\xi<\frac{1}{2}$, $|R_3(x)|\leqslant\frac{3^{\frac{1}{2}}}{4!}\left(\frac{1}{2}\right)^4\approx 0.0045<0.01$,

$$\sqrt{e}\approx 1+\frac{1}{2}+\frac{1}{2}\left(\frac{1}{2}\right)^2+\frac{1}{6}\left(\frac{1}{2}\right)^3\approx 1.645.$$

9. 解: (1) 因为 $f(x)=\sqrt[3]{1+x}=(1+x)^{\frac{1}{3}}\approx 1+\frac{1}{3}x+\frac{\frac{1}{3}\left(\frac{1}{3}-1\right)}{2!}x^2+\frac{\frac{1}{3}\left(\frac{1}{3}-1\right)\left(\frac{1}{3}-2\right)}{3!}x^3$

$=1+\frac{1}{3}x-\frac{1}{9}x^2+\frac{5}{81}x^3$, $R_3(x)=\frac{\frac{1}{3}\left(\frac{1}{3}-1\right)\left(\frac{1}{3}-2\right)\left(\frac{1}{3}-3\right)}{4!}(1+\xi)^{\frac{1}{3}-4}x^4$,

其中 ξ 介于 $0, x$ 之间, 故

$\sqrt[3]{30}=\sqrt[3]{27+3}=3\sqrt[3]{1+\frac{1}{9}}\approx 3\left[1+\frac{1}{3}\cdot\frac{1}{9}-\frac{1}{9}\left(\frac{1}{9}\right)^2+\frac{5}{81}\left(\frac{1}{9}\right)^3\right]\approx 3.10724.$

误差 $|R_3|=3\cdot\left|\frac{\frac{1}{3}\left(\frac{1}{3}-1\right)\left(\frac{1}{3}-2\right)\left(\frac{1}{3}-3\right)}{4!}(1+\xi)^{\frac{1}{3}-4}\left(\frac{1}{9}\right)^4\right|$,

ξ 介于 0 与 $\frac{1}{9}$ 之间, 即 $0<\xi<\frac{1}{9}$, 因此 $|R_3|=\left|\frac{80}{4!\cdot 3^{11}}\right|\approx 1.88\times 10^{-5}$.

(2) 已知 $\sin x\approx x-\frac{x^3}{3!}$, $R_4(x)=\frac{\sin\left(\xi+\frac{5}{2}\pi\right)}{5!}x^5$, ξ 介于 0 与 $\frac{\pi}{10}$ 之间, 故

$$\sin 18°=\sin\frac{\pi}{10}\approx\frac{\pi}{10}-\frac{1}{3!}\left(\frac{\pi}{10}\right)^3\approx 0.3090, |R_4|\leqslant\frac{1}{5!}\left(\frac{\pi}{10}\right)^5\approx 2.55\times 10^{-5}.$$

*10. 解: (1) $\lim_{x\to+\infty}(\sqrt[3]{x^3+3x^2}-\sqrt[4]{x^4-2x^3})=\lim_{x\to+\infty}x\left[\left(1+\frac{3}{x}\right)^{\frac{1}{3}}-\left(1-\frac{2}{x}\right)^{\frac{1}{4}}\right]$

$=\lim_{x\to+\infty}x\left[1+\frac{1}{3}\cdot\frac{3}{x}+o\left(\frac{1}{x}\right)-1+\frac{1}{4}\cdot\frac{2}{x}+o\left(\frac{1}{x}\right)\right]=\lim_{x\to+\infty}\left[\frac{3}{2}+\frac{o\left(\frac{1}{x}\right)}{\frac{1}{x}}\right]=\frac{3}{2}.$

(2) $\lim_{x\to 0}\frac{\cos x-e^{-\frac{x^2}{2}}}{x^2[x+\ln(1-x)]}=\lim_{x\to 0}\frac{1-\frac{x^2}{2}+\frac{x^4}{4!}+o(x^4)-1-\left(-\frac{x^2}{2}\right)-\frac{1}{2}\left(-\frac{x^2}{2}\right)^2+o(x^4)}{x^2\left[x+\left(-x-\frac{1}{2}x^2+o(x^2)\right)\right]}$

$=\lim_{x\to 0}\frac{\left(\frac{1}{4!}-\frac{1}{8}\right)x^4+o(x^4)}{-\frac{1}{2}x^4+o(x^4)}=\lim_{x\to 0}\frac{-\frac{1}{12}+\frac{o(x^4)}{x^4}}{-\frac{1}{2}+\frac{o(x^4)}{x^4}}=\frac{-\frac{1}{12}}{-\frac{1}{2}}=\frac{1}{6}.$

(3) $\lim_{x\to 0}\frac{1+\frac{1}{2}x^2-\sqrt{1+x^2}}{(\cos x-e^{x^2})\sin x^2}=\lim_{x\to 0}\frac{1+\frac{1}{2}x^2-\left(1+\frac{1}{2}x^2-\frac{1}{8}x^4+o(x^4)\right)}{\left[1-\frac{1}{2}x^2+o(x^2)-1-x^2+o(x^2)\right][x^2+o(x^2)]}$

$=\lim_{x\to 0}\frac{\frac{1}{8}x^4+o(x^4)}{-\frac{3}{2}x^4+o(x^4)}=\lim_{x\to 0}\frac{\frac{1}{8}+\frac{o(x^4)}{x^4}}{-\frac{3}{2}+\frac{o(x^4)}{x^4}}=\frac{\frac{1}{8}}{-\frac{3}{2}}=-\frac{1}{12}.$

(4) $\lim\limits_{x\to\infty}\left[x-x^2\ln\left(1+\dfrac{1}{x}\right)\right]=\lim\limits_{x\to\infty}\left[x-x^2\left(\dfrac{1}{x}-\dfrac{1}{2}\cdot\dfrac{1}{x^2}\right)+0\left(\dfrac{1}{x^2}\right)\right]$

$=\lim\limits_{x\to\infty}\left[x-x+\dfrac{1}{2}-\dfrac{0\left(\dfrac{1}{x^2}\right)}{\dfrac{1}{x^2}}\right]=\dfrac{1}{2}.$

第四节 函数的单调性与曲线的凹凸性

内容精讲

1. 函数的单调性

设函数 $y=f(x)$ 在 $[a,b]$ 上连续,在 (a,b) 内可导.
(1)若在 (a,b) 内 $f'(x)>0$,则 $f(x)$ 在 $[a,b]$ 上单调增加;
(2)若在 (a,b) 内 $f'(x)<0$,则 $f(x)$ 在 $[a,b]$ 上单调减少.

2. 曲线的凹凸性与拐点

凹凸性定义 若曲线弧上每一点的切线都位于曲线的下方,则称这段弧是凹的,若曲线弧上每一点的切线都位于曲线的上方,则称这段弧是凸的.(这一定义与教材上所给定义是一致的)

曲线的凹凸性判别法 设函数 $f(x)$ 在区间 $[a,b]$ 上连续,在区间 (a,b) 内具有二阶导数. 如果 $f''(x)\leqslant 0$,但 $f''(x)$ 在任何子区间中不恒为零,则曲线弧 $y=f(x)$ 是凸的;如果 $f''(x)\geqslant 0$,但 $f''(x)$ 在任何子区间不恒为零,则曲线弧 $y=f(x)$ 是凹的.

拐点定义 连续曲线凹与凸部分的分界点称为曲线的拐点.

因为拐点是曲线凹凸弧的分界点,所以在拐点横坐标左右两侧邻近处 $f''(x)$ 必然异号,而在拐点横坐标处 $f''(x)$ 等于零或不存在.

拐点存在的必要条件 设函数 $f(x)$ 在 x_0 点具有二阶导数,则点 $(x_0,f(x_0))$ 是曲线 $y=f(x)$ 的拐点的必要条件是 $f''(x_0)=0$.

题型及考点解析

例 1 求函数 $y=(2x-5)x^{\frac{2}{3}}$ 的单调区间.

解 函数 $y(x)$ 的定义域为 $(-\infty,+\infty)$,

$$y'=(2x^{\frac{5}{3}}-5x^{\frac{2}{3}})'=\dfrac{10}{3}x^{\frac{2}{3}}-\dfrac{10}{3}x^{-\frac{1}{3}}=\dfrac{10(x-1)}{3x^{\frac{1}{3}}}$$

令 $y'=0$ 得 $x=1$,又 $y'(0)$ 不存在但 $y(0)=0$,列表如下:

x	$(-\infty,0)$	0	$(0,1)$	1	$(1,+\infty)$
y'	+	不存在	−	0	+
y	↗		↘		↗

由上表知,$(-\infty,0]$ 及 $[1,+\infty)$ 是函数的单调增加区间;$[0,1]$ 是函数的单调减少区间.

题型分析 求 $y=f(x)$ 的单调区间步骤是：(1)明确定义域并找出无定义端点；(2)找出使 $f'(x)=0$ 的点（驻点）及导数不存在但函数有意义的点（称这些点为极值疑点）；(3)把全部上面列出的点按大小列在表上，它们把定义域分割成若干区间，分别根据每个区间上导数的符号判断其单调性．

例 2 证明函数 $f(x)=\left(1+\dfrac{1}{x}\right)^x$ 在区间 $(0,+\infty)$ 上单调增加．（考研题）

证法一 只要证明 $f'(x)>0$ $(x>0)$，由

$$f(x)=e^{x\ln\left(1+\frac{1}{x}\right)}，\text{有 } f'(x)=\left(1+\dfrac{1}{x}\right)^x\left[\ln\left(1+\dfrac{1}{x}\right)-\dfrac{1}{1+x}\right]$$

由于 $\ln\left(1+\dfrac{1}{x}\right)=\ln(1+x)-\ln x$，考虑到 $y=\ln x$ 在 $[x,x+1]$ 上满足拉格朗日定理，知存在 ξ 满足 $x<\xi<x+1$，使得 $\ln\left(1+\dfrac{1}{x}\right)=\ln(1+x)-\ln x=(\ln x)'\Big|_{x=\xi}=\dfrac{1}{\xi}>\dfrac{1}{1+x}$．

由 $\left(1+\dfrac{1}{x}\right)^x>0$，所以 $f(x)$ 在 $(0,+\infty)$ 上单增．

证法二 由证法一知道：$f'(x)=\left(1+\dfrac{1}{x}\right)^x\left(\ln\left(1+\dfrac{1}{x}\right)-\dfrac{1}{1+x}\right)$．

令 $g(x)=\ln\left(1+\dfrac{1}{x}\right)-\dfrac{1}{1+x}$

则 $g'(x)=\dfrac{1}{1+x}-\dfrac{1}{x}+\dfrac{1}{(1+x)^2}=-\dfrac{1}{x\cdot(1+x)^2}<0$，$(x>0)$

即 函数 $g(x)$ 在 $(0,+\infty)$ 上单减，由于 $\lim\limits_{x\to+\infty}g(x)=\lim\limits_{x\to+\infty}\left[\ln\left(1+\dfrac{1}{x}\right)-\dfrac{1}{1+x}\right]=0$，于是 $\forall x\in(0,+\infty),g(x)=\ln\left(1+\dfrac{1}{x}\right)-\dfrac{1}{1+x}>0$，从而 $f'(x)>0$ $(x>0)$，故函数 $f(x)$ 在 $(0,+\infty)$ 上单增．

例 3 求曲线 $y=(x-2)^{\frac{5}{3}}-\dfrac{5}{9}x^2$ 的凹向区间和拐点．

解 函数的定义域为：$(-\infty,+\infty)$ $y'=\dfrac{5}{3}(x-2)^{\frac{2}{3}}-\dfrac{10}{9}x$，$y''=\dfrac{10[1-(x-2)^{\frac{1}{3}}]}{9(x-2)^{\frac{1}{3}}}$

显然 $y''(2)$ 不存在，令 $y''=0$ 得 $x=3$，因此 $x_1=2$ 及 $x_2=3$ 是曲线 $y=(x-2)^{\frac{5}{3}}-\dfrac{5}{9}x^2$ 的拐点可疑点的横坐标，为此列表如下：

x	$(-\infty,2)$	2	$(2,3)$	3	$(3,+\infty)$
y''	$-$	不存在	$+$	0	$-$
$y(x)$	$\cap$	$-\dfrac{20}{9}$	$\cup$	-4	$\cap$

由上表可知：区间 $(-\infty,2]$ 及 $[3,+\infty)$ 是曲线 $y=(x-2)^{\frac{5}{3}}-\dfrac{5}{9}x^2$ 的凸区间；区间 $[2,3]$ 是

曲线的凹区间;点 $(2,-\frac{20}{9})$ 及 $(3,-4)$ 是曲线的两个拐点.

> **题型分析** 判定曲线凹凸性或求函数的凹、凸区间、拐点的步骤是:(1)求出函数的定义域或指定区域,及二阶导数;(2)在区域内求出全部拐点疑点(二阶导数为 0 的点、二阶导数不存在但函数有意义的点),函数边界点及使函数无意义的端点,把这些点列在表上,根据二阶导数在各区间上的正负进行判断.

例 4 讨论曲线 $y=x+\dfrac{x}{x^2-1}$ 的凸凹性及拐点.

解 $y'=1+\dfrac{x^2-1-x(2x)}{(x^2-1)^2}=1+\dfrac{-x^2-1}{(x^2-1)^2}$

$y''=\dfrac{-2x(x^2-1)^2+(x^2+1)2(x^2-1)2x}{(x^2-1)^4}=\dfrac{2x^3+6x}{(x^2-1)^3}.$

令 $y''=0,\Rightarrow x=0,$ 当 $-1<x<0$ 及 $x>1$ 时,$y''(x)>0,$ 当 $x<-1$ 及 $0<x<1$ 时,$y''(x)<0,$ 故 $y(x)=x+\dfrac{x}{x^2-1}$ 在 $(-\infty,-1)\cup(0,1)$ 是凸的,在 $(-1,0)\cup(1,+\infty)$ 是凹的,且以 $(0,0)$ 为拐点.

> **题型分析** ①求凹凸区间时,$f''(x)>0$ 的解即为曲线的凹区间,$f''(x)<0$ 的解即为曲线的凸区间;
>
> ②对二阶可导函数求拐点时,首先解得 $f''(x)=0,$ 再考查解的附近左右两侧的二阶导数的正负号,如符号相反,则相应的点是拐点,如符号相同,则相应的点不是拐点.

例 5 证明:当 $0<a<b<\pi$ 时,$b\sin b+2\cos b+\pi b>a\sin a+2\cos a+\pi a.$ (考研题)

证法一 设 $f(x)=x\sin x+2\cos x+\pi x,\ x\in[0,\pi],$ 则

$f'(x)=\sin x+x\cos x-2\sin x+\pi=x\cos x-\sin x+\pi,$

$f''(x)=\cos x-x\sin x-\cos x=-x\sin x<0,\ x\in(0,\pi).$

故 $f'(x)$ 在 $[0,\pi]$ 上单调减少,从而 $f'(x)>f'(\pi)=0,\ x\in(0,\pi),$ 因此 $f(x)$ 在 $[0,\pi]$ 上单调增加,当 $0<a<b<\pi$ 时,$f(b)>f(a),$ 即

$b\sin b+2\cos b+\pi b>a\sin a+2\cos a+\pi a.$

证法二 设 $\varphi(x)=x\sin x+2\cos x,\ x\in[0,\pi],$ 在 $[a,b]$ 上应用拉格朗日中值定理,有

$\varphi(b)-\varphi(a)=\varphi'(\xi)(b-a),\quad \xi\in(a,b)\subset(0,\pi),$

即 $b\sin b+2\cos b-a\sin a-2\cos a=(\xi\cos\xi-\sin\xi)(b-a).$

设 $g(x)=x\cos x-\sin x,\ x\in[0,\pi],$ 则

$g'(x)=\cos x-x\sin x-\cos x=-x\sin x<0,\quad x\in(0,\pi).$

因此 $g(x)$ 在 $[0,\pi]$ 上单调减少,故 $\xi\cos\xi-\sin\xi>g(\pi)=-\pi,$ 于是

$b\sin b+2\cos b-a\sin a-2\cos a>-\pi(b-a),$

移项得 $b\sin b+2\cos b+\pi b>a\sin a+2\cos a+\pi a$

题型分析 利用导数的性质证明不等式是一种常用方法,它包含下面几种思路:
(1)利用微分中值定理.　　(2)利用泰勒公式.　　(3)利用函数的单调性.
　　(4)利用最大最小值.　　(5)利用函数的凹凸性.
解题的关键是要根据要证的结论作适当的辅助函数,把不等式的证明转化为利用导数来研究函数的特征,因此用导数证明不等式的本质是构造法.

例 6 证明:当 $0 < x < \pi$ 时,$\sin\dfrac{x}{2} > \dfrac{x}{\pi}$.(考研题)

分析 本题可利用凸函数性质证明,也可用单调性证明.

证法一 设 $f(x)=\sin\dfrac{x}{2}-\dfrac{x}{\pi}$,有 $f'(x)=\dfrac{1}{2}\cos\dfrac{x}{2}-\dfrac{1}{\pi}$,$f''(x)=\dfrac{1}{-4}\sin\dfrac{x}{2}<0$,$(0<x<\pi)$ 则函数 $f(x)$ 对应的曲线在 $(0,\pi)$ 内是凸的,

由于 $f(0)=f(\pi)=0$,可见当 $0<x<\pi$ 时,$f(x)>0$,即 $\sin\dfrac{x}{2}>\dfrac{2}{\pi}$.

证法二 只要证明 $\dfrac{\sin\dfrac{x}{2}}{x} > \dfrac{1}{\pi}$,$(0<x<\pi)$ 即可. 令 $f(x)=\dfrac{\sin\dfrac{x}{2}}{x}-\dfrac{1}{\pi}$,$(0<x<\pi)$ 则:

$$f'(x)=\dfrac{\dfrac{x}{2}\cdot\cos\dfrac{x}{2}-\sin\dfrac{x}{2}}{x^2}=\dfrac{\cos\dfrac{x}{2}\cdot(\dfrac{x}{2}-\tan\dfrac{x}{2})}{x^2},$$

因为对于 $0<x<\pi$,有 $\cos\dfrac{x}{2}>0$,$\tan\dfrac{x}{2}>\dfrac{x}{2}$,所以 $f'(x)<0$,从而 $f(x)$ 在 $(0,\pi)$ 内是单调减函数,因此,$f(x)>f(\pi)=0$,$(0<x<\pi)$ 即 $f(x)=\dfrac{\sin\dfrac{x}{2}}{x}-\dfrac{1}{\pi}>0$. 于是不等式得证.

题型分析 利用函数单调性证明不等式的方法步骤:
(1)构造辅助函数:使不等式一端为 0,另一端即为作的辅助函数 $F(x)$.
(2)判断单调性:求 $F'(x)$,并验证 $F(x)$ 在指定区间的增减性.
(3)求出区间端点的函数值或极限值,比较后即证. 或直接用不等式判断.

例 7 讨论方程 $x\cdot e^x=a(a>0)$ 有几个实根.

解 设 $f(x)=x\cdot e^x-a$,则 $f(x)$ 在 $(-\infty,+\infty)$ 内连续,当 $x<0$ 时,显然,$f(x)<-a<0$ 所以 $f(x)$ 在 $(-\infty,0)$ 内无零点.

又 $f'(x)=e^x+x\cdot e^x=e^x(1+x)$. 当 $x>0$ 时,$f'(x)>0$,所以 $f(x)$ 在 $[0,+\infty)$ 上单调增加,而 $f(0)=-a<0$,$\lim\limits_{x\to+\infty}f(x)=+\infty$,所以 $f(x)$ 在 $(0,+\infty)$ 内有唯一零点.

即方程 $x\cdot e^x=a$ 只有一个实根,且在 $(0,+\infty)$ 内.

题型分析 连续函数的零点定理反映了方程根的存在性,而单调性则可进一步说明若有零点则零点在区间内是唯一的.

例8 讨论曲线 $y=4\ln x+k$ 与 $y=4x+\ln^4 x$ 的交点个数.(考研题)

解 问题等价于讨论方程 $\ln^4 x-4\ln x+4x-k=0$ 有几个不同的实根.

设 $\varphi(x)=\ln^4 x-4\ln x+4x-k$,则有 $\varphi'(x)=\dfrac{4(\ln^3 x-1+x)}{x}$. 不难看出,$x=1$ 是 $\varphi(x)$ 的驻点.

当 $0<x<1$ 时,$\varphi'(x)<0$,即 $\varphi(x)$ 单调减少;

当 $x>1$ 时,$\varphi'(x)>0$,即 $\varphi(x)$ 单调增加,故 $\varphi(1)=4-k$ 为函数 $\varphi(x)$ 的最小值.

当 $k<4$,即 $4-k>0$ 时,$\varphi(x)=0$ 无实根,即两条曲线无交点.

当 $k=4$,即 $4-k=0$ 时,$\varphi(x)=0$ 有惟一实根,即两条曲线只有一个交点.

当 $k>4$,即 $4-k<0$ 时,由于 $\lim\limits_{x\to 0^+}\varphi(x)=\lim\limits_{x\to 0^+}[\ln x(\ln^3 x-4)+4x-k]=+\infty$;

$\lim\limits_{x\to +\infty}\varphi(x)=\lim\limits_{x\to +\infty}[\ln x(\ln^3 x-4)+4x-k]=+\infty$.

故 $\varphi(x)=0$ 有两个实根,分别位于 $(0,1)$ 与 $(1,+\infty)$ 内,即两条曲线有两个交点.

习题3-4精讲

1. **解**:$f'(x)=\dfrac{1}{1+x^2}-1=-\dfrac{x^2}{1+x^2}\leqslant 0$ 且 $f'(x)=0$ 仅在 $x=0$ 时成立. 因此函数 $f(x)=\arctan x-x$ 在 $(-\infty,+\infty)$ 内单调减少.

2. **解**:$f'(x)=1-\sin x\geqslant 0$,且当 $x=2n\pi+\dfrac{\pi}{2}(n=0,\pm 1,\pm 2,\cdots)$ 时,$f'(x)=0$. 可以看出在 $(-\infty,+\infty)$ 的任一有限子区间上,使 $f'(x)=0$ 的点只有有限个. 因此函数 $f(x)=x+\cos x$ 在 $(-\infty,+\infty)$ 内单调增加.

3. **解**:(1)函数的定义域为 $(-\infty,+\infty)$,在 $(-\infty,+\infty)$ 内可导,且
$$y'=6x^2-12x-18=6(x-3)(x+1).$$
令 $y'=0$ 得驻点 $x_1=-1$,$x_2=3$,这两个驻点把 $(-\infty,+\infty)$ 分成三个部分区间 $(-\infty,-1),(-1,3),(3,+\infty)$.

当 $-\infty<x<-1$ 及 $3<x<+\infty$ 时,$y'>0$,因此函数在 $(-\infty,-1]$,$[3,+\infty)$ 上单调增加;

当 $-1<x<3$ 时,$y'<0$,因此函数在 $[-1,3]$ 上单调减少.

(2)函数的定义域为 $(0,+\infty)$,在 $(0,+\infty)$ 内可导,且 $y'=2-\dfrac{8}{x^2}=\dfrac{2x^2-8}{x^2}=\dfrac{2(x-2)(x+2)}{x^2}$.

令 $y'=0$,得驻点 $x_1=-2$(舍去),$x_2=2$. 它把 $(0,+\infty)$ 分成两个部分区间 $(0,2),(2,+\infty)$.

当 $0<x<2$ 时,$y'<0$ 因此函数在 $(0,2]$ 上单调减少;

当 $2<x<+\infty$ 时,$y'>0$ 因此函数在 $[2,+\infty)$ 上单调增加.

(3)函数除 $x=0$ 外处处可导,且
$$y'=\dfrac{-10(12x^2-18x+6)}{(4x^3-9x^2+6x)^2}=\dfrac{-120\left(x-\dfrac{1}{2}\right)(x-1)}{(4x^3-9x^2+6x)^2}.$$
令 $y'=0$,得驻点 $x_1=\dfrac{1}{2}$,$x_2=1$. 这两个驻点及点 $x=0$ 把区间 $(-\infty,+\infty)$ 分成四个部分区间 $(-\infty,0),\left(0,\dfrac{1}{2}\right),\left(\dfrac{1}{2},1\right),(1,+\infty)$.

当 $-\infty<x<0$,$0<x<\dfrac{1}{2}$,$1<x<+\infty$ 时,$y'<0$,因此函数在 $(-\infty,0)$,$\left(0,\dfrac{1}{2}\right]$,$[1,$

$+\infty)$内单调减少;当$\frac{1}{2}<x<1$时,$y'>0$,因此函数在$\left[\frac{1}{2},1\right]$上单调增加.

(4)函数在$(-\infty,+\infty)$内可导,且$y'=\frac{1}{x+\sqrt{1+x^2}}\left(1+\frac{2x}{2\sqrt{1+x^2}}\right)=\frac{1}{\sqrt{1+x^2}}>0$,

因此函数在$(-\infty,+\infty)$内单调增加.

(5)函数在$(-\infty,+\infty)$内可导,且

$$y'=(x+1)^3+(x-1)\cdot 3(x+1)^2=(x+1)^2(4x-2)=4(x+1)^2\left(x-\frac{1}{2}\right).$$

令$y'=0$,得驻点$x_1=-1$,$x_2=\frac{1}{2}$,这两个驻点把区间$(-\infty,+\infty)$分成三个部分区间

$(-\infty,-1)$,$\left(-1,\frac{1}{2}\right)$及$\left(\frac{1}{2},+\infty\right)$.

当$-\infty<x<-1$及$-1<x<\frac{1}{2}$时,$y'<0$,因此函数在$\left(-\infty,\frac{1}{2}\right]$上单调减少;

当$\frac{1}{2}<x<+\infty$时,$y'>0$,因此函数在$\left[\frac{1}{2},+\infty\right)$上单调增加.

(6)函数在$x_1=\frac{a}{2}$,$x_2=a$处不可导且在$\left(-\infty,\frac{a}{2}\right)$,$\left(\frac{a}{2},a\right)$,$(a,+\infty)$内可导

$$y'=\frac{1}{3}\cdot\frac{4a-6x}{\sqrt[3]{(2x-a)^2(a-x)}}.$$

令$y'=0$,得驻点$x_3=\frac{2a}{3}$,这个驻点及$x_1=\frac{a}{2}$,$x_2=a$把区间$(-\infty,+\infty)$分成四个部分

区间$\left(-\infty,\frac{a}{2}\right)$,$\left(\frac{a}{2},\frac{2}{3}a\right)$,$\left(\frac{2}{3}a,a\right)$,$(a,+\infty)$.

当$-\infty<x<\frac{a}{2}$及$\frac{a}{2}<x<\frac{2}{3}a$,$a<x<+\infty$时,$y'>0$,因此函数在$\left(-\infty,\frac{2}{3}a\right]$,

$[a,+\infty)$上单调增加;当$\frac{2}{3}a<x<a$时,$y'<0$,因此函数在$\left[\frac{2}{3}a,a\right]$上单调减少.

(7)函数在$[0,+\infty)$内可导,且$y'=nx^{n-1}\mathrm{e}^{-x}-x^n\mathrm{e}^{-x}=x^{n-1}\mathrm{e}^{-x}(n-x)$.

令$y'=0$,得驻点$x_1=n$,这个驻点把区间$[0,+\infty)$分成两个部分区间$[0,n]$,$[n,+\infty)$.

当$0<x<n$时,$y'>0$,因此函数在$[0,n]$上单调增加;

当$n<x<+\infty$时,$y'<0$,因此函数在$[n,+\infty)$上单调减少.

(8)函数的定义域为$(-\infty,+\infty)$,且

$$y=\begin{cases} x+\sin 2x, & n\pi\leqslant x\leqslant n\pi+\frac{\pi}{2}, \\ x-\sin 2x, & n\pi+\frac{\pi}{2}<x\leqslant(n+1)\pi \end{cases}(n=0,\pm 1,\pm 2,\cdots),$$

$$y'=\begin{cases} 1+2\cos 2x, & n\pi<x<n\pi+\frac{\pi}{2}, \\ 1-2\cos 2x, & n\pi+\frac{\pi}{2}<x<(n+1)\pi \end{cases}(n=0,\pm 1,\pm 2,\cdots),$$

令$y'=0$,得驻点$x=n\pi+\frac{\pi}{3}$及$x=n\pi+\frac{5\pi}{6}$,按照这些驻点将区间$(-\infty,+\infty)$分成下列部

分区间$\left(n\pi,n\pi+\frac{\pi}{3}\right)$,$\left(n\pi+\frac{\pi}{3},n\pi+\frac{\pi}{2}\right)$,$\left(n\pi+\frac{\pi}{2},n\pi+\frac{5\pi}{6}\right)$,$\left(n\pi+\frac{5\pi}{6},(n+1)\pi\right)$ ($n=0,\pm 1,\pm 2,\cdots$).

当 $n\pi < x < n\pi + \frac{\pi}{3}$ 时，$y' > 0$，因此函数在该区间内单调增加；

当 $n\pi + \frac{\pi}{3} < x < n\pi + \frac{\pi}{2}$ 时，$y' < 0$，因此函数在该区间内单调减少；

当 $n\pi + \frac{\pi}{2} < x < n\pi + \frac{5\pi}{6}$ 时，$y' > 0$，因此函数在该区间内单调增加；

当 $n\pi + \frac{5\pi}{6} < x < (n+1)\pi$ 时，$y' < 0$，因此函数在该区间内单调减少.

综上可知，函数在 $\left[\frac{k\pi}{2}, \frac{k\pi}{2} + \frac{\pi}{3}\right]$ 上单调增加，在 $\left[\frac{k\pi}{2} + \frac{\pi}{3}, \frac{k\pi}{2} + \frac{\pi}{2}\right]$ 上单调减少（$k = 0$，$\pm 1, \pm 2, \cdots$）.

4. **解**：由所给图形知，当时，$y = f(x)$ 单调增加，从而 $f'(x) \geqslant 0$，故排除(A)，(C)；当 $x < 0$ 时，随着 x 增大，$y = f(x)$ 先单调增加，然后单调减少，再单调增加，因此随着 x 增大，先有 $f'(x) \geqslant 0$，然后 $f'(x) \leqslant 0$，继而又有 $f'(x) \geqslant 0$，故应选(D).

5. **解**：(1) 取 $f(t) = 1 + \frac{1}{2}t - \sqrt{1+t}$，$t \in [0, x]$. $f'(t) = \frac{1}{2} - \frac{1}{2\sqrt{1+t}} = \frac{\sqrt{1+t}-1}{2\sqrt{1+t}} > 0$，$t \in (0, x)$. 因此，函数 $f(x)$ 在 $[0, x]$ 上单调增加，故当 $x > 0$ 时，$f(x) > f(0)$. 即 $1 + \frac{1}{2}x - \sqrt{1+x} > 1 + \frac{1}{2} \cdot 0 - \sqrt{2+0} = 0$. 亦即 $1 + \frac{x}{2} > \sqrt{1+x}$ $(x > 0)$.

(2) 取 $f(t) = 1 + t\ln(t + \sqrt{1+t^2}) - \sqrt{1+t^2}$，$t \in [0, x]$.

$$f'(t) = \ln(t + \sqrt{1+t^2}) + \frac{t}{\sqrt{1+t^2}} - \frac{t}{\sqrt{1+t^2}} = \ln(t + \sqrt{1+t^2}) > 0, \; t \in (0, x).$$

因此，函数 $f(t)$ 在 $[0, x]$ 上单调增加，故当 $x > 0$ 时，$f(x) > f(0)$，即

$$1 + x\ln(x + \sqrt{1+x^2}) - \sqrt{1+x^2} > 1 + 0 - 1 = 0,$$

亦即 $1 + x\ln(x + \sqrt{1+x^2}) > \sqrt{1+x^2}$ $(x > 0)$.

(3) 取 $f(x) = \sin x + \tan x - 2x$，$x \in \left(0, \frac{\pi}{2}\right)$，$f'(x) = \cos x + \sec^2 x - 2$，

$$f'' = -\sin x + 2\sec^2 x \tan x = \sin x(2\sec^3 x - 1) > 0, \; x \in \left(0, \frac{\pi}{2}\right).$$

因此，$f'(x)$ 函数在 $\left[0, \frac{\pi}{2}\right]$ 上单调增加，故当 $x \in \left(0, \frac{\pi}{2}\right)$ 时，$f'(x) > f'(0) = 0$，从而 $f(x)$ 在 $\left[0, \frac{\pi}{2}\right]$ 上单调增加，即 $f(x) > f(0) = 0$，亦即 $\sin x + \tan x - 2x > 0$，$x \in \left(0, \frac{\pi}{2}\right)$，所以 $\sin x + \tan x > 2x$，$x \in \left(0, \frac{\pi}{2}\right)$.

(4) 取 $f(x) = \tan x - x - \frac{1}{3}x^3$，$x \in \left[0, \frac{\pi}{2}\right)$. $f'(x) = \sec^2 x - 1 - x^2 = \tan^2 x - x^2 = (\tan x - x)(\tan x + x)$.

由 $g'(x) = (\tan x - x)' = \sec^2 x - 1 = \tan^2 x > 0$ 知 $g(x) = \tan x - x$ 在 $[0, x]$ 上单调增加，即 $g(x) = \tan x - x > g(0) = 0$. 故 $f'(x) > 0$，$x \in \left(0, \frac{\pi}{2}\right)$.

从而 $f(x)$ 在 $\left[0, \frac{\pi}{2}\right]$ 上单调增加，因此 $f(x) > f(0)$，$x \in \left(0, \frac{\pi}{2}\right)$. 即当 $0 < x < \frac{\pi}{2}$ 时，$\tan x$

$-x-\frac{1}{3}x^3>0$. 从而 $\tan x > x+\frac{1}{3}x^3$ $\left(0<x<\frac{\pi}{2}\right)$.

(5) 取 $f(t)=t\ln 2-2\ln t$, $t\in[4,x]$. $f'(t)=\ln 2-\frac{2}{t}=\frac{\ln 4}{2}-\frac{2}{t}>\frac{\ln e}{2}-\frac{2}{4}=0$,

故当 $x>4$ 时, $f(x)$ 单调增加, 从而 $f(x)>f(4)=0$, 即 $x\ln 2-2\ln x>0$,

亦即 $2^x>x^2$ $(x>4)$.

6. **解**: 取函数 $f(x)=\ln x-ax$, $x\in(0,+\infty)$. $f'(x)=\frac{1}{x}-a$.

令 $f'(x)=0$, 得驻点 $x=\frac{1}{a}$.

当 $0<x<\frac{1}{a}$ 时, $f'(x)>0$, 因此函数 $f(x)$ 在 $(0,\frac{1}{a})$ 内单调增加;

当 $\frac{1}{a}<x<+\infty$ 时, $f'(x)<0$, 因此函数 $f(x)$ 在 $(\frac{1}{a},+\infty)$ 内单调减少.

从而 $f(\frac{1}{a})$ 为最大值, 又 $\lim\limits_{x\to 0^+}f(x)=-\infty$, $\lim\limits_{x\to+\infty}f(x)=-\infty$,

故当 $f(\frac{1}{a})=\ln\frac{1}{a}-1=0$, 即 $a=\frac{1}{e}$ 时, 曲线 $y=\ln x-ax$ 与 x 轴仅有一个交点, 这时, 原方程有唯一实根.

当 $f(\frac{1}{a})=\ln\frac{1}{a}-1>0$, 即 $0<a<\frac{1}{e}$ 时, 曲线 $y=\ln x-ax$ 与 x 轴有两个交点, 这时, 原方程有两个实根.

当 $f(\frac{1}{a})=\ln\frac{1}{a}-1<0$, 即 $a>\frac{1}{e}$ 时, 曲线 $y=\ln x-ax$ 与 x 轴没有交点, 这时, 原方程没有实根.

7. **解**: 单调函数的导函数不一定是单调函数. 例如函数 $f(x)=x+\sin x$, 由于 $f'(x)=1+\cos x\geqslant 0$, 且 $f'(x)$ 在任何有限区间内只有有限个零点, 因此函数 $f(x)$ 在 $(-\infty,+\infty)$ 内为单调增加函数, 但它的导函数 $f'(x)=1+\cos x$ 在 $(-\infty,+\infty)$ 内却不是单调函数.

8. **证**: 在 I 内任取两点 x_1、x_2, 不妨设 $x_1<x_2$. 在 $[x_1,x_2]$ 上应用拉格朗日中值定理, 得到
$$f(x_2)-f(x_1)=f'(\xi)(x_2-x_1)\geqslant 0 \quad (\text{或}\leqslant 0),$$
其中 $\xi\in(x_1,x_2)$, 即 $f(x_2)\geqslant f(x_1)$ (或 $f(x_2)\leqslant f(x_1)$), 因此, $f(x)$ 在 I 上单调不减(或单调不增), 从而对任一 $x\in[x_1,x_2]$, 有 $f(x_2)\geqslant f(x)\geqslant f(x_1)$ (或 $f(x_2)\leqslant f(x)\leqslant f(x_1)$).
若 $f(x_1)=f(x_2)$, 则有 $f(x)\equiv f(x_1)$, $x\in[x_1,x_2]$, 故 $f'(x)\equiv 0$, $x\in[x_1,x_2]$, 这与 $f'(x)=0$ 在 I 的任一有限子区间上仅在有限多个点处成立的假定相矛盾, 因此 $f(x_2)>f(x_1)$ (或 $f(x_2)<f(x_1)$), 即 $f(x)$ 在区间 I 上单调增加(或单调减少).

9. **解**: (1) $y'=4-2x$, $y''=-2<0$. 故曲线 $y=4x-x^2$ 在 $(-\infty,+\infty)$ 内是凸的.

(2) $y'=\text{ch}x$, $y''=\text{sh}x$, 令 $y''=0$, 得 $x=0$.

当 $-\infty<x<0$ 时, $y''<0$, 因此曲线 $y=\text{sh}x$ 在 $(-\infty,0]$ 内是凸的.

当 $0<x<+\infty$ 时, $y''>0$, 因此曲线 $y=\text{sh}x$ 在 $[0,+\infty)$ 内是凹的.

(3) $y'=1-\frac{1}{x^2}$, $y''=\frac{2}{x^3}>0$ $(x>0)$ 故曲线 $y=x+\frac{1}{x}$ 在 $(0,+\infty)$ 内是凹的.

(4) $y'=\arctan x+\frac{x}{1+x^2}$, $y''=\frac{1}{1+x^2}+\frac{1+x^2-x\cdot 2x}{(1+x^2)^2}=\frac{2}{(1+x^2)^2}>0$,

故曲线 $y=x\arctan x$ 在 $(-\infty,+\infty)$ 内是凹的.

10. **解**: (1) $y'=3x^2-10x+3$, $y''=6x-10$, 令 $y''=0$ 得 $x=\frac{5}{3}$. 当 $-\infty<x<\frac{5}{3}$ 时, $y''<0$, 因此

曲线在 $\left(-\infty, \dfrac{5}{3}\right]$ 上是凸的;当 $\dfrac{5}{3}<x<+\infty$ 时,$y''>0$,因此曲线在 $\left[\dfrac{5}{3},+\infty\right)$ 上是凹的.故点 $\left(\dfrac{5}{3},\dfrac{20}{27}\right)$ 为拐点.

(2) $y'=\mathrm{e}^{-x}-x\mathrm{e}^{-x}=(1-x)\mathrm{e}^{-x}$, $y''=-\mathrm{e}^{-x}+(1-x)(-\mathrm{e}^{-x})=\mathrm{e}^{-x}(x-2)$,
令 $y''=0$,得 $x=2$.当 $-\infty<x<2$ 时,$y''<0$,因此曲线在 $(-\infty,2]$ 上是凸的;当 $2<x<+\infty$ 时,$y''>0$,因此曲线在 $(2,+\infty)$ 上是凹的.故点 $\left(2,\dfrac{2}{\mathrm{e}^2}\right)$ 为拐点.

(3) $y'=4(x+1)^3+\mathrm{e}^x$, $y''=12(x+1)^2+\mathrm{e}^x>0$,因此曲线在 $(-\infty,+\infty)$ 内是凹的,曲线没有拐点.

(4) $y'=\dfrac{2x}{x^2+1}$, $y''=\dfrac{2(x^2+1)-2x\cdot 2x}{(x^2+1)^2}=\dfrac{-2(x-1)(x+1)}{(x^2+1)^2}$.令 $y''=0$,得 $x_1=-1$, $x_2=1$.
当 $-\infty<x<-1$ 时,$y''<0$,因此曲线在 $(-\infty,-1]$ 上是凸的;
当 $-1<x<1$ 时,$y''>0$,因此曲线在 $[-1,1]$ 上是凹的;
当 $1<x<+\infty$ 时,$y''<0$,因此曲线在 $[1,+\infty)$ 上是凸的.
曲线有两个拐点,分别为 $(-1,\ln 2)$, $(1,\ln 2)$.

(5) $y'=\mathrm{e}^{\arctan x}\dfrac{1}{1+x^2}$, $y''=\dfrac{-2\mathrm{e}^{\arctan x}\left(x-\dfrac{1}{2}\right)}{(1+x^2)^2}$,令 $y''=0$,得 $x=\dfrac{1}{2}$.当 $-\infty<x<\dfrac{1}{2}$ 时,$y''>0$,因此曲线在 $\left[-\infty,\dfrac{1}{2}\right]$ 上是凹的;当 $\dfrac{1}{2}<x<+\infty$ 时,$y''<0$,因此曲线在 $\left[\dfrac{1}{2},+\infty\right)$ 上是凸的.故点 $\left(\dfrac{1}{2},\mathrm{e}^{\arctan\frac{1}{2}}\right)$ 为拐点.

(6) $y'=4x^3(12\ln x-7)+x^4\cdot 12\dfrac{1}{x}=4x^3(12\ln x-4)$,
$y''=12x^2(12\ln x-4)+4x^3\cdot 12\dfrac{1}{x}=144x^2\ln x\ (x>0)$.
令 $y''=0$,得 $x=1$.当 $0<x<1$ 时,$y''<0$,因此曲线在 $(0,1]$ 上是凸的;当 $1<x<+\infty$ 时,$y''>0$,因此曲线在 $[1,+\infty)$ 上是凹的.故点 $(1,-7)$ 为拐点.

11. **证**:(1)取函数 $f(t)=t^n$, $t\in(0,+\infty)$. $f'(t)=nt^{n-1}$, $f''(t)=n(n-1)t^{n-2}$, $t\in(0,+\infty)$.当 $n>1$ 时,$f''(t)>0$, $t\in(0,+\infty)$ 因此 $f(t)=t^n$ 在 $(0,+\infty)$ 内图形是凹的,故对任意 $x>0$, $y>0$, $x\neq y$,恒有 $\dfrac{1}{2}[f(x)+f(y)]>f\left(\dfrac{x+y}{2}\right)$,即 $\dfrac{1}{2}(x^n+y^n)>\left(\dfrac{x+y}{2}\right)^n$ $(x>0,y>0,x\neq y,n>1)$.

(2)取函数 $f(t)=\mathrm{e}^t$, $t\in(-\infty,+\infty)$, $f'(t)=\mathrm{e}^t$, $f''(t)=\mathrm{e}^t>0$, $t\in(-\infty,+\infty)$.
因此 $f(t)=\mathrm{e}^t$ 在 $(-\infty,+\infty)$ 内图形是凹的,故对任何 $x,y\in(-\infty,+\infty)$, $x\neq y$,恒有
$\dfrac{1}{2}[f(x)+f(y)]>f\left(\dfrac{x+y}{2}\right)$,即 $\dfrac{1}{2}(\mathrm{e}^x+\mathrm{e}^y)>\mathrm{e}^{\frac{x+y}{2}}\ (x\neq y)$

(3)取函数 $f(t)=t\ln t$, $t\in(0,+\infty)$, $f'(t)=\ln t+1$, $f''(t)=\dfrac{1}{t}>0$, $t\in(0,+\infty)$.
因此 $f(t)=t\ln t$ 在 $(0,+\infty)$ 内图形是凹的,故对任何 $x,y\in(0,+\infty)$, $x\neq y$,恒有
$\dfrac{1}{2}[f(x)+f(y)]>f\left(\dfrac{x+y}{2}\right)$,即 $\dfrac{1}{2}(x\ln x+y\ln y)>\dfrac{x+y}{2}\ln\dfrac{x+y}{2}$,亦即 $x\ln x+y\ln y>(x+y)\ln\dfrac{x+y}{2}\ (x\neq y)$.

*12. 证：$y' = \dfrac{(x^2+1) - 2x(x-1)}{(x^2+1)^2} = \dfrac{-x^2+2x+1}{(x^2+1)^2}$,

$y'' = \dfrac{(-2x+2)(x^2+1)^2 - 2(x^2+1) \cdot 2x(-x^2+2x+1)}{(x^2+1)^4} = \dfrac{2x^3 - 6x^2 - 6x + 2}{(x^2+1)^3}$

$= \dfrac{2(x+1)[x-(2-\sqrt{3})][x-(2+\sqrt{3})]}{(x^2+1)^3}$.

令 $y''=0$，得 $x_1=-1$, $x_2=2-\sqrt{3}$, $x_3=2+\sqrt{3}$.

当 $-\infty < x < -1$ 时，$y''<0$，因此曲线在 $(-\infty,-1]$ 上是凸的；

当 $-1 < x < 2-\sqrt{3}$ 时，$y''>0$，因此曲线在 $[-1, 2-\sqrt{3}]$ 上是凹的；

当 $2-\sqrt{3} < x < 2+\sqrt{3}$ 时，$y''<0$ 因此曲线在 $[2-\sqrt{3}, 2+\sqrt{3}]$ 上是凸的；

当 $2+\sqrt{3} < x < +\infty$ 时，$y''>0$ 因此曲线在 $[2+\sqrt{3}, +\infty)$ 上是凹的.

故曲线有三个拐点，分别为 $(-1,-1)$, $\left(2-\sqrt{3}, \dfrac{1-\sqrt{3}}{4(2-\sqrt{3})}\right)$, $\left(2+\sqrt{3}, \dfrac{1+\sqrt{3}}{4(2+\sqrt{3})}\right)$.

由于 $\dfrac{\dfrac{1-\sqrt{3}}{4(2-\sqrt{3})} - (-1)}{2-\sqrt{3}-(-1)} = \dfrac{\dfrac{1+\sqrt{3}}{4(2+\sqrt{3})} - (-1)}{2+\sqrt{3}-(-1)} = \dfrac{1}{4}$，故这三个拐点在一条直线上.

13. 解：$y' = 3ax^2 + 2bx$，$y'' = 6ax + 2b = 6a\left(x + \dfrac{b}{3a}\right)$. 令 $y''=0$, 得 $x_0 = -\dfrac{b}{3a}$.

当 $-\infty < x < -\dfrac{b}{3a}$ 时，$y''<0$，因此曲线在 $\left(-\infty, -\dfrac{b}{3a}\right]$ 上是凸的；

当 $-\dfrac{b}{3a} < x < +\infty$ 时，$y''>0$，因此曲线在 $\left[-\dfrac{b}{3a}, +\infty\right)$ 上是凹的；

当 $x_0 = -\dfrac{b}{3a}$ 时，$y_0 = a\left(-\dfrac{b}{3a}\right)^3 + b\left(-\dfrac{b}{3a}\right)^2 = \dfrac{2b^3}{27a^2}$，由于 y'' 在 x_0 的两侧变号，故点 $\left(-\dfrac{b}{3a},\right.$

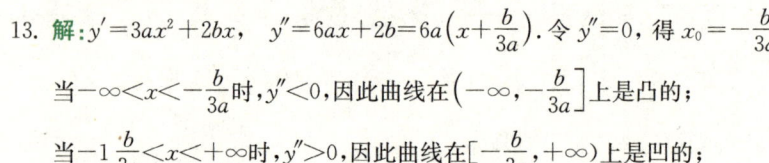

$\left.\dfrac{2b^3}{27a^2}\right)$ 为曲线的唯一拐点. 从而要使点 $(1,3)$ 为拐点，则 $\begin{cases} -\dfrac{b}{3a} = 1, \\ \dfrac{2b^3}{27a^2} = 3. \end{cases}$ 解得 $a = -\dfrac{3}{2}, b = \dfrac{9}{2}$.

14. 解：$y' = 3ax^2 + 2bx + c$，$y'' = 6ax + 2b$.

根据题意有 $y(-2) = 44$, $y'(-2) = 0$, $y(1) = -10$, $y''(1) = 0$. 即

$\begin{cases} -8a + 4b - 2c + d = 44, \\ 12a - 4b + c = 0, \\ a + b + c + d = -10, \\ 6a + 2b = 0. \end{cases}$ 解此方程组得 $a=1, b=-3, c=-24, d=16$.

15. 解：$y' = 2k(x^2-3) \cdot 2x = 4kx(x^2-3)$，

$y'' = 4k(x^2-3) + 4kx \cdot 2x = 12k(x-1)(x+1)$.

令 $y''=0$，得 $x_1=-1$, $x_2=1$. 当 $-\infty < x < -1$ 时，$y''>0$，因此曲线在 $(-\infty,-1]$ 上是凹的；当 $-1 < x < 1$ 时，$y''<0$，因此曲线在 $[-1,1]$ 上是凸的；当 $1 < x < +\infty$ 时，$y''>0$，因此曲线在 $[1,+\infty)$ 上是凹的，从而知 $(-1,4k)$, $(1,4k)$ 为曲线的拐点.

由 $y'|_{x=-1} = 8k$ 知过点 $(-1,4k)$ 的法线方程为 $Y - 4k = -\dfrac{1}{8k}(X+1)$ 要使该法线过原点，则 $(0,0)$ 应满足方程，将 $X=0, Y=0$ 代入上式，得 $k = \pm\dfrac{\sqrt{2}}{8}$.

由 $y'|_{x=1}=-8k$ 知过点 $(-1,4k)$ 的法线方程为 $Y-4k=\frac{1}{8k}(X-1)$.

同理,要使该法线过原点,故将 $X=0, Y=0$ 代入上式得 $k=\pm\frac{\sqrt{2}}{8}$.

所以,当 $k=\pm\frac{\sqrt{2}}{8}$ 时,该曲线拐点处的法线通过原点.

*16. **解**:已知 $f'''(x_0)\neq 0$,不妨设 $f'''(x_0)>0$,由于 $f'''(x)$ 在 $x=x_0$ 的某个邻域内连续,因此必存在 $\delta>0$,当 $x\in(x_0-\delta, x_0+\delta)$ 时,$f'''(x)>0$,故在 $(x_0-\delta, x_0+\delta)$ 内 $f''(x)$ 单调增加. 又已知 $f''(x_0)=0$,从而当 $x\in(x_0-\delta, x_0)$ 时,$f''(x)<f''(x_0)=0$,即函数 $f(x)$ 在 $(x_0-\delta, x_0)$ 内的图形是凸的,当 $x\in(x_0, x_0+\delta)$ 时,$f''(x)>f''(x_0)=0$,即函数 $f(x)$ 在 $(x_0, x_0+\delta)$ 内的图形是凹的,所以点 $(x_0, f(x_0))$ 为曲线的拐点.

第五节　函数的极值与最大值、最小值

内容精讲

1. 函数的极值

极值的定义　设函数 $f(x)$ 在 x_0 点的某个邻域内有定义,对于该邻域内异于 x_0 的点 x,如果恒有 $f(x)<f(x_0)$,则称 $f(x_0)$ 为 $f(x)$ 的极大值,而称 x_0 为 $f(x)$ 的极大值点;如果恒有 $f(x)>f(x_0)$,则称 $f(x_0)$ 为 $f(x)$ 的极小值,而称 x_0 为 $f(x)$ 的极小值点.

极大值与极小值统称为极值,极大点与极小点统称为极值点.

极值的必要条件　设函数 $f(x)$ 在 x_0 点可导,且在 x_0 点取得极值,则必有 $f'(x_0)=0$.

2. 极值第一判别法　设函数 $f(x)$ 在 x_0 点的某个邻域内可导,且 $f'(x_0)=0$,那么

(1)若当 $x<x_0$ 时,$f'(x)>0$;当 $x>x_0$ 时 $f'(x)<0$,则 $f(x_0)$ 是 $f(x)$ 的极大值.

(2)若当 $x<x_0$ 时,$f'(x)<0$;当 $x>x_0$ 时 $f'(x)>0$,则 $f(x_0)$ 是 $f(x)$ 的极小值.

(3)若在 x_0 的两侧,$f'(x)$ 的符号相同,则 $f(x_0)$ 不是极值.

3. 极值第二判别法　设函数 $f(x)$ 在 x_0 点处有二阶导数,且 $f'(x_0)=0, f''(x_0)\neq 0$,则

(1)当 $f''(x_0)<0$ 时,函数 $f(x)$ 在点 x_0 取得极大值;

(2)当 $f''(x_0)>0$ 时,函数 $f(x)$ 在点 x_0 取得极小值.

4. 函数的最大值与最小值

设函数 $f(x)$ 在 $[a,b]$ 上连续,在 (a,b) 内仅有一个极值点,则若 x_0 是 $f(x)$ 的极大值点,那么 x_0 必为 $f(x)$ 在 $[a,b]$ 上的最大值点;若 x_0 是 $f(x)$ 的极小值点,那么 x_0 必为 $f(x)$ 在 $[a,b]$ 上的最小值点.

题型及考点解析

例1　求函数 $f(x)=x-\frac{3}{2}x^{\frac{2}{3}}$ 的极值.

解　$f(x)$ 的定义域是 $(-\infty, +\infty)$,且 $f'(x)=1-x^{-\frac{1}{3}}$,$f'(0)$ 不存在,令 $f'(x)=0$

得驻点 $x=1$，即 $x=0$ 及 $x=1$ 是 $f(x)$ 的极值可疑点；

当 $x<0$ 时，$f'(x)>0$，当 $0<x<1$ 时，$f'(x)<0$；而当 $x>1$ 时，$f'(x)>0$.

由此可知：当 $x=0$ 时，函数取得极大值 $f(0)=0$；

当 $x=1$ 时，函数取得极小值 $f(1)=-\dfrac{1}{2}$.

题型分析 求极值的步骤

(1) 求出函数 $f(x)$ 的全部极值疑点——驻点（$f'(x)=0$ 的点）及导数不存在但函数有意义的内点；

(2) 逐个地进行判断. 判断的方法一般有两个

方法一：用第一种充分条件，求出导函数 $f'(x)$，根据极值疑点邻近 $f'(x)$ 的符号判断. 如果极值疑点较多时，亦可先列表求出单调区间，然后根据各单调区间进行判断.

方法二：用第二种充分条件，即如果是驻点，用二阶导数在该点处的正负判断.

注意方法二的条件是极值疑点必为驻点；该点处存在二阶导数且不为 0，否则应改用方法一判断. 当 $f''(x)$ 存在但较复杂时，一般也用方法一判断.

例 2 设函数 $y=y(x)$ 由方程 $2y^3-2y^2+2xy-x^2=1$ 所确定. 试求 $y=y(x)$ 的驻点，并判定它是否为极值点.

解 在原方程两边对 x 求导可得 $6y^2y'-4yy'+2y+2xy'-2x=0$ 即
$$3y^2y'-2yy'+xy'+y-x=0, \qquad ①$$
令 $y'=0$，得 $y=x$. 将此代入原方程，有 $2x^3-2x^2+2x^2-x^2=1$. 即 $2x^3-x^2-1=0$，从而得驻点 $x=1$. 在①式两边对 x 求导得 $(3y^2-2y+x)y''+2(3y-1)(y')^2+2y'-1=0$，将 $x=1$，$y=1$，$y'(1)=0$ 代入上式得 $y''\big|_{(1,1)}=\dfrac{1}{2}>0$. 故驻点 $x=1$ 是 $y=y(x)$ 的极小值点.

例 3 求函数 $y=2x^3-6x^2-18x-7$ 在 $[1,4]$ 上的最大、最小值.

解 由于 $y(x)$ 在 $[1,4]$ 上连续，因此必有最大值 M 及最小值 m.

$$y'=6x^2-12x-18, \quad \text{令 } y'=0 \text{ 得 } x_1=-1, x_2=3,$$

因为 $x_1=-1\notin[1,4]$，所以 $x_2=3$ 是 $y(x)$ 在 $[1,4]$ 上的极值疑点，于是
$$M=\max\{f(1),f(3),f(4)\}=\max\{-29,-61,-47\}=f(1)=-29,$$
$$m=\min\{f(1),f(3),f(4)\}=-61.$$

题型分析 由本例可知，求函数的最值一定要考虑自变量的变化范围. 在此若将 $x_1=-1$ 误认为函数 $y(x)$ 的极值疑点，则 $y(-1)=7$ 必误求为最大值 M.

求函数最值的步骤

(1) 找出此区间上的全部极值疑点（即驻点、导数不存在但函数有意义的内点）及使函数有定义的边界点；

(2) 分别求出函数在这些点上的函数值并比较其大小，其中最大的函数值就是最大值，最小的函数值就是最小值. 注意，若函数在指定区间单调且在边界点处连续，则其边界点必为最值点.

例 4 设 $a>1$，$f(t)=a^t-at$ 在 $(-\infty,+\infty)$ 内的驻点为 $t(a)$. 问 a 为何值时，$t(a)$ 最小？

并求出最小值.

解 由 $f'(t)=a^t\ln a-a=0$,得唯一驻点 $t(a)=1-\dfrac{\ln\ln a}{\ln a}$.

考查函数 $t(a)=1-\dfrac{\ln\ln a}{\ln a}$ 在 $a>1$ 时的最小值.

令 $t'(a)=-\dfrac{\dfrac{1}{a}-\dfrac{1}{a}\ln\ln a}{(\ln a)^2}=-\dfrac{1-\ln\ln a}{a(\ln a)^2}=0$,得唯一驻点 $a=e^e$.

当 $a>e^e$ 时,$t'(a)>0$;当 $a<e^e$ 时,$t'(a)<0$,因此 $t(e^e)=1-\dfrac{1}{e}$ 为极小值,从而是最小值.

例 5 求数列 $\left\{\dfrac{n^2-2n-12}{\sqrt{e^n}}\right\}$ 的最大项.

解 令 $f(x)=\dfrac{x^2-2x-12}{\sqrt{e^x}}=e^{-\frac{x}{2}}(x^2-2x-12)$ 且 $1\leqslant x<+\infty$,

则 $f'(x)=-\dfrac{1}{2}e^{-\frac{x}{2}}(x^2-6x-8)$,由 $f'(x)=0$ 得唯一驻点 $x_0=3+\sqrt{17}$;

而当 $1\leqslant x<3+\sqrt{17}$ 时,$f'(x)>0$;当 $3+\sqrt{17}<x<+\infty$ 时,$f'(x)<0$,

因此当 $x=3+\sqrt{17}$ 时 $f(x)$ 取得极大值也是最大值. 因为 $7<3+\sqrt{17}<8$ 且 $f(7)=\dfrac{23}{\sqrt{e^7}}>f(8)=\dfrac{36}{e^4}$,故当 $n=7$ 时数列取得最大项,其值为 $f(7)=\dfrac{23}{\sqrt{e^7}}$.

例 6 设 p,q 是大于 1 的常数,且 $\dfrac{1}{p}+\dfrac{1}{q}=1$,证明,对任意正数 $x>0$,有 $\dfrac{1}{p}x^p+\dfrac{1}{q}\geqslant x$.

解 令 $f(x)=\dfrac{1}{p}x^p+\dfrac{1}{q}-x$,则 $f'(x)=x^{p-1}-1$,令 $f'(x)=0$,得 $x=1$,

因为 $f''(x)=(p-1)x^{p-2}$ 且 $f''(1)=p-1>0$,所以当 $x=1$ 时 $f(x)$ 取得极小值;

又当 $0<x<1$ 时,$f'(x)<0$,当 $x>1$ 时,$f'(x)>0$ 且

$$f(0)=\dfrac{1}{q}>0,\ f(1)=\dfrac{1}{p}+\dfrac{1}{q}-1=0,\ \lim_{x\to+\infty}f(x)=+\infty,$$

综上可知极小值 $f(1)=0$ 就是 $f(x)$ 在 $(0,+\infty)$ 上的最小值. 故对任意正数 $x\in(0,+\infty)$ 有

$$f(x)\geqslant f(0)=0,\quad 即\quad \dfrac{1}{p}x^p+\dfrac{1}{q}\geqslant x,\ x\in(0,+\infty).$$

例 7 设有一圆柱形容器,其底部材料的单位面积与侧面材料的单位面积的价格之比为 3:2,求容器 V 一定的条件下高与底面圆半径之比为多少时造价最省?

解 设底面半径为 r,高为 h,则 $\pi r^2h=V$,即 $h=\dfrac{V}{\pi r^2}$. 又设底面单位造价为 $3p$,侧面单位造价为 $2p$,则总造价 y 为 $y=3p\pi r^2+2p\cdot 2\pi rh=3p\pi r^2+\dfrac{4pV}{r}$.

令 $y'=6p\pi r-\dfrac{4pV}{r^2}=0$ 得 $r=\sqrt[3]{\dfrac{2V}{3\pi}}$,又 $y''=6p\pi+\dfrac{8pV}{r^3}>0$,所以 $r=\sqrt[3]{\dfrac{2V}{3\pi}}$ 时总造价最省,

此时高 $h=\dfrac{V}{\pi r^2}=\sqrt[3]{\dfrac{9V}{4\pi}}$,所以 $\dfrac{h}{r}=\dfrac{\sqrt[3]{\dfrac{9V}{4\pi}}}{\sqrt[3]{\dfrac{2V}{3\pi}}}=\sqrt[3]{\dfrac{27}{8}}=\dfrac{3}{2}$. 所以高与底面半径之比为 3:2.

题型分析 求实际问题最值的关键是分清题目中各种量的相互关系;特别是抓住一些不变量,从而求出正确简洁的目标函数,利用导数便可解决问题.

习题3-5精讲

1. **解**:(1) $y'=6x^2-12x-18$, $y''=12x-12$. 令 $y'=0$ 得驻点 $x_1=-1, x_2=3$.

    由 $y''|_{x=-1}=-24<0$ 知 $y|_{x=-1}=17$ 为极大值;

    由 $y''|_{x=3}=24>0$ 知 $y|_{x=3}=-47$ 为极小值.

    (2) 函数的定义域为 $(-1,+\infty)$, 在 $(-1,+\infty)$ 内可导, 且 $y'=1-\dfrac{1}{1+x}$, $y''=\dfrac{1}{(1+x)^2}$ ($x>-1$). 令 $y'=0$ 得驻点 $x=0$. 由 $y''|_{x=0}=1>0$ 知 $y|_{x=0}=0$ 为极小值.

    (3) $y'=-4x^3+4x=-4x(x^2-1)$, $y''=-12x^2+4$. 令 $y'=0$ 得驻点 $x=-1,1,0$.

    由 $y''|_{x=-1}=-8<0$ 知 $y|_{x=-1}=1$ 为极大值,

    由 $y''|_{x=1}=-8<0$ 知 $y|_{x=1}=1$ 为极大值,

    由 $y''|_{x=0}=4>0$ 知 $y|_{x=0}=0$ 为极小值.

    (4) 函数的定义域为 $(-\infty,1]$, 在 $(-\infty,1)$ 内可导, 且

    $$y'=1-\dfrac{1}{2\sqrt{1-x}}=\dfrac{2\sqrt{1-x}-1}{2\sqrt{1-x}}, \quad y''=-\dfrac{1}{4}\cdot\dfrac{1}{(1-x)^{\frac{3}{2}}}.$$

    令 $y'=0$ 得驻点 $x=\dfrac{3}{4}$. 由 $y''|_{x=\frac{3}{4}}=-2<0$ 知 $y|_{x=\frac{3}{4}}=\dfrac{5}{4}$ 为极大值.

    (5) $y'=\dfrac{3\sqrt{4+5x^2}-(1+3x)\cdot\dfrac{10x}{2\sqrt{4+5x^2}}}{4+5x^2}=\dfrac{12-5x}{(4+5x^2)^{\frac{3}{2}}}=\dfrac{-5\left(x-\dfrac{12}{5}\right)}{(4+5x^2)^{\frac{3}{2}}}.$

    令 $y'=0$ 得驻点 $x=\dfrac{12}{5}$.

    当 $-\infty<x<\dfrac{12}{5}$ 时, $y'>0$, 因此函数在 $\left(-\infty,\dfrac{12}{5}\right]$ 上单调增加; 当 $\dfrac{12}{5}<x<+\infty$ 时, $y'<0$,

    因此函数在 $\left[\dfrac{12}{5},+\infty\right)$ 上单调减少, 从而 $y\left(\dfrac{12}{5}\right)=\dfrac{\sqrt{205}}{10}$ 为极大值.

    (6) $y'=\dfrac{(6x+4)(x^2+x+1)-(2x+1)(3x^2+4x+4)}{(x^2+x+1)^2}=\dfrac{-x(x+2)}{(x^2+x+1)^2}.$

    令 $y'=0$ 得驻点 $x_1=-2, x_2=0$.

    当 $-\infty<x<-2$ 时, $y'<0$, 因此函数在 $(-\infty,-2]$ 上单调减少;

    当 $-2<x<0$ 时, $y'>0$, 因此函数在 $[-2,0]$ 上单调增加;

    当 $0<x<+\infty$ 时, $y'<0$, 因此函数在 $[0,+\infty)$ 上单调减少. 从而可知 $y(-2)=\dfrac{8}{3}$ 为极小值, $y(0)=4$ 为极大值.

(7) $y' = e^x \cos x - e^x \sin x = e^x(\cos x - \sin x)$, $y'' = -2e^x \sin x$.

令 $y' = 0$,得驻点 $x_k = 2k\pi + \dfrac{\pi}{4}$, $x'_k = 2k\pi + \dfrac{5}{4}\pi$ $(k = 0, \pm 1, \pm 2, \cdots)$.

由 $y''\big|_{x = 2k\pi + \frac{\pi}{4}} = -\sqrt{2} e^{2k\pi + \frac{\pi}{4}} < 0$ 知 $y\big|_{x = 2k\pi + \frac{\pi}{4}} = \dfrac{\sqrt{2}}{2} e^{2k\pi + \frac{\pi}{4}}$ $(k = 0, \pm 1, \pm 2, \cdots)$ 为极大值,

由 $y''\big|_{x' = 2k\pi + \frac{5\pi}{4}} = \sqrt{2} e^{2k\pi + \frac{5\pi}{4}} > 0$ 知 $y\big|_{x' = 2k\pi + \frac{5\pi}{4}} = \dfrac{-\sqrt{2}}{2} e^{2k\pi + \frac{5\pi}{4}}$ $(k = 0, \pm 1, \pm 2, \cdots)$ 为极小值.

(8) 函数的定义域为 $(0, +\infty)$,在 $(0, +\infty)$ 内可导,且
$$y' = (e^{\frac{1}{x} \ln x})' = e^{\frac{1}{x} \ln x} \cdot \dfrac{1 - \ln x}{x^2} = x^{\frac{1}{x} - 2}(1 - \ln x),$$

令 $y' = 0$,得驻点 $x = e$.

当 $0 < x < e$ 时,$y' > 0$ 因此函数在 $(0, e]$ 上单调增加;当 $e < x < +\infty$ 时,$y' < 0$,因此函数在 $[e, +\infty)$ 上单调减少,从而可知 $y(e) = e^{\frac{1}{e}}$ 为极大值.

(9) 当 $x \neq -1$ 时,$y' = -\dfrac{2}{3} \cdot \dfrac{1}{(x+1)^{\frac{2}{3}}} < 0$. 又 $x = -1$ 时函数有定义. 因此可知函数在 $(-\infty, +\infty)$ 单调减少,从而函数在 $(-\infty, +\infty)$ 内无极值.

(10) 由 $y' = 1 + \sec^2 x > 0$ 知所给函数在 $(-\infty, +\infty)$ 内除 $x \neq k\pi + \dfrac{\pi}{2}$ $(k \in \mathbf{Z})$ 外单调增加,从而函数无极值.

2. 证:$y' = 3ax^2 + 2bx + c$, 由 $b^2 - 3ac < 0$ 知 $a \neq 0$, $c \neq 0$, y' 是二次三项式,
$$\Delta = (2b)^2 - 4(3a) \cdot c = 4(b^2 - 3ac) < 0.$$

当 $a > 0$ 时,y' 的图象开口向上,且在 x 轴上方,故 $y' > 0$,从而所给函数在 $(-\infty, +\infty)$ 内单增.

当 $a < 0$ 时,y' 的图象开口向下,且在 x 轴下方,故 $y' < 0$,从而所给函数在 $(-\infty, +\infty)$ 内单减.

只要条件 $b^2 - 3ac < 0$ 成立,所给函数在 $(-\infty, +\infty)$ 内单调,故函数在 $(-\infty, +\infty)$ 内无极值.

3. 解:$f' = a\cos x + \cos 3x$ 函数在 $x = \dfrac{\pi}{3}$ 处取得极值,则 $f'\left(\dfrac{\pi}{3}\right) = 0$,即 $a\cos\dfrac{\pi}{3} + \cos\pi = 0$,故 $a = 2$. 又 $f''(x) = -2\sin x - 3\sin 3x$, $f''\left(\dfrac{\pi}{3}\right) = -2\sin\dfrac{\pi}{3} - 3\sin\pi = -\sqrt{3} < 0$,因此 $f\left(\dfrac{\pi}{3}\right) = 2\sin\dfrac{\pi}{3} + \dfrac{1}{3}\sin\pi = \sqrt{3}$ 为极大值.

4. 证:由含佩亚诺余项的 n 阶泰勒公式及已知条件,得 $f(x) = f(x_0) + \dfrac{f^{(n)}(x_0)}{n!}(x - x_0)^n + o((x - x_0)^n)$,即 $f(x) - f(x_0) = \dfrac{f^{(n)}(x_0)}{n!}(x - x_0)^n + o((x - x_0)^n)$,由此式可知 $f(x) - f(x_0)$ 在 x_0 某邻域内的符号由 $\dfrac{f^{(n)}(x_0)}{n!}(x - x_0)^n$ 在 x_0 某邻域内的符号决定.

(1) 当 n 为奇数时,$(x - x_0)^n$ 在 x_0 两侧异号,所以 $\dfrac{f^{(n)}(x_0)}{n!}(x - x_0)^n$ 在 x_0 两侧异号,从而 $f(x) - f(x_0)$ 在 x_0 两侧异号,故 $f(x)$ 在 x_0 处不取得极值.

(2) 当 n 为偶数时,在 x_0 两侧 $(x - x_0)^n > 0$,若 $f^{(n)}(x_0) < 0$,则 $\dfrac{f^{(n)}(x_0)}{n!}(x - x_0)^n < 0$,从而

$f(x)-f(x_0)<0$,即 $f(x)<f(x_0)$,故 $f(x_0)$ 为极大值;若 $f^{(n)}(x_0)>0$,则 $\dfrac{f^{(n)}(x_0)}{n!}$·
$(x-x_0)^n>0$,从而 $f(x)-f(x_0)>0$,即 $f(x)>f(x_0)$,故 $f(x_0)$ 为极小值.

5. 解:$f'(x)=e^x-e^{-x}-2\sin x$, $f''(x)=e^x+e^{-x}-2\cos x$, $f'''(x)=e^x-e^{-x}+2\sin x$, $f^{(4)}(x)=e^x+e^{-x}+2\cos x$,故 $f'(0)=f''(0)=f'''(0)=0, f^{(4)}(0)=4>0$,因此函数 $f(x)$ 在 $x=0$ 处有极小值,极小值为 4.

6. 解:(1)函数在 $[-1,4]$ 上可导,且 $y'=6x^2-6x=6x(x-1)$.令 $y'=0$,得驻点 $x_1=0, x_2=1$,比较 $y|_{x=-1}=-5, y|_{x=0}=0, y|_{x=1}=-1, y|_{x=4}=80$,得函数的最大值为 $y|_{x=4}=80$,最小值为 $y|_{x=-1}=-5$.

(2)函数在 $[-1,3]$ 上可导,且 $y'=4x^3-16x=4x(x-2)(x+2)$.

令 $y'=0$,得驻点 $x_1=-2$(舍去), $x_2=0, x_3=2$.

比较 $y|_{x=-1}=-5, y|_{x=0}=2, y|_{x=2}=-14, y|_{x=3}=11$,

得函数的最大值为 $y|_{x=3}=11$,最小值为 $y|_{x=2}=-14$.

(3)函数在 $[-5,1)$ 上可导,且 $y'=1-\dfrac{1}{2\sqrt{1-x}}=\dfrac{2\sqrt{1-x}-1}{2\sqrt{1-x}}$.

令 $y'=0$,得驻点 $x=\dfrac{3}{4}$,比较 $y|_{x=-5}=-5+\sqrt{6}, y|_{x=\frac{3}{4}}=\dfrac{5}{4}, y|_{x=1}=1$,

得函数的最大值为 $y|_{x=\frac{3}{4}}=\dfrac{5}{4}$,最小值为 $y|_{x=-5}=\sqrt{6}-5$.

7. 解:函数在 $[1,4]$ 上可导,且 $y'=6x^2-12x-18=6(x+1)(x-3)$.

令 $y'=0$,得驻点 $x_1=-1$(舍去), $x_2=3$,

比较 $y|_{x=1}=-29, y|_{x=3}=-61, y|_{x=4}=-47$,

得函数在 $x=1$ 处取得最大值,且最大值为 $y|_{x=1}=-29$.

8. 解:函数在 $(-\infty,0)$ 内可导,且 $y'=2x+\dfrac{54}{x^2}=\dfrac{2(x^3+27)}{x^2}, y''=2-\dfrac{108}{x^3}$.

令 $y'=0$,得驻点 $x=-3$.由 $y''|_{x=-3}=6>0$ 知 $x=-3$ 为极小值点.

又函数在 $(-\infty,0)$ 内的驻点唯一,故极小值点就是最小值点,即 $x=-3$ 为最小值点,且最小值为 $y|_{x=-3}=27$.

9. 解:函数在 $[0,+\infty)$ 上可导,且

$$y'=\dfrac{x^2+1-x\cdot 2x}{(x^2+1)^2}=\dfrac{1-x^2}{(x^2+1)^2},\qquad y''=\dfrac{-2x(3-x^2)}{(x^2+1)^3}.$$

令 $y'=0$,得驻点 $x=-1$(舍去),$x=1$.由 $y''|_{x=1}=\dfrac{-4}{8}=-\dfrac{1}{2}<0$ 知 $x=1$ 为极大值点.

又函数在 $[0,+\infty)$ 上的驻点唯一,故极大值点就是最大值点,即 $x=1$ 为最大值点,且最大值为 $y|_{x=1}=\dfrac{1}{2}$.

10. 解:如图 3-3,设这间小屋的宽为 x,长为 y,则小屋的面积为

$$S=xy.$$

已知 $2x+y=20$,即 $y=20-2x$,故 $S=x(20-2x)=20x-2x^2, x\in(0,10). S'=20-4x$, $S''=-4$.令 $S'=0$,得驻点 $x=5$.由 $S''<0$ 知 $x=5$ 为极大值点,又驻点唯一,故极大值点就是

最大值点,即当宽为 5m,长为 10m 时这间小屋的面积最大.

11. **解**:已知 $\pi r^2 h = V$,即 $h = \dfrac{V}{\pi r^2}$. 圆柱形油罐的表面积

$$A = 2\pi r^2 + 2\pi rh = 2\pi r^2 + 2\pi r \cdot \dfrac{V}{\pi r^2} = 2\pi r^2 + \dfrac{2V}{r}, \quad r \in (0, +\infty).$$

$$A' = 4\pi r - \dfrac{2V}{r^2}, \qquad A'' = 4\pi + \dfrac{4V}{r^3}.$$

令 $A' = 0$,得 $r = \sqrt[3]{\dfrac{V}{2\pi}}$. 由 $A''\Big|_{r=\sqrt[3]{\frac{V}{2\pi}}} = 4\pi + 8\pi = 12\pi > 0$,知 $r = \sqrt[3]{\dfrac{V}{2\pi}}$ 为极小值点,又驻点唯一,故极小值点就是最小值点. 此时 $h = \dfrac{V}{\pi r^2} = 2\sqrt[3]{\dfrac{V}{2\pi}} = 2r$,即 $2r : h = 1 : 1$.

所以当底半径为 $r = \sqrt[3]{\dfrac{V}{2\pi}}$ 和高 $h = 2\sqrt[3]{\dfrac{V}{2\pi}}$ 时,才能使表面积最小.这时底直径与高的比为 $1 : 1$.

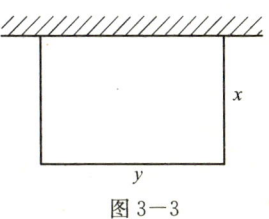

图 3-3

12. **解**:设截面的周长为 l,已知 $l = x + 2y + \dfrac{\pi x}{2}$ 及 $xy + \dfrac{\pi}{2}\left(\dfrac{x}{2}\right)^2 = 5$,即 $y = \dfrac{5}{x} - \dfrac{\pi x}{8}$. 故 $l = x + \dfrac{\pi x}{4} + \dfrac{10}{x}$, $x \in (0, \sqrt{\dfrac{40}{\pi}})$. $l' = 1 + \dfrac{\pi}{4} - \dfrac{10}{x^2}$, $l'' = \dfrac{20}{x^3}$.

令 $l' = 0$,得驻点 $x = \sqrt{\dfrac{40}{4+\pi}}$. 由 $l''\Big|_{x=\sqrt{\frac{40}{4+\pi}}} = \dfrac{20}{\left(\dfrac{40}{4+\pi}\right)^{\frac{3}{2}}} > 0$ 知 $x = \sqrt{\dfrac{40}{4+\pi}}$ 为极小值点,又驻点唯一,故极小值点就是最小值点. 所以当截面的底宽为 $x = \sqrt{\dfrac{40}{4+\pi}}$ 时,才能使截面的周长最小,从而使建造时所用的材料最省.

13. **解**:如图 3-5,力 F 的大小用 $|F|$ 表示,则由

$$|F|\cos\alpha = (P - |F|\sin\alpha)\mu$$

知 $|F| = \dfrac{\mu P}{\cos\alpha + \mu\sin\alpha}$, $\alpha \in [0, \dfrac{\pi}{2})$.

设 $y = \cos\alpha + \mu\sin\alpha$, $\alpha \in [0, \dfrac{\pi}{2})$,则 $y' = -\sin\alpha + \mu\cos\alpha$.

令 $y' = 0$,得驻点 $\alpha_0 = \arctan\mu$. 又

$$y''\Big|_{\alpha=\alpha_0} = -\cos\alpha_0 - \mu\sin\alpha_0 < 0,$$

所以驻点 α_0 为极大值点,又驻点唯一,因此 α_0 为函数 $y = y(\alpha)$ 的最大值点,这时,即 $\alpha = \alpha_0 = \arctan(0.25) \approx 14°2'$ 时,力 F 的大小为最小.

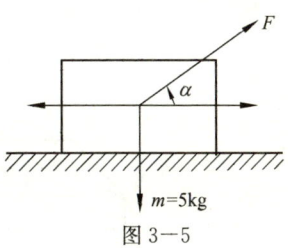

图 3-5

14. **解**:如图 3-6,设最省力的杆长为 x,则此时杠杆的重力为 $5gx$,由力矩平衡公式

$$x|F| = 49g \cdot 0.1 + 5gx \cdot \dfrac{x}{2} \quad (x > 0),$$ 知

$$|F| = \dfrac{4.9}{x}g + \dfrac{5}{2}gx, \qquad |F|' = -\dfrac{4.9}{x^2}g + \dfrac{5}{2}g,$$

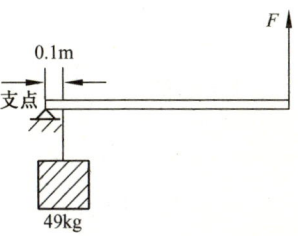

图 3-6

$$|F|''=\frac{9.8}{x^3}g.$$

令 $|F|'=0$ 得驻点 $x=1.4$. 又, $|F|''\big|_{x=1.4}=\frac{9.8}{(1.4)^3}g>0$, 故 $x=1.4$ 为极小值点, 又驻点唯一, 因此 $x=1.4$ 也是最小值点, 即杆长为 $1.4m$ 时最省力.

15. **解**: 如图 3-7, 设漏斗的高为 h, 顶面的圆半径为 r, 则漏斗的容积为 $V=\frac{1}{3}\pi r^2 h$, 又

$$2\pi r=R\varphi, \quad h=\sqrt{R^2-r^2}.$$

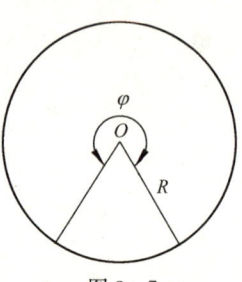

图 3-7

故 $V=\frac{R^3}{24\pi^2}\sqrt{4\pi^2\varphi^4-\varphi^6}\ (0<\varphi<2\pi)$ $V'=\frac{R^3}{24\pi^2}\cdot\frac{16\pi^2\varphi^3-6\varphi^5}{2\sqrt{4\pi^2\varphi^4-\varphi^6}}=\frac{R^3}{24\pi^2}\cdot\frac{8\pi^2\varphi-3\varphi^3}{\sqrt{4\pi^2-\varphi^2}}.$

令 $V'=0$ 得 $\varphi=\sqrt{\frac{8}{3}}\pi=\frac{2\sqrt{6}}{3}\pi$. 当 $0<\varphi<\frac{2\sqrt{6}}{3}\pi$ 时, $V'>0$, 故 V 在 $\left[0,\frac{2\sqrt{6}}{3}\pi\right]$ 内单调增加; 当 $\frac{2\sqrt{6}}{3}<\varphi<2\pi$ 时, $V'<0$, 故 V 在 $\left[\frac{2\sqrt{6}}{3}\pi,2\pi\right)$ 内单调减少.

因此 $\varphi=\frac{2\sqrt{6}}{3}\pi$ 为极大值点, 又驻点唯一, 从而 $\varphi=\frac{2\sqrt{6}}{3}\pi$ 也是最大值点, 即当 φ 取 $\frac{2\sqrt{6}}{3}\pi$ 时, 做成的漏斗的容积最大.

16. **解**: 如图 3-8, 设吊臂对地面的倾角为 φ, 屋架能够吊到最大高度为 h, 由 $15\sin\varphi=h-1.5+2+3\tan\varphi$ 知 $h=15\sin\varphi-3\tan\varphi-\frac{1}{2}$. $h'=15\cos\varphi-\frac{3}{\cos^2\varphi}$ $h''=-15\sin\varphi-\frac{6\sin\varphi}{\cos^3\varphi}$

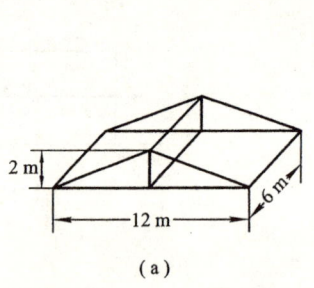

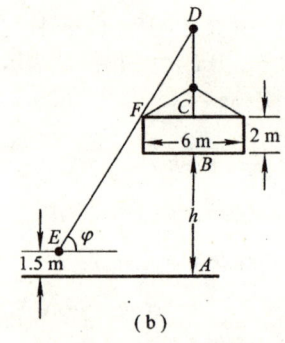

图 3-8

令 $h'=0$, 得 $\cos\varphi\sqrt[3]{\frac{1}{5}}$, 即得唯一驻点 $\varphi_0=\arccos\sqrt[3]{\frac{1}{5}}\approx 54°13'$.

又, $h''\big|_{\varphi=\varphi_0}<0$, 故 $\varphi_0\approx 54°13'$ 为极大值点也是最大值点.

即当 $\varphi_0\approx 54°13'$ 时, h 达到最大值 $h_0=15\sin 54°13'-3\tan 54°13'-\frac{1}{2}\approx 7.506m$, 而柱子高只有 $6m$, 所以能吊得上去.

17. **解**: 设每套月房租为 x 元, 则租不出去的房子套数为 $\frac{x-4000}{200}=\frac{x}{200}-20$, 租出去的套数为

$50-\left(\dfrac{x}{200}-20\right)=70-\dfrac{x}{200}$，租出去的每套房子获利 $(x-400)$ 元．故总利润为

$y=\left(70-\dfrac{x}{200}\right)(x-400)=-\dfrac{x^2}{200}+72x-28000$．$y'=-\dfrac{x}{100}+72$，$y''=\dfrac{-1}{100}$．令 $y'=0$，得驻点 $x=7200$．由 $y''<0$ 知 $x=7200$ 为极大值点，又驻点唯一，这个极大值点就是最大值点．即当每套房月租金定在 7200 元时，可获得最大收入．

18. **解**：设利润函数为 $p(x)$，则

$p(x)=(x-40)n=a+b(x-40)(80-x)$．$p'(x)=b(120-2x)$，

令 $p'(x)=0$，得 $x=60$(元)．由 $p''(x)=-2b<0$ 知 $x=60$ 为极大值点，又驻点唯一，这极大值点就是最大值点．即售出价格定在 60 元时能带来最大利润．

第六节　函数图形的描绘

内容精讲

1. 曲线的渐近线

若 $\lim\limits_{x\to+\infty}f(x)=A$，则称直线 $y=A$ 为曲线 $y=f(x)$ 的水平渐近线（将 $x\to+\infty$ 改为 $x\to-\infty$ 仍有此定义）．

若 $\lim\limits_{x\to x_0^+}f(x)=\infty$，则称直线 $x=x_0$ 为曲线 $y=f(x)$ 的铅直渐近线（将 $x\to x_0^+$ 改为 $x\to x_0^-$ 仍有此定义）．

若 $\lim\limits_{x\to+\infty}\dfrac{f(x)}{x}=a$，且 $\lim\limits_{x\to+\infty}[f(x)-ax]=b$，则称直线 $y=ax+b$ 为曲线 $y=f(x)$ 的斜渐近线（将 $x\to+\infty$ 改为 $x\to-\infty$ 仍有此定义）．

2. 作图步骤

(1) 由函数 $f(x)$ 的表达式，标出定义域或指定的作图区域；

(2) 判断 $f(x)$ 的奇偶性、周期性，(如果有这样的特性，可以缩小作图范围)；

(3) 求水平渐近线、铅直渐近线与斜渐近线；

(4) 求出 $f'(x)$，$f''(x)$，从而求出作图的关键点：极值疑点，拐点疑点，函数 $f(x)$ 的边界点及无意义端点；

(5) 列表；

(6) 作图，如果作图的关键点（无意义点除外）不够，还可多描一些点，例如 $f(x)$ 与坐标轴的交点等．

题型及考点解析

例 1　曲线 $y=x\mathrm{e}^{\frac{1}{x^2}}$ ＿＿＿＿＿＿．

(A) 仅有水平渐近线　　　　　　(B) 仅有铅直渐近线

(C) 既有铅直又有水平渐近线　　(D) 既有铅直又有斜渐近线

解　易知 $x=0$ 不在曲线 $y=x\cdot\mathrm{e}^{\frac{1}{x^2}}$ 的定义域中，注意到若令 $x_n=\dfrac{1}{n}$，$n=1,2,\cdots$，则 $x_n\to$

0, $n\to\infty$, 且 $\lim\limits_{n\to\infty}x_n\cdot e^{x_n^{\frac{1}{2}}}=\lim\limits_{n\to\infty}\dfrac{e^{n^2}}{n}=\infty$, 故 $\lim\limits_{x\to 0}y\cdot e^{\frac{1}{x^2}}=\infty$, 即直线 $x=0$ 是曲线 $y=x\cdot e^{\frac{1}{x^2}}$ 的铅直渐近线.

另一方面 $\lim\limits_{x\to\infty}\dfrac{y}{x}=\lim e^{\frac{1}{x^2}}=1$, 且 $\lim\limits_{x\to\infty}(y-x)=\lim\limits_{x\to\infty}x\cdot(e^{\frac{1}{x^2}}-1)=\lim\limits_{x\to\infty}\dfrac{e^{\frac{1}{x^2}}-1}{\frac{1}{x}}=\lim\limits_{x\to\infty}\dfrac{2\cdot e^{\frac{1}{x^2}}}{x}=$

0, 故直线 $y=x$ 是曲线 $y=x\cdot e^{\frac{1}{x^2}}$ 的斜渐近线. 于是选(D).

例 2 曲线 $y=x\ln(e+\dfrac{1}{x})(x>0)$ 的渐近线方程为 _____.

解 设 $y=ax+b$ 为曲线的渐近线. 则 $a=\lim\limits_{x\to\infty}\dfrac{f(x)}{x}=\lim\limits_{x\to\infty}\ln(e+\dfrac{1}{x})=1$,

$b=\lim\limits_{x\to\infty}[f(x)-ax]=\lim\limits_{x\to\infty}[x\ln(e+\dfrac{1}{x})-x]\xlongequal{t=\frac{1}{x}}\lim\limits_{t\to 0}\dfrac{\ln(e+t)-1}{t}=\dfrac{1}{e}$.

所以渐近线方程为 $y=x+\dfrac{1}{e}$.

例 3 描绘函数 $y=(x+6)e^{\frac{1}{x}}$ 的图形.

解 (1)定义域为 $(-\infty,0)\cup(0,+\infty)$, (2)讨论单调性、极值、凹凸、拐点.

$y'=\dfrac{x^2-x-6}{x^2}e^{\frac{1}{x}}$, 令 $y'=0$, 得 $x_1=-2, x_2=3$

$y''=\dfrac{13x+6}{x^4}e^{\frac{1}{x}}$, 令 $y''=0$, 得 $x_3=-\dfrac{6}{13}$

列表如下:

x	$(-\infty,-2)$	-2	$(-2,-\dfrac{6}{13})$	$-\dfrac{6}{13}$	$(-\dfrac{6}{13},0)$	0	$(0,3)$	3	$(3,+\infty)$
y'	$+$	0	$-$		$-$		$-$	0	$+$
y''	$-$	$-$	$-$	0	$+$		$+$	$+$	$+$
y	↗	极大值	↘	拐点	↘	不存在	↘	极小值	↗

极大值为 $y\big|_{x=-2}=\dfrac{4}{\sqrt{e}}$; 极小值为 $y\big|_{x=3}=9\sqrt[3]{e}$;

拐点为 $(-\dfrac{6}{13},\dfrac{72}{13}e^{-13/6})$.

由 $\lim\limits_{x\to 0^+}y=+\infty$, 知 $x=0$ 为铅直渐近线. 因为

$a=\lim\limits_{x\to\infty}\dfrac{f(x)}{x}=\lim\limits_{x\to\infty}\dfrac{(x+6)e^{\frac{1}{x}}}{x}=1$,

$b=\lim\limits_{x\to\infty}[f(x)-x]=\lim\limits_{x\to\infty}[(x+6)e^{\frac{1}{x}}-x]=7$,

所以 $y=x+7$ 为斜渐近线.

此外, 由于 $\lim\limits_{x\to 0^-}y=0$, 可知函数曲线的左半支, 当 $x\to 0$ 时

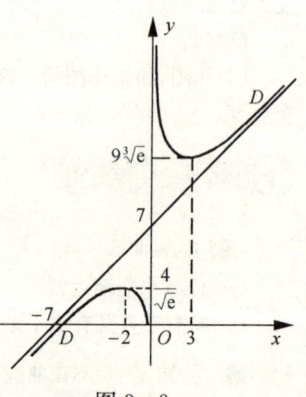

图 3—9

趋向于原点.综上所述,见图 3-9.

> **题型分析** 作出函数图象关键是利用导数把函数的升降区间、极值点、凹凸区间和拐点以及渐近线求出.为了便于应用一般把这些性态用表格表示出来.

习题3-6精讲

解:

1. (1)所给函数 $y=\dfrac{1}{5}(x^4-6x^2+8x+7)$ 的定义域为 $(-\infty,+\infty)$,而

$$y'=\dfrac{1}{5}(4x^3-12x+8)=\dfrac{4}{5}(x+2)(x-1)^2,$$

$$y''=\dfrac{4}{5}(3x^2-3)=\dfrac{12}{5}(x+1)(x-1).$$

(2)令 $y'=0$,得 $x=-2,x=1$,令 $y''=0$,得 $x=1,x=-1$. 根据上述点将区间 $(-\infty,+\infty)$ 分成下列四个部分区间:$(-\infty,-2],[-2,-1],[-1,1],[1,+\infty)$.

(3)在各部分区间内 $f'(x)$ 及 $f''(x)$ 的符号、相应曲线弧的升降及凹凸性以及极值点和拐点等如下表:

x	$(-\infty,-2)$	-2	$(-2,-1)$	-1	$(-1,1)$	1	$(1,+\infty)$
y'	$-$	0	$+$	$+$	$+$	0	$+$
y''	$+$	$+$	$+$	0	$-$	0	$+$
$y=f(x)$ 的图形	↘	极小	↗	拐点	↗	拐点	↗

(4) $\lim\limits_{x\to+\infty}f(x)=\lim\limits_{x\to-\infty}f(x)=+\infty$. 图形没有铅直、水平、斜渐近线.

(5)由 $f(-2)=-\dfrac{17}{5},f(-1)=-\dfrac{6}{5},f(1)=2,$
$f(0)=\dfrac{7}{5}$,得图形上的四个点 $\left(-2,-\dfrac{17}{5}\right),$
$\left(-1,-\dfrac{6}{5}\right),(1,2),\left(0,\dfrac{7}{5}\right).$

(6)作图如图 3-10.

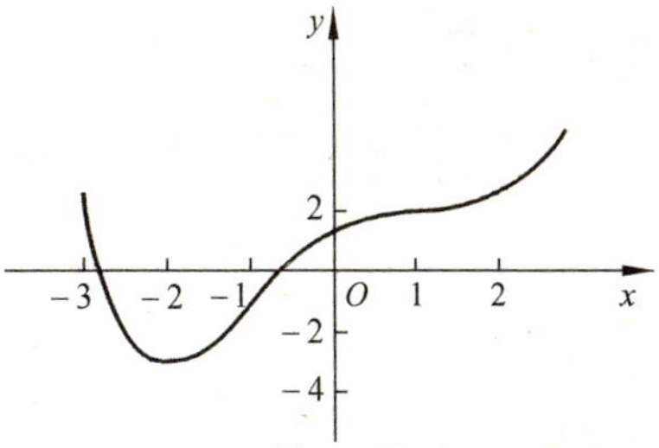

图 3-10

2. (1)所给函数 $y=\dfrac{x}{1+x^2}$ 的定义域为 $(-\infty,+\infty)$. 由于 $y=\dfrac{x}{1+x^2}$ 是奇函数,它的图形关于原点对称,因此可以只讨论 $[0,+\infty)$ 上该函数的图形,求出

$$y'=\dfrac{1+x^2-x\cdot 2x}{(1+x^2)^2}=\dfrac{1-x^2}{(1+x^2)^2}, \qquad y''=\dfrac{2x(x^2-3)}{(1+x^2)^3}.$$

(2)在 $[0,+\infty)$ 内 y' 的零点为 $x=1$,y'' 的零点为 $x=\sqrt{3}$,根据这两点把区间 $[0,+\infty)$ 分成三

个区间：$[0,1]$，$[1,\sqrt{3}]$，$[\sqrt{3},+\infty)$.

(3)在$[0,+\infty)$内的各部分区间内$f'(x)$及$f''(x)$的符号、相应曲线弧的升降及凹凸性以及极值点和拐点等如下表：

x	0	$(0,1)$	1	$(1,\sqrt{3})$	$\sqrt{3}$	$(\sqrt{3},+\infty)$
y'	+	+	0	−	−	−
y''	−	−	−	−	0	+
$y=f(x)$的图形	拐点	↗	极大	↘	拐点	↘

(4)由于$\lim\limits_{x\to\infty}\dfrac{x}{1+x^2}=0$，所以图形有一条水平渐近线，$y=0$，图形无铅直渐近线及斜渐近线.

(5)由$f(0)=0$，$f(1)=\dfrac{1}{2}$，$f(\sqrt{3})=\dfrac{\sqrt{3}}{4}$

得在$[0,+\infty)$内图形上的点

$(0,0)$，$\left(1,\dfrac{1}{2}\right)$，$\left(\sqrt{3},\dfrac{\sqrt{3}}{4}\right)$.

(6)利用图形的对称性，作出图形如图3—11.

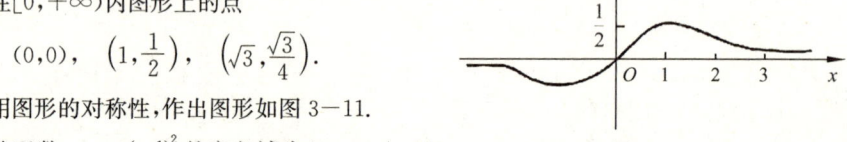

图3—11

3. (1)所给函数$y=\mathrm{e}^{-(x-1)^2}$的定义域为$(-\infty,+\infty)$，

而$y'=-2(x-1)\mathrm{e}^{-(x-1)^2}$，$y''=-4(2x^2-4x+1)\mathrm{e}^{-(x-1)^2}$.

(2)令$y'=0$，得驻点$x=1$，令$y''=0$，得$x=1-\dfrac{\sqrt{2}}{2}$，$x=1+\dfrac{\sqrt{2}}{2}$，

根据上述点将区间$(-\infty,+\infty)$分成下列四个部分区间：

$$\left(-\infty,1-\dfrac{\sqrt{2}}{2}\right],\ \left[1-\dfrac{\sqrt{2}}{2},1\right],\ \left[1,1+\dfrac{\sqrt{2}}{2}\right),\ \left[1+\dfrac{\sqrt{2}}{2},+\infty\right)$$

(3)在各部分区间内$f'(x)$及$f''(x)$的符号、相应曲线弧的升降及凹凸，以及极值点和拐点等如下表：

x	$\left(-\infty,1-\dfrac{\sqrt{2}}{2}\right)$	$1-\dfrac{\sqrt{2}}{2}$	$\left(1-\dfrac{\sqrt{2}}{2},1\right)$	1	$\left(1,1+\dfrac{\sqrt{2}}{2}\right)$	$1+\dfrac{\sqrt{2}}{2}$	$\left(1+\dfrac{\sqrt{2}}{2},+\infty\right)$
y'	+	+	+	0	−	−	−
y''	+	0	−	−	−	0	+
$y=f(x)$的图形	↗	拐点	↗	极大	↘	拐点	↘

(4)由$\lim\limits_{x\to\infty}\mathrm{e}^{-(x-1)^2}=0$知图形有一条水平渐近线，$y=0$，图形无铅直渐近线及斜渐近线.

(5)由$f(1)=1$，$f\left(1-\dfrac{\sqrt{2}}{2}\right)=\mathrm{e}^{-\frac{1}{2}}$，$f(0)=\mathrm{e}^{-1}$，

$f\left(1+\dfrac{\sqrt{2}}{2}\right)=\mathrm{e}^{-\frac{1}{2}}$，得图形上的点$(1,1)$，

$\left(1-\dfrac{\sqrt{2}}{2},\mathrm{e}^{-\frac{1}{2}}\right)$，$(0,\mathrm{e}^{-1})$，$\left(1+\dfrac{\sqrt{2}}{2},\mathrm{e}^{-\frac{1}{2}}\right)$.

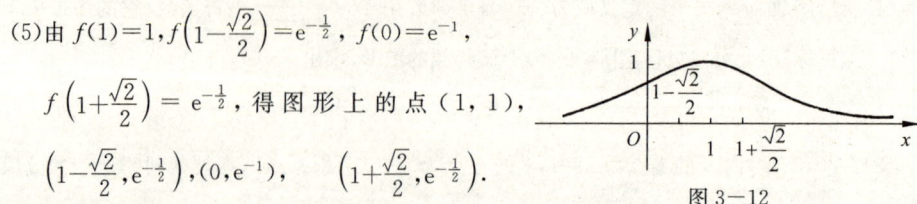

图3—12

(6)作图如图 3－12.

4. (1)所给函数 $y=x^2+\dfrac{1}{x}$ 的定义域为 $(-\infty,0)\cup(0,+\infty)$. $y'=2x-\dfrac{1}{x^2}$, $y''=2+\dfrac{2}{x^3}$.

(2)令 $y'=0$,得 $x=\dfrac{1}{\sqrt[3]{2}}$,令 $y''=0$,得 $x=-1$,又 $x=0$ 时函数无定义,根据上述点,将区间 $(-\infty,0),(0,+\infty)$ 分成四个部分区间: $(-\infty,-1]$, $[-1,0)$, $\left(0,\dfrac{1}{\sqrt[3]{2}}\right]$, $\left[\dfrac{1}{\sqrt[3]{2}},+\infty\right)$.

(3)在各部分区间内 $f'(x)$ 及 $f''(x)$ 的符号、相应曲线弧的升降及凹凸以及极值点和拐点等如下表:

x	$(-\infty,-1)$	-1	$(-1,0)$	0	$\left(0,\dfrac{1}{\sqrt[3]{2}}\right)$	$\dfrac{1}{\sqrt[3]{2}}$	$\left(\dfrac{1}{\sqrt[3]{2}},+\infty\right)$
y'	$-$	$-$	$-$		$-$	0	$+$
y''	$+$	0	$-$		$+$	$+$	$+$
$y=f(x)$ 的图形	↘	拐点	↘		↘	极小	↗

(4) $\lim\limits_{x\to 0}\left(x^2+\dfrac{1}{x}\right)=\infty$,所以图形有一条铅直渐近线, $x=0$,图形无水平、斜渐近线.

(5)由 $f(-1)=0$, $f\left(\dfrac{1}{\sqrt[3]{2}}\right)=\dfrac{3}{2}\sqrt[3]{2}$ 得在 $(-\infty,0),(0,+\infty)$ 内图形上的点 $(-1,0)$, $\left(\dfrac{1}{\sqrt[3]{2}},\dfrac{3}{2}\sqrt[3]{2}\right)$.

(6)作图如图 3－13.

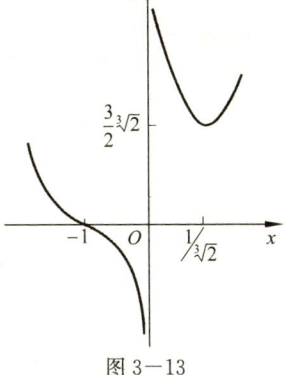

图 3－13

5. (1)所给函数 $y=\dfrac{\cos x}{\cos 2x}$ 的定义域
$$D=\left\{x\,\middle|\, x\neq\dfrac{n\pi}{2}+\dfrac{\pi}{4},x\in\mathbf{R},n=0,\pm 1,\pm 2,\cdots\right\}.$$

由于 $y=\dfrac{\cos x}{\cos 2x}$ 是偶函数,它的图形关于 y 轴对称,且由于函数是以 2π 为周期的函数,因此可以只讨论 $[0,\pi]$ 部分的图形. 求出
$$y'=\dfrac{-\sin x\cos 2x+\cos x\cdot 2\sin 2x}{\cos^2(2x)}=\dfrac{\sin x(3-2\sin^2 x)}{\cos^2(2x)},$$
$$y''=\dfrac{\cos x(3+12\sin^2 x-4\sin^4 x)}{\cos^3(2x)}.$$

(2)令 $y'=0$,得 $x=0,x=\pi$,令 $y''=0$,得 $x=\dfrac{\pi}{2}$;又函数在点 $x=\dfrac{\pi}{4}$ 及 $x=\dfrac{3}{4}\pi$ 处无定义. 根据这些点把区间 $[0,\pi]$ 分成四个部分区间:
$$\left[0,\dfrac{\pi}{4}\right),\left(\dfrac{\pi}{4},\dfrac{\pi}{2}\right],\left[\dfrac{\pi}{2},\dfrac{3\pi}{4}\right),\left(\dfrac{3\pi}{4},\pi\right].$$

(3)在 $[0,\pi]$ 内的各部分区间内 $f'(x)$ 及 $f''(x)$ 的符号、相应曲线弧的升降及凹凸以及极值点和拐点等如下表:

x	0	$\left(0,\dfrac{\pi}{4}\right)$	$\dfrac{\pi}{4}$	$\left(\dfrac{\pi}{4},\dfrac{\pi}{2}\right)$	$\dfrac{\pi}{2}$	$\left(\dfrac{\pi}{2},\dfrac{3\pi}{4}\right)$	$\dfrac{3\pi}{4}$	$\left(\dfrac{3\pi}{4},\pi\right)$	π
y'	0	$+$		$+$	$+$	$+$		$+$	0
y''	$+$	$+$		$-$	$+$	$+$		$-$	$-$
$y=f(x)$ 的图形	极小	↗		↗	拐点	↗		↗	极大

(4) 由 $\lim\limits_{x\to\frac{\pi}{4}}f(x)=\infty$ 及 $\lim\limits_{x\to\frac{3\pi}{4}}f(x)=\infty$,知图形有两条铅直渐近线:$x=\dfrac{\pi}{4}$ 及 $x=\dfrac{3\pi}{4}$,图形无水平及斜渐近线.

(5) 由 $f(0)=1,f\left(\dfrac{\pi}{2}\right)=0$ 得图形上的点 $(0,1),\left(\dfrac{\pi}{2},0\right)$.

(6) 利用图形对称性及函数的周期性,作图如图 3-14.

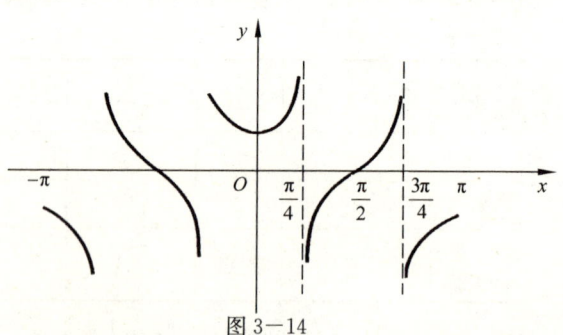

图 3-14

第七节　曲　率

内容精讲

1. 弧微分公式 设 S 是曲线 L 的弧长函数,则

(1) 若曲线方程为 $y=y(x)$,则弧微分 $\mathrm{d}S=\sqrt{1+y'^2(x)}\cdot\mathrm{d}x$

(2) 若曲线方程为 $x=x(y)$,则弧微分 $\mathrm{d}S=\sqrt{1+x'^2(y)}\cdot\mathrm{d}y$

(3) 若曲线方程为 $\begin{cases}x=\varphi(t)\\y=\psi(t)\end{cases}$,则弧微分 $\mathrm{d}S=\sqrt{\varphi'^2(t)+\psi'^2(t)}\cdot\mathrm{d}t$

(4) 若曲线方程为 $r=r(\theta)$,则弧微分 $\mathrm{d}S=\sqrt{r^2(\theta)+r'^2(\theta)}\cdot\mathrm{d}\theta$

2. 曲率计算公式

(1) 设曲线的直角坐标方程为 $y=f(x)$,且 $f(x)$ 具有二阶导数,则曲率公式为

$$K=\dfrac{|y''|}{(1+y'^2)^{3/2}}.$$

(2) 设曲线由参数方程 $\begin{cases}x=\varphi(t),\\y=\psi(t).\end{cases}$ $(\alpha\leqslant t\leqslant\beta)$ 给出,则曲率公式为

$$K=\dfrac{|\varphi'(t)\cdot\psi''(t)-\varphi''(t)\cdot\psi'(t)|}{[\varphi'^2(t)+\psi'^2(t)]^{3/2}}.$$

3. 曲率半径计算公式 $\rho=\dfrac{1}{k}.$

微分中值定理与导数的应用

> 题型及考点解析

例 1 设摆线 $\begin{cases} x = a(t-\sin t) \\ y = a(1-\cos t) \end{cases}$ $(a>0)$, $t \in (0, 2\pi)$. 问 t 为何值时曲率最小, 并求出最小曲率和该点处的曲率半径.

解 若记不住曲率的参数方程公式, 可先求出 $\dfrac{dy}{dx}$ 和 $\dfrac{d^2 y}{dx^2}$.

$$\frac{dy}{dx} = \frac{a\sin t}{a(1-\cos t)} = \frac{\sin t}{1-\cos t}, \quad 1+y'^2 = 1+\left(\frac{\sin t}{1-\cos t}\right)^2 = \frac{2}{1-\cos t},$$

$$\frac{d^2 y}{dx^2} = \frac{\cos t - 1}{(1-\cos t)^2} \cdot \frac{1}{a(1-\cos t)} = -\frac{1}{a(1-\cos t)^2},$$

$$K = \frac{|y''|}{(1+y'^2)^{\frac{3}{2}}} = \left| \frac{-1}{a(1-\cos t)^2} \cdot \frac{(1-\cos t)^{\frac{3}{2}}}{2\sqrt{2}} \right| = \frac{1}{4a\left|\sin \dfrac{t}{2}\right|}.$$

不必用导数求极值就可知, 当 $\sin \dfrac{t}{2} = 1$, 即当 $t = \pi$ 时, 也就是 $x = a\pi$, $y = 2a$ 处曲率最小, 最小曲率为 $\dfrac{1}{4a}$, 曲率半径为 $4a$.

例 2 求曲线 $y = a\ln\left(1 - \dfrac{x^2}{a^2}\right)$ $(a>0)$ 上曲率半径为最小的点的坐标.

解 $y' = -\dfrac{2ax}{a^2 - x^2}$, $y'' = -\dfrac{2a(a^2+x^2)}{(a^2-x^2)^2}$ $(|x|<a)$, $K = \dfrac{|y''|}{(1+y'^2)^{3/2}} = \dfrac{2a(a^2-x^2)}{(a^2+x^2)^2}$,

$\rho = \dfrac{1}{K} = \dfrac{(a^2+x^2)^2}{2a(a^2-x^2)}$, $|x|<a$, $\dfrac{d\rho}{dx} = \dfrac{x(a^2+x^2)(3a^2-x^2)}{a(a^2-x^2)^2}$.

当 $-a<x<0$ 时, $\dfrac{d\rho}{dx}<0$, 当 $0<x<a$ 时, $\dfrac{d\rho}{dx}>0$, 故当 $x=0$, $y=0$ 时, ρ 最小. 故所求点为 $(0,0)$.

> **题型分析** 把曲率和最值结合起来, 是本节一类综合题目. 这就要求对求最值的方法和步骤要牢记于心, 能够把知识融汇贯通, 灵活运用, 只要公式记忆准确, 计算仔细认真, 一般就能够顺利地解决问题.

例 3 求曲线 $y = \ln x$ 上曲率取极值的点.

解 函数的定义域是 $(0, +\infty)$, $\because y' = \dfrac{1}{x}$, $y'' = -\dfrac{1}{x^2}$,

$\therefore$ 曲率 $k = \left| \dfrac{y''}{(1+y'^2)^{3/2}} \right| = \dfrac{\dfrac{1}{x^2}}{\left[1+\left(\dfrac{1}{x}\right)^2\right]^{3/2}} = \dfrac{x}{(1+x^2)^{3/2}}$,

为了求曲率的极值, 取 k 的导数:

$$k' = \frac{(1+x^2)^{\frac{3}{2}} - x \cdot \dfrac{3}{2}(1+x^2)^{\frac{1}{2}} \cdot 2x}{(1+x^2)^3} = \frac{(1+x^2)^{\frac{1}{2}}(1+x^2-3x^2)}{(1+x^2)^3} = \frac{1-2x^2}{(1+x^2)^{\frac{5}{2}}}.$$

令 $k'=0$，求得在区间 $(0,+\infty)$ 内的一个驻点 $x=\frac{\sqrt{2}}{2}$，显然，在 $0<x<\frac{\sqrt{2}}{2}$ 时，$k'>0$，在 $\frac{\sqrt{2}}{2}<x<+\infty$ 时，$k'<0$，因此当 $x=\frac{\sqrt{2}}{2}$ 时，k 有极大值，这时 $y\left(\frac{\sqrt{2}}{2}\right)=-\frac{1}{2}\ln 2$.

即极值点是 $x=\frac{\sqrt{2}}{2}$，故 $k_{\max}=k\left(\frac{\sqrt{2}}{2}\right)=\frac{2}{9}\sqrt{3}$.

习题3-7精讲

1. **解**：由 $8x+2yy'=0$ 知 $y'=\frac{-4x}{y}$，$y''=\frac{-16}{y^3}$. 故 $y'\big|_{x=0}=0$，$y''\big|_{x=0}=-2$，故在点 $(0,2)$ 处的曲率为 $K=\frac{|y''|}{[1+y'^2]^{\frac{3}{2}}}\big|_{(0,2)}=2$.

2. **解**：$y'=\frac{1}{\sec x}\cdot\sec x\tan x=\tan x$，$y''=\sec^2 x$. 故曲率 $K=\frac{|y''|}{[1+(y')^2]^{\frac{3}{2}}}=\frac{\sec^2 x}{(1+\tan^2 x)^{\frac{3}{2}}}=|\cos x|$，

曲率半径 $\rho=\frac{1}{K}=|\sec x|$.

3. **解**：抛物线的顶点为 $(2,-1)$，$y'=2x-4$，$y''=2$.

抛物线 $y=x^2-4x+3$ 在其顶点处的曲率 $K=\frac{|y''|}{(1+y'^2)^{\frac{3}{2}}}\big|_{(2,-1)}=2$，曲率半径 $\rho=\frac{1}{K}=\frac{1}{2}$.

4. **解**：$\frac{dy}{dx}=\frac{\frac{dy}{dt}}{\frac{dx}{dt}}=\frac{3a\sin^2 t\cos t}{-3a\cos^2 t\sin t}=-\tan t$，$\frac{d^2y}{dx^2}=\frac{\frac{d}{dt}\left(\frac{dy}{dx}\right)}{\frac{dx}{dt}}=\frac{-\sec^2 t}{-3a\cos^2 t\sin t}=\frac{1}{3a\sin t\cos^4 t}$.

故曲线在 $t=t_0$ 处的曲率为 $K=\frac{|y''|}{(1+y'^2)^{\frac{3}{2}}}\big|_{t=t_0}=\frac{\left|\frac{1}{3a\sin t\cos^4 t}\right|}{[1+(-\tan t)^2]^{\frac{3}{2}}}\big|_{t=t_0}=\frac{2}{|3a\sin(2t_0)|}$.

5. **解**：$y'=\frac{1}{x}$，$y''=-\frac{1}{x^2}$. 曲线的曲率 $K=\frac{|y''|}{(1+y'^2)^{\frac{3}{2}}}=\frac{\left|-\frac{1}{x^2}\right|}{\left[1+\left(\frac{1}{x}\right)^2\right]^{\frac{3}{2}}}=\frac{x}{(1+x^2)^{\frac{3}{2}}}$，

曲率半径为 $\rho=\frac{(1+x^2)^{\frac{3}{2}}}{x}$. 又，$\rho'=\frac{(1+x^2)^{\frac{1}{2}}(2x^2-1)}{x^2}$.

令 $\rho'=0$ 得驻点 $x_1=\frac{\sqrt{2}}{2}$，$x_2=-\frac{\sqrt{2}}{2}$（舍去）.

当 $0<x<\frac{\sqrt{2}}{2}$ 时，$\rho'<0$，即 ρ 在 $\left(0,\frac{\sqrt{2}}{2}\right)$ 上单调减少；当 $\frac{\sqrt{2}}{2}<x<+\infty$ 时，$\rho'>0$，即 ρ 在 $\left[\frac{\sqrt{2}}{2},+\infty\right)$ 上单调增加. 因此在 $x=\frac{\sqrt{2}}{2}$ 处 ρ 取得极小值；驻点唯一，从而 ρ 的极小值就是最小值，因此最小的曲率半径为 $\rho\big|_{x=\frac{\sqrt{2}}{2}}=\frac{\left(1+\frac{1}{2}\right)^{\frac{3}{2}}}{\frac{\sqrt{2}}{2}}=\frac{3\sqrt{3}}{2}$.

6. 证: $y' = \operatorname{sh}\dfrac{x}{a}$, $y'' = \dfrac{1}{a}\operatorname{ch}\dfrac{x}{a}$, 曲线在点 (x,y) 处的曲率为

$$K = \dfrac{|y''|}{(1+y'^2)^{\frac{3}{2}}} = \dfrac{\left|\dfrac{1}{a}\operatorname{ch}\dfrac{x}{a}\right|}{\left(1+\operatorname{sh}^2\dfrac{x}{a}\right)^{\frac{3}{2}}} = \dfrac{1}{a\operatorname{ch}^2\dfrac{x}{a}}, \text{曲率半径为 } \rho = \dfrac{1}{K} = a\operatorname{ch}^2\dfrac{x}{a} = \dfrac{y^2}{a}.$$

7. 解: $y' = \dfrac{2x}{10000} = \dfrac{x}{5000}$, $y'' = \dfrac{1}{5000}$. 抛物线在坐标原点的曲率半径为 $\rho = \dfrac{1}{K}\Big|_{x=0} = \dfrac{(1+y'^2)^{\frac{3}{2}}}{|y''|}\Big|_{x=0} = 5000$. 所以向心力为 $F_1 = \dfrac{mv^2}{\rho} = \dfrac{70 \times 200^2}{5000} = 560(N)$.

座椅对飞行员的反力 F 等于飞行员的离心力及飞行员本身的重量对座椅的压力之和,因此
$$F = mg + F_1 = 70 \times 9.8 + 560 = 1246(N).$$

8. 解: 设立直角坐标系如图 3-15 所示,设抛物线拱桥方程为 $y = ax^2$.

由于抛物线过点 $(5, 0.25)$,代入方程得 $a = \dfrac{y}{x^2}\Big|_{(5,0.25)} = \dfrac{0.25}{25} = 0.01$. $y' = 2ax$, $y'' = 2a$, 因此 $y'\big|_{x=0} = 0$, $y''\big|_{x=0} = 0.02$, $\rho = \dfrac{1}{K}\Big|_{x=0} = \dfrac{(1+y'^2)^{\frac{3}{2}}}{|y''|}\Big|_{x=0} = 50$.

汽车越过桥顶时对桥的压力为

$$F = mg - \dfrac{mv^2}{\rho} = 5 \times 10^3 \times 9.8 - \dfrac{5 \times 10^3 \times \left(\dfrac{21.6 \times 10^3}{3600}\right)^2}{50} = 45400(\text{N}).$$

*9. 解: 解方程组 $\begin{cases} y = \ln x \\ y = 0 \end{cases}$ 得曲线与 x 轴的交点为 $(1, 0)$. $y' = \dfrac{1}{x}$, $y'' = -\dfrac{1}{x^2}$, 故 $y'\big|_{x=1} = 1$, $y''\big|_{x=1} = -1$.

设曲线在点 $(1, 0)$ 处的曲率中心为 (α, β), 则

$$\alpha = \left[x - \dfrac{y'(1+y'^2)}{y''}\right]_{(1,0)} = 1 - \dfrac{1 \cdot (1+1^2)}{-1} = 3,$$

$$\beta = \left[y + \dfrac{1+y'^2}{y''}\right]_{(1,0)} = 0 + \dfrac{1+1^2}{-1} = -2.$$

曲率半径 $\rho = \dfrac{1}{K}\Big|_{x=1} = \dfrac{(1+y'^2)^{\frac{3}{2}}}{|y''|}\Big|_{x=1} = \dfrac{(1+1^2)^{\frac{3}{2}}}{1} = \sqrt{8}$,

因此所求的曲率圆方程为 $(\xi - 3)^2 + (\eta + 2)^2 = 8$.

*10. 解: $y' = \sec^2 x$, $y'' = 2\sec^2 x \tan x$, 故 $y'\big|_{x=\frac{\pi}{4}} = 2$, $y''\big|_{x=\frac{\pi}{4}} = 4$.

设曲线在点 $\left(\dfrac{\pi}{4}, 1\right)$ 处的曲率中心的坐标为 (α, β), 则

$$\alpha = \left[x - \dfrac{y'(1+y'^2)}{y''}\right]_{\left(\frac{\pi}{4},1\right)} = \dfrac{\pi}{4} - \dfrac{2(1+4)}{4} = \dfrac{\pi - 10}{4},$$

$$\beta = \left[y + \dfrac{1+y'^2}{y''}\right]_{\left(\frac{\pi}{4},1\right)} = 1 + \dfrac{1+4}{4} = \dfrac{9}{4}.$$

曲率半径 $\rho = \dfrac{1}{K}\Big|_{x=\frac{\pi}{4}} = \dfrac{(1+y'^2)^{\frac{3}{2}}}{|y''|}\Big|_{x=\frac{\pi}{4}} = \dfrac{5^{\frac{3}{2}}}{4}$,

因此所求的曲率圆方程为 $\left(\xi-\dfrac{\pi-10}{4}\right)^2+\left(\eta-\dfrac{9}{4}\right)^2=\dfrac{125}{16}$.

*11. **解**：由 $2yy'=2p$，及 $y'^2+yy''=0$ 知 $y'=\dfrac{p}{y}$，$y''=-\dfrac{p^2}{y^3}$.

故抛物线 $y^2=2px$ 的渐屈线方程为

$$\begin{cases}\alpha=x-\dfrac{y'(1+y'^2)}{y''}=x-\dfrac{\dfrac{p}{y}\left[1+\left(\dfrac{p}{y}\right)^2\right]}{-\dfrac{p^2}{y^3}}=\dfrac{3y^2}{2p}+p,\\ \beta=y+\dfrac{1+y'^2}{y''}=y+\dfrac{1+\left(\dfrac{p}{y}\right)^2}{-\dfrac{p^2}{y^3}}=-\dfrac{y^3}{p^2},\end{cases}$$

其中 y 为参数. 或消去参数 y 得渐屈线方程为 $27p\beta^2=8(\alpha-p)^3$.

第八节　方程的近似解

内容精讲

1. 利用二分法求方程近似解的步骤

设 $f(x)$ 在区间 $[a,b]$ 上连续，$f(a)\cdot f(b)<0$，且方程 $f(x)=0$ 在 (a,b) 内仅有一个实根 ξ，于是 $[a,b]$ 即是这个根的一个隔离区间.

(1) 取 $[a,b]$ 的中点 $\xi_1=\dfrac{a+b}{2}$，计算 $f(\xi_1)$. 如果 $f(\xi_1)=0$，那么 $\xi=\xi_1$；

(2) 如果 $f(\xi_1)$ 与 $f(a)$ 同号，那么取 $a_1=\xi_1,b_1=b$，由 $f(a)\cdot f(b)<0$，即知 $a_1<\xi<b_1$，且
$$b_1-a_1=\dfrac{1}{2}(b-a);$$

如果 $f(\xi_1)$ 与 $f(b)$ 同号，那么取 $a_1=a,b_1=\xi_1$，也有 $a_1<\xi<b_1$，且 $b_1-a_1=\dfrac{1}{2}(b-a)$；

总之，当 $\xi\neq\xi_1$ 时，可求得 $a_1<\xi<b_1$，且 $b_1-a_1=\dfrac{1}{2}(b-a)$.

(3) 以 $[a_1,b_1]$ 作为新的隔离区间，重复上述做法，当 $\xi\neq\xi_2=\dfrac{1}{2}(a_1+b_1)$ 时，可求得 $a_2<\xi<b_2$，且 $b_2-a_2=\dfrac{1}{2^2}(b-a)$.

(4) 如此重复 n 次，可求得 $a_n<\xi<b_n$，且 $b_n-a_n=\dfrac{1}{2^n}(b-a)$. 由此可知，如果以 a_n 或 b_n 作为 ξ 的近似值，那么其误差小于 $\dfrac{1}{2^n}(b-a)$.

2. 利用切线法求方程近似解的步骤

(1) $f(x)$ 在 $[a,b]$ 上有 $f(a)$ 与 $f''(x)$ 同号.

(2) 令 $x_0=a$，在端点 $(x_0,f(x_0))$ 作切线，切线方程为 $y-f(x_0)=f'(x_0)(x-x_0)$.

(3) 令 $y=0$，从上式中解出 x，就得到切线与 x 轴交点的横坐标为 $x_1=x_0-\dfrac{f(x_0)}{f'(x_0)}$，它比 x_0

更接近方程的根 ξ.

(4)再在点$(x_1,f(x_1))$作切线,可得根的近似值 x_2,如此继续,在点$(x_{n-1},f(x_{n-1}))$作切线,得根的近似值 $x_n=x_{n-1}-\dfrac{f(x_n-1)}{f'(x_n-1)}$.

如果 $f(b)$ 与 $f''(x)$ 同号,切线作在端点 B(如图 3—16)可记 $x_0=b$,仍按公式 x_n 计算切线与 x 轴交点的横坐标.

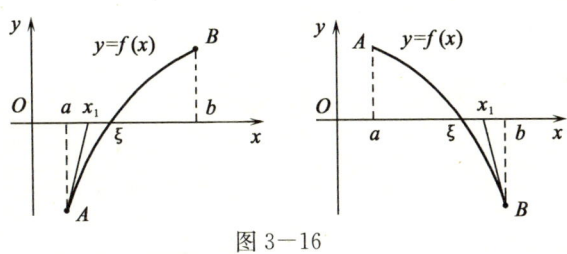

图 3—16

题型及考点解析

例 1 证明方程 $x^5+5x+1=0$ 在区间$(-1,0)$内有唯一的实根,并用切线法求这个根的近似值,使误差不超过 0.01.

解 令 $f(x)=x^5+5x+1$. 则 $f(x)$ 在 $[-1,0]$ 上连续.

又因为 $f(-1)=-5<0,f(0)=1>0$

故由零点定理至少存在一个 $\xi\in(-1,0)$ 使 $f(\xi)=0$,又由 $f'(x)=5x^4+5>0$ 知 $f(x)$ 在 $[-1,0]$ 上单增,因而 $f(x)$ 在$(-1,0)$内有唯一实根.

下面用切线法求 ξ 的近似根.

因为 $f''(x)=20x^3$,取 $x_0=-1$ 有 $f''(x_0)<0$,$(f(x_0)\cdot f''(x_0)>0)$

代入递推公式

$x_{n+1}=x_n-\dfrac{f(x_n)}{f'(x_n)}$ $x_1=-1+\dfrac{-5}{5+5}=-0.05$,

$x_2=-0.5-\dfrac{f(-0.5)}{f'(-0.5)}\approx-0.26$, $x_3=-0.26-\dfrac{f(-0.26)}{f'(-0.26)}\approx-0.20$,

$x_4=-0.20-\dfrac{f(-0.2)}{f'(-0.2)}\approx-0.20$. 所以 $\xi\approx-0.20$.

题型分析 本节题型比较单一,一般首先证明所求方程在区间$[a,b]$内有唯一的实根,然后再用二分法或切线法求出方程根的近似值. 通常用介值定理(或零点定理)证明方程的根存在,然后由单调性证明根的唯一性.

例 2 求方程 $x\lg x=1$ 的近似根,使误差不超过 0.01.

解 令 $f(x)=x\lg x-1$,则 $f(x)$ 在 $[1,3]$ 上连续,又 $f(1)=-1<0,f(3)=3\lg3-1>0$,故由零点定理知:存在 $\xi\in(1,3)$ 使得 $f(\xi)=0$.

因为 $f'(x)=\lg x+\dfrac{1}{\ln 10}>0$,$x\in(1,3)$,所以 $f(x)$ 在 $[1,3]$ 上单调递增. 从而 $f(x)=0$ 在

(1,3)有唯一根 ξ,用二分法求近似值.

k	a_k	b_k	中点 x_k	$f(x_k)$符号
0	1	3	2	−
1	2	3	2.5	−
2	2.5	3	2.75	+
3	2.5	2.75	2.63	+
4	2.5	2.63	2.57	+
5	2.5	2.57	2.53	+
6	2.5	2.53	2.52	+
7	2.5	2.52	2.51	+
8	2.5	2.51	2.51	

因为 $f(2.5)<0, f(2.51)>0$,所以取 $\xi=2.50$ 或 $\xi=2.51$ 作为近似根,其误差均不超过0.01.

习题3-8精讲

1. **解**:设函数 $f(x)=x^3-3x^2+6x-1$, $f(x)$ 在 $[0,1]$ 上连续,且 $f(0)=-1<0$, $f(1)=3>0$ 由零点定理知至少存在一点 $\xi\in(0,1)$,使 $f(\xi)=0$,即方程 $x^3-3x^2+6x-1=0$ 在 $(0,1)$ 内至少有一个实根.
又 $f'(x)=3x^2-6x+6=3(x-1)^2+3>0$,故函数 $f(x)$ 在 $[0,1]$ 上单调增加,从而方程 $f(x)=0$,即 $x^3-3x^2+6x-1=0$ 在 $(0,1)$ 内至多有一个实根.因此方程 $x^3-3x^2+6x-1=0$ 在 $(0,1)$ 内有唯一的实根.

现用二分法求这个实根的近似值:

n	1	2	3	4	5	6	7	8	9	10	11
a_n	0	0	0	0.125	0.125	0.157	0.173	0.180	0.180	0.182	0.183
b_n	1	0.5	0.25	0.25	0.188	0.188	0.188	0.188	0.184	0.184	0.184
中点 x_n	0.5	0.25	0.125	0.188	0.157	0.173	0.180	0.184	0.182	0.183	0.183
$f(x_n)$符号	+	+	−	+	−	−	−	−	+	+	

故使误差不超过 0.01 的根的近似值为 $\xi=0.183$.

2. **解**:设函数 $f(x)=x^5+5x+1$. $f(x)$ 在 $[-1,0]$ 上连续,且 $f(-1)=-5<0$, $f(0)=1>0$. 由零点定理知至少存在一点 $\xi\in(-1,0)$,使 $f(\xi)=0$,即方程 $x^5+5x+1=0$ 在区间 $(-1,0)$ 内至少有一实根.
又 $f'(x)=5x^4+5>0$,故函数 $f(x)$ 在 $[-1,0]$ 上单调增加,从而方程 $f(x)=0$,即 $x^5+5x+1=0$ 在 $(-1,0)$ 内至多有一个实根.因此方程 $x^5+5x+1=0$ 在区间 $(-1,0)$ 内有唯一的实根.

现用切线法求这个实根的近似值:

由 $f''(x)=20x^3$, $f''(-1)=-20<0$ 知取 $x_0=-1$,利用递推公式 $x_n=x_{n-1}-\dfrac{f(x_{n-1})}{f'(x_{n-1})}$,得:

$$x_1 = x_0 - \frac{f(x_0)}{f'(x_0)} = -1 - \frac{f(-1)}{f'(-1)} = -0.5, x_2 = x_1 - \frac{f(x_1)}{f'(x_1)} = -0.5 - \frac{f(-0.5)}{f'(-0.5)} = -0.26,$$

$$x_3 = x_2 - \frac{f(x_2)}{f'(x_2)} = -0.26 - \frac{f(-0.26)}{f'(-0.26)} \approx -0.20,$$

$$x_4 = x_3 - \frac{f(x_3)}{f'(x_3)} = -0.20 - \frac{f(-0.20)}{f'(-0.20)} \approx -0.20,$$

故使误差不超过 0.01 的根的近似值为 $\xi = -0.20$.

3. **解**: 设函数 $f(x) = x^3 + 3x - 1$, $f(x)$ 在 $[0,1]$ 上连续，且 $f(0) = -1 < 0, f(1) = 3 > 0$，由零点定理知至少存在一点 $\xi \in (0,1)$，使 $f(\xi) = 0$，即方程 $x^3 + 3x - 1 = 0$ 在区间 $(0,1)$ 内至少有一实根.

又 $f'(x) = 3x^2 + 3 > 0$，故函数 $f(x)$ 在 $[0,1]$ 上单调增加，从而方程 $f(x) = 0$，即 $x^3 + 3x - 1 = 0$ 在 $(0,1)$ 内至多有一实根. 因此方程 $x^3 + 3x - 1 = 0$ 在区间 $(0,1)$ 内有唯一的实根.

现用割线法求这个根的近似值:
由 $f''(x) = 6x, f''(1) = 6 > 0$ 知取 $x_0 = 1$. 又取 $x_1 = 0.8$, 利用递推公式 $x_{n+1} = x_n - \frac{x_n - x_{n-1}}{f(x_n) - f(x_{n-1})} \cdot f(x_n)$, 得:

$$x_2 = x_1 - \frac{x_1 - x_0}{f(x_1) - f(x_0)} \cdot f(x_1) = 0.8 - \frac{0.8 - 1}{f(0.8) - f(1)} \cdot f(0.8) \approx 0.449,$$

$$x_3 = x_2 - \frac{x_2 - x_1}{f(x_2) - f(x_1)} \cdot f(x_2) = 0.449 - \frac{0.449 - 0.8}{f(0.449) - f(0.8)} \cdot f(0.449) \approx 0.345,$$

$$x_4 = x_3 - \frac{x_3 - x_2}{f(x_3) - f(x_2)} \cdot f(x_3) = 0.345 - \frac{0.345 - 0.449}{f(0.345) - f(0.449)} \cdot f(0.345) \approx 0.323,$$

$$x_5 = x_4 - \frac{x_4 - x_3}{f(x_4) - f(x_3)} \cdot f(x_4) = 0.323 - \frac{0.323 - 0.345}{f(0.323) - f(0.345)} \cdot f(0.323) \approx 0.322.$$

至此，计算无需再继续，因 x_4 与 x_5 的前两位小数相同，故以 0.32 作为根的近似值，其误差小于 0.01.

4. **解**: 设函数 $f(x) = x\lg x - 1$. $f(x)$ 在 $[1,3]$ 上连续，且 $f(1) = -1 < 0, f(3) = 3\lg 3 - 1 > 0$，由零点定理知至少存在一点 $\xi \in (1,3)$，使 $f(\xi) = 0$，即方程 $x\lg x = 1$ 在区间 $(1,3)$ 内至少有一实根.

又 $f'(x) = \lg x + x \cdot \frac{1}{x\ln 10} = \lg x + \frac{1}{\ln 10} > 0 (x \geq 1)$，故函数 $f(x)$ 在 $[1,3]$ 上单调增加，从而方程 $f(x) = 0$，即 $x\lg x = 1$ 在 $(1,3)$ 内至多有一实根. 因此方程 $x\lg x = 1$ 在 $(1,3)$ 内有唯一的实根.

现用二分法求这个根的近似值:

n	1	2	3	4	5	6	7	8	9
a_n	1	2	2.50	2.50	2.50	2.50	2.50	2.50	2.50
b_n	3	3	3	2.75	2.63	2.57	2.53	2.52	2.51
中点 x_n	2	2.50	2.75	2.63	2.57	2.53	2.52	2.51	2.51
$f(x_n)$ 符号	−	−	+	+	+	+	+	+	+

故误差不超过 0.01 的根的近似值为 $\xi = 2.51$.

总习题三精讲

1. **解**：$f'(x) = \dfrac{1}{x} - \dfrac{1}{e} = \dfrac{e-x}{xe}$，令 $f'(x)$，得驻点 $x = e$.
   当 $0 < x < e$ 时，$f'(x) > 0$，故函数 $f(x)$ 在 $(0, e]$ 上单调增加；
   当 $e < x < +\infty$ 时，$f'(x) < 0$，故函数 $f(x)$ 在 $[e, +\infty)$ 上单调减少.
   从而 $x = e$ 为函数 $f(x)$ 的极大值点. 由于驻点唯一，极大值也是最大值且最大值 $f(e) = k > 0$.
   又 $\lim\limits_{x \to 0^+} f(x) = -\infty$，$\lim\limits_{x \to +\infty} f(x) = -\infty$，故曲线 $y = \ln x - \dfrac{x}{e} + k$ 与 x 轴有两个交点，因此函数 $f(x) = \ln x - \dfrac{x}{e} + k$ 在 $(0, +\infty)$ 内的零点个数为 2.

2. **解**：(1) 由拉格朗日中值定理知 $f(1) - f(0) = f'(\xi)$，其中 $\xi \in (0, 1)$. 由于 $f''(x) > 0$，$f'(x)$ 单调增加，故 $f'(0) < f'(\xi) < f'(1)$. 即 $f'(0) < f(1) - f(0) < f'(1)$. 因此应填(B).
   (2) **解法一** 取 $f(x) = x^3$，$f'(x) = 3x^2$，$f''(x) = 6x$，$f'''(x) = 6 > 0$，$x_0 = 0$，符合题意，可排除(A)、(B)、(C). 因此应填(D).

   解法二 由已知条件及 $f'''(x_0) = \lim\limits_{x \to x_0} \dfrac{f''(x) - f''(x_0)}{x - x_0} = \lim\limits_{x \to x_0} \dfrac{f''(x)}{x - x_0} > 0$ 知，在 x_0 某邻域内，当 $x < x_0$ 时，$f''(x) < 0$；当 $x > x_0$ 时，$f''(x) > 0$，所以 $(x_0, f(x_0))$ 是曲线 $y = f(x)$ 的拐点. 由此可知，在 x_0 的某去心邻域内有 $f'(x) > f'(x_0) = 0$，所以 $f(x)$ 在 x_0 的某邻域内是单调增加的，从而 $f(x_0)$ 不是 $f(x)$ 的极值.
   再由已知条件及极值的第二充分判别法知，$f'(x_0)$ 是 $f'(x)$ 的极小值. 故选(D).

3. **解**：取 $f(x) = |x|$，区间为 $[-1, 1]$. 函数 $f(x)$ 在 $[-1, 1]$ 上连续，在 $(-1, 1)$ 内除点 $x = 0$ 外处处可导，但 $f(x)$ 在 $(-1, 1)$ 内不存在点 ξ，使 $f'(\xi) = 0$，即不存在 $\xi \in (-1, 1)$ 使 $f(1) - f(-1) = f'(\xi)[1 - (-1)]$.

4. **解**：由拉格朗日中值定理知 $f(x+a) - f(x) = f'(\xi) \cdot a$，$\xi$ 介于 $x, x+a$ 之间，
   当 $x \to \infty$ 时，$\xi \to \infty$. 故 $\lim\limits_{x \to \infty}[f(x+a) - f(x)] = \lim\limits_{\xi \to \infty} f'(\xi) a = ka$.

5. **证**：假设多项式 $f(x) = x^3 - 3x + a$ 在 $[0, 1]$ 上有两个零点，即存在 $x_1, x_2 \in [0, 1]$ 使 $f(x_1) = f(x_2) = 0$，不妨设 $x_1 < x_2$. 函数 $f(x)$ 在 $[x_1, x_2]$ 上连续，在 (x_1, x_2) 内处处可导，由罗尔定理知至少存在一点 $\xi \in (x_1, x_2) \subset (0, 1)$，使 $f'(\xi) = 0$，但 $f'(x) = 3x^2 - 3$ 在 $(0, 1)$ 内恒不等于零，故多项式 $f(x) = x^3 - 3x + a$ 在 $[0, 1]$ 上不可能有两个零点.

6. **证**：取函数 $F(x) = a_0 x + \dfrac{a_1}{2}x^2 + \cdots + \dfrac{a_n}{n+1}x^{n+1}$. $F(x)$ 在 $[0, 1]$ 上连续，在 $(0, 1)$ 内可导且 $F(0) = 0$，$F(1) = a_0 + \dfrac{a_1}{2} + \cdots + \dfrac{a_n}{n+1} = 0$，由罗尔定理知至少存在一点 $\xi \in (0, 1)$，使 $F'(\xi) = 0$，即多项式 $f(x) = F'(x) = a_0 + a_1 x + \cdots + a_n x^n$ 在 $(0, 1)$ 内至少有一个零点.

7. **证**：取函数 $F(x) = xf(x)$. $F(x)$ 在 $[0, a]$ 上连续，在 $(0, a)$ 内可导，且 $F(0) = 0$，$F(a) = af(a) = 0$，由罗尔定理知至少存在一点 $\xi \in (0, a)$，使 $F'(\xi) = [xf(x)]'\big|_{x=\xi} = f(\xi) + \xi f'(\xi) = 0$.

*8. **证**：取函数 $F(x) = \ln x$，$f(x)$、$F(x)$ 在 $[a, b]$ 上连续，在 (a, b) 内可导，且 $F'(x) = \dfrac{1}{x} \neq 0$，$x \in$

(a,b). 由柯西中值定理知至少存在一点 $\xi\in(a,b)$，使 $\dfrac{f(b)-f(a)}{F(b)-F(a)}=\dfrac{f'(\xi)}{F'(\xi)}$. 即 $\dfrac{f(b)-f(a)}{\ln b-\ln a}$

$=\dfrac{f'(\xi)}{\dfrac{1}{\xi}}$，亦即 $f(b)-f(a)=\xi f'(\xi)\ln\dfrac{b}{a}$.

9. **分析**：要证 $x>a$ 时，$|f(x)-f(a)|<g(x)-g(a)$，
即要证 $-[g(x)-g(a)]<f(x)-f(a)<g(x)-g(a)$，
亦即要证 $f(x)-g(x)<f(a)-g(a)$，$f(x)+g(x)>f(a)+g(a)$.

证：取 $F(x)=f(x)-g(x)$，$G(x)=f(x)+g(x)$，$x\in(a,+\infty)$.
由 $|f'(x)|<g'(x)$ 知 $f'(x)-g'(x)<0$ 及 $f'(x)+g'(x)>0$，
故 $F'(x)=f'(x)-g'(x)<0$，$G'(x)=f'(x)+g'(x)>0$，即当 $x>a$ 时函数 $F(x)$ 单调减少，$G(x)$ 单调增加. 因此 $F(x)<F(a)$ 及 $G(x)>G(a)$ $(x>a)$.
从而 $f(x)-g(x)<f(a)-g(a)$，$f(x)+g(x)>f(a)+g(a)$ $(x>a)$.
即当 $x>a$ 时，$|f(x)-f(a)|<g(x)-g(a)$.

10. **解**：(1) $\lim\limits_{x\to 1}\dfrac{x-x^x}{1-x+\ln x}=\lim\limits_{x\to 1}\dfrac{1-x^x(1+\ln x)}{-1+\dfrac{1}{x}}=\lim\limits_{x\to 1}\dfrac{x^x\ln x+x^x-1}{x-1}\cdot x$

$=\lim\limits_{x\to 1}\dfrac{x^x(\ln x+1)\ln x+x^{x-1}+x^x(\ln x+1)}{1}=2.$

(2) $\lim\limits_{x\to 0}\left[\dfrac{1}{\ln(1+x)}-\dfrac{1}{x}\right]=\lim\limits_{x\to 0}\dfrac{x-\ln(1+x)}{x\ln(1+x)}=\lim\limits_{x\to 0}\dfrac{x-\ln(1+x)}{x^2}=\lim\limits_{x\to 0}\dfrac{1-\dfrac{1}{1+x}}{2x}=\lim\limits_{x\to 0}\dfrac{1}{2(1+x)}=\dfrac{1}{2}.$

(3) $\lim\limits_{x\to+\infty}\left(\dfrac{2}{\pi}\arctan x\right)^x = e^{\lim\limits_{x\to+\infty}x\ln\left(\dfrac{2}{\pi}\arctan x\right)} = e^{\lim\limits_{x\to+\infty}\dfrac{\ln\dfrac{2}{\pi}+\ln\arctan x}{\dfrac{1}{x}}}$

$=e^{\lim\limits_{x\to+\infty}\dfrac{\dfrac{1}{\arctan x}\cdot\dfrac{1}{1+x^2}}{-\dfrac{1}{x^2}}}=e^{-\lim\limits_{x\to+\infty}\dfrac{1}{\arctan x}\cdot\dfrac{x^2}{1+x^2}}=e^{-\dfrac{2}{\pi}}$

(4) $\lim\limits_{x\to\infty}\left[\left(a_1^{\frac{1}{x}}+a_2^{\frac{1}{x}}+\cdots+a_n^{\frac{1}{x}}\right)/n\right]^{nx}=e^{\lim\limits_{x\to\infty}nx\left[\ln\left(a_1^{\frac{1}{x}}+a_2^{\frac{1}{x}}+\cdots+a_n^{\frac{1}{x}}\right)-\ln n\right]}$

$=e^{n\cdot\lim\limits_{x\to\infty}\dfrac{\ln\left(a_1^{\frac{1}{x}}+a_2^{\frac{1}{x}}+\cdots+a_n^{\frac{1}{x}}\right)-\ln n}{\dfrac{1}{x}}}=e^{n\cdot\lim\limits_{x\to\infty}\dfrac{\dfrac{[a_1^{\frac{1}{x}}\ln a_1+a_2^{\frac{1}{x}}\ln a_2+\cdots+a_n^{\frac{1}{x}}\ln a_n]\left(\dfrac{1}{x}\right)'}{a_1^{\frac{1}{x}}+a_2^{\frac{1}{x}}+\cdots+a_n^{\frac{1}{x}}}}{\left(\dfrac{1}{x}\right)'}}$

$=e^{n\cdot\frac{1}{n}(\ln a_1+\ln a_2+\cdots+\ln a_n)}=e^{\ln(a_1\cdot a_2\cdots\cdot a_n)}=a_1 a_2\cdots a_n$

11. **解**：(1) $f(1)=0$，$f'(x)=3x^2\ln x+x^2$，$f'(1)=1$；
$f''(x)=6x\ln x+5x$，$f''(1)=5$；$f'''(x)=6\ln x+11$，$f'''(1)=11$；
$f^{(4)}(x)=\dfrac{6}{x}$，$f^{(4)}(1)=6$；$f^{(5)}(x)=-\dfrac{6}{x^2}$，$f^{(5)}(\xi)=-\dfrac{6}{\xi^2}$，

因此，$x^3\ln x=(x-1)+\dfrac{5}{2!}(x-1)^2+\dfrac{11}{3!}(x-1)^3+\dfrac{6}{4!}(x-1)^4-\dfrac{6}{5!\;\xi^2}(x-1)^5$，

其中 ξ 介于 1 和 x 之间.

(2) $f(0)=0$，$f'(x)=\dfrac{1}{1+x^2}$，$f'(0)=1$；$f''(x)=-\dfrac{2x}{(1+x^2)^2}$，$f''(0)=0$；

$f'''(x)=-\dfrac{2(1-3x^2)}{(1+x^2)^3}$，$f'''(0)=-2$；因此，$\arctan x=x-\dfrac{x^3}{3}+o(x^4)$.

注：也可用下列方法求 $y=\arctan x$ 在 $x=0$ 处的导数.

对 $y'=\dfrac{1}{1+x^2}$，即 $(1+x^2)y'=1$，求 n 阶导数：$(1+x^2)y^{(n+1)}+2nxy^{(n)}+n(n-1)y^{(n-1)}=0$，令 $x=0$ 得 $y^{(n+1)}(0)=-n(n-1)y^{(n-1)}(0)$，由 $y''(0)=0$，$y'(0)=1$ 得 $y^{(2m)}(0)=0$，$y^{(2m+1)}(0)=-2m(2m-1)y^{(2m-1)}(0)=(-1)^m(2m)!$.

(3) $e^{\sin x}=1+\sin x+\dfrac{1}{2!}\sin^2 x+\dfrac{1}{3!}\sin^3 x+o(x^3)$，又，$\sin x=x-\dfrac{1}{3!}x^3+o(x^4)$，故 $e^{\sin x}=1+\left(x-\dfrac{1}{6}x^3\right)+\dfrac{1}{2}x^2+\dfrac{1}{6}x^3+o(x^3)=1+x+\dfrac{1}{2}x^2+o(x^3)$.

(4) $\ln\cos x=\ln[1+(\cos x-1)]=\cos x-1-\dfrac{1}{2}(\cos x-1)^2+\dfrac{1}{3}(\cos x-1)^3+o(x^6)$，又，$\cos x-1=-\dfrac{1}{2}x^2+\dfrac{1}{24}x^4-\dfrac{1}{720}x^6+o(x^7)$，因此，

$\ln\cos x=\left(-\dfrac{1}{2}x^2+\dfrac{1}{24}x^4-\dfrac{1}{720}x^6\right)-\dfrac{1}{2}\left(\dfrac{1}{4}x^4-\dfrac{1}{24}x^6\right)+\dfrac{1}{3}\left(-\dfrac{1}{8}x^6\right)+o(x^6)$

$=-\dfrac{1}{2}x^2-\dfrac{1}{12}x^4-\dfrac{1}{45}x^6+o(x^6)$.

12. 证：(1) 取函数 $f(x)=\dfrac{\tan x}{x}$，$0<x<\dfrac{\pi}{2}$. 当 $0<x<\dfrac{\pi}{2}$ 时，$f'(x)=\dfrac{\sec^2 x-\tan x}{x^2}>0$（$x\sec^2 x-\tan x-\tan x>0$）故 $f(x)$ 在 $\left(0,\dfrac{\pi}{2}\right)$ 内单调增加，因此，当 $0<x_1<x_2<\dfrac{\pi}{2}$ 时，$f(x_2)>f(x_1)$，即 $\dfrac{\tan x_2}{x_2}>\dfrac{\tan x_1}{x_1}$，亦即 $\dfrac{\tan x_2}{\tan x_1}>\dfrac{x_2}{x_1}$.

(2) 取函数 $f(x)=(1+x)\ln(1+x)-\arctan x$（$x>0$）. 当 $x>0$ 时，$f'(x)=\ln(1+x)+1-\dfrac{1}{1+x^2}>0$，故 $f(x)$ 在 $(0,+\infty)$ 内单调增加，因此，当 $x>0$ 时，$f(x)>f(0)$，即 $(1+x)\ln(1+x)-\arctan x>0$，亦即 $\ln(1+x)>\dfrac{\arctan x}{1+x}$.

(3) 设 $f(x)=\ln^2 x$（$e<a<x<b<e^2$）. $f(x)$ 在 $[a,b]$ 上连续，在 (a,b) 内可导，由拉格朗日中值定理知，至少存在一点 $\xi\in(a,b)$，使 $\ln^2 b-\ln^2 a=\dfrac{2\ln\xi}{\xi}(b-a)$.

设 $\varphi(t)=\dfrac{\ln t}{t}$，则 $\varphi'(t)=\dfrac{1-\ln t}{t^2}$. 当 $t>e$ 时，$\varphi'(t)<0$，所以 $\varphi(t)$ 在 $[e,+\infty)$ 上单调减少，而 $e<a<\xi<b<e^2$，从而 $\varphi(\xi)>\varphi(e^2)$，即 $\dfrac{\ln\xi}{\xi}>\dfrac{\ln e^2}{e^2}=\dfrac{2}{e^2}$，因此 $\ln^2 b-\ln^2 a>\dfrac{4}{e^2}(b-a)$.

13. 解：由 $f'(x)=a^x\ln a-a=0$，得唯一驻点 $x(a)=1-\dfrac{\ln\ln a}{\ln a}$.

考查函数 $x(a)=1-\dfrac{\ln\ln a}{\ln a}$ 在 $a>1$ 时的最小值，令 $x'(a)=-\dfrac{\dfrac{1}{a}-\dfrac{1}{a}\ln\ln a}{(\ln a)^2}=-\dfrac{1-\ln\ln a}{a(\ln a)^2}=0$，得唯一驻点，$a=e^e$，当 $a>e^e$ 时，$x'(a)>0$；当 $a<e^e$ 时，$x'(a)<0$，因此 $x(e^e)=1-\dfrac{1}{e}$ 为极小值，也是最小值.

14. 解：在椭圆方程两端分别对 x 求导，得 $2x-y-xy'+2yy'=0$，$y'=\dfrac{y-2x}{2y-x}$.

令 $y'=0$，得 $y=2x$. 将 $y=2x$ 代入椭圆方程后得 $x^2=1$，故 $x=\pm 1$. 从而得到椭圆上的点 $(1,2)$，$(-1,-2)$. 根据题意即知点 $(1,2)$，$(-1,-2)$ 为椭圆 $x^2-xy+y^2=3$ 上纵坐标最大和最小的点.

15. **解**：取函数 $f(x)=x^{\frac{1}{x}}\ (x>0)$. $f'(x)=x^{\frac{1}{x}-2}(1-\ln x)$.

    令 $f'(x)=0$，得驻点 $x=e$. 当 $0<x<e$ 时，$f'(x)>0$；当 $e<x<+\infty$ 时，$f'(x)<0$，因此点 $x=e$ 为 $f(x)$ 的极大值点. 由于驻点唯一，极大值点也是最大值点且最大值为 $f(e)=e^{\frac{1}{e}}$.

    由 $1<\sqrt{2}$ 及 $f(x)$ 在 $(e,+\infty)$ 内单调减少，知 $\sqrt[3]{3}>\sqrt[4]{4}>\cdots>\sqrt[n]{n}>\cdots$.

    由 $f(e)=e^{\frac{1}{e}}$ 为 $f(x)$ 的最大值，可知数列 $\{\sqrt[n]{n}\}$ 的最大项只可能在 $x=e$ 的邻近整数值 2 与 3 中取得，因为 $(\sqrt{2})^6=8<(\sqrt[3]{3})^6=9$，故数列 $\{\sqrt[n]{n}\}$ 的最大项为 $\sqrt[3]{3}$.

16. **解**：$y'=\cos x$，$y''=-\sin x$，曲线 $y=\sin x(0<x<\pi)$ 的曲率为

    $K=\dfrac{|-\sin x|}{(1+\cos^2 x)^{\frac{3}{2}}}=\dfrac{\sin x}{(1+\cos^2 x)^{\frac{3}{2}}}$，又由 $K'=\dfrac{2\cos x(1+\sin^2 x)}{(1+\cos^2 x)^{\frac{5}{2}}}=0$ 知 $x=\dfrac{\pi}{2}$.

    当 $0<x<\dfrac{\pi}{2}$ 时，$K'>0$；当 $\dfrac{\pi}{2}<x<\pi$ 时，$K'<0$. 因此 $x=\dfrac{\pi}{2}$ 为 K 的极大值点. 又驻点唯一，故极大值点也是最大值点，且 K 的最大值为 $K=\left.\dfrac{\sin x}{(1+\cos^2 x)^{\frac{3}{2}}}\right|_{x=\frac{\pi}{2}}=1$. 此时曲率半径 $\rho=1$ 最小，故曲线弧 $y=\sin x(0<x<\pi)$ 上点 $x=\dfrac{\pi}{2}$ 处的曲率半径最小且曲率半径为 $\rho=1$.

17. **证**：取函数 $f(x)=x^3-5x-2$，$f'(x)=3x^2-5$. 令 $f'(x)=0$ 得驻点 $x=\sqrt{\dfrac{5}{3}}$. 当 $0<x<\sqrt{\dfrac{5}{3}}$ 时，$f'(x)<0$，故 $f(x)$ 在 $\left[0,\sqrt{\dfrac{5}{3}}\right]$ 上单调减少，又 $f(0)=-2<0$，$f\left(\sqrt{\dfrac{5}{3}}\right)=\left(\dfrac{5}{3}\right)^{\frac{3}{2}}-5\sqrt{\dfrac{5}{3}}-2<0$. 因此方程 $f(x)=0$ 即 $x^3-5x-2=0$ 在 $\left(0,\sqrt{\dfrac{5}{3}}\right)$ 内没有实根.

    当 $\sqrt{\dfrac{5}{3}}<x<+\infty$ 时，$f'(x)>0$，故 $f(x)$ 在 $\left[\sqrt{\dfrac{5}{3}},+\infty\right)$ 上单调增加，因此方程 $f(x)=0$ 在 $\left[\sqrt{\dfrac{5}{3}},+\infty\right)$ 上至多有一实根，又 $f(3)=10>0$，由零点定理知至少存在一点 $\xi\in\left(\sqrt{\dfrac{5}{3}},3\right)$ 使 $f(\xi)=0$，即方程 $f(x)=0$ 亦即 $x^3-5x-2=0$ 在 $\left(\sqrt{\dfrac{5}{3}},3\right)$ 内至少有一实根，因此方程 $x^3-5x-2=0$ 在 $\left(\sqrt{\dfrac{5}{3}},3\right)$ 内只有一正根.

    现在用二分法求该方程正根的近似值，由 $f(2)=-4<0$，为了方便起见，取区间 $[2,3]$.

n	1	2	3	4	5	6	7	8	9	10	11
a_n	2	2	2.25	2.375	2.375	2.406	2.406	2.414	2.414	2.414	2.414
b_n	3	2.5	2.5	2.5	2.438	2.438	2.422	2.422	2.418	2.416	2.415
中点 x_n	2.5	2.25	2.375	2.438	2.406	2.422	2.414	2.418	2.416	2.415	2.415
$f(x_n)$ 符号	+	−	−	+	−	+	−	+	+	+	+

    故误差不超过 10^{-3} 的正根的近似值为 $\xi=2.415$.

*18. 证： $\lim\limits_{h\to 0}\dfrac{f(x_0+h)+f(x_0-h)-2f(x_0)}{h^2}=\lim\limits_{h\to 0}\dfrac{f'(x_0+h)-f'(x_0-h)}{2h}$

$=\dfrac{1}{2}\lim\limits_{h\to 0}\left[\dfrac{f'(x_0+h)-f'(x_0)}{h}+\dfrac{f'(x_0-h)-f'(x_0)}{-h}\right]=\dfrac{1}{2}[f''(x_0)+f''(x_0)]=f''(x_0)$.

19. 证：由 $x_1,x_2\in(a,b)$ 知 $x_0=(1-t)x_1+tx_2\in(a,b)$，利用泰勒公式有

$$f(x_1)=f(x_0)+f'(x_0)(x_1-x_0)+\dfrac{1}{2!}f''(\xi_1)(x_1-x_2)^2,\ \xi_1\ \text{介于}\ x_1,x_0\ \text{之间}；$$

$$f(x_2)=f(x_0)+f'(x_0)(x_2-x_0)+\dfrac{1}{2!}f''(\xi_2)(x_2-x_0)^2,\ \xi_2\ \text{介于}\ x_2,x_0\ \text{之间}.$$

由 $f''(x)\geqslant 0$ 知 $f''(\xi_1)\geqslant 0$，$f''(\xi_2)\geqslant 0$，故

$f(x_1)\geqslant f(x_0)+f'(x_0)(x_1-x_0)$ 及 $f(x_2)\geqslant f(x_0)+f'(x_0)(x_2-x_0)$，

因此，$(1-t)f(x_1)+tf(x_2)\geqslant(1-t)f(x_0)+tf(x_0)+f'(x_0)[(1-t)(x_1-x_0)+t(x_2-x_0)]$

$$=f(x_0)+f'(x_0)[(1-t)x_1+tx_2-x_0]=f(x_0)，$$

即 $f[(1-t)x_1+tx_2]\leqslant(1-t)f(x_1)+tf(x_2)$.

20. 解：利用泰勒公式 $f(x)=x-a\sin x-\dfrac{b}{2}\sin 2x=x-a\left[x-\dfrac{x^3}{3!}+\dfrac{x^5}{5!}+o(x^5)\right]-\dfrac{b}{2}$

$\left[2x-\dfrac{(2x)^3}{3!}+\dfrac{(2x)^5}{5!}+o(x^5)\right]=(1-a-b)x+\left(\dfrac{a}{6}+\dfrac{2b}{3}\right)x^3-\left(\dfrac{a}{120}+\dfrac{2b}{15}\right)x^5+o(x^5)$

按题意，应有 $\begin{cases}1-a-b=0,\\ \dfrac{a}{6}+\dfrac{2b}{3}=0,\\ \dfrac{a}{120}+\dfrac{2b}{15}\neq 0\end{cases}$ 得 $a=\dfrac{4}{3}$，$b=-\dfrac{1}{3}$.

因此，当 $a=\dfrac{4}{3}$，$b=-\dfrac{1}{3}$ 时，$f(x)=x-(a+b\cos x)\sin x$ 是 $x\to 0$ 时关于 x 的 5 阶无穷小.

第四章

不定积分

本章知识结构树

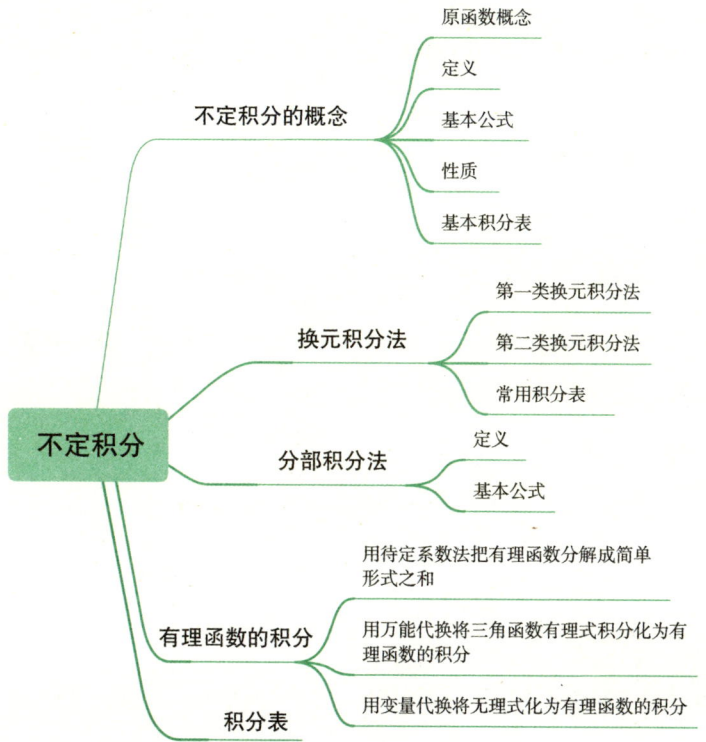

大纲解读

理解原函数与不定积分的概念,掌握不定积分的基本性质和基本积分公式,掌握不定积分的换元积分法与分部积分法.

第一节 不定积分的概念与性质

> 内容精讲

1. 原函数与不定积分的定义

设函数 $F(x)$ 与 $f(x)$ 在区间 (a,b) 内有定义,若对于任意 $x \in (a,b)$ 有
$$F'(x) = f(x) \quad \text{或} \quad dF(x) = f(x)dx$$
则称 $F(x)$ 是 $f(x)$ 在 (a,b) 上的一个原函数.

函数 $f(x)$ 的全体原函数称为 $f(x)$ 的不定积分,记为 $\int f(x)dx$. 设 $F(x)$ 是 $f(x)$ 的一个原函数,则 $\int f(x)dx = F(x) + C$, C 为任意常数.

2. 不定积分的基本性质

(1) $\int f'(x)dx = f(x) + C$;

(2) $\dfrac{d}{dx}\left[\int f(x)dx\right] = f(x)$, 或 $d\left[\int f(x)dx\right] = f(x)dx$;

(3) $\int [k_1 f(x) \pm k_2 g(x)]dx = k_1 \int f(x)dx \pm k_2 \int g(x)dx$ (k_1, k_2 不同时为零).

3. 基本公式

(1) $\int x^a dx = \dfrac{1}{a+1} x^{a+1} + C$ ($a \neq -1$);   (2) $\int \dfrac{1}{x} dx = \ln|x| + C$;

(3) $\int a^x dx = \dfrac{1}{\ln a} a^x + C$;   (4) $\int e^x dx = e^x + C$;

(5) $\int \sin x\, dx = -\cos x + C$;   (6) $\int \cos x\, dx = \sin x + C$;

(7) $\int \sec^2 x\, dx = \tan x + C$;   (8) $\int \csc^2 x\, dx = -\cot x + C$;

(9) $\int \tan x\, dx = -\ln|\cos x| + C$;   (10) $\int \cot x\, dx = \ln|\sin x| + C$;

(11) $\int \sec x\, dx = \ln|\sec x + \tan x| + C$;   (12) $\int \csc x\, dx = \ln|\csc x - \cot x| + C$;

(13) $\int \dfrac{dx}{\sqrt{a^2 - x^2}} = \arcsin \dfrac{x}{a} + C$ ($a > 0$);   (14) $\int \dfrac{dx}{a^2 + x^2} = \dfrac{1}{a} \arctan \dfrac{x}{a} + C$;

(15) $\int \dfrac{dx}{a^2 - x^2} = \dfrac{1}{2a} \ln\left|\dfrac{a+x}{a-x}\right| + C$;   (16) $\int \dfrac{dx}{\sqrt{x^2 \pm a^2}} = \ln|x + \sqrt{x^2 \pm a^2}| + C$;

(17) $\int \sqrt{a^2 - x^2}\, dx = \dfrac{x}{2} \sqrt{a^2 - x^2} + \dfrac{a^2}{2} \arcsin \dfrac{x}{a} + C$;

(18) $\int \sqrt{x^2 - a^2}\, dx = \dfrac{x}{2} \sqrt{x^2 - a^2} - \dfrac{a^2}{2} \ln|x + \sqrt{x^2 - a^2}| + C$;

(19) $\int \sqrt{x^2 + a^2}\, dx = \dfrac{x}{2} \sqrt{x^2 + a^2} + \dfrac{a^2}{2} \ln|x + \sqrt{x^2 + a^2}| + C$;

(20) $\int \text{sh}x\,dx = \text{ch}x + C$;   (21) $\int \text{ch}x\,dx = \text{sh}x + C$.

题型及考点解析

例1 若函数 $f(x)$ 的原函数是 $F(x)$，问 $f(x)$ 是否一定为连续函数？

解 不一定. 如 $f(x)=\begin{cases} 2x\cdot\cos\dfrac{1}{x}+\sin\dfrac{1}{x}, & x\neq 0 \\ 0, & x=0 \end{cases}$ 存在间断点 $x=0$，但是在 $(-\infty,+\infty)$ 上 $f(x)$ 有原函数 $F(x)=\begin{cases} x^2\cos\dfrac{1}{x}, & x\neq 0 \\ 0, & x=0 \end{cases}$

因此，函数连续是函数存在原函数的充分条件，但不是必要条件.

例2 初等函数的导数仍为初等函数，初等函数的原函数是否必为初等函数？

解 不一定. 虽然求导和求原函数是互逆运算，但其导数为初等函数的函数，未必都是初等函数. 例如 $\int e^{x^2}dx$，$\int \sin x^2\,dx$，$\int \dfrac{\sin x}{x}dx$ 等. 它们的被积函数都是初等函数，因而在其定义区间内是连续的，故它们的原函数必存在. 但是它们的原函数却不能用初等函数表示. 因此，必须清楚：原函数不存在与原函数不能用初等函数表示是两个不同的概念.

例3 若 $f(x)$ 的导函数为 $\sin x$，则 $f(x)$ 的一个原函数是_____. (考研题)

(A) $1+\sin x$ (B) $1-\sin x$ (C) $1+\cos x$ (D) $1-\cos x$

分析 由定义，$f(x)$ 的导函数是 $\sin x$，则 $f(x)$ 是 $\sin x$ 的原函数，因此可先对 $\sin x$ 求不定积分得到 $f(x)$，再对 $f(x)$ 求不定积分找到它的原函数，然后比较所给选项得到正确答案.

解 因为 $f'(x)=\sin x$，所以 $f(x)=\int \sin x\,dx=-\cos x+C_1$，而
$$\int f(x)dx=\int(-\cos x+C_1)dx=-\sin x+C_1 x+C_2,$$
取 $C_1=0$，$C_2=1$ 得 $f(x)$ 的一个原函数为 $1-\sin x$.

故应选(B).

题型分析 利用原函数的定义求两次不定积分，并根据题目选取恰当的常数 C_1 和 C_2，从而找到所要求的一个原函数是本题的主要方法，只要熟悉原函数的定义及基本积分表，题目便迎刃而解了.

例4 设 $F_1(x)$，$F_2(x)$ 是区间 I 内连续函数 $f(x)$ 的两个不同的原函数，且 $f(x)\neq 0$，则在区间 I 内必有_____.

(A) $F_1(x)+F_2(x)=C$ (B) $F_1(x)\cdot F_2(x)=C$
(C) $F_1(x)=CF_2(x)$ (D) $F_1(x)-F_2(x)=C$ (C 为常数)

分析 由原函数定义，$F_1'(x)=F_2'(x)=f(x)$，由 $(F_1(x)-F_2(x))'=F_1'(x)-F_2'(x)$，则 $F_1(x)-F_2(x)=C$，得 $F_1(x)$ 与 $F_2(x)$ 的关系.

解 设 $G(x)=F_1(x)-F_2(x)$，则

$$G'(x)=(F_1(x)-F_2(x))'=F'_1(x)-F'_2(x)=f(x)-f(x)=0,$$

从而 $G(x)=C$,即 $F_1(x)-F_2(x)=C$.

故应选(D).

题型分析 一个函数的任意两个原函数之间只相差一个常数,这是原函数的一个重要性质,由原函数的定义即可证明.此性质需熟记.

例 5 下列等式中正确的是_____.

(A) $\int f'(x)\mathrm{d}x=f(x)$ 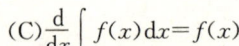 (B) $\int \mathrm{d}f(x)=f(x)$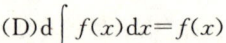

(C) $\dfrac{\mathrm{d}}{\mathrm{d}x}\int f(x)\mathrm{d}x=f(x)$ (D) $\mathrm{d}\int f(x)\mathrm{d}x=f(x)$

分析 此题目讨论的是原函数、不定积分、导数、微分的关系.不定积分允许相差任意常数,而(A)、(B)漏掉了.(D)的微分式中漏了 $\mathrm{d}x$,也不对.

解 选(C).

题型分析 求不定积分一定注意不能漏 C,因为任意一个原函数加上 C 表示原函数的全体.

例 6 求下列不定积分

(1) $\int x^3\sqrt[4]{x}\,\mathrm{d}x$; (2) $\int (x-2)^2\,\mathrm{d}x$; (3) $\int \dfrac{(4-x)^2}{\sqrt[3]{x}}\,\mathrm{d}x$;

(4) $\int \dfrac{3x^4+3x^2+1}{1+x^2}\,\mathrm{d}x$; (5) $\int 2^x\mathrm{e}^x\,\mathrm{d}x$; (6) $\int \dfrac{4\cdot 3^x-5\cdot 2^x}{3^x}\,\mathrm{d}x$;

(7) $\int \sin^2\dfrac{x}{2}\,\mathrm{d}x$; (8) $\int \dfrac{1+\sin^2 x}{1-\cos 2x}\,\mathrm{d}x$.

分析 利用不定积分的性质及基本积分公式求不定积分的方法称为直接积分法,这是积分常用的方法之一.被积函数如果不是积分表中的类型,可先把被积函数进行恒等变形,然后再积分.

解 (1) $\int x^3\sqrt[4]{x}\,\mathrm{d}x=\int x^{\frac{13}{4}}\mathrm{d}x=\dfrac{1}{\frac{13}{4}+1}x^{\frac{13}{4}+1}+C=\dfrac{4}{17}x^{\frac{17}{4}}+C$;

(2) $\int (x-2)^2\,\mathrm{d}x=\int (x^2-4x+4)\,\mathrm{d}x=\int x^2\,\mathrm{d}x-4\int x\,\mathrm{d}x+\int 4\,\mathrm{d}x=\dfrac{1}{3}x^3-2x^2+4x+C$;

(3) $\int \dfrac{(4-x)^2}{\sqrt[3]{x}}\,\mathrm{d}x=\int 16x^{-\frac{1}{3}}\mathrm{d}x-\int 8x^{\frac{2}{3}}\mathrm{d}x+\int x^{\frac{5}{3}}\mathrm{d}x=24x^{\frac{2}{3}}-\dfrac{24}{5}x^{\frac{5}{3}}+\dfrac{3}{8}x^{\frac{8}{3}}+C$;

(4) $\int \dfrac{3x^4+3x^2+1}{1+x^2}\,\mathrm{d}x=3\int x^2\,\mathrm{d}x+\int \dfrac{1}{1+x^2}\,\mathrm{d}x=x^3+\arctan x+C$;

(5) $\int 2^x\mathrm{e}^x\,\mathrm{d}x=\int (2\mathrm{e})^x\,\mathrm{d}x=\dfrac{1}{\ln(2\mathrm{e})}(2\mathrm{e})^x+C=\dfrac{2^x\mathrm{e}^x}{\ln 2+1}+C$.

(6) $\int \dfrac{4\cdot 3^x-5\cdot 2^x}{3^x}\,\mathrm{d}x=\int 4\,\mathrm{d}x-5\int \left(\dfrac{2}{3}\right)^x\,\mathrm{d}x=4x-5\cdot\dfrac{1}{\ln\left(\frac{2}{3}\right)}\left(\dfrac{2}{3}\right)^x+C$

$$= 4x + \frac{5}{\ln 3 - \ln 2} \cdot \left(\frac{2}{3}\right)^x + C.$$

(7) $\int \sin^2 \frac{x}{2} dx = \int \frac{1-\cos x}{2} dx = \frac{1}{2}x - \frac{1}{2}\sin x + C.$

(8) $\int \frac{1+\sin^2 x}{1-\cos 2x} dx = \int \frac{1+\sin^2 x}{2\sin^2 x} dx = \frac{1}{2}\int \left(\frac{1}{\sin^2 x}+1\right) dx = \frac{1}{2}\int (\csc^2 x + 1) dx$

$$= \frac{-1}{2}\cot x + \frac{1}{2}x + C.$$

题型分析 直接积分法要求熟练掌握基本积分公式,对被积函数可通过恒等变形后利用积分性质化为若干个可利用基本积分公式的形式,从而求得积分.

例7 设 $f(x)=|x|+2$,求 $f(x)$ 的全体原函数 $F(x)+C$.

分析 $f(x)=|x|+2$ 事实上是一个分段函数,即 $f(x)=\begin{cases} x+2, & x>0 \\ -x+2, & x\leq 0 \end{cases}$

因此 $f(x)$ 的原函数 $F(x)$ 也应是分段函数;由原函数的定义知:$F'(x)=f(x)$,所以若求 $F(x)$ 只须对 $f(x)$ 在不同的分段区间上分别积分,而 $F(x)$ 是 $f(x)$ 的原函数,因此 $F(x)$ 处处可导,当然处处连续.

综上分析便可求得 $F(x)$.

解 $f(x)=|x|+2=\begin{cases} x+2, & x>0 \\ -x+2, & x\leq 0 \end{cases}$

当 $x>0$ 时,$\int f(x)dx = \int (x+2)dx = \frac{1}{2}x^2+2x+C_1.$

当 $x\leq 0$ 时,$\int f(x)dx = \int (-x+2)dx = -\frac{1}{2}x^2+2x+C_2.$

由不定积分定义知 $F(x)+C = \int f(x)dx = \begin{cases} \frac{1}{2}x^2+2x+C_1, & x>0 \\ -\frac{1}{2}x^2+2x+C_2, & x\leq 0 \end{cases}$

因为原函数 $F(x)+C$ 在 $x=0$ 点连续,故有 $\frac{1}{2} \cdot 0 + 2 \cdot 0 + C_1 = -\frac{1}{2} \cdot 0 + 2 \cdot 0 + C_2$,所以 $C_1=C_2$.

取 $C_1=C_2=C$,故 $F(x)+C = \int f(x)dx = \begin{cases} \frac{1}{2}x^2+2x+C, & x>0 \\ \frac{-1}{2}x^2+2x+C. & x\leq 0 \end{cases}$

题型分析 对分段函数求原函数除了在分段的区间上分别积分外,一定要保证原函数 $F(x)$ 在整个定义区间上处处连续,否则不连续则不可导,$F(x)$ 也就不能成为原函数.通常只须利用所求 $F(x)$ 在分段点处的连续性建立常数之间的关系即可(如该题中利用在 $x=0$ 处连续得到 $C_2=C_1$),而定义区间其他点处的连续性由初等函数的连续性即可保证.

例8 一曲线通过点$(e^7,8)$,且在任一点处的切线斜率等于该点横坐标的倒数,求该积分曲线.

分析 函数的原函数图形即为此函数的积分曲线. 由题意,本题是求函数$\frac{1}{x}$的通过点$(e^7,8)$的那条积分曲线.

解 设该曲线的方程为$y=f(x)$. 由题意知$y'=f'(x)=\frac{1}{x}$,从而
$$y=\int \frac{1}{x}dx=\ln|x|+C,$$
又曲线过点$(e^7,8)$,所以$8=\ln e^7+C=7+C$,即得$C=1$.
因此该曲线方程为$y=\ln|x|+1$.

题型分析 由题意列出函数导数的方程,再由不定积分解之,这事实上是微分方程问题. 关于该问题在第7章中还有介绍.

习题4-1精讲

1. 解:(1) $\frac{d}{dx}[\ln(x+\sqrt{x^2+1})+C]=\frac{1}{x+\sqrt{x^2+1}}\cdot\left(1+\frac{x}{\sqrt{x^2+1}}\right)=\frac{1}{\sqrt{x^2+1}}.$

(2) $\frac{d}{dx}\left(\frac{\sqrt{x^2-1}}{x}+C\right)=\frac{\frac{x}{\sqrt{x^2-1}}\cdot x-\sqrt{x^2-1}}{x^2}=\frac{1}{x^2\sqrt{x^2-1}}.$

(3) $\frac{d}{dx}\left(\arctan x+\frac{1}{x+1}+C\right)=\frac{1}{x^2+1}-\frac{1}{(x+1)^2}=\frac{2x}{(x^2+1)(x+1)^2}.$

(4) $\frac{d}{dx}(\ln|\tan x+\sec x|+C)=\frac{1}{\tan x+\sec x}\cdot(\sec^2 x+\sec x\tan x)=\sec x.$

(5) $\frac{d}{dx}(x\sin x+\cos x+C)=\sin x+x\cos x-\sin x=x\cos x.$

(6) $\frac{d}{dx}\left[\frac{1}{2}e^x(\sin x-\cos x)+C\right]=\frac{1}{2}e^x(\sin x-\cos x)+\frac{1}{2}e^x(\cos x+\sin x)=e^x\sin x.$

2. 解:(1) $\int \frac{dx}{x^2}=\int x^{-2}dx=\frac{1}{-2+1}x^{-2+1}+C=-\frac{1}{x}+C.$

(2) $\int x\sqrt{x}dx=\int x^{\frac{3}{2}}dx=\frac{1}{\frac{3}{2}+1}x^{\frac{3}{2}+1}+C=\frac{2}{5}x^{\frac{5}{2}}+C.$

(3) $\int \frac{dx}{\sqrt{x}}=\int x^{-\frac{1}{2}}dx=\frac{1}{-\frac{1}{2}+1}x^{-\frac{1}{2}+1}+C=2\sqrt{x}+C.$

(4) $\int x^2\sqrt[3]{x}dx=\int x^{\frac{7}{3}}dx=\frac{1}{\frac{7}{3}+1}x^{\frac{7}{3}+1}+C=\frac{3}{10}x^{\frac{10}{3}}+C.$

(5) $\int \frac{dx}{x^2\sqrt{x}}=\int x^{-\frac{5}{2}}dx=\frac{1}{-\frac{5}{2}+1}x^{-\frac{5}{2}+1}+C=-\frac{2}{3}x^{-\frac{3}{2}}+C.$

(6) $\int \sqrt[m]{x^n}\,dx = \dfrac{1}{\dfrac{n}{m}+1}x^{\frac{n}{m}+1}+C = \dfrac{m}{m+n}x^{\frac{m+n}{m}}+C.$

(7) $\int 5x^3\,dx = \dfrac{5}{3+1}x^{3+1}+C = \dfrac{5}{4}x^4+C.$

(8) $\int (x^2-3x+2)\,dx = \int x^2\,dx - 3\int x\,dx + 2\int dx = \dfrac{x^3}{3} - \dfrac{3}{2}x^2 + 2x + C.$

(9) $\int \dfrac{dh}{\sqrt{2gh}} = \dfrac{1}{\sqrt{2g}}\int h^{-\frac{1}{2}}\,dh = \dfrac{1}{\sqrt{2g}} \times 2\sqrt{h} + C = \sqrt{\dfrac{2h}{g}} + C.$

(10) $\int (x^2+1)^2\,dx = \int (x^4+2x^2+1)\,dx = \int x^4\,dx + 2\int x^2\,dx + \int dx = \dfrac{x^5}{5} + \dfrac{2}{3}x^3 + x + C.$

(11) $\int (\sqrt{x}+1)(\sqrt{x^3}-1)\,dx = \int (x^2+x^{\frac{3}{2}}-x^{\frac{1}{2}}-1)\,dx = \int x^2\,dx + \int x^{\frac{3}{2}}\,dx - \int x^{\frac{1}{2}}\,dx - \int dx$

$= \dfrac{x^3}{3} + \dfrac{2}{5}x^{\frac{5}{2}} - \dfrac{2}{3}x^{\frac{3}{2}} - x + C.$

(12) $\int \dfrac{(1-x^2)}{\sqrt{x}}\,dx = \int (x^{\frac{3}{2}} - 2x^{\frac{1}{2}} + x^{-\frac{1}{2}})\,dx = \int x^{\frac{3}{2}}\,dx - 2\int x^{\frac{1}{2}}\,dx + \int x^{-\frac{1}{2}}\,dx$

$= \dfrac{2}{5}x^{\frac{5}{2}} - \dfrac{4}{3}x^{\frac{3}{2}} + 2x^{\frac{1}{2}} + C.$

(13) $\int \left(2e^x + \dfrac{3}{x}\right)dx = 2\int e^x\,dx + 3\int \dfrac{dx}{x} = 2e^x + 3\ln|x| + C.$

(14) $\int \left(\dfrac{3}{1+x^2} - \dfrac{2}{\sqrt{1-x^2}}\right)dx = 3\int \dfrac{dx}{1+x^2} - 2\int \dfrac{dx}{\sqrt{1-x^2}} = 3\arctan x - 2\arcsin x + C.$

(15) $\int e^x\left(1-\dfrac{e^{-x}}{\sqrt{x}}\right)dx = \int e^x\,dx - \int x^{-\frac{1}{2}}\,dx = e^x - 2x^{\frac{1}{2}} + C.$

(16) $\int 3^x e^x\,dx = \int (3e)^x\,dx = \dfrac{(3e)^x}{\ln(3e)} + C = \dfrac{3^x e^x}{\ln 3 + 1} + C.$

(17) $\int \dfrac{2\cdot 3^x - 5\cdot 2^x}{3^x}\,dx = 2\int dx - 5\int \left(\dfrac{2}{3}\right)^x dx = 2x - \dfrac{5}{\ln\dfrac{2}{3}}\left(\dfrac{2}{3}\right)^x + C = 2x - \dfrac{5}{\ln 2 - \ln 3}\left(\dfrac{2}{3}\right)^x + C.$

(18) $\int \sec x(\sec x - \tan x)\,dx = \int \sec^2 x\,dx - \int \sec x\tan x\,dx = \tan x - \sec x + C.$

(19) $\int \cos^2\dfrac{x}{2}\,dx = \int \dfrac{1+\cos x}{2}\,dx = \dfrac{x+\sin x}{2} + C.$

(20) $\int \dfrac{dx}{1+\cos 2x} = \int \dfrac{\sec^2 x}{2}\,dx = \dfrac{\tan x}{2} + C.$

(21) $\int \dfrac{\cos 2x}{\cos x - \sin x}\,dx = \int \dfrac{\cos^2 x - \sin^2 x}{\cos x - \sin x}\,dx = \sin x - \cos x + C.$

(22) $\int \dfrac{\cos 2x}{\cos^2 x \sin^2 x}\,dx = \int \dfrac{\cos^2 x - \sin^2 x}{\cos^2 x \sin^2 x}\,dx = \int (\csc^2 x - \sec^2 x)\,dx = \int \csc^2 x\,dx - \int \sec^2 x\,dx$

$= -(\cot x + \tan x) + C.$

(23) $\int \cot^2 x\,dx = \int \csc^2 x\,dx - \int dx = -\cot x - x + C.$

(24) $\int \cos\theta(\tan\theta + \sec\theta)\,d\theta = \int \sin\theta\,d\theta + \int d\theta = -\cos\theta + \theta + C.$

(25) $\int \dfrac{x^2}{x^2+1}dx = \int dx - \int \dfrac{1}{x^2+1}dx = x - \arctan x + C$.

(26) $\int \dfrac{3x^4+2x^2}{x^2+1}dx = \int 3x^2 dx - \int dx + \int \dfrac{1}{x^2+1}dx = x^3 - x + \arctan x + C$.

3. **解**：(1) $y = \int (x-2)^2 dx = \dfrac{1}{3}(x-2)^3 + C$，由 $y\big|_{x=2} = 0$，得 $C=0$，于是所求的解为 $y = \dfrac{1}{3}(x-2)^3$.

   (2) $\dfrac{dx}{dt} = \int \dfrac{2}{t^3}dt = -\dfrac{1}{t^2} + C_1$，

   由 $\dfrac{dx}{dt}\bigg|_{t=1} = 1$，得 $C_1 = 2$，故 $\dfrac{dx}{dt} = -\dfrac{1}{t^2} + 2$，$x = \int \left(-\dfrac{1}{t^2} + 2\right) dt = \dfrac{1}{t} + 2t + C_2$，

   由 $x\big|_{t=1} = 1$，得 $C_2 = -2$，于是所求的解为 $x = \dfrac{1}{t} + 2t - 2$.

4. **解**：(1) $\dfrac{ds}{dt} = \int -k\, dt = -kt + C_1$，

   由 $\dfrac{ds}{dt}\bigg|_{t=0} = 20$，得 $C_1 = 20$，故 $\dfrac{ds}{dt} = -kt + 20$，$s = \int (-kt + 20) dt = -\dfrac{1}{2}kt^2 + 20t + C_2$，

   由 $s\big|_{t=0} = 0$，得 $C_2 = 0$，于是所求的解为 $s = -\dfrac{1}{2}kt^2 + 20t$.

   (2) 令 $\dfrac{ds}{dt} = 0$，解得 $t = \dfrac{20}{k}$.

   (3) 根据题意，当 $t = \dfrac{20}{k}$，$s = 50$，即 $-\dfrac{1}{2}k\left(\dfrac{20}{k}\right)^2 + \dfrac{400}{k} = 50$，

   解得 $k = 4$，即得刹车加速度为 -4m/s^2.

5. **解**：设曲线方程为 $y = f(x)$，则点 (x,y) 处的切线斜率为 $f'(x)$，由条件得 $f'(x) = \dfrac{1}{x}$，

   因此 $f(x)$ 为 $\dfrac{1}{x}$ 的一个原函数，故有 $f(x) = \int \dfrac{1}{x}dx = \ln|x| + C$.

   又，根据条件曲线过点 $(e^2, 3)$，有 $f(e^2) = 3$ 解得 $C = 1$，即得所求曲线方程为 $y = \ln x + 1$.

6. **解**：(1) 设此物体自原点沿横轴正向由静止开始运动，位移函数为 $s = s(t)$，则

   $$s(t) = \int v(t)dt = \int 3t^2 dt = t^3 + C,$$

   于是由假设可知 $s(0) = 0$，故 $s(t) = t^3$，所求距离为 $s(3) = 27(\text{m})$.

   (2) 由 $t^3 = 360$，得 $t = \sqrt[3]{360} \approx 7.11(\text{s})$.

7. **证**：$[\arcsin(2x-1)]' = \dfrac{1}{\sqrt{1-(2x-1)^2}} \cdot 2 = \dfrac{1}{\sqrt{x-x^2}}$，

   $[\arccos(1-2x)]' = -\dfrac{1}{\sqrt{1-(1-2x)^2}} \cdot (-2) = \dfrac{1}{\sqrt{x-x^2}}$，

   $\left[2\arctan\sqrt{\dfrac{x}{1-x}}\right]' = 2\dfrac{1}{1+\dfrac{x}{1-x}} \cdot \dfrac{1}{2}\sqrt{\dfrac{1-x}{x}} \cdot \dfrac{1}{(1-x)^2} = \dfrac{1}{\sqrt{x-x^2}}$. 故结论成立.

第二节　换元积分法

> 内容精讲

1. 第一类换元法（凑微分法） 设 $\int f(u)\mathrm{d}u = F(u)+C$，且 $u=\varphi(x)$ 可微，则

$$\int f[\varphi(x)] \cdot \varphi'(x)\mathrm{d}x = \int f[\varphi(x)] \cdot \mathrm{d}\varphi(x) = F[\varphi(x)]+C.$$

可用凑微分法求解的题很多，方法也比较灵活. 它是以基本积分公式为基础，把每个公式中等号两端的 x 同时换成 x 的可微函数 $\varphi(x)$ 等式仍成立. 这不仅要善于分析被积函数的特点，还要熟悉一些基本的微分变换式，下面是一些常见的凑微分形式.

2. 常用的凑微分公式

(1) $\int f(ax+b)\mathrm{d}x = \dfrac{1}{a}\int f(ax+b) \cdot \mathrm{d}(ax+b)$　$(a\neq 0)$

(2) $\int f(ax^n+b)x^{n-1}\mathrm{d}x = \dfrac{1}{na}\int f(ax^n+b)\mathrm{d}(ax^n+b)$　$(a\neq 0, n\geq 1)$

(3) $\int f(\sqrt{x})\dfrac{1}{\sqrt{x}}\mathrm{d}x = 2\int f(\sqrt{x}) \cdot \mathrm{d}(\sqrt{x})$　　(4) $\int f(\dfrac{1}{x})\dfrac{1}{x^2}\mathrm{d}x = -\int f(\dfrac{1}{x})\mathrm{d}(\dfrac{1}{x})$

(5) $\int f(\ln x)\dfrac{1}{x}\mathrm{d}x = \int f(\ln x)\mathrm{d}\ln x$　　(6) $\int f(\mathrm{e}^{ax})\mathrm{e}^{ax}\mathrm{d}x = \dfrac{1}{a}\int f(\mathrm{e}^{ax})\mathrm{d}\mathrm{e}^{ax}$　$(a\neq 0)$

(7) $\int f(\sin x)\cos x\mathrm{d}x = \int f(\sin x)\mathrm{d}\sin x$　　(8) $\int f(\cos x)\sin x\mathrm{d}x = -\int f(\cos x)\mathrm{d}\cos x$

(9) $\int f(\tan x)\sec^2 x\mathrm{d}x = \int f(\tan x)\dfrac{1}{\cos^2 x}\mathrm{d}x = \int f(\tan x)\mathrm{d}\tan x$

(10) $\int f(\cot x)\csc^2 x\mathrm{d}x = \int f(\cot x)\dfrac{1}{\sin^2 x}\mathrm{d}x = -\int f(\cot x)\mathrm{d}\cot x$

(11) $\int f(\sec x)\sec x\tan x\mathrm{d}x = \int f(\sec x)\mathrm{d}\sec x$

(12) $\int f(\arcsin x)\dfrac{1}{\sqrt{1-x^2}}\mathrm{d}x = \int f(\arcsin x)\mathrm{d}\arcsin x$

(13) $\int f(\arctan x)\dfrac{1}{1+x^2}\mathrm{d}x = \int f(\arctan x)\mathrm{d}\arctan x$

(14) $\int f(\sin x+\cos x) \cdot (\sin x-\cos x)\mathrm{d}x = -\int f(\sin x+\cos x) \cdot \mathrm{d}(\sin x+\cos x)$

(15) $\int f(\sin x-\cos x) \cdot (\sin x+\cos x)\mathrm{d}x = \int f(\sin x-\cos x) \cdot \mathrm{d}(\sin x-\cos x)$

(16) $\int f(x+\dfrac{1}{x}) \cdot (1-\dfrac{1}{x^2})\mathrm{d}x = \int f(x+\dfrac{1}{x}) \cdot \mathrm{d}(x+\dfrac{1}{x})$

3. 第二类换元法　设 $x=\varphi(t)$ 单调并可导，且 $\varphi'(t)\neq 0$，若 $\int f[\varphi(t)]\varphi'(t)\mathrm{d}t = F(t)+C$，则

$$\int f(x)\mathrm{d}x \xrightarrow[\text{且 } t=\varphi^{-1}(x)]{\text{令 } x=\varphi(t)} \int f[\varphi(t)] \cdot \varphi'(t)\mathrm{d}t = F(t)+C = F[\varphi^{-1}(x)]+C.$$

第二类换元法的关键是根据 $f(x)$ 的特点作一个适当的变量代换 $x=\varphi(t)$，使得 $f[\varphi(t)] \cdot \varphi'(t)$ 的原函数易求。

4. 第二类换元法常用的变量代换

(1) 三角代换：

① 被积函数中含有 $\sqrt{a^2-x^2}$ 时，常用代换 $x=a\sin t$ $(-\frac{\pi}{2}<t<\frac{\pi}{2})$；

② 被积函数中含有 $\sqrt{a^2+x^2}$ 时，常用代换 $x=a\tan t$ $(-\frac{\pi}{2}<t<\frac{\pi}{2})$；

③ 被积函数中含有 $\sqrt{x^2-a^2}$ 时，常用代换 $x=a\sec t$ $(0<t<\frac{\pi}{2})$。

④ 被积函数中含有 $\sqrt{ax^2+bx+c}$ 时，先利用配方法再利用上述 3 种代换中的一种即可去掉根号，如 $\int \frac{\mathrm{d}x}{\sqrt{1+x-x^2}} = \int \frac{\mathrm{d}(x-\frac{1}{2})}{\sqrt{(\frac{\sqrt{5}}{2})^2 - (x-\frac{1}{2})^2}} \xlongequal{\diamondsuit x-\frac{1}{2}=\frac{\sqrt{5}}{2}\sin t} \int \mathrm{d}t$

$= t+C = \arcsin \frac{2x-1}{\sqrt{5}} + C$

以上 4 种代换的目的是去掉被积函数中的根号。

(2) 倒代换：$x=\frac{1}{t}$，当被积函数中分母 x 的次数较高时，常采用倒代换的方法，以达到消去被积函数分母中的变量因子。

(3) 根式代换：当被积函数中含有不规则根式且用其他方法不能积分时，总的原则是通过变量代换去掉根号，然后再积分。

① 当被积函数中含有 $\sqrt[n]{\frac{ax+b}{cx+d}}$ 时，令 $t = \sqrt[n]{\frac{ax+b}{cx+d}}$。

② 当被积函数中含有 $\sqrt[m]{x}, \sqrt[n]{x}$ 时，令 $t=\sqrt[k]{x}$，即 $x=t^k$，其中 k 是 m,n 的最小公倍数。

5. 计算不定积分 $\int \sin^m x \cdot \cos^n x \,\mathrm{d}x, \int \sec^m x \cdot \tan^n x \,\mathrm{d}x$ $(m,n \in \mathbf{N})$ 的一般方法

换元法具有较大的灵活性，需要一定的技巧。在被积函数是三角函数时，经常利用三角恒等式进行变换。

(1) 对于不定积分 $\int \sin^m x \cos^n x \,\mathrm{d}x$，分情况讨论如下：

① 若 m 为奇数，则 $\int \sin^m x \cos^n x \,\mathrm{d}x = -\int (1-\cos^2 x)^{(m-1)/2} \cos^n x (\cos x)' \,\mathrm{d}x$，此时令 $u=\cos x$（第一类换元法）就可把上式化为多项式的积分，积分后把 $u=\cos x$ 代回就得结果。

② 若 n 为奇数，则 $\int \sin^m x \cos^n x \,\mathrm{d}x = \int \sin^m x (1-\sin^2 x)^{(n-1)/2} (\sin x)' \,\mathrm{d}x$ 此时令 $u=\sin x$（第一类换元法）就可把上式化为多项式的积分，积分后把 $u=\sin x$ 代回就得结果。

③ 若 m,n 都为偶数，则一般先利用三角恒等式（例如 $2\sin x\cos x = \sin 2x$，$\sin^2 x = \frac{1-\cos 2x}{2}$，$\cos^2 x = \frac{1+\cos 2x}{2}$，等）进行降次（在 m,n 较大时，需要多次降次），然后再用上面的方法进行换元积分。

(2)对于不定积分 $\int \sec^m x \tan^n x \, dx$,分情况讨论如下:

①若 m 为正偶数,则 $\int \sec^m x \tan^n x \, dx = \int (1+\tan^2 x)^{\frac{m}{2}-1} \tan^n x (\tan x)' \, dx$,
此时令 $u = \tan x$ 就可把上式化为多项式的积分,例如本节例 4(4).

②若 $m = 0$,则得积分 $\int \tan^n x \, dx$,此时若 $n \geqslant 0$,则得 $\int \tan^n x \, dx = \int \tan^{n-2} x \sec^2 x \, dx$
$-\int \tan^{n-2} x \, dx = \frac{1}{n-1} \tan^{n-1} x - \int \tan^{n-2} x \, dx$,
从而通过递推得到积分,如本节例 4(3).

③若 m 为奇数,n 为偶数,利用恒等式 $\tan^2 x = \sec^2 x - 1$ 以及不定积分的线性性质,最后可化为求形如 $\int \sec^{2k-1} x \, dx$ 的积分.

④如果 n 为奇数,则 $\int \sec^m x \tan^n x \, dx = \int \sec^{m-1} x (\sec^2 x - 1)^{(n-1)/2} (\sec x)' \, dx$,
此时令 $u = \sec x$(第一类换元法)就可把上式化为多项式的积分.

题型及考点解析

例 1 求 $\int \dfrac{dx}{\sqrt{x(4-x)}}$ $(0 < x < 4)$

解法一 利用凑微分法 $\int \dfrac{dx}{\sqrt{x(4-x)}} = \int \dfrac{dx}{\sqrt{x} \cdot \sqrt{4-x}} = 2 \int \dfrac{d\left(\frac{\sqrt{x}}{2}\right)}{\sqrt{1-\left(\frac{\sqrt{x}}{2}\right)^2}} = 2 \arcsin \dfrac{\sqrt{x}}{2} + C$

解法二 利用换元法

令 $t = \sqrt{x}$,则 $x = t^2$,$dx = 2t \, dt$

$\int \dfrac{dx}{\sqrt{x(4-x)}} = \int \dfrac{2t \, dt}{t\sqrt{4-t^2}} = 2 \int \dfrac{dt}{\sqrt{4-t^2}} = 2 \int \dfrac{d\left(\frac{t}{2}\right)}{\sqrt{1-\left(\frac{t}{2}\right)^2}} = 2 \arcsin \dfrac{t}{2} + C = 2 \arcsin \dfrac{\sqrt{x}}{2} + C$

例 2 求下列不定积分

(1) $\int (8-2x)^2 \, dx$;

(2) $\int \dfrac{1}{\sqrt{1-3x}} \, dx$;

(3) $\int x^2 \sqrt{x^3+1} \, dx$;

(4) $\int \dfrac{x^4}{(x^5+1)^4} \, dx$;

(5) $\int \dfrac{dx}{a^2-x^2}$ $(a \neq 0)$;

(6) $\int \dfrac{x+5}{x^2-6x+13} \, dx$. (考研题)

解 (1) 分析:被积函数形如 $f(ax+b)$ 或 $f(ax^n+b)x^{n-1}$,此种类型通常凑 $d(ax+b)$ 或 $d(ax^n+b)$,令 $u = ax+b$ 或 $u = ax^n+b$ 然后化为对 u 的积分.

$\int (8-2x)^2 \, dx = -\dfrac{1}{2} \int (8-2x)^2 \, d(8-2x) \xrightarrow{u=8-2x} -\dfrac{1}{2} \int u^2 \, du$

$= -\dfrac{1}{2} \cdot \dfrac{1}{3} u^3 + C = -\dfrac{1}{6} (8-2x)^3 + C.$

(2) $\int \dfrac{1}{\sqrt{1-3x}}dx = -\dfrac{1}{3}\int (1-3x)^{-\frac{1}{2}}d(1-3x) \xlongequal{u=1-3x} -\dfrac{1}{3}\int u^{-\frac{1}{2}}du$

$= -\dfrac{1}{3}\cdot 2u^{\frac{1}{2}}+C = -\dfrac{2}{3}\sqrt{1-3x}+C.$

(3) $\int x^2\sqrt{x^3+1}\,dx = \dfrac{1}{3}\int \sqrt{x^3+1}\,dx^3 = \dfrac{1}{3}\int \sqrt{x^3+1}\,d(x^3+1)$

$= \dfrac{1}{3}\cdot \dfrac{2}{3}(x^3+1)^{\frac{3}{2}}+C = \dfrac{2}{9}(x^3+1)^{\frac{3}{2}}+C.$

(4) $\int \dfrac{x^4}{(x^5+1)^4}dx = \dfrac{1}{5}\int \dfrac{1}{(x^5+1)^4}d(x^5+1) = \dfrac{1}{5}\cdot(-\dfrac{1}{3})(x^5+1)^{-3}+C$

$= -\dfrac{1}{15}(x^5+1)^{-3}+C.$

(5) $\int \dfrac{dx}{a^2-x^2} = \int \dfrac{dx}{(a-x)(a+x)} = \dfrac{1}{2a}\int \left(\dfrac{1}{a+x}+\dfrac{1}{a-x}\right)dx = \dfrac{1}{2a}\int \dfrac{d(a+x)}{a+x}-\dfrac{1}{2a}\int \dfrac{d(a-x)}{a-x}$

$= \dfrac{1}{2a}\ln|a+x|-\dfrac{1}{2a}\ln|a-x|+C = \dfrac{1}{2a}\ln\left|\dfrac{a+x}{a-x}\right|+C.$

(6)分析:被积函数是关于 x 的一次因式与二次因式函数的乘积形式,因此可先凑分母的微分,再把剩余部分的分母配方.

$\int \dfrac{x+5}{x^2-6x+13}dx = \dfrac{1}{2}\int \dfrac{d(x^2-6x+13)}{x^2-6x+13}+\int \dfrac{8}{x^2-6x+13}dx$

$= \dfrac{1}{2}\ln|x^2-6x+13|+4\int \dfrac{1}{1+\left(\dfrac{x-3}{2}\right)^2}d\left(\dfrac{x-3}{2}\right) = \dfrac{1}{2}\ln|x^2-6x+13|+4\arctan\dfrac{x-3}{2}+C.$

> **题型分析** 关于多项式凑微分时注意它的特点:做一次微分多项式次数降低一次;反之,凑一次微分次数升高一次.凑微分时可充分利用这个特点.

例 3 求下列不定积分

(1) $\int \dfrac{dx}{\sqrt{x}\cdot(1+\sqrt[3]{x})}$,

(2) $\int \dfrac{x^3}{\sqrt{1+x^2}}dx$,(考研题)

(3) $\int \dfrac{\cos\sqrt{t}}{\sqrt{t}}dt$,

(4) $\int \dfrac{(\ln x)^4}{x}dx$,

(5) $\int \dfrac{1}{1+e^x}dx$,

(6) $\int \dfrac{dx}{x^4(1+x^2)}.$

解 (1)为了去掉根号,设 $x=t^6(t>0)$,则 $t=\sqrt[6]{x}$,$dx=6t^5dt$,$\sqrt{x}=t^3$,$\sqrt[3]{x}=t^2$

$\int \dfrac{dx}{\sqrt{x}\cdot(1+\sqrt[3]{x})} = \int \dfrac{6t^5dt}{t^3(1+t^2)} = 6\int \dfrac{t^2dt}{1+t^2} = 6\int \dfrac{t^2+1-1}{1+t^2}dt = 6\int \left(1-\dfrac{1}{1+t^2}\right)dt$

$= 6(t-\arctan t)+C = 6(\sqrt[6]{x}-\arctan\sqrt[6]{x})+C.$

(2)分析:观察分子 x^3 可分解成 $x^2\cdot x$,而 x^2 与分母的 $\sqrt{1+x^2}$ 有联系,x 可凑成 $(1+x^2)$ 的微分(只差常系数).因此考虑用凑微分法化为 $(1+x^2)$ 的因式的形式.

$\int \dfrac{x^3}{\sqrt{1+x^2}}dx = \dfrac{1}{2}\int \dfrac{x^2}{\sqrt{1+x^2}}d(1+x^2) = \dfrac{1}{2}\int \dfrac{x^2+1-1}{\sqrt{1+x^2}}d(1+x^2)$

$$= \frac{1}{2}\int\left(\sqrt{1+x^2} - \frac{1}{\sqrt{1+x^2}}\right)\mathrm{d}(1+x^2) = \frac{1}{3}(1+x^2)^{\frac{3}{2}} - (1+x^2)^{\frac{1}{2}} + C.$$

题型分析 凑微分方法灵活多变,先变形再凑微分也是常用方法.

(3) $\int \frac{\cos\sqrt{t}}{\sqrt{t}}\mathrm{d}t = 2\int \cos\sqrt{t}\,\mathrm{d}(\sqrt{t}) = 2\sin\sqrt{t} + C.$

(4) $\int \frac{(\ln x)^4}{x}\mathrm{d}x = \int (\ln x)^4 \cdot d(\ln x) = \frac{1}{5}(\ln x)^5 + C.$

(5) **解法一** 利用凑微分法.

$$\int \frac{\mathrm{d}x}{1+\mathrm{e}^x} = \int \frac{\mathrm{e}^{-x}}{\mathrm{e}^{-x}+1}\mathrm{d}x = -\int \frac{1}{\mathrm{e}^{-x}+1}\mathrm{d}(\mathrm{e}^{-x}+1) = -\ln|\mathrm{e}^{-x}+1| + C.$$

解法二 利用变量代换法. 令 $t = 1+\mathrm{e}^x$,则 $x = \ln(t-1)$, $\mathrm{d}x = \frac{1}{t-1}\mathrm{d}t$,

$$\int \frac{1}{1+\mathrm{e}^x}\mathrm{d}x = \int \frac{1}{t(t-1)}\mathrm{d}t = \int \left(\frac{1}{t-1} - \frac{1}{t}\right)\mathrm{d}t = \ln|t-1| - \ln|t| + C$$
$$= \ln\mathrm{e}^x - \ln(1+\mathrm{e}^x) + C = x - \ln(1+\mathrm{e}^x) + C$$

(6) **分析**:被积函数分母中若含变量因子 x^n 或 $(x-a)^n$ 时常用倒代换 $x = \frac{1}{t}$ 将其消去.

设 $x = \frac{1}{t}$,则 $\int \frac{\mathrm{d}x}{x^4(1+x^2)} = -\int \frac{t^4\mathrm{d}t}{t^2+1} = -\int \frac{t^4-1}{t^2+1}\mathrm{d}t - \int \frac{\mathrm{d}t}{t^2+1} = -\int(t^2-1)\mathrm{d}t - \int \frac{\mathrm{d}t}{t^2+1}$
$$= -\frac{t^3}{3} + t - \arctan t + C = \frac{3x^2-1}{3x^3} - \arctan\frac{1}{x} + C.$$

例 4 求下列不定积分

(1) $\int \frac{\mathrm{d}x}{1+\sin x}$;(考研题) (2) $\int \frac{\sin 2x}{\sqrt{3-\cos^4 x}}\mathrm{d}x$; (3) $\int \tan^3 x\,\mathrm{d}x$;

(4) $\int \tan^{10} x \sec^2 x\,\mathrm{d}x$; (5) $\int \frac{7\cos x - 3\sin x}{5\cos x + 2\sin x}\mathrm{d}x$; (6) $\int \frac{\mathrm{d}x}{\sin^2 x + 2\cos^2 x}$;

(7) $\int \frac{\tan x}{\sqrt{\cos x}}\mathrm{d}x$.(考研题)

分析 被积函数中含有三角函数,若不能直接积分可先用三角恒等式将函数变形再应用积分公式进行积分.

解 (1) $\int \frac{\mathrm{d}x}{1+\sin x} = \int \frac{1-\sin x}{(1-\sin x)(1+\sin x)}\mathrm{d}x = \int \frac{1-\sin x}{\cos^2 x}\mathrm{d}x$
$$= \int \sec^2 x\,\mathrm{d}x + \int \frac{\mathrm{d}\cos x}{\cos^2 x} = \tan x - \sec x + C.$$

(2) $\int \frac{\sin 2x}{\sqrt{3-\cos^4 x}}\mathrm{d}x = \int \frac{2\sin x\cos x}{\sqrt{3-\cos^4 x}}\mathrm{d}x = -\int \frac{1}{\sqrt{3-(\cos^2 x)^2}}\mathrm{d}\cos^2 x = -\arcsin\frac{\cos^2 x}{\sqrt{3}} + C$

(3) $\int \tan^3 x\,\mathrm{d}x = \int \tan x(\tan^2 x + 1)\mathrm{d}x - \int \tan x\,\mathrm{d}x = \int \tan x \sec^2 x\,\mathrm{d}x - \int \frac{\sin x}{\cos x}\mathrm{d}x$
$$= \int \tan x\,\mathrm{d}\tan x + \int \frac{\mathrm{d}\cos x}{\cos x} = \frac{1}{2}\tan^2 x + \ln|\cos x| + C$$

(4) $\int \tan^{10} x \sec^2 x \mathrm{d}x = \int \tan^{10} x \mathrm{d}\tan x = \frac{1}{11}\tan^{11} x + C$

(5) $\int \frac{7\cos x - 3\sin x}{5\cos x + 2\sin x}\mathrm{d}x = \int \frac{5\cos x + 2\sin x + 2\cos x - 5\sin x}{5\cos x + 2\sin x}\mathrm{d}x = \int \mathrm{d}x + \int \frac{2\cos x - 5\sin x}{5\cos x + 2\sin x}\mathrm{d}x$

$= x + \int \frac{\mathrm{d}(5\cos x + 2\sin x)}{5\cos x + 2\sin x} = x + \ln|5\cos x + 2\sin x| + C.$

(6) $\int \frac{\mathrm{d}x}{\sin^2 x + 2\cos^2 x} = \int \frac{\mathrm{d}x}{\cos^2 x(\tan^2 x + 2)} = \int \frac{\mathrm{d}\tan x}{2 + \tan^2 x} = \frac{1}{\sqrt{2}}\arctan\frac{\tan x}{\sqrt{2}} + C.$

(7) $\int \frac{\tan x}{\sqrt{\cos x}}\mathrm{d}x = \int \frac{\sin x}{\cos x \sqrt{\cos x}}\mathrm{d}x = -\int (\cos x)^{-\frac{3}{2}}\mathrm{d}\cos x = \frac{2}{\sqrt{\cos x}} + C.$

题型分析 运用三角函数恒等式将函数变形后再积分时,因为变形公式较多,所以得到的积分解法也较多,造成结果形式有差别,但这些结果是允许相差一个积分常数 C 的。

例 5 求下列不定积分

(1) $\int \frac{1}{\sqrt{1+\mathrm{e}^{2x}}}\mathrm{d}x;$

(2) $\int \frac{\mathrm{d}x}{x + \sqrt{a^2 - x^2}};$

(3) $\int \frac{\sqrt{x^2 - a^2}}{x}\mathrm{d}x \; (a>0);$

(4) $\int \frac{\mathrm{d}x}{(2x^2+1)\sqrt{x^2+1}};$

(5) $\int \frac{\mathrm{d}x}{\sqrt{5-2x-x^2}};$

(6) $\int \frac{x}{\sqrt{1+x+x^2}}\mathrm{d}x.$

分析 被积函数含有 $\sqrt{x^2 \pm a^2}$ 或 $\sqrt{a^2-x^2}$,而又不能凑微分时可考虑第二类换元法中的三角代换法。根据被积函数的形式不同采用不同的三角代换,目的是去根号,即化积分函数中的无理为有理。变换时一要注意不仅被积函数要换,同时积分变量也要相应改变,即 $\mathrm{d}x = x'(t)\mathrm{d}t$;二要注意新变量 t 的取值范围;三要注意积分结果要将原变量换回(可借助辅助三角形)。

解 (1) 令 $\mathrm{e}^x = \tan t$, $0 < t < \frac{\pi}{2}$,则 $x = \ln\tan t$,$\mathrm{d}x = \frac{1}{\sin t \cos t}\mathrm{d}t$,

$\int \frac{1}{\sqrt{1+\mathrm{e}^{2x}}}\mathrm{d}x = \int \frac{1}{\sec t} \cdot \frac{1}{\sin t \cdot \cos t}\mathrm{d}t = \int \csc t \mathrm{d}t = \ln|\csc t - \cot t| + C$

$= \ln\left|\frac{\sqrt{1+\mathrm{e}^{2x}}}{\mathrm{e}^x} - \frac{1}{\mathrm{e}^x}\right| + C = \ln(\sqrt{1+\mathrm{e}^{2x}} - 1) - x + C.$

(2) 令 $x = a\sin t$, $0 < t < \frac{\pi}{2}$,则 $\mathrm{d}x = a\cos t \mathrm{d}t$,

$\int \frac{\mathrm{d}x}{x + \sqrt{a^2 - x^2}} = \int \frac{a\cos t \mathrm{d}t}{a\sin t + a\cos t} = \int \frac{\cos t}{\sin t + \cos t}\mathrm{d}t$

而 $\int \frac{\cos t \mathrm{d}t}{\sin t + \cos t} = \int \frac{\cos t - \sin t}{\sin t + \cos t}\mathrm{d}t + \int \frac{\sin t}{\sin t + \cos t}\mathrm{d}t = \int \frac{\mathrm{d}(\sin t + \cos t)}{\sin t + \cos t} + \int \frac{\sin t}{\sin t + \cos t}\mathrm{d}t$

$= \ln|\sin t + \cos t| + \int \frac{\sin t + \cos t}{\sin t + \cos t}\mathrm{d}t - \int \frac{\cos t}{\sin t + \cos t}\mathrm{d}t = \ln|\sin t + \cos t| + t - \int \frac{\cos t}{\sin t + \cos t}\mathrm{d}t.$

于是 $\int \frac{\mathrm{d}x}{x + \sqrt{a^2 - x^2}} = \frac{1}{2}[\ln|\sin t + \cos t| + t] + C$

$$= \frac{1}{2}\left[\ln\left|\frac{x}{a}+\frac{\sqrt{a^2-x^2}}{a}\right|+\arcsin\frac{x}{a}\right]+C.$$

(3) $x>a$ 时，令 $x=a\sec t$, $0<t<\frac{\pi}{2}$，

$$\int\frac{\sqrt{x^2-a^2}}{x}dx=\int\frac{a\tan t}{a\sec t}\cdot a\sec t\cdot\tan t dt=\int a\tan^2 t dt=\int a(\sec^2 t-1)dt$$

$$=a(\tan t-t)+C=\sqrt{x^2-a^2}-a\arccos\frac{a}{x}+C.$$

$x<-a$ 时，令 $x=-t$，则 $dx=-dt$

$$\int\frac{\sqrt{x^2-a^2}}{x}dx=\int\frac{\sqrt{t^2-a^2}}{t}dt=\sqrt{t^2-a^2}-a\cdot\arccos\frac{a}{t}+C$$

$$=\sqrt{x^2-a^2}-a\cdot\arccos\frac{a}{-x}+C$$

综合所得： $\int\frac{\sqrt{x^2-a^2}}{x}dx=\sqrt{x^2-a^2}-a\cdot\arccos\frac{a}{|x|}+C.$

(4) 令 $x=\tan t$, $0<t<\frac{\pi}{2}$，则 $dx=\sec^2 t dt$

$$\int\frac{dx}{(2x^2+1)\sqrt{x^2+1}}=\int\frac{\sec^2 t}{(2\tan^2 t+1)\sqrt{1+\tan^2 t}}dt=\int\frac{dt}{\cos t\cdot(2\tan^2 t+1)}=\int\frac{\cos t dt}{2\sin^2 t+\cos^2 t}$$

$$=\int\frac{d\sin t}{1+\sin^2 t}=\arctan(\sin t)+C=\arctan\left(\frac{x}{\sqrt{1+x^2}}\right)+C.$$

(5) $\int\frac{dx}{\sqrt{5-2x-x^2}}=\int\frac{dx}{\sqrt{6-(x+1)^2}}=\int\frac{d\left(\frac{x+1}{\sqrt{6}}\right)}{\sqrt{1-\left(\frac{x+1}{\sqrt{6}}\right)^2}}=\arcsin\frac{x+1}{\sqrt{6}}+C.$

(6) $\int\frac{xdx}{\sqrt{1+x+x^2}}=\frac{1}{2}\int\frac{2x\cdot dx}{\sqrt{1+x+x^2}}=\frac{1}{2}\int\frac{2x+1-1}{\sqrt{1+x+x^2}}dx$

$$=\frac{1}{2}\int\frac{d(1+x+x^2)}{\sqrt{1+x+x^2}}-\frac{1}{2}\int\frac{1}{\sqrt{1+x+x^2}}dx=\sqrt{1+x+x^2}-\frac{1}{2}\int\frac{dx}{\sqrt{\frac{3}{4}+\left(x+\frac{1}{2}\right)^2}}$$

其中 $\int\frac{dx}{\sqrt{\frac{3}{4}+\left(x+\frac{1}{2}\right)^2}} \xlongequal[0<t<\frac{\pi}{2}]{\diamondsuit x+\frac{1}{2}=\frac{\sqrt{3}}{2}\tan t} \int\frac{\frac{\sqrt{3}}{2}\sec^2 t}{\frac{\sqrt{3}}{2}\sec t}dt=\int\sec t dt=\ln|\sec t+\tan t|+C_1.$

由 $\tan t=\frac{2x+1}{\sqrt{3}}$ 作一小直角三角形如图 4-1 所示，得

$$\sec t+\tan t=\frac{1+\sin t}{\cos t}=\frac{2}{\sqrt{3}}\left(x+\frac{1}{2}+\sqrt{1+x+x^2}\right)$$

因此 $\int\frac{dx}{\sqrt{\frac{3}{4}+\left(x+\frac{1}{2}\right)^2}}=\ln\left|x+\frac{1}{2}+\sqrt{1+x+x^2}\right|+C.$

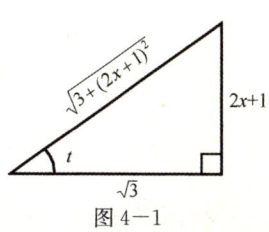

图 4-1

其中 $C=C_1+\ln\frac{2}{\sqrt{3}}$，故 $\int\frac{xdx}{\sqrt{1+x+x^2}}=\sqrt{1+x+x^2}-\frac{1}{2}\ln\left|x+\frac{1}{2}+\sqrt{1+x+x^2}\right|+C.$

题型分析 由(5)、(6)两题可知:当被积函数含有 $\sqrt{ax^2+bx+c}$ 时,除用凑微分方法求积分外,还可将 ax^2+bx+c 通过配方化为关于 x 的一次多项式的完全平方项与一个常数平方的代数和的形式,如(6)题,然后作适当的三角代换,将根号去掉,再积分.求这类积分往往需要多种方法.

习题4-2精讲

1. **解**:(1) $\dfrac{1}{a}$;   (2) $\dfrac{1}{7}$;   (3) $\dfrac{1}{2}$;   (4) $\dfrac{1}{10}$;   (5) $-\dfrac{1}{2}$;

   (6) $\dfrac{1}{12}$;   (7) $\dfrac{1}{2}$;   (8) -2;   (9) $-\dfrac{2}{3}$;   (10) $\dfrac{1}{5}$;

   (11) $-\dfrac{1}{5}$;   (12) $\dfrac{1}{3}$;   (13) -1;   (14) -1.

2. **解**:(1)令 $u=5t$,由第一类换元法得 $\int e^{5t}dt = \dfrac{1}{5}\int e^u du = \dfrac{1}{5}e^u+C = \dfrac{1}{5}e^{5t}+C.$

   (2)令 $u=3-2x$,由第一类换元法得 $\int (3-2x)^3 dx = -\dfrac{1}{2}\int u^3 du = -\dfrac{u^4}{8}+C = -\dfrac{(3-2x)^4}{8}+C.$

   (3)令 $u=1-2x$,由第一类换元法得 $\int \dfrac{dx}{1-2x} = -\dfrac{1}{2}\int \dfrac{du}{u} = -\dfrac{1}{2}\ln|u|+C = -\dfrac{1}{2}\ln|1-2x|+C.$

   (4) $\int \dfrac{dx}{\sqrt[3]{2-3x}} = \int -\dfrac{1}{3}(2-3x)^{-\frac{1}{3}} d(2-3x) = -\dfrac{1}{3}\cdot\dfrac{3}{2}(2-3x)^{\frac{2}{3}}+C$

   $= -\dfrac{1}{2}(2-3x)^{\frac{2}{3}}+C.$

   (5) $\int (\sin ax - e^{\frac{x}{b}})dx = \int \sin ax\, dx - \int e^{\frac{x}{b}} dx = \int \dfrac{1}{a}\sin ax\, d(ax) - \int be^{\frac{x}{b}} d\left(\dfrac{x}{b}\right)$

   $= \dfrac{1}{a}(-\cos ax) - be^{\frac{x}{b}}+C = -\dfrac{\cos ax}{a} - be^{\frac{x}{b}}+C.$

   (6) $\int \dfrac{\sin\sqrt{t}}{\sqrt{t}}dt = \int 2\sin\sqrt{t}\, d\sqrt{t} = -2\cos\sqrt{t}+C.$

   (7) $\int xe^{-x^2}dx = -\dfrac{1}{2}\int e^{-x^2}d(-x^2) = -\dfrac{1}{2}e^{-x^2}+C.$

   (8) $\int x\cos(x^2)dx = \dfrac{1}{2}\int \cos(x^2)d(x^2) = \dfrac{1}{2}\sin(x^2)+C.$

   (9) $\int \dfrac{x}{\sqrt{2-3x^2}}dx = -\dfrac{1}{6}\int (2-3x^2)^{-\frac{1}{2}}d(2-3x^2) = -\dfrac{1}{6}\cdot 2(2-3x^2)^{\frac{1}{2}}+C$

   $= -\dfrac{\sqrt{2-3x^2}}{3}+C.$

   (10) $\int \dfrac{3x^3}{1-x^4}dx = -\dfrac{3}{4}\int \dfrac{1}{1-x^4}d(1-x^4) = -\dfrac{3}{4}\ln|1-x^4|+C.$

   (11) $\int \dfrac{x+1}{x^2+2x+5}dx = \dfrac{1}{2}\int \dfrac{d(x^2+2x+5)}{x^2+2x+5} = \dfrac{1}{2}\ln(x^2+2x+5)+C.$

(12) $\int \cos^2(\omega t+\varphi)\sin(\omega t+\varphi)dt = -\dfrac{1}{\omega}\cos^2(\omega t+\varphi)d[\cos(\omega t+\varphi)]$
$= -\dfrac{1}{3\omega}\cos^3(\omega t+\varphi) + C.$

(13) $\int \dfrac{\sin x}{\cos^3 x}dx = -\int \dfrac{1}{\cos^3 x}d(\cos x) = \dfrac{1}{2\cos^2 x} + C.$

(14) $\int \dfrac{\sin x + \cos x}{\sqrt[3]{\sin x - \cos x}}dx = \int \dfrac{d(\sin x - \cos x)}{\sqrt[3]{\sin x - \cos x}} = \dfrac{3}{2}(\sin x - \cos x)^{\frac{2}{3}} + C.$

(15) $\int \tan^{10}x \cdot \sec^2 x \, dx = \int \tan^{10}x \, d(\tan x) = \dfrac{1}{11}\tan^{11}x + C.$

(16) $\int \dfrac{dx}{x \ln x \ln \ln x} = \int \dfrac{d(\ln x)}{\ln x \ln \ln x} = \int \dfrac{d(\ln \ln x)}{\ln \ln x} = \ln|\ln \ln x| + C.$

(17) $\int \dfrac{dx}{(\arcsin x)^2 \sqrt{1-x^2}} = \int \dfrac{d(\arcsin x)}{(\arcsin x)^2} = -\dfrac{1}{\arcsin x} + C.$

(18) $\int \dfrac{10^{2\arccos x}}{\sqrt{1-x^2}}dx = \int -10^{2\arccos x}d(\arccos x) = -\dfrac{10^{2\arccos x}}{2\ln 10} + C.$

(19) $\int \tan\sqrt{1+x^2} \cdot \dfrac{x\,dx}{\sqrt{1+x^2}} = \dfrac{1}{2}\int \tan\sqrt{1+x^2} \cdot \dfrac{d(1+x^2)}{\sqrt{1+x^2}} = \int \tan\sqrt{1+x^2}\, d(\sqrt{1+x^2})$
$= -\ln|\cos\sqrt{1+x^2}| + C.$

(20) $\int \dfrac{\arctan\sqrt{x}}{\sqrt{x}(1+x)}dx = \int \dfrac{2\arctan\sqrt{x}}{1+x}d\sqrt{x} = \int 2\arctan\sqrt{x}\,d(\arctan\sqrt{x}) = (\arctan\sqrt{x})^2 + C.$

(21) $\int \dfrac{1+\ln x}{(x\ln x)^2}dx = \int \dfrac{d(x\ln x)}{(x\ln x)^2} = -\dfrac{1}{x\ln x} + C.$

(22) $\int \dfrac{dx}{\sin x \cos x} = \int \csc 2x \, d(2x) = \ln|\csc 2x - \cot 2x| + C = \ln|\tan x| + C.$

(23) $\int \dfrac{\ln\tan x}{\cos x \sin x}dx = \int \dfrac{\ln\tan x}{\tan x}d(\tan x) = \int \ln\tan x \, d(\ln\tan x) = \dfrac{(\ln\tan x)^2}{2} + C.$

(24) $\int \cos^3 x \, dx = \int (1-\sin^2 x)d(\sin x) = \sin x - \dfrac{1}{3}\sin^3 x + C.$

(25) $\int \cos^2(\omega t+\varphi)dt = \int \dfrac{\cos 2(\omega t+\varphi)+1}{2}dt = \dfrac{\sin 2(\omega t+\varphi)}{4\omega} + \dfrac{t}{2} + C.$

(26) $\int \sin 2x \cos 3x \, dx = \int \dfrac{1}{2}(\sin 5x - \sin x)dx = -\dfrac{1}{10}\cos 5x + \dfrac{1}{2}\cos x + C.$

(27) $\int \cos x \cos\dfrac{x}{2}dx = \int \dfrac{1}{2}\left(\cos\dfrac{3}{2}x + \cos\dfrac{1}{2}x\right)dx = \dfrac{1}{3}\sin\dfrac{3}{2}x + \sin\dfrac{1}{2}x + C.$

(28) $\int \sin 5x \sin 7x \, dx = \int -\dfrac{1}{2}(\cos 12x - \cos 2x)dx = -\dfrac{1}{24}\sin 12x + \dfrac{1}{4}\sin 2x + C.$

(29) $\int \tan^3 x \sec x \, dx = \int (\sec^2 x - 1)d(\sec x) = \dfrac{1}{3}\sec^3 x - \sec x + C.$

(30) $\int \dfrac{dx}{e^x + e^{-x}} = \int \dfrac{e^x dx}{e^{2x}+1} = \int \dfrac{d(e^x)}{e^{2x}+1} = \arctan(e^x) + C.$

(31) $\int \dfrac{1-x}{\sqrt{9-4x^2}}dx = \dfrac{1}{2}\int \dfrac{d\left(\dfrac{2x}{3}\right)}{\sqrt{1-\left(\dfrac{2x}{3}\right)^2}} + \dfrac{1}{8}\int \dfrac{d(9-4x^2)}{\sqrt{9-4x^2}} = \dfrac{\arcsin\dfrac{2x}{3}}{2} + \dfrac{\sqrt{9-4x^2}}{4} + C.$

(32) $\int \frac{x^3}{9+x^2}dx = \int x\,dx - \frac{9}{2}\int \frac{d(9+x^2)}{9+x^2} = \frac{x^2}{2} - \frac{9}{2}\ln(9+x^2)+C.$

(33) $\int \frac{dx}{2x^2-1} = \frac{1}{2}\int \left(\frac{1}{\sqrt{2}x-1} - \frac{1}{\sqrt{2}x+1}\right)dx = \frac{1}{2\sqrt{2}}\ln\left|\frac{\sqrt{2}x-1}{\sqrt{2}x+1}\right|+C.$

(34) $\int \frac{dx}{(x+1)(x-2)} = \int \frac{1}{3}\left(\frac{1}{x-2} - \frac{1}{x+1}\right)dx = \frac{1}{3}\int\frac{1}{x-2}dx - \frac{1}{3}\int\frac{1}{x+1}dx$
$= \frac{1}{3}\ln|x-2| - \frac{1}{3}\ln|x+1|+C = \frac{1}{3}\ln\left|\frac{x-2}{x+1}\right|+C.$

(35) $\int \frac{x}{x^2-x-2}dx = \int \frac{x}{(x-2)(x+1)}dx = \int \frac{1}{3}\left(\frac{2}{x-2}+\frac{1}{x+1}\right)dx$
$= \frac{2}{3}\ln|x-2| + \frac{1}{3}\ln|x+1|+C.$

(36) 设 $x = a\sin u\left(-\frac{\pi}{2}<u<\frac{\pi}{2}\right)$，则 $\sqrt{a^2-x^2} = a\cos u$, $dx = a\cos u\,du$，于是
$\int \frac{x^2 dx}{\sqrt{a^2-x^2}} = \int a^2\sin^2 u\,du = a^2\int \frac{1-\cos 2u}{2}du = \frac{a^2}{2}\left(u - \frac{\sin 2u}{2}\right)+C$
$= \frac{a^2}{2}\arcsin\frac{x}{a} - \frac{x\sqrt{a^2-x^2}}{2}+C.$

(37) 当 $x>1$ 时，$\int \frac{dx}{x\sqrt{x^2-1}} \xlongequal{x=\frac{1}{t}} -\int \frac{dt}{\sqrt{1-t^2}} = -\arcsin t + C = -\arcsin\frac{1}{x}+C,$

当 $x<-1$ 时，$\int \frac{dx}{x\sqrt{x^2-1}} \xlongequal{x=\frac{1}{t}} \int \frac{dt}{\sqrt{1-t^2}} = \arcsin t + C = \arcsin\frac{1}{x}+C,$

故在 $(-\infty,-1)$ 或 $(1,+\infty)$ 内，有 $\int \frac{dx}{x\sqrt{x^2-1}} = -\arcsin\frac{1}{|x|}+C.$

(38) 设 $x = \tan u\left(-\frac{\pi}{2}<u<\frac{\pi}{2}\right)$，则 $\sqrt{x^2+1} = \sec u$, $dx = \sec^2 u\,du$，于是
$\int \frac{dx}{\sqrt{(x^2+1)^3}} = \int \cos u\,du = \sin u + C = \frac{x}{\sqrt{1+x^2}}+C.$

(39) 当 $x>0$ 时，令 $x = 3\sec u\left(0\leqslant u<\frac{\pi}{2}\right),$
$\int \frac{\sqrt{x^2-9}}{x}dx = \int 3\tan^2 u\,du = 3\int(\sec^2 u - 1)du = 3\tan u - 3u + C$
$= \sqrt{x^2-9} - 3\arccos\frac{3}{x}+C;$

当 $x<0$ 时，令 $x = 3\sec u\left(\frac{\pi}{2}<u\leqslant \pi\right),$
$\int \frac{\sqrt{x^2-9}}{x}dx = -\int 3\tan^2 u\,du = -3\int(\sec^2 u - 1)du = -3\tan u + 3u + C$
$= \sqrt{x^2-9} + 3\arccos\frac{3}{x}+C' = \sqrt{x^2-9} - 3\arccos\frac{3}{-x}+C'+3\pi,$

故可统一写作 $\int \frac{\sqrt{x^2-9}}{x}dx = \sqrt{x^2-9} - 3\arccos\frac{3}{|x|}+C.$

(40) $\int \dfrac{\mathrm{d}x}{1+\sqrt{2x}} \xrightarrow{x=\frac{u^2}{2}} \int \dfrac{u\mathrm{d}u}{1+u} = u - \ln(1+u) + C = \sqrt{2x} - \ln(1+\sqrt{2x}) + C.$

(41) 令 $x = \sin t \left(-\dfrac{\pi}{2} < t < \dfrac{\pi}{2}\right)$, 则 $\sqrt{1-x^2} = \cos t$, $\mathrm{d}x = \cos t \mathrm{d}t$, 于是

$$\int \dfrac{\mathrm{d}x}{1+\sqrt{1-x^2}} = \int \dfrac{\cos t}{1+\cos t}\mathrm{d}t = \int \dfrac{2\cos^2 \dfrac{t}{2} - 1}{2\cos^2 \dfrac{t}{2}}\mathrm{d}t = t - \tan \dfrac{t}{2} + C$$

$$= t - \dfrac{\sin t}{1+\cos t} + C = \arcsin x - \dfrac{x}{1+\sqrt{1-x^2}} + C.$$

(42) 设 $x = \sin t \left(-\dfrac{\pi}{2} < t < \dfrac{\pi}{2}\right)$, 则 $\sqrt{1-x^2} = \cos t$, $\mathrm{d}x = \cos t \mathrm{d}t$, 于是

$\int \dfrac{\mathrm{d}x}{x+\sqrt{1-x^2}} = \int \dfrac{\cos t \mathrm{d}t}{\sin t + \cos t}$, 记 $I_1 = \int \dfrac{\cos t \mathrm{d}t}{\sin t + \cos t}$, $I_2 = \int \dfrac{\sin t \mathrm{d}t}{\sin t + \cos t}$, 利用

$I_1 + I_2 = \int \mathrm{d}t = t + C$, $I_1 - I_2 = \int \dfrac{\cos t - \sin t}{\sin t + \cos t} = \int \dfrac{\mathrm{d}(\sin t + \cos t)}{\sin t + \cos t} = \ln|\sin t + \cos t| + C$,

求得 $I_1 = \int \dfrac{\cos t \mathrm{d}t}{\sin t + \cos t} = \dfrac{1}{2}(t + \ln|\sin t + \cos t|) + C$,

即求得在 $\left(-\dfrac{\sqrt{2}}{2}, 1\right)$ 内, 有 $\int \dfrac{\mathrm{d}x}{x+\sqrt{1-x^2}} = \dfrac{1}{2}(\arcsin x + \ln|x+\sqrt{1-x^2}|) + C;$

再设 $x = \sin t \left(-\dfrac{\pi}{2} < t < \dfrac{\pi}{2}\right)$, 重复上面的过程, 可得在 $\left(-1, -\dfrac{\sqrt{2}}{2}\right)$ 内有与上面不定积分相同的结果. 从而在 $\left(-1, -\dfrac{\sqrt{2}}{2}\right)$ 或 $\left(-\dfrac{\sqrt{2}}{2}, 1\right)$ 内, 有 $\int \dfrac{\mathrm{d}x}{x+\sqrt{1-x^2}} = \dfrac{1}{2}(\arcsin x + \ln|x+\sqrt{1-x^2}|) + C.$

(43) $\int \dfrac{x-1}{x^2+2x+3}\mathrm{d}x = \int \dfrac{x+1-2}{(x+1)^2+2}\mathrm{d}x = \dfrac{1}{2}\int \dfrac{\mathrm{d}[(x+1)^2+2]}{(x+1)^2+2} - \sqrt{2}\int \dfrac{\mathrm{d}\left(\dfrac{x+1}{\sqrt{2}}\right)}{\left(\dfrac{x+1}{\sqrt{2}}\right)^2+1}$

$$= \dfrac{1}{2}\ln(x^2+2x+3) - \sqrt{2}\arctan \dfrac{x+1}{\sqrt{2}} + C.$$

(44) 设 $x = \tan t \left(-\dfrac{\pi}{2} < t < \dfrac{\pi}{2}\right)$, 则 $x^2 + 1 = \sec^2 t$, $\mathrm{d}x = \sec^2 t \mathrm{d}t$, 于是

$\int \dfrac{x^3+1}{(x^2+1)^2}\mathrm{d}x = \int \dfrac{\tan^3 t + 1}{\sec^2 t}\mathrm{d}t = \int \dfrac{\cos^2 t - 1}{\cos t}\mathrm{d}(\cos t) + \int \dfrac{1+\cos 2t}{2}\mathrm{d}t$

$$= \dfrac{1}{2}\cos^2 t - \ln \cos t + \dfrac{t}{2} + \dfrac{1}{4}\sin 2t + C$$

$$= \dfrac{1}{2}\cos^2 t - \ln \cos t + \dfrac{t}{2} + \dfrac{1}{2}\sin t \cos t + C.$$

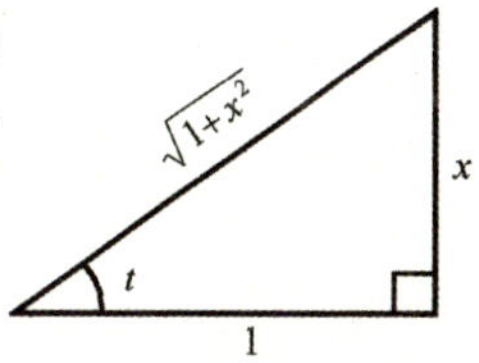

按 $\tan t = x$ 作辅助三角形(图 4—2),

图 4—2

便有 $\cos t = \dfrac{1}{\sqrt{1+x^2}}$, $\quad \sin t = \dfrac{x}{\sqrt{1+x^2}}$,

于是 $\displaystyle\int \dfrac{x^3+1}{(x^2+1)^2}dx = \dfrac{1+x}{2(1+x^2)} + \dfrac{1}{2}\ln(1+x^2) + \dfrac{1}{2}\arctan x + C.$

第三节　分部积分法

内容精讲

1. 分部积分法　若 $u=u(x)$ 与 $v=v(x)$ 可微，且 $u'(x)\cdot v(x)$ 与 $u(x)\cdot v'(x)$ 均具有原函数，则有 $\displaystyle\int u(x)v'(x)dx = u(x)v(x) - \int v(x)u'(x)dx$

或 $\displaystyle\int udv = uv - \int vdu.$

2. 适合利用分部积分法的情形

分部积分法主要用于被积函数是两个不同类型的函数乘积的积分问题，如果使用分部积分公式后的 $\displaystyle\int u'(x)v(x)dx$，比原先的 $\displaystyle\int u(x)v'(x)dx$ 容易积分，则就达到了化难变易的目的，特别在下列三种情况下我们一般采用分部积分：

(1) 如果被积函数是反三角函数、对数函数或幂函数这三类函数与某一个易获得原函数的函数的乘积，这时可通过分部积分公式而求得积分，例如

$\displaystyle\int x^2 e^x dx, \quad \int x\ln x dx, \quad \int \arcsin x dx$ 等；

(2) 如果被积函数为三角函数与指数函数的乘积，可连续进行两次分部积分，得到一个所求积分满足的恒等式，从而可求得积分，例如 $\displaystyle\int e^{2x}\cos x dx, \int e^x \sin x dx$ 等；

(3) 有时所求的积分与正整数 n 有关，例如本节例 4，这时利用分部积分法可导出原来函数所满足的一个递推公式，从而归结到 n 较小的同类不定积分上去. 这时特别应注意选择适当的 u 和 dv 使分部积分前后的被积函数为同一类型.

题型及考点解析

例1　求下列不定积分

(1) $\displaystyle\int xe^{bx}dx\ (b\neq 0)$ 　　(2) $\displaystyle\int \arctan x dx$ 　　(3) $\displaystyle\int \dfrac{x\cos^4 \dfrac{x}{2}}{\sin^3 x}dx$ (考研题)

(4) $\displaystyle\int x^2 \ln(1+x)dx$ 　　(5) $\displaystyle\int e^{2x}\cos 3x dx$ 　　(6) $\displaystyle\int \dfrac{\sin^2 x}{e^x}dx$

解　(1) 设 $u=x, dv=e^{bx}dx$，则

$\displaystyle\int xe^{bx}dx = x\cdot\dfrac{1}{b}e^{bx} - \dfrac{1}{b}\int e^{bx}dx = \dfrac{x}{b}e^{bx} - \dfrac{1}{b^2}e^{bx} + C = \dfrac{1}{b^2}(bx-1)e^{bx} + C$

(2) 令 $u=\arctan x, dv=dx$，则 $du=\dfrac{dx}{1+x^2}, v=x$

$$\int \arctan x \mathrm{d}x = x\arctan x - \int \frac{x}{1+x^2}\mathrm{d}x = x\arctan x - \frac{1}{2}\ln(1+x^2) + C.$$

(3)解法一：$\displaystyle\int \frac{x\cos^4 \frac{x}{2}}{\sin^3 x}\mathrm{d}x = \int \frac{x\cos^4 \frac{x}{2}}{2^3 \sin^3 \frac{x}{2}\cos^3 \frac{x}{2}}\mathrm{d}x = \frac{1}{8}\int \frac{x\cos \frac{x}{2}}{\sin^3 \frac{x}{2}}\mathrm{d}x$

$$= -\frac{1}{4}\int x\cot \frac{x}{2}\mathrm{d}\cot \frac{x}{2} = -\frac{1}{8}\int x\mathrm{d}\cot^2 \frac{x}{2} = -\frac{1}{8}x\cot^2 \frac{x}{2} + \frac{1}{8}\int \cot^2 \frac{x}{2}\mathrm{d}x$$

$$= -\frac{1}{8}x\cot^2 \frac{x}{2} + \frac{1}{8}\int (\csc^2 \frac{x}{2} - 1)\mathrm{d}x$$

$$= -\frac{1}{8}x\cot^2 \frac{x}{2} - \frac{1}{8}x + \frac{1}{4}\int \csc^2 \frac{x}{2}\mathrm{d}(\frac{x}{2}) = -\frac{1}{8}x\csc^2 \frac{x}{2} - \frac{1}{4}\cot \frac{x}{2} + C.$$

解法二：原式 $= \displaystyle\frac{1}{8}\int \frac{x\cos \frac{x}{2}}{\sin^3 \frac{x}{2}}\mathrm{d}x = \frac{1}{4}\int x\sin^{-3} \frac{x}{2}\mathrm{d}\sin \frac{x}{2} = -\frac{1}{8}\int x\mathrm{d}\sin^{-2}\frac{x}{2}$

$$= -\frac{1}{8}x\sin^{-2}\frac{x}{2} + \frac{1}{8}\int \frac{1}{\sin^2 \frac{x}{2}}\mathrm{d}x = -\frac{1}{8}x\csc^2 \frac{x}{2} - \frac{1}{4}\cot \frac{x}{2} + C.$$

(4) $\displaystyle\int x^2 \ln(1+x)\mathrm{d}x = \frac{1}{3}\int \ln(1+x)\mathrm{d}(x^3) = \frac{1}{3}(x^3 \ln(1+x) - \int \frac{x^3}{1+x}\mathrm{d}x)$

$$= \frac{1}{3}x^3\ln(1+x) - \frac{1}{3}\int \frac{x^3+1-1}{1+x}\mathrm{d}x = \frac{1}{3}x^3\ln(1+x) - \frac{1}{3}\int (x^2 - x + 1 - \frac{1}{1+x})\mathrm{d}x$$

$$= \frac{1}{3}x^3\ln(1+x) - \frac{1}{3}(\frac{1}{3}x^3 - \frac{1}{2}x^2 + x) + \frac{1}{3}\ln(1+x) + C$$

$$= \frac{1}{3}(x^3+1)\ln(1+x) - \frac{1}{9}x^3 + \frac{1}{6}x^2 - \frac{1}{3}x + C$$

(5) 令 $I = \displaystyle\int \mathrm{e}^{2x}\cos 3x\mathrm{d}x$, $u = \cos 3x$, $\mathrm{d}v = \mathrm{e}^{2x}\mathrm{d}x$, 则 $\mathrm{d}u = -3\sin 3x\mathrm{d}x$, $v = \frac{1}{2}\mathrm{e}^{2x}$,

$$I = \frac{1}{2}\mathrm{e}^{2x}\cos 3x + \frac{3}{2}\int \mathrm{e}^{2x}\sin 3x\mathrm{d}x$$

$$\underline{\underline{u = \sin 3x, \mathrm{d}v = \mathrm{e}^{2x}\mathrm{d}x}} \frac{1}{2}\mathrm{e}^{2x}\cos 3x + \frac{3}{2}(\frac{1}{2}\mathrm{e}^{2x}\sin 3x - \int \frac{1}{2}\mathrm{e}^{2x}\cdot 3\cos 3x\mathrm{d}x)$$

$$= \frac{1}{2}\mathrm{e}^{2x}\cos 3x + \frac{3}{4}\mathrm{e}^{2x}\sin 3x - \frac{9}{4}\int \mathrm{e}^{2x}\cos 3x\mathrm{d}x = \frac{1}{2}\mathrm{e}^{2x}\cos 3x + \frac{3}{4}\mathrm{e}^{2x}\sin 3x - \frac{9}{4}I$$

移项解得： $I = \displaystyle\frac{1}{13}\mathrm{e}^{2x}(2\cos 3x + 3\sin 3x) + C$

(6) $\displaystyle\int \frac{\sin^2 x}{\mathrm{e}^x}\mathrm{d}x = \frac{1}{2}\int (1-\cos 2x)\mathrm{e}^{-x}\mathrm{d}x = \frac{1}{2}\int \mathrm{e}^{-x}\mathrm{d}x - \frac{1}{2}\int \cos 2x\mathrm{e}^{-x}\mathrm{d}x$

$$= -\frac{1}{2}\mathrm{e}^{-x} - \frac{1}{2}\int \cos 2x\mathrm{e}^{-x}\mathrm{d}x$$

记 $I = \displaystyle\int \cos 2x\mathrm{e}^{-x}\mathrm{d}x$, $u = \mathrm{e}^{-x}$, $\mathrm{d}v = \cos 2x\mathrm{d}x$, 则 $\mathrm{d}u = -\mathrm{e}^{-x}\mathrm{d}x$, $v = \frac{1}{2}\sin 2x$,

$$I = \mathrm{e}^{-x}\frac{1}{2}\sin 2x + \int \frac{1}{2}\sin 2x\mathrm{e}^{-x}\mathrm{d}x$$

$$\underline{\underline{u = \mathrm{e}^{-x}; \mathrm{d}v = \sin 2x\mathrm{d}x}} \frac{1}{2}\mathrm{e}^{-x}\sin 2x + \frac{1}{2}(\mathrm{e}^{-x}\frac{-1}{2}\cos 2x - \int \frac{1}{2}\cos 2x\mathrm{e}^{-x}\mathrm{d}x)$$

$$= \frac{1}{2}e^{-x}\sin 2x - \frac{1}{4}e^{-x}\cos 2x - \frac{1}{4}I$$

移项解得：$I = \frac{1}{5}e^{-x}(2\sin 2x - \cos 2x) + C_1$.

故原式 $= -\frac{1}{2}e^{-x} - \frac{1}{10}e^{-x}(2\sin 2x - \cos 2x) + C$ $(C = -\frac{1}{2}C_1)$.

题型分析 利用分部积分公式计算不定积分时，关键是 u 和 dv 的选择，在选取 u 和 dv 时一般要考虑以下两点：一是 v 要易求；二是 $\int v du$ 要比 $\int u dv$ 容易积分. 当被积函数为下列形式时，可按下述方法选取 u 和 dv，即

(1) $f(x) =$ 幂函数·三角函数，令 $u =$ 幂函数，$dv =$ 三角函数·dx；

(2) $f(x) =$ 幂函数·指数函数，令 $u =$ 幂函数，$dv =$ 指数函数·dx；

(3) $f(x) =$ 幂函数·反三角函数，令 $u =$ 反三角函数，$dv =$ 幂函数·dx；

(4) $f(x) =$ 幂函数·对数函数，令 $u =$ 对数函数，$dv =$ 幂函数·dx；

(5) $f(x) =$ 指数函数·三角函数，令 $u =$ 指数函数（或三角函数），$dv =$ 三角函数·dx（或指数函数·dx），此时必须进行两次分部积分且两次积分中所取 u 的函数类型不变，从而得到一个所求积分满足的恒等式，由该等式便可求得积分. 如本例中的(5),(6)两题.

例 2 求下列不定积分

(1) $\int \frac{\ln\sin x}{\sin^2 x} dx$ （考研题）；

(2) $\int \frac{dx}{\sin(2x) + 2\sin x}$ （考研题）；

(3) $\int e^{2x}(\tan x + 1)^2 dx$ （考研题）；

(4) $\int \frac{x e^{\arctan x}}{(1+x^2)^{3/2}} dx$ （考研题）；

(5) $\int (\arcsin x)^2 dx$ （考研题）；

(6) $\int \frac{x^2}{1+x^2} \arctan x dx$ （考研题）；

(7) $\int \frac{\arctan x}{x^2(1+x^2)} dx$ （考研题）；

(8) $\int \frac{(1+x^2)\arcsin x}{x^2\sqrt{1-x^2}} dx$

解 (1) $\int \frac{\ln\sin x}{\sin^2 x} dx = -\int \ln\sin x d\cot x = -\cot x \ln\sin x + \int \frac{\cos x}{\sin x}\cot x dx$

$$= -\cot x \ln\sin x + \int (\csc^2 x - 1) dx = -\cot x \ln\sin x - \cot x - x + C$$

(2) 解法一：原式 $= \int \frac{dx}{2\sin x(\cos x + 1)} = \frac{1}{4}\int \frac{d(\frac{x}{2})}{\sin\frac{x}{2}\cos^3\frac{x}{2}} = \frac{1}{4}\int \frac{d(\tan\frac{x}{2})}{\tan\frac{x}{2}\cos^2\frac{x}{2}}$

$$= \frac{1}{4}\int \frac{1+\tan^2\frac{x}{2}}{\tan\frac{x}{2}} d(\tan\frac{x}{2}) = \frac{1}{8}\tan^2\frac{x}{2} + \frac{1}{4}\ln\left|\tan\frac{x}{2}\right| + C.$$

解法二：原式 $= \int \frac{dx}{2\sin x(\cos x + 1)} = \int \frac{\sin x dx}{2(1-\cos^2 x)(1+\cos x)}$

$$\xrightarrow{\cos x = u} -\frac{1}{2}\int \frac{du}{(1-u)(1+u)^2}$$

$$=-\frac{1}{8}\int\left(\frac{1}{1-u}+\frac{3+u}{(1+u)^2}\right)du=\frac{1}{8}\left(\ln|1-u|-\ln|1+u|+\frac{2}{1+u}\right)+C$$

$$=\frac{1}{8}\left(\ln(1-\cos x)-\ln(1+\cos x)+\frac{2}{1+\cos x}\right)+C.$$

解法三：令 $t=\tan\frac{x}{2}$，则 $\sin x=\frac{2t}{1+t^2}$，$\cos x=\frac{1-t^2}{1+t^2}$，$x=2\arctan t$，$dx=\frac{2}{1+t^2}dt$ 则

$$原式=\frac{1}{4}\int\left(\frac{1}{t}+t\right)dt=\frac{1}{4}\ln\left|\tan\frac{x}{2}\right|+\frac{1}{8}\tan^2\frac{x}{2}+C.$$

解法四：$原式=\int\frac{\sin x dx}{2\sin^2 x(1+\cos x)}=-\int\frac{d(1+\cos x)}{2(1-\cos x)(1+\cos x)^2}\xlongequal{1+\cos x=t}\int\frac{dt}{2t^2(2-t)}$

$$=\frac{-1}{4}\int\left(\frac{1}{t^2}+\frac{1}{2t}-\frac{1}{2(t-2)}\right)dt=-\frac{1}{4}\left(-\frac{1}{t}\right)-\frac{1}{8}\ln|t|+\frac{1}{8}\ln|t-2|+C$$

$$=\frac{1}{4(1+\cos x)}+\frac{1}{8}\ln\frac{1-\cos x}{1+\cos x}+C.$$

解法五：$原式=\int\frac{\sin^2\frac{x}{2}+\cos^2\frac{x}{2}}{8\sin\frac{x}{2}\cos^3\frac{x}{2}}dx=\frac{1}{8}\int\frac{\sin\frac{x}{2}}{\cos^3\frac{x}{2}}dx+\frac{1}{4}\int\frac{dx}{\sin x}$

$$=\frac{1}{8}\tan^2\frac{x}{2}+\frac{1}{4}\ln|\csc x-\cot x|+C.$$

(3) 解法一：$\int e^{2x}(\tan x+1)^2 dx=\int e^{2x}(\tan^2 x+2\tan x+1)dx=\int e^{2x}(\sec^2 x+2\tan x)dx$

$$=\int e^{2x}\sec^2 x dx+2\int e^{2x}\tan x dx=\int e^{2x}d\tan x+2\int e^{2x}\tan x dx$$

$$=e^{2x}\tan x-2\int e^{2x}\tan x dx+2\int e^{2x}\tan x dx=e^{2x}\tan x+C.$$

解法二：$\int e^{2x}(\tan x+1)^2 dx=\frac{1}{2}\int(\tan x+1)^2 de^{2x}$

$$=\frac{1}{2}e^{2x}(\tan x+1)^2-\frac{1}{2}\int 2(\tan x+1)\sec^2 x e^{2x}dx$$

$$=\frac{1}{2}e^{2x}(\tan x+1)^2-\int e^{2x}\tan x\sec^2 x dx-\int e^{2x}\sec^2 x dx$$

$$=\frac{1}{2}e^{2x}(\tan x+1)^2-\frac{1}{2}e^{2x}\tan^2 x+\int e^{2x}\tan^2 x dx-\int e^{2x}\sec^2 x dx$$

$$=\frac{1}{2}e^{2x}(2\tan x+1)-\int e^{2x}dx=\frac{1}{2}e^{2x}(2\tan x+1)-\frac{1}{2}e^{2x}+C=e^{2x}\tan x+C.$$

(4) 解法一：设 $x=\tan t$，则

$$\int\frac{xe^{\arctan x}}{(1+x^2)^{3/2}}dx=\int\frac{e^t\tan t}{(1+\tan^2 t)^{3/2}}\sec^2 t dt=\int e^t\sin t dt=\frac{1}{2}e^t(\sin t-\cos t)+C$$

$$=\frac{1}{2}e^{\arctan x}\left(\frac{x}{\sqrt{1+x^2}}-\frac{1}{\sqrt{1+x^2}}\right)+C=\frac{(x-1)e^{\arctan x}}{2\sqrt{1+x^2}}+C.$$

解法二：$原式=\int\frac{x}{\sqrt{1+x^2}}de^{\arctan x}=\frac{xe^{\arctan x}}{\sqrt{1+x^2}}-\int\frac{e^{\arctan x}}{(1+x^2)^{3/2}}dx$

$$=\frac{xe^{\arctan x}}{\sqrt{1+x^2}}-\int\frac{de^{\arctan x}}{\sqrt{1+x^2}}=\frac{xe^{\arctan x}}{\sqrt{1+x^2}}-\frac{e^{\arctan x}}{\sqrt{1+x^2}}-\int\frac{xe^{\arctan x}}{(1+x^2)^{3/2}}dx$$

移项得原式$=\dfrac{(x-1)\mathrm{e}^{\arctan x}}{2\sqrt{1+x^2}}+C.$

(5)解法一：$\displaystyle\int(\arcsin x)^2\mathrm{d}x=x(\arcsin x)^2-\int\dfrac{2x\arcsin x}{\sqrt{1-x^2}}\mathrm{d}x$

$\displaystyle=x(\arcsin x)^2+\int\dfrac{\arcsin x}{\sqrt{1-x^2}}\mathrm{d}(1-x^2)=x(\arcsin x)^2+2\int\arcsin x\sqrt{1-x^2}$

$\displaystyle=x(\arcsin x)^2+2\sqrt{1-x^2}\arcsin x-2\int\mathrm{d}x$

$=x(\arcsin x)^2+2\sqrt{1-x^2}\arcsin x-2x+C.$

解法二：令 $u=\arcsin x$，则 $x=\sin u$，$\mathrm{d}x=\cos u\mathrm{d}u$，

$\displaystyle\int(\arcsin x)^2\mathrm{d}x=\int u^2\cos u\mathrm{d}u=\int u^2\mathrm{d}\sin u=u^2\sin u-\int 2u\sin u\mathrm{d}u$

$\displaystyle=u^2\sin u+2\int u\mathrm{d}\cos u=u^2\sin u+2u\cos u-2\int\cos u\mathrm{d}u$

$=u^2\sin u+2u\cos u-2\sin u+C=x(\arcsin x)^2+2\sqrt{1-x^2}\arcsin x-2x+C.$

(6)解法一：$\displaystyle\int\dfrac{x^2}{1+x^2}\arctan x\mathrm{d}x=\int\left(1-\dfrac{1}{1+x^2}\right)\arctan x\mathrm{d}x$

$\displaystyle=\int\arctan x\mathrm{d}x-\int\arctan x\mathrm{d}\arctan x=x\arctan x-\int\dfrac{x}{1+x^2}\mathrm{d}x-\dfrac{1}{2}(\arctan x)^2$

$=x\arctan x-\dfrac{1}{2}\ln(1+x^2)-\dfrac{1}{2}(\arctan x)^2+C.$

解法二：令 $u=\arctan x$，则 $x=\tan u$，$1+x^2=\sec^2 u$，$\mathrm{d}x=\sec^2 u\mathrm{d}u$，

则原式$\displaystyle=\int\dfrac{\tan^2 u}{\sec^2 u}u\sec^2 u\mathrm{d}u=\int u\tan^2 u\mathrm{d}u=\int u(\sec^2 u-1)\mathrm{d}u=u\tan u-\int\tan u\mathrm{d}u-\dfrac{1}{2}u^2$

$=u\tan u+\ln|\cos u|-\dfrac{1}{2}u^2+C=x\arctan x-\dfrac{1}{2}\ln(1+x^2)-\dfrac{1}{2}(\arctan x)^2+C.$

(7)解法一：$\displaystyle\int\dfrac{\arctan x}{x^2(1+x^2)}\mathrm{d}x=\int\left(\dfrac{1}{x^2}-\dfrac{1}{1+x^2}\right)\arctan x\mathrm{d}x=\int\dfrac{\arctan x}{x^2}\mathrm{d}x-\int\dfrac{\arctan x}{1+x^2}\mathrm{d}x$

$\displaystyle=-\int\arctan x\mathrm{d}\left(\dfrac{1}{x}\right)-\int\arctan x\mathrm{d}\arctan x=-\dfrac{\arctan x}{x}+\int\dfrac{\mathrm{d}x}{x(1+x^2)}-\dfrac{1}{2}(\arctan x)^2$

$\displaystyle=-\dfrac{\arctan x}{x}+\int\left(\dfrac{1}{x}-\dfrac{x}{1+x^2}\right)\mathrm{d}x-\dfrac{1}{2}(\arctan x)^2=-\dfrac{\arctan x}{x}+\dfrac{1}{2}\ln\dfrac{x^2}{1+x^2}-\dfrac{1}{2}(\arctan x)^2+C.$

解法二：令 $x=\tan t$，则原式$\displaystyle=\int t(\csc^2 t-1)\mathrm{d}t=-t\cot t+\int\dfrac{\cos t}{\sin t}\mathrm{d}t-\int t\mathrm{d}t=-t\cot t+\ln|\sin t|$

$-\dfrac{1}{2}t^2+C=-\dfrac{\arctan x}{x}+\ln\dfrac{|x|}{\sqrt{1+x^2}}-\dfrac{1}{2}(\arctan x)^2+C.$

(8)分析：被积函数较复杂，但其中含有 $\sqrt{1-x^2}$ 可用三角代换 $x=\sin t$ 化简。令 $x=\sin t$，

则原式$\displaystyle=\int\dfrac{t(1+\sin^2 t)}{\sin^2 t\cos t}\cos t\mathrm{d}t=\int\dfrac{t}{\sin^2 t}\mathrm{d}t+\int t\mathrm{d}t=\int t\csc^2 t\mathrm{d}t+\dfrac{1}{2}t^2$

$\displaystyle=-\int t\mathrm{d}\cot t+\dfrac{1}{2}t^2=-t\cot t+\int\cot t\mathrm{d}t+\dfrac{1}{2}t^2=-t\cot t+\ln|\sin t|+\dfrac{1}{2}t^2+C$

$=-\dfrac{\sqrt{1-x^2}}{x}\arcsin x+\ln|x|+\dfrac{1}{2}(\arcsin x)^2+C.$

不定积分

> **题型分析**
> 当被积函数含有三角函数时,可用倍角公式、半角公式等将被积函数进行恒等变形;也可用变量代换将被积函数进行化简,还可将换元积分法与分部积分法联合使用,因此解题方法较多,但不同方法积分的繁简各有不同,积分结果也不完全相同.

例 3 设 $\dfrac{\sin x}{x}$ 是可导函数 $f(x)$ 的一个原函数,求 $I = \int x^3 f'(x)\,dx$.

解法一 $I = \int x^3\,df(x) = x^3 f(x) - 3\int x^2 f(x)\,dx = x^3 f(x) - 3\int x^2\,d\dfrac{\sin x}{x}$

$= x^3 f(x) - 3x^2 \dfrac{\sin x}{x} + 6\int \sin x\,dx = x^3 \left(\dfrac{\sin x}{x}\right)' - 3x\sin x - 6\cos x + C$

$= x^3 \dfrac{x\cos x - \sin x}{x^2} - 3x\sin x - 6\cos x + C = (x^2 - 6)\cos x - 4x\sin x + C$

解法二 因为 $f(x) = \left(\dfrac{\sin x}{x}\right)'$,所以

$$f'(x) = \left(\dfrac{\sin x}{x}\right)'' = \left(\dfrac{x\cos x - \sin x}{x^2}\right)' = \dfrac{2\sin x - 2x\cos x - x^2 \sin x}{x^3}$$

故 $I = \int (2\sin x - 2x\cos x - x^2 \sin x)\,dx = -2\cos x - 2\int x\cos x\,dx - \int x^2 \sin x\,dx$

$= -2\cos x - 4\int x\cos x\,dx + x^2 \cos x = (x^2 - 2)\cos x - 4x\sin x + 4\int \sin x\,dx$

$= (x^2 - 6)\cos x - 4x\sin x + C$

例 4 设 $I_n = \int \sin^{2n} x\,dx$,证明:当 $n \geqslant 1$ 时 $I_n = -\dfrac{\sin^{2n-1} x \cdot \cos x}{2n} + \dfrac{2n-1}{2n} I_{n-1}$.

证 当 $n \geqslant 1$ 时,

$I_n = \int -\sin^{2n-1} x\,d(\cos x) = -\sin^{2n-1} x \cdot \cos x + (2n-1)\int \sin^{2n-2} x\cos^2 x\,dx$

$= -\sin^{2n-1} x \cdot \cos x + (2n-1)(I_{n-1} - I_n)$

故 $I_n = -\dfrac{\sin^{2n-1} x \cdot \cos x}{2n} + \dfrac{2n-1}{2n} I_{n-1}$.

⬇ 习题4-3精讲

解:

1. $\int x\sin x\,dx = -\int x\,d(\cos x) = -x\cos x + \int \cos x\,dx = -x\cos x + \sin x + C$.

2. $\int \ln x\,dx = x\ln x - \int x \cdot \dfrac{1}{x}\,dx = x\ln x - x + C$.

3. $\int \arcsin x\,dx = x\arcsin x - \int x \cdot \dfrac{1}{\sqrt{1-x^2}}\,dx = x\arcsin x + \sqrt{1-x^2} + C$.

4. $\int x e^{-x}\,dx = -\int x\,de^{-x} = -xe^{-x} + \int e^{-x}\,dx = -xe^{-x} - e^{-x} + C$.

5. $\int x^2 \ln x\,dx = \dfrac{1}{3}\int \ln x\,d(x^3) = \dfrac{x^3 \ln x}{3} - \dfrac{1}{3}\int x^3 \cdot \dfrac{1}{x}\,dx = \dfrac{x^3 \ln x}{3} - \dfrac{x^3}{9} + C$.

6. $\int e^{-x}\cos x\,dx = -\int \cos x\,d(e^{-x}) = -e^{-x}\cos x + \int e^{-x}(-\sin x)\,dx$

$\qquad = -e^{-x}\cos x + \int \sin x\,d(e^{-x}) = -e^{-x}\cos x + e^{-x}\sin x - \int e^{-x}\cos x\,dx,$

故有 $\quad \int e^{-x}\cos x\,dx = \dfrac{e^{-x}(\sin x - \cos x)}{2} + C.$

7. $\int e^{-2x}\sin\dfrac{x}{2}\,dx = -\dfrac{1}{2}\int \sin\dfrac{x}{2}\,d(e^{-2x}) = -\dfrac{1}{2}e^{-2x}\sin\dfrac{x}{2} + \dfrac{1}{2}\int e^{-2x}\cdot\dfrac{1}{2}\cos\dfrac{x}{2}\,dx$

$= -\dfrac{1}{2}e^{-2x}\sin\dfrac{x}{2} - \dfrac{1}{8}\int \cos\dfrac{x}{2}\,d(e^{-2x}) = -\dfrac{1}{2}e^{-2x}\sin\dfrac{x}{2} - \dfrac{1}{8}e^{-2x}\cos\dfrac{x}{2} + \dfrac{1}{8}\int e^{-2x}\cdot$

$\left(-\dfrac{1}{2}\sin\dfrac{x}{2}\right)dx = -\dfrac{1}{8}\left(4\sin\dfrac{x}{2} + \cos\dfrac{x}{2}\right)e^{-2x} - \dfrac{1}{16}\int e^{-2x}\sin\dfrac{x}{2}\,dx,$

故 $\quad \int e^{-2x}\sin\dfrac{x}{2}\,dx = -\dfrac{2}{17}\left(4\sin\dfrac{x}{2} + \cos\dfrac{x}{2}\right)e^{-2x} + C.$

8. $\int x\cos\dfrac{x}{2}\,dx = 2\int x\,d\left(\sin\dfrac{x}{2}\right) = 2x\sin\dfrac{x}{2} - 2\int \sin\dfrac{x}{2}\,dx = 2x\sin\dfrac{x}{2} + 4\cos\dfrac{x}{2} + C.$

9. $\int x^2\arctan x\,dx = \dfrac{1}{3}\int \arctan x\,d(x^3) = \dfrac{1}{3}x^3\arctan x - \dfrac{1}{3}\int \dfrac{x^3}{1+x^2}\,dx$

$= \dfrac{1}{3}x^3\arctan x - \dfrac{1}{3}\int \left(x - \dfrac{x}{1+x^2}\right)dx = \dfrac{1}{3}x^3\arctan x - \dfrac{1}{6}x^2 + \dfrac{1}{6}\ln(1+x^2) + C.$

10. $\int x\tan^2 x\,dx = \int x(\sec^2 x - 1)\,dx = \int x\,d(\tan x) - \dfrac{x^2}{2} = x\tan x + \ln|\cos x| - \dfrac{x^2}{2} + C.$

11. $\int x^2\cos x\,dx = \int x^2\,d(\sin x) = x^2\sin x - 2\int x\sin x\,dx = x^2\sin x + \int 2x\,d(\cos x)$

$\qquad = x^2\sin x + 2x\cos x - \int 2\cos x\,dx = x^2\sin x + 2x\cos x - 2\sin x + C.$

12. $\int te^{-2t}\,dt = -\dfrac{1}{2}\int t\,d(e^{-2t}) = -\dfrac{1}{2}te^{-2t} + \dfrac{1}{2}\int e^{-2t}\,dt = -\dfrac{1}{2}te^{-2t} - \dfrac{1}{4}e^{-2t} + C.$

13. $\int \ln^2 x\,dx = x\ln^2 x - \int 2\ln x\,dx = x\ln^2 x - 2x\ln x + \int 2\,dx = x\ln^2 x - 2x\ln x + 2x + C.$

14. $\int x\sin x\cos x\,dx = \int -\dfrac{x}{4}\,d(\cos 2x) = -\dfrac{x\cos 2x}{4} + \dfrac{1}{4}\int \cos 2x\,dx = -\dfrac{x\cos 2x}{4} + \dfrac{\sin 2x}{8} + C.$

15. $\int x^2\cos^2\dfrac{x}{2}\,dx = \dfrac{1}{2}\int x^2(1+\cos x)\,dx = \dfrac{1}{6}x^3 + \dfrac{1}{2}\int x^2\,d(\sin x) = \dfrac{1}{6}x^3 + \dfrac{1}{2}x^2\sin x - \int x\sin x\,dx$

$\qquad = \dfrac{1}{6}x^3 + \dfrac{1}{2}x^2\sin x + \int x\,d(\cos x) = \dfrac{1}{6}x^3 + \dfrac{1}{2}x^2\sin x + x\cos x - \int \cos x\,dx$

$\qquad = \dfrac{1}{6}x^3 + \dfrac{1}{2}x^2\sin x + x\cos x - \sin x + C.$

16. $\int x\ln(x-1)\,dx = \dfrac{1}{2}\int \ln(x-1)\,d(x^2-1) = \dfrac{1}{2}(x^2-1)\ln(x-1) - \dfrac{1}{2}\int (x+1)\,dx$

$\qquad = \dfrac{1}{2}(x^2-1)\ln(x-1) - \dfrac{1}{4}x^2 - \dfrac{1}{2}x + C.$

17. $\int (x^2-1)\sin 2x\,dx = -\dfrac{1}{2}\int (x^2-1)\,d(\cos 2x) = -\dfrac{1}{2}(x^2-1)\cos 2x + \int x\cos 2x\,dx$

$\qquad = -\dfrac{1}{2}(x^2-1)\cos 2x + \dfrac{1}{2}\int x\,d(\sin 2x) = -\dfrac{1}{2}(x^2-1)\cos 2x + \dfrac{1}{2}x\sin 2x - \dfrac{1}{2}\int \sin 2x\,dx$

$$= -\frac{1}{2}\left(x^2 - \frac{3}{2}\right)\cos 2x + \frac{1}{2}x\sin 2x + C.$$

18. $\displaystyle\int \frac{\ln^3 x}{x^2}dx = \int -\ln^3 x\,d\left(\frac{1}{x}\right) = -\frac{\ln^3 x}{x} - 3\int \ln^2 x\,d\left(\frac{1}{x}\right)$

$$= -\frac{\ln^3 x}{x} - 3\left[\frac{\ln^2 x}{x} + 2\int \ln x\,d\left(\frac{1}{x}\right)\right] = -\frac{\ln^3 x + 3\ln^2 x + 6\ln x + 6}{x} + C.$$

19. $\displaystyle\int e^{\sqrt[3]{x}}dx \xlongequal{x=u^3} \int 3u^2 e^u du = \int 3u^2 d(e^u) = 3u^2 e^u - \int 6u\,d(e^u) = (3u^2 - 6u + 6)e^u + C$

$$= 3e^{\sqrt[3]{x}}(x^{\frac{2}{3}} - 2x^{\frac{1}{3}} + 2) + C.$$

20. $\displaystyle\int \cos\ln x\,dx \xlongequal{x=e^u} \int e^u \cos u\,du,$

而 $\displaystyle\int e^u \cos u\,du = \int \cos u\,d(e^u) = e^u \cos u + \int e^u \sin u\,du = e^u \cos u + \int \sin u\,d(e^u)$

$$= e^u \cos u + e^u \sin u - \int e^u \cos u\,du,$$

因此 $\displaystyle\int e^u \cos u\,du = \frac{e^u(\cos u + \sin u)}{2} + C$, 故有 $\displaystyle\int \cos\ln x\,dx = \frac{x(\cos\ln x + \sin\ln x)}{2} + C.$

21. $\displaystyle\int (\arcsin x)^2 dx = x(\arcsin x)^2 - \int \frac{2x\arcsin x}{\sqrt{1-x^2}}dx = x(\arcsin x)^2 + \int 2\arcsin x\,d(\sqrt{1-x^2})$

$$= x(\arcsin x)^2 + 2\sqrt{1-x^2}\arcsin x - 2x + C.$$

22. $\displaystyle\int e^x \sin^2 x\,dx = \frac{1}{2}\int e^x(1-\cos 2x)dx = \frac{1}{2}e^x - \frac{1}{2}\int e^x \cos 2x\,dx,$

$\displaystyle\int e^x \cos 2x\,dx = \int \cos 2x\,d(e^x) = e^x \cos 2x + 2\int e^x \sin 2x\,dx = e^x \cos 2x + 2\int \sin 2x\,d(e^x)$

$$= e^x \cos 2x + 2e^x \sin 2x - 4\int e^x \cos 2x\,dx,$$

得 $\displaystyle\int e^x \cos 2x\,dx = \frac{e^x \cos 2x + 2e^x \sin 2x}{5} + C$, 因此有

$$\int e^x \sin^2 x\,dx = \frac{1}{2}e^x - \frac{1}{5}e^x \sin 2x - \frac{1}{10}e^x \cos 2x + C.$$

23. $\displaystyle\int x\ln^2 x\,dx = \int \ln^2 x\,d\left(\frac{x^2}{2}\right) = \frac{x^2}{2}\ln^2 x - \int x\ln x\,dx = \frac{x^2}{2}\ln^2 x - \int \ln x\,d\left(\frac{x^2}{2}\right)$

$$= \frac{x^2}{2}\ln^2 x - \frac{x^2}{2}\ln x + \int \frac{x}{2}dx = \frac{x^2}{4}(2\ln^2 x - 2\ln x + 1) + C.$$

24. 设 $\sqrt{3x+9} = u$, 即 $x = \frac{1}{3}(u^2 - 9)$, $dx = \frac{2}{3}u\,du$, 则

$$\int e^{\sqrt{3x+9}}dx = \int \frac{2}{3}ue^u du = \int \frac{2}{3}u\,d(e^u) = \frac{2}{3}ue^u - \int \frac{2}{3}e^u du$$

$$= \frac{2}{3}ue^u - \frac{2}{3}e^u + C = \frac{2}{3}e^{\sqrt{3x+9}}(\sqrt{3x+9} - 1) + C.$$

第四节　有理函数的积分

内容精讲

1. 有理函数的积分　一般要经过两个步骤：

(1)如果被积函数是假分式，则需先将其化为多项式与真分式之和；对于真分式 $\dfrac{P(x)}{Q(x)}$ 在实数范围内将 $Q(x)$ 分解成一次因式与二次质因式的乘积，分解结果只含 $(x-a)^k$ 和 $(x^2+px+q)^L$ ($p^2-4q<0$)两种类型的因式.

(2)根据 $Q(x)$ 的分解结果将真分式化为部分分式，用待定系数法确定真分式的分子中的常数，最后得到以下 4 个基本类型的积分：

1) $\displaystyle\int \dfrac{A}{x-a} dx$;

2) $\displaystyle\int \dfrac{A}{(x-a)^n} dx\ (n=2,3\cdots)$;

3) $\displaystyle\int \dfrac{Mx+N}{x^2+px+q} dx$;

4) $\displaystyle\int \dfrac{(Mx+N)}{(x^2+px+q)^n} dx\ (n=2,3\cdots)$.

其中 $A、M、N、a、p、q$ 都是常数，且 $4q-p^2>0$.

前两种积分结果是易知的，对于第三种积分只要将分母配方后，再用基本积分公式，结果即可求出. 对于第四种积分要用分部积分法，最后得出一个递推公式，需要多次积分才能完成.

2. 三角函数有理式的积分　一般有以下三种方法：

(1)半角代换　对于 $\displaystyle\int R(\sin x,\cos x) dx$ 型，令 $\tan\dfrac{x}{2}=t$ 化为有理函数的积分.

(2)三角恒等变换

1)利用倍角公式降低三角函数的幂次；

2)对于 $\displaystyle\int \sin mx\cdot\sin nx dx,\displaystyle\int \sin mx\cdot\cos nx dx,\displaystyle\int \cos mx\cdot\cos nx dx (m\neq n)$ 可利用积化和差来计算；

3)对于 $\displaystyle\int \sin^m x\cdot\cos^n x dx$：①当 $m、n$ 中有一个奇数，可拆开用凑微分法计算；②当 $m、n$ 都是偶数，可利用倍角公式逐步求出积分.

4)对于 $\displaystyle\int \sin^n x dx,\displaystyle\int \cos^n x dx$，可利用分部积分法导出的递推公式计算，也可按 3)处理.

3. 简单无理函数的积分　关键是找出适当的变量代换去掉根号，化为有理函数的积分.

题型及考点解析

例1　计算下列不定积分

(1) $\displaystyle\int \dfrac{2x^4-x^3-x+1}{x^3-1} dx$

(2) $\displaystyle\int \dfrac{x^2+1}{(x-1)^2(x+3)} dx$

(3) $\displaystyle\int \dfrac{2x+2}{(x-1)(x^2+1)^2} dx$

(4) $\displaystyle\int \dfrac{x^2}{(1-x)^{100}} dx$

解 (1)分析:此题被积函数是有理假分式,因此先用多项式除法将其化为多项式与真分式的和再逐项积分.

因为 $\dfrac{2x^4-x^3-x+1}{x^3-1}=2x-1+\dfrac{x}{(x-1)(x^2+x+1)}$,

设 $\dfrac{x}{(x-1)(x^2+x+1)}=\dfrac{A}{x-1}+\dfrac{Bx+C}{x^2+x+1}$

通分后去分母得 $x=A(x^2+x+1)+(Bx+C)(x-1)=(A+B)x^2+(A-B+C)x+(A-C)$

比较 x 同次幂的系数得

$$\begin{cases}A+B=0\\A-B+C=1\\A-C=0\end{cases} \Rightarrow \begin{cases}A=\dfrac{1}{3}\\B=-\dfrac{1}{3}\\C=\dfrac{1}{3}\end{cases} \quad 即 \quad \dfrac{x}{(x-1)(x^2+x+1)}=\dfrac{\frac{1}{3}}{x-1}+\dfrac{-\frac{1}{3}x+\frac{1}{3}}{x^2+x+1}$$

故原式 $=\displaystyle\int\left(2x-1+\dfrac{\frac{1}{3}}{x-1}+\dfrac{-\frac{1}{3}x+\frac{1}{3}}{x^2+x+1}\right)\mathrm{d}x$

$=\displaystyle\int(2x-1)\mathrm{d}x+\dfrac{1}{3}\int\dfrac{1}{x-1}\mathrm{d}x-\dfrac{1}{3}\int\dfrac{x-1}{x^2+x+1}\mathrm{d}x$

$=x^2-x+\dfrac{1}{3}\ln|x-1|-\dfrac{1}{6}\displaystyle\int\dfrac{2x+1-1}{x^2+x+1}\mathrm{d}x+\dfrac{1}{3}\int\dfrac{\mathrm{d}x}{x^2+x+1}$

$=x^2-x+\dfrac{1}{3}\ln|x-1|-\dfrac{1}{6}\displaystyle\int\dfrac{\mathrm{d}(x^2+x+1)}{x^2+x+1}+\dfrac{1}{\sqrt{3}}\int\dfrac{\mathrm{d}\left(\frac{2x+1}{\sqrt{3}}\right)}{1+\left(\frac{2x+1}{\sqrt{3}}\right)^2}$

$=x^2-x+\dfrac{1}{3}\ln|x-1|-\dfrac{1}{6}\ln(x^2+x+1)+\dfrac{1}{\sqrt{3}}\arctan\dfrac{2x+1}{\sqrt{3}}+C.$

(2) 设 $f(x)=\dfrac{x^2+1}{(x+1)^2(x+3)}=\dfrac{A}{x-1}+\dfrac{B}{(x-1)^2}+\dfrac{C}{x+3}$,则用待定系数法或赋值法可得

$A=\dfrac{3}{8}, \quad B=\dfrac{1}{2}, \quad C=\dfrac{5}{8}, \quad 即 \quad f(x)=\dfrac{\frac{3}{8}}{x-1}+\dfrac{\frac{1}{2}}{(x-1)^2}+\dfrac{\frac{5}{8}}{x+3}$

故原式 $=\dfrac{3}{8}\displaystyle\int\dfrac{1}{x-1}\mathrm{d}x+\dfrac{1}{2}\int\dfrac{1}{(x-1)^2}\mathrm{d}x+\dfrac{5}{8}\int\dfrac{1}{x+3}\mathrm{d}x$

$=\dfrac{3}{8}\ln|x-1|-\dfrac{1}{2}\dfrac{1}{x-1}+\dfrac{5}{8}\ln|x+3|+C.$

(3) 设 $\dfrac{2x+2}{(x-1)(x^2+1)^2}=\dfrac{A}{x-1}+\dfrac{Bx+C}{x^2+1}+\dfrac{Dx+E}{(x^2+1)^2}$,则通分后由分子得

$2x+2=A(x^2+1)^2+(Bx+C)(x-1)(x^2+1)+(Dx+E)(x-1)$

分别取 $x=0,x=-1,x=1,x=2$ 得

$$\begin{cases}A-C-E=2\\2A+2B-2C+D-E=0\\4A=4\\25A+10B+5C+2D+E=6\end{cases} \Rightarrow \begin{cases}A=1\\B=-1\\C=-1\\D=-2\\E=0\end{cases}$$

故原式 $=\int\left(\dfrac{1}{x-1}-\dfrac{x+1}{x^2+1}-\dfrac{2x}{(x^2+1)^2}\right)\mathrm{d}x=\int\dfrac{1}{x-1}\mathrm{d}x-\int\dfrac{x+1}{x^2+1}\mathrm{d}x-2\int\dfrac{x}{(x^2+1)^2}\mathrm{d}x$

$=\ln|x-1|-\dfrac{1}{2}\ln(x^2+1)-\arctan x+\dfrac{1}{x^2+1}+C.$

(4)解法一:令 $u=1-x$,则 $x=1-u$, $\mathrm{d}x=-\mathrm{d}u$

$\int\dfrac{x^2}{(1-x)^{100}}\mathrm{d}x=\int\dfrac{(1-u)^2}{u^{100}}(-\mathrm{d}u)=-\int\dfrac{1}{u^{100}}\mathrm{d}u+2\int\dfrac{\mathrm{d}u}{u^{99}}-\int\dfrac{\mathrm{d}u}{u^{98}}$

$=\dfrac{1}{99}u^{-99}-\dfrac{2}{98}u^{-98}+\dfrac{1}{97}u^{-97}+C.=\dfrac{1}{99(1-x)^{99}}-\dfrac{1}{49(1-x)^{98}}+\dfrac{1}{97(1-x)^{97}}+C.$

解法二:凑微分法

$\int\dfrac{x^2}{(1-x)^{100}}\mathrm{d}x=\int\dfrac{x^2-1+1}{(1-x)^{100}}\mathrm{d}x=\int\dfrac{-(x+1)}{(1-x)^{99}}\mathrm{d}x+\int\dfrac{\mathrm{d}x}{(1-x)^{100}}$

$=\int\dfrac{1-x}{(1-x)^{99}}\mathrm{d}x-\int\dfrac{2}{(1-x)^{99}}\mathrm{d}x+\dfrac{1}{99}\dfrac{1}{(1-x)^{99}}$

$=+\dfrac{1}{97}\cdot\dfrac{1}{(1-x)^{97}}-\dfrac{1}{49(1-x)^{98}}+\dfrac{1}{99(1-x)^{99}}+C.$

题型分析 求不定积分的基本方法是换元积分法和分部积分法,本例中所用的有理函数的积分法与下边采用的三角有理式的积分法仅作为以上两种方法的补充.如本例中第(4)题.若将 $x=1$ 看成分母的 100 重根,然后利用将有理真分式化为部分分式的方法进行积分定会非常麻烦,因此,对于有理函数的积分,若能用换元积分法或分部积分法就不用有理函数积分法.

例2 求下列不定积分

(1) $\int\dfrac{\mathrm{d}x}{4+\sin x}$;   (2) $\int\dfrac{\mathrm{d}x}{\sin^4 x\cos^2 x}$;   (3) $\int\dfrac{x+\sin x}{1+\cos x}\mathrm{d}x$;   (4) $\int\dfrac{\sin x}{\sin x+\cos x}\mathrm{d}x$

解 (1)令 $t=\tan\dfrac{x}{2}$,则 $x=2\arctan t$, $\mathrm{d}x=\dfrac{2\mathrm{d}t}{1+t^2}$

$\int\dfrac{\mathrm{d}x}{4+\sin x}=\int\dfrac{\mathrm{d}t}{2t^2+t+2}=\dfrac{8}{15}\int\dfrac{1}{1+\left(\dfrac{4t+1}{\sqrt{15}}\right)^2}\mathrm{d}t=\dfrac{2}{\sqrt{15}}\int\dfrac{1}{1+\left(\dfrac{4t+1}{\sqrt{15}}\right)^2}\mathrm{d}\left(\dfrac{4t+1}{\sqrt{15}}\right)$

$=\dfrac{2}{\sqrt{15}}\arctan\dfrac{4t+1}{\sqrt{15}}+C=\dfrac{2}{\sqrt{15}}\arctan\dfrac{4\tan\dfrac{x}{2}+1}{\sqrt{15}}+C$

(2) $\int\dfrac{\mathrm{d}x}{\sin^4 x\cos^2 x}=\int\dfrac{(\sin^2 x+\cos^2 x)^2}{\sin^4 x\cos^2 x}\mathrm{d}x=\int\dfrac{\sin^4 x+2\sin^2 x\cos^2 x+\cos^4 x}{\sin^4 x\cos^2 x}\mathrm{d}x$

$=\int\left(\dfrac{1}{\cos^2 x}+\dfrac{2}{\sin^2 x}+\dfrac{\cos^2 x}{\sin^4 x}\right)\mathrm{d}x=\int\sec^2 x\mathrm{d}x+2\int\csc^2 x\mathrm{d}x+\int\cot^2 x\csc^2 x\mathrm{d}x$

$=\tan x-2\cot x-\dfrac{1}{3}\cot^3 x+C$

(3)分析:由于 $\dfrac{\mathrm{d}x}{1+\cos x}=\dfrac{\mathrm{d}x}{2\cos^2\dfrac{x}{2}}=\mathrm{d}\tan\dfrac{x}{2}$, $\sin x\mathrm{d}x=-\mathrm{d}(1+\cos x)$ 所以可将原积分拆为两项后再分别积分

$$\int \frac{x+\sin x}{1+\cos x}dx = \int \frac{x}{1+\cos x}dx + \int \frac{\sin x}{1+\cos x}dx = \int x\,d\left(\tan\frac{x}{2}\right) + \int \frac{-d(1+\cos x)}{1+\cos x}$$

$$= x\tan\frac{x}{2} - \int \tan\frac{x}{2}dx - \ln(1+\cos x)$$

$$= x\tan\frac{x}{2} + 2\ln\left|\cos\frac{x}{2}\right| - \ln(1+\cos x) + C_1$$

$$= x\tan\frac{x}{2} + 2\ln\left|\cos\frac{x}{2}\right| - \ln\left(2\cos^2\frac{x}{2}\right) + C_1$$

$$= x\tan\frac{x}{2} + 2\ln\left|\cos\frac{x}{2}\right| - \ln 2 - 2\ln\left|\cos\frac{x}{2}\right| + C_1$$

$$= x\tan\frac{x}{2} + C \quad (\text{其中 } C = C_1 - \ln 2)$$

(4) 解法一：三角恒等变形

$$\int \frac{\sin x}{\sin x + \cos x}dx = \int \frac{\sin x(\cos x - \sin x)}{\cos^2 x - \sin^2 x}dx = \int \frac{\frac{1}{2}\sin 2x - \sin^2 x}{\cos 2x}dx = \frac{1}{2}\int (\tan 2x - \sec 2x + 1)dx$$

$$= \frac{-1}{4}\ln|\cos 2x| - \frac{1}{4}\ln|\sec 2x + \tan 2x| + \frac{x}{2} + C = \frac{x}{2} - \frac{1}{2}\ln|\sin x + \cos x| + C.$$

解法二：凑微分法

设 $\sin x = a(\sin x + \cos x) + b(\cos x - \sin x) = (a-b)\sin x + (a+b)\cos x$

比较等式两端得 $\begin{cases}a-b=1\\a+b=0\end{cases} \Rightarrow \begin{cases}a=\frac{1}{2}\\b=\frac{-1}{2}\end{cases}$. 故原式 $= \frac{1}{2}\int \frac{(\sin x + \cos x) - (\cos x - \sin x)}{\sin x + \cos x}dx$

$$= \frac{1}{2}\int dx - \int \frac{d(\sin x + \cos x)}{\sin x + \cos x} = \frac{x}{2} - \ln|\sin x + \cos x| + C$$

解法三：半角代换（或称万能代换）

令 $t = \tan\frac{x}{2}$，则 $x = 2\arctan t$，$dx = \frac{2}{1+t^2}dt$，$\sin x = \frac{2t}{1+t^2}$，$\cos x = \frac{1-t^2}{1+t^2}$

$$\text{原式} = \int \frac{\frac{2t}{1+t^2}}{\frac{2t}{1+t^2} + \frac{1-t^2}{1+t^2}} \cdot \frac{2}{1+t^2}dt = \int \left(\frac{1+t}{1+t^2} - \frac{1-t}{1+2t-t^2}\right)dt$$

$$= \int \frac{1}{1+t^2}dt + \frac{1}{2}\int \frac{d(1+t^2)}{1+t^2} - \frac{1}{2}\int \frac{d(1+2t-t^2)}{1+2t-t^2}$$

$$= \arctan t + \frac{1}{2}\ln(1+t^2) - \frac{1}{2}\ln|1+2t-t^2| + C$$

$$= \arctan t + \frac{1}{2}\ln\left|\frac{1+t^2}{1+2t-t^2}\right| + C = \frac{x}{2} - \ln|\sin x + \cos x| + C.$$

题型分析：三角函数有理式的积分总可以通过万能代换将其化为有理函数的积分，但通过万能代换后被积函数往往很麻烦，因此一般情况下尽量不用这种方法，通常是根据被积函数的特点通过三角恒等变形或凑微分等方法对其进行化简后视具体形式再积分.

例 3 计算下列不定积分

(1) $\int \dfrac{1}{\sqrt{ax+b}+C}dx$ ($a\neq 0$);

(2) $\int \dfrac{dx}{x\sqrt{x^2-2x-1}}$;

(3) $\int \dfrac{dx}{\sqrt{1+x}+\sqrt[3]{1+x}}$;

(4) $\int \dfrac{xdx}{\sqrt{5+x-x^2}}$

解 (1) 令 $t=\sqrt{ax+b}$,则 $x=\dfrac{t^2-b}{a}$, $dx=\dfrac{2t}{a}dt$

$$\int \dfrac{dx}{\sqrt{ax+b}+C}=\int \dfrac{1}{t+C}\cdot \dfrac{2t}{a}dt=\dfrac{2}{a}\int \dfrac{t}{t+C}dt=\dfrac{2}{a}\int \dfrac{t+C-C}{t+C}dt$$

$$=\dfrac{2}{a}\int dt-\dfrac{2C}{a}\int \dfrac{d(t+C)}{t+C}=\dfrac{2}{a}t-\dfrac{2C}{a}\ln|t+C|+C_1$$

$$=\dfrac{2}{a}\sqrt{ax+b}-\dfrac{2C}{a}\ln|\sqrt{ax+b}+C|+C_1$$

(2) $\int \dfrac{dx}{x\sqrt{x^2-2x-1}}=\int \dfrac{dx}{x\sqrt{(x-1)^2-2}}$. 令 $t=x-1$,则 $dx=dt$,原式 $=\int \dfrac{dt}{(t+1)\sqrt{t^2-2}}$

又令 $t=\sqrt{2}\sec y$,则 $\sqrt{t^2-2}=\sqrt{2}\tan y$ ($0<y<\dfrac{\pi}{2}$)

原式 $=\int \dfrac{\sqrt{2}\sec y\tan y\,dy}{(\sqrt{2}\sec y+1)\sqrt{2}\tan y}=\int \dfrac{\sec y\,dy}{\sqrt{2}\sec y+1}=\int \dfrac{dy}{\sqrt{2}+\cos y}=\int \dfrac{dy}{2\cos^2\dfrac{y}{2}+\sqrt{2}-1}$

$$=\int \dfrac{d\left(\tan\dfrac{y}{2}\right)}{1+\dfrac{\sqrt{2}-1}{2}\sec^2\dfrac{y}{2}}=\dfrac{2}{\sqrt{2}-1}\int \dfrac{d\left(\tan\dfrac{y}{2}\right)}{\tan^2\dfrac{y}{2}+(\sqrt{2}+1)^2}=2\int \dfrac{1}{1+\left(\dfrac{\tan\dfrac{y}{2}}{\sqrt{2}+1}\right)^2}d\left(\dfrac{\tan\dfrac{y}{2}}{\sqrt{2}+1}\right)$$

$$=2\arctan\left|\dfrac{\tan\dfrac{y}{2}}{\sqrt{2}+1}\right|+C=2\arctan\left(\dfrac{1}{\sqrt{2}+1}\sqrt{\dfrac{x-1-\sqrt{2}}{x-1+\sqrt{2}}}\right)+C.$$

(3) 分析:被积函数中出现两个根号 $\sqrt[a]{f(x)}$ 与 $\sqrt[b]{f(x)}$,一般设 $t=\sqrt[c]{f(x)}$,其中 c 为 a,b 的最小公倍数

令 $\sqrt[6]{1+x}=t$,则 $x=t^6-1$, $dx=6t^5dt$,

$$\int \dfrac{1}{\sqrt{1+x}+\sqrt[3]{1+x}}dx=\int \dfrac{1}{t^3+t^2}6t^5dt=6\int \dfrac{t^3}{t+1}dt=6\int \dfrac{t^3+1-1}{t+1}dt$$

$$=6\int \left(t^2-t+1-\dfrac{1}{t+1}\right)dt=2t^3-3t^2+6t-6\ln|t+1|+C$$

$$=2\sqrt{1+x}-3\sqrt[3]{1+x}+6\sqrt[6]{1+x}-6\ln|\sqrt[6]{1+x}+1|+C$$

(4) $\int \dfrac{xdx}{\sqrt{5+x-x^2}}=-\dfrac{1}{2}\int \dfrac{1-2x-1}{\sqrt{5+x-x^2}}dx=-\dfrac{1}{2}\int \dfrac{d(5+x-x^2)}{\sqrt{5+x-x^2}}+\dfrac{1}{2}\int \dfrac{dx}{\sqrt{5+x-x^2}}$

$$=-\sqrt{5+x-x^2}+\int \dfrac{dx}{\sqrt{(\sqrt{21})^2-(2x-1)^2}}$$

$$=-\sqrt{5+x-x^2}+\dfrac{1}{2}\int \dfrac{1}{\sqrt{1-\left(\dfrac{2x-1}{\sqrt{21}}\right)^2}}d\left(\dfrac{2x-1}{\sqrt{21}}\right)$$

$$=-\sqrt{5+x-x^2}+\frac{1}{2}\arcsin\frac{2x-1}{\sqrt{21}}+C.$$

题型分析 无理函数积分的基本方法是凑微分法或通过变量代换将根号去掉,然后再进行积分. 在计算较复杂积分时,可能须用到多种积分方法.

习题4-4精讲

解:

1. $\int \frac{x^3}{x+3}dx = \int \left(x^2-3x+9-\frac{27}{x+3}\right)dx = \frac{1}{3}x^3-\frac{3}{2}x^2+9x-27\ln|x+3|+C.$

2. $\int \frac{2x+3}{x^2+3x-10}dx = \int \frac{d(x^2+3x-10)}{x^2+3x-10} = \ln|x^2+3x-10|+C.$

3. $\int \frac{x+1}{x^2-2x+5}dx = \int \frac{x-1}{(x-1)^2+4}dx + \frac{1}{2}\int \frac{1}{\left(\frac{x-1}{2}\right)^2+1}dx = \frac{1}{2}\ln(x^2-2x+5)+\arctan\frac{x-1}{2}+C.$

4. $\int \frac{dx}{x(x^2+1)} = \int \left(\frac{1}{x}-\frac{x}{x^2+1}\right)dx = \ln|x|-\frac{1}{2}\int \frac{d(x^2+1)}{x^2+1} = \ln|x|-\frac{1}{2}\ln(x^2+1)+C.$

5. $\int \frac{3}{1+x^3}dx = \int \frac{3}{(1+x)(x^2-x+1)}dx = \int \left(\frac{1}{1+x}+\frac{2-x}{x^2-x+1}\right)dx$

   $=\ln|1+x|-\frac{1}{2}\int \frac{d(x^2-x+1)}{x^2-x+1}+\frac{3}{2}\int \frac{1}{x^2-x+1}dx$

   $=\ln|1+x|-\frac{1}{2}\ln(x^2-x+1)+\sqrt{3}\int \frac{1}{\left(\frac{2x-1}{\sqrt{3}}\right)^2+1}d\left(\frac{2x-1}{\sqrt{3}}\right)$

   $=\ln|1+x|-\frac{1}{2}\ln(x^2-x+1)+\sqrt{3}\arctan\frac{2x-1}{\sqrt{3}}+C.$

6. $\int \frac{x^2+1}{(x+1)^2(x-1)}dx = \int \left[\frac{1}{2(x-1)}+\frac{1}{2(x+1)}-\frac{1}{(x+1)^2}\right]dx$

   $=\frac{1}{2}\ln|x-1|+\frac{1}{2}\ln|x+1|+\frac{1}{x+1}+C = \frac{1}{2}\ln|x^2-1|+\frac{1}{x+1}+C.$

7. $\int \frac{xdx}{(x+1)(x+2)(x+3)} = \int \left[-\frac{1}{2(x+1)}+\frac{2}{x+2}-\frac{3}{2(x+3)}\right]dx$

   $=-\frac{1}{2}\ln|x+1|+2\ln|x+2|-\frac{3}{2}\ln|x+3|+C.$

8. $\int \frac{x^5+x^4-8}{x^3-x}dx = \int \left(x^2+x+1+\frac{8}{x}-\frac{3}{x-1}-\frac{4}{x+1}\right)dx$

   $=\frac{x^3}{3}+\frac{x^2}{2}+x+8\ln|x|-3\ln|x-1|-4\ln|x+1|+C.$

9. $\int \frac{dx}{(x^2+1)(x^2+x)} = \int \left[\frac{1}{x}-\frac{1}{2(x+1)}-\frac{1+x}{2(x^2+1)}\right]dx$

   $=\ln|x|-\frac{1}{2}\ln|x+1|-\frac{1}{2}\arctan x-\frac{1}{4}\int \frac{d(x^2+1)}{x^2+1}$

$$= \ln|x| - \frac{1}{2}\ln|x+1| - \frac{1}{2}\arctan x - \frac{1}{4}\ln(x^2+1) + C.$$

10. $\displaystyle\int \frac{1}{x^4-1}dx = \int \frac{1}{(x-1)(x+1)(x^2+1)}dx = \frac{1}{4}\int\frac{1}{x-1}dx - \frac{1}{4}\int\frac{1}{x+1}dx - \frac{1}{2}\int\frac{1}{x^2+1}dx$

$$= \frac{1}{4}\ln\left|\frac{x-1}{x+1}\right| - \frac{1}{2}\arctan x + C.$$

11. $\displaystyle\int \frac{dx}{(x^2+1)(x^2+x+1)} = \int\left(\frac{-x}{x^2+1} + \frac{x+1}{x^2+x+1}\right)dx$

$$= -\frac{\ln(x^2+1)}{2} + \frac{1}{2}\int\frac{d(x^2+x+1)}{x^2+x+1} + \frac{1}{2}\int\frac{1}{\left(x+\frac{1}{2}\right)^2+\frac{3}{4}}dx$$

$$= -\frac{\ln(x^2+1)}{2} + \frac{\ln(x^2+x+1)}{2} + \frac{1}{\sqrt{3}}\arctan\frac{2x+1}{\sqrt{3}} + C.$$

12. $\displaystyle\int \frac{(x+1)^2}{(x^2+1)^2}dx = \int\frac{x^2+1}{(x^2+1)^2}dx + \int\frac{2x\,dx}{(x^2+1)^2} = \arctan x - \frac{1}{x^2+1} + C.$

13. $\displaystyle\int \frac{-x^2-2}{(x^2+x+1)^2}dx = \int\left[-\frac{1}{x^2+x+1} + \frac{x-1}{(x^2+x+1)^2}\right]dx$

$$= -\int\frac{1}{x^2+x+1}dx + \frac{1}{2}\int\frac{d(x^2+x+1)}{(x^2+x+1)^2} - \frac{3}{2}\int\frac{1}{(x^2+x+1)^2}dx,$$

令 $u = x + \frac{1}{2}$,并记 $a = \frac{\sqrt{3}}{2}$,则

$$\int\frac{1}{(x^2+x+1)^2}dx = \int\frac{1}{(u^2+a^2)^2}du \overset{(*)}{=\!=\!=} \frac{1}{2a^2}\left[\frac{u}{u^2+a^2} + \int\frac{1}{u^2+a^2}du\right]$$

$$= \frac{u}{2a^2(u^2+a^2)} + \frac{1}{2a^2}\int\frac{1}{u^2+a^2}du,$$

由此得 $\displaystyle\int\frac{1}{x^2+x+1}dx + \frac{3}{2}\int\frac{1}{(x^2+x+1)^2}dx$

$$= \int\frac{1}{u^2+a^2}du + \frac{3}{2}\left[\frac{u}{2a^2(u^2+a^2)} + \frac{1}{2a^2}\int\frac{1}{u^2+a^2}du\right]$$

$$= \frac{3u}{4a^2(u^2+a^2)} + \left(\frac{3}{4a^2}+1\right)\int\frac{1}{u^2+a^2}du$$

$$= \frac{3u}{4a^2(u^2+a^2)} + \frac{1}{a}\left(\frac{3}{4a^2}+1\right)\arctan\frac{u}{a} + C_1$$

$$= \frac{2x+1}{2(x^2+x+1)} + \frac{4}{\sqrt{3}}\arctan\frac{2x+1}{\sqrt{3}} + C_1.$$

因此有 $\displaystyle\int\frac{-x^2-2}{(x^2+x+1)^2}dx = -\frac{1}{2(x^2+x+1)} - \frac{2x+1}{2(x^2+x+1)} - \frac{4}{\sqrt{3}}\arctan\frac{2x+1}{\sqrt{3}} + C$

$$= -\frac{x+1}{x^2+x+1} - \frac{4}{\sqrt{3}}\arctan\frac{2x+1}{\sqrt{3}} + C.$$

14. $\displaystyle\int\frac{dx}{3+\sin^2 x} = -\int\frac{d(\cot x)}{3\csc^2 x+1} \overset{u=\cot x}{=\!=\!=\!=} -\int\frac{du}{3u^2+4} = -\frac{1}{2\sqrt{3}}\arctan\frac{\sqrt{3}u}{2} + C$

$$= -\frac{1}{2\sqrt{3}}\arctan\frac{\sqrt{3}\cot x}{2} + C.$$

15. 令 $u=\tan\dfrac{x}{2}$，则 $\displaystyle\int\dfrac{\mathrm{d}x}{3+\cos x}=\int\dfrac{1}{3+\dfrac{1-u^2}{1+u^2}}\cdot\dfrac{2}{1+u^2}\mathrm{d}u=\int\dfrac{1}{2+u^2}\mathrm{d}u=\dfrac{1}{\sqrt{2}}\arctan\dfrac{u}{\sqrt{2}}+C$

$$=\dfrac{1}{\sqrt{2}}\arctan\dfrac{\tan\dfrac{x}{2}}{\sqrt{2}}+C.$$

16. 令 $u=\tan\dfrac{x}{2}$，则

$$\int\dfrac{\mathrm{d}x}{2+\sin x}=\int\dfrac{1}{2+\dfrac{2u}{1+u^2}}\cdot\dfrac{2}{1+u^2}\mathrm{d}u=\int\dfrac{1}{u^2+u+1}\mathrm{d}u=\int\dfrac{1}{\left(u+\dfrac{1}{2}\right)^2+\left(\dfrac{\sqrt{3}}{2}\right)^2}\mathrm{d}u$$

$$=\dfrac{2}{\sqrt{3}}\arctan\dfrac{2u+1}{\sqrt{3}}+C=\dfrac{2}{\sqrt{3}}\arctan\dfrac{2\tan\dfrac{x}{2}+1}{\sqrt{3}}+C.$$

17. 令 $u=\tan\dfrac{x}{2}$，则 $\displaystyle\int\dfrac{\mathrm{d}x}{1+\sin x+\cos x}=\int\dfrac{1}{1+\dfrac{2u}{1+u^2}+\dfrac{1-u^2}{1+u^2}}\cdot\dfrac{2}{1+u^2}\mathrm{d}u=\int\dfrac{\mathrm{d}u}{1+u}=\ln|1+u|+C$

$$=\ln\left|1+\tan\dfrac{x}{2}\right|+C.$$

18. 令 $u=\tan\dfrac{x}{2}$，则

$$\int\dfrac{\mathrm{d}x}{2\sin x-\cos x+5}=\int\dfrac{1}{\dfrac{4u}{1+u^2}-\dfrac{1-u^2}{1+u^2}+5}\cdot\dfrac{2}{1+u^2}\mathrm{d}u=\int\dfrac{1}{3u^2+2u+2}\mathrm{d}u$$

$$=\dfrac{1}{3}\int\dfrac{1}{\left(u+\dfrac{1}{3}\right)^2+\left(\dfrac{\sqrt{5}}{3}\right)^2}\mathrm{d}\left(u+\dfrac{1}{3}\right)=\dfrac{1}{\sqrt{5}}\arctan\dfrac{3u+1}{\sqrt{5}}+C=\dfrac{1}{\sqrt{5}}\arctan\dfrac{3\tan\dfrac{x}{2}+1}{\sqrt{5}}+C.$$

19. 令 $u=\sqrt[3]{x+1}$，即 $x=u^3-1$，则

$$\int\dfrac{\mathrm{d}x}{1+\sqrt[3]{x+1}}=\int\dfrac{3u^2}{1+u}\mathrm{d}u=\int\left(3u-3+\dfrac{3}{1+u}\right)\mathrm{d}u=\dfrac{3}{2}u^2-3u+3\ln|1+u|+C$$

$$=\dfrac{3}{2}\sqrt[3]{(x+1)^2}-3\sqrt[3]{x+1}+3\ln|1+\sqrt[3]{x+1}|+C.$$

20. $\displaystyle\int\dfrac{(\sqrt{x})^3-1}{\sqrt{x}+1}\mathrm{d}x=\int\left(x-\sqrt{x}+1-\dfrac{2}{\sqrt{x}+1}\right)\mathrm{d}x=\dfrac{x^2}{2}-\dfrac{2}{3}x\sqrt{x}+x-\int\dfrac{4t}{t+1}\mathrm{d}t$（其中 $t=\sqrt{x}$）

$$=\dfrac{x^2}{2}-\dfrac{2}{3}x\sqrt{x}+x-4\int\left(1-\dfrac{1}{t+1}\right)\mathrm{d}t=\dfrac{x^2}{2}-\dfrac{2}{3}x\sqrt{x}+x-4\sqrt{x}+4\ln(\sqrt{x}+1)+C.$$

21. 令 $u=\sqrt{x+1}$，即 $x=u^2-1$，则

$$\int\dfrac{\sqrt{x+1}-1}{\sqrt{x+1}+1}\mathrm{d}x=\int\dfrac{u-1}{u+1}\cdot 2u\mathrm{d}u=2\int\left(u-2+\dfrac{2}{u+1}\right)\mathrm{d}u=u^2-4u+4\ln|u+1|+C$$

$$=x-4\sqrt{x+1}+4\ln(\sqrt{x+1}+1)+C.$$

22. 令 $u=\sqrt[4]{x}$，即 $x=u^4$，则

$$\int\dfrac{\mathrm{d}x}{\sqrt{x}+\sqrt[4]{x}}=\int\dfrac{1}{u^2+u}\cdot 4u^3\mathrm{d}u=4\int\left(u-1+\dfrac{1}{u+1}\right)\mathrm{d}u=2u^2-4u+4\ln|u+1|+C$$

$$=2\sqrt{x}-4\sqrt[4]{x}+4\ln(\sqrt[4]{x}+1)+C.$$

23. **方法一** 令 $u=\sqrt{\dfrac{1-x}{1+x}}$，即 $x=\dfrac{1-u^2}{1+u^2}$，则

$$\int\sqrt{\dfrac{1-x}{1+x}}\cdot\dfrac{\mathrm{d}x}{x}=\int u\cdot\dfrac{1+u^2}{1-u^2}\cdot\dfrac{-4u}{(1+u^2)^2}\mathrm{d}u=\int\dfrac{-4u^2}{(1-u^2)(1+u^2)}\mathrm{d}u$$

$$=\int\left(\dfrac{2}{1+u^2}-\dfrac{1}{1-u}-\dfrac{1}{1+u}\right)\mathrm{d}u=2\arctan u+\ln|1-u|-\ln|1+u|+C$$

$$=2\arctan\sqrt{\dfrac{1-x}{1+x}}+\ln\left|\dfrac{\sqrt{1+x}-\sqrt{1-x}}{\sqrt{1+x}+\sqrt{1-x}}\right|+C.$$

方法二 $\int\sqrt{\dfrac{1-x}{1+x}}\dfrac{\mathrm{d}x}{x}=\int\dfrac{1-x}{x\sqrt{1-x^2}}\mathrm{d}x\xlongequal{x=\sin u}\int\dfrac{1-\sin u}{\sin u}\mathrm{d}u=\int\csc u\mathrm{d}u-\int\mathrm{d}u$

$$=\ln|\csc u-\cot u|-u+C=\ln\dfrac{1-\sqrt{1-x^2}}{|x|}-\arcsin x+C.$$

24. $\int\dfrac{\mathrm{d}x}{\sqrt[3]{(x+1)^2(x-1)^4}}=\int\dfrac{1}{x^2-1}\sqrt[3]{\dfrac{x+1}{x-1}}\mathrm{d}x$，令 $u=\sqrt[3]{\dfrac{x+1}{x-1}}$，即 $x=\dfrac{u^3+1}{u^3-1}$，得到

$$\int\dfrac{\mathrm{d}x}{\sqrt[3]{(x+1)^2(x-1)^4}}=\int\dfrac{u}{\left(\dfrac{u^3+1}{u^3-1}\right)^2-1}\cdot\dfrac{-6u^2}{(u^3-1)^2}\mathrm{d}u=-\dfrac{3}{2}\int\mathrm{d}u$$

$$=-\dfrac{3}{2}u+C=-\dfrac{3}{2}\sqrt[3]{\dfrac{x+1}{x-1}}+C.$$

第五节　积分表的使用

(略)

习题4-5精讲

解 注意：下列各题中最后括号内所标的是所用积分公式在教材上册附录Ⅲ积分表中的编号.

1. $\int\dfrac{\mathrm{d}x}{\sqrt{4x^2-9}}=\dfrac{1}{2}\int\dfrac{\mathrm{d}(2x)}{\sqrt{(2x)^2-3^2}}=\dfrac{1}{2}\ln|2x+\sqrt{(2x)^2-3^2}|+C$

$$=\dfrac{1}{2}\ln|2x+\sqrt{4x^2-9}|+C.\ (45)$$

2. $\int\dfrac{1}{x^2+2x+5}\mathrm{d}x=\int\dfrac{1}{(x+1)^2+2^2}\mathrm{d}(x+1)=\dfrac{1}{2}\arctan\dfrac{x+1}{2}+C.\ (19)$

3. $\int\dfrac{\mathrm{d}x}{\sqrt{5-4x+x^2}}=\int\dfrac{\mathrm{d}(x-2)}{\sqrt{(x-2)^2+1}}=\ln[x-2+\sqrt{(x-2)^2+1}]+C$

$$=\ln(x-2+\sqrt{5-4x+x^2})+C.\ (31)$$

4. $\int\sqrt{2x^2+9}\mathrm{d}x=\dfrac{1}{\sqrt{2}}\int\sqrt{(\sqrt{2}x)^2+3^2}\mathrm{d}(\sqrt{2}x)$

$$=\dfrac{1}{\sqrt{2}}\left\{\dfrac{\sqrt{2}x}{2}\sqrt{(\sqrt{2}x)^2+3^2}+\dfrac{3^2}{2}\ln[\sqrt{2}x+\sqrt{(\sqrt{2}x)^2+3^2}]\right\}+C$$

$$=\frac{x}{2}\sqrt{2x^2+9}+\frac{9\sqrt{2}}{4}\ln(\sqrt{2}\,x+\sqrt{2x^2+9})+C.\ (39)$$

5. $\displaystyle\int\sqrt{3x^2-2}\,\mathrm{d}x=\frac{1}{\sqrt{3}}\int\sqrt{(\sqrt{3}\,x)^2-(\sqrt{2})^2}\,\mathrm{d}(\sqrt{3}\,x)$

$$=\frac{1}{\sqrt{3}}\left[\frac{\sqrt{3}\,x}{2}\sqrt{(\sqrt{3}\,x)^2-(\sqrt{2})^2}-\frac{(\sqrt{2})^2}{2}\ln|\sqrt{3}\,x+\sqrt{(\sqrt{3}\,x)^2-(\sqrt{2})^2}\,|\right]+C$$

$$=\frac{x}{2}\sqrt{3x^2-2}-\frac{\sqrt{3}}{3}\ln|\sqrt{3}\,x+\sqrt{3x^2-2}\,|+C.\ (53)$$

6. $\displaystyle\int e^{2x}\cos x\,\mathrm{d}x=\frac{1}{2^2+1^2}e^{2x}(\sin x+2\cos x)+C=\frac{1}{5}e^{2x}(\sin x+2\cos x)+C.\ (129)$

7. $\displaystyle\int x\arcsin\frac{x}{2}\,\mathrm{d}x=\left(\frac{x^2}{2}-\frac{2^2}{4}\right)\arcsin\frac{x}{2}+\frac{x}{4}\sqrt{2^2-x^2}+C$

$$=\left(\frac{x^2}{2}-1\right)\arcsin\frac{x}{2}+\frac{x}{4}\sqrt{4-x^2}+C.\ (114)$$

8. $\displaystyle\int\frac{\mathrm{d}x}{(x^2+9)^2}=\int\frac{\mathrm{d}x}{(x^2+3^2)^2}=\frac{x}{2(2-1)3^2(x^2+3^2)}+\frac{2\times 2-3}{2(2-1)3^2}\int\frac{\mathrm{d}x}{x^2+3^2}$

$$=\frac{x}{18(x^2+9)}+\frac{1}{18}\cdot\frac{1}{3}\arctan\frac{x}{3}+C=\frac{x}{18(x^2+9)}+\frac{1}{54}\arctan\frac{x}{3}+C.\ (20,19)$$

9. $\displaystyle\int\frac{\mathrm{d}x}{\sin^3 x}=-\frac{1}{2}\cdot\frac{\cos x}{\sin^2 x}+\frac{1}{2}\int\frac{\mathrm{d}x}{\sin x}=-\frac{\cos x}{2\sin^2 x}+\frac{1}{2}\ln\left|\tan\frac{x}{2}\right|+C.\ (97,88)$

10. $\displaystyle\int e^{-2x}\sin 3x\,\mathrm{d}x=\frac{1}{(-2)^2+3^2}e^{-2x}(-2\sin 3x-3\cos 3x)+C$

$$=-\frac{e^{-2x}}{13}(2\sin 3x+3\cos 3x)+C.\ (128)$$

11. $\displaystyle\int\sin 3x\sin 5x\,\mathrm{d}x=-\frac{1}{2(3+5)}\sin(3+5)x+\frac{1}{2(3-5)}\sin(3-5)x+C$

$$=-\frac{1}{16}\sin 8x+\frac{1}{4}\sin 2x+C.\ (101)$$

12. $\displaystyle\int\ln^3 x\,\mathrm{d}x=x(\ln x)^3-3\int\ln^2 x\,\mathrm{d}x=x(\ln x)^3-3\left[x(\ln x)^2-2\int\ln x\,\mathrm{d}x\right]$

$$=x(\ln x)^3-3x(\ln x)^2+6\int\ln x\,\mathrm{d}x=x(\ln x)^3-3x(\ln x)^2+6(x\ln x-x)+C$$

$$=x\ln^3 x-3x\ln^2 x+6x\ln x-6x+C.\ (135,132)$$

13. $\displaystyle\int\frac{1}{x^2(1-x)}\,\mathrm{d}x=-\frac{1}{x}-\ln\left|\frac{1-x}{x}\right|+C.\ (6)$

14. $\displaystyle\int\frac{\sqrt{x-1}}{x}\,\mathrm{d}x=2\sqrt{x-1}-\int\frac{1}{x\sqrt{x-1}}\,\mathrm{d}x=2\sqrt{x-1}-2\arctan\sqrt{x-1}+C.\ (17,15)$

15. $\displaystyle\int\frac{1}{(1+x^2)^2}\,\mathrm{d}x=\frac{x}{2(1+x^2)}+\frac{1}{2}\int\frac{1}{1+x^2}\,\mathrm{d}x=\frac{x}{2(1+x^2)}+\frac{1}{2}\arctan x+C.\ (20,19)$

16. $\displaystyle\int\frac{1}{x\sqrt{x^2-1}}\,\mathrm{d}x=\arccos\frac{1}{|x|}+C.\ (51)$

17. $\displaystyle\int\frac{x}{(2+3x)^2}\,\mathrm{d}x=\frac{1}{9}\left(\ln|2+3x|+\frac{2}{2+3x}\right)+C.\ (7)$

18. $\displaystyle\int\cos^6 x\,\mathrm{d}x=\frac{1}{6}\cos^5 x\sin x+\frac{5}{6}\int\cos^4 x\,\mathrm{d}x=\frac{1}{6}\cos^5 x\sin x+\frac{5}{6}\left(\frac{1}{4}\cos^3 x\sin x+\frac{3}{4}\int\cos^2 x\,\mathrm{d}x\right)$

$$= \frac{1}{6}\cos^5 x \sin x + \frac{5}{24}\cos^3 x \sin x + \frac{5}{8}\int \cos^2 x \, dx$$

$$= \frac{1}{6}\cos^5 x \sin x + \frac{5}{24}\cos^3 x \sin x + \frac{5}{8}\left(\frac{1}{2}\cos x \sin x + \frac{1}{2}\int dx\right)$$

$$= \frac{1}{6}\cos^5 x \sin x + \frac{5}{24}\cos^3 x \sin x + \frac{5}{16}\cos x \sin x + \frac{5}{16}x + C. \quad (96)$$

19. $\int x^2 \sqrt{x^2-2}\, dx = \frac{x}{8}(2x^2-2)\sqrt{x^2-2} - \frac{4}{8}\ln|x+\sqrt{x^2-2}| + C$

$$= \frac{x}{4}(x^2-1)\sqrt{x^2-2} - \frac{1}{2}\ln|x+\sqrt{x^2-2}| + C. \quad (56)$$

20. $\int \frac{1}{2+5\cos x}\, dx = \frac{1}{7}\sqrt{\frac{7}{3}}\ln\left|\frac{\tan\frac{x}{2}+\sqrt{\frac{7}{3}}}{\tan\frac{x}{2}-\sqrt{\frac{7}{3}}}\right| + C = \frac{1}{\sqrt{21}}\ln\left|\frac{\sqrt{3}\tan\frac{x}{2}+\sqrt{7}}{\sqrt{3}\tan\frac{x}{2}-\sqrt{7}}\right| + C. \quad (106)$

21. $\int \frac{dx}{x^2\sqrt{2x-1}} = -\frac{\sqrt{2x-1}}{-x} - \frac{2}{-2}\int \frac{dx}{x\sqrt{2x-1}} = \frac{\sqrt{2x-1}}{x} + 2\arctan\sqrt{2x-1} + C. \quad (16,15)$

22. **方法一** $\int \sqrt{\frac{1-x}{1+x}}\, dx = \int \frac{1-x}{\sqrt{1-x^2}}\, dx = \int \frac{1}{\sqrt{1-x^2}}\, dx - \int \frac{x}{\sqrt{1-x^2}}\, dx$

$$= \arcsin x + \sqrt{1-x^2} + C. \quad (59,61)$$

方法二 $\int \sqrt{\frac{1-x}{1+x}}\, dx = (x+1)\sqrt{\frac{1-x}{1+x}} - 2\arcsin\sqrt{\frac{1-x}{2}} + C = \sqrt{1-x^2} - 2\arcsin\sqrt{\frac{1-x}{2}} + C. \quad (80)$

23. $\int \frac{x+5}{x^2-2x-1}\, dx = \int \frac{x}{x^2-2x-1}\, dx + 5\int \frac{1}{x^2-2x-1}\, dx$

$$= \frac{1}{2}\ln|x^2-2x-1| - \frac{-2}{2}\int \frac{1}{x^2-2x-1}\, dx + 5\int \frac{1}{x^2-2x-1}\, dx$$

$$= \frac{1}{2}\ln|x^2-2x-1| + 6 \cdot \frac{1}{\sqrt{(-2)^2-4\cdot 1\cdot(-1)}} \cdot \ln\left|\frac{2x-2-\sqrt{(-2)^2-4\cdot 1\cdot(-1)}}{2x-2+\sqrt{(-2)^2-4\cdot 1\cdot(-1)}}\right| + C$$

$$= \frac{1}{2}\ln|x^2-2x-1| + \frac{3}{\sqrt{2}}\ln\left|\frac{x-(\sqrt{2}+1)}{x+(\sqrt{2}-1)}\right| + C. \quad (30,29)$$

24. $\int \frac{x\, dx}{\sqrt{1+x-x^2}} = -\sqrt{1+x-x^2} + \frac{1}{2}\arcsin\frac{2x-1}{\sqrt{5}} + C. \quad (78)$

25. $\int \frac{x^4}{25+4x^2}\, dx = \int\left(\frac{1}{4}x^2 - \frac{25}{16} + \frac{625}{16}\cdot\frac{1}{25+4x^2}\right)dx = \frac{x^3}{12} - \frac{25}{16}x + \frac{625}{32}\int \frac{1}{5^2+(2x)^2}\, d(2x)$

$$= \frac{x^3}{12} - \frac{25}{16}x + \frac{625}{32}\cdot\frac{1}{5}\arctan\frac{2x}{5} + C = \frac{x^3}{12} - \frac{25}{16}x + \frac{125}{32}\arctan\frac{2x}{5} + C. \quad (19)$$

总习题四精讲

1. **解**:(1) $\int x^3 e^x\, dx = \int x^3\, d(e^x) = x^3 e^x - 3\int x^2\, d(e^x) = x^3 e^x - 3\left[x^2 e^x - \int 2x\, d(e^x)\right]$

$$= x^3 e^x - 3x^2 e^x + 6\left(xe^x - \int e^x dx\right) = x^3 e^x - 3x^2 e^x + 6xe^x - 6e^x + C,$$

因此,应填 $x^3 e^x - 3x^2 e^x + 6xe^x - 6e^x + C$.

(2) $\displaystyle\int \frac{x+5}{x^2-6x+13}dx = \frac{1}{2}\int \frac{(x^2-6x+13)'}{x^2-6x+13}dx + \int \frac{8}{x^2-6x+13}dx$

$\displaystyle = \frac{1}{2}\ln(x^2-6x+13) + \int \frac{8}{(x-3)^2+4}dx = \frac{1}{2}\ln(x^2-6x+13) + 4\arctan\frac{x-3}{2} + C.$

因此,应填 $\dfrac{1}{2}\ln(x^2-6x+13) + 4\arctan\dfrac{x-3}{2} + C$.

2. 解: (1) 由微积分基本定理,有

$$f(x) - f(1) = \int_1^x f'(t)dt = \int_1^x \frac{1}{t(1+2\ln t)}dt = \frac{1}{2}\int_1^x \frac{1}{1+2\ln t}d(1+2\ln t)$$

$$= \frac{1}{2}\left[\ln(1+2\ln t)\right]_1^x = \frac{1}{2}\ln(1+2\ln x),$$

根据条件 $f(1)=1$,得 $f(x)=\dfrac{1}{2}\ln(1+2\ln x)+1$. 故选(B).

(2) 根据微分运算与积分运算的关系,可知 $\displaystyle\int df(x) = \int f'(x)dx = f(x) + C,$

$\dfrac{d}{dx}\displaystyle\int f(x)dx = f(x)$, $d\displaystyle\int f(x)dx = \left(\dfrac{d}{dx}\int f(x)dx\right)dx = f(x)dx$, 故选(C).

3. 解: 根据条件,有 $\displaystyle\int f(x)dx = \frac{\sin x}{x} + C$, 即 $f(x) = \left(\dfrac{\sin x}{x}\right)' = \dfrac{x\cos x - \sin x}{x^2}$, 因此

$\displaystyle\int x^3 f'(x)dx = x^3 f(x) - \int 3x^2 f(x)dx = x(x\cos x - \sin x) - 3\int x^2 d\left(\dfrac{\sin x}{x}\right)$

$= x^2\cos x - x\sin x - 3\left(x^2 \cdot \dfrac{\sin x}{x} - \displaystyle\int \dfrac{\sin x}{x} \cdot 2x \, dx\right) = x^2\cos x - 4x\sin x - 6\cos x + C.$

4. 解

(1) $\displaystyle\int \frac{dx}{e^x - e^{-x}} = \int \frac{e^x dx}{e^{2x}-1} = \frac{1}{2}\int \left(\frac{1}{e^x-1} - \frac{1}{e^x+1}\right)d(e^x) = \frac{1}{2}\ln\left|\frac{e^x-1}{e^x+1}\right| + C.$

(2) $\displaystyle\int \frac{x}{(1-x)^3}dx \xlongequal{u=1-x} \int \left(\frac{1}{u^2} - \frac{1}{u^3}\right)du = -\frac{1}{u} + \frac{1}{2u^2} + C = -\frac{1}{1-x} + \frac{1}{2(1-x)^2} + C.$

(3) $\displaystyle\int \frac{x^2}{a^6-x^6}dx = \int \frac{d(x^3)}{3(a^6-x^6)} \xlongequal{u=x^3} \int \frac{du}{3(a^6-u^2)} = \frac{1}{6a^3}\int \left(\frac{1}{a^3+u} + \frac{1}{a^3-u}\right)du$

$= \dfrac{1}{6a^3}\ln\left|\dfrac{a^3+u}{a^3-u}\right| + C = \dfrac{1}{6a^3}\ln\left|\dfrac{a^3+x^3}{a^3-x^3}\right| + C.$

(4) $\displaystyle\int \frac{1+\cos x}{x+\sin x}dx = \int \frac{d(x+\sin x)}{x+\sin x} = \ln|x+\sin x| + C.$

(5) $\displaystyle\int \frac{\ln\ln x}{x}dx = \int \ln\ln x \, d(\ln x) = \ln x \ln\ln x - \int \ln x \cdot \frac{1}{x\ln x}dx$

$= \ln x(\ln\ln x - 1) + C.$

(6) $\displaystyle\int \frac{\sin x \cos x}{1+\sin^4 x}dx = \frac{1}{2}\int \frac{d(\sin^2 x)}{1+\sin^4 x} = \frac{\arctan(\sin^2 x)}{2} + C.$

(7) $\displaystyle\int \tan^4 x \, dx = \int \tan^2 x(\sec^2 x - 1)dx = \int \tan^2 x \, d(\tan x) - \int (\sec^2 x - 1)dx$

$$=\frac{1}{3}\tan^3 x - \tan x + x + C.$$

(8) $\int \sin x \sin 2x \sin 3x \, dx = \int \frac{1}{2}(\cos x - \cos 3x)\sin 3x \, dx = \frac{1}{2}\int \cos x \sin 3x \, dx - \frac{1}{2}\int \cos 3x \sin 3x \, dx$

$$=\frac{1}{4}\int (\sin 2x + \sin 4x) dx - \frac{1}{12}\sin^2 3x = -\frac{1}{16}\cos 4x - \frac{1}{8}\cos 2x - \frac{1}{12}\sin^2 3x + C.$$

(9) $\int \dfrac{dx}{x(x^6+4)} \xlongequal{x=\frac{1}{u}} \int \dfrac{-u^5 du}{1+4u^6} = -\dfrac{1}{24}\int \dfrac{d(1+4u^6)}{1+4u^6} = -\dfrac{1}{24}\ln(1+4u^6)+C$

$$=-\frac{1}{24}\ln \frac{x^6+4}{x^6}+C = \frac{1}{4}\ln|x| - \frac{1}{24}\ln(x^6+4)+C.$$

(10) **方法一** $\int \sqrt{\dfrac{a+x}{a-x}}\,dx = \int \dfrac{a+x}{\sqrt{a^2-x^2}}\,dx = a\int \dfrac{1}{\sqrt{1-\left(\frac{x}{a}\right)^2}}\,d\left(\dfrac{x}{a}\right) - \dfrac{1}{2}\int \dfrac{d(a^2-x^2)}{\sqrt{a^2-x^2}}$

$$=a\arcsin \frac{x}{a} - \sqrt{a^2-x^2}+C.$$

方法二 令 $u=\sqrt{\dfrac{a+x}{a-x}}$，即 $x=a\dfrac{u^2-1}{u^2+1}$，则

$$\int \sqrt{\dfrac{a+x}{a-x}}\,dx = \int u \cdot \dfrac{4au}{(1+u^2)^2}\,du = \int (-2au)\,d\left(\dfrac{1}{1+u^2}\right) = -\dfrac{2au}{1+u^2} + \int \dfrac{2a}{1+u^2}\,du$$

$$=-\dfrac{2au}{1+u^2}+2a\arctan u + C = (x-a)\sqrt{\dfrac{a+x}{a-x}}+2a\arctan\sqrt{\dfrac{a+x}{a-x}}+C$$

$$=-\sqrt{a^2-x^2}+2a\arctan\sqrt{\dfrac{a+x}{a-x}}+C.$$

(11) **方法一** $\int \dfrac{dx}{\sqrt{x(1+x)}} = \int \dfrac{dx}{\sqrt{\left(x+\frac{1}{2}\right)^2 - \left(\frac{1}{2}\right)^2}} \xlongequal{x=-\frac{1}{2}+\frac{1}{2}\sec u} \int \sec u \, du$

$$=\ln|\sec u + \tan u| + C = \ln|2x+1+2\sqrt{x(1+x)}|+C.$$

方法二 当 $x>0$ 时，因为 $\dfrac{1}{\sqrt{x(1+x)}} = \dfrac{1}{x}\sqrt{\dfrac{x}{1+x}}$，故令 $u=\sqrt{\dfrac{x}{1+x}}$，即 $x=\dfrac{u^2}{1-u^2}$，则

$$\int \dfrac{dx}{\sqrt{x(1+x)}} = \int \dfrac{2}{1-u}\,du = \int \left(\dfrac{1}{1-u}+\dfrac{1}{1+u}\right)du = \ln\left|\dfrac{1+u}{1-u}\right|+C$$

$$=\ln\left|\dfrac{\sqrt{1+x}+\sqrt{x}}{\sqrt{1+x}-\sqrt{x}}\right|+C = \ln|2x+1+2\sqrt{x(1+x)}|+C,$$

当 $x<-1$ 时，同样可得 $\int \dfrac{dx}{\sqrt{x(1+x)}} = \ln|2x+1+2\sqrt{x(1+x)}|+C.$

(12) $\int x\cos^2 x\,dx = \dfrac{1}{2}\int x(1+\cos 2x)\,dx = \dfrac{1}{4}\int x\,d(2x+\sin 2x)$

$$=\dfrac{x(2x+\sin 2x)}{4} - \dfrac{1}{4}\int (2x+\sin 2x)\,dx = \dfrac{x^2}{4}+\dfrac{x\sin 2x}{4}+\dfrac{\cos 2x}{8}+C.$$

(13) 当 $a\neq 0$ 时，$\int e^{ax}\cos bx\,dx = \dfrac{1}{a}\cos bx\,d(e^{ax}) = \dfrac{1}{a}e^{ax}\cos bx + \dfrac{b}{a}\int e^{ax}\sin bx\,dx$

$$= \frac{1}{a} e^{ax} \cos bx + \frac{b}{a^2} \int \sin bx \, d(e^{ax}) = \frac{1}{a} e^{ax} \cos bx + \frac{b}{a^2} (e^{ax}) \sin bx - \frac{b^2}{a^2} \int e^{ax} \cos bx \, dx.$$

因此有 $\int e^{ax} \cos bx \, dx = \dfrac{1}{a^2 + b^2} e^{ax} (a\cos bx + b\sin bx) + C,$

当 $a = 0$ 时,$\int e^{ax} \cos bx \, dx = \begin{cases} \dfrac{\sin bx}{b} + C, & b \neq 0 \text{ 时} \\ x + C, & b = 0 \text{ 时} \end{cases}$

(14) 令 $u = \sqrt{1 + e^x}$,即作换元 $x = \ln(u^2 - 1)$,得

$$\int \frac{dx}{\sqrt{1+e^x}} = \int \frac{2du}{u^2 - 1} = \ln\left|\frac{u-1}{u+1}\right| + C = \ln \frac{\sqrt{1+e^x} - 1}{\sqrt{1+e^x} + 1} + C.$$

(15) $\int \dfrac{dx}{x^2 \sqrt{x^2 - 1}} \xrightarrow{x = \frac{1}{u}} -\int \dfrac{u \, du}{\sqrt{1-u^2}} = \sqrt{1-u^2} + C = \dfrac{\sqrt{x^2 - 1}}{x} + C,$

易知当 $x < 0$ 和 $x > 0$ 时的结果相同.

(16) 设 $x = a\sin u \left(-\dfrac{\pi}{2} < u < \dfrac{\pi}{2}\right)$,则 $\sqrt{a^2 - x^2} = a\cos u$,$dx = a\cos u \, du$,于是

$$\int \frac{dx}{(a^2 - x^2)^{\frac{5}{2}}} = \frac{1}{a^4} \int \sec^4 u \, du = \frac{1}{a^4} \int (\tan^2 u + 1) d(\tan u) = \frac{\tan^3 u}{3a^4} + \frac{\tan u}{a^4} + C$$

$$= \frac{1}{3a^4} \left[\frac{x^3}{\sqrt{(a^2 - x^2)^3}} + \frac{3x}{\sqrt{a^2 - x^2}}\right] + C.$$

(17) $\int \dfrac{dx}{x^4 \sqrt{1+x^2}} \xrightarrow{x = \frac{1}{u}} \int \dfrac{-u^3 \, du}{\sqrt{1+u^2}} = -\int \left(u \sqrt{1+u^2} - \dfrac{u}{\sqrt{1+u^2}}\right) du$

$$= -\frac{1}{3}(1+u^2)^{\frac{3}{2}} + \sqrt{1+u^2} + C = -\frac{1}{3} \frac{\sqrt{(1+x^2)^3}}{x^3} + \frac{\sqrt{1+x^2}}{x} + C,$$

易知当 $x < 0$ 和 $x > 0$ 时结果相同.

(18) $\int \sqrt{x} \sin \sqrt{x} \, dx \xrightarrow{x = u^2} \int 2u^2 \sin u \, du = -\int 2u^2 \, d(\cos u) = -2u^2 \cos u + \int 4u \cos u \, du$

$$= -2u^2 \cos u + \int 4u \, d(\sin u) = -2u^2 \cos u + 4u \sin u - \int 4\sin u \, du$$

$$= -2u^2 \cos u + 4u \sin u + 4\cos u + C$$

$$= -2x \cos \sqrt{x} + 4\sqrt{x} \sin \sqrt{x} + 4\cos \sqrt{x} + C.$$

(19) $\int \ln(1+x^2) \, dx = x\ln(1+x^2) - \int \dfrac{2x^2}{1+x^2} \, dx = x\ln(1+x^2) - 2x + 2\arctan x + C.$

(20) $\int \dfrac{\sin^2 x}{\cos^3 x} \, dx = \int \tan^2 x \sec x \, dx = \int \sec^3 x \, dx - \int \sec x \, dx$

$$= \left(\frac{1}{2} \sec x \tan x + \frac{1}{2} \int \sec x \, dx\right) - \int \sec x \, dx$$

$$= \frac{1}{2} \sec x \tan x - \frac{1}{2} \int \sec x \, dx = \frac{1}{2} \sec x \tan x - \frac{1}{2} \ln|\sec x + \tan x| + C.$$

(21) $\int \arctan \sqrt{x} \, dx = \int \arctan \sqrt{x} \, d(1+x) = (1+x) \arctan \sqrt{x} - \int \dfrac{1}{2\sqrt{x}} \, dx$

$$=(1+x)\arctan\sqrt{x}-\sqrt{x}+C.$$

(22) $\displaystyle\int\frac{\sqrt{1+\cos x}}{\sin x}dx=\int\frac{\sqrt{2}\left|\cos\frac{x}{2}\right|}{2\sin\frac{x}{2}\cos\frac{x}{2}}dx=\pm\sqrt{2}\int\csc\frac{x}{2}d\left(\frac{x}{2}\right)$

$$=\pm\sqrt{2}\ln\left|\csc\frac{x}{2}-\cot\frac{x}{2}\right|+C.$$

上式当 $\cos\frac{x}{2}>0$ 时取正,当 $\cos\frac{x}{2}<0$ 时取负.

当 $\cos\frac{x}{2}>0$ 时, $\ln\left|\csc\frac{x}{2}-\cot\frac{x}{2}\right|=\ln\frac{1-\cos\frac{x}{2}}{\left|\sin\frac{x}{2}\right|}=\ln\left(\left|\csc\frac{x}{2}\right|-\left|\cot\frac{x}{2}\right|\right),$

当 $\cos\frac{x}{2}<0$ 时, $\ln\left|\csc\frac{x}{2}-\cot\frac{x}{2}\right|=\ln\frac{1-\cos\frac{x}{2}}{\left|\sin\frac{x}{2}\right|}=\ln\left(\left|\csc\frac{x}{2}\right|+\left|\cot\frac{x}{2}\right|\right)$

$$=-\ln\left(\left|\csc\frac{x}{2}\right|-\left|\cot\frac{x}{2}\right|\right),$$

因此有 $\displaystyle\int\frac{\sqrt{1+\cos x}}{\sin x}dx=\sqrt{2}\ln\left(\left|\csc\frac{x}{2}\right|-\left|\cot\frac{x}{2}\right|\right)+C.$

(23) $\displaystyle\int\frac{x^3}{(1+x^8)^2}dx=\frac{1}{4}\int\frac{1}{(1+x^8)^2}d(x^4)\xlongequal{u=x^4}\frac{1}{4}\int\frac{1}{(1+u^2)^2}du.$

设 $u=\tan t\left(-\frac{\pi}{2}<t<\frac{\pi}{2}\right)$,则 $1+u^2=\sec^2 t$, $du=\sec^2 tdt$, 于是

原式 $=\displaystyle\frac{1}{4}\int\cos^2 tdt=\frac{2t+\sin 2t}{16}+C=\frac{\arctan x^4}{8}+\frac{x^4}{8(1+x^8)}+C.$

(24) $\displaystyle\int\frac{x^{11}}{x^8+3x^4+2}dx\xlongequal{u=x^4}\frac{1}{4}\int\frac{u^2}{u^2+3u+2}du=\frac{1}{4}\int\left(1+\frac{1}{u+1}-\frac{4}{u+2}\right)du$

$$=\frac{1}{4}u+\frac{1}{4}\ln|1+u|-\ln|2+u|+C=\frac{x^4}{4}+\ln\frac{\sqrt[4]{1+x^4}}{2+x^4}+C.$$

(25) $\displaystyle\int\frac{dx}{16-x^4}=\int\frac{1}{(2-x)(2+x)(4+x^2)}dx=\int\left[\frac{1}{32(2-x)}+\frac{1}{32(2+x)}+\frac{1}{8(4+x^2)}\right]dx$

$$=\frac{1}{32}\ln\left|\frac{2+x}{2-x}\right|+\frac{1}{16}\arctan\frac{x}{2}+C.$$

(26) **方法一** 令 $u=\tan\frac{x}{2}$,则

$\displaystyle\int\frac{\sin x}{1+\sin x}dx=\int\frac{4u}{(1+u)^2(1+u^2)}du=\int\left[\frac{-2}{(1+u)^2}+\frac{2}{1+u^2}\right]du$

$$=\frac{2}{1+u}+2\arctan u+C=\frac{2}{1+\tan\frac{x}{2}}+x+C.$$

方法二 $\displaystyle\int\frac{\sin x}{1+\sin x}dx=\int\frac{\sin x(1-\sin x)}{\cos^2 x}dx=-\int\frac{1}{\cos^2 x}d(\cos x)-\int(\sec^2 x-1)dx$

$$=\sec x-\tan x+x+C.$$

(27) $\int \dfrac{x+\sin x}{1+\cos x}dx = \int \dfrac{x}{2}\sec^2\dfrac{x}{2}dx + \int \tan\dfrac{x}{2}dx = \int xd\left(\tan\dfrac{x}{2}\right) + \int \tan\dfrac{x}{2}dx = x\tan\dfrac{x}{2}+C.$

(28) $\int e^{\sin x}\dfrac{x\cos^3 x - \sin x}{\cos^2 x}dx = \int xe^{\sin x}\cos x\,dx - \int e^{\sin x}\tan x\sec x\,dx = \int xd(e^{\sin x}) - \int e^{\sin x}d(\sec x)$

$$= xe^{\sin x} - \int e^{\sin x}dx - \left(\sec x\,e^{\sin x} - \int e^{\sin x}dx\right) = (x-\sec x)e^{\sin x}+C.$$

(29) $\int \dfrac{\sqrt[3]{x}}{x(\sqrt{x}+\sqrt[3]{x})}dx \xlongequal{x=u^6} \int \dfrac{6}{u(u+1)}du = 6\int\left(\dfrac{1}{u}-\dfrac{1}{u+1}\right)du$

$$= 6\ln\left|\dfrac{u}{1+u}\right| + C = \ln\dfrac{x}{(\sqrt[6]{x}+1)^6}+C.$$

(30) $\int \dfrac{dx}{(1+e^x)^2} \xlongequal{x=\ln u} \int \dfrac{du}{u(1+u)^2} = \int\left[\dfrac{1}{u}-\dfrac{1}{1+u}-\dfrac{1}{(1+u)^2}\right]du$

$$= \ln u - \ln(1+u) + \dfrac{1}{1+u} + C = x - \ln(1+e^x) + \dfrac{1}{1+e^x}+C.$$

(31) $\int \dfrac{e^{3x}+e^x}{e^{4x}-e^{2x}+1}dx = \int \dfrac{e^x+e^{-x}}{e^{2x}-1+e^{-2x}}dx = \int \dfrac{d(e^x-e^{-x})}{(e^x-e^{-x})^2+1} = \arctan(e^x-e^{-x})+C.$

(32) $\int \dfrac{xe^x}{(e^x+1)^2}dx = -\int x\,d\left(\dfrac{1}{e^x+1}\right) = -\dfrac{x}{e^x+1} + \int \dfrac{dx}{e^x+1} = -\dfrac{x}{e^x+1} + \int \dfrac{e^{-x}dx}{1+e^{-x}}$

$$= -\dfrac{x}{e^x+1} - \ln(1+e^{-x})+C.$$

(33) $\int \ln^2(x+\sqrt{1+x^2})dx = x\ln^2(x+\sqrt{1+x^2}) - \int \dfrac{2x\ln(x+\sqrt{1+x^2})}{\sqrt{1+x^2}}dx$

$$= x\ln^2(x+\sqrt{1+x^2}) - \int 2\ln(x+\sqrt{1+x^2})d(\sqrt{1+x^2})$$

$$= x\ln^2(x+\sqrt{1+x^2}) - 2\sqrt{1+x^2}\ln(x+\sqrt{1+x^2}) + 2x+C.$$

(34) $\int \dfrac{\ln x}{(1+x^2)^{\frac{3}{2}}}dx \xlongequal{x=\frac{1}{u}} \int \dfrac{u\ln u}{(1+u^2)^{\frac{3}{2}}}du = -\int \ln u\,d\left((1+u^2)^{-\frac{1}{2}}\right) = -\dfrac{\ln u}{\sqrt{1+u^2}} + \int \dfrac{du}{u\sqrt{1+u^2}} = \dfrac{x\ln x}{\sqrt{1+x^2}} - \int \dfrac{dx}{\sqrt{1+x^2}} = \dfrac{x\ln x}{\sqrt{1+x^2}} - \ln(x+\sqrt{1+x^2})+C.$

(35) 设 $x=\sin u\left(-\dfrac{\pi}{2}<u<\dfrac{\pi}{2}\right)$，则 $\sqrt{1-x^2}=\cos u$，$dx=\cos u\,du$，于是

$$\int \sqrt{1-x^2}\arcsin x\,dx = \int u\cos^2 u\,du = \dfrac{1}{2}\int u(1+\cos 2u)du = \dfrac{1}{4}\int u\,d(2u+\sin 2u)$$

$$= \dfrac{u(2u+\sin 2u)}{4} - \dfrac{1}{4}\int (2u+\sin 2u)du = \dfrac{u^2}{4} + \dfrac{u}{4}\sin 2u - \dfrac{\sin^2 u}{4} + C$$

$$= \dfrac{(\arcsin x)^2}{4} + \dfrac{x}{2}\sqrt{1-x^2}\arcsin x - \dfrac{x^2}{4} + C.$$

(36) 设 $x=\cos u(0<u<\pi)$，则 $\sqrt{1-x^2}=\sin u$，$dx=-\sin u\,du$，于是

$$\int \dfrac{x^3\arccos x}{\sqrt{1-x^2}}dx = -\int u\cos^3 u\,du = -\int u\,d\left(\sin u - \dfrac{1}{3}\sin^3 u\right)$$

$$= -u\left(\sin u - \dfrac{1}{3}\sin^3 u\right) + \int \left(\sin u - \dfrac{1}{3}\sin^3 u\right)du$$

$$= -u\left(\sin u - \frac{1}{3}\sin^3 u\right) - \frac{1}{3}\int(2+\cos^2 u)\mathrm{d}(\cos u)$$

$$= -u\left(\sin u - \frac{1}{3}\sin^3 u\right) - \frac{2}{3}\cos u - \frac{1}{9}\cos^3 u + C$$

$$= -\frac{1}{3}\sqrt{1-x^2}(2+x^2)\arccos x - \frac{1}{9}x(6+x^2) + C.$$

(37) $\int \dfrac{\cot x}{1+\sin x}\mathrm{d}x = \int \dfrac{\cos x}{\sin x(1+\sin x)}\mathrm{d}x = \int\left(\dfrac{1}{\sin x} - \dfrac{1}{1+\sin x}\right)\mathrm{d}(\sin x) = \ln\left|\dfrac{\sin x}{1+\sin x}\right| + C.$

(38) $\int \dfrac{\mathrm{d}x}{\sin^3 x \cos x} = -\int \cot x \sec^2 x \mathrm{d}(\cot x) \xrightarrow{u=\cot x} -\int u\left(1+\dfrac{1}{u^2}\right)\mathrm{d}u$

$$= -\frac{u^2}{2} - \ln|u| + C = -\frac{\cot^2 x}{2} - \ln|\cot x| + C$$

(39) $\int \dfrac{\mathrm{d}x}{(2+\cos x)\sin x} = \int \dfrac{\mathrm{d}(\cos x)}{(2+\cos x)(\cos^2 x - 1)} \xrightarrow{u=\cos x} \int \dfrac{\mathrm{d}u}{(2+u)(u^2-1)}$

$$= \int\left[\frac{1}{6(u-1)} - \frac{1}{2(u+1)} + \frac{1}{3(u+2)}\right]\mathrm{d}u$$

$$= \frac{1}{6}\ln|u-1| - \frac{1}{2}\ln|u+1| + \frac{1}{3}\ln|u+2| + C$$

$$= \frac{1}{6}\ln(1-\cos x) - \frac{1}{2}\ln(1+\cos x) + \frac{1}{3}\ln(2+\cos x) + C.$$

(40) **方法一**

$$\int \frac{\sin x \cos x}{\sin x + \cos x}\mathrm{d}x = \int \frac{\frac{1}{2}(\sin x + \cos x)^2 - \frac{1}{2}}{\sin x + \cos x}\mathrm{d}x = \frac{1}{2}\int(\sin x + \cos x)\mathrm{d}x - \frac{1}{2}\int \frac{1}{\sin x + \cos x}\mathrm{d}x$$

$$= \frac{1}{2}(-\cos x + \sin x) - \frac{1}{2}\int \frac{1}{\sin x + \cos x}\mathrm{d}x,$$

令 $u = \tan\dfrac{x}{2}$,则 $\sin x = \dfrac{2u}{1+u^2}$,$\cos x = \dfrac{1-u^2}{1+u^2}$,$\mathrm{d}x = \dfrac{2}{1+u^2}\mathrm{d}u$,故有

$$\int \frac{1}{\sin x + \cos x}\mathrm{d}x = \int \frac{2}{2u+1-u^2}\mathrm{d}u = -\int \frac{2}{(u-1)^2 - (\sqrt{2})^2}\mathrm{d}u$$

$$= -\frac{1}{\sqrt{2}}\int \frac{1}{u-1-\sqrt{2}}\mathrm{d}u + \frac{1}{\sqrt{2}}\int \frac{1}{u-1+\sqrt{2}}\mathrm{d}u = \frac{1}{\sqrt{2}}\ln\left|\frac{u-1+\sqrt{2}}{u-1-\sqrt{2}}\right| + C',$$

因此有 $\int \dfrac{\sin x \cos x}{\sin x + \cos x}\mathrm{d}x = \dfrac{1}{2}(\sin x - \cos x) - \dfrac{1}{2\sqrt{2}}\ln\left|\dfrac{\tan\frac{x}{2} - 1 + \sqrt{2}}{\tan\frac{x}{2} - 1 - \sqrt{2}}\right| + C.$

方法二 $\int \dfrac{\sin x \cos x}{\sin x + \cos x}\mathrm{d}x = \int \dfrac{\sin x \cos x}{\sqrt{2}\sin\left(x+\frac{\pi}{4}\right)}\mathrm{d}x \xrightarrow{u = x + \frac{\pi}{4}} \int \dfrac{2\sin^2 u - 1}{2\sqrt{2}\sin u}\mathrm{d}u$

$$= \frac{1}{\sqrt{2}}\int \sin u \mathrm{d}u - \frac{1}{2\sqrt{2}}\int \csc u \mathrm{d}u$$

$$= -\frac{\cos\left(x+\frac{\pi}{4}\right)}{\sqrt{2}} - \frac{1}{2\sqrt{2}}\ln\left|\csc\left(x+\frac{\pi}{4}\right) - \cot\left(x+\frac{\pi}{4}\right)\right| + C.$$

第五章

定积分

本章知识结构树

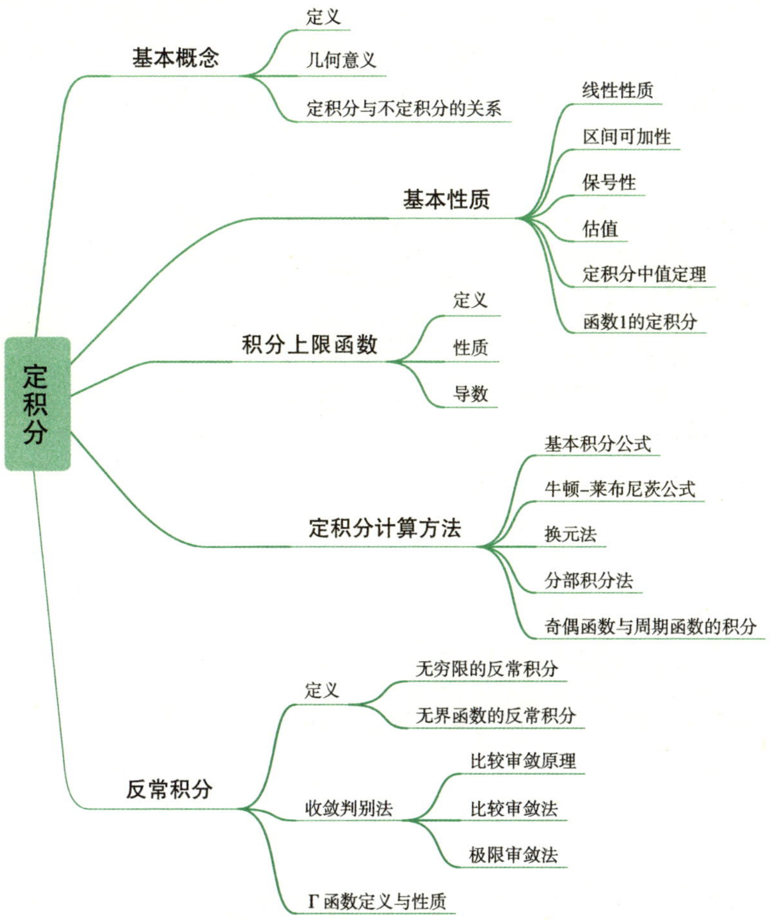

- 定积分
  - 基本概念
    - 定义
    - 几何意义
    - 定积分与不定积分的关系
  - 基本性质
    - 线性性质
    - 区间可加性
    - 保号性
    - 估值
    - 定积分中值定理
    - 函数1的定积分
  - 积分上限函数
    - 定义
    - 性质
    - 导数
  - 定积分计算方法
    - 基本积分公式
    - 牛顿–莱布尼茨公式
    - 换元法
    - 分部积分法
    - 奇偶函数与周期函数的积分
  - 反常积分
    - 定义
      - 无穷限的反常积分
      - 无界函数的反常积分
    - 收敛判别法
      - 比较审敛原理
      - 比较审敛法
      - 极限审敛法
    - Γ函数定义与性质

大纲解读

1. 了解定积分的概念和基本性质,了解定积分中值定理,理解积分上限的函数并会求它的导数,掌握牛顿—莱布尼茨公式以及定积分的换元积分法和分部积分法.

2. 了解反常积分的概念,会计算反常积分.

第一节　定积分的概念与性质

内容精讲

1. 定积分的定义

设 $f(x)$ 是定义在区间 $[a,b]$ 上的有界函数,任取分点 $a=x_0<x_1<x_2<\cdots<x_n=b$,将 $[a,b]$ 分为 n 个子区间 $[x_{i-1},x_i]$,记 $\Delta x_i=x_i-x_{i-1}(i=1,2,\cdots,n)$,又在每个子区间上任取一点 $\xi_i\in[x_{i-1},x_i](i=1,2,\cdots,n)$,若不论对区间 $[a,b]$ 如何分法,也不论 ξ_i 在 $[x_{i-1},x_i]$ 中如何取法,只要当 $\lambda=\max\limits_{1\leqslant i\leqslant n}\Delta x_i$ 趋于零时,和式 $\sum\limits_{i=1}^{n}f(\xi_i)\Delta x_i$ 的极限存在,则称此极限值为 $f(x)$ 在 $[a,b]$ 上的定积分,记为 $\int_a^b f(x)\mathrm{d}x=\lim\limits_{\lambda\to 0}\sum\limits_{i=1}^{n}f(\xi_i)\Delta x_i$ 此时也称 $f(x)$ 在 $[a,b]$ 上可积.

特别地,把区间 $[a,b]$ 分为 n 等份,ξ_i 取为每个小区间的右端点,则有

$$\lim_{n\to\infty}\frac{b-a}{n}\sum_{i=1}^{n}f\left(a+\frac{b-a}{n}i\right)=\int_a^b f(x)\mathrm{d}x.$$

$$\lim_{n\to\infty}\frac{1}{n}\sum_{i=1}^{n}f\left(\frac{i}{n}\right)=\int_0^1 f(x)\mathrm{d}x. \quad (\text{此时 }a=0,b=1)$$

使用以上两个公式可计算某些和式的极限.

2. 定积分的基本性质

(1) 定积分的结果与积分变量无关,即 $\int_a^b f(x)\mathrm{d}x=\int_a^b f(t)\mathrm{d}t$;

(2) $\int_a^a f(x)\mathrm{d}x\equiv 0$;　(3) $\int_b^a f(x)\mathrm{d}x=-\int_a^b f(x)\mathrm{d}x$;

(4) 若 $f(x)$ 在 $[a,b]$ 上可积,k 为任一常数,则 $\int_a^b kf(x)\mathrm{d}x=k\int_a^b f(x)\mathrm{d}x$;

(5) 若 $f(x)$、$g(x)$ 在 $[a,b]$ 上都可积,则 $\int_a^b [f(x)\pm g(x)]\mathrm{d}x=\int_a^b f(x)\mathrm{d}x\pm\int_a^b g(x)\mathrm{d}x$;

(6) 设函数 $f(x)$ 在 $[a,c],[c,b],[a,b]$ 上都可积,则 $\int_a^b f(x)\mathrm{d}x=\int_a^c f(x)\mathrm{d}x+\int_c^b f(x)\mathrm{d}x$

当 c 点在 $[a,b]$ 外时,结论仍成立;

(7) 设 $f(x)$、$g(x)$ 在 $[a,b]$ 上可积,且满足不等式 $f(x)\leqslant g(x),x\in[a,b]$,则

$$\int_a^b f(x)\mathrm{d}x\leqslant\int_a^b g(x)\mathrm{d}x;$$

(8) 估值定理　设 $f(x)$ 在 $[a,b]$ 上的最大值、最小值分别为 M 和 m,则有

$$m(b-a)\leqslant\int_a^b f(x)\mathrm{d}x\leqslant M(b-a);$$

(9) 积分中值定理　设 $f(x)$ 在 $[a,b]$ 上连续,则在 $[a,b]$ 上至少存在一点 ξ,使得

$$\int_a^b f(x)\mathrm{d}x=f(\xi)(b-a);$$

称 $\dfrac{1}{b-a}\int_a^b f(x)\mathrm{d}x$ 为函数 $f(x)$ 在 $[a,b]$ 上的积分平均值.

3. 积分不等式 设 $f(x)$、$g(x)$ 在区间 $[a,b]$ 上可积,则有下列不等式

(1) $\left|\int_a^b f(x)dx\right| \leqslant \int_a^b |f(x)|dx$;

(2) 许瓦尔兹不等式 $\left[\int_a^b f(x)g(x)dx\right]^2 \leqslant \int_a^b [f(x)]^2 dx \cdot \int_a^b [g(x)]^2 dx$.

题型及考点解析

【例1】 设 $M=\int_{-\frac{\pi}{2}}^{\frac{\pi}{2}} \frac{\sin x}{1+x^2}\cos^4 x dx$, $N=\int_{-\frac{\pi}{2}}^{\frac{\pi}{2}} (\sin^3 x + \cos^4 x)dx$,

$P=\int_{-\frac{\pi}{2}}^{\frac{\pi}{2}} (x^2\sin^3 x - \cos^4 x)dx$,则有_____.

(A) $N<P<M$ (B) $M<P<N$ (C) $N<M<P$ (D) $P<M<N$

解 根据定积分的性质知:$M=0$, $N=2\int_0^{\frac{\pi}{2}}\cos^4 x dx>0$, $P=-2\int_0^{\frac{\pi}{2}}\cos^4 x dx<0$. 所以 $P<M<N$. 故应选(D).

【例2】 求证 $1 \leqslant \int_0^1 e^{x^2} dx \leqslant e$.

分析 由欲证不等式的形式特征可猜想,若求出函数 e^{x^2} 在 $[0,1]$ 上的最大值与最小值,利用定积分的性质 8 即可完成证明.

解 令 $f(x)=e^{x^2}$,由于 $f'(x)=2xe^{x^2} \geqslant 0$,故 $f(x)$ 在 $[0,1]$ 单调增加,

$$\min_{x\in[0,1]} f(x)=f(0)=e^0=1, \quad \max_{x\in[0,1]} f(x)=f(1)=e^1=e.$$

由定积分性质 8 得:$1=1(1-0) \leqslant \int_0^1 e^{x^2} dx \leqslant e(1-0)=e$.

> **题型分析** 上述证法巧妙应用定积分的性质,避开对积分 $\int_0^1 e^{x^2} dx$ 的直接计算和讨论,其关键在于由欲证不等式的特点猜想出函数 e^{x^2} 在 $[0,1]$ 上的最小(大)值可能分别在区间端点 $x=0$ 和 $x=1$ 达到.(这种猜想实际上是以数学上的极端化原理为根据!)

【例3】 用定积分的定义计算 $\int_a^b (x^2+1)dx$.

解 将区间 $[a,b]$ n 等分为 $a=x_0<x_1<x_2<\cdots<x_{n-1}<x_n=b$,其中

$$x_i=a+\frac{b-a}{n}i \ (i=0,1,2,\cdots,n) \quad \Delta x_i=\frac{b-a}{n} \ (i=1,2,\cdots,n)$$

在每个小区间 $[x_{i-1},x_i]$ 上取右端点作为 ξ_i,即 $\xi_i=x_i=a+\frac{b-a}{n}i$ $(i=0,1,2,\cdots,n)$

作和式 $\sum_{i=1}^n f(\xi_i)\Delta x_i = \sum_{i=1}^n \left[\left(a+\frac{b-a}{n}i\right)^2+1\right]\frac{b-a}{n}$

$=\frac{b-a}{n} \sum_{i=1}^n \left[a^2+1+\frac{2a(b-a)}{n}i+\frac{(b-a)^2}{n^2}i^2\right]$

$=(b-a)(a^2+1)+\frac{2a(b-a)^2}{n^2}\sum_{i=1}^n i+\frac{(b-a)^3}{n^3}\sum_{i=1}^n i^2$

$$= (b-a)(a^2+1) + \frac{2a(b-a)^2}{n^2} \cdot \frac{n(n+1)}{2} + \frac{(b-a)^3 n(n+1)(2n+1)}{6n^3}$$

因为函数 $f(x)=x^2+1$ 在 $[a,b]$ 上连续，所以极限 $\lim\limits_{n\to\infty}\sum\limits_{i=1}^{n}f(\xi_i)\Delta x_i$ 存在有限且为 $\int_a^b(x^2+1)\mathrm{d}x$，即

$$\int_a^b (x^2+1)\mathrm{d}x = \lim_{n\to+\infty}\sum_{i=1}^n f(\xi_i)\Delta x_i$$

$$= \lim_{n\to+\infty}\left[(b-a)(a^2+1) + \frac{2a(b-a)^2}{n^2}\cdot\frac{n(n+1)}{2} + \frac{(b-a)^3 n(n+1)(2n+1)}{6n^3}\right]$$

$$= (b-a)(a^2+1) + a(b-a)^2 + \frac{1}{3}(b-a)^3 = \frac{1}{3}(b^3-a^3) + (b-a)$$

题型分析 利用定积分的定义计算定积分时要注意：

(1) 对区间 $[a,b]$ 的划分一般为 n 等分，此时 $\Delta x_i = \dfrac{b-a}{n}$，这样做的合理性是由假定所求定积分存在为前提条件作保证的.

(2) 每个小区间 $[x_{i-1}, x_i]$ 中的点 $\xi_i(i=1,2,\cdots,n)$ 的取法一般取 $\xi_i = x_{i-1}$，或 $\xi_i = x_i$，或 $\xi_i = \dfrac{x_{i-1}+x_i}{2}$，这样做的合理性也是由假定所求定积分存在为前提条件作保证的.

由(1)(2)关于区间 $[a,b]$ 的特殊分割及 ξ_i 的特殊取法，目的是使得和式 $\sum\limits_{i=1}^n f(\xi_i)\Delta x_i$ 尽可能简单，使极限 $\lim\limits_{\lambda\to 0}\sum\limits_{i=1}^n f(\xi_i)\Delta x_i$ 尽可能易求.（如本例）

【例4】 设 $f(x)$ 可导，且 $\lim\limits_{x\to+\infty}f(x)=1$，求 $\lim\limits_{x\to+\infty}\int_x^{x+2}t\sin\dfrac{3}{t}f(t)\mathrm{d}t$.

解 由积分中值定理可知：存在 $\xi\in[x,x+2]$，使

$$\int_x^{x+2}t\sin\dfrac{3}{t}\cdot f(t)\mathrm{d}t = \xi\cdot\sin\dfrac{3}{\xi}\cdot f(\xi)\cdot(x+2-x) = \xi\cdot\sin\dfrac{3}{\xi}\cdot f(\xi)\cdot 2$$

当 $x\to+\infty$ 时必有 $\xi\to+\infty$，又 $\lim\limits_{x\to+\infty}f(x)=1$，故

$$\lim_{x\to+\infty}\int_x^{x+2}t\cdot\sin\dfrac{3}{t}\cdot f(t)\mathrm{d}t = 2\lim_{\xi\to+\infty}\xi\cdot\sin\dfrac{3}{\xi}\cdot f(\xi) = 2\lim_{\xi\to+\infty}f(\xi)\cdot\dfrac{\sin\dfrac{3}{\xi}}{\dfrac{3}{\xi}}\cdot 3 = 6.$$

【例5】 求证：狄利克莱(Dirichlet)函数 $D(x)=\begin{cases}1, & x\text{ 是有理数}\\ 0, & x\text{ 是无理数}\end{cases}$ 在区间 $[0,1]$ 上不可积.

证 任给 $[0,1]$ 上的分割 $0=x_0<x_1<\cdots<x_n=1$，显然在每个小区间 $[x_{k-1},x_k]$ ($1\leq k\leq n$) 上既有无理点 ξ'_k，又有有理点 ξ''_k. 由 $D(x)$ 的定义，有

$$S_1 = \sum_{k=1}^n D(\xi'_k)\Delta x_k = 0; \quad S_2 = \sum_{k=1}^n D(\xi''_k)\Delta x_k = 1,$$

取 $\lambda = \max\{\Delta x_1, \Delta x_2, \cdots, \Delta x_n\}$，则当 $\lambda\to 0$ 时，$\lim\limits_{\lambda\to 0}S_1 = 0$，$\lim\limits_{\lambda\to 0}S_2 = 1$，故对任意积分和 $S = \sum\limits_{k=1}^n D(\xi_k)\Delta x_k$，极限 $\lim\limits_{\lambda\to 0}\sum\limits_{k=1}^n D(\xi_k)\Delta x_k$ 不存在. 由定积分的定义知：$D(x)$ 在 $[0,1]$ 不可积.

定积分

> **题型分析**
>
> 定积分的定义实际上是函数 $f(x)$ 在 $[a,b]$ 可积的充要条件,用定义既可以证明 $f(x)$ 在 $[a,b]$ 可积,或者计算定积分值(例 3),从理论上讲,也可以证明函数 $f(x)$ 在 $[a,b]$ 不可积. 要用定积分定义证明函数在 $[a,b]$ 不可积,根据本题给出的被积函数 $D(x)$ 的特点,只需恰当构造两个不同的积分和,使其 $\lambda \to 0$ 时,有不同的极限即可. 这是由于,定积分的定义中 $\lim\limits_{\lambda \to 0} \sum\limits_{i=1}^{n} f(\xi_i) \Delta x_i$ 的存在应与区间的分割法无关(只要 $\lambda = \max\limits_{1 \leqslant i \leqslant n}\{\Delta x_i\} \to 0$) 与介点集 $\{\xi_i\}$ 的取法无关(只要 $\xi_i \in [x_{i-1}, x_i]$),本题的上述证法中构造的积分和显然违背了后一个"无关",因而证明了 $D(x)$ 在 $[0,1]$ 的不可积性.

习题5-1精讲

*1. 解: 由于函数 $f(x) = x^2 + 1$ 在区间 $[a,b]$ 上连续,因此可积,为计算方便,不妨把 $[a,b]$ 分成 n 等份,则分点为 $x_i = a + \dfrac{i(b-a)}{n}$ $(i=0,1,2,\cdots,n)$,每个小区间长度为 $\Delta x_i = \dfrac{b-a}{n}$,取 ξ_i 为小区间的右端点 x_i,则

$$\sum_{i=1}^{n} f(\xi_i) \Delta x_i = \sum_{i=1}^{n} \left[\left(a + \dfrac{i(b-a)}{n}\right)^2 + 1\right] \dfrac{b-a}{n}$$

$$= \dfrac{b-a}{n} \sum_{i=1}^{n} (a^2+1) + 2 \dfrac{a(b-a)^2}{n^2} \sum_{i=1}^{n} i + \dfrac{(b-a)^3}{n^3} \sum_{i=1}^{n} i^2$$

$$= (b-a)(a^2+1) + a(b-a)^2 \dfrac{(n+1)}{n} + (b-a)^3 \dfrac{(n+1)(2n+1)}{6n^2}$$

当 $n \to \infty$ 时,上式极限为 $(b-a)(a^2+1) + a(b-a)^2 + \dfrac{1}{3}(b-a)^3 = \dfrac{b^3-a^3}{3} + b - a$,

即为所求图形的面积.

*2. 解: 由于被积函数在积分区间上连续,因此把积分区间分成 n 等份,并取 ξ_i 为小区间的右端点,得到

(1) $\displaystyle\int_a^b x\,\mathrm{d}x = \lim\limits_{n \to \infty} \sum\limits_{i=1}^{n} \left[a + \dfrac{i(b-a)}{n}\right] \dfrac{b-a}{n} = \lim\limits_{n \to \infty} \left[a(b-a) + \dfrac{(b-a)^2}{n^2} \dfrac{n(n+1)}{2}\right]$

$= a(b-a) + \dfrac{(b-a)^2}{2} = \dfrac{b^2-a^2}{2}.$

(2) $\displaystyle\int_0^1 e^x \,\mathrm{d}x = \lim\limits_{n \to \infty} \sum\limits_{i=1}^{n} \dfrac{1}{n} e^{\frac{i}{n}} = \lim\limits_{n \to \infty} \dfrac{1}{n}\left(e^{\frac{1}{n}} + e^{\frac{2}{n}} + \cdots + e^{\frac{n}{n}}\right)$

$= \lim\limits_{n \to \infty} \dfrac{(e^{\frac{1}{n}})^{n+1} - 1}{n(e^{\frac{1}{n}} - 1)} = \dfrac{\lim\limits_{n \to \infty}(e^{\frac{n+1}{n}} - 1)}{\lim\limits_{n \to \infty} n(e^{\frac{1}{n}} - 1)} = e - 1.$ 其中 $\lim\limits_{n \to \infty} n(e^{\frac{1}{n}} - 1) = \lim\limits_{n \to \infty} \dfrac{e^{\frac{1}{n}} - 1}{\frac{1}{n}} = 1.$

3. 解: (1) 根据定积分的几何意义,定积分 $\displaystyle\int_0^1 2x\,\mathrm{d}x$ 表示由直线 $y = 2x$、$x = 1$ 及 x 轴围成的图形的面积,该图形是三角形,如图 5-1 所示,底边长为 1,高为 2,因此面积为 1,即 $\displaystyle\int_0^1 2x\,\mathrm{d}x = 1.$

185

(2)根据定积分的几何意义,定积分 $\int_0^1 \sqrt{1-x^2}\,dx$ 表示由曲线 $y=\sqrt{1-x^2}$ 以及 x 轴、y 轴围成的在第 I 象限内的图形面积,即单位圆的四分之一的图形,如图 5-2 所示,因此有 $\int_0^1 \sqrt{1-x^2}\,dx = \dfrac{\pi}{4}$.

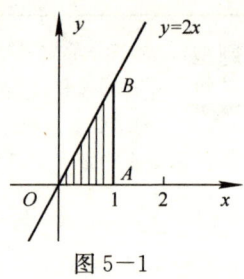

图 5-1

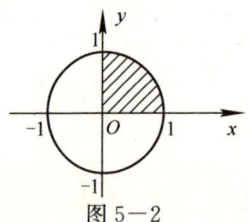

图 5-2

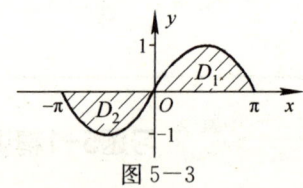

图 5-3

(3)由于函数 $y=\sin x$ 在区间 $[0,\pi]$ 上非负,在区间 $[-\pi,0]$ 上非正.根据定积分的几何意义,定积分 $\int_{-\pi}^{\pi} \sin x\,dx$ 表示曲线 $y=\sin x(x\in[0,\pi])$ 与 x 轴所围成的图形 D_1 的面积减去曲线 $y=\sin x(x\in[-\pi,0])$ 与 x 轴所围成的图形 D_2 的面积,如图 5-3 所示,显然图形 D_1 与 D_2 的面积是相等的,因此有 $\int_{-\pi}^{\pi} \sin x\,dx = 0$.

(4)由于函数 $y=\cos x$ 在区间 $\left[-\dfrac{\pi}{2},\dfrac{\pi}{2}\right]$ 上非负,根据定积分的几何意义,定积分 $\int_{-\frac{\pi}{2}}^{\frac{\pi}{2}} \cos x\,dx$ 表示曲线 $y=\cos x\left(x\in\left[0,\dfrac{\pi}{2}\right]\right)$ 与 x 轴和 y 轴所围成的图形 D_1 的面积加上曲线 $y=\cos x\left(x\in\left[-\dfrac{\pi}{2},0\right]\right)$ 与 x 轴和 y 轴所围成的图形 D_2 的面积,如图 5-4 所示,而图形 D_1 的面积与图形 D_2 的面积显然相等,因此有

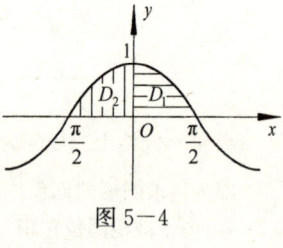

图 5-4

$$\int_{-\frac{\pi}{2}}^{\frac{\pi}{2}} \cos x\,dx = 2\int_0^{\frac{\pi}{2}} \cos x\,dx.$$

4. 解:(1)根据定积分的几何意义,$\int_0^t x\,dx$ 表示的是由直线 $y=x$,$x=t$ 以及 x 轴围成的直角三角形面积,如图 5-5 所示,该直角三角形的两条直角边的长均为 t,因此面积为 $\dfrac{t^2}{2}$,故有 $\int_0^t x\,dx = \dfrac{t^2}{2}$.

(2)根据定积分的几何意义,$\int_{-2}^{4} \left(\dfrac{x}{2}+3\right)dx$ 表示的是由直线 $y=\dfrac{x}{2}+3$,$x=-2$,$x=4$ 以及 x 轴所围成的梯形的面积,如图 5-6 所示,该梯形的两底长分别为 $\dfrac{-2}{2}+3=2$ 和 $\dfrac{4}{2}+3=5$,梯形的高为 $4-(-2)=6$,因此面积为 21,故有 $\int_{-2}^{4}\left(\dfrac{x}{2}+3\right)dx = 21$.

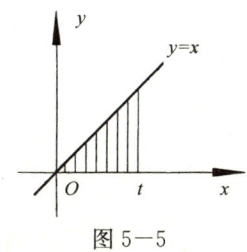

图 5-5

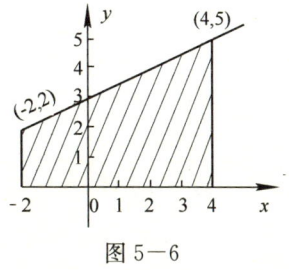

图 5-6

(3)根据定积分的几何意义,$\int_{-1}^{2}|x|\mathrm{d}x$ 表示的是由直线 $y=|x|$,$x=-1$,$x=2$ 以及 x 轴所围成的图形的面积,如图 5-7 所示,该图形由两个等腰直角三角形组成,分别由直线 $y=-x$,$x=-1$ 和 x 轴所围成,其直角边长为 1,面积为 $\frac{1}{2}$;由直线 $y=x$,$x=2$ 和 x 轴所围成,其直角边长为 2,面积为 2.因此 $\int_{-1}^{2}|x|\mathrm{d}x=\frac{5}{2}$.

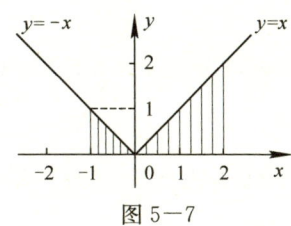

图 5-7

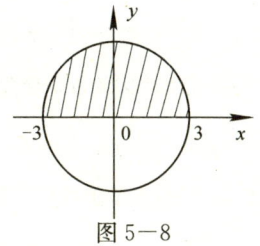

图 5-8

(4)根据定积分的几何意义,$\int_{-3}^{3}\sqrt{9-x^2}\,\mathrm{d}x$ 表示的是由上半圆周 $y=\sqrt{9-x^2}$ 以及 x 轴所围成的半圆的面积,如图 5-8 所示,因此有 $\int_{-3}^{3}\sqrt{9-x^2}\,\mathrm{d}x=\frac{9}{2}\pi$.

5. **解**:根据定积分的几何意义,$\int_{a}^{b}(x-x^2)\mathrm{d}x$ 表示的是由 $y=x-x^2$,$x=a$,$x=b$,以及 x 轴所围成的图形在 x 轴上方部分的面积减去 x 轴下方部分的面积,如图 5-9 所示.因此只有当下方部分面积为 0,上方部分面积为最大时,$\int_{a}^{b}(x-x^2)\mathrm{d}x$ 的值才最大,即当 $a=0$,$b=1$ 时,积分 $\int_{a}^{b}(x-x^2)\mathrm{d}x$ 取得最大值.

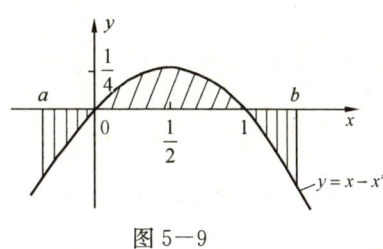

图 5-9

6. **解**:计算 y_i 并列表

i	0	1	2	3	4	5	6	7	8	9	10
x_i	0.0000	0.1000	0.2000	0.3000	0.4000	0.5000	0.6000	0.7000	0.8000	0.9000	1.0000
y_i	1.0000	0.9091	0.83333	0.7692	0.7143	0.6667	0.6250	0.5882	0.5556	0.5263	0.5000

按抛物线法公式(6),求得

$$s=\frac{1}{30}[(y_0+y_{10})+2(y_2+y_4+y_6+y_8)+4(y_1+y_3+y_5+y_7+y_9)]\approx 0.6931.$$

7. **解**:(1) $\int_{-1}^{1}f(x)dx=\frac{1}{3}\int_{-1}^{1}3f(x)dx=6.$

(2) $\int_{1}^{3}f(x)dx=\int_{-1}^{3}f(x)dx-\int_{-1}^{1}f(x)dx=-2.$

(3) $\int_{3}^{-1}g(x)dx=-\int_{-1}^{3}g(x)dx=-3.$

(4) $\int_{-1}^{3}\frac{1}{5}[4f(x)+3g(x)]dx=\frac{4}{5}\int_{-1}^{3}f(x)dx+\frac{3}{5}\int_{-1}^{3}g(x)dx=5.$

8. **解**:在区间$[0,3]$上插入 $n-1$ 个分点 $0=h_0<h_1<\cdots<h_n=3$,取 $\xi_i\in[h_{i-1},h_i]$ 并记 $\Delta h_i=h_i-h_{i-1}$,得到闸门所受水压力的近似值为 $\sum_{i=1}^{n}p(\xi_i)2\Delta h_i$,根据定积分的定义可知闸门所受的水压力为 $P=\int_{0}^{3}2p(h)dh=19.6\int_{0}^{3}hdh,$

由于被积函数连续,而连续函数是可积的,因此积分值与积分区间的分法和 ξ_i 的取法无关. 为方便计算,对区间$[0,3]$进行 n 等分,并取 ξ_i 为小区间的端点 $h_i=\frac{3i}{n}$,于是 $\int_{0}^{3}hdh=\lim_{n\to\infty}\sum_{i=1}^{n}\frac{9i}{n^2}=\lim_{n\to\infty}\frac{9(n+1)}{2n}=\frac{9}{2}$,故 $P=19.6\int_{0}^{3}hdh=88.2(kN).$

9. **证**:根据定积分的定义,在区间$[a,b]$中插入 $n-1$ 个点 $a=x_0<x_1<x_2<\cdots<x_n=b$,记 $\Delta x_i=x_i-x_{i-1}$,任取 $\xi_i\in[x_{i-1},x_i]$,则

(1) $\int_{a}^{b}kf(x)dx=\lim_{\lambda\to 0}\sum_{i=1}^{n}kf(\xi_i)\Delta x_i=k\lim_{\lambda\to 0}\sum_{i=1}^{n}f(\xi_i)\Delta x_i=k\int_{a}^{b}f(x)dx.$

(2) $\int_{a}^{b}1\cdot dx=\lim_{\lambda\to 0}\sum_{i=1}^{n}\Delta x_i=\lim_{\lambda\to 0}(b-a)=b-a.$

10. **解**:(1)在区间$[1,4]$上,$2\leqslant x^2+1\leqslant 17$,因此有 $6=\int_{1}^{4}2dx\leqslant \int_{1}^{4}(x^2+1)dx\leqslant \int_{1}^{4}17dx=51.$

(2)在区间$[\frac{1}{4}\pi,\frac{5}{4}\pi]$上,$1=1+0\leqslant 1+\sin^2 x\leqslant 1+1=2$,因此有

$$\pi=\int_{\frac{\pi}{4}}^{\frac{5}{4}\pi}dx\leqslant \int_{\frac{\pi}{4}}^{\frac{5}{4}\pi}(1+\sin^2 x)dx\leqslant \int_{\frac{\pi}{4}}^{\frac{5}{4}\pi}2dx=2\pi.$$

(3)在区间$[\frac{1}{\sqrt{3}},\sqrt{3}]$上,函数 $f(x)=x\arctan x$ 是单调增加的,因此 $f(\frac{1}{\sqrt{3}})\leqslant f(x)\leqslant f(\sqrt{3})$,

即 $\frac{\pi}{6\sqrt{3}}\leqslant x\arctan x\leqslant \frac{\pi}{\sqrt{3}}$,故有 $\frac{\pi}{9}=\int_{\frac{1}{\sqrt{3}}}^{\sqrt{3}}\frac{\pi}{6\sqrt{3}}dx\leqslant \int_{\frac{1}{\sqrt{3}}}^{\sqrt{3}}x\arctan xdx\leqslant \int_{\frac{1}{\sqrt{3}}}^{\sqrt{3}}\frac{\pi}{\sqrt{3}}dx=\frac{2}{3}\pi.$

(4)设 $f(x)=x^2-x$,$x\in[0,2]$,则 $f'(x)=2x-1$,$f(x)$ 在$[0,2]$上的最大值、最小值必为

$f(0)$、$f(\frac{1}{2})$、$f(2)$ 中的最大值和最小值,即最大值和最小值分别为 $f(2)=2$ 和 $f(\frac{1}{2})=-\frac{1}{4}$,因此有 $2\mathrm{e}^{-\frac{1}{4}}=\int_0^2 \mathrm{e}^{-\frac{1}{4}}\mathrm{d}x \leqslant \int_0^2 \mathrm{e}^{x^2-x}\mathrm{d}x \leqslant \int_0^2 \mathrm{e}^2\mathrm{d}x=2\mathrm{e}^2$,

而 $\int_2^0 \mathrm{e}^{x^2-x}\mathrm{d}x=-\int_0^2 \mathrm{e}^{x^2-x}\mathrm{d}x$,故 $-2\mathrm{e}^2 \leqslant \int_2^0 \mathrm{e}^{x^2-x}\mathrm{d}x \leqslant -2\mathrm{e}^{-\frac{1}{4}}$.

11. **证**:记 $a=\int_0^1 f(x)\mathrm{d}x$,则由定积分性质 7,得 $\int_0^1 [f(x)-a]^2\mathrm{d}x \geqslant 0$.

即 $\int_0^1 [f(x)-a]^2\mathrm{d}x = \int_0^1 f^2(x)\mathrm{d}x - 2a\int_0^1 f(x)\mathrm{d}x + a^2 = \int_0^1 f^2(x)\mathrm{d}x - \left[\int_0^1 f(x)\mathrm{d}x\right]^2 \geqslant 0$,

由此结论成立.

12. **证**:先证明(2).

(2)根据条件必定存在 $x_0 \in [a,b]$,使得 $f(x_0)>0$. 由函数 $f(x)$ 在 x_0 连续可知,存在 $a \leqslant \alpha < \beta \leqslant b$,使得当 $x \in [\alpha,\beta]$ 时 $f(x) \geqslant \frac{f(x_0)}{2}$. 因此有

$$\int_a^b f(x)\mathrm{d}x = \int_a^\alpha f(x)\mathrm{d}x + \int_\alpha^\beta f(x)\mathrm{d}x + \int_\beta^b f(x)\mathrm{d}x,$$

由定积分性质得到:

$$\int_a^\alpha f(x)\mathrm{d}x \geqslant 0, \quad \int_\alpha^\beta f(x)\mathrm{d}x \geqslant \int_\alpha^\beta \frac{f(x_0)}{2}\mathrm{d}x = \frac{\beta-\alpha}{2}f(x_0) > 0, \quad \int_\beta^b f(x)\mathrm{d}x \geqslant 0,$$

故得到结论 $\int_a^b f(x)\mathrm{d}x > 0$.

(1)用反证法. 如果 $f(x) \not\equiv 0$,则由(2)得到 $\int_a^b f(x)\mathrm{d}x > 0$,与假设条件矛盾,因此(1)成立.

(3)令 $h(x)=g(x)-f(x)$,则 $h(x) \geqslant 0$,且 $\int_a^b h(x)\mathrm{d}x = \int_a^b g(x)\mathrm{d}x - \int_a^b f(x)\mathrm{d}x = 0$,

由(1)可得在 $[a,b]$ 上 $h(x) \equiv 0$,从而结论成立.

13. **解**:(1)在区间 $[0,1]$ 上 $x^2 \geqslant x^3$,因此 $\int_0^1 x^2\mathrm{d}x$ 比 $\int_0^1 x^3\mathrm{d}x$ 大.

(2)在区间 $[1,2]$ 上 $x^2 \leqslant x^3$,因此 $\int_1^2 x^3\mathrm{d}x$ 比 $\int_1^2 x^2\mathrm{d}x$ 大.

(3)在区间 $[1,2]$ 上由于 $0 \leqslant \ln x \leqslant 1$,得 $\ln x \geqslant (\ln x)^2$,因此 $\int_1^2 \ln x\mathrm{d}x$ 比 $\int_1^2 (\ln x)^2\mathrm{d}x$ 大.

(4)由教材第三章第一节例 1 可知当 $x>0$ 时,$\ln(1+x)<x$,因此 $\int_0^1 x\mathrm{d}x$ 比 $\int_0^1 \ln(1+x)\mathrm{d}x$ 大.

(5)由于当 $x>0$ 时 $\ln(1+x)<x$,故此时有 $1+x<\mathrm{e}^x$,因此 $\int_0^1 \mathrm{e}^x\mathrm{d}x$ 比 $\int_0^1 (1+x)\mathrm{d}x$ 大.

第二节　微积分基本公式

内容精讲

1. 变限定积分所定义函数的导数

(1)若 $f(x)$ 在 $[a,b]$ 上连续,则 $\Phi(x)=\int_a^x f(t)\mathrm{d}t$ 在 $[a,b]$ 上可导,且有 $\Phi'(x)=\dfrac{\mathrm{d}}{\mathrm{d}x}\int_a^x f(t)\mathrm{d}t=f(x)$.

(2) 若 $f(x)$ 在 $[a,b]$ 上连续, $g(x)$ 是可微的, 则 $\dfrac{d}{dx}\left(\int_a^{g(x)} f(t)dt\right) = f[g(x)]g'(x)$.

(3) 若上限、下限都是 x 的可微函数, 则 $\dfrac{d}{dx}\left(\int_{a(x)}^{b(x)} f(t)dt\right) = f[b(x)]b'(x) - f[a(x)]a'(x)$.

实际上, 这是一个求复合函数的导数问题.

2. 定积分和不定积分的关系

(1) 原函数存在定理 若函数 $f(x)$ 在 $[a,b]$ 上连续, 则函数 $\Phi(x) = \int_a^x f(t)dt$ 是 $f(x)$ 在 $[a,b]$ 区间上的一个原函数.

(2) 牛顿—莱布尼茨公式 若 $F(x)$ 是 $f(x)$ 在区间 $[a,b]$ 上的一个原函数, 而且 $f(x)$ 在 $[a,b]$ 上连续, 则 $\int_a^b f(x)dx = F(b) - F(a)$,

这个公式也称为微积分基本公式, 它指出了定积分与不定积分的内在联系.

题型及考点解析

【例1】 $x\int_a^x f(x)dx$, $\int_a^x xf(x)dx$, $\int_a^x xf(t)dt$ 这三个表达式是否表示同一个函数?

答 不全相同.

对表达式 $x\int_a^x f(x)dx$, 由于定积分与积分变量的记法无关, 故有 $x\int_a^x f(x)dx = x\int_a^x f(t)dt$;

对表达式 $\int_a^x xf(t)dt$, 由于被积表达式中的变量 x 与积分变量无关, 可提到积分号外面来, 故有 $\int_a^x xf(t)dt = x\int_a^x f(t)dt$, 因此 $x\int_a^x f(x)dx = \int_a^x xf(t)dt$;

而对表达式 $\int_a^x xf(x)dx$, 如果将积分变量 x 记作 t, 就成为 $\int_a^x tf(t)dt$, 故它与其他两个积分是不同的.

【例2】 对积分上限的函数求导时应注意些什么?

答 (1) 首先要弄清是对哪个变量求导, 把积分上限的函数的自变量与积分变量区分开来. 积分上限的函数的自变量是上限变量, 因此对积分上限的函数求导, 就是对上限变量求导, 与积分变量没有关系. 但有时会遇到上限变量也含在被积表达式的情况, 这时应先设法把上限变量从被积表达式内分离出来, 并提到积分号外, 然后进行求导. 例如上个问题中的 $\int_a^x xf(t)dt$, 对它求导时, 应先把它写作 $x\int_a^x f(t)dt$, 然后应用乘积的求导公式求导.

(2) 当积分上限, 甚至积分下限, 都是 x 的函数时, 就要应用复合函数的求导法则进行求导. 一般说来, 有下述结果:

当函数 $a(x), b(x)$ 均在 $[a,b]$ 上可导, 函数 $f(x)$ 在 $[a,b]$ 上连续时, 有

$$\left(\int_{a(x)}^{b(x)} f(t)d(t)\right)' = \left(\int_a^{b(x)} f(t)dt - \int_a^{a(x)} f(t)dt\right)'$$
$$= f[b(x)] \cdot b'(x) - f[a(x)] \cdot a'(x)$$

【例3】 $\dfrac{d}{dx}\left(\int_{x^2}^{0} x\cos t^2 dt\right) = $ _____.

解 $\dfrac{d}{dx}\left(\int_{x^2}^{0} x\cos t^2\,dt\right) = \dfrac{d}{dx}\left(x\int_{x^2}^{0}\cos t^2\,dt\right)$
$$= \int_{x^2}^{0}\cos t^2\,dt + x\cdot(-1)\cos(x^2)^2\cdot 2x.$$

故应填 $\int_{x^2}^{0}\cos t^2\,dt - 2x^2\cos x^4$.

> **题型分析** 在使用变上限函数求导公式 $\left(\int_a^x f(t)\,dt\right)' = f(x)$ 时，应注意被积函数中不能含上限变量 x. 故本题应把被积函数 $x\cos t^2$ 中的 x 提到积分符号外面来，然后使用乘积的求导公式计算.

【例 4】 求函数 $f(x)=\int_0^{x^2}(2-t)e^{-t}\,dt$ 的最大值和最小值.

解 因为 $f(x)$ 是偶函数，故只需求 $f(x)$ 在 $[0,+\infty)$ 内的最大值与最小值. 令 $f'(x)=2x(2-x^2)e^{-x^2}=0$，故在区间 $(0,+\infty)$ 内有惟一的驻点 $x=\sqrt{2}$. 当 $0<x<\sqrt{2}$ 时，$f'(x)>0$；当 $x>\sqrt{2}$ 时，$f'(x)<0$，所以 $x=\sqrt{2}$ 是极大值点，即最大值点. 最大值 $f(\sqrt{2})=\int_0^2 (2-t)e^{-t}\,dt = -(2-t)e^{-t}\Big|_0^2 - \int_0^2 e^{-t}\,dt = 1+e^{-2}$.

因为 $\int_0^{+\infty}(2-t)e^{-t}\,dt = -(2-t)e^{-t}\Big|_0^{+\infty} + e^{-t}\Big|_0^{+\infty} = 2-1=1$ 以及 $f(0)=0$，故 $x=0$ 是最小值点，所以 $f(x)$ 的最小值为 0.

【例 5】 设 $\begin{cases} x = \int_0^t f(u^2)\,du \\ y = [f(t^2)]^2 \end{cases}$，其中 $f(u)$ 具有二阶导数，且 $f(u)\neq 0$，求 $\dfrac{d^2 y}{dx^2}$.

解 $\dfrac{dy}{dx} = \dfrac{dy/dt}{dx/dt} = \dfrac{4tf(t^2)\cdot f'(t^2)}{f(t^2)} = 4tf'(t^2)$,

$$\dfrac{d^2 y}{dx^2} = \dfrac{\dfrac{d}{dt}\left(\dfrac{dy}{dx}\right)}{\dfrac{dx}{dt}} = \dfrac{4[f'(t^2)+2t^2 f''(t^2)]}{f(t^2)}.$$

> **题型分析** 由参数方程所确定的函数的一阶导数一般都是参变量 t 的函数，而所求函数的二阶导数 $\dfrac{d^2 y}{dx^2}$ 是由 $\dfrac{dy}{dx}$ 再对 x 求导，事实上是一种复合函数的求导问题. 复合关系的链式图为 $\dfrac{dy}{dx}-t-x$，故 $\dfrac{d^2 y}{dx^2}=\dfrac{d}{dt}\left(\dfrac{dy}{dx}\right)\cdot\dfrac{dt}{dx}=\dfrac{d}{dt}\left(\dfrac{dy}{dx}\right)\cdot\dfrac{1}{\dfrac{dx}{dt}}$.
>
> 求 $\dfrac{d^2 y}{dx^2}$ 时，常出现的错误做法是 $\dfrac{d^2 y}{dx^2}=(y')'=y''(t)$，关键是对求导记号理解不准确.

【例6】 求极限 $\lim\limits_{x\to 0}\dfrac{\int_0^x (3\sin t+t^2\cos\frac{1}{t})dt}{(1+\cos x)\int_0^x \ln(1+t)dt}$.

分析 先提出非零因子 $\lim\limits_{x\to 0}\dfrac{1}{1+\cos x}=\dfrac{1}{2}$. 当 $x\to 0$ 时,含有 $\sin\frac{1}{x}$, $\cos\frac{1}{x}$ 等项时,往往不能直接用洛必达法则,须利用无穷小量乘有界变量仍为无穷小量的结论.

解
$$\lim_{x\to 0}\dfrac{\int_0^x (3\sin t+t^2\cos\frac{1}{t})dt}{(1+\cos x)\int_0^x \ln(1+t)dt}=\dfrac{1}{2}\lim_{x\to 0}\dfrac{\int_0^x (3\sin t+t^2\cos\frac{1}{t})dt}{\int_0^x \ln(1+t)dt}$$

$$=\dfrac{1}{2}\lim_{x\to 0}\dfrac{3\sin x+x^2\cos\frac{1}{x}}{\ln(1+x)}=\dfrac{1}{2}\lim_{x\to 0}\dfrac{3\sin x+x^2\cos\frac{1}{x}}{x}=\dfrac{1}{2}\lim_{x\to 0}\left[3\dfrac{\sin x}{x}+x\cdot\cos\dfrac{1}{x}\right]=\dfrac{3}{2}.$$

【例7】 把 $x\to 0^+$ 时的无穷小量 $\alpha=\int_0^x \cos t^2 dt$, $\beta=\int_0^{x^2}\tan\sqrt{t}\,dt$, $\gamma=\int_0^{\sqrt{x}}\sin t^3 dt$ 排列起来,使排在后面的是前一个的高阶无穷小,则正确的排列次序是_____.

(A) α,β,γ (B) α,γ,β (C) β,α,γ (D) β,γ,α

解 $\lim\limits_{x\to 0^+}\dfrac{\alpha}{\beta}=\lim\limits_{x\to 0^+}\dfrac{\int_0^x \cos t^2 dt}{\int_0^{x^2}\tan\sqrt{t}\,dt}\xlongequal{\frac{0}{0}}\lim\limits_{x\to 0^+}\dfrac{\cos x^2}{2x\tan x}=\infty$,这说明 β 是比 α 高阶的无穷小.

$\lim\limits_{x\to 0^+}\dfrac{\alpha}{\gamma}=\lim\limits_{x\to 0^+}\dfrac{\int_0^x \cos t^2 dt}{\int_0^{\sqrt{x}}\sin t^3 dt}\xlongequal{\frac{0}{0}}\lim\limits_{x\to 0^+}\dfrac{\cos x^2}{\frac{1}{2\sqrt{x}}\sin x^{\frac{3}{2}}}=\infty$,这说明 γ 是比 α 高阶的无穷小.

$\lim\limits_{x\to 0^+}\dfrac{\beta}{\gamma}=\lim\limits_{x\to 0^+}\dfrac{\int_0^{x^2}\tan\sqrt{t}\,dt}{\int_0^{\sqrt{x}}\sin t^3 dt}\xlongequal{\frac{0}{0}}\lim\limits_{x\to 0^+}\dfrac{2x\tan x}{\frac{1}{2\sqrt{x}}\sin x^{\frac{3}{2}}}=4\lim\limits_{x\to 0^+}x=0$,这说明 β 是比 γ 高阶的无穷小. 故应选(B).

> **题型分析** 本题考查洛必达法则、变限积分求导和无穷小量的定义,这些知识点非常重要,必须熟记,计算此类题目的基本方法有两个:(1)两两比较法;(2)将 α,β,γ 的积分上限统一转化为 α 的积分上限 x,再进行积分排序.

【例8】 设 $f'(x)\cdot\int_0^2 f(x)dx=50$,且 $f(0)=0$, $f(x)\geqslant 0$,求 $\int_0^2 f(x)dx$ 及 $f(x)$.

解 在 $f'(x)\int_0^2 f(x)dx=50$ 两边对 x 从 0 到 t 积分,得 $(f(t)-f(0))\int_0^2 f(x)dx=50t$.

由 $f(0)=0$,得 $f(t)\int_0^2 f(x)dx=50t$,两端对 t 从 0 到 2 积分,得

$$\int_0^2 f(t)dt\cdot\int_0^2 f(x)dx=\int_0^2 50t\,dt=100.$$

由于 $f(x) \geqslant 0$，则 $\int_0^2 f(x)\mathrm{d}x \geqslant 0$，因此 $\int_0^2 f(x)\mathrm{d}x = 10$，则 $f(t) = \dfrac{50t}{\int_0^2 f(x)\mathrm{d}x} = \dfrac{50t}{10} = 5t$，

即 $f(x) = 5x$.

【例9】 求 $I = \lim\limits_{n \to \infty}\left(\dfrac{1}{\sqrt{4n^2-1}} + \dfrac{1}{\sqrt{4n^2-2^2}} + \cdots + \dfrac{1}{\sqrt{4n^2-n^2}}\right)$

解 $I = \lim\limits_{n \to \infty} \dfrac{1}{n} \sum\limits_{i=1}^{n} \dfrac{1}{\sqrt{4-\left(\dfrac{i}{n}\right)^2}}$

这相当于把区间 $[0,1]$ n 等分，每个小区间 $[x_{i-1}, x_i]$ 的长度 $\Delta x_i = \dfrac{1}{n}$，取 $\xi_i = x_i = \dfrac{i}{n}(i=1, 2, \cdots, n)$，于是由定积分的定义得：当 $\lambda \to 0$ 时，即 $n \to \infty$ 时有

$$I = \lim\limits_{n \to \infty} \sum\limits_{i=1}^{n} \dfrac{1}{\sqrt{4-\left(\dfrac{i}{n}\right)^2}} \cdot \dfrac{1}{n} = \int_0^1 \dfrac{1}{\sqrt{4-x^2}}\mathrm{d}x = \arcsin\dfrac{x}{2}\bigg|_0^1 = \dfrac{\pi}{6}.$$

题型分析 利用定积分的定义及微积分基本公式计算和式的极限，是计算极限的一种重要方法，应予重视.

【例10】 求 $\lim\limits_{n \to \infty}\int_0^1 \dfrac{x^n}{1+x}\mathrm{d}x$.

解 当 $0 \leqslant x \leqslant 1$ 时有：$\dfrac{x^n}{2} \leqslant \dfrac{x^n}{1+x} \leqslant x^n$，根据定积分性质，因此

$$\int_0^1 \dfrac{x^n}{2}\mathrm{d}x \leqslant \int_0^1 \dfrac{x^n}{1+x}\mathrm{d}x \leqslant \int_0^1 x^n\mathrm{d}x \quad \text{即} \quad \dfrac{1}{2(n+1)} \leqslant \int_0^1 \dfrac{x^n}{1+x}\mathrm{d}x \leqslant \dfrac{1}{n+1}$$

又 $\lim\limits_{n \to \infty} \dfrac{1}{2(n+1)} = 0$，$\lim\limits_{n \to \infty} \dfrac{1}{n+1} = 0$，由夹逼准则知 $\lim\limits_{n \to \infty}\int_0^1 \dfrac{x^n}{1+x}\mathrm{d}x = 0$.

【例11】 已知 $f(x) = \begin{cases} x+1, & x<0 \\ x, & x\geqslant 0 \end{cases}$

求 $F(x) = \int_{-1}^{x} f(t)\mathrm{d}t (-1 \leqslant x \leqslant 1)$ 的表达式，并讨论 $F(x)$ 在 $[-1, 1]$ 上的连续性、可导性.

解 当 $-1 \leqslant x < 0$ 时 $F(x) = \int_{-1}^{x} f(t)\mathrm{d}t = \int_{-1}^{x}(t+1)\mathrm{d}t = \dfrac{1}{2}(t+1)^2\bigg|_{-1}^{x} = \dfrac{1}{2}(x+1)^2$

当 $0 \leqslant x \leqslant 1$ 时 $F(x) = \int_{-1}^{x} f(t)\mathrm{d}t = \int_{-1}^{0} f(t)\mathrm{d}t + \int_{0}^{x} f(t)\mathrm{d}t = \int_{-1}^{0}(t+1)\mathrm{d}t + \int_{0}^{x} t\mathrm{d}t$

$= \dfrac{1}{2}(t+1)^2\bigg|_{-1}^{0} + \dfrac{1}{2}t^2\bigg|_{0}^{x} = \dfrac{1}{2} + \dfrac{1}{2}x^2$

于是 $F(x) = \begin{cases} \dfrac{1}{2}(x+1)^2, & -1 \leqslant x < 0 \\ \dfrac{1}{2}(1+x^2), & 0 \leqslant x \leqslant 1 \end{cases}$，因为 $F(0+0) = F(0-0) = F(0) = \dfrac{1}{2}$，所以 $F(x)$ 在 $x = 0$ 连续；又因为当 $-1 \leqslant x < 0$ 及 $0 < x \leqslant 1$ 时 $F(x)$ 为初等函数，所以 $F(x)$ 在以上区间内连续，

从而 $F(x)$ 在 $[-1,1]$ 上连续;

由左、右导数定义知 $F'_-(0) = \lim\limits_{x \to 0^-} \dfrac{F(x)-F(0)}{x} = \lim\limits_{x \to 0^-} \dfrac{\frac{1}{2}(x+1)^2 - \frac{1}{2}}{x} = 1,$

$F'_+(0) = \lim\limits_{x \to 0^+} \dfrac{F(x)-F(0)}{x} = \lim\limits_{x \to 0^+} \dfrac{\frac{1}{2}(1+x^2) - \frac{1}{2}}{x} = 0.$

显然 $F'_-(0) \neq F'_+(0)$,即 $F'(0)$ 不存在.故 $F(x)$ 在 $[-1,1]$ 上不可导.

【例 12】 若函数在区间上有原函数,这函数是否在该区间上一定可积?

答 不一定.例如函数 $F(x) = \begin{cases} x^2 \sin \dfrac{1}{x^2}, & x \neq 0 \\ 0, & x = 0 \end{cases}$ 容易知道 $F(x)$ 在 $(-\infty, +\infty)$ 上可导,且

$$f(x) = F'(x) = \begin{cases} 2x \sin \dfrac{1}{x^2} - \dfrac{2}{x} \cos \dfrac{1}{x^2}, & x \neq 0 \\ 0, & x = 0 \end{cases},$$

即函数 $f(x)$ 在 $(-\infty, +\infty)$ 上有原函数 $F(x)$,但由于函数 $f(x)$ 在 $x=0$ 的任一邻域内无界,故函数 $f(x)$ 在包含 $x=0$ 的区间上不可积.

⇩⇩ 习题 5-2 精讲

1. **解**: $\dfrac{dy}{dx} = \sin x$, 因此 $\dfrac{dy}{dx}\bigg|_{x=0} = 0$, $\dfrac{dy}{dx}\bigg|_{x=\frac{\pi}{4}} = \dfrac{\sqrt{2}}{2}$.

2. **解**: $\dfrac{dy}{dx} = \dfrac{dy}{dt} \Big/ \dfrac{dx}{dt} = \dfrac{\cos t}{\sin t} = \cot t.$

3. **解**: 方程两端分别对 x 求导, 得 $e^y \dfrac{dy}{dx} + \cos x = 0$, 故 $\dfrac{dy}{dx} = -e^{-y} \cos x.$

4. **解**: 容易知道 $I(x)$ 可导, 而 $I'(x) = xe^{-x^2} = 0$ 只有唯一解 $x=0$. 当 $x<0$ 时 $I'(x)<0$, 当 $x>0$ 时 $I'(x)>0$, 故 $x=0$ 为函数 $I(x)$ 的唯一的极值点(极小值点).

5. **解**: (1) $\dfrac{d}{dx} \displaystyle\int_0^{x^2} \sqrt{1+t^2}\, dt = 2x\sqrt{1+x^4}.$

   (2) $\dfrac{d}{dx} \displaystyle\int_{x^2}^{x^3} \dfrac{dt}{\sqrt{1+t^4}} = \dfrac{d}{dx}\left(\displaystyle\int_0^{x^3} \dfrac{dt}{\sqrt{1+t^4}} - \displaystyle\int_0^{x^2} \dfrac{dt}{\sqrt{1+t^4}}\right) = \dfrac{3x^2}{\sqrt{1+x^{12}}} - \dfrac{2x}{\sqrt{1+x^8}}.$

   (3) $\dfrac{d}{dx} \displaystyle\int_{\sin x}^{\cos x} \cos(\pi t^2)\, dt = \dfrac{d}{dx}\left[\displaystyle\int_0^{\cos x} \cos(\pi t^2)\, dt - \displaystyle\int_0^{\sin x} \cos(\pi t^2)\, dt\right]$
   $= -\sin x \cos(\pi \cos^2 x) - \cos x \cos(\pi \sin^2 x) = -\sin x \cos(\pi - \pi \sin^2 x) - \cos x \cos(\pi \sin^2 x)$
   $= (\sin x - \cos x) \cos(\pi \sin^2 x).$

6. **证**: 显然 $f(x)$ 在 $[-1, +\infty)$ 上可导, 且当 $x>-1$ 时, $f'(x) = \sqrt{1+x^3} > 0$, 因此 $f(x)$ 在 $[-1, +\infty)$ 是单调增加函数. 注意到 $f(1)=0$, 故 $(f^{-1})'(0) = \dfrac{1}{f'(1)} = \dfrac{\sqrt{2}}{2}.$

7. **解**: 根据 $y=f(x)$ 的图形可知, 在区间 $[-1,3]$ 上 $f(x) \geq 0$, 且 $f(-1) = f(3) = 0, f'(-1) > 0,$
   $f''(-1) < 0, f'(3) < 0, f''(3) > 0.$ 因此 $\displaystyle\int_{-1}^3 f(x)\, dx > 0,$ $\displaystyle\int_{-1}^3 f'(x)\, dx = f(3) - f(-1) = 0,$

$\int_{-1}^{3} f''(x)dx = f'(3) - f'(-1) < 0$, $\int_{-1}^{3} f'''(x)dx = f''(3) - f''(-1) > 0$. 故选(C).

8. **解**：(1) $\int_{0}^{a}(3x^2 - x + 1)dx = \left[x^3 - \frac{1}{2}x^2 + x\right]_{0}^{a} = a^3 - \frac{1}{2}a^2 + a = a\left(a^2 - \frac{1}{2}a + 1\right)$.

(2) $\int_{1}^{2}\left(x^2 + \frac{1}{x^4}\right)dx = \left[\frac{1}{3}x^3 - \frac{1}{3x^3}\right]_{1}^{2} = \frac{21}{8}$.

(3) $\int_{4}^{9}\sqrt{x}(1+\sqrt{x})dx = \int_{4}^{9}(\sqrt{x}+x)dx = \left[\frac{2}{3}x^{\frac{3}{2}} + \frac{x^2}{2}\right]_{4}^{9} = \frac{271}{6}$.

(4) $\int_{\frac{1}{\sqrt{3}}}^{\sqrt{3}} \frac{dx}{1+x^2} = \left[\arctan x\right]_{\frac{1}{\sqrt{3}}}^{\sqrt{3}} = \frac{\pi}{6}$. (5) $\int_{-\frac{1}{2}}^{\frac{1}{2}} \frac{dx}{\sqrt{1-x^2}} = \left[\arcsin x\right]_{-\frac{1}{2}}^{\frac{1}{2}} = \frac{\pi}{3}$.

(6) $\int_{0}^{\sqrt{3}a} \frac{dx}{a^2 + x^2} = \left[\frac{1}{a}\arctan\frac{x}{a}\right]_{0}^{\sqrt{3}a} = \frac{\pi}{3a}$. (7) $\int_{0}^{1}\frac{dx}{\sqrt{4-x^2}} = \left[\arcsin\frac{x}{2}\right]_{0}^{1} = \frac{\pi}{6}$.

(8) $\int_{-1}^{0} \frac{3x^4 + 3x^2 + 1}{x^2 + 1}dx = \int_{-1}^{0}\left(3x^2 + \frac{1}{x^2+1}\right)dx = \left[x^3 + \arctan x\right]_{-1}^{0} = 1 + \frac{\pi}{4}$.

(9) $\int_{-e-1}^{-2} \frac{dx}{1+x} = \left[\ln|1+x|\right]_{-e-1}^{-2} = \left[\ln|-x-1|\right]_{-e-1}^{-2} = -1$.

(10) $\int_{0}^{\frac{\pi}{4}} \tan^2\theta d\theta = \int_{0}^{\frac{\pi}{4}}(\sec^2\theta - 1)d\theta = \left[\tan\theta - \theta\right]_{0}^{\frac{\pi}{4}} = 1 - \frac{\pi}{4}$.

(11) $\int_{0}^{2\pi}|\sin x|dx = \int_{0}^{\pi}\sin x dx + \int_{\pi}^{2\pi}(-\sin x)dx = \left[-\cos x\right]_{0}^{\pi} + \left[\cos x\right]_{\pi}^{2\pi} = 4$.

(12) $\int_{0}^{2} f(x)dx = \int_{0}^{1}(x+1)dx + \int_{1}^{2} \frac{1}{2}x^2 dx = \left[\frac{x^2}{2} + x\right]_{0}^{1} + \left[\frac{x^3}{6}\right]_{1}^{2} = \frac{8}{3}$.

9. **解**：(1) $\int_{-\pi}^{\pi} \cos kx dx = \left[\frac{1}{k}\sin kx\right]_{-\pi}^{\pi} = 0$. (2) $\int_{-\pi}^{\pi} \sin kx dx = \left[-\frac{1}{k}\cos kx\right]_{-\pi}^{\pi} = 0$.

(3) $\int_{-\pi}^{\pi} \cos^2 kx dx = \frac{1}{2}\int_{-\pi}^{\pi}(1+\cos 2kx)dx = \frac{1}{2}\int_{-\pi}^{\pi}dx = \pi$, 其中由(1)得到 $\int_{-\pi}^{\pi}\cos 2kx dx = 0$.

(4) $\int_{-\pi}^{\pi} \sin^2 kx dx = \frac{1}{2}\int_{-\pi}^{\pi}(1-\cos 2kx)dx = \frac{1}{2}\int_{-\pi}^{\pi}dx = \pi$, 其中由(1)得到 $\int_{-\pi}^{\pi}\cos 2kx dx = 0$.

10. **解**：(1) $\int_{-\pi}^{\pi} \cos kx \sin lx dx = \frac{1}{2}\int_{-\pi}^{\pi}[\sin(k+l)x - \sin(k-l)x]dx$

$= \frac{1}{2}\int_{-\pi}^{\pi}\sin(k+l)x dx - \frac{1}{2}\int_{-\pi}^{\pi}\sin(k-l)x dx = 0$,

其中由上一题 $\int_{-\pi}^{\pi}\sin(k+l)x dx = 0$, $\int_{-\pi}^{\pi}\sin(k-l)x dx = 0$.

(2) $\int_{-\pi}^{\pi} \cos kx \cos lx dx = \frac{1}{2}\int_{-\pi}^{\pi}[\cos(k+l)x + \cos(k-l)x]dx$

$= \frac{1}{2}\int_{-\pi}^{\pi}\cos(k+l)x dx + \frac{1}{2}\int_{-\pi}^{\pi}\cos(k-l)x dx = 0$,

其中由上一题 $\int_{-\pi}^{\pi}\cos(k+l)x dx = 0$, $\int_{-\pi}^{\pi}\cos(k-l)x dx = 0$.

(3) $\int_{-\pi}^{\pi} \sin kx \sin lx dx = -\frac{1}{2}\int_{-\pi}^{\pi}[\cos(k+l)x - \cos(k-l)x]dx$

$= -\frac{1}{2}\int_{-\pi}^{\pi}\cos(k+l)x dx + \frac{1}{2}\int_{-\pi}^{\pi}\cos(k-l)x dx = 0$,

其中由上一题 $\int_{-\pi}^{\pi}\cos(k+l)x\mathrm{d}x=0$, $\int_{-\pi}^{\pi}\cos(k-l)x\mathrm{d}x=0$.

11. **解**:(1) $\lim\limits_{x\to 0}\dfrac{\int_0^x \cos t^2 \mathrm{d}t}{x}=\lim\limits_{x\to 0}\dfrac{\cos x^2}{1}=1.$

(2) $\lim\limits_{x\to 0}\dfrac{\left(\int_0^x \mathrm{e}^{t^2}\mathrm{d}t\right)^2}{\int_0^x t\mathrm{e}^{2t^2}\mathrm{d}t}=\lim\limits_{x\to 0}\dfrac{2\mathrm{e}^{x^2}\int_0^x \mathrm{e}^{t^2}\mathrm{d}t}{x\mathrm{e}^{2x^2}}=\lim\limits_{x\to 0}\dfrac{2\int_0^x \mathrm{e}^{t^2}\mathrm{d}t}{x}=\lim\limits_{x\to 0}\dfrac{2\mathrm{e}^{x^2}}{1}=2.$

12. **解**:当 $x\in[0,1)$ 时,$\Phi(x)=\int_0^x t^2 \mathrm{d}t=\dfrac{x^3}{3}$;

当 $x\in[1,2]$ 时,$\Phi(x)=\int_0^1 t^2 \mathrm{d}t+\int_1^x t\mathrm{d}t=\dfrac{x^2}{2}-\dfrac{1}{6}$,即 $\Phi(x)=\begin{cases}\dfrac{x^3}{3}, & x\in[0,1),\\ \dfrac{x^2}{2}-\dfrac{1}{6}, & x\in[1,2].\end{cases}$

由于 $\lim\limits_{x\to 1^-}\Phi(x)=\lim\limits_{x\to 1^-}\dfrac{x^3}{3}=\dfrac{1}{3}$, $\lim\limits_{x\to 1^+}\Phi(x)=\lim\limits_{x\to 1^+}\left(\dfrac{x^2}{2}-\dfrac{1}{6}\right)=\dfrac{1}{3}$,

且 $\Phi(1)=\dfrac{1}{3}$,故函数 $\Phi(x)$ 在 $x=1$ 处连续,而在其他点处显然连续,因此函数 $\Phi(x)$ 在区间 $(0,2)$ 内连续.

13. **解**:当 $x<0$ 时,$\Phi(x)=\int_0^x f(t)\mathrm{d}t=0$;

当 $0\leqslant x\leqslant \pi$ 时,$\Phi(x)=\int_0^x f(t)\mathrm{d}t=\int_0^x \dfrac{1}{2}\sin t\mathrm{d}t=\dfrac{1-\cos x}{2}$;

当 $x>\pi$ 时,$\Phi(x)=\int_0^x f(t)\mathrm{d}t=\int_0^\pi f(t)\mathrm{d}t+\int_\pi^x f(t)\mathrm{d}t=\int_0^\pi \dfrac{1}{2}\sin t\mathrm{d}t=1.$

即 $\Phi(x)=\begin{cases}0, & x<0\\ \dfrac{1-\cos x}{2}, & 0\leqslant x\leqslant \pi\\ 1, & x>\pi.\end{cases}$

14. **证**:$F'(x)=\dfrac{1}{(x-a)^2}\left[(x-a)f(x)-\int_a^x f(t)\mathrm{d}t\right]$

$=\dfrac{1}{(x-a)^2}[(x-a)f(x)-(x-a)f(\xi)](\xi\in(a,x)\subset[a,b])$

$=\dfrac{x-\xi}{x-a}f'(\eta)\quad(\eta\in(\xi,x)\subset(a,b))$,由条件可知结论成立.

15. **解**:$F'(0)=\lim\limits_{x\to 0}\dfrac{F(x)-F(0)}{x}=\lim\limits_{x\to 0}\dfrac{\int_0^x \dfrac{\sin t}{t}\mathrm{d}t}{x}=\lim\limits_{x\to 0}\dfrac{\dfrac{\sin x}{x}}{1}=1.$

16. **证**:$\dfrac{\mathrm{d}y}{\mathrm{d}x}=-\mathrm{e}^{-x}\int_0^x \mathrm{e}^t f(t)\mathrm{d}t+\mathrm{e}^{-x}\cdot \mathrm{e}^x f(x)=-y+f(x)$,因此 $y(x)$ 满足微分方程 $\dfrac{\mathrm{d}y}{\mathrm{d}x}+y=f(x).$

由条件 $\lim\limits_{x\to +\infty}f(x)=1$,从而存在 $X_0>0$,当 $x>X_0$ 时,有 $f(x)>\dfrac{1}{2}.$

因此,$\int_0^x \mathrm{e}^t f(t)\mathrm{d}t=\int_0^{X_0}\mathrm{e}^t f(t)\mathrm{d}t+\int_{X_0}^x \mathrm{e}^t f(t)\mathrm{d}t\geqslant \int_0^{X_0}\mathrm{e}^t f(t)\mathrm{d}t+\int_{X_0}^x \dfrac{1}{2}\mathrm{e}^{X_0}\mathrm{d}t$

$=\int_0^{X_0}\mathrm{e}^t f(t)\mathrm{d}t+\dfrac{1}{2}\mathrm{e}^{X_0}(x-X_0)$,

故，当 $x \to +\infty$ 时，$\int_0^x e^t f(t) dt \to +\infty$ 从而利用洛必达法则，有

$$\lim_{x \to +\infty} y(x) = \lim_{x \to +\infty} \frac{\int_0^x e^t f(t) dt}{e^x} = \lim_{x \to +\infty} \frac{e^x f(x)}{e^x} = 1.$$

第三节　定积分的换元法和分部积分法

内容精讲

1. 换元积分法　若函数 $f(x)$ 在区间 $[a,b]$ 上连续；函数 $x = \varphi(t)$ 在区间 $[\alpha,\beta]$ 上单调且具有连续导数，当 $\alpha \leqslant t \leqslant \beta$ 时，$a \leqslant \varphi(t) \leqslant b$，且 $\varphi(\alpha) = a$，$\varphi(\beta) = b$，则有定积分的换元公式

$$\int_a^b f(x) dx = \int_\alpha^\beta f[\varphi(t)] \varphi'(t) dt.$$

2. 分部积分法　设函数 $u(x)$，$v(x)$ 在区间 $[a,b]$ 上具有连续导数 $u'(x)$、$v'(x)$，则有定积分的分部积分公式 $\int_a^b u(x) v'(x) dx = [u(x) v(x)] \Big|_a^b - \int_a^b v(x) u'(x) dx.$

3. 常用公式　设 $f(x)$ 为连续函数

(1) $\int_{-a}^a f(x) dx = \int_0^a [f(x) + f(-x)] dx;$

(2) $\int_{-a}^a f(x) dx = \begin{cases} 2\int_0^a f(x) dx, & f(x) \text{ 是偶函数} \\ 0, & f(x) \text{ 是奇函数} \end{cases};$

(3) $\int_0^{\frac{\pi}{2}} f(\sin x) dx = \int_0^{\frac{\pi}{2}} f(\cos x) dx;$　　(4) $\int_0^\pi x f(\sin x) dx = \frac{\pi}{2} \int_0^\pi f(\sin x) dx;$

(5) 若 $f(x+L) = f(x)$，$(L>0)$，则 $\int_0^L f(x) dx = \int_{-\frac{L}{2}}^{\frac{L}{2}} f(x) dx = \int_a^{a+L} f(x) dx;$

(6) $\int_0^{\frac{\pi}{2}} (\sin x)^n dx = \int_0^{\frac{\pi}{2}} (\cos x)^n dx = \begin{cases} \frac{(n-1)!!}{n!!} \cdot \frac{\pi}{2}, & \text{当 } n \text{ 为偶数时} \\ \frac{(n-1)!!}{n!!}, & \text{当 } n \text{ 为奇数时} \end{cases}.$

此公式在定积分计算中十分有用，应记住. 当 n 为偶数时，$n!!$ 表示所有偶数（不大于 n）连乘积. n 为奇数时，$n!!$ 表示所有奇数（不大于 n）的连乘积.

题型及考点解析

【**例 1**】　计算下列定积分

(1) $\int_0^\pi \sqrt{\cos^2 x - \cos^4 x} \, dx,$　　(2) $\int_0^1 e^{\sqrt[4]{x}} \, dx,$

(3) $\int_{-2}^2 \max\{x, x^2\} \, dx,$　　(4) $\int_{-50\pi}^{50\pi} |\sin x| \, dx,$

(5) $\int_{-\frac{1}{2}}^{\frac{1}{2}} \frac{x^3 - 3x + 1}{\sqrt{1 - x^2}} \, dx,$　　(6) $\int_1^3 f(x-2) dx,$ 且 $f(x) = \begin{cases} 1 + x^2, & x \leqslant 0 \\ e^{-x}, & x > 0 \end{cases}$ （考研题）

解 (1) $\int_0^\pi \sqrt{\cos^2 x - \cos^4 x}\, dx = \int_0^\pi |\cos x| \cdot \sin x\, dx = \int_0^{\frac{\pi}{2}} \cos x \cdot \sin x\, dx - \int_{\frac{\pi}{2}}^\pi \cos x \cdot \sin x\, dx$

$= \dfrac{1}{2}\sin^2 x \Big|_0^{\frac{\pi}{2}} - \dfrac{1}{2}\sin^2 x \Big|_{\frac{\pi}{2}}^\pi = \dfrac{1}{2} - \dfrac{1}{2}(0-1) = 1$

> **题型分析** 在计算定积分时一定要注意被积函数隐含有绝对值的情况,如在本例中忽视了这一点就会得结果为 0,显然是错误的.

(2) $\int_0^1 e^{4\sqrt{x}}\, dx \xrightarrow{\text{令}\, t = 4\sqrt{x}} \int_0^4 \dfrac{1}{8} t e^t\, dt = \dfrac{1}{8}\left(te^t\Big|_0^4 - \int_0^4 e^t\, dt\right)$

$= \dfrac{1}{8} e^t(t-1)\Big|_0^4 = \dfrac{3}{8} e^4 + \dfrac{1}{8} = \dfrac{1}{8}(3e^4 + 1).$

> **题型分析** 定积分的换元法和分部积分法是计算定积分的两种基本的方法,在计算定积分时,这两种方法常常是交替使用的.用换元法计算定积分时,一定要注意三换:一换积分变量,二换被积函数,三换积分的上、下限.用分部积分法计算定积分时,u 与 dv 的寻找思路和规律与不定积分是一样的,只需带上限、下限即可.

(3) 分析:该题实质上是一个分段函数的定积分,首先应确定函数的具体表达式,然后利用分段函数定积分的方法求解.

当 $-2 \leqslant x \leqslant 2$ 时,令 $f(x) = \max\{x, x^2\} = \begin{cases} x^2, & -2 \leqslant x < 0 \\ x, & 0 \leqslant x \leqslant 1 \\ x^2, & 1 < x \leqslant 2 \end{cases}$

则 $\int_{-2}^2 \max\{x, x^2\}\, dx = \int_{-2}^0 x^2\, dx + \int_0^1 x\, dx + \int_1^2 x^2\, dx = \dfrac{1}{3}x^3\Big|_{-2}^0 + \dfrac{1}{2}x^2\Big|_0^1 + \dfrac{1}{3}x^3\Big|_1^2 = \dfrac{11}{2}.$

(4) 分析:因为 $|\sin x|$ 是以 π 为周期的周期函数,所以可利用周期函数的积分性质简化计算.

$\int_{-50\pi}^{50\pi} |\sin x|\, dx = \int_0^{100\pi} |\sin x|\, dx = 100\int_0^\pi |\sin x|\, dx = 100\int_0^\pi \sin x\, dx = -100\cos x\Big|_0^\pi = 200$

(5) $\int_{-\frac{1}{2}}^{\frac{1}{2}} \dfrac{x^3 - 3x + 1}{\sqrt{1-x^2}}\, dx = \int_{-\frac{1}{2}}^{\frac{1}{2}} \dfrac{x^3 - 3x}{\sqrt{1-x^2}}\, dx + \int_{-\frac{1}{2}}^{\frac{1}{2}} \dfrac{1}{\sqrt{1-x^2}}\, dx = 0 + 2\int_0^{\frac{1}{2}} \dfrac{dx}{\sqrt{1-x^2}}$

$= 2\arcsin x \Big|_0^{\frac{1}{2}} = \dfrac{\pi}{3}.$

> **题型分析** 计算定积分时,首先要看一下积分的特点,恰当地运用积分性质,可简化计算.利用对称性定理时一定要注意只有两个条件都具备(积分区间关于原点对称,被积函数是奇函数或为偶函数),才可以使用.

(6) 分析:先用换元法将被积函数换为 $f(x)$,再将 $f(x)$ 的表达式代入积分即令 $x - 2 = t$,则

$\int_1^3 f(x-2)\, dx = \int_{-1}^1 f(t)\, dt = \int_{-1}^0 (1+t^2)\, dt + \int_0^1 e^{-t}\, dt$

$$= \left[t+\frac{t^3}{3}\right]_{-1}^{0} + \left[-e^{-t}\right]\Big|_0^1 = \frac{7}{3} - \frac{1}{e}$$

【例2】 设 $f(x)$ 是奇函数,除 $x=0$ 外处处连续,$x=0$ 是其第一类间断点,则 $\int_0^x f(t)dt$ 是 _____ .

(A)连续的奇函数 (B)连续的偶函数
(C)在 $x=0$ 间断的奇函数 (D)在 $x=0$ 间断的偶函数

解 令 $F(x)=\int_0^x f(t)dt$,显然 $F(0)=0$,$\lim\limits_{x\to 0}F(x)=\lim\limits_{x\to 0}\int_0^x f(t)dt=\lim\limits_{x\to 0}f(\xi)x=0=F(0)$,($\xi$ 介于 0 与 x 之间),故 $F(x)$ 连续,排除选项(C)、(D). 又因为 $F(-x)=\int_0^{-x}f(t)dt \xrightarrow{\diamondsuit t=-u} \int_0^x f(-u)(-du)=\int_0^x f(u)du=F(x)$,所以 $F(x)$ 为偶函数. 故应选(B).

【例3】 设 $f(x)$ 连续,则 $\dfrac{d}{dx}\int_0^x tf(x^2-t^2)dt=$ _____ . (考研题)

分析 此题目为变限积分求导问题,且属于被积函数中含 x 的类型. 此类型一般方法为通过化简将被积函数中的 x 移至积分号外再求导,但此题目中的 x 含在抽象函数中不能直接提出来,所以可以先换元再求导.

解 $\int_0^x tf(x^2-t^2)dt \xrightarrow[2tdt=-du]{\diamondsuit x^2-t^2=u} -\frac{1}{2}\int_{x^2}^0 f(u)du = \frac{1}{2}\int_0^{x^2} f(u)du$

从而 $\dfrac{d}{dx}\int_0^x tf(x^2-t^2)dt = \dfrac{d}{dx}\left(\dfrac{1}{2}\int_0^{x^2} f(u)du\right) = \dfrac{1}{2}f(x^2)(x^2)' = xf(x^2)$.

【例4】 设函数 $f(x)$ 连续,且 $f(0)\neq 0$,求极限 $\lim\limits_{x\to 0}\dfrac{\int_0^x (x-t)f(t)dt}{x\int_0^x f(x-t)dt}$.

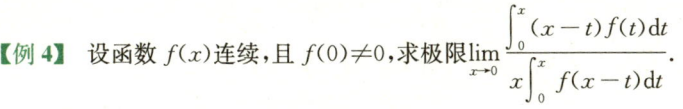

解 原式 $=\lim\limits_{x\to 0}\dfrac{x\int_0^x f(t)dt - \int_0^x tf(t)dt}{x\int_0^x f(x-t)dt} \xrightarrow{\text{设}x-t=u} \lim\limits_{x\to 0}\dfrac{x\int_0^x f(t)dt - \int_0^x tf(t)dt}{x\int_0^x f(u)du}$

$\xrightarrow{\frac{0}{0}} \lim\limits_{x\to 0}\dfrac{\int_0^x f(t)dt + xf(x) - xf(x)}{\int_0^x f(u)du + xf(x)} = \lim\limits_{\substack{x\to 0 \\ \xi\to 0}}\dfrac{xf(\xi)}{xf(\xi)+xf(x)}$

$=\dfrac{f(0)}{f(0)+f(0)}=\dfrac{1}{2}$,其中 ξ 介于 0 与 x 之间.

【例5】 设 $f(x)=\int_0^x \dfrac{\sin t}{\pi-t}dt$,求 $\int_0^\pi f(x)dx$.

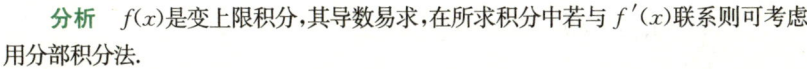

分析 $f(x)$ 是变上限积分,其导数易求,在所求积分中若与 $f'(x)$ 联系则可考虑用分部积分法.

解 由已知 $f'(x)=\dfrac{\sin x}{\pi-x}$,

则 $\int_0^\pi f(x)dx = f(x)\cdot x\Big|_0^\pi - \int_0^\pi x\cdot f'dx = \pi f(\pi) - \int_0^\pi x\dfrac{\sin x}{\pi-x}dx$

$$=\pi\int_0^\pi \frac{\sin t}{\pi-t}dt - \int_0^\pi x\frac{\sin x}{\pi-x}dx = \int_0^\pi (\pi-x)\frac{\sin x}{\pi-x}dx = \int_0^\pi \sin x\, dx = 2.$$

【例 6】 设函数 $f(x)$ 连续,且 $\int_0^x tf(2x-t)dt = \frac{1}{2}\arctan x^2$. 已知 $f(1)=1$,求 $\int_1^2 f(x)dx$ 的值.(考研题)

分析 由已知直接计算 $\int_1^2 f(x)dx$ 是很困难的,所以可以对给定的等式左端作变量代换后求导数,从而找出解决题目所求问题的方法.

解 令 $u=2x-t$,则 $dt=-du$,

$$\int_0^x tf(2x-t)dt = -\int_{2x}^x (2x-u)f(u)du = 2x\int_x^{2x} f(u)du - \int_x^{2x} uf(u)du.$$

从而 $2x\int_x^{2x} f(u)du - \int_x^{2x} uf(u)du = \frac{1}{2}\arctan x^2$,

两端对 x 求导,得 $2\int_x^{2x} f(u)du + 2x[2f(2x)-f(x)] - [2xf(2x)\cdot 2 - xf(x)] = \frac{x}{1+x^4}$,

故 $\int_x^{2x} f(u)du = \frac{x}{2(1+x^4)} + \frac{1}{2}xf(x)$. 令 $x=1$,得 $\int_1^2 f(u)du = \frac{1}{4} + \frac{1}{2} = \frac{3}{4}$.

【例 7】 设 $f(x)$ 连续,且关于 $x=T$ 对称,$a<T<b$,证明:

$$\int_a^b f(x)dx = 2\int_T^b f(x)dx + \int_a^{2T-b} f(x)dx.$$

证 因为 $f(x)$ 关于 $x=T$ 对称,所以 $f(x+T)=f(T-x)$. 由定积分的性质

$$\int_a^b f(x)dx = \int_a^{2T-b} f(x)dx + \int_{2T-b}^T f(x)dx + \int_T^b f(x)dx,$$

而 $\int_{2T-b}^T f(x)dx \xlongequal{\text{令}x=2T-t} \int_b^T f(2T-t)(-dt) = -\int_b^T f[T+(T-t)]dt$

$$\xlongequal{f(T+u)=f(T-u)} -\int_b^T f[T-(T-t)]dt = -\int_b^T f(t)dt = \int_T^b f(x)dx,$$

故 $\int_a^b f(x)dx = 2\int_T^b f(x)dx + \int_a^{2T-b} f(x)dx.$

【例 8】 设 $f(x), g(x)$ 在 $[a,b]$ 上连续,且满足

$$\int_a^x f(t)dt \geq \int_a^x g(t)dt, \quad x\in [a,b], \qquad \int_a^b f(t)dt = \int_a^b g(t)dt,$$

证明: $\int_a^b xf(x)dx \leq \int_a^b xg(x)dx.$

证 令 $F(x)=f(x)-g(x), G(x)=\int_a^x F(t)dt,$

由题设知

$$G(x)\geq 0, x\in [a,b], G(a)=G(b)=0, G'(x)=F(x).$$

从而

$$\int_a^b xF(x)dx = \int_a^b x\, dG(x)$$
$$= xG(x)\Big|_a^b - \int_a^b G(x)dx = -\int_a^b G(x)dx.$$

由于 $G(x) \geqslant 0, x \in [a,b]$，故有 $-\int_a^b G(x)dx \leqslant 0$，即 $\int_a^b xF(x)dx \leqslant 0$.

因此 $\int_a^b xf(x)dx \leqslant \int_a^b xg(x)dx$.

题型分析 本题为基本证明题题型. 一般地，证明积分等式或不等式，都应引入变限积分，将其转化为函数等式或不等式.

习题5-3精讲

1. 解：(1) $\int_{\frac{\pi}{3}}^{\pi} \sin\left(x+\frac{\pi}{3}\right)dx = \int_{\frac{\pi}{3}}^{\pi} \sin\left(x+\frac{\pi}{3}\right)d\left(x+\frac{\pi}{3}\right) = \left[-\cos\left(x+\frac{\pi}{3}\right)\right]_{\frac{\pi}{3}}^{\pi} = 0.$

(2) $\int_{-2}^{1} \frac{dx}{(11+5x)^3} = \int_{-2}^{1} \frac{d(11+5x)}{5(11+5x)^3} = \left[-\frac{1}{10(11+5x)^2}\right]_{-2}^{1} = \frac{51}{512}.$

(3) $\int_{0}^{\frac{\pi}{2}} \sin\varphi \cos^3\varphi \, d\varphi = -\int_{0}^{\frac{\pi}{2}} \cos^3\varphi \, d(\cos\varphi) = \left[-\frac{1}{4}\cos^4\varphi\right]_{0}^{\frac{\pi}{2}} = \frac{1}{4}.$

(4) $\int_{0}^{\pi}(1-\sin^3\theta)d\theta = \pi + \int_{0}^{\pi}(1-\cos^2\theta)d(\cos\theta) \xlongequal{u=\cos\theta} \pi + \int_{1}^{-1}(1-u^2)du = \pi - \frac{4}{3}.$

(5) $\int_{\frac{\pi}{6}}^{\frac{\pi}{2}} \cos^2 u \, du = \frac{1}{2}\int_{\frac{\pi}{6}}^{\frac{\pi}{2}}(1+\cos 2u)du = \frac{1}{2}\left[u+\frac{1}{2}\sin 2u\right]_{\frac{\pi}{6}}^{\frac{\pi}{2}} = \frac{\pi}{6} - \frac{\sqrt{3}}{8}.$

(6) $\int_{0}^{\sqrt{2}} \sqrt{2-x^2}\, dx \xlongequal{x=\sqrt{2}\sin u} \int_{0}^{\frac{\pi}{2}} 2\cos^2 u \, du = 2 \cdot \frac{\pi}{4} = \frac{\pi}{2}.$

(7) $\int_{-\sqrt{2}}^{\sqrt{2}} \sqrt{8-2y^2}\, dy \xlongequal{y=2\sin u} \int_{-\frac{\pi}{4}}^{\frac{\pi}{4}} 4\sqrt{2}\cos^2 u \, du = 2\sqrt{2}\int_{-\frac{\pi}{4}}^{\frac{\pi}{4}}(1+\cos 2u)du$
$= 2\sqrt{2}\left[u+\frac{1}{2}\sin 2u\right]_{-\frac{\pi}{4}}^{\frac{\pi}{4}} = \sqrt{2}(\pi+2).$

(8) $\int_{\frac{1}{\sqrt{2}}}^{1} \frac{\sqrt{1-x^2}}{x^2}dx \xlongequal{x=\sin u} \int_{\frac{\pi}{4}}^{\frac{\pi}{2}} \frac{\cos^2 u}{\sin^2 u}du = \int_{\frac{\pi}{4}}^{\frac{\pi}{2}}(\csc^2 u -1)du = \left[-\cot u - u\right]_{\frac{\pi}{4}}^{\frac{\pi}{2}} = 1-\frac{\pi}{4}.$

(9) $\int_{0}^{a} x^2\sqrt{a^2-x^2}\, dx \xlongequal{x=a\sin u} \int_{0}^{\frac{\pi}{2}} a^4\sin^2 u\cos^2 u\, du = \frac{a^4}{8}\int_{0}^{\frac{\pi}{2}}(\sin 2u)^2 d(2u)$
$\xlongequal{t=2u} \frac{a^4}{8}\int_{0}^{\pi} \sin^2 t\, dt = \frac{a^4}{4}\int_{0}^{\frac{\pi}{2}} \sin^2 t\, dt = \frac{a^4}{4}\cdot\frac{\pi}{4} = \frac{\pi}{16}a^4.$

(10) $\int_{1}^{\sqrt{3}} \frac{dx}{x^2\sqrt{1+x^2}} \xlongequal{x=\frac{1}{u}} \int_{1}^{\frac{1}{\sqrt{3}}} \frac{-u}{\sqrt{1+u^2}}du = \left[-\sqrt{1+u^2}\right]_{1}^{\frac{1}{\sqrt{3}}} = \sqrt{2}-\frac{2\sqrt{3}}{3}.$

(11) 令 $u=\sqrt{5-4x}$，即 $x=\frac{5-u^2}{4}$，得 $\int_{-1}^{1} \frac{x\, dx}{\sqrt{5-4x}} = \int_{3}^{1} \frac{u^2-5}{8}du = \left[\frac{u^3}{24}-\frac{5}{8}u\right]_{3}^{1} = \frac{1}{6}.$

(12) 令 $u=\sqrt{x}$，即 $x=u^2$，得 $\int_{1}^{4} \frac{dx}{1+\sqrt{x}} = \int_{1}^{2} \frac{2u\, du}{1+u} = \left[2u-2\ln(1+u)\right]_{1}^{2} = 2+2\ln\frac{2}{3}.$

(13) 令 $u=\sqrt{1-x}$，即 $x=1-u^2$，得
$\int_{\frac{3}{4}}^{1} \frac{dx}{\sqrt{1-x}-1} = \int_{\frac{1}{2}}^{0} \frac{-2u\, du}{u-1} = -2\left[u+\ln|u-1|\right]_{\frac{1}{2}}^{0} = 1-\ln 2.$

(14) $\int_0^{\sqrt{2}a} \dfrac{x\mathrm{d}x}{\sqrt{3a^2-x^2}} = -\dfrac{1}{2}\int_0^{\sqrt{2}a} \dfrac{\mathrm{d}(3a^2-x^2)}{\sqrt{3a^2-x^2}} = -\left[\sqrt{3a^2-x^2}\right]_0^{\sqrt{2}a} = (\sqrt{3}-1)a.$

(15) $\int_0^1 t\mathrm{e}^{-\frac{t^2}{2}}\mathrm{d}t = -\int_0^1 \mathrm{e}^{-\frac{t^2}{2}}\mathrm{d}\left(-\dfrac{t^2}{2}\right) = \left[-\mathrm{e}^{-\frac{t^2}{2}}\right]_0^1 = 1 - \mathrm{e}^{-\frac{1}{2}}.$

(16) $\int_1^{\mathrm{e}^2} \dfrac{\mathrm{d}x}{x\sqrt{1+\ln x}} \xrightarrow{x=\mathrm{e}^u} \int_0^2 \dfrac{\mathrm{d}u}{\sqrt{1+u}} = \left[2\sqrt{1+u}\right]_0^2 = 2\sqrt{3}-2.$

(17) $\int_{-2}^0 \dfrac{(x+2)\mathrm{d}x}{x^2+2x+2} = \int_{-2}^0 \dfrac{(x+1)+1}{(x+1)^2+1}\mathrm{d}x = \left[\dfrac{1}{2}\ln(x^2+2x+2)+\arctan(x+1)\right]_{-2}^0 = \dfrac{\pi}{2}.$

(18) 令 $x=1+\tan u$, 则 $\mathrm{d}x=\sec^2 u\mathrm{d}u$, 因此
$$\int_0^2 \dfrac{x\mathrm{d}x}{(x^2-2x+2)^2} = \int_0^2 \dfrac{x\mathrm{d}x}{[(x-1)^2+1]^2} = \int_{-\frac{\pi}{4}}^{\frac{\pi}{4}} \dfrac{(1+\tan u)\mathrm{d}u}{\sec^2 u} = 2\int_0^{\frac{\pi}{4}} \cos^2 u\mathrm{d}u$$
$$= \int_0^{\frac{\pi}{4}}(1+\cos 2u)\mathrm{d}u = \dfrac{\pi}{4}+\dfrac{1}{2}.$$

(19) 由于被积函数为奇函数, 因此 $\int_{-\frac{\pi}{2}}^{\frac{\pi}{2}} x^4\sin x\mathrm{d}x = 0.$

(20) 由于被积函数为偶函数, 因此 $\int_{-\frac{\pi}{2}}^{\frac{\pi}{2}} 4\cos^4\theta\mathrm{d}\theta = 2\int_0^{\frac{\pi}{2}} 4\cos^4\theta\mathrm{d}\theta = 8\cdot\dfrac{3}{4}\cdot\dfrac{\pi}{4} = \dfrac{3}{2}\pi.$

(21) 由于被积函数为偶函数, 因此
$$\int_{-\frac{1}{2}}^{\frac{1}{2}} \dfrac{(\arcsin x)^2}{\sqrt{1-x^2}}\mathrm{d}x = 2\int_0^{\frac{1}{2}} \dfrac{(\arcsin x)^2}{\sqrt{1-x^2}}\mathrm{d}x = 2\int_0^{\frac{1}{2}} (\arcsin x)^2\mathrm{d}(\arcsin x)$$
$$= \dfrac{2}{3}\left[(\arcsin x)^3\right]_0^{\frac{1}{2}} = \dfrac{\pi^3}{324}.$$

(22) 由于被积函数为奇函数, 因此 $\int_{-5}^5 \dfrac{x^3\sin^2 x}{x^4+2x^2+1}\mathrm{d}x = 0.$

(23) $\int_{-\frac{\pi}{2}}^{\frac{\pi}{2}} \cos x\cos 2x\mathrm{d}x = \int_{-\frac{\pi}{2}}^{\frac{\pi}{2}} \cos x(1-2\sin^2 x)\mathrm{d}x = \int_{-\frac{\pi}{2}}^{\frac{\pi}{2}} (1-2\sin^2 x)\mathrm{d}(\sin x)$
$$= \left[\sin x-\dfrac{2}{3}\sin^3 x\right]_{-\frac{\pi}{2}}^{\frac{\pi}{2}} = \dfrac{2}{3}.$$

或 $\int_{-\frac{\pi}{2}}^{\frac{\pi}{2}} \cos x\cos 2x\mathrm{d}x = \dfrac{1}{2}\int_{-\frac{\pi}{2}}^{\frac{\pi}{2}} (\cos 3x+\cos x)\mathrm{d}x = \dfrac{1}{2}\left[\dfrac{1}{3}\sin 3x+\sin x\right]_{-\frac{\pi}{2}}^{\frac{\pi}{2}} = \dfrac{2}{3}.$

(24) $\int_{-\frac{\pi}{2}}^{\frac{\pi}{2}} \sqrt{\cos x-\cos^3 x}\mathrm{d}x = 2\int_0^{\frac{\pi}{2}} \sqrt{\cos x}\sin x\mathrm{d}x \xrightarrow{u=\cos x} -2\int_1^0 \sqrt{u}\mathrm{d}u = \dfrac{4}{3}.$

(25) $\int_0^{\pi} \sqrt{1+\cos 2x}\mathrm{d}x = \int_0^{\pi}\sqrt{2\cos^2 x}\mathrm{d}x = \sqrt{2}\int_0^{\pi}|\cos x|\mathrm{d}x$
$$= \sqrt{2}\left(\int_0^{\frac{\pi}{2}} \cos x\mathrm{d}x - \int_{\frac{\pi}{2}}^{\pi} \cos x\mathrm{d}x\right) = \sqrt{2}\left(\sin x\Big|_0^{\frac{\pi}{2}} - \sin x\Big|_{\frac{\pi}{2}}^{\pi}\right) = 2\sqrt{2}.$$

(26) $\int_0^{2\pi} |\sin(x+1)|\mathrm{d}x \xrightarrow{x=u-1} \int_1^{2\pi+1} |\sin u|\mathrm{d}u,$

由于 $|\sin x|$ 是以 π 为周期的周期函数, 因此上式 $= 2\int_0^{\pi} |\sin u|\mathrm{d}u = 4.$

2. 证: 令 $x=a+b-u$, 则
$$\int_a^b f(x)\mathrm{d}x = -\int_b^a f(a+b-u)\mathrm{d}u = \int_a^b f(a+b-u)\mathrm{d}u = \int_a^b f(a+b-x)\mathrm{d}x.$$

3. 证: $\int_x^1 \dfrac{\mathrm{d}x}{1+x^2} = \int_x^1 \dfrac{\mathrm{d}t}{1+t^2} \xrightarrow{t=\frac{1}{u}} -\int_{\frac{1}{x}}^1 \dfrac{\mathrm{d}u}{1+u^2} = \int_1^{\frac{1}{x}} \dfrac{\mathrm{d}u}{1+u^2} = \int_1^{\frac{1}{x}} \dfrac{\mathrm{d}x}{1+x^2}.$

4. 证: 令 $x=1-u$, 则 $\int_0^1 x^m(1-x)^n \mathrm{d}x = \int_1^0 -(1-u)^m u^n \mathrm{d}u = \int_0^1 x^n(1-x)^m \mathrm{d}x.$

5. 证: 令 $x=u+\dfrac{n}{2}\pi$, 则 $\mathrm{d}x=\mathrm{d}u$, 因此

$$\int_{\frac{n}{2}\pi}^{\frac{n+1}{2}\pi} f(|\sin x|) \mathrm{d}x = \int_0^{\frac{\pi}{2}} f\left(\left|\sin\left(u+\dfrac{n}{2}\pi\right)\right|\right) \mathrm{d}u = \begin{cases} \int_0^{\frac{\pi}{2}} f(\sin u) \mathrm{d}u, & n \text{ 为偶数}, \\ \int_0^{\frac{\pi}{2}} f(\cos u) \mathrm{d}u, & n \text{ 为奇数}. \end{cases}$$

$$\int_{\frac{n}{2}\pi}^{\frac{n+1}{2}\pi} f(|\cos x|) \mathrm{d}x = \int_0^{\frac{\pi}{2}} f\left(\left|\cos\left(u+\dfrac{n}{2}\pi\right)\right|\right) \mathrm{d}u = \begin{cases} \int_0^{\frac{\pi}{2}} f(\cos u) \mathrm{d}u, & n \text{ 为偶数}, \\ \int_0^{\frac{\pi}{2}} f(\sin u) \mathrm{d}u, & n \text{ 为奇数}. \end{cases}$$

由于 $\int_0^{\frac{\pi}{2}} f(\sin x) \mathrm{d}x = \int_0^{\frac{\pi}{2}} f(\cos x) \mathrm{d}x$, 因此结论成立.

6. 证: 记 $F(x) = \int_0^x f(t) \mathrm{d}t$, 则有 $F(-x) = \int_0^{-x} f(t) \mathrm{d}t \xrightarrow{t=-u} -\int_0^x f(-u) \mathrm{d}u,$

当 $f(x)$ 为奇函数时, $F(-x) = \int_0^x f(u) \mathrm{d}u = F(x)$, 故 $\int_0^x f(t) \mathrm{d}t$ 是偶函数.

当 $f(x)$ 为偶函数时, $F(-x) = -\int_0^x f(u) \mathrm{d}u = -F(x)$, 故 $\int_0^x f(t) \mathrm{d}t$ 是奇函数.

7. 解: (1) $\int_0^1 x \mathrm{e}^{-x} \mathrm{d}x = -\int_0^1 x \mathrm{d}(\mathrm{e}^{-x}) = -\left[x \mathrm{e}^{-x}\right]_0^1 + \int_0^1 \mathrm{e}^{-x} \mathrm{d}x = -\mathrm{e}^{-1} + \left[-\mathrm{e}^{-x}\right]_0^1 = 1 - \dfrac{2}{\mathrm{e}}.$

(2) $\int_1^{\mathrm{e}} x \ln x \mathrm{d}x = \int_1^{\mathrm{e}} \dfrac{\ln x}{2} \mathrm{d}(x^2) = \left[\dfrac{1}{2} x^2 \ln x\right]_1^{\mathrm{e}} - \int_1^{\mathrm{e}} \dfrac{x}{2} \mathrm{d}x = \dfrac{\mathrm{e}^2+1}{4}.$

(3) $\int_0^{\frac{2\pi}{\omega}} t \sin \omega t \mathrm{d}t = -\dfrac{1}{\omega} \int_0^{\frac{2\pi}{\omega}} t \mathrm{d}(\cos \omega t) = -\dfrac{1}{\omega}\left[t \cos \omega t\right]_0^{\frac{2\pi}{\omega}} + \dfrac{1}{\omega} \int_0^{\frac{2\pi}{\omega}} \cos \omega t \mathrm{d}t$

$\qquad = -\dfrac{2\pi}{\omega^2} + \dfrac{1}{\omega^2}\left[\sin \omega t\right]_0^{\frac{2\pi}{\omega}} = -\dfrac{2\pi}{\omega^2}.$

(4) $\int_{\frac{\pi}{4}}^{\frac{\pi}{3}} \dfrac{x}{\sin^2 x} \mathrm{d}x = -\int_{\frac{\pi}{4}}^{\frac{\pi}{3}} x \mathrm{d}(\cot x) = \left[-x \cot x\right]_{\frac{\pi}{4}}^{\frac{\pi}{3}} + \int_{\frac{\pi}{4}}^{\frac{\pi}{3}} \cot x \mathrm{d}x = -\dfrac{\pi}{3\sqrt{3}} + \dfrac{\pi}{4} + \left[\ln \sin x\right]_{\frac{\pi}{4}}^{\frac{\pi}{3}}$

$\qquad = \left(\dfrac{1}{4} - \dfrac{\sqrt{3}}{9}\right)\pi + \dfrac{1}{2} \ln \dfrac{3}{2}.$

(5) $\int_1^4 \dfrac{\ln x}{\sqrt{x}} \mathrm{d}x = \int_1^4 2\ln x \mathrm{d}\sqrt{x} = \left[2\sqrt{x} \ln x\right]_1^4 - \int_1^4 \dfrac{2}{\sqrt{x}} \mathrm{d}x = 8\ln 2 - \left[4\sqrt{x}\right]_1^4 = 4(2\ln 2 - 1).$

(6) $\int_0^1 x \arctan x \mathrm{d}x = \dfrac{1}{2} \int_0^1 \arctan x \mathrm{d}(x^2) = \left[\dfrac{1}{2} x^2 \arctan x\right]_0^1 - \dfrac{1}{2} \int_0^1 \dfrac{x^2}{1+x^2} \mathrm{d}x$

$\qquad = \dfrac{\pi}{8} - \dfrac{1}{2}\left[x - \arctan x\right]_0^1 = \dfrac{\pi}{4} - \dfrac{1}{2}.$

(7) $\int_0^{\frac{\pi}{2}} \mathrm{e}^{2x} \cos x \mathrm{d}x = \dfrac{1}{2} \int_0^{\frac{\pi}{2}} \cos x \mathrm{d}(\mathrm{e}^{2x}) = \dfrac{1}{2}\left[\mathrm{e}^{2x} \cos x\right]_0^{\frac{\pi}{2}} + \dfrac{1}{2} \int_0^{\frac{\pi}{2}} \mathrm{e}^{2x} \sin x \mathrm{d}x$

$\qquad = -\dfrac{1}{2} + \dfrac{1}{4} \int_0^{\frac{\pi}{2}} \sin x \mathrm{d}(\mathrm{e}^{2x}) = -\dfrac{1}{2} + \dfrac{1}{4}\left[\mathrm{e}^{2x} \sin x\right]_0^{\frac{\pi}{2}} - \dfrac{1}{4} \int_0^{\frac{\pi}{2}} \mathrm{e}^{2x} \cos x \mathrm{d}x,$

因此有 $\int_0^{\frac{\pi}{2}} e^{2x}\cos x\, dx = \frac{1}{5}(e^\pi - 2)$.

(8) $\int_1^2 x\log_2 x\, dx = \frac{1}{2}\int_1^2 \log_2 x\, d(x^2) = \frac{1}{2}\left[x^2\log_2 x\right]_1^2 - \frac{1}{2}\int_1^2 \frac{x}{\ln 2}dx$

$= 2 - \frac{1}{4\ln 2}\left[x^2\right]_1^2 = 2 - \frac{3}{4\ln 2}$.

(9) $\int_0^\pi (x\sin x)^2\, dx = \frac{1}{2}\int_0^\pi x^2(1-\cos 2x)\, dx = \frac{\pi^3}{6} - \frac{1}{4}\int_0^\pi x^2\, d(\sin 2x)$

$= \frac{\pi^3}{6} - \frac{1}{4}\left[x^2\sin 2x\right]_0^\pi + \frac{1}{2}\int_0^\pi x\sin 2x\, dx = \frac{\pi^3}{6} - \frac{1}{4}\int_0^\pi x\, d(\cos 2x)$

$= \frac{\pi^3}{6} - \frac{1}{4}\left[x\cos 2x\right]_0^\pi + \frac{1}{4}\int_0^\pi \cos 2x\, dx = \frac{\pi^3}{6} - \frac{\pi}{4}$.

(10) $\int_1^e \sin(\ln x)\, dx \xrightarrow{x=e^u} \int_0^1 e^u \sin u\, du = \left[e^u\sin u\right]_0^1 - \int_0^1 e^u\cos u\, du$

$= e\sin 1 - \left[e^u\cos u\right]_0^1 - \int_0^1 e^u\sin u\, du = e(\sin 1 - \cos 1) + 1 - \int_0^1 e^u\sin u\, du$

所以 $\int_1^e \sin(\ln x)\, dx = \frac{e}{2}(\sin 1 - \cos 1) + \frac{1}{2}$.

(11) $\int_{\frac{1}{e}}^e |\ln x|\, dx = -\int_{\frac{1}{e}}^1 \ln x\, dx + \int_1^e \ln x\, dx = -\left[x\ln x\right]_{\frac{1}{e}}^1 + \int_{\frac{1}{e}}^1 dx + \left[x\ln x\right]_1^e - \int_1^e dx = 2 - \frac{2}{e}$.

(12) $\int_0^1 (1-x^2)^{\frac{m}{2}}\, dx \xrightarrow{x=\sin u} \int_0^{\frac{\pi}{2}} \cos^{m+1} x\, dx$

$= \begin{cases} \dfrac{m}{m+1}\cdot\dfrac{m-2}{m-1}\cdots\dfrac{1}{2}\cdot\dfrac{\pi}{2}, & m\text{ 为奇数}, \\ \dfrac{m}{m+1}\cdot\dfrac{m-2}{m-1}\cdots\dfrac{2}{3}, & m\text{ 为偶数}, \end{cases}$

$= \begin{cases} \dfrac{1\cdot 3\cdot 5\cdots m}{2\cdot 4\cdot 6\cdots(m+1)}\cdot\dfrac{\pi}{2}, & m\text{ 为奇数}, \\ \dfrac{2\cdot 4\cdot 6\cdots m}{1\cdot 3\cdot 5\cdots(m-1)}, & m\text{ 为偶数}. \end{cases}$

(13) 由教材本节的例 6, 可得 $J_m = \int_0^\pi x\sin^m x\, dx = \frac{\pi}{2}\int_0^\pi \sin^m x\, dx$.

而 $\int_0^\pi \sin^m x\, dx \xrightarrow{x=\frac{\pi}{2}+t} \int_{-\frac{\pi}{2}}^{\frac{\pi}{2}} \cos^m t\, dt = 2\int_0^{\frac{\pi}{2}} \cos^m t\, dt = 2\int_0^{\frac{\pi}{2}} \sin^m x\, dx$, 故 $J_m = \pi\int_0^{\frac{\pi}{2}} \sin^m x\, dx$.

从而有 $J_m = \begin{cases} \dfrac{2\cdot 4\cdot 6\cdots(m-1)}{1\cdot 3\cdot 5\cdots m}\cdot\pi, & m\text{ 为大于 1 的奇数}, \\ \dfrac{1\cdot 3\cdot 5\cdots(m-1)}{2\cdot 4\cdot 6\cdots m}\cdot\dfrac{\pi^3}{2}, & m\text{ 为偶数}, \end{cases}$ $J_1 = \pi$.

第四节　反常积分

内容精讲

1. 无穷区间上的反常积分　设函数 $f(x)$ 在区间 $[a,+\infty)$ 上有定义,在 $[a,b](b<+\infty)$ 上可积,若极限 $\lim\limits_{b\to+\infty}\int_a^b f(x)\mathrm{d}x$ 存在,则定义 $\int_a^{+\infty} f(x)\mathrm{d}x = \lim\limits_{b\to+\infty}\int_a^b f(x)\mathrm{d}x$,

并称 $\int_a^{+\infty} f(x)\mathrm{d}x$ 为 $f(x)$ 在 $[a,+\infty)$ 上的反常积分,这时也称反常积分 $\int_a^{+\infty} f(x)\mathrm{d}x$ 存在或收敛;若上述极限不存在,则称反常积分 $\int_a^{+\infty} f(x)\mathrm{d}x$ 不存在或发散.

类似地,定义 $\int_{-\infty}^b f(x)\mathrm{d}x = \lim\limits_{a\to-\infty}\int_a^b f(x)\mathrm{d}x$,

$$\int_{-\infty}^{+\infty} f(x)\mathrm{d}x = \int_{-\infty}^c f(x)\mathrm{d}x + \int_c^{+\infty} f(x)\mathrm{d}x = \lim\limits_{a\to-\infty}\int_a^c f(x)\mathrm{d}x + \lim\limits_{b\to+\infty}\int_c^b f(x)\mathrm{d}x.$$

2. 无界函数的反常积分(瑕积分)　设函数 $f(x)$ 在 $[a,b)$ 上连续,而且 $\lim\limits_{x\to b^-} f(x) = \infty$,若极限 $\lim\limits_{\varepsilon\to 0^+}\int_a^{b-\varepsilon} f(x)\mathrm{d}x$ 存在,则定义 $\int_a^b f(x)\mathrm{d}x = \lim\limits_{\varepsilon\to 0^+}\int_a^{b-\varepsilon} f(x)\mathrm{d}x$,

并称 $\int_a^b f(x)\mathrm{d}x$ 为 $f(x)$ 在 $[a,b)$ 上的反常积分,这时也称反常积分 $\int_a^b f(x)\mathrm{d}x$ 存在或收敛;若上述极限不存在,则称反常积分 $\int_a^b f(x)\mathrm{d}x$ 不存在或发散.

类似地,若 $f(x)$ 在 $(a,b]$ 上连续,$\lim\limits_{x\to a^+} f(x) = \infty$,则定义 $\int_a^b f(x)\mathrm{d}x = \lim\limits_{\varepsilon\to 0^+}\int_{a+\varepsilon}^b f(x)\mathrm{d}x$,

若 $f(x)$ 在 (a,b) 内连续,$\lim\limits_{x\to a^+} f(x) = \infty$,$\lim\limits_{x\to b^-} f(x) = \infty$,则定义

$$\int_a^b f(x)\mathrm{d}x = \lim\limits_{\varepsilon_1\to 0^+}\int_{a+\varepsilon_1}^c f(x)\mathrm{d}x + \lim\limits_{\varepsilon_2\to 0^+}\int_c^{b-\varepsilon_2} f(x)\mathrm{d}x.$$

题型及考点解析

【例 1】　判定下列反常积分的收敛性

(1) $\int_{-\infty}^{+\infty} \dfrac{x}{\sqrt{1+x^2}}\mathrm{d}x$　　　　　　　(2) $\int_{-\infty}^{+\infty} \dfrac{1}{(1+x^2)^{3/2}}\mathrm{d}x$

(3) $\int_1^{+\infty} \dfrac{\arctan x}{x^2}\mathrm{d}x$(考研题)　　(4) $\int_1^{+\infty} \dfrac{\mathrm{d}x}{\mathrm{e}^x + \mathrm{e}^{2-x}}$(考研题)

(5) $\int_1^{+\infty} \dfrac{\mathrm{d}x}{\mathrm{e}^{1+x} + \mathrm{e}^{3-x}}$(考研题)　(6) $\int_1^{+\infty} \dfrac{\mathrm{d}x}{x\sqrt{x^2-1}}$(考研题)

解　(1)因为 $\int_{-\infty}^{+\infty} \dfrac{x}{\sqrt{1+x^2}}\mathrm{d}x = \int_{-\infty}^0 \dfrac{x}{\sqrt{1+x^2}}\mathrm{d}x + \int_0^{+\infty} \dfrac{x}{\sqrt{1+x^2}}\mathrm{d}x$

且 $\int_0^{+\infty} \dfrac{x}{\sqrt{1+x^2}}\mathrm{d}x = \dfrac{1}{2}\int_0^{+\infty} \dfrac{\mathrm{d}(1+x^2)}{\sqrt{1+x^2}} = \sqrt{1+x^2}\Big|_0^{+\infty} = \lim\limits_{x\to+\infty}\sqrt{1+x^2} - 1,$

不存在有限极限,所以原反常积分发散.

(2)令 $x=\tan t\ (-\dfrac{\pi}{2}\leqslant t\leqslant\dfrac{\pi}{2})$,则

$$\int_{-\infty}^{+\infty}\dfrac{\mathrm{d}x}{(1+x^2)^{3/2}}=\int_{-\frac{\pi}{2}}^{\frac{\pi}{2}}\dfrac{1}{|\sec^3 t|}\cdot\sec^2 t\mathrm{d}t=\int_{-\frac{\pi}{2}}^{\frac{\pi}{2}}\cos t\mathrm{d}t=2\int_{0}^{\frac{\pi}{2}}\cos t\mathrm{d}t=2\sin t\Big|_{0}^{\frac{\pi}{2}}=2$$

故原反常积分收敛.

(3) $\int_{1}^{+\infty}\dfrac{\arctan x}{x^2}\mathrm{d}x=\int_{1}^{+\infty}\arctan x\mathrm{d}(-\dfrac{1}{x})=-\dfrac{1}{x}\arctan x\Big|_{1}^{+\infty}+\int_{1}^{+\infty}\dfrac{\mathrm{d}x}{x(1+x^2)}$

$\qquad=0+\dfrac{\pi}{4}+\int_{1}^{+\infty}\left(\dfrac{1}{x}-\dfrac{x}{1+x^2}\right)\mathrm{d}x=\dfrac{\pi}{4}+\left[\ln x-\dfrac{1}{2}\ln(1+x^2)\right]\Big|_{1}^{+\infty}$

$\qquad=\dfrac{\pi}{4}+\lim\limits_{x\to+\infty}\ln\dfrac{x}{\sqrt{1+x^2}}-0+\dfrac{1}{2}\ln 2=\dfrac{\pi}{4}+\dfrac{1}{2}\ln 2.$

故原积分收敛.

(4) $\int_{1}^{+\infty}\dfrac{\mathrm{d}x}{e^x+e^{-x}}=\int_{1}^{+\infty}\dfrac{\mathrm{d}e^x}{e^{2x}+e^2}\overset{e^x=t}{=\!=\!=}\int_{e}^{+\infty}\dfrac{\mathrm{d}t}{t^2+e^2}=\dfrac{1}{e}\arctan\dfrac{t}{e}\Big|_{e}^{+\infty}=\dfrac{\pi}{2e}-\dfrac{\pi}{4e}=\dfrac{\pi}{4e}$

故原积分收敛.

(5) $\int_{1}^{+\infty}\dfrac{\mathrm{d}x}{e^{1+x}+e^{3-x}}=\int_{1}^{+\infty}\dfrac{e^{x-3}}{e^{2(x-1)}+1}\mathrm{d}x=e^{-2}\int_{1}^{+\infty}\dfrac{\mathrm{d}e^{x-1}}{1+e^{2(x-1)}}=e^{-2}\arctan e^{x-1}\Big|_{1}^{+\infty}$

$\qquad=e^{-2}\left(\dfrac{\pi}{2}-\dfrac{\pi}{4}\right)=\dfrac{\pi}{4}e^{-2}.$

故原积分收敛.

(6)令 $t=\dfrac{1}{x}$,$x=\dfrac{1}{t}$,$\mathrm{d}x=-\dfrac{1}{t^2}\mathrm{d}t$,则

$$\int_{1}^{+\infty}\dfrac{\mathrm{d}x}{x\sqrt{x^2-1}}=\int_{1}^{0}\dfrac{-\dfrac{1}{t^2}}{\dfrac{1}{t}\sqrt{\dfrac{1}{t^2}-1}}\mathrm{d}t=\int_{0}^{1}\dfrac{\mathrm{d}t}{\sqrt{1-t^2}}=\arcsin t\Big|_{0}^{1}=\dfrac{\pi}{2}.$$

故原积分收敛.

> **题型分析** (1)反常积分的计算与定积分的计算相类似,同样有换元积分法和分部积分法,其思路也与定积分类似,找到被积函数 $f(x)$ 的原函数 $F(x)$ 后,使用牛顿—莱布尼茨公式计算反常积分,只是计算 $F(+\infty)$ 或 $F(-\infty)$ 时为求极限,即
>
> $$F(+\infty)=\lim_{x\to+\infty}F(x);\qquad F(-\infty)=\lim_{x\to-\infty}F(x).$$
>
> (2)关于定积分在对称区间上对奇、偶函数积分的结论不能推广到反常积分,即若 $f(x)$ 在 $(-\infty,+\infty)$ 上为奇函数,则 $\int_{-\infty}^{+\infty}f(x)\mathrm{d}x$ 不一定为 0;若 $f(x)$ 在 $(-\infty,+\infty)$ 上为偶函数,则 $\int_{-\infty}^{+\infty}f(x)\mathrm{d}x$ 也不一定等于 $2\int_{0}^{+\infty}f(x)\mathrm{d}x$.(见本例中(1))

【例2】 求实数 C,使 $\int_{0}^{+\infty}\left(\dfrac{Cx}{x^2+1}-\dfrac{1}{2x+1}\right)\mathrm{d}x$ 收敛,并求出积分值.

解 $\int_{0}^{+\infty}\left(\dfrac{Cx}{x^2+1}-\dfrac{1}{2x+1}\right)\mathrm{d}x=\lim\limits_{b\to+\infty}\int_{0}^{b}\left(\dfrac{Cx}{x^2+1}-\dfrac{1}{2x+1}\right)\mathrm{d}x$

$$= \lim_{b \to +\infty} \left[\frac{C}{2} \ln(x^2+1) - \frac{1}{2} \ln(2x+1) \right] \Big|_0^b = \lim_{b \to +\infty} \frac{1}{2} \ln \frac{(b^2+1)^C}{2b+1}.$$

要使广义积分收敛，即要求极限 $\lim_{b \to +\infty} \frac{(b^2+1)^C}{2b+1}$ 趋向有限值且不为 0，所以 $2C=1$，即 $C=\frac{1}{2}$，此时积分值为 $\int_0^{+\infty} \left(\frac{Cx}{x^2+1} - \frac{1}{2x+1} \right) dx = \frac{1}{2} \ln \frac{1}{2} = -\frac{1}{2} \ln 2$.

【例 3】 计算积分 $\int_{\frac{1}{2}}^{2} \frac{1}{\sqrt{|x-x^2|}} dx$.

分析 由于被积函数中含有绝对值，故应先将其分段表示为 $|x-x^2| = \begin{cases} x-x^2, & \frac{1}{2} \leqslant x < 1 \\ 0, & x=1 \\ x^2-x, & 1 < x \leqslant 2 \end{cases}$

该积分不是定积分，而是一个反常积分且 $x=1$ 为瑕点；因此应将原反常积分以瑕点为分界点将其分为两个反常积分，分别进行计算，如果各段积分都存在，则原积分收敛；如果有某段积分不存在，则原积分发散.

解 $\int_{\frac{1}{2}}^{2} \frac{1}{\sqrt{|x-x^2|}} dx = \int_{\frac{1}{2}}^{1} \frac{dx}{\sqrt{x-x^2}} + \int_{1}^{2} \frac{dx}{\sqrt{x^2-x}}$，

而 $\int_{\frac{1}{2}}^{1} \frac{dx}{\sqrt{x-x^2}} = \lim_{\varepsilon \to 0^+} \int_{\frac{1}{2}}^{1-\varepsilon} \frac{dx}{\sqrt{\frac{1}{4}-\left(x-\frac{1}{2}\right)^2}} = \lim_{\varepsilon \to 0^+} \arcsin(2x-1) \Big|_{\frac{1}{2}}^{1-\varepsilon} = \arcsin 1 = \frac{\pi}{2}$.

$\int_{1}^{2} \frac{dx}{\sqrt{x^2-x}} = \lim_{\varepsilon \to 0^+} \int_{1+\varepsilon}^{2} \frac{dx}{\sqrt{\left(x-\frac{1}{2}\right)^2 - \frac{1}{4}}} = \lim_{\varepsilon \to 0^+} \ln \left[\left(x-\frac{1}{2}\right) + \sqrt{\left(x-\frac{1}{2}\right)^2 - \frac{1}{4}} \right] \Big|_{1+\varepsilon}^{2}$

$= \ln(3+2\sqrt{2})$.

故 $\int_{\frac{1}{2}}^{2} \frac{dx}{\sqrt{|x-x^2|}} = \frac{\pi}{2} + \ln(3+2\sqrt{2})$.

习题 5-4 精讲

1. **解**：(1) $\int_{1}^{+\infty} \frac{dx}{x^4} = \left[-\frac{1}{3x^3} \right]_{1}^{+\infty} = \frac{1}{3}$.

(2) $\int_{1}^{t} \frac{dx}{\sqrt{x}} = \left[2\sqrt{x} \right]_{1}^{t} = 2\sqrt{t} - 2$，当 $t \to +\infty$ 时，该极限不存在，故该反常积分发散.

(3) $\int_{0}^{+\infty} e^{-ax} dx = \left[-\frac{1}{a} e^{-ax} \right]_{0}^{+\infty} = \frac{1}{a}$.

(4) $\int_{0}^{+\infty} \frac{dx}{(1+x)(1+x^2)} = \int_{0}^{+\infty} \frac{1}{2} \left(\frac{1}{1+x} + \frac{1-x}{1+x^2} \right) dx = \left[\frac{1}{4} \ln \frac{(1+x)^2}{1+x^2} + \frac{1}{2} \arctan x \right]_{0}^{+\infty} = \frac{\pi}{4}$.

(5) $\int e^{-pt} \sin \omega t \, dt = -\frac{1}{p} \int \sin \omega t \, d(e^{-pt}) = -\frac{1}{p} e^{-pt} \sin \omega t + \frac{\omega}{p} \int e^{-pt} \cos \omega t \, dt$

$= -\frac{1}{p} e^{-pt} \sin \omega t - \frac{\omega}{p^2} \int \cos \omega t \, d(e^{-pt})$

$= -\frac{1}{p} e^{-pt} \sin \omega t - \frac{\omega}{p^2} (e^{-pt}) \cos \omega t - \frac{\omega^2}{p^2} \int (e^{-pt}) \sin \omega t \, dt$,

因此 $\int e^{-pt}\sin\omega t\,dt = \dfrac{-pe^{-pt}\sin\omega t - \omega e^{-pt}\cos\omega t}{p^2+\omega^2} + C$，故

$$\int_0^{+\infty} e^{-pt}\sin\omega t\,dt = \left[\dfrac{-pe^{-pt}\sin\omega t - \omega e^{-pt}\cos\omega t}{p^2+\omega^2}\right]_0^{+\infty} = \dfrac{\omega}{p^2+\omega^2}.$$

(6) $\displaystyle\int_{-\infty}^{+\infty}\dfrac{dx}{x^2+2x+2} = \int_{-\infty}^{0}\dfrac{d(x+1)}{(x+1)^2+1} + \int_{0}^{+\infty}\dfrac{d(x+1)}{(x+1)^2+1}$
$= \Big[\arctan(x+1)\Big]_{-\infty}^{0} + \Big[\arctan(x+1)\Big]_{0}^{+\infty} = \pi.$

(7) $\displaystyle\int_0^1 \dfrac{x\,dx}{\sqrt{1-x^2}} = \Big[-\sqrt{1-x^2}\Big]_0^1 = 1.$

(8) $\displaystyle\int_0^t \dfrac{dx}{(1-x)^2} = \left[\dfrac{1}{1-x}\right]_0^t = \dfrac{1}{1-t} - 1$，当 $t\to 1^-$ 时极限不存在，故原反常积分发散.

(9) $\displaystyle\int_1^2 \dfrac{x\,dx}{\sqrt{x-1}} \xlongequal{x=u^2+1} 2\int_0^1 (u^2+1)\,du = \dfrac{8}{3}.$

(10) $\displaystyle\int_1^e \dfrac{dx}{x\sqrt{1-(\ln x)^2}} = \int_1^e \dfrac{d(\ln x)}{\sqrt{1-(\ln x)^2}} = \Big[\arcsin\ln x\Big]_1^e = \dfrac{\pi}{2}.$

2. **解**：$\displaystyle\int \dfrac{dx}{x(\ln x)^k} = \int \dfrac{d(\ln x)}{(\ln x)^k} = \begin{cases} \ln\ln x + C, & k=1, \\ -\dfrac{1}{(k-1)\ln^{k-1} x} + C, & k\neq 1, \end{cases}$

因此当 $k\leq 1$ 时，反常积分发散；当 $k>1$ 时，该反常积分收敛，此时

$$\int_2^{+\infty}\dfrac{dx}{x(\ln x)^k} = \left[-\dfrac{1}{(k-1)\ln^{k-1} x}\right]_2^{+\infty} = \dfrac{1}{(k-1)(\ln 2)^{k-1}}.$$

记 $f(k) = \dfrac{1}{(k-1)(\ln 2)^{k-1}}$，则 $f'= -\dfrac{1}{(k-1)^2(\ln 2)^{2k-2}}\big[(\ln 2)^{k-1}+(k-1)(\ln 2)^{k-1}\ln\ln 2\big]$
$= -\dfrac{1+(k-1)\ln\ln 2}{(k-1)^2(\ln 2)^{k-1}}.$

令 $f'(k)=0$，得 $k=1-\dfrac{1}{\ln\ln 2}$. 当 $1<k<1-\dfrac{1}{\ln\ln 2}$ 时，$f'(k)<0$，当 $k>1-\dfrac{1}{\ln\ln 2}$ 时，$f'(k)>0$，

故 $k=1-\dfrac{1}{\ln\ln 2}$ 为函数 $f(k)$ 的最小值点，即当 $k=1-\dfrac{1}{\ln\ln 2}$ 时所给反常积分取得最小值.

3. **解**：$I_0 = \displaystyle\int_0^{+\infty} e^{-x}\,dx = \Big[-e^{-x}\Big]_0^{+\infty} = 1.$

当 $n\geq 1$ 时 $I_n = -\displaystyle\int_0^{+\infty} x^n\,d(e^{-x}) = -\Big[x^n e^{-x}\Big]_0^{+\infty} + n\int_0^{+\infty} x^{n-1} e^{-x}\,dx = nI_{n-1}$，故有 $I_n = n!.$

4. **解**：$\displaystyle\int \ln x\,dx = x\ln x - \int x\cdot\dfrac{1}{x}\,dx = x\ln x - x + C,$

因此 $\displaystyle\int_0^1 \ln x\,dx = \Big[x\ln x - x\Big]_0^1 = -1 - \lim_{x\to 0^+}(x\ln x - x) = -1.$

第五节　反常积分的审敛法　Γ函数

> 内容精讲

1. 无穷限反常积分的审敛法

(1) 设 $f(x)$ 在 $[a,+\infty)$ 内连续，且 $f(x)\geqslant 0$.

若函数 $F(x)=\int_a^x f(t)\mathrm{d}t$ 在 $[a,+\infty)$ 上有界，则反常积分 $\int_a^{+\infty}f(x)\mathrm{d}x$ 收敛.

(2) 比较审敛法　设 $f(x)$ 在 $[a,+\infty)$ 上有定义且在其任何有界区间上可积，

① 若 $\exists B$，当 $x\geqslant B$ 时，$0\leqslant f(x)\leqslant \varphi(x)$ 则由 $\int_a^{+\infty}\varphi(x)\mathrm{d}x$ 收敛 $\Rightarrow \int_a^{+\infty}f(x)\mathrm{d}x$ 收敛；由 $\int_a^{+\infty}f(x)\mathrm{d}x$ 发散 $\Rightarrow \int_a^{+\infty}\varphi(x)\mathrm{d}x$ 发散.

② 若 $f(x)\geqslant 0$ 且 $\exists M>0$，$p>1$ 使得 $f(x)\leqslant \dfrac{M}{x^p}(a\leqslant x<+\infty)$，则 $\int_a^{+\infty}f(x)\mathrm{d}x$ 收敛；若 $\exists N>0$ 使得 $f(x)\geqslant \dfrac{N}{x}(a\leqslant x<+\infty)$，则 $\int_a^{+\infty}f(x)\mathrm{d}x$ 发散.

(3) 极限审敛法　设 $f(x)$ 在 $[a,+\infty)(a>0)$ 上连续，且 $f(x)\geqslant 0$，

若 $\exists p>1$ 使得 $\lim\limits_{x\to+\infty}x^p f(x)$ 存在，则 $\int_a^{+\infty}f(x)\mathrm{d}x$ 收敛；若 $\lim\limits_{x\to+\infty}xf(x)=d>0$（或 $+\infty$），则 $\int_a^{+\infty}f(x)\mathrm{d}x$ 发散.

(4) 设 $f(x)$ 在 $[a,+\infty)$ 内连续. 若反常积分 $\int_a^{+\infty}|f(x)|\mathrm{d}x$ 收敛，则反常积分 $\int_a^{+\infty}f(x)\mathrm{d}x$ 也收敛.

(5) 阿贝尔判别法　设 $\int_a^{+\infty}f(x)\mathrm{d}x$ 收敛，$g(x)$ 在 $[a,+\infty)$ 上单调有界，则 $\int_a^{+\infty}f(x)g(x)\mathrm{d}x$ 收敛.

2. Γ函数

(1) Γ函数的定义　$\Gamma(s)=\int_0^{+\infty}\mathrm{e}^{-x}x^{s-1}\mathrm{d}x\quad(s>0)$

(2) 图形(见图 5-11).

(3) 性质

① $s>0$ 时此反常积分收敛.

② 递推公式　$\Gamma(s+1)=s\Gamma(s)\quad(s>0)$；特别地 $\Gamma(n+1)=n!$.

③ 当 $s\to 0^+$ 时，$\Gamma(s)\to +\infty$.

④ 余元公式　$\Gamma(s)\Gamma(1-s)=\dfrac{\pi}{\sin\pi s}\quad(0<s<1)$；

特别地 $\Gamma\left(\dfrac{1}{2}\right)=\sqrt{\pi}$.

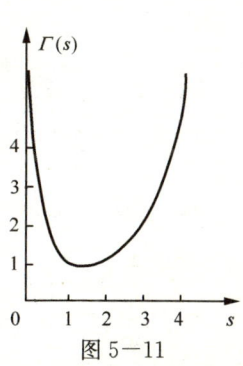

图 5-11

3. 无界函数反常积分的审敛法

(1) 比较审敛法 设 $f(x)$ 在 $(a,b]$ 上连续且 $f(x) \geq 0$, $\lim\limits_{x \to a^+} f(x) = +\infty$, 若 $\exists M>0$ 及 $q<1$ 使得 $f(x) \leq \dfrac{M}{(x-a)^q}$ ($a<x\leq b$), 则 $\int_a^b f(x)dx$ 收敛; 若 $\exists N>0$ 及 $q\geq 1$ 使得 $f(x) \geq \dfrac{N}{(x-a)^q}$ ($a<x\leq b$), 则 $\int_a^b f(x)dx$ 发散.

(2) 极限审敛法 设 $f(x)$ 在 $(a,b]$ 上连续且 $f(x) \geq 0$, $\lim\limits_{x \to a^+} f(x) = +\infty$, 若 $\exists 0<q<1$, 使 $\lim\limits_{x \to a^+} (x-a)^q f(x)$ 存在, 则 $\int_a^b f(x)dx$ 收敛; 若 $\exists q\geq 1$ 使 $\lim\limits_{x \to a^+} (x-a)^q f(x) = d >0$ (或 $+\infty$), 则 $\int_a^b f(x)dx$ 发散.

(3) 阿贝尔判别法 设 $\int_a^b f(x)dx$ 收敛(其中 a 为瑕点), $g(x)$ 在 $[a,b]$ 单调有界, 则 $\int_a^b f(x)g(x)dx$ 收敛.

题型及考点解析

【例1】 判断下列反常积分的敛散性

(1) $\int_1^{+\infty} \dfrac{\sin^2 x}{x^2} dx$, (2) $\int_{-1}^1 \dfrac{1}{\sqrt{(1-x^2)(1+x^2)}} dx$

解 (1) 因为 $0 \leq \dfrac{\sin^2 x}{x^2} \leq \dfrac{1}{x^2}$, 又 $\int_1^{+\infty} \dfrac{1}{x^2} dx$ 收敛, 由比较审敛法知 $\int_1^{+\infty} \dfrac{\sin^2 x}{x^2} dx$ 收敛.

(2) 易见 $x=\pm 1$ 都是瑕点, 则

$$\int_{-1}^1 \dfrac{dx}{\sqrt{(1-x^2)(1+x^2)}} = \int_{-1}^0 \dfrac{dx}{\sqrt{(1-x^2)(1+x^2)}} + \int_0^1 \dfrac{dx}{\sqrt{(1-x^2)(1+x^2)}}$$

因为 $\lim\limits_{x \to -1^+} \dfrac{1}{\sqrt{(1-x^2)(1+x^2)}} (1+x)^{\frac{1}{2}} = \dfrac{1}{2}$, $\lim\limits_{x \to 1^-} \dfrac{1}{\sqrt{(1-x^2)(1+x^2)}} (1-x)^{\frac{1}{2}} = \dfrac{1}{2}$,

且 $q=\dfrac{1}{2}$, $d=\dfrac{1}{2}$, 所以由无界函数反常积分的极限审敛法知 $\int_{-1}^0 \dfrac{dx}{\sqrt{(1-x^2)(1+x^2)}}$ 及 $\int_0^1 \dfrac{dx}{\sqrt{(1-x^2)(1+x^2)}}$ 都收敛, 故原积分收敛.

【例2】 讨论反常积分 $\int_0^1 x^{p-1} \cdot (1-x)^{q-1} dx$ ($p<1, q<1$) 的敛散性.

解 易见 $x=0, x=1$ 均是瑕点, 因而要分别讨论 $\int_0^{\frac{1}{2}} x^{p-1} (1-x)^{q-1} dx$ 与 $\int_{\frac{1}{2}}^1 x^{p-1} (1-x)^{q-1} dx$ 的敛散性.

由于 $\lim\limits_{x \to 0^+} x^{p-1} (1-x)^{q-1} x^{1-p} = 1$, 因此根据极限审敛法知当 $1-p<1$ 即 $p>0$ 时, $\int_0^{\frac{1}{2}} x^{p-1} (1-x)^{q-1} dx$ 收敛.

同理 $\lim\limits_{x \to 1^-} x^{p-1} (1-x)^{q-1} (1-x)^{1-q} = 1$, 故当 $1-q<1$, 即 $q>0$ 时 $\int_{\frac{1}{2}}^1 x^{p-1} (1-x)^{q-1} dx$ 收敛.

综上所述知当 $p>0, q>0$ 时，$\int_0^1 x^{p-1}(1-x)^{q-1}\mathrm{d}x$ 收敛，其余情形发散.

【例 3】 下列结论中正确的是_____.

(A) $\int_1^{+\infty}\dfrac{\mathrm{d}x}{x(x+1)}$ 与 $\int_0^1\dfrac{\mathrm{d}x}{x(x+1)}$ 都收敛

(B) $\int_1^{+\infty}\dfrac{\mathrm{d}x}{x(x+1)}$ 与 $\int_0^1\dfrac{\mathrm{d}x}{x(x+1)}$ 都发散

(C) $\int_1^{+\infty}\dfrac{\mathrm{d}x}{x(x+1)}$ 发散，$\int_0^1\dfrac{\mathrm{d}x}{x(x+1)}$ 收敛

(D) $\int_1^{+\infty}\dfrac{\mathrm{d}x}{x(x+1)}$ 收敛，$\int_0^1\dfrac{\mathrm{d}x}{x(x+1)}$ 发散

解 因为当 $1\leqslant x<+\infty$ 时，$0<\dfrac{1}{x(x+1)}<\dfrac{1}{x^2}$，而 $\int_1^{+\infty}\dfrac{1}{x^2}\mathrm{d}x$ 收敛，所以由比较审敛法知 $\int_1^{+\infty}\dfrac{\mathrm{d}x}{x(x+1)}$ 收敛；同理，当 $0<x\leqslant 1$ 时，由 $\dfrac{1}{x(x+1)}<\dfrac{1}{x}$ 且 $\int_0^1\dfrac{1}{x}\mathrm{d}x$ 发散知 $\int_0^1\dfrac{\mathrm{d}x}{x(x+1)}$ 也发散. 故应选(D).

题型分析 通常有两种方法判断反常积分的敛散性：

(1) 直接法，即由敛散性的定义直接判别；

(2) 间接法，即由判别准则来判断，绝大多数情况下是用间接法. 用直接法是通过计算积分值来判断反常积分的敛散性，这常常适用于易于求被积函数原函数的积分.

习题 5-5 精讲

1. **解**：(1) 由于 $\lim\limits_{x\to+\infty}x^2\cdot\dfrac{x^2}{x^4+x^2+1}\mathrm{d}x=1$，因此 $\int_0^{+\infty}\dfrac{x^2}{x^4+x^2+1}\mathrm{d}x$ 收敛.

(2) 由于 $\lim\limits_{x\to+\infty}x^{\frac{5}{3}}\cdot\dfrac{1}{x\sqrt[3]{x^2+1}}=1$，因此 $\int_1^{+\infty}\dfrac{\mathrm{d}x}{x\sqrt[3]{x^2+1}}$ 收敛.

(3) 由于 $\lim\limits_{x\to+\infty}x^2\cdot\sin\dfrac{1}{x^2}=1$，因此 $\int_1^{+\infty}\sin\dfrac{1}{x^2}\mathrm{d}x$ 收敛.

(4) 由于当 $x\geqslant 0$ 时，$\dfrac{1}{1+x|\sin x|}\geqslant\dfrac{1}{1+x}$ 且 $\int_0^{+\infty}\dfrac{\mathrm{d}x}{1+x}$ 发散，因此 $\int_0^{+\infty}\dfrac{\mathrm{d}x}{1+x|\sin x|}$ 发散.

(5) 由于 $\lim\limits_{x\to+\infty}x^2\cdot\dfrac{x\arctan x}{1+x^3}=\dfrac{\pi}{2}$，因此 $\int_1^{+\infty}\dfrac{x\arctan x}{1+x^3}\mathrm{d}x$ 收敛.

(6) $x=1$ 是被积函数的瑕点，由于 $\lim\limits_{x\to 1^+}(x-1)\cdot\dfrac{1}{(\ln x)^3}=+\infty$，因此 $\int_1^2\dfrac{\mathrm{d}x}{(\ln x)^3}$ 发散.

(7) $x=1$ 是被积函数的瑕点，由于 $\lim\limits_{x\to 1^-}(1-x)^{\frac{1}{2}}\cdot\dfrac{x^4}{\sqrt{1-x^4}}=\dfrac{1}{2}$，因此 $\int_0^1\dfrac{x^4\mathrm{d}x}{\sqrt{1-x^4}}$ 收敛.

(8) 被积函数有两个瑕点：$x=1, x=2$.

由于 $\lim\limits_{x\to 1^+}(x-1)^{\frac{1}{3}}\dfrac{\mathrm{d}x}{\sqrt[3]{x^2-3x+2}}=-1$，因此 $\int_1^{1.5}\dfrac{\mathrm{d}x}{\sqrt[3]{x^2-3x+2}}$ 收敛；

又因为 $\lim\limits_{x\to 2^-}(x-2)^{\frac{1}{3}}\dfrac{1}{\sqrt[3]{x^2-3x+2}}=1$，因此 $\int_{1.5}^{2}\dfrac{\mathrm{d}x}{\sqrt[3]{x^2-3x+2}}$ 收敛，故 $\int_{1}^{2}\dfrac{\mathrm{d}x}{\sqrt[3]{x^2-3x+2}}$ 收敛.

2. **解**：因为 $\left|\dfrac{f(x)}{x}\right|\leqslant\dfrac{f^2(x)+\dfrac{1}{x^2}}{2}$，由于 $\int_{1}^{+\infty}f^2(x)\mathrm{d}x$ 收敛，$\int_{1}^{+\infty}\dfrac{1}{x^2}\mathrm{d}x$ 也收敛，

因此 $\int_{1}^{+\infty}\left|\dfrac{f(x)}{x}\right|\mathrm{d}x$ 收敛. 即 $\int_{1}^{+\infty}\dfrac{f(x)}{x}\mathrm{d}x$ 绝对收敛.

3. **解**：(1)令 $u=x^n$，即 $x=u^{\frac{1}{n}}$，$\int_{0}^{+\infty}\mathrm{e}^{-x^n}\mathrm{d}x=\dfrac{1}{n}\int_{0}^{+\infty}\mathrm{e}^{-u}u^{\frac{1}{n}-1}\mathrm{d}u=\dfrac{1}{n}\Gamma\left(\dfrac{1}{n}\right)$，在 $n>0$ 时都收敛.

(2)令 $u=\ln\dfrac{1}{x}$，即 $x=\mathrm{e}^{-u}$，$\int_{0}^{1}\left(\ln\dfrac{1}{x}\right)^p\mathrm{d}x=\int_{+\infty}^{0}-u^p\mathrm{e}^{-u}\mathrm{d}u=\int_{0}^{+\infty}u^p\mathrm{e}^{-u}\mathrm{d}u=\Gamma(p+1)$，

当 $p>-1$ 时收敛.

(3)令 $u=x^n$，即 $x=u^{\frac{1}{n}}$.

当 $n>0$ 时，$\int_{0}^{+\infty}x^m\mathrm{e}^{-x^n}\mathrm{d}x=\int_{0}^{+\infty}\dfrac{1}{n}u^{\frac{m+1}{n}-1}\mathrm{e}^{-u}\mathrm{d}u=\dfrac{1}{n}\Gamma\left(\dfrac{m+1}{n}\right)$，

当 $n<0$ 时，$\int_{0}^{+\infty}x^m\mathrm{e}^{-x^n}\mathrm{d}x=\int_{+\infty}^{0}\dfrac{1}{n}u^{\frac{m+1}{n}-1}\mathrm{e}^{-u}\mathrm{d}u=-\dfrac{1}{n}\Gamma\left(\dfrac{m+1}{n}\right)$，

故 $\int_{0}^{+\infty}x^m\mathrm{e}^{-x^n}\mathrm{d}x=\dfrac{1}{|n|}\Gamma\left(\dfrac{m+1}{n}\right)$，当 $\dfrac{m+1}{n}>0$ 时收敛.

4. **证**：$\Gamma\left(\dfrac{2k+1}{2}\right)=\dfrac{2k-1}{2}\Gamma\left(\dfrac{2k-1}{2}\right)=\dfrac{2k-1}{2}\cdot\dfrac{2k-3}{2}\Gamma\left(\dfrac{2k-3}{2}\right)$

$=\dfrac{2k-1}{2}\cdot\dfrac{2k-3}{2}\cdots\dfrac{1}{2}\Gamma\left(\dfrac{1}{2}\right)=\dfrac{1\cdot 3\cdot 5\cdots(2k-1)}{2^k}\sqrt{\pi}$.

5. **证**：(1) $2\cdot 4\cdot 6\cdots(2n)=2^n n!=2^n\Gamma(n+1)$.

(2) $1\cdot 3\cdot 5\cdots(2n-1)=\dfrac{(2n-1)!}{2\cdot 4\cdot 6\cdots(2n-2)}=\dfrac{\Gamma(2n)}{2^{n-1}(n-1)!}=\dfrac{\Gamma(2n)}{2^{n-1}\Gamma(n)}$.

(3)因为 $\sqrt{\pi}\,\Gamma(2n)=(2n-1)!\sqrt{\pi}$,

$\Gamma(n)\Gamma\left(n+\dfrac{1}{2}\right)=(n-1)!\dfrac{1\cdot 3\cdot 5\cdots(2n-1)\sqrt{\pi}}{2^n}$

$=\dfrac{2\cdot 4\cdot 6\cdots(2n-2)}{2^{n-1}}\cdot\dfrac{1\cdot 3\cdot 5\cdots(2n-1)\sqrt{\pi}}{2^n}=\dfrac{(2n-1)!}{2^{2n-1}}\sqrt{\pi}$，因此结论成立.

总习题五精讲

1. **解**：(1)必要，充分. (2)充分必要. (3)收敛.

(4)不一定. 例如 $f(x)=\begin{cases}1, & x \text{ 为有理数} \\ -1, & x \text{ 为无理数}\end{cases}$ 则 $|f(x)|=1$ 在 $[a,b]$ 上可积，而 $\int_{a}^{b}f(x)\mathrm{d}x$ 不存在.

(5) $xf(-x^2)$. 作换元 $u=t^2-x^2$，则

$\int_{0}^{x}tf(t^2-x^2)\mathrm{d}t=\dfrac{1}{2}\int_{0}^{x}f(t^2-x^2)\mathrm{d}(t^2-x^2)=\dfrac{1}{2}\int_{-x^2}^{0}f(u)\mathrm{d}u=-\dfrac{1}{2}\int_{0}^{-x^2}f(u)\mathrm{d}u$，

因此 $\dfrac{d}{dx}\int_0^x tf(t^2-x^2)dt=-\dfrac{1}{2}f(-x^2)\cdot(-2x)=xf(-x^2)$.

2. **解**:(1)当 $0\leqslant x\leqslant 1$ 时,$\dfrac{1}{\sqrt{2}}x^4\leqslant\dfrac{x^4}{\sqrt{1+x}}\leqslant x^4$,因此

$$\dfrac{\sqrt{2}}{10}=\int_0^1\dfrac{1}{\sqrt{2}}x^4dx\leqslant\int_0^1\dfrac{x^4}{\sqrt{1+x}}dx\leqslant\int_0^1 x^4 dx=\dfrac{1}{5},$$

故选(B).

(2)记 $G(x)=\int_0^x f(t)dt$,则 $G(x)$ 是 $f(x)$ 的一个原函数,且 $G(x)$ 是奇(偶)函数$\Leftrightarrow f(x)$ 是偶(奇)函数,又 $F(x)=G(x)+C$,其中 C 是一常数,而常数是偶函数,故由奇、偶函数的性质知应选(A).

取周期函数 $f(x)=\cos x+1$,则 $F(x)=\sin x+x+C$ 不是周期函数,故(C)不成立;取单调增加函数 $f(x)=2x,x\in\mathbf{R}$,则 $F(x)=x^2+C$ 在 $\mathbf{R}$ 上不是单调函数,故(D)不成立.

3. **解**:(1)$\int_a^b[f(x)-g(x)]dx$ 表示由曲线 $y=f(x),y=g(x)$ 以及 $x=a,x=b$ 所围成的图形的面积.

(2)$\int_a^b\pi f^2(x)dx$ 表示 xOy 面上,由曲线 $y=f(x)$、$x=a,x=b$ 以及 x 轴所围成的图形绕 x 轴旋转一周而得到的旋转体的体积.

(3)$\int_{t_1}^{t_2}\varphi(t)dt$ 表示在时间段 $[t_1,t_2]$ 内向水池注入的水的总量.

(4)$\int_{T_1}^{T_2}u(t)dt$ 表示该国在时间段 $[T_1,T_2]$ 内增加的人口总量.

(5)$\int_{1000}^{2000}P'(x)dx$ 表示从经营第 1000 个产品起一直到第 2000 个产品的利润总量.

*4. **解**:(1)$\lim\limits_{n\to\infty}\dfrac{1}{n}\sum\limits_{i=1}^n\sqrt{1+\dfrac{i}{n}}=\int_0^1\sqrt{1+x}dx=\left[\dfrac{2}{3}(1+x)^{\frac{3}{2}}\right]_0^1=\dfrac{2}{3}(2\sqrt{2}-1)$.

(2)$\lim\limits_{n\to\infty}\dfrac{1^p+2^p+\cdots+n^p}{n^{p+1}}=\lim\limits_{n\to\infty}\dfrac{1}{n}\sum\limits_{i=1}^n\left(\dfrac{i}{n}\right)^p=\int_0^1 x^p dx=\dfrac{1}{p+1}$.

5. **解**:(1)记 $F(x)=\int_a^x f(t)dt$,$\lim\limits_{x\to a}\dfrac{x}{x-a}\int_a^x f(t)dt=\lim\limits_{x\to a}\dfrac{F(x)-F(a)}{x-a}=af(a)$,

(2)先证所求极限为未定式 $\dfrac{\infty}{\infty}$. 由于当 $x>\tan 1$ 时,$\arctan x>1$,记 $c=\int_0^{\tan 1}(\arctan t)^2 dt$,则当 $x>\tan 1$ 时有 $\int_0^x(\arctan t)^2 dt=c+\int_{\tan 1}^x(\arctan t)^2 dt>c+\int_{\tan 1}^x dt=c+x-\tan 1$;

故有 $\lim\limits_{x\to +\infty}\int_0^x(\arctan t)^2 dt=+\infty$,从而利用洛必达法则有

$$\lim_{x\to+\infty}\dfrac{\int_0^x(\arctan t)^2 dt}{\sqrt{x^2+1}}=\lim_{x\to+\infty}\dfrac{(\arctan x)^2}{\dfrac{x}{\sqrt{x^2+1}}}=\lim_{x\to+\infty}(\arctan x)^2\cdot\sqrt{1+\dfrac{1}{x^2}}=\dfrac{\pi^2}{4}.$$

6. **解**:(1)不对. 因为 $u=\dfrac{1}{x}$ 在 $[-1,1]$ 上有间断点 $x=0$,不符合换元法的要求. 而由习题 5-1 的第 12 题可知该积分一定为正,因此该积分计算不对. 事实上,$\int_{-1}^1\dfrac{dx}{1+x^2}=[\arctan x]_{-1}^1=\dfrac{\pi}{2}$.

(2)不对. 原因与(1)相同. 事实上

$$\int_{-1}^{1}\frac{\mathrm{d}x}{x^2+x+1}=\int_{-1}^{1}\frac{1}{\left(x+\frac{1}{2}\right)^2+\left(\frac{\sqrt{3}}{2}\right)^2}\mathrm{d}\left(x+\frac{1}{2}\right)=\left[\frac{2}{\sqrt{3}}\arctan\frac{2x+1}{\sqrt{3}}\right]_{-1}^{1}=\frac{\pi}{\sqrt{3}}.$$

(3)不对. 因为 $\int_{0}^{A}\frac{x}{1+x^2}\mathrm{d}x=\frac{1}{2}\ln(1+A^2)$,当 $A\to+\infty$ 时极限不存在,故 $\int_{0}^{+\infty}\frac{x}{1+x^2}\mathrm{d}x$ 发散,也就得到 $\int_{-\infty}^{+\infty}\frac{x}{1+x^2}\mathrm{d}x$ 发散.

7. 证:记 $f(x)=\int_{0}^{x}\frac{1}{1+t^2}\mathrm{d}t+\int_{0}^{\frac{1}{x}}\frac{1}{1+t^2}\mathrm{d}t$,则当 $x>0$ 时,有

$$f'(x)=\frac{1}{1+x^2}+\frac{1}{1+\frac{1}{x^2}}\cdot\left(-\frac{1}{x^2}\right)=0,$$

由拉格朗日中值定理的推论,得 $f(x)\equiv C$ $(x>0)$.

而 $f(1)=\int_{0}^{1}\frac{1}{1+t^2}\mathrm{d}t+\int_{0}^{1}\frac{1}{1+t^2}\mathrm{d}t=\frac{\pi}{2}$,故 $C=\frac{\pi}{2}$,从而结论成立.

8. 证:由于当 $p>0$ 时,$0<\frac{1}{1+x^p}<1$,因此有 $\int_{0}^{1}\frac{\mathrm{d}x}{1+x^p}<1$. 又

$$1-\int_{0}^{1}\frac{\mathrm{d}x}{1+x^p}=\int_{0}^{1}\frac{x^p\mathrm{d}x}{1+x^p}<\int_{0}^{1}x^p\mathrm{d}x=\frac{1}{1+p},$$故有 $\int_{0}^{1}\frac{\mathrm{d}x}{1+x^p}>\frac{p}{1+p}$,原题得证.

9. 解:(1)对任意实数 λ,有 $\int_{a}^{b}[f(x)+\lambda g(x)]^2\mathrm{d}x\geqslant 0$,即

$$\int_{a}^{b}f^2(x)\mathrm{d}x+2\lambda\int_{a}^{b}f(x)g(x)\mathrm{d}x+\lambda^2\int_{a}^{b}g^2(x)\mathrm{d}x\geqslant 0,$$

左边是一个关于 λ 的二次多项式,它非负的条件是其判别式非正,即有

$$4\left(\int_{a}^{b}f(x)g(x)\mathrm{d}x\right)^2-4\int_{a}^{b}f^2(x)\mathrm{d}x\cdot\int_{a}^{b}g^2(x)\mathrm{d}x\leqslant 0,从而本题得证.$$

(2) $\int_{a}^{b}[f(x)+g(x)]^2\mathrm{d}x=\int_{a}^{b}[f^2(x)+2f(x)g(x)+g^2(x)]\mathrm{d}x$

$$=\int_{a}^{b}f^2(x)\mathrm{d}x+2\int_{a}^{b}f(x)g(x)\mathrm{d}x+\int_{a}^{b}g^2(x)\mathrm{d}x$$

$$\leqslant\int_{a}^{b}f^2(x)\mathrm{d}x+2\left(\int_{a}^{b}f^2(x)\mathrm{d}x\int_{a}^{b}g^2(x)\mathrm{d}x\right)^{\frac{1}{2}}+\int_{a}^{b}g^2(x)\mathrm{d}x$$

$$=\left[\left(\int_{a}^{b}f^2(x)\mathrm{d}x\right)^{\frac{1}{2}}+\left(\int_{a}^{b}g^2(x)\mathrm{d}x\right)^{\frac{1}{2}}\right]^2,从而本题得证.$$

10. 证:根据上一题所证的柯西-施瓦茨不等式,有

$$\left(\int_{a}^{b}\sqrt{f(x)}\cdot\frac{1}{\sqrt{f(x)}}\mathrm{d}x\right)^2\leqslant\int_{a}^{b}(\sqrt{f(x)})^2\mathrm{d}x\cdot\int_{a}^{b}\left(\frac{1}{\sqrt{f(x)}}\right)^2\mathrm{d}x,$$

即得 $\int_{a}^{b}f(x)\mathrm{d}x\cdot\int_{a}^{b}\frac{1}{f(x)}\mathrm{d}x\geqslant(b-a)^2$,

11. 解:(1) $\int_{0}^{\frac{\pi}{2}}\frac{x+\sin x}{1+\cos x}\mathrm{d}x=\int_{0}^{\frac{\pi}{2}}\frac{x}{1+\cos x}\mathrm{d}x+\int_{0}^{\frac{\pi}{2}}\frac{\sin x}{1+\cos x}\mathrm{d}x$

$$=\int_{0}^{\frac{\pi}{2}}\frac{x}{2}\sec^2\frac{x}{2}\mathrm{d}x-\int_{0}^{\frac{\pi}{2}}\frac{1}{1+\cos x}\mathrm{d}(1+\cos x)$$

$$= \left[x\tan\frac{x}{2}\right]_0^{\frac{\pi}{2}} - \int_0^{\frac{\pi}{2}} \tan\frac{x}{2}dx - \left[\ln(1+\cos x)\right]_0^{\frac{\pi}{2}} = \frac{\pi}{2} + \left[2\ln\cos\frac{x}{2}\right]_0^{\frac{\pi}{2}} + \ln 2 = \frac{\pi}{2}.$$

(2) $\int_0^{\frac{\pi}{4}} \ln(1+\tan x)dx = \int_0^{\frac{\pi}{4}} \ln\frac{\cos x+\sin x}{\cos x}dx = \int_0^{\frac{\pi}{4}} \ln(\cos x+\sin x)dx - \int_0^{\frac{\pi}{4}} \ln\cos x\,dx,$

而 $\int_0^{\frac{\pi}{4}} \ln(\cos x+\sin x)dx = \int_0^{\frac{\pi}{4}} \ln\left[\sqrt{2}\cos\left(\frac{\pi}{4}-x\right)\right]dx \xrightarrow{x=\frac{\pi}{4}-u} -\int_{\frac{\pi}{4}}^0 (\ln\sqrt{2}+\ln\cos u)du =$

$\frac{\pi\ln 2}{8} + \int_0^{\frac{\pi}{4}} \ln\cos x\,dx.$ 故 $\int_0^{\frac{\pi}{4}} \ln(1+\tan x)dx = \frac{\pi\ln 2}{8}.$

(3) $\int_0^a \frac{dx}{x+\sqrt{a^2-x^2}} \xrightarrow{x=a\sin u} \int_0^{\frac{\pi}{2}} \frac{\cos u\,du}{\sin u+\cos u} = \int_0^{\frac{\pi}{2}} \frac{\sin u\,du}{\cos u+\sin u}$

$= \frac{1}{2}\left(\int_0^{\frac{\pi}{2}} \frac{\cos u\,du}{\sin u+\cos u} + \int_0^{\frac{\pi}{2}} \frac{\sin u\,du}{\cos u+\sin u}\right) = \frac{1}{2}\int_0^{\frac{\pi}{2}} du = \frac{\pi}{4}.$

(4) $\int_0^{\frac{\pi}{2}} \sqrt{1-\sin 2x}\,dx = \int_0^{\frac{\pi}{2}} \sqrt{\sin^2 x+\cos^2 x-2\sin x\cos x}\,dx = \int_0^{\frac{\pi}{2}} |\sin x-\cos x|dx$

$= \int_0^{\frac{\pi}{4}} (\cos x-\sin x)dx + \int_{\frac{\pi}{4}}^{\frac{\pi}{2}} (\sin x-\cos x)dx = \left[\sin x+\cos x\right]_0^{\frac{\pi}{4}} + \left[-\cos x-\sin x\right]_{\frac{\pi}{4}}^{\frac{\pi}{2}}$

$= 2(\sqrt{2}-1).$

(5) 注意到 $\lim\limits_{x\to\frac{\pi}{2}^-} \arctan\frac{\tan x}{\sqrt{2}} = \frac{\pi}{2}$，因此有

$$\int_0^{\frac{\pi}{2}} \frac{dx}{1+\cos^2 x} = \int_0^{\frac{\pi}{2}} \frac{\sec^2 x\,dx}{\sec^2 x+1} = \int_0^{\frac{\pi}{2}} \frac{d(\tan x)}{\tan^2 x+2} = \left[\frac{1}{\sqrt{2}}\arctan\frac{\tan x}{\sqrt{2}}\right]_0^{\frac{\pi}{2}} = \frac{\pi}{2\sqrt{2}} = \frac{\sqrt{2}\pi}{4}.$$

(6) $\int_0^\pi x\sqrt{\cos^2 x-\cos^4 x}\,dx = \int_0^\pi x|\cos x|\sin x\,dx = \frac{\pi}{2}\int_0^\pi |\cos x|\sin x\,dx$

$= \frac{\pi}{2}\left[\int_0^{\frac{\pi}{2}} \cos x\sin x\,dx - \int_{\frac{\pi}{2}}^\pi \cos x\sin x\,dx\right] = \frac{\pi}{2}\left[\frac{1}{2}\sin^2 x\right]_0^{\frac{\pi}{2}} - \frac{\pi}{2}\left[\frac{1}{2}\sin^2 x\right]_{\frac{\pi}{2}}^\pi = \frac{\pi}{2}.$

(7) $\int_0^\pi x^2|\cos x|dx = \int_0^{\frac{\pi}{2}} x^2\cos x\,dx - \int_{\frac{\pi}{2}}^\pi x^2\cos x\,dx$

$= \left[x^2\sin x+2x\cos x-2\sin x\right]_0^{\frac{\pi}{2}} - \left[x^2\sin x+2x\cos x-2\sin x\right]_{\frac{\pi}{2}}^\pi = \frac{\pi^2}{2}+2\pi-4.$

(8) $\int_0^{+\infty} \frac{dx}{e^{x+1}+e^{3-x}} = \frac{1}{e^2}\int_0^{+\infty} \frac{d(e^{x-1})}{e^{2x-2}+1} = \frac{1}{e^2}\left[\arctan(e^{x-1})\right]_0^{+\infty} = \frac{1}{e^2}\left(\frac{\pi}{2}-\arctan\frac{1}{e}\right).$

(9) $\int_{\frac{1}{2}}^1 \frac{dx}{\sqrt{|x^2-x|}} = \int_{\frac{1}{2}}^1 \frac{dx}{\sqrt{x-x^2}} = \int_{\frac{1}{2}}^1 \frac{d(2x-1)}{\sqrt{1-(2x-1)^2}} = \left[\arcsin(2x-1)\right]_{\frac{1}{2}}^1 = \frac{\pi}{2};$

$\int_1^{\frac{3}{2}} \frac{dx}{\sqrt{|x^2-x|}} = \int_1^{\frac{3}{2}} \frac{dx}{\sqrt{x^2-x}} = \int_1^{\frac{3}{2}} \frac{d(2x-1)}{\sqrt{(2x-1)^2-1}} = \left[\ln(2x-1+\sqrt{(2x-1)^2-1})\right]_1^{\frac{3}{2}}$

$= \ln(2+\sqrt{3}),$ 因此 $\int_{\frac{1}{2}}^{\frac{3}{2}} \frac{dx}{\sqrt{|x^2-x|}} = \int_{\frac{1}{2}}^1 \frac{dx}{\sqrt{|x^2-x|}} + \int_1^{\frac{3}{2}} \frac{dx}{\sqrt{|x^2-x|}} = \frac{\pi}{2}+\ln(2+\sqrt{3}).$

(10) 当 $x<-1$ 时 $\int_0^x \max\{t^2,t^2,1\}dt = \int_0^{-1} dt + \int_{-1}^x t^2 dt = \frac{1}{3}x^3-\frac{2}{3};$

当 $-1 \leqslant x \leqslant 1$ 时 $\int_0^x \max\{t^3, t^2, 1\} \mathrm{d}t = \int_0^x \mathrm{d}t = x$;

当 $x > 1$ 时 $\int_0^x \max\{t^3, t^2, 1\} \mathrm{d}t = \int_0^1 \mathrm{d}t + \int_1^x t^3 \mathrm{d}t = \frac{1}{4}x^4 + \frac{3}{4}$.

因此 $\int_0^x \max\{t^3, t^2, 1\} \mathrm{d}t = \begin{cases} \frac{1}{3}x^3 - \frac{2}{3}, & x < -1, \\ x, & -1 \leqslant x \leqslant 1, \\ \frac{1}{4}x^4 + \frac{3}{4}, & x > 1. \end{cases}$

12. **证**: $\int_0^x \left(\int_0^t f(u) \mathrm{d}u\right) \mathrm{d}t = \left[t\int_0^t f(u) \mathrm{d}u\right]_0^x - \int_0^x tf(t) \mathrm{d}t = x\int_0^x f(u) \mathrm{d}u - \int_0^x tf(t) \mathrm{d}t$

$= x\int_0^x f(t) \mathrm{d}t - \int_0^x tf(t) \mathrm{d}t = \int_0^x (x-t)f(t) \mathrm{d}t$.

本题也可利用原函数性质来证明，记等式左端的函数为 $F(x)$，右端的函数为 $G(x)$，则 $F'(x)$
$= \left(x\int_0^x f(t) \mathrm{d}t - \int_0^x tf(t) \mathrm{d}t\right)' = \int_0^x f(t) \mathrm{d}t, G'(x) = \int_0^x f(u) \mathrm{d}u = \int_0^x f(t) \mathrm{d}t$,

即 $F(x)$、$G(x)$ 都为函数 $\int_0^x f(t) \mathrm{d}t$ 的原函数，因此它们至多只差一个常数，但由于 $F(0) = G(0) = 0$，因此必有 $F(x) = G(x)$.

13. **证**: (1) $F'(x) = f(x) + \frac{1}{f(x)} \geqslant 2\sqrt{f(x) \cdot \frac{1}{f(x)}} = 2$.

(2) $F(a) = \int_b^a \frac{\mathrm{d}t}{f(t)} = -\int_a^b \frac{\mathrm{d}t}{f(t)} < 0,\quad F(b) = \int_a^b f(t) \mathrm{d}t > 0,$

由闭区间上连续函数性质可知 $F(x)$ 在区间 (a,b) 内必有零点，根据(1)可知函数 $F(x)$ 在区间 $[a,b]$ 上单调增加，从而零点唯一，即方程 $F(x) = 0$ 在区间 (a,b) 内有且仅有一个根.

14. **解**: $\int_0^2 f(x-1) \mathrm{d}x \xrightarrow{x=u+1} \int_{-1}^1 f(u) \mathrm{d}u = \int_{-1}^0 \frac{\mathrm{d}u}{1+\mathrm{e}^u} + \int_0^1 \frac{\mathrm{d}u}{1+u}$

$= \int_{-1}^0 \frac{\mathrm{e}^{-u} \mathrm{d}u}{1+\mathrm{e}^{-u}} + \left[\ln(1+u)\right]_0^1 = \left[-\ln(1+\mathrm{e}^{-u})\right]_{-1}^0 + \ln 2 = \ln(1+\mathrm{e})$.

15. **证**: 不妨设 $g(x) \geqslant 0$，由定积分性质可知 $\int_a^b g(x) \mathrm{d}x \geqslant 0$，记 $f(x)$ 在 $[a,b]$ 上的最大值为 M，最小值为 m，则有 $mg(x) \leqslant f(x)g(x) \leqslant Mg(x)$,

故有 $m\int_a^b g(x) \mathrm{d}x = \int_a^b mg(x) \mathrm{d}x \leqslant \int_a^b f(x)g(x) \mathrm{d}x \leqslant \int_a^b Mg(x) \mathrm{d}x = M\int_a^b g(x) \mathrm{d}x$.

当 $\int_a^b g(x) \mathrm{d}x = 0$ 时，由上述不等式可知 $\int_a^b f(x)g(x) \mathrm{d}x = 0$，故结论成立.

当 $\int_a^b g(x) \mathrm{d}x > 0$ 时，有 $m \leqslant \dfrac{\int_a^b f(x)g(x) \mathrm{d}x}{\int_a^b g(x) \mathrm{d}x} \leqslant M$，由闭区间上连续函数性质，知存在 $\xi \in [a,b]$，使得 $f(\xi) = \dfrac{\int_a^b f(x)g(x) \mathrm{d}x}{\int_a^b g(x) \mathrm{d}x}$，从而结论成立.

*16. 证：当 $n>1$ 时，$\int_0^{+\infty} x^n e^{-x^2} dx = -\frac{1}{2}\int_0^{+\infty} x^{n-1} d(e^{-x^2})$

$= -\frac{1}{2}\left[x^{n-1}e^{-x^2}\right]_0^{+\infty} + \frac{n-1}{2}\int_0^{+\infty} x^{n-2}e^{-x^2} dx = \frac{n-1}{2}\int_0^{+\infty} x^{n-2}e^{-x^2} dx$

记 $I_n = \int_0^{+\infty} x^{2n+1} e^{-x^2} dx$，则

$I_n = \int_0^{+\infty} x^{2n+1} e^{-x^2} dx = \frac{2n+1-1}{2}\int_0^{+\infty} x^{2n-1} e^{-x^2} dx = n\int_0^{+\infty} x^{2n-1} e^{-x^2} dx = nI_{n-1}$，

因此有 $I_n = n!$，$I_0 = n!\int_0^{+\infty} xe^{-x^2} dx = n!\left[-\frac{1}{2}e^{-x^2}\right]_0^{+\infty} = \frac{1}{2}n! = \frac{1}{2}\Gamma(n+1)$.

*17. 解：(1) $x=0$ 为被积函数 $f(x) = \frac{\sin x}{\sqrt{x^3}}$ 的瑕点，而 $\lim_{x\to 0^+} x^{\frac{1}{2}} \cdot f(x) = 1$，因此 $\int_0^1 f(x) dx$ 收敛；

又由于 $|f(x)| \leqslant \frac{1}{\sqrt{x^3}}$，而 $\int_1^{+\infty} \frac{1}{\sqrt{x^3}} dx$ 收敛，故 $\int_1^{+\infty} f(x) dx$ 收敛，因此 $\int_0^{+\infty} \frac{\sin x}{\sqrt{x^3}} dx$ 收敛.

(2) $x=2$ 为被积函数 $f(x) = \frac{1}{x \cdot \sqrt[3]{x^2-3x+2}}$ 的瑕点，而 $\lim_{x\to 2^+}(x-2)^{\frac{1}{3}} \cdot f(x) = \frac{1}{2}$，

因此 $\int_2^3 f(x) dx$ 收敛；又由于 $\lim_{x\to +\infty} x^{\frac{5}{3}} \cdot f(x) = 1$，因此 $\int_3^{+\infty} \frac{dx}{x \cdot \sqrt[3]{x^2-3x+2}}$ 收敛，

故 $\int_2^{+\infty} \frac{dx}{x \cdot \sqrt[3]{x^2-3x+2}}$ 收敛.

(3) $\int_2^{+\infty} \frac{\cos x}{\ln x} dx = \int_2^{+\infty} \frac{1}{\ln x} d(\sin x) = \left[\frac{\sin x}{\ln x}\right]_2^{+\infty} + \int_2^{+\infty} \frac{\sin x}{x\ln^2 x} dx = \int_2^{+\infty} \frac{\sin x}{x\ln^2 x} dx - \frac{\sin 2}{\ln 2}$，

又由于 $\left|\frac{\sin x}{x\ln^2 x}\right| \leqslant \frac{1}{x\ln^2 x}$，而 $\int_2^{+\infty} \frac{1}{x\ln^2 x} dx$ 收敛，故 $\int_2^{+\infty} \left|\frac{\sin x}{x\ln^2 x}\right| dx$ 收敛，

即 $\int_2^{+\infty} \left|\frac{\sin x}{x\ln^2 x}\right| dx$ 绝对收敛，因此 $\int_2^{+\infty} \left|\frac{\cos x}{\ln x}\right| dx$ 收敛.

(4) $x=0, x=1, x=2$ 为被积函数 $f(x) = \frac{1}{\sqrt[3]{x^2(x-1)(x-2)}}$ 的瑕点，

$\lim_{x\to 0^+} x^{\frac{2}{3}} f(x) = \frac{1}{\sqrt[3]{2}}$，$\lim_{x\to 1}(x-1)^{\frac{1}{3}} f(x) = -1$，$\lim_{x\to 2} f(x)(x-2)^{\frac{1}{3}} = \frac{\sqrt[3]{2}}{2}$，

故 $\int_0^3 f(x) dx$ 收敛；又由于 $\lim_{x\to +\infty} x^{\frac{4}{3}} \cdot f(x) = 1$，因此 $\int_3^{+\infty} \frac{dx}{\sqrt[3]{x^2(x-1)(x-2)}}$ 收敛，

故 $\int_0^{+\infty} \frac{dx}{\sqrt[3]{x^2(x-1)(x-2)}}$ 收敛.

*18. 解：(1) $x=0$ 为被积函数 $f(x) = \ln\sin x$ 的瑕点，而 $\lim_{x\to 0^+} \sqrt{x} \cdot f(x) = \lim_{x\to 0^+} \frac{\ln\sin x}{x^{-\frac{1}{2}}}$

$= \lim_{x\to 0^+} \frac{\cot x}{-\frac{1}{2}x^{-\frac{3}{2}}} = \lim_{x\to 0^+} \frac{-2x^{\frac{3}{2}}}{\tan x} = 0$，故 $\int_0^{\frac{\pi}{2}} \ln\sin x \, dx$ 收敛.

又 $\int_0^{\frac{\pi}{2}} \ln\sin x \, dx = \int_0^{\frac{\pi}{4}} \ln\sin x \, dx + \int_{\frac{\pi}{4}}^{\frac{\pi}{2}} \ln\sin x \, dx$

而 $\int_{\frac{\pi}{4}}^{\frac{\pi}{2}} \ln\sin x \, dx \xrightarrow{x = \frac{\pi}{2} - u} \int_{\frac{\pi}{4}}^{0} -\ln\cos u \, du = \int_{0}^{\frac{\pi}{4}} \ln\cos u \, du$,

因此 $\int_{0}^{\frac{\pi}{2}} \ln\sin x \, dx = \int_{0}^{\frac{\pi}{4}} \ln\sin x \, dx + \int_{0}^{\frac{\pi}{4}} \ln\cos x \, dx = \int_{0}^{\frac{\pi}{4}} (\ln\sin x \cos x) \, dx$

$= \int_{0}^{\frac{\pi}{4}} (\ln\sin 2x - \ln 2) \, dx = \int_{0}^{\frac{\pi}{4}} \ln\sin 2x \, dx - \int_{0}^{\frac{\pi}{4}} \ln 2 \, dx \xrightarrow{u = 2x} \frac{1}{2} \int_{0}^{\frac{\pi}{2}} \ln\sin u \, du - \frac{\pi}{4} \ln 2$,

故 $\int_{0}^{\frac{\pi}{2}} \ln\sin x \, dx = -\frac{\pi}{2} \ln 2$.

(2) 记被积函数为 $f(x) = \dfrac{1}{(1+x^2)(1+x^a)}$, 则当 $a = 0$ 时, $\lim\limits_{x \to +\infty} x^2 \cdot f(x) = \dfrac{1}{2}$, 当 $a > 0$ 时, $\lim\limits_{x \to +\infty} x^2 \cdot f(x) = 0$, 因此当 $a \geqslant 0$ 时, $\int_{0}^{+\infty} \dfrac{dx}{(1+x^2)(1+x^a)}$ 收敛.

令 $x = \dfrac{1}{t}$, 得到

$$\int_{0}^{+\infty} \frac{dx}{(1+x^2)(1+x^a)} = \int_{+\infty}^{0} \frac{-t^a \, dt}{(1+t^2)(1+t^a)},$$

又

$$\int_{+\infty}^{0} \frac{-t^a \, dt}{(1+t^2)(1+t^a)} = \int_{0}^{+\infty} \frac{x^a \, dx}{(1+x^2)(1+x^a)},$$

故 $\int_{0}^{+\infty} \dfrac{dx}{(1+x^2)(1+x^a)} = \int_{0}^{+\infty} \dfrac{x^a \, dx}{(1+x^2)(1+x^a)} = \dfrac{1}{2} \left[\int_{0}^{+\infty} \dfrac{dx}{(1+x^2)(1+x^a)} + \int_{0}^{+\infty} \dfrac{x^a \, dx}{(1+x^2)(1+x^a)} \right] = \dfrac{1}{2} \int_{0}^{+\infty} \dfrac{dx}{1+x^2} = \dfrac{1}{2} \left[\arctan x \right]_{0}^{+\infty} = \dfrac{\pi}{4}$.

第六章 定积分的应用

 本章知识结构树

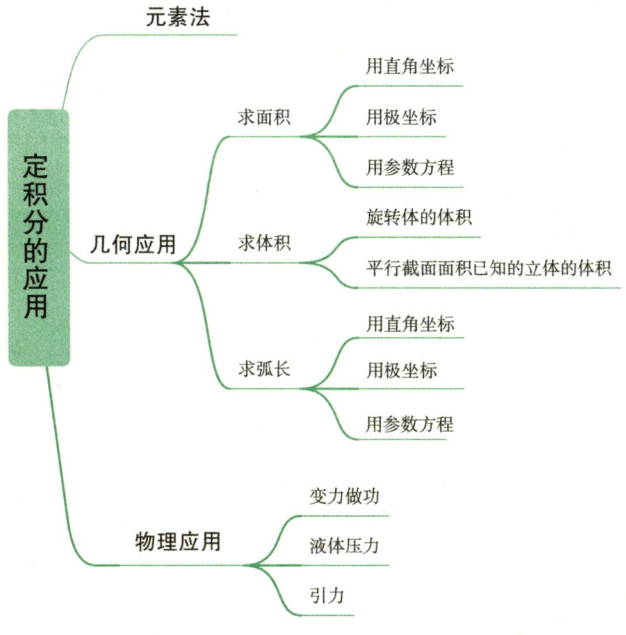

大纲解读

会利用定积分计算平面图形的面积、旋转体的体积和函数的平均值,会利用定积分求解简单的经济应用问题.

第一节 定积分的元素法

 内容精讲

1. 元素法

定积分的元素法是指:要求某个量 U,它与区间 $[a,b]$ 有关,在 $[a,b]$ 上任取一个小区间

$[x, x+dx]$,由于区间很小,如果相应地部分量 ΔU 可近似地表示为:$\Delta U \approx f(x)dx$,则 $f(x)dx$ 就是所求量的元素或所求量的微分,即 $dU = f(x)dx$,以它作被积表达式,在 $[a,b]$ 上积分,即得所求量 U,

$$U = \int_a^b dU = \int_a^b f(x)dx.$$

这就是定积分的元素法.

2. 应用元素法的条件

如果某一实际问题中所求量 U 符合下列条件:

(1) U 是与一个变量 x 的变化区间 $[a,b]$ 有关的量;

(2) U 对于区间 $[a,b]$ 具有数量可加性,即如果把区间 $[a,b]$ 分成了许多区间,则 U 相应地也被分成许多部分量,而 U 等于所有部分量之和;

(3) 部分量 ΔU_i 的近似值可表示为 $f(\xi_i)\Delta x_i$,其中 $f(x)$ 为区间上的已知连续函数,则可考虑用定积分来计算这个量 U.

3. 利用元素法求量 U 的步骤

(1) 选取一个变量如 x 为积分变量,确定它的变化区间 $[a,b]$;

(2) 把区间 $[a,b]$ 分成 n 个小区间,取其中任一小区间记作 $[x, x+dx]$,在该小区间上运用"以常代变","以直代曲"的思想,求出相应的 ΔU 的近似值记作

$$dU = f(x)dx;$$

(3) 作积分 $U = \int_a^b f(x)dx$.

题型及考点解析

例1 利用元素法解决实际问题时,怎样理解元素法中的"元素"?

解 在计算一些不规则图形的面积、体积、弧长或者计算一些物理量的时候,由于在计算公式中,某些量不是常量,而是变量,因此,无法应用初等数学的方法求得其值,故采用元素法.

应用元素法的关键在于根据具体条件利用已知的几何或物理知识,先将几何量、物理量做"分割",其中改变量的主要部分即为"元素",在这个"元素"上,可以"以常代变"、"以直代曲",利用初等数学的方法来表示对应的局部的几何量或物理量.

例如,求连续曲线 $y = f(x)$ 与 $x=a, x=b$ 和 x 轴所围的曲边梯形的面积 A,设在 $[x, x+dx]$ 上小曲边梯形面积为 ΔA,将变量 $f(x)$ 在 $[x, x+dx]$ 上近似看成常值 $f(x)$,于是,可算出小矩形面积 $f(x)dx$,由 $f(x)$ 的连续性,有

$$\Delta A - f(x)dx = \alpha \cdot dx,$$

当 $dx \to 0$ 时,α 是无穷小量,因此 $f(x)dx$ 确实是 ΔA 的线性主部——微分 dA. 从而,所要求的面积

$$A = \int_a^b f(x)dx.$$

由于在大多数实际问题中,元素的直观含义是清楚的、明确的,因此不必从理论上进行繁琐的验证,元素的几何形状常取为:条、带、段、环、扇、片、壳等.

例2 求由曲线 $y = 1 - 2x^2$,直线 $y = x, x = \dfrac{1}{4}, x = 2$ 所围成的平面图形的面积 A.

解 如图 6-1 所示.

当 $\frac{1}{4} \leqslant x \leqslant \frac{1}{2}$ 时,面积元素为
$$dA = (1 - 2x^2 - x)dx$$
当 $\frac{1}{2} \leqslant x \leqslant 2$ 时,面积元素为
$$dA = [x - (1 - 2x^2)]dx = (x - 1 + 2x^2)dx$$
故所求面积
$$A = \int_{\frac{1}{4}}^{\frac{1}{2}} dA + \int_{\frac{1}{2}}^{2} dA$$
$$= \int_{\frac{1}{4}}^{\frac{1}{2}} (1 - 2x^2 - x)dx + \int_{\frac{1}{2}}^{2} (x - 1 + 2x^2)dx$$
$$= \left(x - \frac{2}{3}x^3 - \frac{1}{2}x^2\right)\Big|_{\frac{1}{4}}^{\frac{1}{2}} + \left(\frac{1}{2}x^2 - x + \frac{2}{3}x^3\right)\Big|_{\frac{1}{2}}^{2}$$
$$= \frac{137}{24}.$$

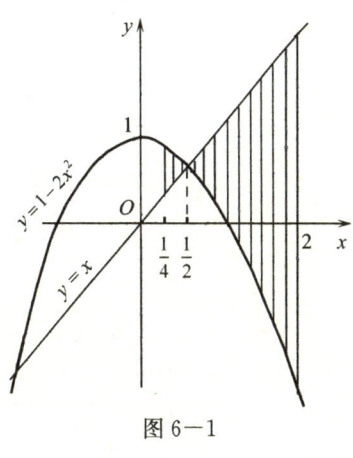

图 6—1

题型分析 由于当 x 在 $\left[\frac{1}{4}, \frac{1}{2}\right]$ 内变化时,对应的面积元素 dA 的表达式与当 $x \in \left[\frac{1}{2}, 2\right]$ 时 dA 的表达式不同,因此必须用直线 $x = \frac{1}{2}$ 将所求面积分为两个面积之和,分别用定积分计算.

第二节 定积分在几何学上的应用

▶ 内容精讲

平面图形的面积

1. 直角坐标的情形

(1) $x = a, x = b(a < b), y = f(x)$(连续或分段连续非负)及 x 轴围成图形的面积 $A = \int_a^b f(x)dx$(见图 6—2(1))

(2) $y = c, y = d(c < d), x = \varphi(y)$(连续或分段连续非负)及 y 轴围成图形的面积 $A = \int_c^d \varphi(y)dy$(见图 6—2(2))

(3) $x = a, x = b(a < b), y = f(x), y = g(x)$ 所围图形的面积,$f(x)、g(x)$ 连续或分段连续,且 $f(x) \geqslant g(x)$,$A = \int_a^b (f(x) - g(x))dx$(见图 6—2(3))

(4) $y = c, y = d(c < d), x = \varphi(y), x = \psi(y)$ 所围图形的面积,其中 $\varphi(y)、\psi(y)$ 连续或分段连续,且 $\varphi(y) \geqslant \psi(y)$,$A = \int_c^d (\varphi(y) - \psi(y))dy$(见图 6—2(4))

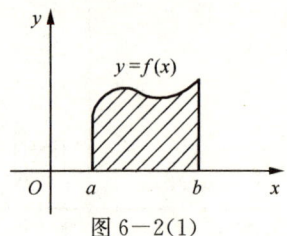
图 6-2(1)

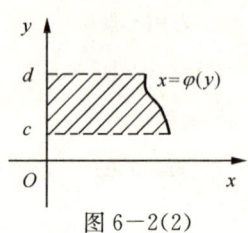
图 6-2(2)

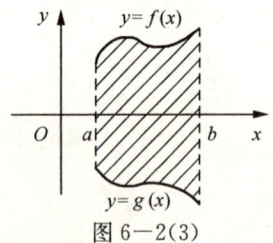
图 6-2(3)

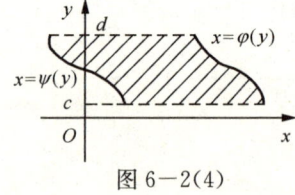
图 6-2(4)

2. 参数方程的情形

若平面图形是由参数方程 $\begin{cases} x=\varphi(t) \\ y=\psi(t) \end{cases}$ $(\alpha \leqslant t \leqslant \beta)$ 表示的边界曲线所围成,则其面积

$$A = \left| \int_\alpha^\beta \psi(t) \cdot \varphi'(t) dt \right|$$

3. 极坐标的情形

(1) $\rho = \rho(\theta)$, $\theta = \alpha$, $\theta = \beta (\alpha < \beta)$ 所围成的曲边扇形的面积(如图 6-3)

$$A = \int_\alpha^\beta \frac{1}{2} \rho^2(\theta) d\theta$$

(2) $\rho = \rho_1(\theta)$, $\rho = \rho_2(\theta) (\rho_1(\theta) \geqslant \rho_2(\theta))$, $\theta = \alpha$, $\theta = \beta(\alpha < \beta)$ 所围成图形的面积(如图 6-4)

$$A = \frac{1}{2} \int_\alpha^\beta (\rho_1^2(\theta) - \rho_2^2(\theta)) d\theta$$

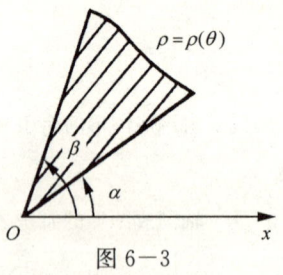
图 6-3

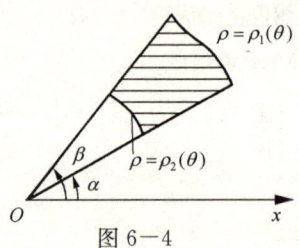
图 6-4

立体的体积

1. 旋转体的体积

(1) $y=f(x)$ $x \in [a,b]$, $x=a$, $x=b$, x 轴所围成的曲边梯形绕 x 轴旋转一周而成的立体(如图 6-5)的体积为 $V_x = \pi \int_a^b (f(x))^2 dx$.

定积分的应用

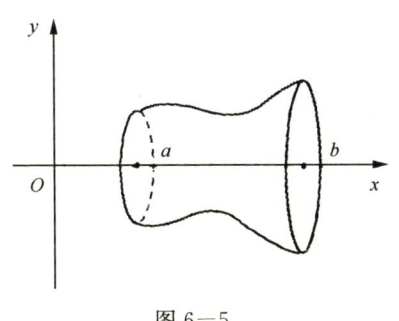

图 6-5

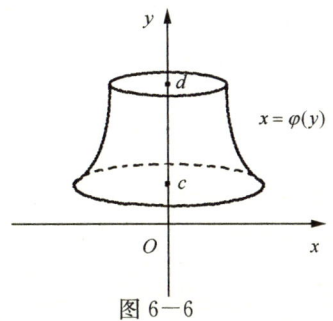

图 6-6

(2) $x=\varphi(y)$, $y=c$, $y=d(c<d)$ 与 y 轴所围成的曲边梯形绕 y 轴旋转一周而成的旋转体（如图 6-6）的体积为 $V_y=\pi\int_c^d(\varphi(y))^2\,\mathrm{d}y$.

2. 平行截面面积为已知的立体的体积

立体在 $x=a$, $x=b(a<b)$ 之间, $A(x)$ 表示过点 x 且垂直于 x 轴的截面面积, 则立体体积为 $V=\int_a^b A(x)\,\mathrm{d}x$.

平面曲线的弧长

1. 参数方程的情形

设曲线弧由参数方程 $\begin{cases} x=\varphi(t) \\ y=\psi(t) \end{cases}(\alpha\leqslant t\leqslant\beta)$ 给出, 其中 $\varphi(t)$, $\psi(t)$ 在 $[\alpha,\beta]$ 上具有连续导数, 则曲线弧弧长为 $s=\int_\alpha^\beta \sqrt{[\varphi'(t)]^2+[\psi'(t)]^2}\,\mathrm{d}t$.

2. 直角坐标系的情形

光滑曲线弧方程为 $y=f(x)(a\leqslant x\leqslant b)$, 则曲线弧弧长为 $s=\int_a^b\sqrt{1+[f'(x)]^2}\,\mathrm{d}x$.

3. 极坐标系的情形

光滑曲线方程为 $\rho=\rho(\theta)(\alpha\leqslant\theta\leqslant\beta)$, 则曲线弧弧长为 $s=\int_\alpha^\beta\sqrt{\rho^2(\theta)+[\rho'(\theta)]^2}\,\mathrm{d}\theta$.

题型及考点解析

例1 求由抛物线 $y^2=x$ 与 $y^2=-x+4$ 所围图形的面积.

解 两条抛物线交点为 $\begin{cases} y^2=x \\ y^2=-x+4 \end{cases}$, 即 $(2,-\sqrt{2})$, $(2,\sqrt{2})$.

则 $S=\int_{-\sqrt{2}}^{\sqrt{2}}[(-y^2+4)-y^2]\,\mathrm{d}y$

$=2\int_0^{\sqrt{2}}(4-2y^2)\,\mathrm{d}y=4\left(2y\Big|_0^{\sqrt{2}}-\frac{1}{3}y^3\Big|_0^{\sqrt{2}}\right)=\frac{16}{3}\sqrt{2}$.

例2 求曲线 $\begin{cases} x=2\cos^3 t \\ y=2\sin^3 t \end{cases}(0\leqslant t\leqslant 2\pi)$ 所围图形的面积 A.

解 该曲线是星形线, 如图 6-7 所示, 利用对称性得星形线所围图形的面积为

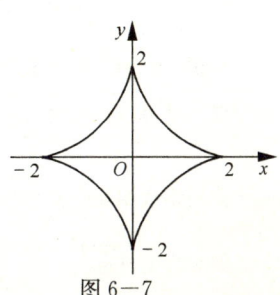

图 6-7

$$A = 4\int_0^a y\,dx = 4\int_{\frac{\pi}{2}}^0 2\sin^3 t \cdot 3 \cdot 2\cos^2 t(-\sin t)\,dt$$
$$= 48\int_0^{\frac{\pi}{2}} \sin^4 t \cdot \cos^2 t\,dt = 48\int_0^{\frac{\pi}{2}} (\sin^4 t - \sin^6 t)\,dt$$
$$= 48\left[\frac{3}{4} \cdot \frac{1}{2} \cdot \frac{\pi}{2}\left(1 - \frac{5}{6}\right)\right] = \frac{3}{2}\pi.$$

例3 求心脏线 $\rho = a(1+\cos\varphi)$ 与圆 $\rho = a$ 所围成各部分的面积 $(a>0)$.

分析 如图 6-8 所示,所求面积分别为三部分:
(1)圆内,心脏线内部分 A_1;(2)圆内,心脏线外部分 A_2;
(3)圆外,心脏线内部分 A_3.

解 (1) $A_1 = 2\int_{\frac{\pi}{2}}^{\pi} \frac{1}{2}\rho^2(\varphi)\,d\varphi + \frac{\pi}{2}a^2$

$= a^2 \int_{\frac{\pi}{2}}^{\pi} (1+\cos\varphi)^2\,d\varphi + \frac{\pi}{2}a^2$

$= \frac{\pi}{2}a^2 + a^2 \int_{\frac{\pi}{2}}^{\pi} \left[1 + 2\cos\varphi + \frac{1+\cos 2\varphi}{2}\right]d\varphi$

$= \frac{\pi}{2}a^2 + a^2\left(\frac{3}{2}\varphi + 2\sin\varphi + \frac{1}{4}\sin 2\varphi\right)\Big|_{\frac{\pi}{2}}^{\pi}$

$= \frac{\pi}{2}a^2 + a^2\left(\frac{3}{4}\pi - 2\right) = a^2\left(\frac{5}{4}\pi - 2\right);$

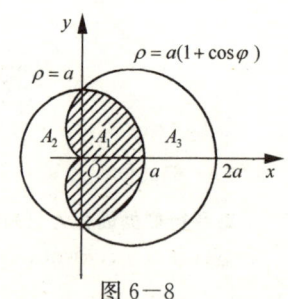

图 6-8

(2) $A_2 = \pi a^2 - A_1 = a^2\left(2 - \frac{\pi}{4}\right);$

(3) $A_3 = 2\int_0^{\frac{\pi}{2}} \frac{1}{2}[a^2(1+\cos\varphi)^2 - a^2]\,d\varphi = a^2\int_0^{\frac{\pi}{2}} (1 + 2\cos\varphi + \cos^2\varphi - 1)\,d\varphi$

$= a^2\int_0^{\frac{\pi}{2}} (2\cos\varphi + \cos^2\varphi)\,d\varphi = a^2\left(2 + \frac{\pi}{4}\right).$

题型分析 计算平面图形的面积时,一般要先画出大体图形,然后根据图形的特点选择是用直角坐标系还是用极坐标系.通常图形与圆有关时可考虑用极坐标系,计算起来可能会更简单.在直角坐标系下,还要根据图形的形状选择恰当的积分变量,如果不是前面公式中所给的四种类型还需要对图形进行分割,分割成四种标准类型中的一种再积分;极坐标系类似.恰当地选择积分变量和积分区间可给计算带来方便.另外,可利用图形的对称性简化计算.

例4 设曲线 $y = x^2$ 与它两条相互垂直的切线所围平面图形的面积为 S,其中一条切线与曲线相切于点 $A(a, a^2)$,$a>0$.试证:当 $a = \frac{1}{2}$ 时,面积 S 最小.

分析 利用定积分求出面积 S 与 a 的函数关系,再验证 $a = \frac{1}{2}$ 时 S 最小即可.

证 设另一切线的切点为 $B(b, b^2)$,如图 6-9 所示,则因 $y' = 2x$,故此两切线的方程分别为 $y - a^2 = 2a(x-a)$, $y - b^2 = 2b(x-b)$,

由于此两切线相互垂直,故有 $2a \cdot 2b = -1$,即 $b = -\frac{1}{4a}.$

解方程组 $\begin{cases} y - a^2 = 2a(x-a) \\ y - b^2 = 2b(x-b) \end{cases}$

得两切线的交点为 $C\left(\dfrac{a+b}{2}, ab\right)$. 因此, 曲线 $y=x^2$ 与此两切线所围平面图形的面积为

$$S = \int_b^{\frac{a+b}{2}} [x^2 - (2bx - b^2)]dx + \int_{\frac{a+b}{2}}^a [x^2 - (2ax - a^2)]dx$$

$$= \int_b^{\frac{a+b}{2}} (x-b)^2 dx + \int_{\frac{a+b}{2}}^a (x-a)^2 dx = \dfrac{(a-b)^3}{12}$$

$$= \dfrac{1}{12}\left(a + \dfrac{1}{4a}\right)^3.$$

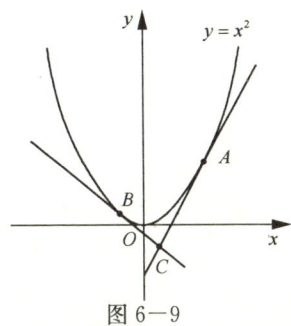

图 6-9

因 $a>0$, 故当 $a+\dfrac{1}{4a}$ 取最小值时, S 也取最小值. 为此, 令 $\varphi(a) = a + \dfrac{1}{4a}$, 于是, $\varphi'(a) = 1 - \dfrac{1}{4a^2}$, $\varphi''(a) = \dfrac{1}{2a^3} > 0$, 且当 $\varphi'(a)=0$ 时有 $a=\dfrac{1}{2}$. 所以 $a=\dfrac{1}{2}$ 是 $\varphi(a)$ 的极小值点. 并因 $a>0$ 时, $\varphi(a)$ 仅有一个极小值点 $a=\dfrac{1}{2}$, 故 $\varphi(a)$ 在 $a=\dfrac{1}{2}$ 时取得最小值.

例 5 设有一正椭圆柱体, 其底面长、短轴分别为 $2a$、$2b$, 用过此柱体底面的短轴且与底面成 α 角 $\left(0<\alpha<\dfrac{\pi}{2}\right)$ 的平面截此柱体, 得一楔形体(如图 6-10), 求此楔形体的体积 V. (考研题)

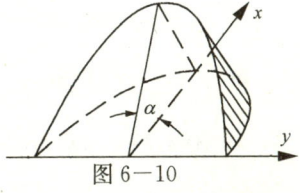

图 6-10

分析 确定坐标系, 使椭圆柱体底面的长轴在 x 轴上, 短轴在 y 轴上, 则底面椭圆在 xOy 平面上, 且方程为 $\dfrac{x^2}{a^2} + \dfrac{y^2}{b^2} = 1$. 要求楔形体的体积 V 有多种方法, 可作垂直于 x 轴或 y 轴的截平面, 求出截面的面积表示式 $S(y)$ 或 $S(x)$, 然后再用一个定积分求出 V, 也可利用三重积分(在第十章中介绍)求出 V.

解法一 底面椭圆的方程为 $\dfrac{x^2}{a^2} + \dfrac{y^2}{b^2} = 1$, 以垂直于 y 轴的平行平面截此楔形体所得的截面为直角三角形, 其一直角边长为 $a\sqrt{1-\dfrac{y^2}{b^2}}$, 另一直角边长为 $a\sqrt{1-\dfrac{y^2}{b^2}}\tan\alpha$, 故截面面积 $S(y)=\dfrac{a^2}{2}\left(1-\dfrac{y^2}{b^2}\right)\tan\alpha$, 楔形体的体积 $V = 2\int_0^b \dfrac{a^2}{2}\left(1-\dfrac{y^2}{b^2}\right)\tan\alpha \, dy = \dfrac{2a^2 b}{3}\tan\alpha$.

解法二 底面椭圆的方程为 $\dfrac{x^2}{a^2} + \dfrac{y^2}{b^2} = 1$, 以垂直于 x 轴的平行平面截此楔形体所得的截面为矩形, 其一边长为 $2y = 2b\sqrt{1-\dfrac{x^2}{a^2}}$, 另一边长为 $x\cdot\tan\alpha$, 故截面面积 $S(x) = 2bx\sqrt{1-\dfrac{x^2}{a^2}}\tan\alpha$, 楔形体的体积 $V = \int_0^a 2bx\sqrt{1-\dfrac{x^2}{a^2}}\tan\alpha \, dx = b\tan\alpha \left[\dfrac{-2a^2}{3}\left(1-\dfrac{x^2}{a^2}\right)^{\frac{3}{2}}\right]_0^a = \dfrac{2}{3}a^2 b\tan\alpha$.

例 6 如图 6-11, 设 D 是由曲线 $y=\sqrt[3]{x}$, 直线 $x=a(a>0)$ 及 x 轴所围成的平面图形, V_x, V_y 分别是 D 绕 x 轴和 y 轴旋转一周所得旋转体的体积, 若 $10V_x = V_y$, 求 a 的值. (考研题)

解 由旋转体的定积分计算公式, 得

$$V_x = \pi \int_0^a y^2(x)dx = \pi \int_0^a x^{\frac{2}{3}}dx = \dfrac{3}{5}\pi x^{\frac{5}{3}}\Big|_0^a = \dfrac{3}{5}\pi a^{\frac{5}{3}},$$

$$V_y = \pi a^{\frac{7}{3}} - \pi \int_0^{\sqrt[3]{a}} y^6 \mathrm{d}y = \pi a^{\frac{7}{3}} - \frac{1}{7}\pi y^7 \Big|_0^{\sqrt[3]{a}}$$
$$= \frac{6}{7}\pi a^{\frac{7}{3}},$$

由 $10V_x = V_y$,可得 $\frac{6}{7}\pi a^{\frac{7}{3}} = 10 \cdot \frac{3}{5}\pi a^{\frac{5}{3}}$,

解得 $a = 7\sqrt{7}$。另外,V_y 也可以用柱壳法计算,即

$$V_y = 2\pi \int_0^a xy(x)\mathrm{d}x$$
$$= 2\pi \int_0^a x^{\frac{4}{3}}\mathrm{d}x = 2\pi \cdot \frac{3}{7}x^{\frac{7}{3}}\Big|_0^a = \frac{6}{7}\pi a^{\frac{7}{3}}。$$

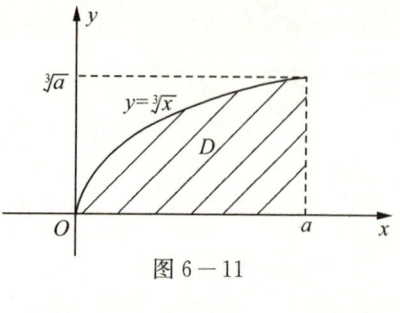

图 6-11

例 7 设曲线 $y = ax^2(a > 0, x \geqslant 0)$ 与 $y = 1 - x^2$ 交于点 A,过坐标原点 O 和点 A 的直线与曲线 $y = ax^2$ 围成一平面图形(如图 6-12 所示)。问 a 为何值时,该图形绕 x 轴旋转一周所得的旋转体体积最大?最大体积是多少?(考研题)

分析 此旋转体体积依赖于两抛物线交点的位置,所以先求交点坐标,再写出直线 OA 的方程计算旋转体体积,为参数 a 的函数,用导数的方法计算其最大值。

解 当 $x \geqslant 0$ 时,由 $\begin{cases} y = ax^2 \\ y = 1 - x^2 \end{cases}$ 解得 $x = \frac{1}{\sqrt{1+a}}$,$y = \frac{a}{1+a}$,故直线 OA 的方程为 $y = \frac{ax}{\sqrt{1+a}}$。

旋转体的体积

$$V = \pi \int_0^{\frac{1}{\sqrt{1+a}}} \left(\frac{a^2 x^2}{1+a} - a^2 x^4\right)\mathrm{d}x$$
$$= \pi \left[\frac{a^2}{3(1+a)}x^3 - \frac{a^2}{5}x^5\right]\Big|_0^{\frac{1}{\sqrt{1+a}}} = \frac{2\pi}{15} \cdot \frac{a^2}{(1+a)^{\frac{5}{2}}},$$

$$\frac{\mathrm{d}V}{\mathrm{d}a} = \frac{2\pi}{15} \cdot \frac{2a(1+a)^{\frac{5}{2}} - a^2 \cdot \frac{5}{2}(1+a)^{\frac{3}{2}}}{(1+a)^5} = \frac{\pi(4a - a^2)}{15(1+a)^{\frac{7}{2}}} \quad (a > 0)。$$

令 $\frac{\mathrm{d}V}{\mathrm{d}a} = 0$,并由 $a > 0$ 得唯一驻点:$a = 4$。

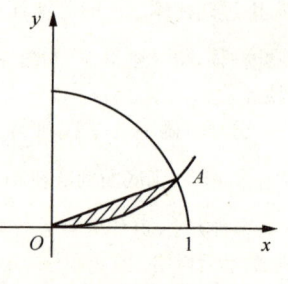

图 6-12

由题意知此旋转体在 $a = 4$ 时取最大值,其最大体积为 $V = \frac{2\pi}{15} \cdot \frac{16}{5^{\frac{5}{2}}} = \frac{32\sqrt{5}}{1875}\pi$。

【例 8】 求曲线 $y = 3 - |x^2 - 1|$ 与 x 轴围成的封闭图形绕直线 $y = 3$ 旋转所得的旋转体体积。

解 如图 6-13 所示。$\overset{\frown}{AB}$ 与 $\overset{\frown}{BC}$ 的方程分别为 $y = x^2 + 2$ ($0 \leqslant x \leqslant 1$),与 $y = 4 - x^2$ ($1 \leqslant x \leqslant 2$)。

设旋转体在区间 $[0, 1]$ 上的体积为 V_1,在区间 $[1, 2]$ 上的体积为 V_2,则它们的体积元素分别为

$$\mathrm{d}V_1 = \pi\{3^2 - [3 - (x^2 + 2)]^2\}\mathrm{d}x, \mathrm{d}V_2$$
$$= \pi\{3^2 - [3 - (4 - x^2)]^2\}\mathrm{d}x。$$

由对称性得

$$V = 2(V_1 + V_2)$$

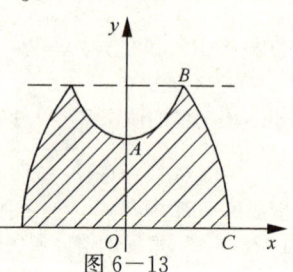

图 6-13

$$=2\pi\int_0^1\{3^2-[3-(x^2+2)]^2\}dx+2\pi\int_1^2\{3^2-[3-(4-x^2)]^2\}dx$$

$$=2\pi\int_0^2(8+2x^2-x^4)dx=2\pi\left(8x+\frac{2}{3}x^3-\frac{1}{5}x^5\right)\Big|_0^2=\frac{448}{15}\pi.$$

题型分析 计算曲边梯形绕坐标轴旋转形成的旋转体体积时,可利用切片法,即把旋转体看成由一系列垂直于旋转轴的圆形薄片组成,而此薄片体积就是体积元.

例 9 求曲线 $y=\int_0^x\sqrt{\sin t}\,dt\ (0\leqslant x\leqslant\pi)$ 的长度.

解 因为 $y'(x)=\sqrt{\sin x}$,所以弧微分 dS 为 $ds=\sqrt{1+y'^2}\,dx=\sqrt{1+\sin x}\,dx$

故所求弧长 $S=\int_0^\pi ds=\int_0^\pi\sqrt{1+\sin x}\,dx=\int_0^\pi\sqrt{\left(\sin\frac{x}{2}+\cos\frac{x}{2}\right)^2}\,dx$

令 $x=\frac{\pi}{2}-t$,则

$$S=\int_0^\pi\left|\sin\frac{x}{2}+\cos\frac{x}{2}\right|dx=\int_{\frac{\pi}{2}}^{-\frac{\pi}{2}}\left|\sin\left(\frac{\pi}{4}-\frac{t}{2}\right)+\cos\left(\frac{\pi}{4}-\frac{t}{2}\right)\right|(-dt)$$

$$=\int_{-\frac{\pi}{2}}^{\frac{\pi}{2}}\sqrt{2}\cos\frac{t}{2}\,dt=2\sqrt{2}\int_0^{\frac{\pi}{2}}\cos\frac{t}{2}\,dt=4\sqrt{2}\sin\frac{t}{2}\Big|_0^{\frac{\pi}{2}}=4.$$

例 10 求心形线 $\rho=a(1-\cos\theta)$ 的全长.

解 由于心形线关于极轴对称,故所求心形线的全长是极轴上方部分的弧长的两倍.

故 $S=2\int_0^\pi\sqrt{\rho^2+\rho'^2}\,d\theta=2\int_0^\pi\sqrt{a^2(1-\cos\theta)^2+a^2\sin^2\theta}\,d\theta$

$$=2a\int_0^\pi\sqrt{2(1-\cos\theta)}\,d\theta=4a\int_0^\pi\sin\frac{\theta}{2}\,d\theta=-8a\cdot\cos\frac{\theta}{2}\Big|_0^\pi=8a.$$

例 11 设位于第一象限的曲线 $y=f(x)$ 过点 $\left(\frac{\sqrt{2}}{2},\frac{1}{2}\right)$,其上任一点 $P(x,y)$ 处的法线与 y 轴的交点为 Q,且线段 PQ 被 x 轴平分.

(1)求曲线 $y=f(x)$ 的方程;

(2)已知曲线 $y=\sin x$ 在 $[0,\pi]$ 上的弧长为 l,试用 l 表示曲线 $y=f(x)$ 的弧长 s.(考研题)

分析 首先应根据题意写出 $y=f(x)$ 满足的方程,求出 $f(x)$.再利用弧长公式求出弧长 l (表示式)和曲线 $y=f(x)$ 的弧长 s,将 s 的表达式用 l 代替即可.

解 (1)曲线 $y=f(x)$ 在点 $P(x,y)$ 处的法线方程为 $Y-y=-\frac{1}{y'}(X-x)$,其中 (X,Y) 为法线上任意一点的坐标.令 $X=0$,则 $Y=y+\frac{x}{y'}$,故 Q 点坐标为 $\left(0,y+\frac{x}{y'}\right)$.由题设知 $y+y+\frac{x}{y'}=0$,即 $2ydy+xdx=0$.积分得 $x^2+2y^2=C$ (C 为任意常数).由 $y\big|_{x=\frac{\sqrt{2}}{2}}=\frac{1}{2}$ 知 $C=1$,故曲线 $y=f(x)$ 的方程为 $x^2+2y^2=1$.

(2)曲线 $y=\sin x$ 在 $[0,\pi]$ 上的弧长为 $l=\int_0^{\frac{\pi}{2}}\sqrt{1+\cos^2 x}\,dx$.

曲线 $y=f(x)$ 的参数方程为 $\begin{cases} x=\cos\theta \\ y=\dfrac{\sqrt{2}}{2}\sin\theta \end{cases}$, $(0 \leqslant \theta \leqslant \dfrac{\pi}{2})$, 故

$$s=\int_0^{\frac{\pi}{2}} \sqrt{\sin^2\theta + \frac{1}{2}\cos^2\theta}\,d\theta = \frac{1}{\sqrt{2}}\int_0^{\frac{\pi}{2}} \sqrt{1+\sin^2\theta}\,d\theta.$$

令 $\theta=\dfrac{\pi}{2}-t$, 则 $s=\dfrac{1}{\sqrt{2}}\int_{\frac{\pi}{2}}^{0} \sqrt{1+\cos^2 t}\,(-dt) = \dfrac{1}{\sqrt{2}}\int_0^{\frac{\pi}{2}} \sqrt{1+\cos^2 t}\,dt = \dfrac{l}{2\sqrt{2}} = \dfrac{\sqrt{2}}{4}l.$

题型分析 计算曲线的弧长时，主要是根据曲线的方程，选择相应的公式写出弧微分 ds, 继而求出弧长。

习题6-2精讲

1. 解: (1) 解方程组 $\begin{cases} y=\sqrt{x} \\ y=x \end{cases}$, 得到交点坐标为 $(0,0)$ 和 $(1,1)$.

如果取 x 为积分变量, 则 x 的变化范围为 $[0,1]$, 相应于 $[0,1]$ 上的任一小区间 $[x, x+dx]$ 的窄条面积近似于高为 $\sqrt{x}-x$、底为 dx 的窄矩形的面积, 因此有

$$A=\int_0^1 (\sqrt{x}-x)\,dx = \left[\frac{2}{3}x^{\frac{3}{2}} - \frac{1}{2}x^2\right]_0^1 = \frac{1}{6}.$$

如果 y 为积分变量, 则 y 的变化范围为 $[0,1]$, 相应于 $[0,1]$ 上的任一小区间 $[y, y+dy]$ 的窄条面积近似于高为 dy、宽为 $y-y^2$ 的窄矩形的面积, 因此有

$$A=\int_0^1 (y-y^2)\,dy = \left[\frac{1}{2}y^2 - \frac{1}{3}y^3\right]_0^1 = \frac{1}{6}.$$

(2) 取 x 为积分变量, 则易知 x 的变化范围为 $[0,1]$, 相应于 $[0,1]$ 上的任一小区间 $[x, x+dx]$ 的窄条面积近似于高为 $e-e^x$、底为 dx 的窄矩形的面积, 因此有

$$A=\int_0^1 (e-e^x)\,dx = \left[ex-e^x\right]_0^1 = 1.$$

如果取 y 为积分变量, 则易知 y 的变化范围为 $[1,e]$, 相应于 $[1,e]$ 上的任一小区间 $[y, y+dy]$ 的窄条面积近似于高为 dy、宽为 $\ln y$ 的窄矩形的面积, 因此有

$$A=\int_1^e \ln y\,dy = \left[y\ln y\right]_1^e - \int_1^e dy = e-(e-1) = 1.$$

(3) 解方程组 $\begin{cases} y=2x \\ y=3-x^2 \end{cases}$, 得到交点坐标为 $(-3,-6)$ 和 $(1,2)$.

如果取 x 为积分变量, 则 x 的变化范围为 $[-3,1]$ 相应于 $[-3,1]$ 上的任一小区间 $[x, x+dx]$ 的窄条面积近似于高为 $(3-x^2)-2x = -x^2-2x+3$、底为 dx 的窄矩形的面积, 因此有 $A=\int_{-3}^1 (-x^2-2x+3)\,dx = \left[-\frac{1}{3}x^3-x^2+3x\right]_{-3}^1 = \frac{32}{3}.$

如果用 y 为积分变量, 则 y 的变化范围为 $[-6,3]$, 但是在 $[-6,2]$ 上的任一小区间 $[y, y+dy]$ 的窄条面积近似于高为 dy、宽为 $\dfrac{y}{2}-(-\sqrt{3-y}) = \dfrac{y}{2}+\sqrt{3-y}$ 的窄矩形的面积, 在 $[2,3]$ 上的任一小区间 $[y, y+dy]$ 的窄条面积近似于高为 dy、宽为 $\sqrt{3-y}-$

$(-\sqrt{3-y})=2\sqrt{3-y}$ 的窄矩形面积,因此有

$A=\int_{-6}^{2}(\frac{y}{2}+\sqrt{3-y})dy+\int_{2}^{3}2\sqrt{3-y}dy=\left[\frac{y^2}{4}-\frac{2}{3}(3-y)^{\frac{3}{2}}\right]_{-6}^{2}+\left[-\frac{4}{3}(3-y)^{\frac{3}{2}}\right]_{2}^{3}=\frac{32}{3}$,

从这里可看到本小题以 x 为积分变量较容易做. 原因是本小题中的图形边界曲线,若分为上下两段的话,则为 $y=2x$ 和 $y=3-x^2$;而分为左右两段的话,则为 $x=-\sqrt{3-y}$ 和

$x=\begin{cases}\frac{y}{2}, & -6\leqslant y\leqslant 2, \\ \sqrt{3-y}, & 2\leqslant y\leqslant 3,\end{cases}$ 其中右段曲线的表示相对比较复杂,也就导致计算形式复杂.

(4) 解方程组 $\begin{cases}y=2x+3, \\ y=x^2,\end{cases}$ 得到交点坐标为 $(-1,1)$ 和 $(3,9)$,与(3)相同的原因,本小题以 x 为积分变量计算较容易. 取 x 为积分变量,则 x 的变化范围为 $[-1,3]$,相应于 $[-1,3]$ 上的任一小区间 $[x,x+dx]$ 的窄条面积近似于高为 $2x+3-x^2$、底为 dx 的窄矩形的面积,因此有 $A=\int_{-1}^{3}(2x+3-x^2)dx=\left[x^2+3x-\frac{1}{3}x^3\right]_{-1}^{3}=\frac{32}{3}$.

2. **解**:(1) 如图 6-15,先计算图形 D_1 的面积,容易求得 $y=\frac{1}{2}x^2$ 与 $x^2+y^2=8$ 的交点为 $(-2,2)$ 和 $(2,2)$. 取 x 为积分变量,则 x 的变化范围为 $[-2,2]$,相应于 $[-2,2]$ 上的任一小区间 $[x,x+dx]$ 的窄条面积近似于高为 $\sqrt{8-x^2}-\frac{1}{2}x^2$、底为 dx 的窄矩形的面积,因此有

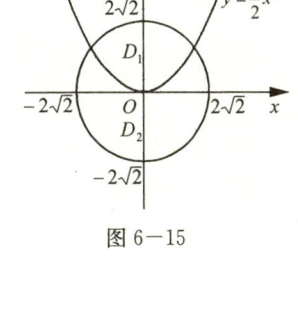

图 6-15

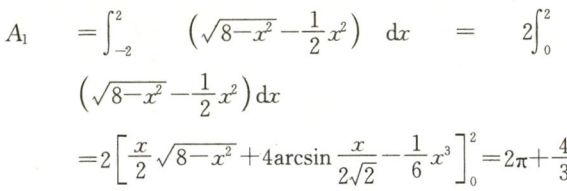

$=2\left[\frac{x}{2}\sqrt{8-x^2}+4\arcsin\frac{x}{2\sqrt{2}}-\frac{1}{6}x^3\right]_{0}^{2}=2\pi+\frac{4}{3}$,

图形 D_2 的面积为 $A_2=\pi(2\sqrt{2})^2-(2\pi+\frac{4}{3})=6\pi-\frac{4}{3}$.

(2) 如图 6-16,取 x 为积分变量,则 x 的变化范围为 $[1,2]$,相应于 $[1,2]$ 上的任一小区间 $[x,x+dx]$ 的窄条面积近似于高为 $x-\frac{1}{x}$、底为 dx 的窄矩形的面积,因此有

$A=\int_{1}^{2}(x-\frac{1}{x})dx=\left[\frac{1}{2}x^2-\ln x\right]_{1}^{2}=\frac{3}{2}-\ln 2$.

(3) 如图 6-17,取 x 为积分变量,则 x 的变化范围为 $[0,1]$,相应于 $[0,1]$ 上的任一小区间 $[x,x+dx]$ 的窄条面积近似于高为 e^x-e^{-x}、底为 dx 的窄矩形的面积,因此有

$A=\int_{0}^{1}(e^x-e^{-x})dx=e+\frac{1}{e}-2$.

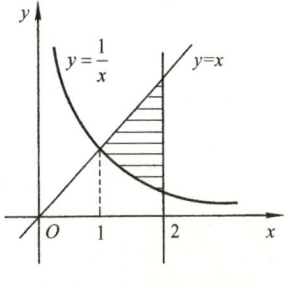

图 6-16

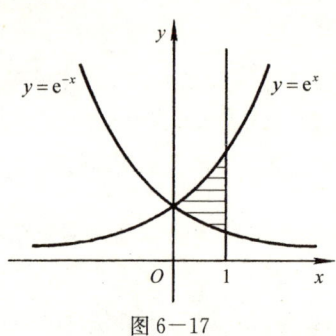

图 6-17

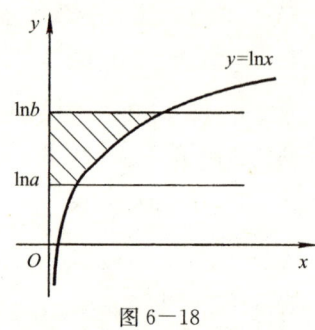

图 6-18

(4) 如图 6-18,取 y 为积分变量,则 y 的变化范围为 $[\ln a, \ln b]$,相应于 $[\ln a, \ln b]$ 上的任一小区间 $[y, y+dy]$ 的窄条面积近似于高为 dy、宽为 e^y 的窄矩形的面积,因此有 $A = \int_{\ln a}^{\ln b} e^y dy = \left[e^y \right]_{\ln a}^{\ln b} = b - a$.

3. **解**:首先求得导数 $y' \big|_{x=0} = 4, y' \big|_{x=3} = -2$,故抛物线在点 $(0,-3),(3,0)$ 处的切线分别为
$$y = 4x - 3, y = -2x + 6,$$
容易求得这两条切线交点为 $(\frac{3}{2}, 3)$(如图 6-19),因此所求面积为
$A = \int_0^{\frac{3}{2}} [4x - 3 - (-x^2 + 4x - 3)] dx$
$+ \int_{\frac{3}{2}}^3 [-2x + 6 - (-x^2 + 4x - 3)] dx$
$= \frac{9}{4}$.

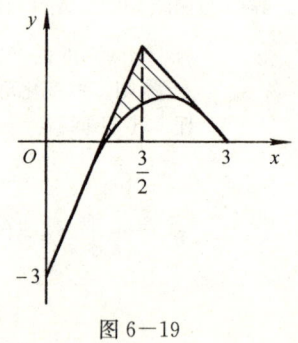

图 6-19

4. **解**:利用隐函数求导方法,抛物线方程 $y^2 = 2px$ 两端分别对 x 求导,得 $2yy' = 2p$,即得 $y' \big|_{(\frac{p}{2}, p)} = 1$,故法线斜率为 $k = -1$,从而得到法线方程为 $y = -x + \frac{3}{2}p$(如图 6-20),因此所求面积为 $A = \int_{-3p}^{p} (-y + \frac{3}{2}p - \frac{1}{2p}y^2) dy = \left[-\frac{1}{2}y^2 + \frac{3}{2}py - \frac{1}{6p}y^3 \right]_{-3p}^{p} = \frac{16}{3}p^2$.

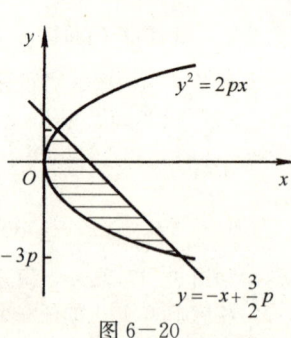

图 6-20

5. **解**:(1) $A = \int_{-\frac{\pi}{2}}^{\frac{\pi}{2}} \frac{1}{2} (2a\cos\theta)^2 d\theta = 4a^2 \int_0^{\frac{\pi}{2}} \cos^2\theta d\theta = \pi a^2$.

(2) 由对称性可知,所求面积为第一象限部分面积的 4 倍,记曲线 $x = a\cos^3 t, y = a\sin^3 t$ 上的点为 (x, y),因此
$A = 4\int_0^a y dx = 4\int_{\frac{\pi}{2}}^0 [a\sin^3 t \cdot 3a\cos^2 t(-\sin t)] dt = 12a^2 \int_0^{\frac{\pi}{2}} (\sin^4 t - \sin^6 t) dt = \frac{3}{8}\pi a^2$.

(3) $A = \int_0^{2\pi} \frac{1}{2} [2a(2 + \cos\theta)]^2 d\theta = 2a^2 \int_0^{2\pi} (4 + 4\cos\theta + \cos^2\theta) d\theta$

$$=2a^2\int_0^{2\pi}(4+\cos^2\theta)\mathrm{d}\theta=8a^2\int_0^{\frac{\pi}{2}}(4+\cos^2\theta)\mathrm{d}\theta=18\pi a^2.$$

6. **解**：本题做法与 5(2) 类似. 以 x 为积分变量，则 x 的变化范围为 $[0,2\pi a]$，记摆线上的点为 (x,y)，则所求面积为 $A=\int_0^{2\pi a}y\mathrm{d}x$，

   再根据参数方程换元，令 $x=a(t-\sin t)$，则 $y=a(1-\cos t)$，因此有

   $$A=\int_0^{2\pi}a^2(1-\cos t)^2\mathrm{d}t=a^2\int_0^{2\pi}(1-2\cos t+\cos^2 t)\mathrm{d}t=4a^2\int_0^{\frac{\pi}{2}}(1+\cos^2 t)\mathrm{d}t=3\pi a^2.$$

7. **解**：$A=\int_{-\pi}^{\pi}\frac{1}{2}(ae^\theta)^2\mathrm{d}\theta=\frac{a^2}{4}\left[e^{2\theta}\right]_{-\pi}^{\pi}=\frac{a^2}{4}(e^{2\pi}-e^{-2\pi}).$

8. **解**：(1) 首先求出两曲线交点为 $\left(\frac{3}{2},\frac{\pi}{3}\right)$，$\left(\frac{3}{2},-\frac{\pi}{3}\right)$，由于图形关于极轴的对称性(如图 6-21)，因此所求面积为极轴上面部分面积的 2 倍，即得

   $$A=2\left[\int_0^{\frac{\pi}{3}}\frac{1}{2}(1+\cos\theta)^2\mathrm{d}\theta+\int_{\frac{\pi}{3}}^{\frac{\pi}{2}}\frac{1}{2}(3\cos\theta)^2\mathrm{d}\theta\right]=\frac{5\pi}{4}.$$

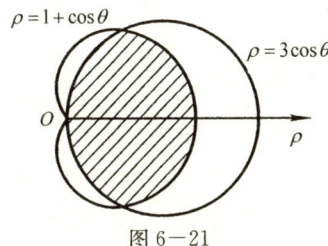
图 6-21

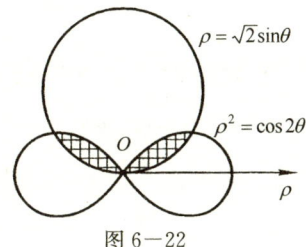
图 6-22

(2) 首先求出两曲线交点为 $\left(\frac{\sqrt{2}}{2},\frac{\pi}{6}\right)$ 和 $\left(\frac{\sqrt{2}}{2},\frac{5\pi}{6}\right)$，由于图形的对称性(如图 6-22)，因此有

$$A=2\left[\int_0^{\frac{\pi}{6}}\frac{1}{2}(\sqrt{2}\sin\theta)^2\mathrm{d}\theta+\int_{\frac{\pi}{6}}^{\frac{\pi}{4}}\frac{1}{2}\cos 2\theta\mathrm{d}\theta\right]=\frac{\pi}{6}+\frac{1-\sqrt{3}}{2}.$$

9. **解**：先求曲线过原点的切线方程，设切点为 (x_0,y_0)，其中 $y_0=e^{x_0}$，则切线的斜率为 e^{x_0}，故切线方程为 $y-y_0=e^{x_0}(x-x_0)$，由于该切线过原点，因此有 $y_0=e^{x_0}x_0$，解得 $x_0=1$，$y_0=e$，即切线方程为 $y=ex$.

   如图 6-23 可知所求面积为 $A=\int_{-\infty}^0 e^x\mathrm{d}x+\int_0^1(e^x-ex)\mathrm{d}x=$

   $\left[e^x\right]_{-\infty}^0+\left[e^x-\frac{e}{2}x^2\right]_0^1=\frac{e}{2}.$

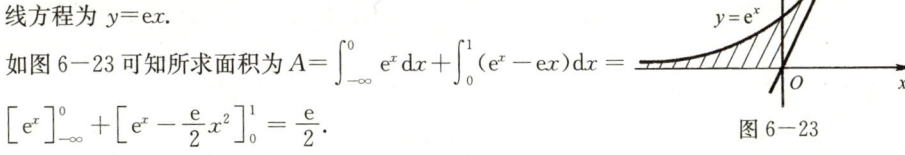
图 6-23

10. **解**：抛物线的焦点为 $(a,0)$，设过焦点的直线为 $y=k(x-a)$，则该直线与抛物线的焦点的纵坐标为 $y_1=\frac{2a-2a\sqrt{1+k^2}}{k}$，$y_2=\frac{2a+2a\sqrt{1+k^2}}{k}$，面积为

    $$A=\int_{y_1}^{y_2}\left(a+\frac{y}{k}-\frac{y^2}{4a}\right)\mathrm{d}y=a(y_2-y_1)+\frac{y_2^2-y_1^2}{2k}-\frac{y_2^3-y_1^3}{12a}$$

    $$=\frac{8a^2(1+k^2)^{3/2}}{3k^3}=\frac{8a^2}{3}\left(1+\frac{1}{k^2}\right)^{3/2},$$

故面积是 k 的单调减少函数,因此其最小值在 $k\to\infty$ 即弦为 $x=a$ 时取到,最小值为 $\dfrac{8}{3}a^2$.

11. **解**:依题意知,抛物线如图 6-24 所示,求得它与 x 轴交点的横坐标为 $x_1=0, x_2=-\dfrac{q}{p}$.

抛物线与 x 轴所围成的图形面积为 $A=\displaystyle\int_0^{-\frac{q}{p}}(px^2+qx)\mathrm{d}x$

$=\left[\dfrac{p}{3}x^3+\dfrac{q}{2}x^2\right]_0^{-\frac{q}{p}}=\dfrac{q^3}{6p^2}$.

因直线 $x+y=5$ 与抛物线 $y=px^2+qx$ 相切,故它们有唯一交点. 由方程组 $\begin{cases}x+y=5,\\ y=px^2+qx,\end{cases}$

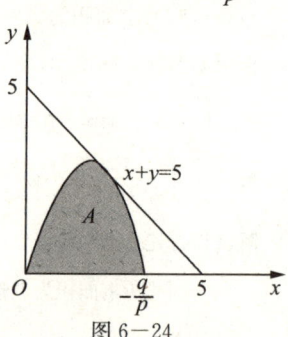

图 6-24

得 $px^2+(q+1)x-5=0$,其判别式 $\Delta=(q+1)^2+20p=0$,

解得 $p=-\dfrac{1}{20}(1+q)^2$,代入面积 A,得 $A(q)=\dfrac{200q^3}{3(1+q)^4}$.

令 $A'(q)=\dfrac{200q^2(3-q)}{3(q+1)^5}=0$,得唯一驻点 $q=3$. 当 $0<q<3$ 时,$A'(q)>0$,当 $q>3$ 时,$A'(q)$ <0. 于是,当 $q=3$ 时,$A(q)$ 取极大值,也是最大值. 此时 $p=-\dfrac{4}{5}$,最大值 $A=\dfrac{225}{32}$.

12. **解**:(1)图形绕 x 轴旋转,该体积为 $V=\displaystyle\int_0^2\pi(x^3)^2\mathrm{d}x=\dfrac{128}{7}\pi$.

(2)图形绕 y 轴旋转,则该立体可看做圆柱体(即由 $x=2, y=8, x=0, y=0$ 所围成的图形绕 y 轴所得的立体)减去由曲线 $x=\sqrt[3]{y}, y=8, x=0$ 所围成的图形绕 y 轴所得的立体,因此体积为 $V=\pi\cdot 2^2\cdot 8-\displaystyle\int_0^8\pi(\sqrt[3]{y})^2\mathrm{d}y=\dfrac{64}{5}\pi$.

13. **解**:记 x 轴上方部分星形线的函数为 $y=y(x)$,则所求体积为曲线 $y=y(x)$ 与 x 轴所围成的图形绕 x 轴旋转而成,故有 $V=\displaystyle\int_{-a}^a \pi y^2\mathrm{d}x$.

由于星形线的参数方程为 $x=a\cos^3 t, y=a\sin^3 t$,所以对上述积分作换元 $x=a\cos^3 t$ 便得 $V=\displaystyle\int_\pi^0 \pi(a\sin^3 t)^2(a\cos^3 t)'\mathrm{d}t=\dfrac{32}{105}\pi a^3$.

14. **解**:该立体可看作由曲线 $x=\sqrt{R^2-y^2}, y=R-H$ 和 $x=0$ 所围成的图形绕 y 轴旋转所得,因此体积为 $V=\displaystyle\int_{R-H}^R \pi(\sqrt{R^2-y^2})^2\mathrm{d}y=\pi\left[R^2 y-\dfrac{1}{3}y^3\right]_{R-H}^R=\pi H^2\left(R-\dfrac{H}{3}\right)$.

15. **解**:(1) $V=\displaystyle\int_0^1\left[\pi(\sqrt{y})^2-\pi(y^2)^2\right]\mathrm{d}y=\dfrac{3}{10}\pi$.

(2) $V=\displaystyle\int_0^1 \pi(\arcsin x)^2\mathrm{d}x=\left[\pi x(\arcsin x)^2\right]_0^1-2\pi\displaystyle\int_0^1\dfrac{x}{\sqrt{1-x^2}}\arcsin x\mathrm{d}x$

$=\dfrac{\pi^3}{4}-2\pi\left\{\left[-\sqrt{1-x^2}\arcsin x\right]_0^1+\displaystyle\int_0^1\mathrm{d}x\right\}=\dfrac{\pi^3}{4}-2\pi$.

(3)该立体为由曲线 $y=5+\sqrt{16-x^2}, x=-4, x=4, y=0$ 所围成图形绕 x 轴旋转所得立体减去由曲线 $y=5-\sqrt{16-x^2}, x=-4, x=4, y=0$ 所围成图形绕 x 轴旋转所得立体,因此体积为 $V=\displaystyle\int_{-4}^4 \pi(5+\sqrt{16-x^2})^2\mathrm{d}x-\displaystyle\int_{-4}^4 \pi(5-\sqrt{16-x^2})^2\mathrm{d}x$

$$= \int_{-4}^{4} 20\pi \sqrt{16-x^2}\,\mathrm{d}x \xrightarrow{x=4\sin t} \int_{-\frac{\pi}{2}}^{\frac{\pi}{2}} 320\pi\cos^2 t\,\mathrm{d}t = 640\pi \int_{0}^{\frac{\pi}{2}} \cos^2 t\,\mathrm{d}t = 160\pi^2.$$

(4)该立体可看作由曲线 $y=2a, y=0, x=0, x=2\pi a$ 所围成的图形绕 $y=2a$ 旋转所得的圆柱体减去由摆线 $y=2a, x=0, x=2\pi a$ 所围成的立体,记摆线上的点为 (x,y),则体积为

$$V = \pi(2a)^2(2\pi a) - \int_0^{2\pi a} \pi(2a-y)^2\,\mathrm{d}x = 8\pi^2 a^3 - \int_0^{2\pi a} \pi(2a-y)^2\,\mathrm{d}x,$$

再根据摆线的参数方程进行换元,即作换元 $x=a(t-\sin t)$,此时 $y=a(1-\cos t)$,因此有

$$V = 8\pi^2 a^3 - \int_0^{2\pi} \pi[2a-a(1-\cos t)]^2 a(1-\cos t)\,\mathrm{d}t$$

$$= 8\pi^2 a^3 - \pi a^3 \int_0^{2\pi} (1+\cos t - \cos^2 t - \cos^3 t)\,\mathrm{d}t = 8\pi^2 a^3 - 4\pi a^3 \int_0^{\frac{\pi}{2}} \sin^2 t\,\mathrm{d}t = 7\pi^2 a^3.$$

16. **解**:记由曲线 $x=\sqrt{a^2-y^2}, x=-b, y=-a, y=a$ 围成的图形绕 $x=-b$ 旋转所得旋转体的体积为 V_1,由曲线 $x=-\sqrt{a^2-y^2}, x=-b, y=-a, y=a$ 围成的图形绕 $x=-b$ 旋转所得旋转体的体积为 V_2,则所求体积为

$$V = V_1 - V_2 = \int_{-a}^{a} \pi(\sqrt{a^2-y^2}+b)^2\,\mathrm{d}y - \int_{-a}^{a} \pi(-\sqrt{a^2-y^2}+b)^2\,\mathrm{d}y$$

$$= \int_{-a}^{a} 4\pi b\sqrt{a^2-y^2}\,\mathrm{d}y \xrightarrow{y=a\sin t} \int_{-\frac{\pi}{2}}^{\frac{\pi}{2}} 4\pi a^2 b\cos^2 t\,\mathrm{d}t = 8\pi a^2 b\int_0^{\frac{\pi}{2}} \cos^2 t\,\mathrm{d}t = 2\pi^2 a^2 b.$$

17. **解**:用与下底相距 x 且平行于底面的平面去截该立体得到一个椭圆,记其半轴长分别为 u、v,则 $u=\frac{a-A}{h}x+A, v=\frac{b-B}{h}x+B$,该椭圆面积为 $\pi\left(\frac{a-A}{h}x+A\right)\left(\frac{b-B}{h}x+B\right)$,因此体积为 $V=\int_0^h \pi\left(\frac{a-A}{h}x+A\right)\left(\frac{b-B}{h}x+B\right)\mathrm{d}x = \frac{1}{6}\pi h[2(ab+AB)+aB+bA].$

18. **解**:以 x 为积分变量,则 x 的变化范围为 $[-R,R]$,相应的截面等边三角形边长为 $2\sqrt{R^2-x^2}$,面积为 $\frac{\sqrt{3}}{4}(2\sqrt{R^2-x^2})^2=\sqrt{3}(R^2-x^2)$,因此体积为 $V=\int_{-R}^{R} \sqrt{3}(R^2-x^2)\,\mathrm{d}x = \frac{4\sqrt{3}}{3}R^3.$

19. **解**:取横坐标 x 为积分变量,与区间 $[a,b]$ 上任一小区间 $[x, x+\mathrm{d}x]$ 相应的窄条图形绕 y 轴旋转所成的旋转体近似于一圆柱壳,柱壳的高为 $f(x)$,厚为 $\mathrm{d}x$,底面圆周长为 $2\pi x$,故其体积近似等于 $2\pi x f(x)\mathrm{d}x$,从而由元素法即得结论.

20. **解**: $V = 2\pi \int_0^{\pi} x\sin x\,\mathrm{d}x = \pi^2 \int_0^{\pi} \sin x\,\mathrm{d}x = 2\pi^2.$

21. **解**:(1) $V_1 = \pi \int_a^2 (2x^2)^2\,\mathrm{d}x = \frac{4\pi}{5}(32-a^5); V_2 = \pi a^2 \cdot 2a^2 - \pi \int_0^{2a^2} \frac{y}{2}\,\mathrm{d}y = 2\pi a^4 - \pi a^4 = \pi a^4.$

(2)设 $V=V_1+V_2=\frac{4\pi}{5}(32-a^5)+\pi a^4$,由 $V'=4\pi a^3(1-a)=0$,解得区间 $(0,2)$ 内唯一驻点 $a=1$. 当 $0<a<1$ 时,$V'>0$;当 $a>1$ 时,$V'<0$. 因此 $a=1$ 是极大值点也是最大值点,此时 V_1+V_2 取得最大值 $\frac{129}{5}\pi$.

22. **解**:$s = \int_{\sqrt{3}}^{\sqrt{8}} \sqrt{1+\left(\frac{1}{x}\right)^2}\,\mathrm{d}x \xrightarrow{x=\sqrt{u^2-1}} \int_2^3 \frac{u^2}{u^2-1}\,\mathrm{d}u = \left[u+\frac{1}{2}\ln\left|\frac{u-1}{u+1}\right|\right]_2^3 = 1+\frac{1}{2}\ln\frac{3}{2}.$

23. **解**：联立两个方程 $\begin{cases} y^2 = \dfrac{2}{3}(x-1)^3, \\ y^2 = \dfrac{x}{3}, \end{cases}$ 得到两条曲线的交点为 $\left(2, \sqrt{\dfrac{2}{3}}\right)$ 和 $\left(2, -\sqrt{\dfrac{2}{3}}\right)$. 由于

曲线关于 x 轴对称，因此所求弧段长为第一象限部分的 2 倍，第一象限部分弧段为

$y = \sqrt{\dfrac{2}{3}(x-1)^3}$ ($1 \leqslant x \leqslant 2$)，$y' = \sqrt{\dfrac{3}{2}(x-1)}$，故所求弧的长度为

$$s = 2\int_1^2 \sqrt{1 + \dfrac{3}{2}(x-1)}\, dx = \dfrac{8}{9}\left[1 + \dfrac{3}{2}(x-1)\right]^{\frac{3}{2}} \Big|_1^2 = \dfrac{8}{9}\left[\left(\dfrac{5}{2}\right)^{\frac{3}{2}} - 1\right].$$

24. **解**：不妨设 $p > 0$，由于顶点到 (x, y) 的弧长与顶点到 $(x, -y)$ 的弧长相等，因此不妨设 $y > 0$，故有 s

$$= \int_0^y \sqrt{1 + \left(\dfrac{dx}{dy}\right)^2}\, dy = \int_0^y \sqrt{1 + \left(\dfrac{y}{p}\right)^2}\, dy = \dfrac{1}{p}\left[\dfrac{1}{2}y\sqrt{p^2 + y^2} + \dfrac{1}{2}p^2\ln(y + \sqrt{p^2 + y^2})\right]_0^y$$

$$= \dfrac{1}{2p}y\sqrt{p^2 + y^2} + \dfrac{1}{2}p\ln\dfrac{y + \sqrt{p^2 + y^2}}{p}.$$

25. **解**：$s = 4\int_0^{\frac{\pi}{2}} \sqrt{(-3a\cos^2 t \sin t)^2 + (3a\sin^2 t \cos t)^2}\, dt = 12a\int_0^{\frac{\pi}{2}} \sin t \cos t\, dt = 6a.$

26. **解**：$\dfrac{dx}{dt} = at\cos t$，$\dfrac{dy}{dt} = at\sin t$，因此有 $s = \int_0^{\pi} \sqrt{\left(\dfrac{dx}{dt}\right)^2 + \left(\dfrac{dy}{dt}\right)^2}\, dt = \int_0^{\pi} at\, dt = \dfrac{a}{2}\pi^2.$

27. **解**：对应于摆线第一拱的参数 t 的范围为 $[0, 2\pi]$，参数 t 在范围 $[0, t_0]$ 时摆线的长度为

$$s_0 = \int_0^{t_0} \sqrt{a^2(1-\cos t)^2 + a^2\sin^2 t}\, dt = a\int_0^{t_0} 2\sin\dfrac{t}{2}\, dt = 4a\left(1 - \cos\dfrac{t_0}{2}\right),$$

当 $t_0 = 2\pi$ 时，长度为 $8a$，故所求点对应的参数 t_0 满足 $4a\left(1 - \cos\dfrac{t_0}{2}\right) = \dfrac{8a}{4}$，解得 $t_0 = \dfrac{2\pi}{3}$，从

而得到点的坐标为 $\left(\left(\dfrac{2\pi}{3} - \dfrac{\sqrt{3}}{2}\right)a, \dfrac{3a}{2}\right).$

28. **解**：$s = \int_0^{\varphi} \sqrt{\rho^2 + \rho'^2}\, d\theta = \int_0^{\varphi} \sqrt{1 + a^2}\, e^{a\theta}\, d\theta = \dfrac{\sqrt{1+a^2}}{a}(e^{a\varphi} - 1).$

29. **解**：$s = \int_{\frac{3}{4}}^{\frac{4}{3}} \sqrt{\rho^2 + \rho'^2}\, d\theta = \int_{\frac{3}{4}}^{\frac{4}{3}} \dfrac{\sqrt{1+\theta^2}}{\theta^2}\, d\theta = -\int_{\frac{3}{4}}^{\frac{4}{3}} \sqrt{1+\theta^2}\, d\left(\dfrac{1}{\theta}\right)$

$$= -\left[\dfrac{\sqrt{1+\theta^2}}{\theta}\right]_{\frac{3}{4}}^{\frac{4}{3}} + \int_{\frac{3}{4}}^{\frac{4}{3}} \dfrac{1}{\sqrt{1+\theta^2}}\, d\theta = \dfrac{5}{12} + \left[\ln(\theta + \sqrt{1+\theta^2})\right]_{\frac{3}{4}}^{\frac{4}{3}} = \ln\dfrac{3}{2} + \dfrac{5}{12}.$$

30. **解**：$s = \int_0^{2\pi} \sqrt{a^2(1+\cos\theta)^2 + a^2\sin^2\theta}\, d\theta = \int_0^{2\pi} 2a\left|\cos\dfrac{\theta}{2}\right|\, d\theta = 8a.$

第三节　定积分在物理学上的应用

内容精讲

1. 变力沿直线所做的功

设物体受力的作用沿直线运动，力的方向与物体的运动方向相同，力的大小 F 是物体所处

位置 x 的函数,即 $F=F(x)$,则物体在变力 $F(x)$ 的作用下,由 $x=a$ 沿直线运动到 $x=b$ 时所做的功 $W=\int_a^b dW=\int_a^b F(x)dx$.

其中 $dW=F(x)dx$ 是功的元素或微元,是物体在力 $F(x)$ 的作用下由 x 运动到 $x+dx$ 所做的功,就是在这一步用 x 处对应的力 $F(x)$ 近似代替区间 $[x,x+dx]$ 上各点的力.

2. 垂直平面薄片一侧所受液体的压力

设平面薄片垂直放置在液体中,液体比重为 γ,如图 6-29 所示,则压力微元 dp(即阴影部分所受压力的近似值)为 $dp=\gamma x f(x)dx$

于是平面薄片所受的液体的压力 p 为

$$p=\int_a^b dp=\int_a^b \gamma x f(x)dx.$$

3. 引力

(1) 当引力 F 的方向不随小区间 $[x,x+dx]$ 的改变而变化时,直接用引力公式求引力的微元 dF;如本节例 4.

(2) 当引力 F 的方向随小区间 $[x,x+dx]$ 上点的改变而变化时,将引力分解为横向、纵向两个分力分别用元素法得出引力微元后再积分. 如本节例 5.

题型及考点解析

例 1 已知一容器的外表面由曲线 $y=x^2(0 \leqslant y \leqslant 12m)$ 绕 y 轴旋转而成,现在该容器盛满了水,将容器内的水全部抽出至少需要做多少功?

解 如图 6-30 所示.

以 y 为积分变量,则 y 的变化范围为 $[0,12]$,相应于 $[0,12]$ 上的任一小区间 $[y,y+dy]$ 的一薄层水可近似看作高为 dy,底面积为 $\pi x^2=\pi y$ 的一个圆柱体,得到该部分体积为 $\pi y dy$,水的密度 $\rho=1000 kg/m^3$,该部分重力为 $1000g\pi y dy$,把该部分水抽出时移动的距离为 $12-y$,因此微功元 dw 为

$$dw=1000g\pi y dy \cdot (12-y)=1000g\pi y(12-y)dy$$

故做功 w 为

$$w=\int_0^{12} dw=\int_0^{12} 1000g\pi y(12-y)dy=288000g\pi(J).$$

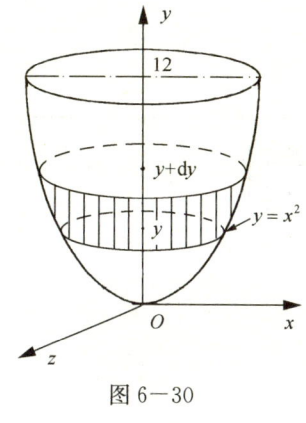

图 6-30

例 2 某建筑工程打地基时,需用汽锤将桩打进土层. 汽锤每次击打,都将克服土层对桩的阻力而作功. 设土层对桩的阻力的大小与桩被打进地下的深度成正比(比例系数为 $k,k>0$),汽锤第一次击打将桩打进地下 a m. 根据设计方案,要求汽锤每次击打桩时所作的功与前一次击打所作的功之比为常数 $r(0<r<1)$. 问:

(1) 汽锤击打桩 3 次后,可将桩打进地下多深?

(2) 若击打次数不限,汽锤至多能将桩打进地

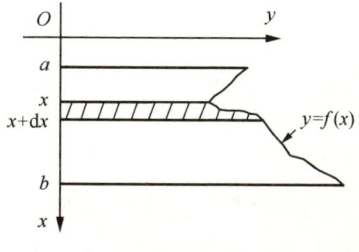

图 6-29

下多深?

(注:m 表示长度,单位米).(考研题)

分析 已知阻力与桩被打进地下深度的关系,因此,可用定积分表示汽锤每次击打阻力所做的功,再根据题设条件可求出汽锤击打桩 n 次后,桩被打进地下的深度.

解 (1)设第 n 次击打后,桩被打进地下 x_n,第 n 次击打时,汽锤所作的功为 $W_n (n=1,2,3,\cdots)$.由题设,当桩被打进地下的深度为 x 时,土层对桩的阻力的大小为 kx,所以

$$W_1 = \int_0^{x_1} kx\,dx = \frac{k}{2}x_1^2 = \frac{k}{2}a^2, \quad W_2 = \int_{x_1}^{x_2} kx\,dx = \frac{k}{2}(x_2^2 - x_1^2) = \frac{k}{2}(x_2^2 - a^2).$$

由 $W_2 = rW_1$ 可得 $x_2^2 - a^2 = ra^2$,即 $x_2^2 = (1+r)a^2$.

$$W_3 = \int_{x_2}^{x_3} kx\,dx = \frac{k}{2}(x_3^2 - x_2^2) = \frac{k}{2}[x_3^2 - (1+r)a^2].$$

由 $W_3 = rW_2 = r^2 W_1$,可得 $x_3^2 - (1+r)a^2 = r^2 a^2$,从而 $x_3 = \sqrt{1+r+r^2}\,a$,即汽锤击打 3 次后,可将桩打进地下 $\sqrt{1+r+r^2}\,a$ m.

(2)由归纳法,设 $x_n = \sqrt{1+r+\cdots+r^{n-1}}\,a$,则

$$W_{n+1} = \int_{x_n}^{x_{n+1}} kx\,dx = \frac{k}{2}(x_{n+1}^2 - x_n^2) = \frac{k}{2}[x_{n+1}^2 - (1+r+\cdots+r^{n-1})a^2].$$

由于 $W_{n+1} = rW_n = r^2 W_{n-1} = \cdots = r^n W_1$,故得 $x_{n+1}^2 - (1+r+\cdots+r^{n-1})a^2 = r^n a^2$,从而

$$x_{n+1} = \sqrt{1+r+\cdots+r^n}\,a = \sqrt{\frac{1-r^{n+1}}{1-r}}\,a.$$

于是 $\lim\limits_{n\to\infty} x_{n+1} = \sqrt{\dfrac{1}{1-r}}\,a$,即若不限击打次数,汽锤至多能将桩打进地下 $\sqrt{\dfrac{1}{1-r}}\,a$ m.

题型分析 本题将变力作功和数列极限两个知识点结合在一起,是有一定难度的综合计算题.

例 3 设底边为 a,高为 h 的三角形平板铅直没入水中,试比较下列两种情况下该平板每侧所受的压力.

(1)底边 a 与水面平齐;

(2)底边 a 在水中与水面平行,A 对的顶点恰在水面上.

解 (1)如图 6-31 建立坐标系,则直线 AB 方程为:

$$\frac{y-\dfrac{a}{2}}{0-\dfrac{a}{2}} = \frac{x-0}{h-0}, \quad \text{即 } y = \frac{a}{2} - \frac{a}{2h}x, \text{ 选 } x \text{ 为积分变量,则}$$

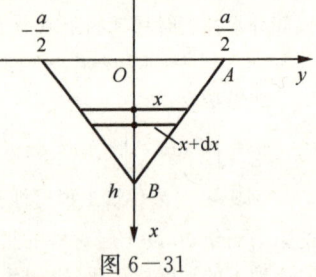

图 6-31

$x \in [0, h], \quad \forall [x, x+dx] \subset [0, h] \quad dP = \rho x \cdot 2y\,dx = \rho x\left(a - \dfrac{a}{h}x\right)dx$

所以 $P = \int_0^h ax\rho\left(1 - \dfrac{1}{h}x\right)dx = a\rho\int_0^h\left(x - \dfrac{1}{h}x^2\right)dx = a\rho\left[\dfrac{x^2}{2} - \dfrac{x^3}{3h}\right]\Big|_0^h = \dfrac{a\rho h^2}{6}.$

(2)选择如图 6-32 所示的坐标系:

则直线 AB 的方程为 $y = \dfrac{a}{2h}x$.选 x 为积分变量,则

$x\in[0,h]$，$\forall[x,x+\mathrm{d}x]\subset[0,h]$

有 $\mathrm{d}P=\rho x2y\mathrm{d}x=\rho\cdot x2\dfrac{a}{2h}x\mathrm{d}x=\dfrac{a\rho}{h}x^2\mathrm{d}x$，

所以 $P=\int_0^h\dfrac{a\rho}{h}x^2\mathrm{d}x=\dfrac{a\rho}{h}\cdot\dfrac{h^3}{3}=\dfrac{a\rho h^2}{3}$.

比较(1)(2)知：后者每侧所受压力正好为前者的两倍.

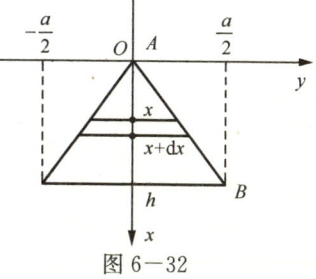

图 6-32

例 4 一质量为 M，长为 l 的均匀杆 AB 吸引着质量为 m 的一质点 C，此质点 C 位于 AB 杆的延长线上，并与较近的端点 B 的距离为 a，试求：

(1) 杆与质点间的相互吸引力；

(2) 总质点在杆的延长线上从距离 r_1 处移至 r_2 处时，克服吸引力所作的功.

解 如图 6-33 所示.

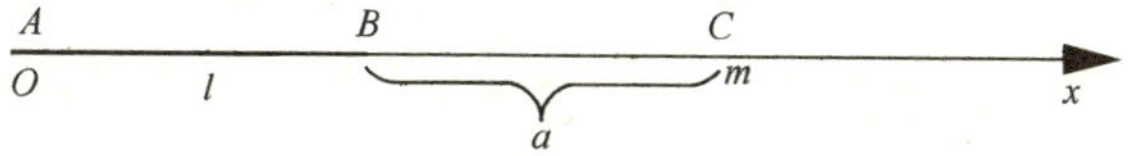

```
A           B       C
O     l     {   m       x
            a
```

图 6-33

(1) 据万有引力定律，由微元法有

$$\mathrm{d}F=\dfrac{km\cdot\dfrac{M}{l}\mathrm{d}x}{(l+a-x)^2}=\dfrac{kmM}{l}\dfrac{\mathrm{d}x}{(l+a-x)^2},$$

$$F=\dfrac{kmM}{l}\int_0^l\dfrac{\mathrm{d}x}{(l+a-x)^2}=\dfrac{kmM}{a(a+l)},$$

其中 k 为常数.

(2) 由(1)知，位于 B、C 间距 B 端为 x 的点与杆 AB 的引力为 $F=\dfrac{kmM}{x(x+l)}$，所以

$$W=\int_{r_1}^{r_2}\dfrac{kmM}{x(x+l)}\mathrm{d}x=\dfrac{kmM}{l}\ln\dfrac{r_2(r_1+l)}{r_1(r_2+l)}.$$

例 5 设有一个半径为 R，中心角为 φ 的圆弧形细棒，其线密度为常数 ρ，在圆心处有一质量为 m 的质点 M，试求这细棒对质点 M 的引力.

解 如图 6-34 所示.

取 $[0,\varphi]$ 上的小区间 $[\theta,\theta+\mathrm{d}\theta]$，则对应于中心角 $\mathrm{d}\theta$ 的一小段圆弧细棒对质点 M 的引力大小近似为 $G\dfrac{m\rho R\mathrm{d}\theta}{R^2}=G\dfrac{m\rho}{R}\mathrm{d}\theta$，

即引力微元的大小是 $\mathrm{d}F=|\mathrm{d}\boldsymbol{F}|=G\dfrac{m\rho}{R}\mathrm{d}\theta$.

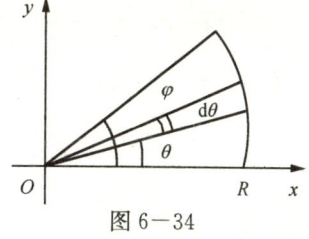

图 6-34

从而在 x、y 轴的引力微元分别是

$$\mathrm{d}F_x=\dfrac{Gm\rho}{R}\cos\theta\mathrm{d}\theta,\qquad \mathrm{d}F_y=\dfrac{Gm\rho}{R}\sin\theta\mathrm{d}\theta.$$

$F_x=\int_0^\varphi\mathrm{d}F_x=\int_0^\varphi\dfrac{Gm\rho}{R}\cos\theta\mathrm{d}\theta=\dfrac{Gm\rho}{R}\sin\varphi$，$F_y=\int_0^\varphi\mathrm{d}F_y=\int_0^\varphi\dfrac{Gm\rho}{R}\sin\theta\mathrm{d}\theta=\dfrac{Gm\rho}{R}(1-\cos\varphi)$

故所求引力为 $\boldsymbol{F}=F_x\boldsymbol{i}+F_y\boldsymbol{j}=\dfrac{Gm\rho}{R}[\sin\varphi\boldsymbol{i}+(1-\cos\varphi)\boldsymbol{j}]$.

题型分析 对于几何、物理学中的实际问题,定积分的微元法提供了一个解决问题的很好的途径.在微元法的使用过程中,选取积分变量 x 与积分区间 $[a,b]$ 及寻求所求量 u 的积分元素 $du=f(x)dx$ 的表达式是最为关键的两点.特别是在确定积分元素的表达式时,需先把最简单的情况下如何计算相应的量搞清楚,例如变力作功的计算,就要先搞清楚质点沿直线运动时常力所作的功为 $\boldsymbol{F}\cdot\boldsymbol{S}$,这样才清楚变力在小曲线段上作功的近似值为 $\boldsymbol{F}\cdot\boldsymbol{n}ds$,其中 $\boldsymbol{n}$ 为曲线的切向量.其他如面积、弧长、体积、引力、压力等都是如此.

习题6-3精讲

1. **解**: $W=\int_0^6 ks\,ds=18k(\text{N}\cdot\text{cm})=0.18k(\text{J})$.

2. **解**: 由条件 $pV=k$ 为常数,故 $k=10\cdot 100^2\cdot\pi\cdot 0.1^2\cdot 0.8=800\pi$. 设圆筒内高度减少 h m 时蒸汽的压强为 $p(h)\text{N}/\text{m}^2$,则 $p(h)=\dfrac{k}{V}=\dfrac{800\pi}{(0.8-h)S}$,压力为 $P=p(h)S=\dfrac{800\pi}{0.8-h}$,因此作的功为 $W=\int_0^{0.4}\dfrac{800\pi}{0.8-h}dh=800\pi\left[-\ln(0.8-h)\right]_0^{0.4}=800\pi\ln2\approx 1742(\text{J})$.

3. **解**: (1) 质量为 m 的物体与地球中心相距 x 时,引力为 $F=k\dfrac{mM}{x^2}$,根据条件 $mg=k\dfrac{mM}{R^2}$,因此有 $k=\dfrac{R^2 g}{M}$,从而作的功为 $W=\int_R^{R+h}\dfrac{mgR^2}{x^2}dx=mgR^2\left(\dfrac{1}{R}-\dfrac{1}{R+h}\right)=\dfrac{mgRh}{R+h}$.

   (2) 作的功为 $W=\dfrac{mgRh}{R+h}=971973\approx 9.72\times 10^5(\text{kJ})$.

4. **解**: 速度为 $v=\dfrac{dx}{dt}=3ct^2$,阻力为 $R=kv^2=9kc^2t^4$,由此得到 $dW=Rdx=27kc^3t^6dt$.

   设当 $t=T$ 时,$x=a$,得 $T=\left(\dfrac{a}{c}\right)^{\frac{1}{3}}$,故 $W=\int_0^T 27kc^3t^6dt=\dfrac{27kc^3}{7}T^7=\dfrac{27}{7}kc^{\frac{2}{3}}a^{\frac{7}{3}}$.

5. **解**: 设木板对铁钉的阻力为 R,则铁钉击入木板的深度为 h 时的阻力为 $R=kh$,其中 k 为常数. 铁锤击第一次时所做的功为 $W_1=\int_0^1 R\,dh=\int_0^1 kh\,dh=\dfrac{k}{2}$.

   设锤击第二次时,铁钉又击入 h_0 cm,则锤击第二次所做的功为 $W_2=\int_1^{1+h_0}R\,dh=\int_1^{1+h_0}kh\,dh=\dfrac{k}{2}[(1+h_0)^2-1]$,由条件 $W_1=W_2$ 得 $h_0=\sqrt{2}-1$.

6. **解**: 以高度 h 为积分变量,变化范围为 $[0,15]$,对该区间内任一小区间 $[h,h+dh]$,体积为 $\pi\left(\dfrac{10}{15}h\right)^2 dh$,记 γ 为水的密度,则作功为

$$W=\int_0^{15}\dfrac{4}{9}\pi\gamma gh^2(15-h)dh=1875\pi\gamma g\approx 5.76975\times 10^7(\text{J}).$$

7. **解**: 设水深 x m 的地方压强为 $p(x)$,则 $p(x)=1000gx$,取 x 为积分变量,则 x 的变化范围为 $[2,5]$,对该区间内任一小区间 $[x,x+dx]$,压力为 $dF=p(x)dS=2p(x)dx=2000gx\,dx$,因此闸门上所受的水压力为

$$F=\int_2^5 2000gx\mathrm{d}x=1000g\left(x^2\right)\bigg|_2^5=21000g(\mathrm{N})\approx 205.8(\mathrm{kN}).$$

8. **解**:以侧面的椭圆长轴为 x 轴,短轴为 y 轴设立坐标系,则该椭圆的方程为 $x^2+\dfrac{y^2}{0.75^2}=1$,取 y 为积分变量,则 y 的变化范围为 $[-0.75,0.75]$,对该区间内任一小区间 $[y,y+\mathrm{d}y]$,该小区间相应的水深为 $0.75-y$,相应面积为 $\mathrm{d}S=2\sqrt{1-\dfrac{y^2}{0.75^2}}\mathrm{d}y$,

得到该小区间相应的压力 $\mathrm{d}F=1000g(0.75-y)\mathrm{d}S=2000g(0.75-y)\sqrt{1-\dfrac{y^2}{0.75^2}}\mathrm{d}y$,

因此压力为 $F=\int_{-0.75}^{0.75}2000g(0.75-y)\sqrt{1-\dfrac{y^2}{0.75^2}}\mathrm{d}y\approx 17318(\mathrm{N})\approx 17.3(\mathrm{kN}).$

9. **解**:如图 6-37 建立坐标系,则过 A,B 两点的直线方程为 $y=10x-50$. 取 y 为积分变量,y 的变化范围为 $[-20,0]$,对应小区间 $[y,y+\mathrm{d}y]$ 的面积近似值为 $2x\mathrm{d}y=\left(\dfrac{y}{5}+10\right)\mathrm{d}y$,$\gamma$ 表示水的密度,因此水压力为 $P=\int_{-20}^0\left(\dfrac{y}{5}+10\right)(-y)\gamma g\mathrm{d}y=1.4373\times 10^7(\mathrm{N})=14373(\mathrm{kN}).$

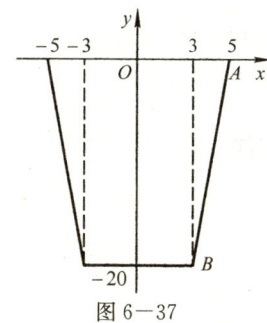

图 6-37

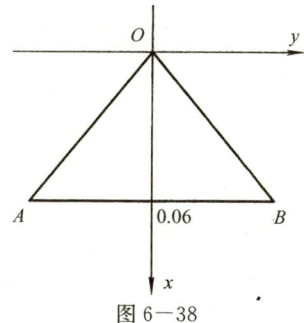

图 6-38

10. **解**:如图 6-38 建立坐标系,取三角形顶点为原点,取积分变量为 x,则 x 的变化范围为 $[0,0.06]$,易知 B 的坐标为 $(0.06,0.04)$,因此 OB 的方程为 $y=\dfrac{2}{3}x$,故对应小区间 $[x,x+\mathrm{d}x]$ 的面积近似值为 $\mathrm{d}S=2\cdot\dfrac{2}{3}x\cdot\mathrm{d}x=\dfrac{4}{3}x\mathrm{d}x$.

记 γ 为水的密度,则在 x 处的水压强为 $p=\gamma g(x+0.03)=1000g(x+0.03)$,

故压力为 $F=\int_0^{0.06}1000g(x+0.03)\cdot\dfrac{4}{3}x\mathrm{d}x=0.168g\approx 1.65(\mathrm{N}).$

11. **解**:如图 6-39 建立坐标系,取 y 为积分变量,则 y 的变化范围为 $[0,l]$,对应小区间 $[y,y+\mathrm{d}y]$ 与质点 M 的引力的大小的近似值为 $\mathrm{d}F=G\dfrac{m\mu\mathrm{d}y}{r^2}$,其中 $r=\sqrt{a^2+y^2}$,把该力分解,得到 x 轴、y 轴方向的分量分别为 $\mathrm{d}F_x=-\dfrac{a}{r}\mathrm{d}F=-G\dfrac{am\mu}{(a^2+y^2)^{3/2}}\mathrm{d}y$,$\mathrm{d}F_y=\dfrac{y}{r}\mathrm{d}F=G\dfrac{m\mu y}{(a^2+y^2)^{3/2}}\mathrm{d}y$,因此 $F_x=\int_0^l\left[-G\dfrac{am\mu}{(a^2+y^2)^{3/2}}\right]\mathrm{d}y\xrightarrow{y=a\tan t}-G\dfrac{m\mu}{a}\int_0^{\arctan\frac{l}{a}}\cos t\mathrm{d}t=-\dfrac{Gm\mu l}{a\sqrt{a^2+l^2}}$,

$F_y=\int_0^l G\dfrac{m\mu y}{(a^2+y^2)^{3/2}}\mathrm{d}y=\left[-G\dfrac{m\mu}{(a^2+y^2)^{1/2}}\right]_0^l=m\mu G\left(\dfrac{1}{a}-\dfrac{1}{\sqrt{a^2+l^2}}\right).$

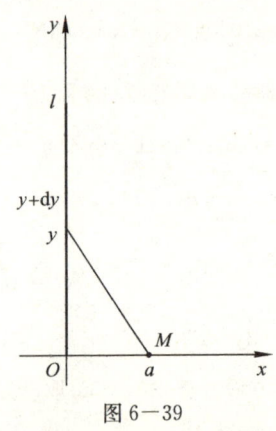
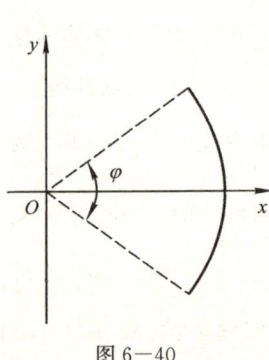

图 6-39　　　　　　　　　图 6-40

12. **解**：如图 6-40 建立坐标系，则相应小区间 $[\theta,\theta+\mathrm{d}\theta]$ 的弧长为 $R\mathrm{d}\theta$，根据对称性可知所求的铅直方向引力分量为零，水平方向的引力分量为 $F_x=\int_{-\frac{\varphi}{2}}^{\frac{\varphi}{2}}\cos\theta\frac{Gm\mu R\mathrm{d}\theta}{R^2}=\frac{2Gm\mu}{R}\sin\frac{\varphi}{2}$.

故所求引力的大小为 $\frac{2Gm\mu}{R}\sin\frac{\varphi}{2}$，方向为 M 指向圆弧的中心.

总习题六精讲

1. **解**：(1) 令 $x^3-5x^2+6x=0$，解得 $x=0,2,3$.

当 $0\leqslant x\leqslant 2$ 时，$y\geqslant 0$；当 $2\leqslant x\leqslant 3$ 时，$y\leqslant 0$. 故

$$A=\int_0^2(x^3-5x^2+6x)\mathrm{d}x-\int_2^3(x^3-5x^2+6x)\mathrm{d}x$$

$$=\left[\frac{1}{4}x^4-\frac{5}{3}x^3+3x^2\right]_0^2-\left[\frac{1}{4}x^4-\frac{5}{3}x^3+3x^2\right]_2^3=\frac{37}{12}.$$

(2) $s=\int_1^3\sqrt{1+y'^2}\,\mathrm{d}x=\int_1^3\frac{1+x}{2\sqrt{x}}\mathrm{d}x=\left[\sqrt{x}+\frac{1}{3}x^{\frac{3}{2}}\right]_1^3=2\sqrt{3}-\frac{4}{3}.$

2. **解**：(1) 选 (A).

(2) 解法一　从几何意义判断：因为 $f'(x)>0$，所以 $f(x)$ 在 $[a,b]$ 上单调增加. 又因 $f''(x)<0$，所以曲线 $y=f(x)$ 在 $[a,b]$ 上向上凸，如图 6-42 所示，矩形面积<梯形面积<曲边梯形面积，故选 (D).

解法二　证 $A_2<A_3$. 因 $f'(x)>0$，故 $f(x)$ 在 $[a,b]$ 上单调增加，得 $f(b)>f(a)$，从而 $A_3-A_2=(b-a)\frac{f(b)-f(a)}{2}>0$，即 $A_3>A_2$.

证 $A_1>A_3$. 连接点 $(a,f(a))$ 与点 $(b,f(b))$ 的直线方程为 $y=f(a)+\frac{f(b)-f(a)}{b-a}(x-a)$.

因为 $f''(x)<0$，所以曲线 $y=f(x)$ 是向上凸的，从而有

$$f(x)>f(a)+\frac{f(b)-f(a)}{b-a}(x-a),x\in(a,b).$$

两边积分,得 $\int_a^b f(x)\,dx > \frac{1}{2}[f(a)+f(b)](b-a)$,即 $A_1 > A_3$.

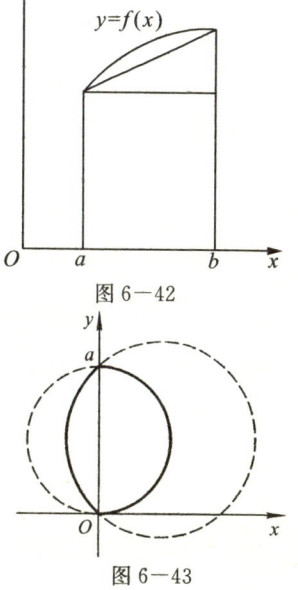

图 6-42

图 6-43

3. **解**:$[0,x]$ 一段的质量为 $m(x)=\int_0^x \rho(x)\,dx = \int_0^x \frac{1}{\sqrt{1+x}}\,dx$
$=2(\sqrt{1+x}-1)$,

总质量为 $m(3)=2$,要满足 $m(x)=\frac{1}{2}m(3)$,求得 $x=\frac{5}{4}$ (m).

4. **解**:首先求出两曲线的交点,联立方程 $\begin{cases}\rho = a\sin\theta,\\ \rho = a(\cos\theta+\sin\theta),\end{cases}$

解得交点坐标为 $\left(a,\frac{\pi}{2}\right)$,注意到当 $\theta=0$ 时 $\rho=a\sin\theta=0$,

当 $\theta=\frac{3\pi}{4}$ 时 $\rho=a(\cos\theta+\sin\theta)=0$,故两曲线分别过 $(0,0)$

和 $\left(0,\frac{3\pi}{4}\right)$,即都过极点(见图 6-43),因此所求面积为

$A=\int_{\frac{\pi}{2}}^{\frac{3\pi}{4}} \frac{1}{2}[a(\cos\theta+\sin\theta)]^2\,d\theta + \frac{1}{2}\pi\left(\frac{a}{2}\right)^2$

$=\frac{a^2}{2}\int_{\frac{\pi}{2}}^{\frac{3\pi}{4}}(1+\sin 2\theta)\,d\theta + \frac{\pi a^2}{8} = \frac{a^2}{4}(\pi-1)$.

5. **解**:设曲线 C 的方程为 $x=f(y)$,P 点坐标为 $\left(\sqrt{\frac{y}{2}},y\right)$,则

$A=\int_0^y \left[\sqrt{\frac{y}{2}}-f(y)\right]dy,\quad B=\int_0^{\sqrt{\frac{y}{2}}}(2x^2-x^2)\,dx,$

根据条件,对任意 $y\geqslant 0$ 都有 $\int_0^y \left[\sqrt{\frac{y}{2}}-f(y)\right]dy = \int_0^{\sqrt{\frac{y}{2}}}(2x^2-x^2)\,dx$,上式对 y 求导,得

$\sqrt{\frac{y}{2}}-f(y)=\frac{y}{2}\cdot\frac{1}{2\sqrt{2y}}$,因此 $f(y)=\frac{3\sqrt{2y}}{8}$,即曲线 C 为 $x=\frac{3\sqrt{2y}}{8}$ 或 $y=\frac{32}{9}x^2$ $(x\geqslant 0)$.

6. **解**:由已知条件:抛物线 $y=ax^2+bx+c$ 通过点 $(0,0)$,可得 $c=0$. 抛物线 $y=ax^2+bx+c$ 与直线 $x=1,y=0$ 所围图形的面积为 $S=\int_0^1(ax^2+bx)\,dx=\frac{a}{3}+\frac{b}{2}$,

从而得到 $\frac{a}{3}+\frac{b}{2}=\frac{4}{9}$,即 $a=\frac{4}{3}-\frac{3}{2}b$. 该图形绕 x 轴旋转而成的旋转体的体积为

$V=\int_0^1 \pi(ax^2+bx)^2\,dx = \pi\left(\frac{a^2}{5}+\frac{ab}{4}+\frac{b^2}{3}\right) = \frac{\pi}{30}(b-2)^2+\frac{2}{9}\pi$,

因此当 $b=2$ 时体积为最小,此时 $a=-\frac{5}{3}$,抛物线为 $y=-\frac{5}{3}x^2+2x = \frac{x}{3}(6-5x)$.

在区间 $[0,1]$ 上,此抛物线满足 $y\geqslant 0$,故所求解:$a=-\frac{5}{3}$,$b=2$,$c=0$. 符合题目要求.

7. **解**:(1)设切点的横坐标为 x_0,则曲线 $y=\ln x$ 在点 $(x_0,\ln x_0)$ 处的切线方程是 $y=\ln x_0+\frac{1}{x_0}(x-x_0)$.

由该切线过原点知 $y=\ln x_0-1=0$,从而 $x_0=e$,所以该切线的方程是 $y=\dfrac{1}{e}x$.

平面图形 D 的面积 $A=\displaystyle\int_0^1(e^y-ey)dy=\dfrac{1}{2}e-1$.

(2)切线 $y=\dfrac{x}{e}$ 与 x 轴及直线 $x=e$ 所围成的三角形绕直线 $x=e$ 旋转所得的圆锥体的体积为 $V_1=\dfrac{1}{3}\pi e^2$. 曲线 $y=\ln x$ 与 x 轴及直线 $x=e$ 所围成的图形绕直线 $x=e$ 旋转所得的旋转体的体积为 $V_2=\displaystyle\int_0^1\pi(e-e^y)^2dy=\dfrac{\pi}{2}(-e^2+4e-1)$,因此,所求旋转体的体积为 $V=V_1-V_2=\dfrac{\pi}{6}(5e^2-12e+3)$.

8. **解**:如图 6-45,取 x 为积分变量,则 x 的变化范围为 $[0,4]$,因此体积为 $V=\displaystyle\int_0^4 2\pi x f(x)dx=\int_0^4 2\pi x^{\frac{5}{2}}dx=\dfrac{512}{7}\pi$.

9. **解**:这是一个圆环面,可以看作由图形
$$\{(x,y)\mid 0\leqslant x\leqslant 2+\sqrt{1-y^2},-1\leqslant y\leqslant 1\}$$
绕 y 轴旋转所得的立体减去由图形
$$\{(x,y)\mid 0\leqslant x\leqslant 2-\sqrt{1-y^2},-1\leqslant y\leqslant 1\}$$
绕 y 轴旋转所得的立体,因此
$$V=\int_{-1}^1\pi(2+\sqrt{1-y^2})^2dy-\int_{-1}^1\pi(2-\sqrt{1-y^2})^2dy$$
$$=8\pi\int_{-1}^1\sqrt{1-y^2}dy=8\pi\left[\dfrac{y}{2}\sqrt{1-y^2}+\dfrac{1}{2}\arcsin y\right]_{-1}^1=4\pi^2.$$

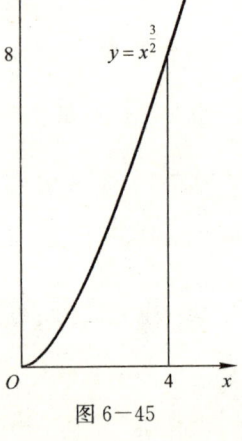

图 6-45

10. **解**:联立两曲线方程 $\begin{cases}y=\dfrac{1}{2}x^2\\ x^2+y^2=3\end{cases}$,得到两曲线的交点为 $(-\sqrt{2},1)$,$(\sqrt{2},1)$,因此所求弧长为 $s=\displaystyle\int_{-\sqrt{2}}^{\sqrt{2}}\sqrt{1+y'^2}dx=\int_{-\sqrt{2}}^{\sqrt{2}}\sqrt{1+x^2}dx=\dfrac{1}{2}\left[x\sqrt{1+x^2}+\ln(x+\sqrt{1+x^2})\right]_{-\sqrt{2}}^{\sqrt{2}}=\sqrt{6}+\ln(\sqrt{2}+\sqrt{3})$.

11. **解**:取 x 轴的正向铅直向上,沉入水中的球心为原点,并取 x 为积分变量,则 x 的变化范围为 $[-r,r]$,对应区间 $[x,x+dx]$ 的球的薄片的体积为 $dV=\pi(\sqrt{r^2-x^2})^2dx=\pi(r^2-x^2)dx$,由于该部分在水面以下重力与浮力的合力为零(因为球的密度与水的密度相同),在水面以上移动距离为 $r+x$,故作功为
$$W=\int_{-r}^r g\pi(r^2-x^2)(r+x)dx=\int_{-r}^r g\pi r(r^2-x^2)dx+\int_{-r}^r g\pi x(r^2-x^2)dx$$
$$=2\pi gr\int_0^r(r^2-x^2)dx=\dfrac{4}{3}\pi gr^4.$$

12. **解**:如图 6-46,记 x 为薄板上点到近水面的长边的距离,取 x 为积分变量,则 x 的变化范围为 $[0,b]$,对应小区间 $[x,x+dx]$,压强为 $\rho g(h+x\sin\alpha)$,面积为 adx,因此压力为 $F=\displaystyle\int_0^b\rho g(h+x\sin\alpha)dx=\dfrac{1}{2}\rho gab(2h+b\sin\alpha)$.

13. **解**：取参数 t 为积分变量，变化范围为 $\left[0, \dfrac{\pi}{2}\right]$，对应区间 $[t, t+\mathrm{d}t]$ 的弧长为 $\mathrm{d}s = \sqrt{\left(\dfrac{\mathrm{d}x}{\mathrm{d}t}\right)^2 + \left(\dfrac{\mathrm{d}y}{\mathrm{d}t}\right)^2}\,\mathrm{d}t = 3a\cos t\sin t\,\mathrm{d}t$，

该弧段质量为 $(a^2\cos^6 t + a^2\sin^6 t)^{\frac{3}{2}}\,\mathrm{d}s = 3a^4\cos t\sin t(\cos^6 t + \sin^6 t)^{\frac{3}{2}}\,\mathrm{d}t$，该弧段与质点的引力大小为

$G \cdot \dfrac{3a^4 \cdot \cos t\sin t(\cos^6 t + \sin^6 t)^{\frac{3}{2}}\,\mathrm{d}t}{a^2\cos^6 t + a^2\sin^6 t} = 3Ga^2\cos t\sin t(\cos^6 t + \sin^6 t)^{\frac{1}{2}}\,\mathrm{d}t$，因此曲线弧对这质点引力的水平方向分量、铅直方向分量分别为

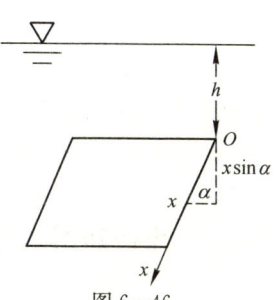

图 6—46

$F_x = \displaystyle\int_0^{\frac{\pi}{2}} \dfrac{a\cos^3 t}{\sqrt{a^2\cos^6 t + a^2\sin^6 t}} \cdot 3Ga^2\cos t\sin t(\cos^6 t + \sin^6 t)^{\frac{1}{2}}\,\mathrm{d}t$,

$= \displaystyle\int_0^{\frac{\pi}{2}} 3Ga^2\cos^4 t \cdot \sin t\,\mathrm{d}t = 3Ga^2\left[-\dfrac{\cos^5 t}{5}\right]_0^{\frac{\pi}{2}} = \dfrac{3}{5}Ga^2$,

$F_y = \displaystyle\int_0^{\frac{\pi}{2}} \dfrac{a\sin^3 t}{\sqrt{a^2\cos^6 t + a^2\sin^6 t}} \cdot 3Ga^2\cos t\sin t(\cos^6 t + \sin^6 t)^{\frac{1}{2}}\,\mathrm{d}t$,

$= \displaystyle\int_0^{\frac{\pi}{2}} 3Ga^2\cos t \cdot \sin^4 t\,\mathrm{d}t = 3Ga^2\left[\dfrac{\sin^5 t}{5}\right]_0^{\frac{\pi}{2}} = \dfrac{3}{5}Ga^2$,

因此所求引力 $\boldsymbol{F} = F_x\boldsymbol{i} + F_y\boldsymbol{j} = \dfrac{3}{5}Ga^2(\boldsymbol{i} + \boldsymbol{j})$，即大小为 $\dfrac{3\sqrt{2}}{5}Ga^2$，方向角为 $\dfrac{\pi}{4}$.

14. **解**：(1) 设第 n 次击打后，桩被打进地下 x_n，第 n 次击打时，汽锤克服阻力所作的功为 $W_n(n\in\mathbf{N}^*)$. 由题设，当桩被打进地下的深度为 x 时，土层对桩的阻力的大小为 kx，所以 $W_1 = \displaystyle\int_0^{x_1} kx\,\mathrm{d}x = \dfrac{k}{2}x_1^2 = \dfrac{k}{2}a^2$, $W_2 = \displaystyle\int_a^{x_2} kx\,\mathrm{d}x = \dfrac{k}{2}(x_2^2 - x_1^2) = \dfrac{k}{2}(x_2^2 - a^2)$.

由 $W_2 = rW_1$，可得 $x_2^2 - a^2 = ra^2$，即 $x_2^2 = (1+r)a^2$. $W_3 = \displaystyle\int_{x_2}^{x_3} kx\,\mathrm{d}x = \dfrac{k}{2}(x_3^2 - x_2^2) = \dfrac{k}{2}[x_3^2 - (1+r)a^2]$，由 $W_3 = rW_2 = r^2W_1$，可得 $x_3^2 - (1+r)a^2 = r^2a^2$，从而 $x_3 = \sqrt{1 + r + r^2}\,a$，即汽锤击打桩 3 次后，可将桩打进地下 $\sqrt{1+r+r^2}\,a$ m.

(2) $W_n = \displaystyle\int_{x_{n-1}}^{x_n} kx\,\mathrm{d}x = \dfrac{k}{2}(x_n^2 - x_{n-1}^2)$，由 $W_n = rW_{n-1}$，可得 $x_n^2 - x_{n-1}^2 = r(x_{n-1}^2 - x_{n-2}^2)$，由 (1) 知 $x_2^2 - x_1^2 = ra^2$，因此 $x_n^2 - x_{n-1}^2 = r^{n-1}a^2$，从而由归纳法，可得 $x_n = \sqrt{1 + r + \cdots + r^{n-1}}\,a$，故 $\lim\limits_{n\to\infty} x_n = \lim\limits_{n\to\infty}\sqrt{\dfrac{1-r^n}{1-r}} = \dfrac{a}{\sqrt{1-r}}$，即若击打次数不限，汽锤至多能将桩打进地下 $\dfrac{a}{\sqrt{1-r}}$ m.

第七章

微分方程

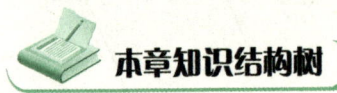

本章知识结构树

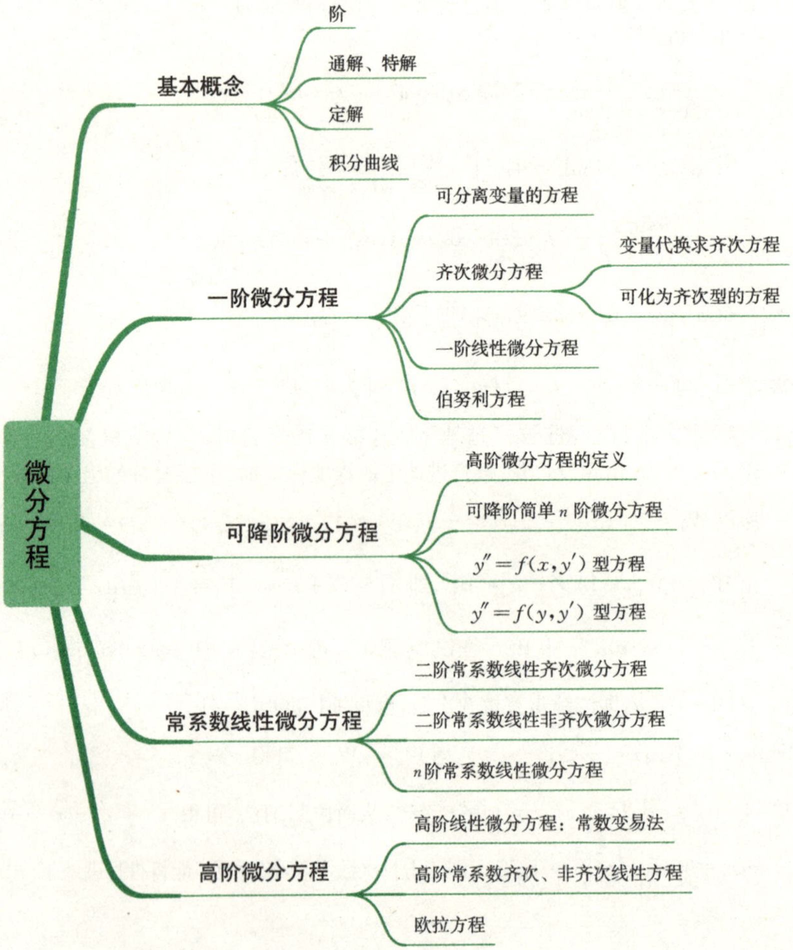

微分方程
基本概念
阶
通解、特解
定解
积分曲线
一阶微分方程
可分离变量的方程
齐次微分方程
变量代换求齐次方程
可化为齐次型的方程
一阶线性微分方程
伯努利方程
可降阶微分方程
高阶微分方程的定义
可降阶简单 n 阶微分方程
$y''=f(x,y')$ 型方程
$y''=f(y,y')$ 型方程
常系数线性微分方程
二阶常系数线性齐次微分方程
二阶常系数线性非齐次微分方程
n阶常系数线性微分方程
高阶微分方程
高阶线性微分方程：常数变易法
高阶常系数齐次、非齐次线性方程
欧拉方程

大纲解读

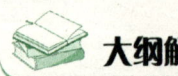

1. 了解微分方程及其阶、解、通解、初始条件和特解等概念.

2. 掌握变量可分离的微分方程、齐次微分方程和一阶线性微分方程的求解方法.

3. 会解二阶常系数齐次线性微分方程.
4. 了解线性微分方程解的性质及解的结构定理,会解自由项为多项式、指数函数、正弦函数、余弦函数的二阶常系数非齐次线性微分方程.
5. 了解差分与差分方程及其通解与特解等概念.
6. 了解一阶常系数线性差分方程的求解方法.
7. 会用微分方程求解简单的经济应用问题.

第一节　微分方程的基本概念

内容精讲

1. 微分方程

凡表示未知函数、未知函数的导数与自变量之间关系的方程,叫做微分方程,也简称方程. 其一般形式是 $F(x,y',y'',\cdots,y^{(n)})=0$.

(1) 常微分方程　未知函数为一元函数的方程叫做常微分方程.
(2) 偏微分方程　未知函数为多元函数的方程叫做偏微分方程.

2. 微分方程的阶

微分方程中所出现的未知函数的最高阶导数的阶数叫做微分方程的阶.

3. 微分方程的解

能使微分方程成为恒等式的函数叫做微分方程的解.

(1) 微分方程的通解　若微分方程的解中含有任意常数,且任意常数的个数与微分方程的阶数相同,这样的解叫做微分方程的通解.
(2) 微分方程的特解　确定了通解中任意常数之后得到的解,叫做微分方程的特解.

4. 初始条件

用来确定微分方程的通解中任意常数的条件叫做初始条件.

5. 初值问题

求微分方程满足初始条件的特解的问题,叫做微分方程的初值问题.

6. 微分方程的积分曲线

微分方程的解的图形是一条曲线,叫做微分方程的积分曲线.

题型及考点解析

例 1　求函数 $y=A\cos ax+B\sin ax$ 所满足的微分方程,其中 A,B 为任意常数,a 为一固定常数.

解　由于 $y=A\cos ax+B\sin ax$,则 $\dfrac{\mathrm{d}y}{\mathrm{d}x}=-Aa\sin ax+Ba\cos ax$,

$$\dfrac{\mathrm{d}^2y}{\mathrm{d}x^2}=-Aa^2\cos ax-Ba^2\sin ax=-a^2(A\cos ax+B\sin ax)=-a^2y.$$

故所求微分方程为 $\dfrac{\mathrm{d}^2y}{\mathrm{d}x^2}+a^2y=0$.

例 2 求以 $y = C_1 e^x + C_2 e^{-x} - x$ 为通解的微分方程(C_1、C_2 为任意常数).

解 由 $y = C_1 e^x + C_2 e^{-x} - x$,对 x 求导得 $y' = C_1 e^x - C_2 e^{-x} - 1$, ①

①式再对 x 求导得 $y'' = C_1 e^x + C_2 e^{-x}$, ②

由已知与②式得 $y = y'' - x$,即所求微分方程为 $y'' - y - x = 0$.

例 3 验证 $y = 3\sin x - 4\cos x$ 是否为 $y'' + y = 0$ 的解.

解 由 $y = 3\sin x - 4\cos x$,两边关于 x 求导,得 $y' = 3\cos x + 4\sin x$. 再关于 x 求导,得 $y'' = -3\sin x + 4\cos x$. 将 y, y'' 代入方程 $y'' + y = 0$,

左边 $= y'' + y = -3\sin x + 4\cos x + 3\sin x - 4\cos x = 0 =$ 右边,

即 $y = 3\sin x - 4\cos x$ 是所给方程的解.

例 4 求初值问题 $\begin{cases} y''' = x \\ y(0) = a_0,\ y'(0) = a_1,\ y''(0) = a_2 \end{cases}$ 的解.

解 由 $y''' = x$,得 $y'' = \int y''' dx = \int x dx = \dfrac{x^2}{2} + C_1$,

$y' = \int y'' dx = \int (\dfrac{x^2}{2} + C_1) dx = \dfrac{x^3}{6} + C_1 x + C_2$,

$y = \int y' dx = \int (\dfrac{x^3}{6} + C_1 x + C_2) dx = \dfrac{x^4}{24} + \dfrac{1}{2} C_1 x^2 + C_2 x + C_3$. C_1, C_2, C_3 为任意常数.

将初值 $y''(0) = a_2, y'(0) = a_1, y(0) = a_0$ 代入得 $C_1 = a_2, C_2 = a_1, C_3 = a_0$.

故初值问题的解为 $y = \dfrac{1}{24} x^4 + \dfrac{1}{2} a_2 x^2 + a_1 x + a_0$.

习题 7-1 精讲

1. **解**:由于微分方程的阶即为未知函数的导数的最高阶数,故各微分方程的阶数依次为
   (1)一阶 (2)二阶 (3)三阶 (4)一阶 (5)二阶 (6)一阶

2. **解**:(1)由 $y = 5x^2$ 求导得 $y' = 10x$,代入方程左边得:左边 $= xy' = x \cdot 10x = 10x^2 = 2 \cdot (5x^2) =$ 右边,故 $y = 5x^2$ 是方程 $xy' = 2y$ 的解.

   (2)由 $y = 3\sin x - 4\cos x$,两边关于 x 求导,得 $y' = 3\cos x + 4\sin x$,再关于 x 求导,得 $y'' = -3\sin x + 4\cos x$. 将 y'' 代入方程 $y'' + y = 0$ 中,左边 $= y'' + y = -3\sin x + 4\cos x + 3\sin x - 4\cos x = 0 =$ 右边,即 $y = 3\sin x - 4\cos x$ 是所给方程的解.

   (3)由 $y = x^2 e^x$ 求导得 $y' = e^x(2x + x^2)$,再求导 $y'' = e^x(2 + 4x + x^2)$. 将上二式代入方程 $y'' - 2y' + y = 0$ 中得左边 $= e^x(2 + 4x + x^2) - 2e^x(2x + x^2) + x^2 e^x = 2e^x \neq 0 =$ 右边,故 $y = x^2 e^x$ 不是所给方程的解.

   (4)将 $y = C_1 e^{\lambda_1 x} + C_2 e^{\lambda_2 x}$ 两边求导得 $y' = C_1 \lambda_1 e^{\lambda_1 x} + C_2 \lambda_2 e^{\lambda_2 x}$,再求导得 $y'' = C_1 \lambda_1^2 e^{\lambda_1 x} + C_2 \lambda_2^2 e^{\lambda_2 x}$. 将上二式代入 $y'' - (\lambda_1 + \lambda_2) y' + \lambda_1 \lambda_2 y$ 中,左边 $= y'' - (\lambda_1 + \lambda_2) y' + \lambda_1 \lambda_2 y = (C_1 \lambda_1^2 e^{\lambda_1 x} + C_2 \lambda_2^2 e^{\lambda_2 x}) - (\lambda_1 + \lambda_2)(C_1 \lambda_1 e^{\lambda_1 x} + C_2 \lambda_2 e^{\lambda_2 x}) + \lambda_1 \lambda_2 (C_1 e^{\lambda_1 x} + C_2 e^{\lambda_2 x}) = 0 =$ 右边,故 $y = C_1 e^{\lambda_1 x} + C_2 e^{\lambda_2 x}$ 是所给方程的解.

3. **证**:(1)对 $x^2 - xy + y^2 = C$ 关于 x 求导得 $2x - y - xy' + 2yy' = 0$. 整理得 $(x - 2y) y' = 2x - y$. 故 $x^2 - xy + y^2 = C$ 是所给方程的解.

   (2)对 $y = \ln(xy)$ 关于 x 求导得 $y' = \dfrac{1}{x} + \dfrac{y'}{y}$,故 $y' = \dfrac{y}{x(y-1)}$. 对其进行求导,得 $y'' = -$

$\dfrac{1}{x^2} + \left(-\dfrac{1}{y^2} \cdot y'^2 + \dfrac{1}{y} y''\right)$. 故 $y'' = \dfrac{y}{y-1}\left(-\dfrac{1}{x^2} - \dfrac{1}{y^2} \cdot \dfrac{y^2}{x^2(y-1)^2}\right) = -\dfrac{y}{x^2(y-1)} - \dfrac{y}{x^2(y-1)^3}$. 则有 $(xy-x)y'' = -\dfrac{y}{x} - \dfrac{y}{x(y-1)^2}$. 代入原方程得:$(xy-x)y'' + xy'^2 + yy' - 2y' = -\dfrac{y}{x} - \dfrac{y}{x(y-1)^2} + x\dfrac{y^2}{x^2(y-1)^2} + (y-2)\dfrac{y}{x(y-1)} = 0$. 故 $y=\ln(xy)$ 是所给方程的解.

4. **解**:(1)由 $x^2 - y^2 = C$,令 $x=0, y=5$,代入上式得 $C = 0 - 25 = -25$,则原函数为 $y^2 - x^2 = 25$.

(2)由 $y=(C_1+C_2 x)\mathrm{e}^{2x}$ ①

两边关于 x 求导得 $y' = C_2 \mathrm{e}^{2x} + 2(C_1 + C_2 x)\mathrm{e}^{2x}$ ②

在①中令 $x=0, y=0$ 得 $C_1 = 0$.在②中令 $x=0, y'=1$ 得 $2C_1 + C_2 = 1$.于是,$C_1 = 0, C_2 = 1$. 故原函数为 $y = x\mathrm{e}^{2x}$.

(3)由 $y = C_1 \sin(x-C_2)$ ①,两边对 x 求导,得 $y' = C_1 \cos(x-C_2)$ ②,在①中令 $x=\pi, y=1$,得 $C_1 \sin(\pi - C_2) = 1$ ③,在②中令 $x=\pi, y'=0$,得 $C_1 \cos(\pi - C_2) = 0$ ④,由③知 $C_1 \neq 0$,故由④知 $\cos(\pi - C_2) = 0$ ⑤,

不妨设 $C_2 = \dfrac{\pi}{2}$,代入③得 $C_1 \sin\dfrac{\pi}{2} = 1$,即 $C_1 = 1$,则原函数为 $y = \sin\left(x - \dfrac{\pi}{2}\right) = -\cos x$.

5. **解**:(1)设曲线为 $y = y(x)$,则曲线在点 (x, y) 处切线斜率为 y',由条件知 $y' = x^2$,即为所求微分方程.

(2)设曲线为 $y = y(x)$,$P(x, y)$ 处法线方程为 $Y - y = -\dfrac{1}{y'}(Z - x)$. 当 $Y = 0$ 时,得 $Z = x + yy'$,则 Q 点坐标为 $Q(x + yy', 0)$. 又 PQ 中点在 y 轴上,则 $\dfrac{x + x + yy'}{2} = 0$,即所求方程为 $yy' + 2x = 0$.

6. **解**:$\dfrac{\mathrm{d}P}{\mathrm{d}T} = K\dfrac{P}{T^2}$(其中 K 为比例常数).

7. **解**:设雪堆在时刻 t 的体积为 $V = \dfrac{2}{3}\pi r^3$,侧面积 $S = 2\pi r^2$. 由题设知 $\dfrac{\mathrm{d}V}{\mathrm{d}t} = 2\pi r^2 \dfrac{\mathrm{d}r}{\mathrm{d}t} = -kS = -2\pi k r^2$,于是 $\dfrac{\mathrm{d}r}{\mathrm{d}t} = -k$,积分得 $r = -kt + C$. 由 $r|_{t=0} = r_0$,得 $C = r_0$,$r = r_0 - kt$. 又 $V\Big|_{t=3} = \dfrac{1}{8}V\Big|_{t=0}$,即 $\dfrac{2}{3}\pi(r_0 - 3k)^3 = \dfrac{1}{8} \cdot \dfrac{2}{3}\pi r_0^3$,得 $k = \dfrac{1}{6}r_0$,从而 $r = r_0 - \dfrac{1}{6}r_0 t$. 因雪堆全部融化时,$r = 0$,故得 $t = 6$,即雪堆全部融化需 6 小时.

第二节   可分离变量的微分方程

> 内容精讲

1. 可分离变量的微分方程

如果一个一阶微分方程能写成 $g(y)\mathrm{d}y = f(x)\mathrm{d}x$ 或 $\dfrac{\mathrm{d}y}{\mathrm{d}x} = f(x)h(y)$ 的形式,则原方程就

称为可分离变量的微分方程.

2. 解法

分离变量法:分离变量,各自积分. $\int g(y)dy = \int f(x)dx$.

题型及考点解析

例1 微分方程 $y' = \dfrac{y(1-x)}{x}$ 的通解是_____.

解 原方程化为 $\dfrac{dy}{y} = (\dfrac{1}{x} - 1)dx$, 即 $\ln y = \ln x - x + \ln C = \ln(Cx) - x$. 解得 $y = Cx \cdot e^{-x}$.

例2 微分方程 $xy' + y = 0$ 满足条件 $y(1) = 1$ 的解是 $y = $_____. (考研题)

解 由原方程可得 $\dfrac{dy}{dx} = \dfrac{-y}{x}$, 分离变量得 $\dfrac{dy}{-y} = \dfrac{dx}{x}$, 各自积分得 $-\ln|y| = \ln|x| + C_1$, 所以 $\dfrac{1}{|y|} = |x| \cdot C$, $(C = e^{C_1})$. 故 $|xy| = C$, 又 $y(1) = 1$, 所以 $y = \dfrac{1}{x}$.

例3 已知函数 $y = y(x)$ 在任意点 x 处的增量 $\Delta y = \dfrac{y\Delta x}{1+x^2} + \alpha$, 且当 $\Delta x \to 0$ 时, α 是 Δx 的高阶无穷小, $y(0) = \pi$, 则 $y(1)$ 等于_____. (考研题)

解 由 $\Delta y = \dfrac{y\Delta x}{1+x^2} + \alpha$, 得 $\dfrac{\Delta y}{\Delta x} = \dfrac{y}{1+x^2} + \dfrac{\alpha}{\Delta x}$, 求极限得 $f'(x) = \dfrac{y}{1+x^2}$, 即 $\dfrac{dy}{dx} = \dfrac{y}{1+x^2}$, 分离变量得 $\dfrac{dy}{y} = \dfrac{dx}{1+x^2}$, 积分并整理得 $y = Ce^{\arctan x}$. $y(0) = \pi$, 故 $C = \pi$. $\therefore y = \pi e^{\arctan x}$, $y(1) = \pi e^{\frac{\pi}{4}}$.

题型分析 按题意列出微分方程,通过分离变量并积分得通解,由初始条件得特解,从而求出函数值.

例4 求解微分方程: $(e^{x+y} - e^x)dx + (e^{x+y} + e^y)dy = 0$.

解 原方程变形为 $e^y(e^x + 1)dy = e^x(1 - e^y)dx$. 分离变量得 $\dfrac{e^y}{1-e^y}dy = \dfrac{e^x}{1+e^x}dx$, 积分得 $-\ln(e^y - 1) = \ln(e^x + 1) - \ln C$, 即 $\ln(e^x + 1) + \ln(e^y - 1) = \ln C$. 故通解为 $(e^x + 1)(e^y - 1) = C$.

例5 若连续函数 $f(x)$ 满足关系式 $f(x) = \int_0^{2x} f(\dfrac{t}{2})dt + \ln 2$, 则 $f(x) = $_____.

解 由 $f(x) = \int_0^{2x} f(\dfrac{t}{2})dt + \ln 2$, 求导得 $f'(x) = 2f(x)$, 积分得 $f(x) = Ce^{2x}$, 又当 $x = 0$ 时, $f(x) = \ln 2$. 即 $C = \ln 2$, 故 $f(x) = \ln 2 \cdot e^{2x}$.

题型分析 对于这类问题,一般是对积分关系式两边求导化为微分方程,这时要注意关系式中隐含的初始条件.

例6 设曲线 L 的极坐标方程为 $r = r(\theta)$, $M(r, \theta)$ 为 L 上任一点, $M_0(2, 0)$ 为 L 上一定点. 若极径 OM_0、OM 与曲线 L 所围成的曲边扇形面积值等于 L 上 M_0、M 两点间弧长值的一半,

求曲线 L 的方程. (考研题)

解 由已知条件得 $\dfrac{1}{2}\int_0^\theta r^2 \mathrm{d}\theta = \dfrac{1}{2}\int_0^\theta \sqrt{r^2+r'^2}\,\mathrm{d}\theta,$

两边对 θ 求导得 $r^2 = \sqrt{r^2+r'^2}$，即 $r' = \pm r\sqrt{r^2-1}$，从而 $\dfrac{\mathrm{d}r}{r\sqrt{r^2-1}} = \pm\mathrm{d}\theta.$

因为 $\int\dfrac{\mathrm{d}r}{r\sqrt{r^2-1}} = -\arcsin\dfrac{1}{r} + C$，所以 $-\arcsin\dfrac{1}{r} + C = \pm\theta.$ 由条件 $r(0)=2$，知 $C = \dfrac{\pi}{6}$，

故所求曲线 L 的方程为 $r\sin(\dfrac{\pi}{6}\mp\theta) = 1$，即 $r = \csc(\dfrac{\pi}{6}\mp\theta).$ 亦即直线 $x\mp\sqrt{3}y = 2.$

题型分析 本题关键在于掌握曲边扇形的面积公式和弧长公式，并由此建立积分方程，然后按常规方法求解.

习题7-2精讲

1. **解**：(1) 改写原方程为 $x\dfrac{\mathrm{d}y}{\mathrm{d}x} - y\ln y = 0$，分离变量 $\dfrac{\mathrm{d}y}{y\ln y} = \dfrac{\mathrm{d}x}{x}$. 积分 $\ln(\ln y) = \ln x + \ln C = \ln Cx$，即 $y = \mathrm{e}^{Cx}$ 即为通解.

   (2) 原方程变形为 $5\dfrac{\mathrm{d}y}{\mathrm{d}x} = 3x^2 + 5x$，分离变量 $5\mathrm{d}y = (3x^2+5x)\mathrm{d}x$. 积分 $5y = x^3 + \dfrac{5}{2}x^2 + C_1$，

   故通解为 $y = \dfrac{1}{5}x^3 + \dfrac{1}{2}x^2 + C$. 其中 $C = \dfrac{1}{5}C_1$.

   (3) 原方程变形为 $\dfrac{\mathrm{d}y}{\sqrt{1-y^2}} = \dfrac{\mathrm{d}x}{\sqrt{1-x^2}}$，积分 $\int\dfrac{\mathrm{d}y}{\sqrt{1-y^2}} = \int\dfrac{\mathrm{d}x}{\sqrt{1-x^2}}$，即 $\arcsin y = \arcsin x + C$，即通解为 $y = \sin(\arcsin x + C)$.

   (4) 原方程变形为 $(1-x-a)\dfrac{\mathrm{d}y}{\mathrm{d}x} = ay^2$，分离变量 $\dfrac{\mathrm{d}y}{ay^2} = \dfrac{\mathrm{d}x}{1-x-a}$. 积分 $-\dfrac{1}{ay} = -\ln|1-a-x| - C_1$，即 $y = \dfrac{1}{C+a\ln|1-a-x|}$ $(C = aC_1)$ 为通解.

   (5) 分离变量：$\dfrac{\sec^2 y}{\tan y}\mathrm{d}y = -\dfrac{\sec^2 x}{\tan x}\mathrm{d}x$，积分 $\int\dfrac{\mathrm{d}(\tan y)}{\tan y} = -\int\dfrac{\mathrm{d}(\tan x)}{\tan x}$，从而 $\ln(\tan y) = -\ln(\tan x) + \ln C$，即 $\ln(\tan x\tan y) = \ln C$. 故通解为 $\tan x\tan y = C$.

   (6) 分离变量 $10^{-y}\mathrm{d}y = 10^x\mathrm{d}x$. 积分 $-\dfrac{10^{-y}}{\ln 10} = \dfrac{10^x}{\ln 10} + \dfrac{C_1}{\ln 10}$. 即 $10^{-y} = -10^x + C$.

   故通解为 $y = -\lg(-10^x + C)$.

   (7) 原方程变形为 $\mathrm{e}^y(\mathrm{e}^x+1)\mathrm{d}y = \mathrm{e}^x(1-\mathrm{e}^y)\mathrm{d}x$. 分离变量 $\dfrac{\mathrm{e}^y\mathrm{d}y}{1-\mathrm{e}^y} = \dfrac{\mathrm{e}^x\mathrm{d}x}{1+\mathrm{e}^x}$. 积分 $-\ln(\mathrm{e}^y-1) = \ln(\mathrm{e}^x+1) - \ln C$. 即 $\ln(\mathrm{e}^x+1) + \ln(\mathrm{e}^y-1) = \ln C$. 故通解为 $(\mathrm{e}^x+1)(\mathrm{e}^y-1) = C$.

   (8) 分离变量 $\dfrac{\cos y}{\sin y}\mathrm{d}y = -\dfrac{\cos x}{\sin x}\mathrm{d}x$. 积分 $\ln(\sin y) = -\ln(\sin x) + \ln C$. 即 $\ln(\sin x\sin y) = \ln C$. 故通解为 $\sin x\sin y = C$.

(9) 分离变量 $(y+1)^2 dy = -x^3 dx$. 积分 $\frac{1}{3}(y+1)^3 = -\frac{1}{4}x^4 + C_1$. 故通解为 $4(y+1)^3 + 3x^4 = C$.

(10) 分离变量 $\frac{dx}{4x-x^2} = \frac{dy}{y}$. 积分 $\int \left(\frac{1}{x} + \frac{1}{4-x}\right) dx = 4\ln y$. 从而 $\ln x - \ln(4-x) + \ln C = \ln(y^4)$, $\ln \frac{Cx}{4-x} = \ln(y^4)$. 即通解为 $y^4(4-x) = Cx$.

2. **解**: (1) 分离变量 $e^y dy = e^{2x} dx$. 积分 $e^y = \frac{1}{2}e^{2x} + C$. 由 $y\big|_{x=0} = 0$ 知 $C = \frac{1}{2}$, 故所求特解 $y = \ln\left(\frac{e^{2x}+1}{2}\right)$.

(2) 分离变量 $\tan y\, dy = \tan x\, dx$. 积分 $\cos y = C\cos x$. 由 $y\big|_{x=0} = \frac{\pi}{4}$ 知 $C = \frac{\sqrt{2}}{2}$. 故所求特解 $\sqrt{2}\cos y = \cos x$.

(3) 分离变量 $\frac{dy}{y\ln y} = \frac{dx}{\sin x}$. 积分 $y = e^{C\tan\frac{x}{2}}$. 由 $\ln e = C\tan\frac{\pi}{4} = C$ 知 $C = 1$. 故所求特解为 $y = e^{\tan\frac{x}{2}}$.

(4) 分离变量 $\frac{dx}{1+e^{-x}} = -\tan y\, dy$. 积分 $\frac{e^x+1}{\cos y} = C$. 由 $y\big|_{x=0} = \frac{\pi}{4}$ 知 $C = 2\sqrt{2}$. 故所求特解为 $e^x + 1 = 2\sqrt{2}\cos y$.

(5) 分离变量 $\frac{dy}{2y} = -\frac{dx}{x}$. 积分 $\frac{1}{2}\ln y = -\ln x + C$. 由 $y\big|_{x=2} = 1$ 知 $C = \ln 2$. 故所求特解为 $\frac{1}{2}\ln y = -\ln x + \ln 2$. 即 $y = \frac{4}{x^2}$.

3. **解**: 建立坐标系如图 7-1 所示. 设 t 时刻已流出的水的体积为 V, 由水力学知

$\frac{dV}{dt} = 0.62 \times 0.5 \times \sqrt{(2\times 980)x}$,

即 $dV = 0.62 \times 0.5 \sqrt{(2\times 980)x}\, dt$.

又 $r = x\tan 30° = \frac{x}{\sqrt{3}}$, 故 $dV = -\pi r^2 dx = -\frac{\pi}{3}x^2 dx$.

从而 $0.62 \times 0.5 \sqrt{(2\times 980)}\sqrt{x}\, dt = -\frac{\pi}{3}x^2 dx$,

即 $dt = \frac{-\pi}{3\times 0.62 \times 0.5\sqrt{2\times 980}}x^{\frac{3}{2}} dx$,

故 $t = \frac{-2\pi}{3\times 5\times 0.62\times 0.5\sqrt{2\times 980}}x^{\frac{5}{2}} + C$.

又由于 $t = 0$ 时, $x = 10$. 故 $C = \frac{2\pi}{3\times 5\times 0.62\times 0.5\sqrt{2\times 980}}10^{\frac{5}{2}}$.

故水从小孔流出的规律为: $t = \frac{2\pi}{3\times 5\times 0.62\times 0.5\sqrt{2\times 980}}(10^{\frac{5}{2}} - x^{\frac{5}{2}}) = -0.0305x^{\frac{5}{2}} + 9.645$.

令 $x = 0$ 时, 可知水流完所需的时间大约为 10s.

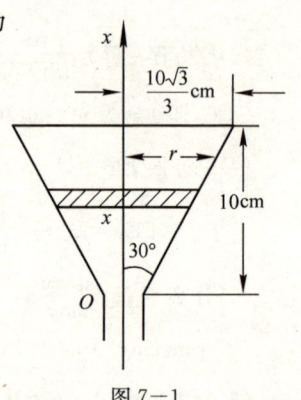

图 7-1

4. 解：已知 $F=k\dfrac{t}{v}$，由已知得 $4=k\dfrac{10}{50}$，即 $k=20$，则 $F=20\dfrac{t}{v}$. 又 $F=ma=1\cdot\dfrac{\mathrm{d}v}{\mathrm{d}t}=20\dfrac{t}{v}$，即得速度与时间应满足的微分方程：$v\mathrm{d}v=20t\mathrm{d}t$，解得 $\dfrac{1}{2}v^2=10t^2+C$. 由题得 $C=250$. 故 $v=\sqrt{20t^2+500}$. 当 $t=60$ 秒时，$v=\sqrt{20\cdot 60^2+500}=269.3(\mathrm{cm/s})$.

5. 解：由题设，$\dfrac{\mathrm{d}R}{\mathrm{d}t}=-\lambda R$，即 $\dfrac{\mathrm{d}R}{R}=-\lambda\mathrm{d}t$，积分：$R=C\mathrm{e}^{-\lambda t}$. 当 $t=0$，有 $R=R_0$. 知 $C=R_0$. 故 $R=R_0\mathrm{e}^{-\lambda t}$. 又 $t=1600$，$R=\dfrac{R_0}{2}$，知 $\lambda=\dfrac{\ln 2}{1600}$. 故 $R=R_0\mathrm{e}^{-0.000433t}$.

6. 解：设曲线方程为 $y=y(x)$，曲线上点 (x,y) 的切线方程为 $\dfrac{Y-y}{X-x}=y'$.

由假设，当 $Y=0$ 时，$X=2x$，代入上式，得曲线所满足的微分方程的初值问题：$\begin{cases}\dfrac{\mathrm{d}y}{\mathrm{d}x}=\dfrac{-y}{x}\\ y(2)=3\end{cases}$.

分离变量后积分得 $xy=C$，由 $y(2)=3$ 知 $C=6$，故所求曲线方程为 $xy=6$.

7. 解：建立坐标系如图 7-2 所示，设 t 时刻船的位置为 (x,y)，此时水速为 $v=\dfrac{\mathrm{d}x}{\mathrm{d}t}=ky(h-y)$，故 $\mathrm{d}x=ky(h-y)\mathrm{d}t$. 又由 $y=at$ 知 $\mathrm{d}x=kat(h-at)\mathrm{d}t$. 积分 $x=\dfrac{1}{2}kaht^2-\dfrac{1}{3}ka^2t^3+c$.

由初始条件 $x\big|_{t=0}=0$ 知 $c=0$. 故 $x=\dfrac{1}{2}kaht^2-\dfrac{1}{3}ka^2t^3$. 因此船运动路线的函数方程为 $\begin{cases}x=\dfrac{1}{2}kaht^2-\dfrac{1}{3}ka^2t^3\\ y=at\end{cases}$. 从而一般方程为 $x=\dfrac{k}{a}\left(\dfrac{h}{2}y^2-\dfrac{1}{3}y^3\right)$，$y\in[0,h]$.

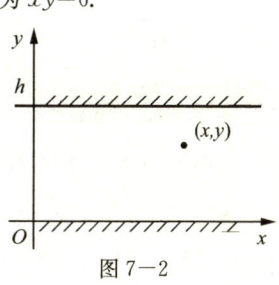

图 7-2

第三节　齐次方程

内容精讲

1. 齐次方程

可化为 $\dfrac{\mathrm{d}y}{\mathrm{d}x}=f\left(\dfrac{y}{x}\right)$ 的一阶微分方程称为齐次方程.

2. 齐次方程的特点和解法

(1) 特点　方程中每一项的次方相同，且都可以化为一般形式 $\dfrac{\mathrm{d}y}{\mathrm{d}x}=f\left(\dfrac{y}{x}\right)$.

(2) 解法　令 $u=\dfrac{y}{x}$，即 $y=xu$，则 $\dfrac{\mathrm{d}y}{\mathrm{d}x}=u+x\dfrac{\mathrm{d}u}{\mathrm{d}x}$，于是原方程可化为 $u+x\dfrac{\mathrm{d}u}{\mathrm{d}x}=f(u)$，即 $\dfrac{\mathrm{d}u}{f(u)-u}=\dfrac{\mathrm{d}x}{x}$，成为可分离变量的微分方程，求解后再用 $\dfrac{y}{x}$ 代替 u 即得原方程的通解.

*3. 可化为齐次方程的微分方程

形如方程 $\dfrac{dy}{dx}=f\left(\dfrac{a_1x+b_1y+c_1}{a_2x+b_2y+c_2}\right)$

其中 a_1,b_1,c_1,a_2,b_2,c_2 为常数,且 $c_1^2+c_2^2\neq 0$. 当 $\begin{vmatrix}a_1 & b_1 \\ a_2 & b_2\end{vmatrix}\neq 0$ 时,令 $x=X+h, y=Y+k$,由

$$\begin{cases} a_1h+b_1k+c_1=0 \\ a_2h+b_2k+c_2=0 \end{cases}$$

解出 h 与 k,可将原方程化为齐次方程

$$\dfrac{dY}{dX}=f\left(\dfrac{a_1X+b_1Y}{a_2X+b_2Y}\right)=f\left[\dfrac{a_1+b_1\dfrac{Y}{X}}{a_2+b_2\dfrac{Y}{X}}\right]=g\left(\dfrac{Y}{X}\right)$$

当 $\begin{vmatrix}a_1 & b_1 \\ a_2 & b_2\end{vmatrix}=0$ 时,即 $\dfrac{a_1}{a_2}=\dfrac{b_1}{b_2}=k$,可设 $u=a_2x+b_2y$,代入原方程后可化为可分离变量的微分方程,即有 $\dfrac{dy}{dx}=f\left(\dfrac{ku+c_1}{u+c_2}\right)=g(u)$, $\dfrac{du}{dx}=a_2+b_2g(u)$.

题型及考点解析

例1 求微分方程 $(3x^2+2xy-y^2)dx+(x^2-2xy)dy=0$ 的通解.

解 令 $u=\dfrac{y}{x}$,则 $\dfrac{dy}{dx}=x\dfrac{du}{dx}+u=\dfrac{y^2-2xy-3x^2}{x^2-2xy}=\dfrac{u^2-2u-3}{1-2u}$,即 $x\dfrac{du}{dx}=-\dfrac{3(u^2-u-1)}{2u-1}$.

解之得 $u^2-u-1=Cx^{-3}$,即 $y^2-xy-x^2=Cx^{-1}$(或 $xy^2-x^2y-x^3=C$).

例2 微分方程 $\dfrac{dy}{dx}=\dfrac{y}{x}-\dfrac{1}{2}\left(\dfrac{y}{x}\right)^3$ 满足 $y\big|_{x=1}=1$ 的特解为_____.(考研题)

解 令 $\dfrac{y}{x}=u$,则 $\dfrac{dy}{dx}=u+x\dfrac{du}{dx}$,代入原方程可化为 $x\dfrac{du}{dx}+u=u-\dfrac{1}{2}u^3$,

即 $\dfrac{2du}{u^3}+\dfrac{dx}{x}=0$. 解得 $-\dfrac{1}{u^2}+\ln|x|=C$,即 $\ln|x|=C+\dfrac{x^2}{y^2}$. 又 $y\big|_{x=1}=1$.

所以 $C=-1$. 故所求特解为 $\dfrac{x^2}{y^2}=1+\ln|x|$,整理得 $y=\dfrac{x}{\sqrt{1+\ln x}}$.

例3 求微分方程 $(x+y)dx+(3x+3y-4)dy=0$ 的通解.

解 原方程变形为 $\dfrac{dy}{dx}=\dfrac{-(x+y)}{3(x+y)-4}$. 令 $x+y=u$,则 $y=u-x$, $\dfrac{dy}{dx}=\dfrac{du}{dx}-1$,原方程化为

$$\dfrac{du}{dx}-1=\dfrac{-u}{3u-4}, \quad 即 \quad \dfrac{3u-4}{2u-4}du=dx,$$

积分得 $\int 3du+\int\dfrac{2}{u-2}du=2\int dx$,从而 $3u+2\ln|u-2|=2x+C$.

将 $u=x+y$ 代入上式,得原方程的通解为 $x+3y+2\ln|2-x-y|=C$.

例4 求微分方程 $y^3dx+2(x^2-xy^2)dy=0$ 的通解.

解 令 $x=u^2, dx=2udu$,原方程化为齐次方程

$$y^3udu+(u^4-u^2y^2)dy=0 \quad 即 \quad \left(\dfrac{y}{u}\right)^3du+\left[1-\left(\dfrac{y}{u}\right)^2\right]dy=0.$$

令 $y=zu, dy=zdu+udz$,原方程化为 $z^3du+(1-z^2)(zdu+udz)=0$.

分离变量得 $\dfrac{z^2-1}{z}dz=\dfrac{du}{u}$,积分得 $\dfrac{1}{2}z^2-\ln z=\ln u+C_1$,即 $z^2=\ln(zu)^2+2C_1$.

代入 $y=zu, u^2=x$. 得原方程通解 $y^2=x(\ln y^2+C)$.

例5 设函数 $f(x)$ 在 $[1,+\infty)$ 上连续,若由曲线 $y=f(x)$,直线 $x=1,x=t(t>1)$ 与 x 轴所围成的平面图形绕 x 轴旋转一周所成的旋转体体积为 $V(t)=\dfrac{\pi}{3}[t^2f(t)-f(1)]$.

试求 $y=f(x)$ 所满足的微分方程,并求该微分方程满足条件 $y\big|_{x=2}=\dfrac{2}{9}$ 的解.

解 依题意得 $V(t)=\pi\displaystyle\int_1^t f^2(x)dx=\dfrac{\pi}{3}[t^2f(t)-f(1)]$,即 $3\displaystyle\int_1^t f^2(x)dx=t^2f(t)-f(1)$.

两边对 t 求导,得 $3f^2(t)=2tf(t)+t^2f'(t)$.

将上式改写为 $x^2y'=3y^2-2xy$,即 $\dfrac{dy}{dx}=3\left(\dfrac{y}{x}\right)^2-2\cdot\dfrac{y}{x}$。 ①

令 $\dfrac{y}{x}=u$,则有 $x\dfrac{du}{dx}=3u(u-1)$. 当 $u\neq 0, u\neq 1$ 时,由 $\dfrac{du}{u(u-1)}=\dfrac{3dx}{x}$. 两边积分得 $\dfrac{u-1}{u}=Cx^3$. 从而①式的通解为 $y-x=Cx^3y$ (C 为任意常数).

由已知条件,求得 $C=-1$. 从而所求的解为 $y-x=-x^3y$. (或 $y=\dfrac{x}{1+x^3}$).

题型分析 本题关键在于使用旋转体的体积公式根据题意建立积分方程,然后求导化为微分方程并解之.

习题7-3精讲

1. **解**:(1)化为 $\dfrac{dy}{dx}=\dfrac{y}{x}+\sqrt{\left(\dfrac{y}{x}\right)^2-1}$. 令 $u=\dfrac{y}{x}$,原方程化为 $\dfrac{du}{(u^2-1)^{\frac{1}{2}}}=\dfrac{dx}{x}$,解得 $u+\sqrt{u^2-1}=Cx$. 故 $y+\sqrt{y^2-x^2}=Cx^2$.

(2)可写为 $\dfrac{dy}{dx}=\dfrac{y}{x}\ln\dfrac{y}{x}$. 令 $\dfrac{y}{x}=u$,原方程变为 $u+x\dfrac{du}{dx}=u\ln u$,分离变量积分得 $u=e^{Cx+1}$,将 $\dfrac{y}{x}=u$ 代入原方程,得通解为 $y=xe^{Cx+1}$.

(3) $\dfrac{dy}{dx}=\dfrac{1+(y/x)^2}{y/x}$,令 $u=\dfrac{y}{x}$,原方程化为 $udu=\dfrac{dx}{x}$,

解之得 $\dfrac{1}{2}u^2=\ln x+C_1$. 代回原变量得 $y^2=x^2\ln(Cx^2)$.

(4)可写为 $\dfrac{dy}{dx}=\dfrac{1+(y/x)^3}{3\cdot(y/x)^2}$. 令 $\dfrac{y}{x}=u$,原方程化为 $x\dfrac{du}{dx}=\dfrac{1-2u^3}{3u^2}$,

分离变量: $\dfrac{3u^2}{1-2u^3}du=\dfrac{1}{x}dx$,解之得 $2u^3=1-\dfrac{C}{x^2}$,将 $u=\dfrac{y}{x}$ 代入得 $x^3-2y^3=Cx$.

(5) $\dfrac{dy}{dx}=\dfrac{2\sin(y/x)+3(y/x)\cos(y/x)}{3\cos(y/x)}$. 原方程化为 $\dfrac{3\cos u}{2\sin u}du=\dfrac{dx}{x}$.

解之得 $\frac{3}{2}\ln|\sin u|=\ln|x|+C_1$，即 $\sin^3\frac{y}{x}=Cx^2$.

(6) $\frac{dx}{dy}=\frac{\left(\frac{x}{y}-1\right)\cdot 2e^{\frac{x}{y}}}{1+e^{\frac{x}{y}}}$. 令 $u=\frac{x}{y}$，原方程化为 $u+y\frac{du}{dy}=\frac{2(u-1)e^u}{1+2e^u}$，

分离变量：$\frac{(1+2e^u)du}{u+2e^u}+\frac{dy}{y}=0$. 积分得 $y(u+2e^u)=C$. 代入得 $x+2ye^{\frac{x}{y}}=C$.

2. **解**：(1) 原方程化为 $\frac{dy}{dx}=-\frac{2y/x}{(y/x)^2-3}$. 令 $u=\frac{y}{x}$，方程变为 $u+x\frac{du}{dx}=-\frac{2u}{u^2-3}$，即 $\frac{u^2-3}{u-u^3}du=$

$\frac{dx}{x}$. 由待定系数法易知 $\frac{u^2-3}{u-u^3}=-\frac{3}{u}+\frac{1}{u+1}+\frac{1}{u-1}$.

方程两边积分：$-3\ln|u|+\ln|u+1|+\ln|u-1|=\ln|x|+\ln|C|$，即 $\ln\left|\frac{u^2-1}{u^3}\right|=$

$\ln|Cx|$. 故 $u^2-1=Cu^3x$. 将 $u=\frac{y}{x}$ 代入上式得通解 $y^2-x^2=Cy^3$. 由初始条件 $y(0)=$

1 得 $C=1$，故特解为 $y^2-x^2=y^3$.

(2) 令 $\frac{y}{x}=u$，则原方程变为 $u+x\frac{du}{dx}=\frac{1}{u}+u$，即 $udu=\frac{dx}{x}$. 积分：$\frac{1}{2}u^2=\ln x+C$. 将 $u=\frac{y}{x}$ 代

入上式，得通解 $y^2=2x^2(\ln x+C)$. 由 $y(1)=2$ 知 $C=2$，故特解为 $y^2=2x^2(\ln x+2)$.

(3) 原方程化为 $\frac{dy}{dx}=\frac{(y/x)^2-2(y/x)-1}{(y/x)^2+2(y/x)-1}$. 令 $u=\frac{y}{x}$，得 $u+x\frac{du}{dx}=\frac{u^2-2u-1}{u^2+2u-1}$，即 $\frac{dx}{x}=$

$-\frac{u^2+2u-1}{u^3+u^2+u+1}du$，亦即 $\frac{dx}{x}=\left(\frac{1}{u+1}-\frac{2u}{u^2+1}\right)du$.

积分：$\ln|x|+\ln|C|=\ln\left|\frac{u+1}{u^2+1}\right|$，即 $(u+1)=Cx(u^2+1)$. 代入 $u=\frac{y}{x}$，得通解 $x+y=$

$C(x^2+y^2)$. 由初始条件 $y\big|_{x=1}=1$ 知 $C=1$. 故特解为 $x+y=x^2+y^2$.

3. **解**：设曲线弧 $\overparen{OA}$ 的方程为 $y=f(x)$，由题意得 $\int_0^x f(x)dx-\frac{1}{2}xf(x)=x^2$.

求导：$f(x)-\frac{1}{2}f(x)-\frac{1}{2}f'(x)x=2x$，即 $y'=\frac{y}{x}-4$ $(x>0)$.

令 $\frac{y}{x}=u$，上式化为 $x\frac{du}{dx}=-4$. 即 $du=-4\frac{dx}{x}$. 积分：$u=-4\ln x+C$.

把 $u=\frac{y}{x}$ 代入上式，得通解 $y=-4x\ln x+Cx$. 由于 $A(1,1)$ 在曲线上，即 $y\big|_{x=1}=1$. 因而

$C=1$，从而 $\overparen{OA}$ 的方程为 $y=\begin{cases}x(1-4\ln x), & 0<x\leqslant 1, \\ 0, & x=0.\end{cases}$

*4. **解**：(1) 令 $x=X+h$，$y=Y+k$，则 $dx=dX$，$dy=dY$，

原方程化为 $(2X-5Y+2h-5k+3)dX-(2X+4Y+2h+4k-6)dY=0$.

解方程组 $\begin{cases}2h+4k-6=0 \\ 2h-5k+3=0\end{cases}$，得 $h=1$，$k=1$.

令 $x=X+1$，$y=Y+1$ 时，原方程化为 $(2X-5Y)dX-(2X+4Y)dY=0$.

进一步将它化为 $\frac{dY}{dX}=\frac{2-5\frac{Y}{X}}{2+4\frac{Y}{X}}$.

令 $u=\dfrac{Y}{X}$,则以上方程化为 $X\dfrac{du}{dX}=\dfrac{2-5u}{2+4u}-u$,即 $-\dfrac{4u+2}{4u^2+7u-2}du=\dfrac{dX}{X}$.

积分: $\ln|X|=-\dfrac{1}{2}\int\dfrac{8u+7-3}{4u^2+7u-2}du=-\dfrac{1}{2}\int\dfrac{d(4u^2+7u-2)}{4u^2+7u-2}+\dfrac{3}{2}\int\dfrac{du}{4u^2+7u-2}$

$=-\dfrac{1}{2}\ln|4u^2+7u-2|+\dfrac{1}{6}\ln\left|\dfrac{4u-1}{u+2}\right|+\dfrac{1}{6}\ln|C_1|$,

则 $6\ln|X|+3\ln|4u^2+7u-2|-\ln\left|\dfrac{4u-1}{u+2}\right|=\ln|C_1|$,

即 $X^6(4u^2+7u-2)^3\dfrac{u+2}{4u-1}=C_1$,亦即 $X^6(4u-1)^2(u+2)^4=C_1$.

把 $X=x-1, Y=y-1$ 代入得 $(x-1)^6\left[4\dfrac{y-1}{x-1}-1\right]^2\left[\dfrac{y-1}{x-1}+2\right]^4=C_1$.

即 $(4y-x-3)(y+2x-3)^2=C$ ($C=\sqrt{C_1}$) 为原方程的通解.

(2) 原方程可写为 $\dfrac{dy}{dx}=\dfrac{-(x-1)+y}{(x-1)+4y}$. 令 $\begin{cases}x-1=X\\y=Y\end{cases}$,

则原方程化为 $\dfrac{dY}{dX}=\dfrac{-X+Y}{X+4Y}$,亦即 $\dfrac{dY}{dX}=\dfrac{-1+(Y/X)}{1+4(Y/X)}$.

令 $\dfrac{Y}{X}=u$,原方程化为 $u+X\dfrac{du}{dX}=\dfrac{-1+u}{1+4u}$,即 $\dfrac{4u+1}{4u^2+1}du=-\dfrac{dX}{X}$.

积分: $\int\dfrac{4u}{4u^2+1}du+\int\dfrac{1}{1+4u^2}du=-\int\dfrac{dX}{X}$.

从而 $\dfrac{1}{2}\ln(4u^2+1)+\dfrac{1}{2}\arctan(2u)=-\ln|X|+C_1 \ln[X^2(4u^2+1)]+\arctan(2u)=C$ ($C=2C_1$).

将 $X=x-1, u=\dfrac{Y}{X}=\dfrac{y}{x-1}$ 代入上式得方程的通解为 $\ln[4y^2+(x-1)^2]+\arctan\dfrac{2y}{x-1}=C$.

(3) 原方程变为 $\dfrac{dy}{dx}=\dfrac{7x-3y-7}{-3x+7y+3}$.

令 $x=X+h, y=Y+k$,代入上式得 $\dfrac{dY}{dX}=\dfrac{7X-3Y+7h-3k-7}{-3X+7Y-3h+7k+3}$.

令 $\begin{cases}7h-3k-7=0\\-3h+7k+3=0\end{cases}$,得 $\begin{cases}h=1\\k=0\end{cases}$.

令 $x=X+1, y=Y$,原方程化为 $\dfrac{dY}{dX}=\dfrac{7X-3Y}{-3X+7Y}$,即 $\dfrac{dY}{dX}=\dfrac{7-3\dfrac{Y}{X}}{-3+7\dfrac{Y}{X}}$.

令 $\dfrac{Y}{X}=u$,以上方程变为 $u+X\dfrac{du}{dX}=\dfrac{7-3u}{-3+7u}$,即 $\dfrac{7u-3}{u^2-1}du=\dfrac{-7}{X}dX$.

积分: $\int\dfrac{2}{u-1}du+\int\dfrac{5}{u+1}du=\int\dfrac{-7}{X}dX$. 从而 $2\ln|u-1|+5\ln|u+1|=-7\ln X+\ln|C|$,

即 $X^7(u-1)^2(u+1)^5=C$.

将 $X=x-1, u=\dfrac{y}{x-1}$ 代入,得原方程的通解为: $(y-x+1)^2(y+x-1)^5=C$.

(4) 原方程变形为 $\dfrac{dy}{dx}=\dfrac{-(x+y)}{3(x+y)-4}$. 令 $x+y=u$,则 $y=u-x$, $\dfrac{dy}{dx}=\dfrac{du}{dx}-1$,

原方程化为 $\dfrac{du}{dx}-1=\dfrac{-u}{3u-4}$，即 $\dfrac{3u-4}{2u-4}du=dx$.

积分：$\int 3du+\int\dfrac{2}{u-2}du=\int 2dx$，从而 $3u+2\ln|u-2|=2x+C$.

将 $u=x+y$ 代入上式，得原方程的通解为：$x+3y+2\ln|2-x-y|=C$.

第四节　一阶线性微分方程

内容精讲

1. 一阶线性微分方程

(1) 定义　形如 $\dfrac{dy}{dx}+P(x)y=Q(x)$ 的方程叫做一阶线性微分方程. 如果 $Q(x)\equiv 0$，称之为齐次的，如果 $Q(x)$ 不恒为零，称之为非齐次的.

(2) 解法　用常数变易法可得其通解公式为 $y=e^{-\int P(x)dx}\left[\int Q(x)e^{\int P(x)dx}dx+C\right]$.

* 2. 伯努利方程

(1) 定义　形如 $\dfrac{dy}{dx}+P(x)y=Q(x)y^n\ (n\neq 0,1)$ 的方程叫做伯努利方程.

(2) 解法　先用 y^{-n} 乘方程两边，得 $y^{-n}\dfrac{dy}{dx}+P(x)y^{1-n}=Q(x)\ (n\neq 0,1)$，然后令 $z=y^{1-n}$，则 $\dfrac{dz}{dx}=(1-n)y^{-n}\dfrac{dy}{dx}$，从而有 $\dfrac{1}{1-n}\dfrac{dz}{dx}+P(x)z=Q(x)$，即 $\dfrac{dz}{dx}+(1-n)P(x)z=(1-n)Q(x)$. 这样即可按一阶线性微分方程求解.

题型及考点解析

例 1　求解 $xy'\ln x+y=ax(\ln x+1)$.

解　将原方程化为标准方程 $y'+\dfrac{1}{x\ln x}\cdot y=\dfrac{a(\ln x+1)}{\ln x}$.

相应的齐次方程为 $y'+\dfrac{1}{x\ln x}y=0$，分离变量得 $\dfrac{dy}{y}=-\dfrac{dx}{x\ln x}$. 积分得齐次方程的通解为 $y=\dfrac{C_1}{\ln x}$.

令原方程通解为 $y=\dfrac{C(x)}{\ln x}$，则 $\dfrac{C'(x)}{\ln x}=\dfrac{a(\ln x+1)}{\ln x}$. 从而

$$C'(x)=a(1+\ln x),\ C(x)=\int a(1+\ln x)dx=ax\ln x+C_2.$$

故原方程的解为 $y=\dfrac{ax\ln x+C}{\ln x}\ (C=C_2)$.

题型分析　求解一阶线性方程可用常数变易法或直接由公式求解.

例 2 微分方程 $y' + y\tan x = \cos x$ 的通解为 _____.

解 由通解公式得
$$y = e^{-\int \tan x \, dx} \left[\int \cos x \cdot e^{\int \tan x \, dx} \, dx + C \right] = \cos x \left[\int \cos x \cdot \frac{1}{\cos x} \, dx + C \right] = \cos x (x + C).$$

故应填 $y = (x + C)\cos x$.

例 3 微分方程 $(y + x^2 e^{-x})dx - x \, dy = 0$ 的通解是 $y =$ _____.（考研题）

解 $(y + x^2 e^{-x})dx - x \, dy = 0$，变形为 $y' - \frac{y}{x} = x e^{-x}$，

由通解公式得
$$y = e^{\int \frac{1}{x} dx} \left[\int x e^{-x} e^{-\int \frac{1}{x} dx} dx + C \right] = x \left[\int e^{-x} dx + C \right] = -x e^{-x} + Cx.$$

题型分析 在运用一阶线性微分方程的通解公式之前，一定要把方程化为标准形式.

例 4 求微分方程 $(x - 2xy - y^2)\frac{dy}{dx} + y^2 = 0$ 的通解.

解 把 x 看作未知函数，把 y 看作自变量，原方程变为关于函数 x 的线性方程
$$\frac{dx}{dy} + \frac{1 - 2y}{y^2} x = 1,$$

其解为 $x = e^{-\int P(y)dy} \left(\int Q(y) e^{\int P(y)dy} dy + C \right) = e^{-\int \frac{1-2y}{y^2} dy} \left(\int e^{\int \frac{1-2y}{y^2} dy} dy + C \right)$

$= e^{\frac{1}{y} + 2\ln y} \left(\int e^{-\frac{1}{y} - 2\ln y} dy + C \right) = y^2 e^{\frac{1}{y}} \left(e^{-\frac{1}{y}} + C \right) = y^2 + C y^2 e^{\frac{1}{y}}$.

即原方程的通解为 $x = y^2 + C y^2 e^{\frac{1}{y}}$.

题型分析 表面上看此方程不属于标准的一阶线性方程，但如果交换 x 和 y 的地位，即把 x 看作未知函数，把 y 看作自变量，这时对变量 x 来说，原方程是一阶线性微分方程.

例 5 微分方程 $(y + x^3)dx - 2x \, dy = 0$ 满足 $y\big|_{x=1} = \frac{6}{5}$ 的特解为 _____.

解 把原微分方程整理得 $y' - \frac{1}{2x} y = \frac{x^2}{2}$,

此方程为一阶线性微分方程，通解为
$$y = e^{\int \frac{1}{2x} dx} \left[\int \frac{x^2}{2} e^{-\int \frac{1}{2x} dx} dx + C \right] = \sqrt{x} \left[\int \frac{x^2}{2} x^{-\frac{1}{2}} dx + C \right] = \frac{1}{5} x^3 + C\sqrt{x}$$

把 $y\big|_{x=1} = \frac{6}{5}$ 代入通解得 $C = 1$. 所以特解为 $y = \frac{1}{5} x^3 + \sqrt{x}$.

例 6 已知连续函数 $f(x)$ 满足条件 $f(x) = \int_0^{3x} f(\frac{t}{3}) dt + e^{2x}$，求 $f(x)$.（考研题）

解 两端同时对 x 求导数，得一阶线性微分方程 $f'(x) = 3f(x) + 2e^{2x}$，即
$$f'(x) - 3f(x) = 2e^{2x}.$$

解此方程，有 $f(x) = \left(\int Q(x) e^{\int P(x) dx} dx + C\right) e^{-\int P(x) dx} = \left(\int 2e^{2x} \cdot e^{-3x} dx + C\right) e^{3x}$

$$= \left(2\int e^{-x} dx + C\right) e^{3x} = (-2e^{-x} + C) e^{3x} = Ce^{3x} - 2e^{2x}.$$

由于 $f(0)=1$，可得 $C=3$. 于是 $f(x) = 3e^{3x} - 2e^{2x}$.

例7 求解以下问题：$\begin{cases} xy' + (1-x)y = e^{2x} \\ \lim\limits_{x \to 0^+} y(x) = 1 \end{cases}$，$(0 < x < +\infty)$.

解 原方程化为 $y' + \dfrac{1-x}{x} y = \dfrac{e^{2x}}{x}$.

利用一阶线性非齐次方程的通解公式得

$$y = e^{-\int \frac{1-x}{x} dx} \left[\int \frac{e^{2x}}{x} e^{\int \frac{1-x}{x} dx} dx + C\right] = e^{x-\ln x} \left[\int \frac{e^{2x}}{x} e^{-x+\ln x} dx + C\right] = \frac{e^x}{x}(e^x + C),$$

因为 $1 = \lim\limits_{x \to 0^+} y = \lim\limits_{x \to 0^+} \dfrac{e^{2x} + Ce^x}{x}$，所以 $C = -1$. 故所求方程的特解为 $y = \dfrac{e^x}{x}(e^x - 1)$.

> **题型分析** 一阶线性微分方程可与变上限定积分、极限等一起考查.

例8 设 $F(x) = f(x)g(x)$，其中函数 $f(x), g(x)$ 在 $(-\infty, +\infty)$ 内满足以下条件：

$f'(x) = g(x)$，$g'(x) = f(x)$，且 $f(0) = 0$，$f(x) + g(x) = 2e^x$.

(1) 求 $F(x)$ 所满足的一阶微分方程；(2) 求出 $F(x)$ 的表达式.

解 (1) 由 $F'(x) = f'(x)g(x) + f(x)g'(x) = g^2(x) + f^2(x) = [f(x) + g(x)]^2 - 2f(x)g(x) = (2e^x)^2 - 2F(x)$，可见 $F(x)$ 所满足的一阶微分方程为 $F'(x) + 2F(x) = 4e^{2x}$.

(2) $F(x) = e^{-\int 2dx} \left[\int 4e^{2x} \cdot e^{\int 2dx} dx + C\right] = e^{-2x} \left[\int 4e^{4x} dx + C\right] = e^{2x} + Ce^{-2x}$.

将 $F(0) = f(0)g(0) = 0$ 代入上式，得 $C = -1$. 于是 $F(x) = e^{2x} - e^{-2x}$.

例9 求解伯努利方程 $2xy^3 y' + x^4 - y^4 = 0$.

解 原方程化为 $y' - \dfrac{1}{2x} y = -\dfrac{x^3}{2} \cdot y^{-3}$.

设 $u = y^{1-(-3)} = y^4$，得线性方程 $u' - 4 \cdot \dfrac{1}{2x} u = 4\left(-\dfrac{x^3}{2}\right)$，即 $u' - \dfrac{2}{x} u = -2x^3$，解得

$$u = e^{\int \frac{2}{x} dx} \left[\int (-2x^3) e^{-\int \frac{2}{x} dx} dx + C\right] = x^2(C - x^2).$$

代回原方程，得原方程通解为 $y^4 = x^2(C - x^2)$. 即 $x^4 + y^4 = Cx^2$.

> **题型分析** 伯努利方程的解法请注意第一部分归纳总结.

习题7-4精讲

1. **解**：(1) $P(x)=1$，$Q(x)=e^{-x}$. 代入通解公式得

$$y=e^{-\int P(x)dx}\left[\int Q(x)e^{\int P(x)dx}dx+C\right]=e^{-\int dx}\left[\int e^{-x}e^{\int dx}dx+C\right]=e^{-x}(x+C).$$

(2) 化为 $\dfrac{dy}{dx}+\dfrac{1}{x}y=\dfrac{x^2+3x+2}{x}$，$P(x)=\dfrac{1}{x}$，$Q(x)=\dfrac{x^2+3x+2}{x}$.

代入通解公式得 $y=e^{-\int\frac{1}{x}dx}\left[\int\dfrac{x^2+3x+2}{x}e^{\int\frac{1}{x}dx}dx+C\right]=\dfrac{1}{3}x^2+\dfrac{3}{2}x+2+\dfrac{C}{x}$.

(3) $P(x)=\cos x$，$Q(x)=e^{-\sin x}$.

代入通解公式得 $y=e^{-\int\cos xdx}\left[\int e^{-\sin x}e^{\int\cos xdx}dx+C\right]=e^{-\sin x}(x+C)$.

(4) $P(x)=\tan x$，$Q(x)=\sin 2x$.

代入通解公式得 $y=e^{-\int\tan xdx}\left[\int\sin 2xe^{\int\tan xdx}dx+C\right]=\cos x(-2\cos x+C)=C\cos x-2\cos^2 x$.

(5) 化为 $y'+\dfrac{2x}{x^2-1}y=\dfrac{\cos x}{x^2-1}$，$P(x)=\dfrac{2x}{x^2-1}$，$Q(x)=\dfrac{\cos x}{x^2-1}$.

代入通解公式得 $y=e^{-\int\frac{2x}{x^2-1}dx}\left[\int\dfrac{\cos x}{x^2-1}\cdot e^{\int\frac{2x}{x^2-1}dx}dx+C\right]=\dfrac{1}{x^2-1}(\sin x+C)=\dfrac{\sin x+C}{x^2-1}$.

(6) $P(\theta)=3$，$Q(\theta)=2$

代入通解公式得 $\rho=e^{-\int 3d\theta}\left[\int 2e^{\int 3d\theta}d\theta+C_1\right]=e^{-3\theta}\left(\dfrac{2}{3}e^{3\theta}+C_1\right)=\dfrac{2}{3}+C_1e^{-3\theta}$.

即 $3\rho=2+Ce^{-3\theta}$ $(C=3C_1)$.

(7) $P(x)=2x$，$Q(x)=4x$

代入通解公式得 $y=e^{-\int 2xdx}\left[\int 4xe^{\int 2xdx}dx+C\right]=e^{-x^2}(2e^{x^2}+C)=2+Ce^{-x^2}$.

(8) 变形为 $\dfrac{dx}{dy}+\dfrac{x}{y\ln y}=\dfrac{1}{y}$. $P(y)=\dfrac{1}{y\ln y}$，$Q(y)=\dfrac{1}{y}$

代入通解公式得 $x=e^{-\int\frac{1}{y\ln y}dy}\left[\int\dfrac{1}{y}e^{\int\frac{1}{y\ln y}dy}dy+C_1\right]=\dfrac{1}{\ln y}\left[\dfrac{1}{2}\ln^2 y+C_1\right]$

即 $2x\ln y=\ln^2 y+C$ $(C=2C_1)$.

(9) 变形为 $\dfrac{dy}{dx}-\dfrac{1}{x-2}y=2(x-2)^2$. $P(x)=-\dfrac{1}{x-2}$，$Q(x)=2(x-2)^2$

代入通解公式得 $y=e^{\int\frac{1}{x-2}dx}\left[\int 2(x-2)^2 e^{-\int\frac{1}{x-2}dx}dx+C\right]=(x-2)[(x-2)^2+C]$

$=(x-2)^3+C(x-2)$.

(10) 变形为 $\dfrac{dx}{dy}=\dfrac{3}{y}x-\dfrac{1}{2}y$. $P(y)=-\dfrac{3}{y}$，$Q(y)=-\dfrac{1}{2}y$

代入通解公式 $x=e^{\int\frac{3}{y}dy}\left[\int-\dfrac{1}{2}ye^{-\int\frac{3}{y}dy}dx+C\right]=y^3\left[\dfrac{1}{2y}+C\right]=\dfrac{1}{2}y^2+Cy^3$.

2. **解**：(1) $y=e^{\int\tan xdx}\left(\int\sec x\cdot e^{-\int\tan xdx}dx+C\right)=e^{-\ln\cos x}\left(\int\sec x\cdot\cos xdx+C\right)=\dfrac{1}{\cos x}(x+C)$

由 $y\big|_{x=0}=0$,得 $C=0$. 因此特解为 $y=\dfrac{x}{\cos x}$.

(2) $y=\mathrm{e}^{-\int\frac{1}{x}\mathrm{d}x}\left(\int\dfrac{\sin x}{x}\mathrm{e}^{\int\frac{1}{x}\mathrm{d}x}\mathrm{d}x+C\right)=\dfrac{1}{x}\left(\int\sin x\mathrm{d}x+C\right)=\dfrac{1}{x}(-\cos x+C)$

由 $y\big|_{x=\pi}=1$,得 $C=\pi-1$. 故所求特解为 $y=\dfrac{1}{x}(\pi-1-\cos x)$.

(3) $y=\mathrm{e}^{-\int\cot x\mathrm{d}x}\left(5\int\mathrm{e}^{\cos x}\cdot\mathrm{e}^{\int\cot x\mathrm{d}x}\mathrm{d}x+C\right)=\mathrm{e}^{-\ln\sin x}\left(5\int\mathrm{e}^{\cos x}\cdot\mathrm{e}^{\ln\sin x}\mathrm{d}x+C\right)$

$=\dfrac{1}{\sin x}\left(5\int\mathrm{e}^{\cos x}\cdot\sin x\mathrm{d}x+C\right)=\dfrac{1}{\sin x}(-5\mathrm{e}^{\cos x}+C)$

由 $y\big|_{x=\frac{\pi}{2}}=-4$,得 $C=1$. 故 $y=\dfrac{1}{\sin x}(-5\mathrm{e}^{\cos x}+1)$,即 $y\sin x+5\mathrm{e}^{\cos x}=1$ 为所求之特解.

(4) $y=\mathrm{e}^{-\int 3\mathrm{d}x}\left(\int 8\mathrm{e}^{\int 3\mathrm{d}x}\mathrm{d}x+C\right)=\mathrm{e}^{-3x}\left(\int 8\mathrm{e}^{3x}\mathrm{d}x+C\right)=\mathrm{e}^{-3x}\left(\int 8\mathrm{e}^{3x}\mathrm{d}x+C\right)=\mathrm{e}^{-3x}\left(\dfrac{8}{3}\mathrm{e}^{3x}+C\right)=$

$\dfrac{8}{3}+C\mathrm{e}^{-3x}$. 由 $y\big|_{x=0}=2$,得 $C=-\dfrac{2}{3}$ 故所求特解为 $y=\dfrac{2}{3}(4-\mathrm{e}^{-3x})$.

(5) $y=\mathrm{e}^{-\int\frac{2-3x^2}{x^3}\mathrm{d}x}\left(\int\mathrm{e}^{\int\frac{2-3x^2}{x^3}\mathrm{d}x}\mathrm{d}x+C\right)$. 因为 $\int\dfrac{2-3x^2}{x^3}\mathrm{d}x=\int\dfrac{2}{x^3}\mathrm{d}x-3\int\dfrac{1}{x}\mathrm{d}x=-\dfrac{1}{x^2}-3\ln x$

$+C_1$.

所以 $y=\mathrm{e}^{\frac{1}{x^2}+3\ln x}\left(\int\mathrm{e}^{-\frac{1}{x^2}-3\ln x}\mathrm{d}x+C\right)=\mathrm{e}^{\frac{1}{x^2}+3\ln x}\left(\int\mathrm{e}^{-\frac{1}{x^2}}\dfrac{1}{x^3}\mathrm{d}x+C\right)$

$=x^3\mathrm{e}^{\frac{1}{x^2}}\left[\dfrac{1}{2}\int\mathrm{e}^{-\frac{1}{x^2}}\mathrm{d}\left(-\dfrac{1}{x^2}\right)+C\right]=x^3\mathrm{e}^{\frac{1}{x^2}}\left(\dfrac{1}{2}\mathrm{e}^{-\frac{1}{x^2}}+C\right)$

由 $y\big|_{x=1}=0$,得 $C=-\dfrac{1}{2}\mathrm{e}^{-1}$,故所求特解为 $y=\dfrac{1}{2}x^3\mathrm{e}^{\frac{1}{x^2}}(\mathrm{e}^{-\frac{1}{x^2}}-\mathrm{e}^{-1})$.

3. **解:** 由题意可构造微分方程初值问题 $\begin{cases}y'=2x+y\\ y(0)=0\end{cases}$,解之得 $y=\mathrm{e}^{-\int(-1)\mathrm{d}x}\left[\int 2x\mathrm{e}^{\int(-1)\mathrm{d}x}\mathrm{d}x+C\right]=$

$\mathrm{e}^x(-2x\mathrm{e}^{-x}-2\mathrm{e}^{-x}+C)$,代入 $y\big|_{x=0}=0$ 知 $C=2$,故曲线方程为 $y=2(\mathrm{e}^x-x-1)$.

4. **解:** 由牛顿定律 $F=ma$,即 $m\dfrac{\mathrm{d}v}{\mathrm{d}t}=k_1t-k_2v$,并即 $\dfrac{\mathrm{d}v}{\mathrm{d}t}+\dfrac{k_2}{m}v=\dfrac{k_1}{m}t$,

所以 $v=\mathrm{e}^{-\int\frac{k_2}{m}\mathrm{d}t}\left(\int\dfrac{k_1}{m}t\mathrm{e}^{\int\frac{k_2}{m}\mathrm{d}t}\mathrm{d}t+C\right)=\mathrm{e}^{-\frac{k_2}{m}t}\left[\dfrac{k_1}{m}\int t\mathrm{e}^{\frac{k_2}{m}t}\mathrm{d}t+C\right]=\mathrm{e}^{-\frac{k_2}{m}t}\left(\dfrac{k_1}{m}\dfrac{m}{k_2}\int t\mathrm{d}(\mathrm{e}^{\frac{k_2}{m}t})+C\right)$

$=\mathrm{e}^{-\frac{k_2}{m}t}\left(\dfrac{k_1}{k_2}t\mathrm{e}^{\frac{k_2}{m}t}-\dfrac{k_1m}{k_2^2}\mathrm{e}^{\frac{k_2}{m}t}+C\right)$

由题意: $t=0,v=0$ 时得 $C=\dfrac{k_1m}{k_2^2}$,故 $v=\mathrm{e}^{-\frac{k_2}{m}t}\left(\dfrac{k_1}{k_2}t\mathrm{e}^{\frac{k_2}{m}t}-\dfrac{k_1m}{k_2^2}\mathrm{e}^{\frac{k_2}{m}t}+\dfrac{k_1m}{k_2^2}\right)$.

即 $v=\dfrac{k_1}{k_2}t-\dfrac{k_1m}{k_2^2}(1-\mathrm{e}^{-\frac{k_2}{m}t})$.

5. **解:** 由回路电压定律知 $20\sin 5t-2\dfrac{\mathrm{d}i}{\mathrm{d}t}-10i=0$,即 $\dfrac{\mathrm{d}i}{\mathrm{d}t}+5i=10\sin 5t$.

故 $i=\mathrm{e}^{-\int 5\mathrm{d}t}\left(\int 10\sin 5t\mathrm{e}^{\int 5\mathrm{d}t}\mathrm{d}t+C\right)=\mathrm{e}^{-5t}\left[2\int\sin(5t)\mathrm{e}^{5t}\mathrm{d}5t+C\right]=\mathrm{e}^{-5t}\left[2\dfrac{\mathrm{e}^{5t}(\sin 5t-\cos 5t)}{2}+C\right]=$

$\sin 5t-\cos 5t+C\mathrm{e}^{-5t}$.

因为 $t=0$, $i=0$, 所以 $C=1$. 故 $i=\sin 5t-\cos 5t+\mathrm{e}^{-5t}=\mathrm{e}^{-5t}+\sqrt{2}\sin\left(5t-\dfrac{\pi}{4}\right)$.

6. **解**:将 $v=xy$ 代入所给方程中得 $\dfrac{v}{x}f(v)\mathrm{d}x-xg(v)\cdot\dfrac{\mathrm{d}x\cdot v-\mathrm{d}v\cdot x}{x^2}=0$,

即 $\dfrac{\mathrm{d}x}{x}=\dfrac{g(v)\mathrm{d}v}{v[g(v)-f(v)]}$ 为可分离变量的方程. 积分得 $\ln|x|=\displaystyle\int\dfrac{g(v)\mathrm{d}(v)}{v[g(v)-f(v)]}+C$. 代回 $v=xy$,则通解为 $\ln|x|=\displaystyle\int\dfrac{g(xy)\mathrm{d}(xy)}{(xy)[g(xy)-f(xy)]}+C$.

7. **解**:(1)令 $u=x+y$,则 $\dfrac{\mathrm{d}y}{\mathrm{d}x}=\dfrac{\mathrm{d}u}{\mathrm{d}x}-1$. 原方程化为 $\dfrac{\mathrm{d}u}{\mathrm{d}x}=1+u^2$, 即 $\mathrm{d}x=\dfrac{\mathrm{d}u}{1+u^2}$. 两边积分得 $x=\arctan u+C$. 把 $u=x+y$ 代回上式即得通解 $x-C=\arctan(x+y)$ 或 $y=-x+\tan(x-C)$.

(2)令 $u=x-y$,则 $\dfrac{\mathrm{d}y}{\mathrm{d}x}=1-\dfrac{\mathrm{d}u}{\mathrm{d}x}$. 原方程化为 $-\dfrac{\mathrm{d}u}{\mathrm{d}x}=\dfrac{1}{u}$, 即 $\mathrm{d}x=-u\mathrm{d}u$. 两边积分得 $x=-\dfrac{1}{2}u^2+C_1$. 把 $u=x-y$ 代入上式得原方程的通解为 $(x-y)^2=-2x+C$(其中 $C=2C_1$).

(3)令 $u=xy$,则 $y=\dfrac{u}{x}$, $\dfrac{\mathrm{d}y}{\mathrm{d}x}=\dfrac{1}{x}\dfrac{\mathrm{d}u}{\mathrm{d}x}-\dfrac{u}{x^2}$. 原方程化为 $x\left(\dfrac{1}{x}\dfrac{\mathrm{d}u}{\mathrm{d}x}-\dfrac{u}{x^2}\right)+\dfrac{u}{x}=\dfrac{u}{x}\ln u$, 即 $\dfrac{\mathrm{d}u}{x}=\dfrac{\mathrm{d}u}{u\ln u}$. 两边积分得 $\ln C+\ln x=\ln\ln u$, 即 $u=\mathrm{e}^{Cx}$. 代 $u=xy$ 入上式得原方程的通解为 $y=\dfrac{1}{x}\mathrm{e}^{Cx}$.

(4)原方程变形为 $y'=(y+\sin x-1)^2-\cos x$. 令 $u=y+\sin x-1$,则 $\dfrac{\mathrm{d}y}{\mathrm{d}x}=\dfrac{\mathrm{d}u}{\mathrm{d}x}-\cos x$, 原方程变为 $\dfrac{\mathrm{d}u}{\mathrm{d}x}-\cos x=u^2-\cos x$, 即 $u^{-2}\mathrm{d}u=\mathrm{d}x$. 积分得 $x+C=-\dfrac{1}{u}$.

将 $u=y+\sin x-1$ 代入上式得原方程的通解为 $y=1-\sin x-\dfrac{1}{x+C}$.

(5)原方程变形为 $\dfrac{\mathrm{d}y}{\mathrm{d}x}=-\dfrac{y(xy+1)}{x(1+xy+x^2y^2)}$. 令 $u=xy$,则 $y=\dfrac{u}{x}$, $\dfrac{\mathrm{d}y}{\mathrm{d}x}=\dfrac{1}{x}\dfrac{\mathrm{d}u}{\mathrm{d}x}-\dfrac{u}{x^2}$

原方程变为 $\dfrac{1}{x}\dfrac{\mathrm{d}u}{\mathrm{d}x}-\dfrac{u}{x^2}=-\dfrac{u}{x^2}\cdot\dfrac{1+u}{1+u+u^2}$, 即 $\dfrac{1}{x}\dfrac{\mathrm{d}u}{\mathrm{d}x}=\dfrac{u^3}{(1+u+u^2)x^2}$.

从而 $\dfrac{\mathrm{d}x}{x}=\left(\dfrac{1}{u^3}+\dfrac{1}{u^2}+\dfrac{1}{u}\right)\mathrm{d}u$, 两边积分得 $C_1+\ln|x|=-\dfrac{1}{2}u^{-2}-u^{-1}+\ln|u|$.

把 $u=xy$ 代入上式,即得原方程的通解 $C_1=\ln y-\dfrac{1}{2}\dfrac{1}{x^2y^2}-\dfrac{1}{xy}$, 即 $2x^2y^2\ln|y|-2xy-1=Cx^2y^2$ (其中 $C=2C_1$).

*8. **解**:(1)令 $z=y^{1-2}=\dfrac{1}{y}$, 则原方程变为 $-\dfrac{1}{z^2}\dfrac{\mathrm{d}z}{\mathrm{d}x}+\dfrac{1}{z}=\dfrac{1}{z^2}(\cos x-\sin x)$, 即 $\dfrac{\mathrm{d}z}{\mathrm{d}x}-z=\sin x-\cos x$,

故 $z=\mathrm{e}^{\int\mathrm{d}x}\left[\displaystyle\int(\sin x-\cos x)\mathrm{e}^{-\int\mathrm{d}x}\mathrm{d}x+C\right]=\mathrm{e}^x\left[\displaystyle\int\mathrm{e}^{-x}\sin x\mathrm{d}x-\displaystyle\int\mathrm{e}^{-x}\cos x\mathrm{d}x\right]$

$=\mathrm{e}^x\left[\dfrac{\mathrm{e}^{-x}}{2}(-\sin x-\cos x)-\dfrac{\mathrm{e}^{-x}}{2}(\sin x-\cos x)+C\right]=C\mathrm{e}^x-\sin x$.

代 $z=\dfrac{1}{y}$ 入上式, 得原方程的通解为 $\dfrac{1}{y}=C\mathrm{e}^x-\sin x$.

(2)令 $z=y^{1-2}=\dfrac{1}{y}$, 则原方程变为 $-\dfrac{1}{z^2}\dfrac{\mathrm{d}z}{\mathrm{d}x}-3x\dfrac{1}{z}=\dfrac{x}{z^2}$ 即 $\dfrac{\mathrm{d}z}{\mathrm{d}x}+3xz=-x$.

故 $z=\mathrm{e}^{-\int 3x\mathrm{d}x}\left(\displaystyle\int-x\mathrm{e}^{\int 3x\mathrm{d}x}\mathrm{d}x+C_1\right)=\mathrm{e}^{-\frac{3}{2}x^2}\left[-\dfrac{1}{3}\mathrm{e}^{\frac{3}{2}x^2}+C_1\right]$.

将 $z=\dfrac{1}{y}$ 代入上式并整理即得原方程的通解 $\left(1+\dfrac{3}{y}\right)\mathrm{e}^{\frac{3}{2}x^2}=C\ (C=3C_1)$.

(3) 令 $z=y^{1-4}=y^{-3}$，则原方程变为 $-\dfrac{1}{3}z^{-\frac{4}{3}}\dfrac{\mathrm{d}z}{\mathrm{d}x}+\dfrac{1}{3}z^{-\frac{1}{3}}=\dfrac{1}{3}(1-2x)z^{-\frac{4}{3}}$，

即 $\dfrac{\mathrm{d}z}{\mathrm{d}x}=z+2x-1$. 故 $z=\mathrm{e}^{\int \mathrm{d}x}\left[\int(2x-1)\mathrm{e}^{-\int \mathrm{d}x}\mathrm{d}x+C\right]=-2x-1+C\mathrm{e}^x$.

代入 $z=\dfrac{1}{y}$ 得原方程的通解为 $\dfrac{1}{y^3}=C\mathrm{e}^x-2x-1$.

(4) 令 $z=y^{1-5}=y^{-4}$，则原方程变为 $-\dfrac{1}{4}z^{-\frac{5}{4}}\dfrac{\mathrm{d}z}{\mathrm{d}x}-z^{-\frac{1}{4}}=xz^{-\frac{5}{4}}$，即 $\dfrac{\mathrm{d}z}{\mathrm{d}x}+4z=-4x$.

故 $z=\mathrm{e}^{-\int 4\mathrm{d}x}\left(\int -4x\mathrm{e}^{\int 4\mathrm{d}x}\mathrm{d}x+C\right)=\mathrm{e}^{-4x}\left(\int -4x\mathrm{e}^{4x}\mathrm{d}x+C\right)$

$=\mathrm{e}^{-4x}\left(-x\mathrm{e}^{4x}+\int \mathrm{e}^{4x}\mathrm{d}x+C\right)=\mathrm{e}^{-4x}\left(-x\mathrm{e}^{4x}+\dfrac{1}{4}\mathrm{e}^{4x}+C\right)=-x+\dfrac{1}{4}+C\mathrm{e}^{-4x}$

代入 $z=y^{-4}$，得原方程的通解为 $\dfrac{1}{y^4}=-x+\dfrac{1}{4}+C\mathrm{e}^{-4x}$.

(5) 原方程变为 $\dfrac{\mathrm{d}y}{\mathrm{d}x}=\dfrac{y+xy^3(1+\ln x)}{x}$ 进一步整理得 $\dfrac{\mathrm{d}y}{\mathrm{d}x}-\dfrac{1}{x}y=(1+\ln x)y^3$.

令 $z=y^{1-3}=y^{-2}$，则原方程变为 $-\dfrac{1}{2}z^{-\frac{3}{2}}\dfrac{\mathrm{d}z}{\mathrm{d}x}-\dfrac{1}{x}z^{-\frac{1}{2}}=(1+\ln x)z^{-\frac{3}{2}}$

即 $\dfrac{\mathrm{d}z}{\mathrm{d}x}+\dfrac{2}{x}z=-2(1+\ln x)$

故 $z=\mathrm{e}^{-\int \frac{2}{x}\mathrm{d}x}\left[-2\int(1+\ln x)\mathrm{e}^{\int \frac{2}{x}\mathrm{d}x}\mathrm{d}x+C\right]=x^{-2}\left[-2\int(1+\ln x)x^2\mathrm{d}x+C\right]$

$=x^{-2}\left(-2\int x^2\mathrm{d}x-2\int x^2\ln x\mathrm{d}x+C\right)=x^{-2}\left(-\dfrac{2}{3}x^3-\dfrac{2}{3}\int \ln x\mathrm{d}x^3+C\right)$

$=x^{-2}\left[-\dfrac{2}{3}x^3-\dfrac{2}{3}\left(x^3\ln x-\int \dfrac{x^3}{x}\mathrm{d}x\right)+C\right]=\dfrac{C}{x^2}-\dfrac{2}{3}x\ln x-\dfrac{4}{9}x$

代入 $z=y^{-2}$ 得原方程的通解为 $\dfrac{1}{y^2}=\dfrac{C}{x^2}-\dfrac{2}{3}x\ln x-\dfrac{4}{9}x$，即 $\dfrac{x^2}{y^2}=C-\dfrac{2}{3}x^3\left(\ln x+\dfrac{2}{3}\right)$.

第五节 可降阶的高阶微分方程

内容精讲

1. 高阶微分方程

二阶及二阶以上的微分方程称为高阶微分方程.

2. 三类可降阶的高阶微分方程的特点及解法

(1) $y^{(n)}=f(x)$ 型方程

这类方程的特点是右端为自变量 x 的函数，且不含有函数 y 及其导数 y'，y''，…，$y^{(n-1)}$，将这类方程逐次积分即得其通解.

(2) $y''=f(x,y')$ 型方程

这类方程的特点是右端不显含函数 y，解法是令 $y'=p(x)$，则 $y''=p'(x)$，将 y'、y'' 代入原

方程即可化为一阶方程 $p'=f(x,p)$，然后将其解出．

(3) $y''=f(y',y)$ 型方程

这类方程的特点是右端不显含自变量 x，解法是令 $y'=p(y)$，则 $y''=p'(y) \cdot y' = p' \cdot p$．将 y'、y'' 代入原方程即可化为一阶方程 $p'p=f(p,y)$，然后将其解出．

题型及考点解析

例 1 求微分方程 $y'''=\ln x$ 的通解．

解 对所给方程接连积分三次：$y''=\int \ln x \, dx = x\ln x - x + C$，

$y'=\int (x\ln x - x + C)dx = \frac{1}{2}x^2\ln x - \frac{3}{4}x^2 + Cx + C_2$，

$y=\int (\frac{1}{2}x^2\ln x - \frac{3}{4}x^2 + Cx + C_2)dx = \frac{1}{6}x^3\ln x - \frac{11}{36}x^3 + C_1x^2 + C_2x + C_3 \ (C_1=\frac{1}{2}C)$．

例 2 微分方程 $xy''+3y'=0$ 的通解为 _____．(考研题)

解 令 $y'=p$，则 $y''=\frac{dp}{dx}$．代入原方程得 $x\frac{dp}{dx}+3p=0$，分离变量得 $\frac{dp}{p}=-\frac{3}{x}dx$，

两边积分得 $\ln p = -3\ln x + \ln C_2'$，即 $p=C_2'x^{-3}$，也即 $y'=C_2'x^{-3}$，解得 $y=C_1+\frac{C_2}{x^2}$．

例 3 求微分方程 $y''(x+y'^2)=y'$ 满足初始条件 $y(1)=y'(1)=1$ 的特解．(考研题)

解 令 $y'=p$，则 $y''=\frac{dp}{dx}$，原方程化为 $p'(x+p^2)=p$，即 $\frac{dx}{dp}-\frac{x}{p}=p$．于是 $x=e^{\int \frac{1}{p}dp}\left[\int pe^{-\int \frac{1}{p}dp}dp+C_1\right]=p(p+C_1)$．因为 $p\big|_{x=1}=y'(1)=1$，所以 $C_1=0$，故 $p^2=x$．又 $y'(1)=1$，所以 $p=\sqrt{x}$，即 $\frac{dy}{dx}=\sqrt{x}$，解得 $y=\frac{2}{3}x^{\frac{3}{2}}+C_2$，又 $y(1)=1$，所以 $C_2=\frac{1}{3}$，故 $y=\frac{2}{3}x^{\frac{3}{2}}+\frac{1}{3}$．

例 4 求微分方程 $y''+\frac{(y')^2}{1-y}=0$ 的通解．

解 作代换 $p=y'$，则 $y''=p\frac{dp}{dy}$，原方程化为 $p\frac{dp}{dy}+\frac{p^2}{1-y}=0$．

其中 $p=0$ 是上述方程的特解，即 $y=C\ (C\neq 1)$ 是解．

又由 $\frac{dp}{dy}=-\frac{p}{1-y}$ 得 $p=C_1(y-1)$，故由 $\frac{dy}{dx}=C_1(y-1)$，得解 $y=1+C_2e^{C_1x}$，其中 $C_2\neq 0$．

> **题型分析** 当 $C_1=0$ 时即包含了解 $y=C\ (C\neq 1)$，故原方程的全部解是 $y=1+C_2e^{C_1x}\ (C_2\neq 0)$．

例 5 微分方程 $yy''+(y')^2=0$ 满足初始条件 $y\big|_{x=0}=1$，$y'\big|_{x=0}=\frac{1}{2}$ 的特解是 _____．(考研题)

解 令 $y'=p$，$y''=p\frac{dp}{dy}$，则原方程化为 $p(y\frac{dp}{dy}+p)=0$．

$p=0$ 得 $y'=0$，与已知矛盾；$p\neq 0$ 时，有 $y\dfrac{\mathrm{d}p}{\mathrm{d}y}+p=0$，解得 $p=\dfrac{C_1}{y}$．

把 $\begin{cases} y'\big|_{x=0}=\dfrac{1}{2} \\ y\big|_{x=0}=1 \end{cases}$ 代入得 $C_1=\dfrac{1}{2}$．即微分方程为 $y'=\dfrac{1}{2y}$．解得 $y^2=x+C_2$，把 $y\big|_{x=0}=1$ 代入得 $C_2=1$．

所以应填 $y=\sqrt{x+1}$ 或 $y^2=x+1$．

例 6 设函数 $y(x)(x\geqslant 0)$ 二阶可导且 $y'(x)>0,y(0)=1$．过曲线 $y=y(x)$ 上任意一点 $P(x,y)$ 作该曲线的切线及 x 轴的垂线，上述两直线与 x 轴所围成的三角形的面积记为 S_1，区间 $[0,x]$ 上以 $y=y(x)$ 为曲边的曲边梯形面积记为 S_2，并设 $2S_1-S_2$ 恒为 1，求此曲线 $y=y(x)$ 的方程．(考研题)

解 曲线 $y=y(x)$ 上点 $P(x,y)$ 处的切线方程为 $Y-y=y'(x)(X-x)$，它与 x 轴的交点为 $\left(x-\dfrac{y}{y'},0\right)$．由于 $y'(x)>0,y(0)=1$，于是 $S_1=\dfrac{1}{2}y\left|x-\left(x-\dfrac{y}{y'}\right)\right|=\dfrac{y^2}{2y'}$，

又 $S_2=\displaystyle\int_0^x y(t)\mathrm{d}t$，由条件 $2S_1-S_2=1$ 知 $\dfrac{y^2}{y'}-\displaystyle\int_0^x y(t)\mathrm{d}t=1$， ①

两边对 x 求导并化简得 $yy''=(y')^2$．

令 $p=y'$，则上述方程可化为 $yp\dfrac{\mathrm{d}p}{\mathrm{d}y}=p^2$，从而 $\dfrac{\mathrm{d}p}{p}=\dfrac{\mathrm{d}y}{y}$，解得 $p=C_1 y$，即 $\dfrac{\mathrm{d}y}{\mathrm{d}x}=C_1 y$，于是，$y=\mathrm{e}^{C_1 x+C_2}$．注意到 $y(0)=1$，并由①式得 $y'(0)=1$．由此可得 $C_1=1,C_2=0$．故所求曲线的方程是 $y=\mathrm{e}^x$．

题型分析 这类题目只需写出等式，即成为由变上限函数表示的方程，通过求导得微分方程进行求解．特别地，其初始条件可由变上限函数表示的方程中取上限等于下限获得．

例 7 设 $f(x)$ 是区间 $[0,+\infty)$ 上具有连续导数的单调增加函数，且 $f(0)=1$．对任意的 $t\in[0,+\infty)$，直线 $x=0,x=t$，曲线 $y=f(x)$ 以及 x 轴所围成的曲边梯形绕 x 轴旋转一周生成一旋转体．若该旋转体的侧面面积在数值上等于其体积的 2 倍，求函数 $f(x)$ 的表达式．(考研题)

解 旋转体体积 $V(t)=\pi\displaystyle\int_0^t y^2\mathrm{d}x$，旋转体的侧面积 $S(t)=\displaystyle\int_0^t 2\pi|y|\sqrt{1+y'^2}\,\mathrm{d}x$，

由题意， $2\pi\displaystyle\int_0^t y^2\mathrm{d}x=2\pi\displaystyle\int_0^t |y|\sqrt{1+y'^2}\,\mathrm{d}x$．

上式两边对 t 求导，得 $y^2=y\sqrt{1+y'^2}$，即 $y'=\sqrt{y^2-1}$，

由分离变量法解得 $\ln(y+\sqrt{y^2-1})=t+C_1$，即 $y+\sqrt{y^2-1}=C\mathrm{e}^t$，

又 $y(0)=1$，所以 $C=1$，故 $y+\sqrt{y^2-1}=\mathrm{e}^t$，$y=\dfrac{\mathrm{e}^t+\mathrm{e}^{-t}}{2}$．

于是所求函数为 $y=f(x)=\dfrac{1}{2}(\mathrm{e}^x+\mathrm{e}^{-x})$．

习题7-5精讲

1. **解**:(1)方程不显含 y,故令 $y'=p$,于是原方程可化为 $p'=x+\sin x$

积分得 $p=\int(x+\sin x)dx=\dfrac{1}{2}x^2-\cos x+C_1$ 即 $y'=\dfrac{1}{2}x^2-\cos x+C_1$

再积分后得原方程通解为 $y=\dfrac{1}{6}x^3-\sin x+C_1 x+C_2$.

(2)对原方程积分得 $y''=\int xe^x dx=xe^x-e^x+C_1'$.

再积分得 $y'=\int(xe^x-e^x+C_1')dx=xe^x-2e^x+C_1'x+C_2$.

再积分得方程的通解为

$$y=\int(xe^x-2e^x+C_1'x+C_2)dx=xe^x-3e^x+C_1 x^2+C_2 x+C_3. \ (C_1=\dfrac{C_1'}{2})$$

(3)方程不显含 y,故设 $y'=p$,则原方程可化为 $p'=\dfrac{1}{1+x^2}$

积分得 $p=\int\dfrac{1}{1+x^2}dx=\arctan x+C_1$

再积分得 $y=\int(\arctan x+C_1)dx=x\arctan x-\dfrac{1}{2}\ln(1+x^2)+C_1 x+C_2$

即原方程通解为 $y=x\arctan x-\dfrac{1}{2}\ln(1+x^2)+C_1 x+C_2$.

(4)方程不显含 y,故设 $y'=p$,则原方程化为 $p'=1+p^2$

分离变量得 $\dfrac{dp}{1+p^2}=dx$ 积分得 $\arctan p=x+C_1$.

故 $p=\tan(x+C_1)$ 即 $y'=\tan(x+C_1)$ 积分得原方程的解为 $y=-\ln\cos(x+C_1)+C_2$.

(5)令 $y'=p$,则 $y''=p'$,得线性方程 $p'=p+x$ 即 $p'-p=x$

解得 $p=e^{\int dx}\left[\int xe^{-\int dx}dx+C_1\right]=e^x\left[\int xe^{-x}dx+C_1\right]=C_1 e^x-x-1$.

则 $y=\int(C_1 e^x-x-1)dx=C_1 e^x-\dfrac{1}{2}x^2-x+C_2$.

(6)令 $y'=p$,则 $y''=p'$,得 $p'+\dfrac{1}{x}p=0$. 即 $\dfrac{dp}{p}=-\dfrac{dx}{x}$. 解得 $\ln p=-\ln x+\ln C_1=\ln\dfrac{C_1}{x}$,即 $y'=p=\dfrac{C_1}{x}$. 则 $y=\int\dfrac{C_1}{x}dx=C_1\ln|x|+C_2$.

(7)令 $y'=p$,则原方程化成 $yp\dfrac{dp}{dy}+2p^2=0$. 分离变量得 $\dfrac{dp}{p}=\dfrac{-2dy}{y}$,积分得 $\ln|p|=\ln\dfrac{1}{y^2}+\ln C_0$. 即 $y'=p=\dfrac{C_0}{y^2}$, $y^2 dy=C_0 dx$, $y^3=3C_0 x+C_2$. 则通解为 $y^3=C_1 x+C_2$. ($C_1=3C_0$)

(8)令 $y'=p$,则 $y''=p'\cdot p$. 原方程化为 $y^3 p\dfrac{dp}{dy}=1$,即 $pdp=\dfrac{dy}{y^3}$,积分得 $\dfrac{1}{2}p^2=-\dfrac{1}{2y^2}+\dfrac{C_1}{2}$,

265

即 $p^2 = -\dfrac{1}{y^2} + C_1$. 将 $p = y'$ 代入上式得 $(y')^2 = -\dfrac{1}{y^2} + C_1$, 即 $\pm y' = \sqrt{C_1 - \dfrac{1}{y^2}}$, 分离变量

得 $\pm \dfrac{y \, dy}{\sqrt{C_1 y^2 - 1}} = dx$, 即 $\pm \dfrac{1}{2} \dfrac{d(C_1 y^2)}{\sqrt{C_1 y^2 - 1}} = C_1 \, dx$, 积分得 $\pm \sqrt{C_1 y^2 - 1} = C_1 x + C_2$, 即

$C_1 y^2 - 1 = (C_1 x + C_2)^2$.

(9) 设 $y' = p$, 则原方程化为 $p \cdot \dfrac{dp}{dy} = y^{-\frac{1}{2}}$, 分离变量得: $p \, dp = y^{-\frac{1}{2}} \, dy$.

积分得 $p^2 = 4\sqrt{y} + 4C_1$, 即 $y' = \pm \sqrt{4\sqrt{y} + 4C_1} = \pm 2\sqrt{\sqrt{y} + C_1}$.

积分得 $x + C_2 = \pm \left[\dfrac{2}{3}(\sqrt{y} + C_1)^{\frac{3}{2}} - 2C_1 \sqrt{\sqrt{y} + C_1} \right]$.

(10) 令 $y' = p$, 则 $y'' = p'$, 原方程化为 $p' = p^3 + p$, 即 $dx = \dfrac{dp}{p^3 + p}$. 积分, 得 $x + C = \int \dfrac{dp}{p^3 + p} =$

$\int \dfrac{dp}{p} - \int \dfrac{p}{p^2 + 1} \, dp = \ln|p| - \dfrac{1}{2} \ln|p^2 + 1|$. 整理得 $e^{2x + 2C} = \dfrac{p^2}{1 + p^2}$, 即 $p^2 = \dfrac{C_1^2 \, e^{2x}}{1 - C_1^2 \, e^{2x}}$

$(C_1^2 = e^{2C})$. 即 $p = \dfrac{C_1 e^x}{\sqrt{1 - C_1^2 e^{2x}}}$, 将 $p = y'$ 代入得 $y' = \dfrac{C_1 e^x}{\sqrt{1 - C_1^2 e^{2x}}}$, 积分得 $y =$

$\int \dfrac{C_1 e^x}{\sqrt{1 - C_1^2 e^{2x}}} \, dx = \int \dfrac{d(C_1 e^x)}{\sqrt{1 - C_1^2 e^{2x}}} = \arcsin(C_1 e^x) + C_2$. 故通解为 $y = \arcsin(C_1 e^x) + C_2$.

2. **解**: (1) 令 $y' = p(x)$, 则 $y'' = \dfrac{dp}{dy} p$, 原方程变为 $y^3 p \dfrac{dp}{dy} = -1$, 从而 $p \, dp = -y^{-3} \, dy$. 积分得 p^2

$= \dfrac{1}{y^2} + C_1$, 即 $y'^2 = \dfrac{1}{y^2} + C_1$. 因为 $x = 1$ 时, $y = 1$, $y' = 0$, 故 $C_1 = -1$. 因而 $y'^2 = \dfrac{1}{y^2} -$

1. 由此得 $y' = \pm \dfrac{1}{y} \sqrt{1 - y^2}$, 即 $\pm \dfrac{y}{\sqrt{1 - y^2}} \, dy = dx$. 积分得 $\pm \dfrac{1}{2} \int \dfrac{d(1 - y^2)}{\sqrt{1 - y^2}} = x + C_2$,

从而 $\pm \sqrt{1 - y^2} = x + C_2$. 由 $x = 1$ 时 $y = 1$ 得 $C_2 = -1$. 因此所求特解为 $\pm \sqrt{1 - y^2} =$

$x - 1$, 即 $y = \sqrt{2x - x^2}$　（舍去 $y = -\sqrt{2x - x^2}$, 因 $y(1) = 1$）.

(2) 令 $p = y'$, 则 $y'' = \dfrac{dp}{dx}$, 原方程变为 $\dfrac{dp}{dx} - ap^2 = 0$, 即 $\dfrac{dp}{p^2} = a \, dx$, 积分得 $-\dfrac{1}{p} = ax + C_1$. 因

为 $p\big|_{x=0} = y'\big|_{x=0} = -1$, 所以 $C_1 = 1$, 从而 $-\dfrac{1}{y'} = ax + 1$, 即 $dy = -\dfrac{dx}{ax + 1}$, 故 $y = -\dfrac{1}{a} \ln$

$(ax + 1) + C_2$. 又因为 $y\big|_{x=0} = 0$, 故 $C_2 = 0$. 因此 $y = -\dfrac{1}{a}(ax + 1)$ 为所求的特解 $(a \neq 0)$.

(3) $y'' = \int e^{ax} \, dx = \dfrac{1}{a} e^{ax} + C_1 (a \neq 0)$. 由 $y''\big|_{x=1} = 0$ 得 $C_1 = -\dfrac{1}{a} e^a$, 从而 $y'' = \dfrac{1}{a} e^{ax} - \dfrac{1}{a} e^a$.

因此 $y' = \int \left(\dfrac{1}{a} e^{ax} - \dfrac{1}{a} e^a \right) dx = \dfrac{1}{a^2} e^{ax} - \dfrac{1}{a} e^a x + C_1$

又由 $y'\big|_{x=1} = 0$ 得 $C_2 = \dfrac{1}{a} e^a - \dfrac{1}{a^2} e^a$. 故 $y' = \dfrac{1}{a^2} e^{ax} - \dfrac{1}{a} e^a x + \dfrac{1}{a} e^a - \dfrac{1}{a^2} e^a$.

因而 $y = \int \left(\dfrac{1}{a^2} e^{ax} - \dfrac{1}{a} e^a x + \dfrac{1}{a} e^a - \dfrac{1}{a^2} e^a \right) dx = \dfrac{1}{a^3} e^{ax} - \dfrac{1}{2a} e^a x^2 + \dfrac{1}{a} e^a x - \dfrac{1}{a^2} e^a x + C_3$.

再次由 $y\big|_{x=1} = 0$ 得 $C_3 = \dfrac{1}{a^2} e^a - \dfrac{1}{a} e^a + \dfrac{1}{2a} e^a - \dfrac{1}{a^3} e^a$.

因此 $y=\dfrac{1}{a^3}\mathrm{e}^{ax}-\dfrac{\mathrm{e}^a}{2a}x^2+\dfrac{\mathrm{e}^a}{a^2}(a-1)x+\dfrac{\mathrm{e}^a}{2a^3}(2a-a^2-2)$ 为所求的特解.

(4) 令 $y'=p(y)$, 则 $y''=\dfrac{\mathrm{d}p}{\mathrm{d}y}p$, 原方程变为 $p\dfrac{\mathrm{d}p}{\mathrm{d}y}=\mathrm{e}^{2y}$, 即 $p\mathrm{d}p=\mathrm{e}^{2y}\mathrm{d}y$. 积分得 $\dfrac{1}{2}p^2=\dfrac{1}{2}\mathrm{e}^{2y}+C_1$, 即 $\dfrac{1}{2}y'^2=\dfrac{1}{2}\mathrm{e}^{2y}+C_1$. 由 $y\big|_{x=0}=y'\big|_{x=0}=0$, 得 $C_1=-\dfrac{1}{2}$, 因而 $y'^2=\mathrm{e}^{2y}-1$, 从而 $y'=\pm\sqrt{\mathrm{e}^{2y}-1}$, 即 $\dfrac{\mathrm{d}y}{\sqrt{\mathrm{e}^{2y}-1}}=\pm\mathrm{d}x$. 变形为 $\dfrac{\mathrm{e}^{-y}\mathrm{d}y}{\sqrt{1-\mathrm{e}^{-2y}}}=\pm\mathrm{d}x$. 积分得 $-\arcsin\mathrm{e}^{-y}=\pm x+C_2$. 由 $y\big|_{x=0}=0$, 得 $C_2=\dfrac{-\pi}{2}$, 因而 $\mathrm{e}^{-y}=\sin\left(\mp x+\dfrac{\pi}{2}\right)=\cos x$. 从而 $y=\ln\sec x$ 为原方程的特解.

(5) 令 $y'=p(y)$, 则 $y''=p\dfrac{\mathrm{d}p}{\mathrm{d}y}$, 原方程变为 $p\dfrac{\mathrm{d}p}{\mathrm{d}y}=3y^{\frac{1}{2}}$, 即 $p\mathrm{d}p=3\sqrt{y}\mathrm{d}y$. 积分得 $\dfrac{1}{2}p^2=2y^{\frac{3}{2}}+C_1$. 由 $y\big|_{x=0}=1$, $p\big|_{x=0}=y'\big|_{x=0}=2$ 得 $C_1=0$, 故 $y'=p=\pm 2y^{\frac{3}{4}}$. 又由 $y''=3\sqrt{y}>0$ 可知 $y'=2y^{\frac{3}{4}}$, 即 $\dfrac{\mathrm{d}y}{y^{\frac{3}{4}}}=2\mathrm{d}x$. 积分得 $4y^{\frac{1}{4}}=2x+C_2$. 由 $y\big|_{x=0}=1$ 得 $C_2=4$. 故 $y^{\frac{1}{4}}=\dfrac{1}{2}x+1$, 即 $y=\left(\dfrac{1}{2}x+1\right)^4$ 为原方程的特解.

(6) 令 $y'=p(y)$, 则 $y''=p\dfrac{\mathrm{d}p}{\mathrm{d}y}$, 原方程变为 $p\dfrac{\mathrm{d}p}{\mathrm{d}y}+p^2=1$, 即 $\dfrac{p\mathrm{d}p}{1-p^2}=\mathrm{d}y$.

积分得 $\dfrac{1}{2}\ln(p^2-1)=-y+C$, 整理得 $p^2-1=C_2\mathrm{e}^{-2y}$.

由 $y\big|_{x=0}=0$, $p\big|_{x=0}=y'\big|_{x=0}=0$, 得 $C_2=-1$. 因而 $p^2=1-\mathrm{e}^{-2y}$, 即 $p=\pm\sqrt{1-\mathrm{e}^{-2y}}$.

故 $\dfrac{\mathrm{d}y}{\sqrt{1-\mathrm{e}^{-2y}}}=\pm\mathrm{d}x$. 积分得 $\pm x+C_2=\int\dfrac{\mathrm{d}(\mathrm{e}^y)}{\sqrt{\mathrm{e}^{2y}-1}}=\ln(\mathrm{e}^y+\sqrt{\mathrm{e}^{2y}-1})$.

由 $y\big|_{x=0}=0$, 得 $C_2=0$. 因而 $\pm x=\ln(\mathrm{e}^y+\sqrt{\mathrm{e}^{2y}-1})$, 得 $\mathrm{e}^{\pm x}=\mathrm{e}^y+\sqrt{\mathrm{e}^{2y}-1}$.

由此得 $\mathrm{e}^y=\dfrac{\mathrm{e}^x+\mathrm{e}^{-x}}{2}=\mathrm{ch}x$. 即 $y=\ln\mathrm{ch}x$ 为原方程的特解.

3. **解**: 同积分曲线过 $M(0,1)$, 知当 $x=0$ 时 $y=1$. 由于积分曲线在 $M(0,1)$ 处与 $y=\dfrac{x}{2}+1$ 相切, 则 $x=0$, $y'=\dfrac{1}{2}$. 由 $y''=x$, 积分得 $y'=\dfrac{x^2}{2}+C_1$, 得 $C_1=\dfrac{1}{2}$, 即 $y'=\dfrac{1}{2}x^2+\dfrac{1}{2}\Rightarrow y=\dfrac{1}{6}x^3+\dfrac{1}{2}x+C_2$. 因为 $x=0$, $y=1$, 得 $C_2=1$, 故有 $y=\dfrac{1}{6}x^3+\dfrac{1}{2}x+1$.

4. **解**: 由已知 $m\dfrac{\mathrm{d}v}{\mathrm{d}t}=mg-Cv$, $t=0$ 时, $s=0$, $v=0$. 从而 $\dfrac{m\mathrm{d}v}{mg-Cv}=\mathrm{d}t$, 积分得 $t+C_1=\dfrac{\sqrt{m}}{2C\sqrt{g}}\ln\left|\dfrac{Cv+\sqrt{mg}}{Cv-\sqrt{mg}}\right|$. 因 $t=0$, $v=0$, $C_1=0$, 则 $t=\dfrac{\sqrt{m}}{2C\sqrt{g}}\ln\left|\dfrac{Cv+\sqrt{mg}}{Cv-\sqrt{mg}}\right|$, $\left|\dfrac{Cv+\sqrt{mg}}{Cv-\sqrt{mg}}\right|=\exp\left(-\dfrac{2C\sqrt{g}}{\sqrt{m}}t\right)$. 由 $mg>C^2v^2$, 有 $\dfrac{\mathrm{d}s}{\mathrm{d}t}=\dfrac{\sqrt{mg}}{C}\cdot\mathrm{th}\left(\dfrac{C\sqrt{g}}{\sqrt{m}}t\right)$, 故 $s=\dfrac{m}{C^2}\ln\left[\mathrm{ch}\left(C\cdot\dfrac{\sqrt{g}}{\sqrt{m}}t\right)\right]+C_2$. 因 $t=0$, $s=0$, 则 $C_2=0$, 故 $s=\dfrac{m}{C^2}\ln\left[\mathrm{ch}\left(C\sqrt{\dfrac{g}{m}}t\right)\right]$.

第六节 高阶线性微分方程

内容精讲

1. n 阶线性微分方程

形如 $y^{(n)}+P_1(x)y^{(n-1)}+P_2(x)y^{(n-2)}+\cdots+P_{n-1}(x)y'+P_n(x)y=f(x)$ $(n\geqslant 2)$ ①

的方程叫做 n 阶线性微分方程. 其中 $P_1(x),P_2(x),\cdots,P_n(x),f(x)$ 为已知连续函数.

当 $f(x)\equiv 0$ 时,称为齐次的;当 $f(x)$ 不恒为零时,称为非齐次的.

2. 二阶线性微分方程

在①中 $n=2$ 时,即 $y''+P(x)y'+Q(x)y=f(x)$ 称为二阶线性微分方程. 若 $f(x)\equiv 0$,即

$$y''+P(x)y'+Q(x)y=0 \quad ②$$

称为二阶齐次线性微分方程. 当 $f(x)$ 不恒为 0,即

$$y''+P(x)y'+Q(x)y=f(x) \quad ③$$

称为二阶非齐次线性微分方程.

3. 二阶线性微分方程解的性质

(1) 若函数 $y_1(x), y_2(x)$ 是线性齐次方程②的两个解,则 $C_1y_1(x)+C_2y_2(x)$ 也是方程②的解,其中 C_1,C_2 为任意常数.

(2) 若 $y_1(x), y_2(x)$ 是方程②的两个线性无关的解,则 $C_1y_1(x)+C_2y_2(x)$ 是②的通解,其中 C_1,C_2 为任意常数.

(3) 设 y^* 是线性非齐次方程③的一个特解,$Y=C_1y_1(x)+C_2y_2(x)$ 是对应的齐次方程②的通解,则 $y=Y+y^*$ 是非齐次方程③的通解.

(4) 设线性非齐次方程③的右端 $f(x)$ 是两个函数之和,如

$$y''+P(x)y'+Q(x)y=f_1(x)+f_2(x)$$

而 $y_1(x)$ 与 $y_2(x)$ 分别是方程

$$y''+P(x)y'+Q(x)y=f_1(x), \quad 与 \quad y''+P(x)y'+Q(x)y=f_2(x)$$

的解,则 $y_1(x)+y_2(x)$ 是方程 $y''+P(x)y'+Q(x)y=f_1(x)+f_2(x)$ 的解.

上述性质可推广到任意高阶的线性微分方程.

题型及考点解析

例 1 设非齐次线性微分方程 $y'+P(x)y=Q(x)$ 有两个不同的解 $y_1(x), y_2(x)$,C 为任意常数,则该方程的通解是_____.

(A) $C[y_1(x)-y_2(x)]$ (B) $y_1(x)+C[y_1(x)-y_2(x)]$

(C) $C[y_1(x)+y_2(x)]$ (D) $y_1(x)+C[y_1(x)+y_2(x)]$

解 由线性微分方程解的性质及结构知,$C[y_1(x)-y_2(x)]$ 必为原方程对应齐次线性微分方程的通解. 所以,原微分方程的通解为 $y_1(x)+C[y_1(x)-y_2(x)]$. 故应选(B).

例 2 设线性无关函数 $y_1(x), y_2(x), y_3(x)$ 都是二阶非齐次线性方程

$$y''+P(x)y'+Q(x)y=f(x)$$

的解,C_1, C_2 是任意常数,则该非齐次方程的通解是_____.

(A) $C_1 y_1 + C_2 y_2 + y_3$ (B) $C_1 y_1 + C_2 y_2 - (C_1 + C_2) y_3$
(C) $C_1 y_1 + C_2 y_2 - (1 - C_1 - C_2) y_3$ (D) $C_1 y_1 + C_2 y_2 + (1 - C_1 - C_2) y_3$

解 因为 y_1, y_2, y_3 都是非齐次方程的解,所以其差 $y_1 - y_3, y_2 - y_3$ 是对应齐次方程的解,又由于 y_1, y_2, y_3 线性无关,所以 $y_1 - y_3$ 与 $y_2 - y_3$ 也线性无关.故由线性方程组解的结构定理,对应齐次方程的通解 $C_1(y_1 - y_3) + C_2(y_2 - y_3)$ 再加上非齐次方程的一个特解就是非齐次方程的通解.故应选(D).

例3 设 y_1, y_2 是二阶线性齐次方程 $y'' + p(x) y' + q(x) y = 0$ 的两个线性无关特解,则由 $y_1(x)$ 与 $y_2(x)$ 能构成该方程的通解,其充分条件为_____.

(A) $y_1(x) y_2'(x) - y_2(x) y_1'(x) = 0$ (B) $y_1(x) y_2'(x) - y_2(x) y_1'(x) \neq 0$
(C) $y_1(x) y_2'(x) + y_2(x) y_1'(x) = 0$ (D) $y_1(x) y_2'(x) + y_2(x) y_1'(x) \neq 0$

解 由题意知 $y_1(x)$ 与 $y_2(x)$ 线性无关,即 $\dfrac{y_2(x)}{y_1(x)} \neq C$. 求导得,

$$\dfrac{y_2'(x) y_1(x) - y_2(x) y_1'(x)}{y_1^2(x)} \neq 0, \quad 即 \quad y_1(x) y_2'(x) - y_2(x) y_1'(x) \neq 0.$$ 故应选(B).

例4 证明下列函数 $y = \dfrac{1}{x}(C_1 e^x + C_2 e^{-x}) + \dfrac{e^x}{2}$ (C_1, C_2 为任意常数)是方程 $xy'' + 2y' - xy = e^x$ 的通解.

证 记 $y_1 = \dfrac{1}{x} e^x, y_2 = \dfrac{1}{x} e^{-x}, y^* = \dfrac{e^x}{2}$,则

$$y_1' = x^{-1} e^x - x^{-2} e^x, \qquad y_1'' = x^{-1} e^x - 2x^{-2} e^x + 2x^{-3} e^x,$$
$$y_2' = e^{-x}(-x^{-1} - x^{-2}), \qquad y_2'' = e^{-x}(x^{-1} + 2x^{-2} + 2x^{-3}),$$

代入后 y_1, y_2 满足 $xy'' + 2y' - xy = 0$,且 $\dfrac{y_1}{y_2}$ 不为常数,故 $C_1 y_1 + C_2 y_2$ 是齐次方程的通解.

而 $y^* = y^{*'} = y^{*''} = \dfrac{1}{2} e^x$,有 $xy^{*''} + 2y^{*'} - xy^* = \dfrac{e^x}{2}(x + 2 - x) = e^x$,

即 $y^* = \dfrac{e^x}{2}$ 是非齐次方程的特解,从而由线性微分方程解的结构定理知 $y = \dfrac{C_1 e^x + C_2 e^{-x}}{x} + \dfrac{e^x}{2}$ 是非齐次线性方程的通解.

例5 设 $y = e^x$ 是微分方程 $xy' + p(x) y = x$ 的一个解,求此微分方程满足条件 $y \big|_{x = \ln 2} = 0$ 的特解.

解 以 $y = e^x$ 代入原方程,得 $xe^x + p(x) e^x = x$,解出 $p(x) = xe^{-x} - x$.

代入原方程得 $y' + (e^{-x} - 1) y = 1$. 解其对应的齐次方程 $y' + (e^{-x} - 1) y = 0$ 得

$$\dfrac{dy}{y} = (-e^{-x} + 1) dx, \quad \ln y - \ln C = e^{-x} + x.$$

得齐次方程的通解 $y = C e^{x + e^{-x}}$. 所以原方程的通解为 $y = e^x + C e^{x + e^{-x}}$.

由 $y \big|_{x = \ln 2} = 0$,得 $2 + 2 e^{\frac{1}{2}} C = 0$,即 $C = -e^{-\frac{1}{2}}$. 故所求特解为 $y = e^x - e^{x + e^{-x} - \frac{1}{2}}$.

例6 已知 $y_1 = xe^x + e^{2x}, y_2 = xe^x + e^{-x}, y_3 = xe^x + e^{2x} - e^{-x}$ 是某二阶线性非齐次微分方程的三个解,求此微分方程.

解法一 由题设知,e^{2x} 与 e^{-x} 是相应齐次方程两个线性无关的解,且 xe^x 是非齐次方程的一个特解,故此方程是 $y'' - y' - 2y = f(x)$.

将 $y=xe^x$ 代入上式,得 $f(x)=(xe^x)''-(xe^x)'-2xe^x=2e^x+xe^x-e^x-xe^x-2xe^x=e^x-2xe^x$. 因此所求方程为 $y''-y'-2y=e^x-2xe^x$.

解法二 由题设知,e^{2x} 与 e^{-x} 是相应齐次方程两个线性无关的解,且 xe^x 是非齐次方程的一个特解,故 $y=xe^x+C_1e^{2x}+C_2e^{-x}$ 是所求方程的解,由

$$y'=e^x+xe^x+2C_1e^{2x}-C_2e^{-x}, \quad y''=2e^x+xe^x+4C_1e^{2x}+C_2e^{-x}$$

消去 C_1,C_2 得所求方程为 $y''-y'-2y=e^x-2xe^x$.

题型分析 对于二阶线性微分方程 $y''+P(x)y'+Q(x)y=f(x)$ 而言,根据解的结构定理,它的通解是齐次方程的通解 $C_1y_1(x)+C_2y_2(x)$ 和非齐次方程的任一特解之和,且根据性质知非齐次方程的两个特解之差是齐次方程的解.

习题7-6精讲

1. **解**:(1)由于 $\dfrac{x}{x^2}=\dfrac{1}{x}\neq$ 常数,故 x,x^2 线性无关.

   (2)由于 $\dfrac{x}{2x}=\dfrac{1}{2}$ 为常数,故 $x,2x$ 线性相关.

   (3)由于 $\dfrac{e^{2x}}{3e^{2x}}=\dfrac{1}{3}$ 常数,故 $e^{2x},3e^{2x}$ 线性相关.

   (4)由于 $\dfrac{e^{-x}}{e^x}=e^{-2x}\neq$ 常数,故 e^{-x},e^x 线性无关.

   (5)由于 $\dfrac{\cos 2x}{\sin 2x}=\cot 2x\neq$ 常数,故 $\cos 2x,\sin 2x$ 线性无关.

   (6)由于 $\dfrac{e^{x^2}}{xe^{x^2}}=\dfrac{1}{x}\neq$ 常数,故 e^{x^2},xe^{x^2} 线性无关.

   (7)由于 $\dfrac{\sin 2x}{\sin x\cos x}=2$ 为常数,故 $\sin 2x,\sin x\cos x$ 线性相关.

   (8)由于 $\dfrac{e^x\cos 2x}{e^x\sin 2x}=\cot 2x\neq$ 常数,故 $e^x\cos 2x$ 与 $e^x\sin 2x$ 线性无关.

   (9)由于 $\dfrac{\ln x}{x\ln x}=\dfrac{1}{x}\neq$ 常数,故 $\ln x,x\ln x$ 线性无关.

   (10)由于 $\dfrac{e^{ax}}{e^{bx}}=e^{(a-b)x}\neq$ 常数,故 e^{ax},e^{bx} 线性无关.

2. **解**:$y_1'=-\omega\sin\omega x$,$y_1''=-\omega^2\cos\omega x$,故 $y_1''+\omega^2 y_1=-\omega^2\cos\omega x+\omega^2\cos\omega x=0$,即 y_1 是 $y''+\omega^2 y=0$ 的解. 又 $y_2'=\omega\cos\omega x$,$y_2''=-\omega^2\sin\omega x$,故 $y_2''+\omega^2 y_2=-\omega^2\sin\omega x+\omega^2\sin\omega x=0$,即 y_2 是 $y''+\omega^2 y=0$ 的解. 又 $\dfrac{y_1}{y_2}=\dfrac{\cos\omega x}{\sin\omega x}=\cot\omega x\neq$ 常数,故 y_1 与 y_2 线性无关,则原方程通解可写为 $y=C_1\cos\omega x+C_2\sin\omega x$.

3. **解**:$y_1'=2xe^{x^2}$,$y_1''=4x^2e^{x^2}+2e^{x^2}=(2+4x^2)e^{x^2}$,
   故 $y_1''-4xy_1'+(4x^2-2)y_1=(2+4x^2)e^{x^2}-8x^2e^{x^2}+(4x^2-2)e^{x^2}=0$,

故 y_1 是 $y''-4xy'+(4x^2-2)y=0$ 的解.

$y'_2=e^{x^2}+2x^2e^{x^2}=(1+2x^2)e^{x^2}, y''_2=4x\cdot e^{x^2}+(1+2x^2)\cdot 2xe^{x^2}=(4x^3+6x)e^{x^2}$,

故 $y''_2-4xy'_2+(4x^2-2)y_2=(4x^3+6x)e^{x^2}-(4x+8x^3)e^{x^2}+(4x^3-2x)e^{x^2}=0$.

故 y_2 是 $y''-4xy'+(4x^2-2)y=0$ 的解.

又 $\dfrac{y_1}{y_2}=\dfrac{1}{x}\neq$ 常数, 即 y_1,y_2 线性无关, 故原方程的通解可写为 $y=C_1e^{x^2}+C_2xe^{x^2}$.

4. **解**: (1) 令 $y_1=e^x, \quad y_2=e^{2x}, \quad y^*=\dfrac{1}{12}e^{5x}$.

由于 $y''_1-3y'_1+2y_1=e^x-3e^x+2e^x=0, y''_2-3y'_2+2y_2=4e^{2x}-3(2e^{2x})+2e^{2x}=0$.

所以 y_1 和 y_2 均是齐次方程 $y''-3y'+2y=0$ 的解, 又 $\dfrac{y_1}{y_2}=e^{-x}\neq$ 常数, 即 y_1 与 y_2 线性无关, 因而 $Y=C_1e^x+C_2e^{2x}$ 是齐次方程 $y''-3y'+2y=0$ 的通解.

又由于 $y^{*\prime\prime}-3y^{*\prime}+2y^*=\dfrac{25}{12}e^{5x}-3\dfrac{5}{12}e^{5x}+2\dfrac{1}{12}e^{5x}=e^{5x}$, 所以 y^* 是所给方程的特解. 因此 $y=C_1e^x+C_2e^{2x}+\dfrac{1}{12}e^{5x}$ 是方程 $y''-3y'+2y=e^{5x}$ 的通解.

(2) 令 $y_1=\cos 3x, y_2=\sin 3x, y^*=\dfrac{1}{32}(4x\cos x+\sin x)$

由于 $y''_1+9y_1=-9\cos 3x+9\cos 3x=0, y''_2+9y_2=-9\sin 3x+9\sin 3x=0$, 且 $\dfrac{y_1}{y_2}=\cot 3x\neq$ 常数, 故 y_1 和 y_2 是齐次方程 $y''+9y=0$ 的两个线性无关解.

又因为 $y^{*\prime}=\dfrac{1}{32}(5\cos x-4x\sin x), y^{*\prime\prime}=\dfrac{1}{32}(-9\sin x-4x\cos x), y^{*\prime\prime}+9y^*=\dfrac{1}{32}(-9\sin x-4x\cos x)+\dfrac{9}{32}(4x\cos x+\sin x)=x\cos x$. 所以 y^* 是齐次方程 $y''+9y=x\cos x$ 的一个特解. 因而 $y=C_1\cos 3x+C_2\sin 3x+\dfrac{1}{32}(4x\cos x+\sin x)$ 是所给方程的通解.

(3) 令 $y_1=x^2, \quad y_2=x^2\ln x$, 则 $x^2y''_1-3xy'_1+4y_1=2x^2-6x^2+4x^2=0, x^2y''_2-3xy'_2+4y_2=x^2(2\ln x+3)-3x(2x\ln x+x)+4x^2\ln x=0$, 且 $\dfrac{y_1}{y_2}=\ln x\neq C($常数$)$, 因而 $y_1=x^2, y_2=x^2\ln x$ 为方程 $x^2y''-3xy'+4y=0$ 的两个线性无关解, 因此 $y=C_1x^2+C_2x^2\ln x$ 为原方程的通解.

(4) 令 $y_1=x^5, \quad y_2=\dfrac{1}{x}, \quad y^*=-\dfrac{x^2}{9}\ln x$. 因为 $x^2y''_1-3xy'_1-5y_1=x^2(20x^3)-3x(5x^4)-5(x^5)=0, x^2y''_2-3xy'_2-5y_2=x^2\left(\dfrac{2}{x^3}\right)-3x\left(-\dfrac{1}{x^2}\right)-5\left(\dfrac{1}{x}\right)=0, \dfrac{y_1}{y_2}=x^6\neq$ 常数, 所以 $y_1=x^5$ 和 $y_2=\dfrac{1}{x}$ 是齐次方程 $x^2y''-3xy'-5y=0$ 的两个线性无关解, 从而 $Y=C_1x^5+C_2\dfrac{1}{x}$ 是齐次方程 $x^2y''-3xy'-5y=0$ 的通解.

又由于 $x^2y^{*\prime\prime}-3xy^{*\prime}-5y^*=x^2\left(-\dfrac{2}{9}\ln x-\dfrac{1}{3}\right)-3x\left(-\dfrac{2x}{9}\ln x-\dfrac{x}{9}\right)-5\left(-\dfrac{x^2}{9}\ln x\right)=x^2\ln x$, 所以 y^* 是非齐次方程 $x^2y''-3xy'-5y=x^2\ln x$ 的一个特解. 因此 $y=C_1x^5+\dfrac{C_2}{x}-\dfrac{x^2}{9}\ln x$

是 $x^2y''-3xy'-5y=x^2\ln x$ 的通解.

(5) 设 $y_1=\dfrac{e^x}{x}$, $y_2=\dfrac{e^{-x}}{x}$, $y^*=\dfrac{e^x}{2}$, 则 $y'_1=\dfrac{xe^x-e^x}{x^2}$, $y''_1=\dfrac{x^3e^x-2x(xe^x-e^x)}{x^4}$, $y'_2=\dfrac{-xe^{-x}-e^{-x}}{x^2}$, $y''_2=\dfrac{x^3e^{-x}+2x(xe^{-x}+e^{-x})}{x^4}$. 代入方程易验证 y_1, y_2 均为方程 $xy''+2y'-xy=0$ 的解. 又因为 $\dfrac{y_1}{y_2}=e^{2x}\not\equiv$ 常数, 故 $Y=\dfrac{1}{x}(C_1e^x+C_2e^{-x})$ 是方程 $xy''+2y'-xy=0$ 的通解.

又因为 $y^{*\prime}=\dfrac{e^x}{2}$, $y^{*\prime\prime}=\dfrac{e^x}{2}$, 所以 $xy^{*\prime\prime}+2y^{*\prime}-xy^*=x\dfrac{e^x}{2}+2\dfrac{e^x}{2}-x\dfrac{e^x}{2}=e^x$, 即 y^* 是 $xy''+2y'-xy=0$ 的一个特解. 因此 $y=\dfrac{1}{x}(C_1e^x+C_2e^{-x})+\dfrac{e^x}{2}$ 是方程的通解.

(6) 令 $y_1=e^x, y_2=e^{-x}, y_3=\cos x, y_4=\sin x, y^*=-x^2$. 由于 $y_1^{(4)}-y_1=e^x-e^x=0$, $y_2^{(4)}-y_2=e^{-x}-e^{-x}=0$, $y_3^{(4)}-y_3=\cos x-\cos x=0$, $y_4^{(4)}-y_4=\sin x-\sin x=0$. 故 y_1, y_2, y_3, y_4 均为齐次方程 $y^{(4)}-y=0$ 的解. 又 y_1, y_2, y_3, y_4 线性无关, 故 $Y=C_1y_1+C_2y_2+C_3y_3+C_4y_4$ 是齐次方程 $y^{(4)}-y=0$ 的通解, 又 $y^{*(4)}-y^*=0-(-x^2)=x^2$, 故 y^* 是所给方程的特解. 故 $y=C_1e^x+C_2e^{-x}+C_3\cos x+C_4\sin x-x^2$ 是方程 $y^{(4)}-y=x^2$ 的通解.

*5. **解**: 设 $y_2(x)=y_1(x)u(x)=e^x u(x)$ 也为该方程的解, 则
$$y'_2=e^x u(x)+e^x u'(x)=e^x[u(x)+u'(x)]$$
$$y''_2=e^x[u(x)+u'(x)]+e^x[u'(x)+u''(x)]=e^x[u(x)+2u'(x)+u''(x)]$$

将 $y_2、y'_2、y''_2$ 代入原方程得
$(2x-1)e^x[u(x)+2u'(x)+u''(x)]-(2x+1)e^x[u(x)+u'(x)]+2e^x u(x)=0$,
即 $(2x-1)u''(x)+(2x-3)u'(x)=0$. 令 $u'(x)=p(x)$, 则 $u''(x)=\dfrac{dp}{dx}$, 从而以上方程变为
$(2x-1)\dfrac{dp}{dx}+(2x-3)p=0$, 即 $\dfrac{dp}{p}=-\dfrac{2x-3}{2x-1}dx$. 积分得 $\ln p=-x+\ln(2x-1)+\ln C_1$, 即 $p=C_1(2x-1)e^{-x}$, 从而 $u=C_1\int(2x-1)e^{-x}dx=-C_1\int(2x-1)d(e^{-x})=-C_1\{(2x-1)e^{-x}+2e^{-x}+C_2\}$. 故 $y_2(x)=e^x u(x)=-C_1(2x+1)+C_2 e^x$.

令 $C_1=-1, C_2=0$, 则 $y_2(x)=2x+1$ 为原方程的一个特解, 且与 $y_1(x)$ 线性无关, 所以原方程的通解为 $y=C_1(2x+1)+C_2 e^x$.

*6. **解**: 令 $y_2(x)=y_1(x)u(x)=xu(x)$ 为齐次方程的一个解.
$y'_2=u(x)+xu'(x)$, $y''_2=2u'(x)+xu''(x)$, 则 $x^2y''_2-2xy'_2+2y_2=0$. 即 $x^2[2u'(x)+xu''(x)]-2x[u(x)+xu'(x)]+2xu(x)=0$, 即 $u''(x)=0$. 故 $u(x)=Cx-C^*$, 不妨取 $u(x)=x$, 则 $y_2(x)=x^2$, 故齐次方程通解为 $Y=C_1x+C_2x^2$. 将 $x^2y''-2xy'+2y=2x^3$ 化为 $y''-\dfrac{2}{x}y'+\dfrac{2}{x^2}y=2x$, 得 $y=C_1x+C_2x^2-y_1\int\dfrac{y_2 f}{\omega}dx+y_2\int\dfrac{y_1 f}{\omega}dx$. 其中 $f=2x$, $\omega=y_1y'_2-y'_1y_2=x^2$. 故 $x^2y''-2xy'+2y=2x^3$ 的通解可写为 $y=C_1x+C_2x^2+x^3$.

*7. **解**: $y_1=\cos x, y_2=\sin x$ 是齐次方程 $y''+y=0$ 的两个无关解. 令 $y=y_1v_1+y_2v_2=\cos x \cdot v_1+\sin x \cdot v_2$, 满足 $\begin{cases}y_1v'_1+y_2v'_2=0\\y'_1v'_1+y'_2v'_2=f\end{cases}$ 即 $\begin{cases}\cos x\cdot v'_1+\sin x\cdot v'_2=0\\-\sin x\cdot v'_1+\cos x\cdot v'_2=f\end{cases}$, 得 $v'_1=-\tan x$, $v'_2=1$. 积分得 $v_1=C_1+\ln|\cos x|, v_2=C_2+x$. 故非齐次方程 $y''+y=\sec x$ 的通解为 $y=$

$C_1\cos x+C_2\sin x+\cos x\cdot\ln|\cos x|+x\sin x$.

*8. **解**: $y_1=x$, $y_2=x\ln x$ 是 $x^2y''-xy'+y=0$ 的两个线性无关的解,将 $x^2y''-xy'+y=x$ 化为标准形式 $y''-\dfrac{1}{x}y'+\dfrac{1}{x}y=\dfrac{1}{x}$,其中 $f(x)=\dfrac{1}{x}$,由 $y'_1=1$, $y'_2=\ln x+1$,得 $W=y_1y'_2-y'_1y_2=x$.

故由常数变易公式知 $y=C_1x+C_2x|\ln x|-x\displaystyle\int\dfrac{x\ln x\cdot\dfrac{1}{x}}{x}dx+x\ln x\displaystyle\int\dfrac{x\cdot\dfrac{1}{x}}{x}dx$

$\qquad\qquad\qquad\qquad =C_1x+C_2x|\ln x|-\dfrac{x}{2}(\ln x)^2+x(\ln x)^2$

即 $y=C_1x+C_2x|\ln x|+\dfrac{x}{2}(\ln x)^2$ 为 $x^2y''-xy'+y=x$ 的通解.

第七节　常系数齐次线性微分方程

内容精讲

1. 二阶常系数齐次线性微分方程

(1) 定义

形如 $y''+py'+qy=0$ 的方程叫做二阶常系数齐次线性微分方程. 对应的代数方程 $r^2+pr+q=0$ 叫做它的特征方程(p、q 为实数).

(2) 解法

当 $r^2+pr+q=0$ 有两个相异实根 r_1, r_2 时,$y''+py'+qy=0$ 的通解为 $Y=C_1e^{r_1x}+C_2e^{r_2x}$;

当 $r^2+pr+q=0$ 有两个相等实根 $r_1=r_2$ 时,$y''+py'+qy=0$ 的通解为 $Y=(C_1+C_2x)e^{r_1x}$;

当 $r^2+pr+q=0$ 有一对共轭复根 $r_{1,2}=\alpha\pm i\beta$ 时,$y''+py'+qy=0$ 的通解为 $Y=e^{\alpha x}(C_1\cos\beta x+C_2\sin\beta x)$.

2. n 阶常系数齐次线性微分方程

(1) 定义

形如 $y^{(n)}+p_1y^{(n-1)}+p_2y^{(n-2)}+\cdots+p_{n-1}y'+p_ny=0$ 的方程叫做 n 阶常系数齐次线性微分方程. 对应的代数方程 $r^n+p_1r^{n-1}+p_2r^{n-2}+\cdots+p_{n-1}r+p_n=0$ 叫做它的特征方程 ($p_1,p_2,\cdots,p_n$ 为常数). 特征方程的根叫做它的特征根.

(2) 解法

若 r_1 是特征方程的单根,则 $y=Ce^{r_1x}$ 是微分方程的解.

若 $\alpha\pm i\beta$ 是特征方程的一对共轭复根,则 $y=e^{\alpha x}(C_1\cos\beta x+C_2\sin\beta x)$ 是微分方程的解.

若 r_1 是特征方程的 k 重根,则 $y=(C_1+C_2x+\cdots+C_kx^{k-1})e^{r_1x}$ 是微分方程的解.

若 $\alpha\pm i\beta$ 都是特征方程的 k 重根,则

$$y=e^{\alpha x}[(C_1+C_2x+\cdots+C_kx^{k-1})\cos\beta x+(D_1+D_2x+\cdots+D_kx^{k-1})\sin\beta x]$$

是微分方程的解.

题型及考点解析

例1 求微分方程 $y''-12y'+35y=0$ 的通解.

解 特征方程为 $r^2-12r+35=0$,解得 $r_1=5,r_2=7$. 故微分方程的通解为 $y=C_1\mathrm{e}^{5x}+C_2\mathrm{e}^{7x}$.

例2 设函数 $y=f(x)$ 满足条件 $\begin{cases} y''+4y'+4y=0 \\ y(0)=2, y'(0)=-4 \end{cases}$, 求广义积分 $\int_0^{+\infty} y(x)\mathrm{d}x$.

解 解特征方程 $r^2+4r+4=0$,得 $r_1=r_2=-2$. 原方程的通解为 $y=(C_1+C_2x)\mathrm{e}^{-2x}$. 由初始条件得 $C_1=2,C_2=0$. 因此,微分方程的特解为 $y=2\mathrm{e}^{-2x}$,

$$\int_0^{+\infty} y(x)\mathrm{d}x = \int_0^{+\infty} 2\mathrm{e}^{-2x}\mathrm{d}x = \int_0^{+\infty} \mathrm{e}^{-2x}\mathrm{d}(2x) = 1.$$

例3 微分方程 $y''+2y'+5y=0$ 的通解为_____.(考研题)

解 特征方程为 $r^2+2r+5=0$, 特征根为 $r=-1\pm 2i$. 所以通解为 $y=\mathrm{e}^{-x}(C_1\cos2x+C_2\sin2x)$.

例4 求微分方程 $y^{(4)}-2y'''+2y''-2y'+y=0$ 的通解.

解 特征方程为 $r^4-2r^3+2r^2-2r+1=0$, 即 $(r-1)^2(r^2+1)=0$ 得二重实根 1,单重共轭复根 $\pm i$,故方程通解为 $y=(C_1+C_2x)\mathrm{e}^x+C_3\cos x+C_4\sin x$.

例5 设 $y=(C_1+C_2x)\mathrm{e}^{2x}$ 是某二阶常系数线性微分方程的通解,求对应的方程.

解 利用通解表达式可知,特征根为 $\lambda_{1,2}=2$ (二重根),特征方程为 $\lambda^2-4\lambda+4=0$,故所求方程为 $y''-4y'+4y=0$.

习题7-7精讲

1. **解**:(1)特征方程为 $r^2+r-2=0$, 解之得特征根为 $r=-2,1$(一重). 故通解为 $y=C_1\mathrm{e}^x+C_2\mathrm{e}^{-2x}$.

(2)特征方程为 $r^2-4r=0$, 解之得特征根为 $r=0,4$(一重). 故方程通解为 $y=C_1+C_2\mathrm{e}^{4x}$.

(3)特征方程为 $r^2+1=0$, 解之得特征根为 $r=\pm i$(一重). 故方程通解为 $y=C_1\cos x+C_2\sin x$.

(4)特征方程为 $r^2+6r+13=0$, 解之得特征根为 $r=-3\pm 2i$(一重). 故方程通解为 $y=\mathrm{e}^{-3x}(C_1\cos2x+C_2\sin2x)$.

(5)特征方程为 $4r^2-20r+25=0$, 解之得特征根为 $r=\dfrac{5}{2}$(二重). 故方程通解为 $x=(C_1+C_2t)\mathrm{e}^{\frac{5}{2}t}$.

(6)特征方程为 $r^2-4r+5=0$, 解之得特征根为 $r=2\pm i$(一重). 故方程通解为 $y=\mathrm{e}^{2x}(C_1\cos x+C_2\sin x)$.

(7)特征方程为 $r^4-1=0$, 解之得特征根为 $r_1=1, r_2=-1, r_3=i, r_4=-i$. 故方程通解为 $y=C_1\mathrm{e}^x+C_2\mathrm{e}^{-x}+C_3\cos x+C_4\sin x$.

(8)特征方程为 $r^4+2r^2+1=0$, 解之得特征根为 $r_{1,2}=i$(二重). $r_{3,4}=-i$(二重). 故方程通解为 $y=(C_1+C_2x)\cos x+(C_3+C_4x)\sin x$.

(9)特征方程为 $r^4-2r^3+r^2=0$, 解之得特征根为 $r_{1,2}=0$(二重). $r_{3,4}=1$(二重). 故方程通

解为 $y=C_1+C_2x+(C_3+C_4x)e^x$.

(10)特征方程为 $r^4+5r^2-36=0$，解得 $r^2=4,-9$.特征根为 $r_1=2, r_2=-2, r_3=3i, r_4=-3i$. 故方程通解为 $y=C_1e^{2x}+C_2e^{-2x}+C_3\cos 3x+C_4\sin 3x$.

2. **解**:(1)特征方程为 $r^2-4r+3=0$，解之得特征根为 $r=1,3$. 故方程通解为 $y=C_1e^x+C_2e^{3x}$. 代入初始条件得 $C_1=4, C_2=2$. 故所求特解为 $y=4e^x+2e^{3x}$.

(2)特征方程为 $4r^2+4r+1=0$，解之得特征根为 $r=-\frac{1}{2}$(二重根). 故方程通解为 $y=(C_1+C_2x)e^{-\frac{x}{2}}$. 代入初始条件得 $C_1=2, C_2=1$. 故所求特解为 $y=(2+x)e^{-\frac{x}{2}}$.

(3)特征方程为 $r^2-3r-4=0$，解之得特征根为 $r=-1,4$. 故方程通解为 $y=C_1e^{-x}+C_2e^{4x}$. 代入初始条件得 $C_1=1, C_2=-1$, 故所求特解为 $y=e^{-x}-e^{4x}$.

(4)特征方程为 $r^2+4r+29=0$，解之得特征根为 $r_{1,2}=-2\pm 5i$. 故通解为 $y=e^{-2x}(C_1\cos 5x+C_2\sin 5x)$. 由此 $y'=e^{-2x}(5C_2-2C_1)\cos 5x+(-5C_1-2C_2)\sin 5x$. 代入初始条件得 $0=C_1, 15=5C_2-2C_1$, 故 $C_1=0, C_2=3$. 因此 $y=e^{-2x}(0\cdot\cos 5x+3\sin 5x)=3e^{-2x}\sin 5x$ 即为所求的特解.

(5)特征方程为 $r^2+25=0$，解之得特征根 $r_{1,2}=\pm 5i$. 故通解为 $y=C_1\cos 5x+C_2\sin 5x$. 因此 $y'=-5C_1\sin 5x+5C_2\cos 5x$. 代入初始条件, 得 $\begin{cases}C_1=2\\5C_2=5\end{cases}$, 即 $\begin{cases}C_1=2\\C_2=1\end{cases}$, 因此所求特解为 $y=2\cos 5x+\sin 5x$.

(6)特征方程为 $r^2-4r+13=0$,解之得特征根 $r_{1,2}=2\pm 3i$. 故通解为 $y=e^{2x}(C_1\cos 3x+C_2\sin 3x), y'=e^{2x}[(2C_1+3C_2)\cos 3x+(2C_2-3C_1)\sin 3x]$. 代入初始条件得 $0=C_1, 3=2C_1+3C_2$, 从而 $C_1=0, C_2=1$. 因此 $y=e^{2x}\sin 3x$ 即为所求特解.

3. **解**:设数轴为 x 轴, v_0 方向为正轴方向 $x''=k_1x-k_2x'$, 即 $x''+k_2x'-k_1x=0$;则由题意得:当 $t=0$ 时, $x=0, x'=v_0$, 方程 $x''+k_2x'-k_1x=0$ 的特征方程为 $r^2+k_2r-k_1=0$, 解之得特征根 $r_{1,2}=\frac{-k_2\pm\sqrt{k_2^2+4k_1}}{2}$. 故通解为 $x=C_1\exp\left\{\frac{-k_2-\sqrt{k_2^2+4k_1}}{2}t\right\}+C_2\exp\left\{\frac{-k_2+\sqrt{k_2^2+4k_1}}{2}t\right\}$,

又 $x'=\frac{-k_2-\sqrt{k_2^2+4k_1}}{2}C_1\exp\left\{\frac{-k_2-\sqrt{k_2^2+4k_1}}{2}t\right\}+\frac{-k_2+\sqrt{k_2^2+4k_1}}{2}C_2\exp\left\{\frac{-k_2+\sqrt{k_2^2+4k_1}}{2}t\right\}$.

由于 $t=0$ 时, $x=0, x'=v_0$, 所以 $0=C_1+C_2$, 且

$v_0=\frac{-k_2+\sqrt{k_2^2+4k_1}}{2}C_1+\frac{-k_2-\sqrt{k_2^2+4k_1}}{2}C_2$, $C_1=-\frac{v_0}{\sqrt{k_2^2+4k_1}}$, $C_2=\frac{v_0}{\sqrt{k_2^2+4k_1}}$.

因此 $x=\frac{v_0}{\sqrt{k_2^2+4k_1}}\exp\left[\frac{-k_2+\sqrt{k_2^2+4k_1}}{2}t\right][1-\exp(-\sqrt{k_2^2+4k_1}\,t)]$ 即为原点运动规律.

4. **解**:由回路电压定律得 $E-L\frac{di}{dt}-\frac{q}{C}-Ri=0$. 由于 $q=Cu_c$, 故 $i=\frac{dq}{dt}=Cu'_c, \frac{di}{dt}=Cu''_c$, 因此 $-LCu''_c-u_c-RCu'_c=0$, 即 $u''_c+\frac{R}{L}u'_c+\frac{1}{LC}u_c=0$. 已知 $\frac{R}{L}=\frac{2\,000}{0.1}=2\times 10^4, \frac{1}{LC}=\frac{1}{0.1\times 0.5\times 10^{-6}}=\frac{1}{5}\times 10^8$, 故 $u''_c+2\times 10^4u'_c+\frac{1}{5}\times 10^8u_c=0$. 其特征方程为 $r^2+2\times 10^4r+\frac{1}{5}\times 10^8=0$. 解之得特征根 $r_1=-1.9\times 10^4, r_2=-10^3$. 因此其通解为 $u_c=C_1e^{-1.9\cdot\times 10^4t}+$

$C_2 e^{-10^3 t}$. 又 $u'_c = -1.9 \times 10^4 C_1 e^{-1.9 \times 10^4} - 10^3 C_2 e^{-10^3 t}$, 由初始条件 $t=0$ 时, $u_c=20$, $u'_c=0$, 知 $C_1+C_2=20$, $-1.9\times 10^4 C_1 - 10^3 C_2 = 0$. 解方程组得 $C_1 = -\dfrac{10}{9}$, $C_2 = \dfrac{190}{9}$. 故 $u_c(t) = \dfrac{10}{9}(19e^{-10^3 t} - e^{-1.9\times 10^4 t})$ (V), $i(t) = \dfrac{10}{9} \times 10^{-2} (e^{-1.9\times 10^4 t} - e^{-10^3 t})$ (A) 即为所求.

5. **解**：设 ρ 为水的密度，S 为浮筒的横截面积，D 为浮筒的直径，且设压下的 16 位移为 x（如图 7-4 所示），则 $f = -\rho g S \cdot x$.

又 $f = ma = m\dfrac{d^2 x}{dt^2}$，因而 $-\rho g S \cdot x = m\dfrac{d^2 x}{dt^2}$，即 $m\dfrac{d^2 x}{dt^2} + \rho g S \cdot x = 0$.

此方程的特征方程为 $mr^2 + \rho g S = 0$. 解之得特征根 $r_{1,2} = \pm\left(\sqrt{\dfrac{\rho g S}{m}}\right)i$, 故通解为 $x = C_1 \cos\left(\sqrt{\dfrac{\rho g S}{m}}\right)t + C_2 \sin\left(\sqrt{\dfrac{\rho g S}{m}}\right)t$，即 $x = A\sin\left[\left(\sqrt{\dfrac{\rho g S}{m}}\right)t + \varphi\right]$. 因而浮筒的振动的频率 $\omega = \sqrt{\dfrac{\rho g S}{m}}$，周期 $T = \dfrac{2\pi}{\omega} = 2\pi\sqrt{\dfrac{m}{\rho g S}}$，由已知 $T=2$ 得

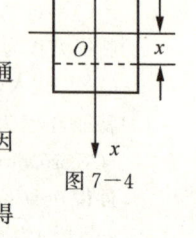

图 7-4

$2 = 2\pi\sqrt{\dfrac{m}{\rho g S}}$，即 $m = \dfrac{\rho g S}{\pi^2}$，而 $\rho = 1000 \text{kg/m}^2$，$g = 9.8 \text{m/s}^2$，$D = 0.5\text{m}$，因此 $m = \dfrac{\rho g S}{\pi^2} = \dfrac{1000 \times 9.8 \times 0.5^2}{4\pi} \approx 195 \text{kg}$.

第八节　常系数非齐次线性微分方程

内容精讲

1. 二阶常系数非齐次线性微分方程

方程 $y'' + py' + qy = f(x)$，其中 p, q 为常数，$f(x) \not\equiv 0$，称为二阶常系数非齐次线性微分方程.

2. 方程 $y'' + py' + qy = f(x)$ 的特解形式

(1) $f(x) = e^{\lambda x} P_m(x)$ 型

特征方程 $r^2 + pr + q = 0$ 的根 r_1, r_2	特解形式
$\lambda \neq r_1$ 且 $\lambda \neq r_2$	$y^* = Q_m(x)e^{\lambda x}$
$\lambda = r_1$ 但 $\lambda \neq r_2$	$y^* = xQ_m(x)e^{\lambda x}$
$\lambda = r_1 = r_2$	$y^* = x^2 Q_m(x)e^{\lambda x}$

(2) $f(x) = e^{\lambda x}[P_k(x)\cos\omega x + P_l(x)\sin\omega x]$ 型

特征根 r_1, r_2	特解形式
$r_{1,2} \neq \lambda \pm i\omega$	$y^* = e^{\lambda x}[R_m^{(1)}(x)\cos\omega x + R_m^{(2)}(x)\sin\omega x]$
$r_{1,2} = \lambda \pm i\omega$	$y^* = xe^{\lambda x}[R_m^{(1)}(x)\cos\omega x + R_m^{(2)}(x)\sin\omega x]$

其中 $m=\max\{k,l\}$.

注意：如果 $P_l(x)=0$，则 $f(x)=e^{\lambda x}P_k(x)\cos\omega x$.

特征根 r_1, r_2	特解形式
$r_{1,2} \neq \lambda \pm i\omega$	$y^* = e^{\lambda x}[R_k^{(1)}(x)\cos\omega x + R_k^{(2)}(x)\sin\omega x]$
$r_{1,2} = \lambda \pm i\omega$	$y^* = xe^{\lambda x}[R_k^{(1)}(x)\cos\omega x + R_k^{(2)}(x)\sin\omega x]$

如果 $P_k(x)=0$，则 $f(x)=e^{\lambda x}P_l(x)\sin\omega x$.

特征根 r_1, r_2	特解形式
$r_{1,2} \neq \lambda \pm i\omega$	$y^* = e^{\lambda x}[R_l^{(1)}(x)\cos\omega x + R_l^{(2)}(x)\sin\omega x]$
$r_{1,2} = \lambda \pm i\omega$	$y^* = xe^{\lambda x}[R_l^{(1)}(x)\cos\omega x + R_l^{(2)}(x)\sin\omega x]$

题型及考点解析

例 1 微分方程 $y''+y=x^2+1+\sin x$ 的特解形式可设为_____．（考研题）

(A) $y^*=ax^2+bx+c+x(A\sin x+B\cos x)$ (B) $y^*=x(ax^2+bx+c+A\sin x+B\cos x)$

(C) $y^*=ax^2+bx+c+A\sin x$ (D) $y^*=ax^2+bx+c+A\cos x$

解 微分方程的特征方程为 $r^2+1=0$，特征根为 $r=\pm i$. $y''+y=x^2+1$ 的特解形式为 $y_1^*=ax^2+bx+c$，$y''+y=\sin x$ 的特解形式为 $y_2^*=x(A\sin x+B\cos x)$，故所求微分方程的特解形式为 $y^*=y_1^*+y_2^*=ax^2+bx+c+x(A\sin x+B\cos x)$. 故应选(A).

例 2 $y''-4y=e^{2x}$ 的通解为_____．（考研题）

解 对应齐次方程的特征方程为 $r^2-4=0$，特征根为 $r=\pm 2$，故齐次方程通解为 $Y=C_1e^{-2x}+C_2e^{2x}$. 设原方程特解为 $y^*=Axe^{2x}$，代入原方程可得 $A=\dfrac{1}{4}$. 因此，原方程的通解为 $y=C_1e^{-2x}+C_2e^{2x}+\dfrac{1}{4}xe^{2x}$，即 $y=C_1e^{-2x}+(C_2+\dfrac{1}{4}x)e^{2x}$，其中 C_1, C_2 为任意常数.

例 3 微分方程 $y''-2y'+2y=e^x$ 的通解为_____．（考研题）

解 对应齐次方程的特征方程为 $r^2-2r+2=0$，特征根为 $r=1\pm i$，故齐次方程通解为 $Y=e^x(C_1\cos x+C_2\sin x)$. 设原方程特解为 $y^*=Ae^x$，代入原方程可得 $A=1$，则 $y^*=e^x$. 故原方程通解为 $y=Y+y^*=e^x(C_1\cos x+C_2\sin x+1)$.

> **题型分析** 本题为求二阶常系数非齐次线性微分方程通解的常规题，按公式求解即可.

例 4 微分方程 $y''+y=-2x$ 的通解为_____．（考研题）

解 对应齐次方程的特征方程为 $r^2+1=0$，其特征根为 $r=\pm i$，故齐次方程通解为 $Y=C_1\cos x+C_2\sin x$. 设原方程特解为 $y^*=ax+b$，代入原方程可得 $a=-2, b=0$，即 $y^*=-2x$，故原方程通解为 $y=Y+y^*=C_1\cos x+C_2\sin x-2x$.

例 5 求微分方程 $y''+y'=x^2$ 的通解.（考研题）

解法一 对应齐次方程的特征方程为 $\lambda^2+\lambda=0$,解之得 $\lambda=0,\lambda=-1$. 故齐次方程的通解为 $y=C_1+C_2\mathrm{e}^{-x}$. 设非齐次方程的特解为 $y^*=x(ax^2+bx+c)$,代入原方程得 $a=\dfrac{1}{3}, b=-1, c=2$. 因此,原方程的通解为 $y=\dfrac{1}{3}x^3-x^2+2x+C_1+C_2\mathrm{e}^{-x}$.

解法二 令 $p=y'$,代入原方程得 $p'+p=x^2$,故 $p=\mathrm{e}^{-x}\left(\int x^2\mathrm{e}^x\mathrm{d}x+C_0\right)=\mathrm{e}^{-x}(x^2\mathrm{e}^x-2x\mathrm{e}^x+2\mathrm{e}^x+C_0)$. 再积分得到 $y=\int(x^2-2x+2+C_0\mathrm{e}^{-x})\mathrm{d}x=\dfrac{1}{3}x^3-x^2+2x+C_1+C_2\mathrm{e}^{-x}$.

> **题型分析** 本题既可用二阶常系数非齐次线性微分方程的方法求解,也可用降阶法求微分方程的解.

例6 求微分方程 $y''+a^2y=\sin x$ 的通解,其中常数 $a>0$.

解 对应的齐次方程的通解为 $y=C_1\cos ax+C_2\sin ax$.

(1) 当 $a\ne 1$ 时,设原方程的特解为 $y^*=A\sin x+B\cos x$,代入原方程得 $A(a^2-1)\sin x+B(a^2-1)\cos x=\sin x$,比较等式两端对应项的系数得 $A=\dfrac{1}{a^2-1}$, $B=0$. 所以 $y^*=\dfrac{1}{a^2-1}\sin x$.

(2) 当 $a=1$ 时,设原方程的特解为 $y^*=x(A\sin x+B\cos x)$,代入原方程得 $2A\cos x-2B\sin x=\sin x$,比较等式两端对应项的系数得 $A=0$, $B=-\dfrac{1}{2}$. 所以 $y^*=-\dfrac{1}{2}x\cos x$.

综合上述讨论:当 $a\ne 1$ 时,通解为 $y=C_1\cos ax+C_2\sin ax+\dfrac{1}{a^2-1}\sin x$. 当 $a=1$ 时,通解为 $y=C_1\cos x+C_2\sin x-\dfrac{1}{2}x\cos x$.

例7 求微分方程 $y''-2y'-\mathrm{e}^{2x}=0$ 满足条件 $y(0)=1, y'(0)=1$ 的解.(考研题)

解 齐次方程 $y''-2y'=0$ 的特征方程为 $\lambda^2-2\lambda=0$. 由此求得特征根 $\lambda_1=0, \lambda_2=2$. 对应齐次方程的通解为 $\bar{y}=C_1+C_2\mathrm{e}^{2x}$. 设非齐次方程的特解为 $y^*=Ax\mathrm{e}^{2x}$,则 $(y^*)'=(A+2Ax)\mathrm{e}^{2x}$, $(y^*)''=4A(1+x)\mathrm{e}^{2x}$,代入原方程,求得 $A=\dfrac{1}{2}$. 从而 $y^*=\dfrac{1}{2}x\mathrm{e}^{2x}$. 于是,原方程的通解为

$$y=\bar{y}+y^*=C_1+\left(C_2+\dfrac{1}{2}x\right)\mathrm{e}^{2x}.$$

将 $y(0)=1$ 和 $y'(0)=1$ 代入通解,求得 $C_1=\dfrac{3}{4}, C_2=\dfrac{1}{4}$,从而所求解为 $y=\dfrac{3}{4}+\dfrac{1}{4}(1+2x)\mathrm{e}^{2x}$.

> **题型分析** 求二阶常系数非齐次微分方程的特解时,应先求出其通解,再根据初始条件确定任意常数 C_1, C_2.

例8 设 $\varphi(x)=\mathrm{e}^x-\int_0^x(x-u)\varphi(u)\mathrm{d}u$,其中 $\varphi(x)$ 为连续函数,求 $\varphi(x)$.

解 原方程化简得 $\varphi(x)=\mathrm{e}^x-x\int_0^x\varphi(u)\mathrm{d}u+\int_0^x u\varphi(u)\mathrm{d}u$,两端关于 x 求导数,得 $\varphi'(x)=$

$e^x - \int_0^x \varphi(u)du$，再求导得 $\varphi''(x) + \varphi(x) = e^x$，该微分方程所对应齐次方程的特征方程为 $r^2 + 1 = 0$，其特征根为 $r = \pm i$. 所以齐次方程的通解为 $y = C_1 \cos x + C_2 \sin x$.

设 $\varphi''(x) + \varphi(x) = e^x$ 的特解为 $y^* = Ae^x$，代入方程求得 $A = \dfrac{1}{2}$，故知

$$\varphi(x) = C_1 \cos x + C_2 \sin x + \frac{1}{2}e^x.$$

又 $\varphi(0) = 1, \varphi'(0) = 1$，于是 $C_1 = C_2 = \dfrac{1}{2}$，所以 $\varphi(x) = \dfrac{1}{2}\cos x + \dfrac{1}{2}\sin x + \dfrac{1}{2}e^x$.

题型分析 当方程中含有变上限定积分时，需先求导数，转换为微分方程后再求解. 并注意方程中隐含的初值条件，从而得到方程的特解.

例9 设函数 $f(x), g(x)$ 满足 $f'(x) = g(x), g'(x) = 2e^x - f(x)$ 且 $f(0) = 0, g(0) = 2$，求 $\displaystyle\int_0^\pi \left[\dfrac{g(x)}{1+x} - \dfrac{f(x)}{(1+x)^2}\right]dx$.

解 由 $f'(x) = g(x)$ 得 $f''(x) = g'(x) = 2e^x - f(x)$. 于是有 $\begin{cases} f''(x) + f(x) = 2e^x \\ f(0) = 0 \\ f'(0) = 2 \end{cases}$.

解之得 $f(x) = \sin x - \cos x + e^x$. 又

$$\int_0^\pi \left[\frac{g(x)}{1+x} - \frac{f(x)}{(1+x)^2}\right]dx = \int_0^\pi \frac{g(x)(1+x) - f(x)}{(1+x)^2}dx = \int_0^\pi \frac{f'(x)(1+x) - f(x)}{(1+x)^2}dx$$

$$= \int_0^\pi d\frac{f(x)}{1+x} = \frac{f(x)}{1+x}\bigg|_0^\pi = \frac{f(\pi)}{1+\pi} - f(0) = \frac{1+e^\pi}{1+\pi}.$$

题型分析 本题考查了二阶常系数非齐次微分方程的求解方法和运用定积分计算的技巧. 在求积分时，先利用题设条件对被积函数整理化简，最后代入 $f(x)$ 的式子进行计算.

例10 函数 $y = C_1 e^x + C_2 e^{-2x} + xe^x$ 满足的一个微分方程是 _____. (考研题)

(A) $y'' - y' - 2y = 3xe^x$ (B) $y'' - y' - 2y = 3e^x$
(C) $y'' + y' - 2y = 3xe^x$ (D) $y'' + y' - 2y = 3e^x$

解 特征方程两根为 $r_1 = 1, r_2 = -2$，特征方程为 $(r-1)(r+2) = 0, r^2 + r - 2 = 0$ 排除选项 (A)、(B). 由 $y = xe^x, y' = (1+x)e^x, y'' = (2+x)e^x$ 代入方程 $y'' + y' - 2y = (2+x)e^x + (1+x)e^x - 2xe^x = 3e^x$. 故应选 (D).

例11 具有特解 $y_1 = e^{-x}, y_2 = 2xe^{-x}, y_3 = 3e^x$ 的 3 阶常系数齐次线性微分方程是 _____. (考研题)

(A) $y''' - y'' - y' + y = 0$ (B) $y''' + y'' - y' - y = 0$
(C) $y''' - 6y'' + 11y' - 6y = 0$ (D) $y''' - 2y'' - y' + 2y = 0$

解 由三个特解形式知此微分方程特征根为 $r_1 = r_2 = -1, r_3 = 1$ 故特征方程应为：

$$(r+1)^2(r-1) = 0, \quad 即 \quad r^3 + r^2 - r - 1 = 0,$$

所以微分方程应为 $y'''+y''-y'-y=0$. 故应选(B).

例 12 设 $y=y(x)$ 是二阶常系数微分方程 $y''+py'+qy=e^{3x}$ 满足初始条件 $y(0)=y'(0)=0$ 的特解,则当 $x\to 0$ 时,函数 $\dfrac{\ln(1+x^2)}{y(x)}$ 的极限_____.(考研题)

(A) 不存在　　　(B) 等于 1　　　(C) 等于 2　　　(D) 等于 3

解 由 $y=y(x)$ 为微分方程特解知 $y''(x)=e^{3x}-py'(x)-qy(x)$.

由洛必达法则,$\lim\limits_{x\to 0}\dfrac{\ln(1+x^2)}{y(x)}=\lim\limits_{x\to 0}\dfrac{x^2}{y(x)}\overset{\frac{0}{0}}{=}\lim\limits_{x\to 0}\dfrac{2x}{y'(x)}\overset{\frac{0}{0}}{=}\lim\limits_{x\to 0}\dfrac{2}{y''(x)}=\lim\limits_{x\to 0}\dfrac{2}{e^{3x}-py'(x)-qy(x)}=\dfrac{2}{1-0-0}=2$. 故应选(C).

> **题型分析** $y(x)$ 是二阶常系数微分方程的解,故 $y(x),y'(x)$ 均连续. 又由方程知 $y''(x)$ 也是连续的.

例 13 长为 6 米的链条自桌上无摩擦地向下滑动,假设运动开始时,链条自桌上垂下部分已有 1 米长,试问,需要多长时间,链条才全部滑离桌面?

解 取桌面为 x 轴的原点,x 轴的方向垂直向下,设在时刻 t 时链条在桌面下端的长度为 x,则 $x=x(t)$,再设链条的线密度为 ρ(ρ 为常数),于是在时刻 t,作用在链条上的力是重力 ρxg (g 为重力加速度),因此有 $6\rho\dfrac{\mathrm{d}^2 x}{\mathrm{d}t^2}=\rho xg$ 即 $\dfrac{\mathrm{d}^2 x}{\mathrm{d}t^2}-\dfrac{g}{6}x=0$,且满足 $x(0)=1,x'(0)=0$.

由特征方程 $r^2-\dfrac{g}{6}=0$,得特征根 $r=\pm\sqrt{\dfrac{g}{6}}$,于是方程的通解是 $x=C_1 e^{\sqrt{\frac{g}{6}}t}+C_2 e^{-\sqrt{\frac{g}{6}}t}$,再由 $x(0)=1,x'(0)=0$,可得 $C_1=C_2=\dfrac{1}{2}$,所以 $x=\dfrac{1}{2}(e^{\sqrt{\frac{g}{6}}t}+e^{-\sqrt{\frac{g}{6}}t})$. 当 $x=6$ 时,可得 $e^{\sqrt{\frac{g}{6}}t}=6+\sqrt{35}$. 所以,链条全部滑离桌面所需的时间为 $t=\sqrt{\dfrac{g}{6}}\ln(6+\sqrt{35})$.

习题 7-8 精讲

1. **解**:(1)对应的齐次方程 $2y''+y'-y=0$,其特征方程 $2r^2+r-1=0$,解之得特征根为 $r=-1,\dfrac{1}{2}$. 故齐次方程通解为 $Y=C_1 e^{\frac{x}{2}}+C_2 e^{-x}$. 设原方程特解为 $y^*=Ce^x$,代入原方程得 $2Ce^x+Ce^x-Ce^x=2e^x$,故 $C=1$,特解 $y^*=e^x$,故原方程通解为 $y=C_1 e^{\frac{x}{2}}+C_2 e^{-x}+e^x$.

(2)对应齐次方程为 $y''+a^2 y=0$,其特征方程为 $r^2+a^2=0$,解之得特征根为 $r=\pm ai$,故齐次方程通解为 $Y=C_1\cos ax+C_2\sin ax$. 设原方程特解为 $y^*=Ce^x$,代入原方程得 $Ce^x+a^2 Ce^x=e^x$,故 $C=\dfrac{1}{1+a^2}$,$y^*=\dfrac{1}{1+a^2}e^x$,故原方程通解为 $y=\cos ax C_1+C_2\sin ax+\dfrac{e^x}{1+a^2}$.

(3)对应齐次方程 $2y''+5y'=0$,其特征方程为 $2r^2+5r=0$,解之得 $r=0,-\dfrac{5}{2}$,故齐次方程通解为 $Y=C_1+C_2 e^{-\frac{5}{2}x}$. 设原方程特解为 $y^*=x(Ax^2+Bx+C)$,代入原方程得 $15Ax^2+$

$(10B+12A)x+(5C+4B)=5x^2-2x-1.$ 故 $\begin{cases}15A=5\\10B+12A=-2\\5C+4B=-1\end{cases} \Rightarrow \begin{cases}A=\dfrac{1}{3}\\B=-\dfrac{3}{5}\\C=\dfrac{7}{25}\end{cases}$,故 $y^*=\dfrac{1}{3}$

$x^3-\dfrac{3}{5}x^2+\dfrac{7}{25}x.$ 故原方程通解为 $y=C_1+C_2\mathrm{e}^{-\frac{5}{2}x}+\dfrac{1}{3}x^3-\dfrac{3}{5}x^2+\dfrac{7}{25}x.$

(4)对应齐次方程 $y''+3y'+2y=0$,其特征方程为 $r^2+3r+2=0$,解之得特征根为 $r=-1$, -2,故齐次方程通解 $Y=C_1\mathrm{e}^{-x}+C_2\mathrm{e}^{-2x}$. 设原方程特解为 $y^*=x(Ax+B)\mathrm{e}^{-x}$,代入原方程,比较同类项系数可得 $A=\dfrac{3}{2}$, $B=-3$. 故 $y^*=\left(\dfrac{3}{2}x^2-3x\right)\mathrm{e}^{-x}$,故原方程通解为 $y=C_1\mathrm{e}^{-x}+C_2\mathrm{e}^{-2x}+\left(\dfrac{3}{2}x^2-3x\right)\mathrm{e}^{-x}.$

(5)对应齐次方程为 $y''-2y'+5y=0$,其特征方程为 $r^2-2r+5=0$,解之得特征根为 $r=1\pm 2i$,故其通解为 $Y=\mathrm{e}^x(C_1\cos 2x+C_2\sin 2x)$. 设原方程的一特解为 $y^*=x\mathrm{e}^x(A\cos 2x+B\sin 2x)$,代入原方程,得 $A=-\dfrac{1}{4}$, $B=0$,故 $y^*=-\dfrac{1}{4}x\mathrm{e}^x\cos 2x$. 故原方程通解为 $y=\mathrm{e}^x(C_1\cos 2x+C_2\sin 2x)-\dfrac{1}{4}x\mathrm{e}^x\cos 2x.$

(6)对应齐次方程 $y''-6y'+9y=0$,其特征方程为 $r^2-6r+9=0$,解之得特征根为 $r=3$(二重),故齐次方程通解为 $Y=(C_1+C_2 x)\mathrm{e}^{3x}$. 设原方程一特解为 $y^*=x^2(Ax+B)\mathrm{e}^{3x}$,代入原方程得 $A=\dfrac{1}{6}$, $B=\dfrac{1}{2}$,故 $y^*=x^2\left(\dfrac{1}{6}x+\dfrac{1}{2}\right)\mathrm{e}^{3x}$. 故原方程通解为 $y=(C_1+C_2 x)\mathrm{e}^{3x}+\dfrac{x^2}{2}\left(\dfrac{1}{3}x+1\right)\mathrm{e}^{3x}.$

(7)对应齐次方程 $y''+5y'+4y=0$,其特征方程 $r^2+5r+4=0$,解之得特征根为 $r=-1,-4$,故齐次方程通解为 $Y=C_1\mathrm{e}^{-x}+C_2\mathrm{e}^{-4x}$. 设原方程一特解为 $y^*=Ax+B$,代入原方程可得 $A=-\dfrac{1}{2}$, $B=\dfrac{11}{8}$, $y^*=-\dfrac{1}{2}x+\dfrac{11}{8}$. 故原方程通解为 $y=C_1\mathrm{e}^{-x}+C_2\mathrm{e}^{-4x}-\dfrac{1}{2}x+\dfrac{11}{8}.$

(8)对应齐次方程 $y''+4y=0$,其特征方程 $r^2+4=0$,特征根为 $r=\pm 2i$,故其通解为 $Y=C_1\cos 2x+C_2\sin 2x$. 设原方程一特解为 $y^*=(Ax+B)\cos x+(Cx+D)\sin x$,代入原方程可得 $A=\dfrac{1}{3}$, $B=0$, $C=0$, $D=\dfrac{2}{9}$,故 $y^*=\dfrac{1}{3}x\cos x+\dfrac{2}{9}\sin x$. 故通解为 $y=C_1\cos 2x+C_2\sin 2x+\dfrac{1}{3}x\cos x+\dfrac{2}{9}\sin x.$

(9)对应齐次方程为 $y''+y=0$,其特征方程为 $r^2+1=0$,特征根 $r=\pm i$,故通解为 $Y=C_1\cos x+C_2\sin x$. 设 $y''+y=\mathrm{e}^x$ 一特解为 $y_1^*=C\mathrm{e}^x$,代入得 $C=\dfrac{1}{2}$,故 $y_1^*=\dfrac{1}{2}\mathrm{e}^x$. 设 $y''+y=\cos x$ 一特解为 $y_2^*=x(A\cos x+B\sin x)$,代入得 $A=0$, $B=\dfrac{1}{2}$,故 $y_2^*=\dfrac{x}{2}\sin x$. 故原方程的一特解 $y^*=y_1^*+y_2^*=\dfrac{1}{2}\mathrm{e}^x+\dfrac{x}{2}\sin x$. 故原方程通解为 $y=C_1\cos x+C_2\sin x+\dfrac{1}{2}\mathrm{e}^x+\dfrac{x}{2}\sin x.$

(10)对应齐次方程 $y''-y=0$,其特征方程 $r^2-1=0$,特征根 $r=\pm 1$. 故齐次方程通解为 $Y=$

$C_1 e^x + C_2 e^{-x}$. 设 $y'' - y = \frac{1}{2}$ 的特解为 $y_1^* = C$,代入得 $C = -\frac{1}{2}$, 故 $y_1^* = -\frac{1}{2}$. 设 $y'' - y = -\frac{1}{2}\cos 2x$ 的特解为 $y_2^* = A\cos 2x + B\sin 2x$,代入得 $A = \frac{1}{10}$,$B = 0$,故 $y_2^* = \frac{1}{10}\cos 2x$. 故原方程 $y'' - y = \sin^2 x = \frac{1}{2}(1 - \cos 2x)$ 的一特解 $y^* = y_1^* + y_2^* = -\frac{1}{2} + \frac{1}{10}\cos 2x$,则原方程通解为 $y = C_1 e^x + C_2 e^{-x} - \frac{1}{2} + \frac{1}{10}\cos 2x$.

2. **解**:(1)特征方程为 $r^2 + 1 = 0$,解之得特征根 $r = \pm i$,故对应的齐次方程的通解为 $Y = C_1 \cos x + C_2 \sin x$. 而 $f(x) = -\sin 2x$,$\lambda + i\omega = 2i$ 不是特征方程的根,故设 $y^* = A\cos 2x + B\sin 2x$ 为原方程的一个特解,则 $(y^*)' = -2A\sin 2x + 2B\cos 2x$,$(y^*)'' = -4A\cos 2x - 4B\sin 2x$. 代之入原方程得 $-3A\cos 2x - 3B\sin 2x + \sin 2x = 0$,从而 $-3A = 0$,$-3B + 1 = 0$. 故 $A = 0$,$B = \frac{1}{3}$,从而 $y^* = \frac{1}{3}\sin 2x$,因此原方程的通解为 $y = C_1 \cos x + C_2 \sin x + \frac{1}{3}\sin 2x$. 而 $y' = -C_1 \sin x + C_2 \cos x + \frac{2}{3}\cos 2x$ 代入初始条件得 $1 = -C_1$,$1 = -C_2 + \frac{2}{3}$,求得 $C_1 = -1$,$C_2 = -\frac{1}{3}$. 因此满足初始条件的特解为 $y = -\cos x - \frac{1}{3}\sin x + \frac{1}{3}\sin 2x$.

(2)特征方程 $r^2 - 3r + 2 = 0$,因此求得特征根 $r_1 = 1$,$r_2 = 2$,故对应的齐次方程的通解为 $Y = C_1 e^x + C_2 e^{2x}$. 易观察到 $y^* = \frac{5}{2}$ 为原方程的一个特解,因而原方程的通解为 $y = C_1 e^x + C_2 e^{2x} + \frac{5}{2}$. 由初始条件得 $\begin{cases} C_1 + C_2 + \frac{5}{2} = 1 \\ C_1 + 2C_2 = 2 \end{cases}$, 解之得 $\begin{cases} C_1 = -5 \\ C_2 = \frac{7}{2} \end{cases}$. 因此满足初始条件的特解为 $y = -5e^x + \frac{7}{2}e^{2x} + \frac{5}{2}$.

(3)特征方程为 $r^2 - 10r + 9 = 0$,解之得特征根 $r_1 = 1$,$r_2 = 9$,因而对应齐次方程的通解为 $Y = C_1 e^x + C_2 e^{9x}$. 而 $f(x) = e^{2x}$,$\lambda = 2$ 不是特征方程的根,故设 $y^* = Ae^{2x}$ 为原方程的一个特解,则 $(y^*)' = 2Ae^{2x}$,$(y^*)'' = 4Ae^{2x}$,代之入原方程有 $4A - 20A + 9A = 1$,即 $A = -\frac{1}{7}$,则 $y^* = -\frac{1}{7}e^{2x}$,从而 $y = C_1 e^x + C_2 e^{9x} - \frac{1}{7}e^{2x}$ 为原方程的通解. 由初始条件得 $C_1 = \frac{1}{2}$,$C_2 = \frac{1}{2}$,故方程满足初始条件的特解为 $y = \frac{1}{2}(e^x + e^{9x}) - \frac{1}{7}e^{2x}$.

(4)相应齐次方程为 $y'' - y = 0$,其特征方程为 $r^2 - 1 = 0$, 特征根 $r = \pm 1$,故齐次方程的通解 $Y = C_1 e^x + C_2 e^{-x}$. 设原方程一特解为 $y^* = x(Ax + B)e^x$,代之入原方程可得 $A = 1$,$B = -1$,故 $y^* = (x^2 - x)e^x$. 原方程通解为 $y = C_1 e^x + C_2 e^{-x} + (x^2 - x)e^x$. 将初始条件代入得 $\begin{cases} C_1 + C_2 = 0 \\ C_1 - C_2 - 1 = 0 \end{cases} \Rightarrow \begin{cases} C_1 = 1 \\ C_2 = -1 \end{cases}$, 故所求特解为 $y = e^x - e^{-x} + (x^2 - x)e^x$.

(5)对应齐次方程 $y'' - 4y' = 0$,特征方程为 $r^2 - 4r = 0$, 特征根 $r = 0, 4$,故齐次方程通解为 $Y = C_1 + C_2 e^{4x}$. 设原方程一特解为 $y^* = x \cdot A$,代入原方程可得 $A = -\frac{5}{4}$,故 $y^* = -\frac{5}{4}x$,

故原方程通解为 $y=C_1+C_2\mathrm{e}^{4x}-\dfrac{5}{4}x$. 将初始条件代入可得 $\begin{cases}C_1+C_2=1\\4C_2-\dfrac{5}{4}=0\end{cases}\Rightarrow\begin{cases}C_1=\dfrac{11}{16}\\C_2=\dfrac{5}{16}\end{cases}$.

故所求特解为 $y=\dfrac{11}{16}+\dfrac{5}{16}\mathrm{e}^{4x}-\dfrac{5}{4}x$.

3. **解**：取炮口为原点，炮弹前进的水平方向为 x 轴，铅直向上为 y 轴，弹道的运动微分方程为 $\begin{cases}\dfrac{\mathrm{d}^2y}{\mathrm{d}t^2}=-g\\ \dfrac{\mathrm{d}x}{\mathrm{d}t}=0\end{cases}$，且满足初始条件 $\begin{cases}y\big|_{t=0}=0,\ y'\big|_{t=0}=v_0\sin\alpha\\ x\big|_{t=0}=0,\ x'\big|_{t=0}=v_0\cos\alpha\end{cases}$. 解这个初值问题可得弹道曲线为 $\begin{cases}x=v_0\cos\alpha\cdot t\\ y=v_0\sin\alpha\cdot t-\dfrac{1}{2}gt^2\end{cases}$.

4. **解**：由回路定律可知 $L\cdot C\cdot u_C''+R\cdot C\cdot u_C'+u_C=E$，即 $u_C''+\dfrac{R}{L}u_C'+\dfrac{u_C}{LC}=\dfrac{E}{LC}$，且 $t=0$ 时，$u_C=0$，$u_C'=0$. 已知 $R=1000\Omega$，$L=0.1\mathrm{H}$，$C=0.2\mu\mathrm{F}$，故 $\dfrac{R}{L}=\dfrac{1000}{0.1}=10^4$，$\dfrac{1}{LC}=\dfrac{1}{0.1\times0.2\times10^{-6}}=5\times10^7$，$\dfrac{E}{LC}=\dfrac{20}{2\times10^{-8}}=10\times10^8=10^9$，因此方程为 $u_C''+10^4u_C'+5\times10^7u_C=10^9$. 其特征方程为 $r^2+10^4r+5\times10^7=0$. 解之得特征根 $r_{1,2}=-\dfrac{10^4}{2}\pm\dfrac{10^4}{2}i=-5\times10^3\pm5\times10^3i$，因而对应齐次方程的通解为 $u_C=\mathrm{e}^{-5\times10^3t}[C_1\cos(5\times10^3)t+C_2\sin(5\times10^3)t]$，由观察法易知 $u_C^*=20$ 为非齐次方程的一个特解，因此 $u_C=\mathrm{e}^{-5\times10^3t}[C_1\cos(5\times10^3)t+C_2\sin(5\times10^3)t]+20$ 为原方程的通解. 又 $u_C'=-(5\times10^3)\mathrm{e}^{-5\times10^3t}[C_1\cos(5\times10^3)t+C_2\sin(5\times10^3)t]+\mathrm{e}^{-5\times10^3t}[-(5\times10^3)C_1\sin(5\times10^3)t+(5\times10^3)C_2\cos(5\times10^3)t]$，代入初始条件得 $0=20+C_1$，$0=-5\times10^3C_1+5\times10^3C_2$，从而 $C_1=-20$，$C_2=-20$，因此 $u_C(t)=20-20\mathrm{e}^{-5\times10^3t}[\cos(5\times10^3)t+\sin(5\times10^3)t]$ (V)，$i(t)=Cu_C'=0.2\times10^{-6}u_C'=4\times10^{-2}\mathrm{e}^{-5\times10^3t}\sin(5\times10^3t)$ (A).

5. **解**：(1) 设在时刻 t 时，链条上较长的一段垂直 $x\mathrm{m}$，且设链条的密度为 ρ；则向下拉链条下滑的作用力 $F=x\rho g-(20-x)\rho g=2\rho g(x-10)$，由牛顿第二定律有 $20\rho x''=2\rho g(x-10)$，亦即 $x''-\dfrac{g}{10}x=-g$. 其特征方程为 $r^2-\dfrac{g}{10}=0$，解出特征根 $r_{1,2}=\pm\sqrt{\dfrac{g}{10}}$，故其对应的齐次方程的通解为 $X=C_1\exp\left\{-\sqrt{\dfrac{g}{10}}t\right\}+C_2\exp\left\{\sqrt{\dfrac{g}{10}}t\right\}$. 由观察法易知 $x^*=10$ 为非齐次方程的一个特解，因而方程的通解为 $x=C_1\exp\left\{-\sqrt{\dfrac{g}{10}}t\right\}+C_2\exp\left\{\sqrt{\dfrac{g}{10}}t\right\}+10$. 由 $x'=-\left(\dfrac{g}{10}\right)^{\frac{1}{2}}C_1\exp\left\{-\sqrt{\dfrac{g}{10}}t\right\}+\left(\dfrac{g}{10}\right)^{\frac{1}{2}}C_2\exp\left\{\sqrt{\dfrac{g}{10}}t\right\}$ 以及初始条件 $x(0)=12$，$x'(0)=0$，得 $C_1+C_2=2$，$-C_1+C_2=0$，从而 $C_1=C_2=1$. 因此 $x=\exp\left\{-\left(\dfrac{g}{10}\right)^{\frac{1}{2}}t\right\}+\exp\left\{\left(\dfrac{g}{10}\right)^{\frac{1}{2}}t\right\}+10$. 当 $x=20$，即链条完全滑下来时有 $10=\mathrm{e}^{-\sqrt{\frac{g}{10}}t}+\mathrm{e}^{\sqrt{\frac{g}{10}}t}$，解之得所需

时间 $t=\sqrt{\dfrac{10}{g}}\ln(5+2\sqrt{6})$ (s).

(2)此时向下拉链条的作用力变为 $F=x\rho g-(20-x)\rho g-1\rho g$,由牛顿第二定律知 $x''-\dfrac{g}{10}x=-1.05g$,类似于(1)得此方程的通解为 $x=C_1\exp\left\{-\sqrt{\dfrac{g}{10}}t\right\}+C_2\exp\left\{\sqrt{\dfrac{g}{10}}t\right\}+10.5$,代入初始条件可得 $C_1=C_2=\dfrac{3}{4}$,即 $x=\dfrac{3}{4}\exp\left\{-\sqrt{\dfrac{g}{10}}t\right\}+\dfrac{3}{4}\exp\left\{\sqrt{\dfrac{g}{10}}t\right\}+10.5$ 为所求特解.当 $x=20$ 时有 $9.5=\dfrac{3}{4}\left[e^{-\sqrt{\frac{g}{10}}t}+e^{\sqrt{\frac{g}{10}}t}\right]$,解之得所需时间 $t=\sqrt{\dfrac{10}{g}}\ln\left(\dfrac{19}{3}+\dfrac{4\sqrt{22}}{3}\right)$ s.

6. **解**:两边对 $\varphi(x)=e^x+\int_0^x t\varphi(t)dt-x\int_0^x \varphi(t)dt$ 求导得 $\varphi'(x)=e^x-\int_0^x \varphi(t)dt$,$\varphi''(x)=e^x-\varphi(x)$,从而 $\varphi''(x)+\varphi(x)=e^x$ ①

再由题设可知 $\varphi(0)=1$,$\varphi'(x)=1$ 和①对应的齐次方程的特征方程为 $r^2+1=0$,解之得特征根 $r_{1,2}=\pm i$ 故其对应的齐次方程的通解为 $\varphi=C_1\cos x+C_2\sin x$,不难观察出 $y^*=\dfrac{1}{2}e^x$ 为①的一个特解,因而①的通解为 $\varphi(x)=C_1\cos x+C_2\sin x+\dfrac{1}{2}e^x$.又 $\varphi'=-C_1\sin x+C_2\cos x+\dfrac{1}{2}e^x$,由初始条件 $\varphi(0)=1$,$\varphi'(0)=1$ 得 $1=C_1+\dfrac{1}{2}$,$1=C_2+\dfrac{1}{2}$,从而 $C_1=\dfrac{1}{2}$,$C_2=\dfrac{1}{2}$,因此 $\varphi(x)=\dfrac{1}{2}(\cos x+\sin x+e^x)$.

◀◀◀ 第九节 欧拉方程 ▶▶▶

内容精讲

1. 欧拉方程

形如 $x^n y^{(n)}+a_1 x^{n-1}y^{(n-1)}+\cdots+a_{n-1}xy'+a_n y=0$ 的方程 称为欧拉方程,其中 $a_1,a_2,\cdots,a_n$ 为常数.

2. 欧拉方程求解方法

设 $x=e^t$,即 $t=\ln x$,把 y 看作 t 的函数,则

$$\dfrac{dy}{dx}=\dfrac{dy}{dt}\cdot\dfrac{dt}{dx}=\dfrac{1}{x}\cdot\dfrac{dy}{dt},\dfrac{d^2y}{dx^2}=\dfrac{1}{x^2}\left(\dfrac{d^2y}{dt^2}-\dfrac{dy}{dt}\right),\dfrac{d^3y}{dx^3}=\dfrac{1}{x^3}\left(\dfrac{d^3y}{dt^3}-3\dfrac{d^2y}{dt^2}+2\dfrac{dy}{dt}\right),\cdots,$$

若采用 D 表示对 t 的运算 $\dfrac{d}{dt}$,则

$$xy'=Dy$$
$$x^2y''=D(D-1)y$$
$$x^3y'''=D(D-1)(D-2)y,\cdots,$$

将它们代入欧拉方程,可得一个以 t 为自变量的常系数线性微分方程,求解后把 t 换成 $\ln x$ 即得原方程的解.

题型及考点解析

例1 欧拉方程 $x^2\dfrac{d^2y}{dx^2}+4x\dfrac{dy}{dx}+2y=0$ $(x>0)$ 的通解为_____.（考研题）

解 令 $x=e^t$，则 $\dfrac{dy}{dx}=\dfrac{dy}{dt}\cdot\dfrac{dt}{dx}=e^{-t}\dfrac{dy}{dt}=\dfrac{1}{x}\dfrac{dy}{dt}$，

$$\dfrac{d^2y}{dx^2}=-\dfrac{1}{x^2}\dfrac{dy}{dt}+\dfrac{1}{x}\dfrac{d^2y}{dt^2}\cdot\dfrac{dt}{dx}=\dfrac{1}{x^2}\left(\dfrac{d^2y}{dt^2}-\dfrac{dy}{dt}\right),$$

代入原方程，整理得 $\dfrac{d^2y}{dt^2}+3\dfrac{dy}{dt}+2y=0$，解此方程得通解为 $y=C_1e^{-t}+C_2e^{-2t}=\dfrac{C_1}{x}+\dfrac{C_2}{x^2}$.

例2 设函数 $y=y(x)$ 由方程 $(1+x)y=\int_0^x[2y+(1+t)^2y''(t)]dt-\ln(1+x)$ 所确定，其中 $x\geqslant 0$，且 $y'\big|_{x=0}=0$，试求 $y(x)$.

解 将方程两边求导，得 $y+(1+x)y'=2y+(1+x)^2y''-\dfrac{1}{1+x}$.

有初值问题 $\begin{cases}(1+x)^2y''-(1+x)y'+y=\dfrac{1}{1+x},\\ y\big|_{x=0}=0,\ y'\big|_{x=0}=0\end{cases}$.

令 $1+x=e^t$，记 $D=\dfrac{d}{dt}$，有 $D(D-1)y-Dy+y=e^{-t}$，即为 $y''_t-2y'_t+y=e^{-t}$，特征方程为

$$\lambda^2-2\lambda+1=0\ 得\ \lambda_{1,2}=1,$$

齐次方程通解为 $y=(C_1+C_2t)e^t$.

由 $f(t)=e^{-t}$，$\lambda=-1$ 不是特征根，故可设一特解 $y^*=Ae^{-t}$，代入得 $A=\dfrac{1}{4}$. 故通解为

$$y=[C_1+C_2\ln(1+x)](1+x)+\dfrac{1}{4(1+x)}.$$

把 $y\big|_{x=0}=0,\ y'\big|_{x=0}=0$ 代入得 $C_1=-\dfrac{1}{4},\quad C_2=\dfrac{1}{2}$.

故原方程的解为 $y=\left[-\dfrac{1}{4}+\dfrac{1}{2}\ln(1+x)\right](1+x)+\dfrac{1}{4(1+x)}$.

习题7-9精讲

1. **解**：令 $x=e^t$，$t=\ln x$，则原方程化为 $(y''-y')+y'-y=0$，即 $y''-y=0$. 其特征方程为 $r^2-1=0$，特征根为 $r=\pm 1$. 故通解为 $y=C_1e^t+C_2e^{-t}$，代回原变量，$y=C_1x+C_2\dfrac{1}{x}$ 为原方程通解.

2. **解**：将方程化为标准方式得 $x^2y''-xy'+y=2x$ ①.

令 $t=\ln x$，则 $\dfrac{dy}{dx}=\dfrac{dy}{dt}\dfrac{dt}{dx}=\dfrac{1}{x}\dfrac{dy}{dt}$，$\dfrac{d^2y}{dx^2}=\dfrac{1}{x^2}\left(\dfrac{d^2y}{dt^2}-\dfrac{dy}{dt}\right)$. 故①可化为 $y''_t-2y'_t+y=2e^t$ ②.

②的特征方程为 $r^2-2r+1=0$，解得特征根为 $r_{1,2}=1$，因而②对应的齐次方程的通解为 $Y=(C_1+C_2t)e^t$. 而 $f(t)=2e^t$，$\lambda=1$ 为特征方程的二重根，故设 $y^*=At^2\cdot e^t$ 为②的一个特解，则

$(y^*)'=A(t^2+2t)e^t$, $(y^*)''=A(t^2+4t+2)e^t$,代之入②得 $A=1$,故 $y^*=t^2e^t$,因此②的通解为 $y=(C_1+C_2t)e^t+t^2e^t$. 从而原方程的通解为 $y=x(C_1+C_2\ln|x|)+x\ln^2|x|$.

3. **解**:令 $x=e^t$,则原方程化为 $D(D-1)(D-2)y+3D(D-1)y-2Dy+2y=0$,化简得 $D^3y-3Dy+2y=0$,即 $y'''_t-3y'_t+2y=0$,其特征方程为 $r^3-3r+2=0$,特征根为 $r_{1,2}=1$, $r_3=-2$,故通解为 $y=(C_1+C_2t)e^t+C_3e^{-2t}$. 代回原变量,得原方程通解为 $y=(C_1+C_2\ln|x|)x+C_3x^{-2}$.

4. **解**:令 $x=e^t$,即 $t=\ln x$,则 $\dfrac{dy}{dx}=\dfrac{dy}{dt}\dfrac{dt}{dx}=\dfrac{1}{x}\dfrac{dy}{dt}=\dfrac{1}{x}y'_t$, $\dfrac{d^2y}{dx^2}=-\dfrac{1}{x^2}\dfrac{dy}{dt}+\dfrac{1}{x}\dfrac{d^2y}{dt^2}\dfrac{dt}{dx}=\dfrac{1}{x^2}(y''_t-y'_t)$,因而原方程化为 $y''_t-3y'_t+2y=t^2-2t$ ①,①的特征方程为 $r^2-3r+2=0$,解之得特征根 $r_1=1$, $r_2=2$,故①对应的齐次方程的通解为 $Y=C_1e^t+C_2e^{2t}$. 而 $f(t)=t^2-2t$, $\lambda=0$ 不是特征根,所以设 $y^*=At^2+Bt+C$ 为①的一个特解,将 y^*, $(y^*)'=2At+B$, $(y^*)''=2A$ 代入①得 $A=\dfrac{1}{2}$, $B=\dfrac{1}{2}$, $C=\dfrac{1}{4}$,故 $y^*=\dfrac{1}{2}t^2+\dfrac{1}{2}t+\dfrac{1}{4}$. 从而①的通解为 $y=C_1e^t+C_2e^{2t}+\dfrac{1}{2}t^2+\dfrac{1}{2}t+\dfrac{1}{4}$,代入 $t=\ln x$ 得原方程的通解为 $y=C_1x+C_2x^2+\dfrac{1}{2}(\ln^2 x+\ln x)+\dfrac{1}{4}$.

5. **解**:设 $x=e^t$,则原方程可化为 $D(D-1)y+Dy-4y=e^{3t}$,即 $y''_t-4y=e^{3t}$ ①,其特征方程为 $r^2-4=0$,解之得特征根为 $r=\pm 2$,故 $y''_t-4y=0$ 的通解为 $Y=C_1e^{-2t}+C_2e^{2t}$. 设 $y^*=C_3e^{3t}$ 是方程①的一个特解,代入方程①中可知 $C_3=\dfrac{1}{5}$,故 $y^*=C_3e^{3t}=\dfrac{1}{5}e^{3t}$. 故①的通解为 $y=C_1e^{-2t}+C_2e^{2t}+\dfrac{1}{5}e^{3t}$,代回原变量得原方程的通解为 $y=C_1x^{-2}+C_2x^2+\dfrac{1}{5}x^3$.

6. **解**:令 $x=e^t$,即 $t=\ln x$,则 $\dfrac{dy}{dx}=\dfrac{1}{x}\dfrac{dy}{dt}$, $\dfrac{d^2y}{dx^2}=\dfrac{1}{x^2}\left(\dfrac{d^2y}{dt^2}-\dfrac{dy}{dt}\right)$. 因而原方程化为 $y''_t-2y'_t+4y=e^t\sin t$ ①,①的特征方程为 $r^2-2r+4=0$,解之得 $r_1=1+\sqrt{3}i$, $r_2=1-\sqrt{3}i$,故①对应的齐次方程的通解为 $Y=e^t(C_1\cos\sqrt{3}t+C_2\sin\sqrt{3}t)$. 而 $f(t)=e^t\sin t$, $\lambda+\omega i=1+i$ 不是特征根,所以设 $y^*=e^t(A\cos t+B\sin t)$ 为①的一个特解,则 $(y^*)'=e^t[(A+B)\cos t+(B-A)\sin t]$, $(y^*)''=e^t[2B\cos t-2A\sin t]$,代入①得 $A=0$, $B=\dfrac{1}{2}$,故 $y^*=\dfrac{1}{2}e^t\sin t$,因此①的通解为 $y=e^t(C_1\cos\sqrt{3}t+C_2\sin\sqrt{3}t)+\dfrac{1}{2}e^t\sin t$. 代入 $t=\ln x$ 得原方程的通解为 $y=x[C_1\cos(\sqrt{3}\ln x)+C_2\sin(\sqrt{3}\ln x)]+\dfrac{1}{2}x\sin(\ln x)$.

7. **解**:令 $x=e^t$,即 $t=\ln x$,则 $\dfrac{dy}{dx}=\dfrac{1}{x}\dfrac{dy}{dt}$, $\dfrac{d^2y}{dx^2}=\dfrac{1}{x^2}\left(\dfrac{d^2y}{dt^2}-\dfrac{dy}{dt}\right)$. 从而原方程化为 $y''_t-4y'_t+4y=e^t+te^{2t}$ ①,方程①的特征方程为 $r^2-4r+4=0$,解之得 $r_1=r_2=2$,故方程①对应的齐次方程的通解为 $Y=(C_1+C_2t)e^{2t}$. 由于 $\lambda_1=1$ 不是特征方程的根, $\lambda_2=2$ 是特征方程的根,所以方程 $y''_t-4y'_t+4y=e^t$ 有形如 Ae^t 的特解, $y''_t-4y'_t+4y=te^{2t}$ 有形如 $t^2(Bt+C)e^{2t}$ 的特解,因而设 $y^*=Ae^t+t^2(Bt+C)e^{2t}$ 为方程①的特解,代之入方程①得 $Ae^t+(6Bt+2C)e^{2t}=e^t+te^{2t}$,比较系数得 $A=1$, $B=\dfrac{1}{6}$, $C=0$. 故 $y^*=e^t+\dfrac{1}{6}t^3e^{2t}$. 因而方程①的通解为 $y=(C_1+C_2t)e^{2t}+e^t+\dfrac{1}{6}t^3e^{2t}$. 代入 $t=\ln x$,即得原方程的通解为 $y=C_1x^2+C_2x^2\ln x+x+\dfrac{1}{6}x^2\ln^3 x$.

8. **解**：令 $x=e^t$，而 $t=\ln x$，则原方程化为 $D(D-1)(D-2)y+2Dy-2y=te^{2t}+3e^t$，即 $D^3y-3D^2y+4Dy-2y=te^{2t}+3e^t$，亦即 $y'''_t-3y''_t+4y'_t-2y=te^{2t}+3e^t$ ①，①的特征方程为 $r^3-3r^2+4r-2=0$，即 $(r-1)(r^2-2r+2)=0$，解之得 $r_1=1$，$r_{2,3}=1\pm i$。因而和方程①对应的齐次方程的通解为 $Y=C_1e^t+e^t(C_2\cos t+C_3\sin t)$。由于方程 $y'''_t-3y''_t+4y'_t-2y=te^{2t}$ 中的 $f(t)=te^{2t}$，并且 $\lambda=2$ 不是特征根，所以它具有形如 $(At+B)e^{2t}$ 的特解，又由于方程 $y'''_t-3y''_t+4y'_t-2y=3e^t$ 中的 $f(t)=3e^t$，并且 $\lambda=1$ 为单特征根，因而具有形如 Cte^t 的特解，故由叠加原理，方程①具有形如 $y_1=(At+B)e^{2t}+Cte^t$ 的特解，代之入①，比较系数得（请读者自己验算）$A=\dfrac{1}{2}$，$B=-1$，$C=3$。从而 $y^*=\left(\dfrac{1}{2}t-1\right)e^{2t}+3te^t$ 为①的一个特解。故①的通解为 $y=C_1e^t+e^t(C_2\cos t+C_3\sin t)+\left(\dfrac{1}{2}t-1\right)e^{2t}+3te^t$，代入 $t=\ln x$，得原方程的通解为 $y=C_1x+x[C_2\cos(\ln x)+C_3\sin(\ln x)]+\left(\dfrac{1}{2}\ln x-1\right)x^2+3x\ln x$。

第十节 常系数线性微分方程组解法举例

内容精讲

1. 常系数线性微分方程组

由几个具有同一自变量的常系数线性微分方程联立起来所确定的方程组称为常系数线性微分方程组。

2. 常系数线性微分方程组的解法

第一步 从方程组中消去一些未知函数及其各阶导数，得到只含有一个未知函数的高阶常系数线性微分方程。

第二步 解此高阶微分方程，求出满足该方程的未知函数。

第三步 把已求得的函数代入原方程组，一般说来，不必经过积分就可求出其余的未知函数。

题型及考点解析

例 1 求微分方程组 $\begin{cases}\dfrac{\mathrm{d}x}{\mathrm{d}t}=2x-4y+4e^{-2t}\\[4pt]\dfrac{\mathrm{d}y}{\mathrm{d}t}=2x-2y\end{cases}$ 的解。

解 由第二个方程式可求得 $x=\dfrac{1}{2}\dfrac{\mathrm{d}y}{\mathrm{d}t}+y$ ①，将①代入第一个方程式，得 $\dfrac{1}{2}\dfrac{\mathrm{d}^2y}{\mathrm{d}t^2}+2y=4e^{-2t}$，求此二阶常系数非齐次线性微分方程的通解为 $y=e^{-2t}+C_1\cos 2t+C_2\sin 2t$。将其代入①，即得 $x=(C_2+C_1)\cos 2t+(C_2-C_1)\sin 2t$，故原方程通解为 $\begin{pmatrix}x\\y\end{pmatrix}=\begin{pmatrix}C_1+C_2\\C_1\end{pmatrix}\cos 2t+\begin{pmatrix}C_2-C_1\\C_2\end{pmatrix}\sin 2t+\begin{pmatrix}0\\e^{-2t}\end{pmatrix}$。

例 2 求微分方程组 $\begin{cases} \dfrac{dx}{dt}=-x+y+\sin 2t & ① \\ \dfrac{dy}{dt}=x-y-\sin 2t & ② \end{cases}$ 满足初始条件 $x(0)=1, y(0)=0$ 的解.

解 由①式可得 $y=\dfrac{dx}{dt}+x-\sin 2t$ ③，将其代入②得 $\dfrac{d^2 x}{dt^2}+2\dfrac{dx}{dt}=2\cos 2t$ ④. 易知④对应的齐次方程通解为 $X=C_1+C_2 e^{-2t}$，下求④的一个特解. 设 $x^*=-A\cos 2t+B\sin 2t$，用待定系数法可得到 $A=-\dfrac{1}{4}, B=\dfrac{1}{4}$，故 $x^*=-\dfrac{1}{4}\cos 2t+\dfrac{1}{4}\sin 2t$. 从而原微分方程组的通解为

$\begin{cases} x=C_1+C_2 e^{-2t}-\dfrac{1}{4}\cos 2t+\dfrac{1}{4}\sin 2t \\ y=C_1-C_2 e^{-2t}+\dfrac{1}{4}\cos 2t-\dfrac{1}{4}\sin 2t \end{cases}$. 由初始条件 $x(0)=1, y(0)=0$ 解得 $C_1=\dfrac{1}{2}, C_2=\dfrac{3}{4}$，故

所求解为 $\begin{cases} x=\dfrac{1}{2}+\dfrac{3}{4}e^{-2t}-\dfrac{1}{4}\cos 2t+\dfrac{1}{4}\sin 2t \\ y=\dfrac{1}{2}-\dfrac{3}{4}e^{-2t}+\dfrac{1}{4}\cos 2t-\dfrac{1}{4}\sin 2t \end{cases}$. 上述求解微分方程组的方法为消元法.

习题 7-10 精讲

1. 解: (1) ①两边对 x 求导得 $\dfrac{dz}{dx}=\dfrac{d^2 y}{dx^2}$，代入②得 $\dfrac{d^2 y}{dx^2}-y=0$. ③③的特征方程为 $r^2-1=0$，解之得特征值 $r_{1,2}=\pm 1$，因而③的通解为 $y=C_1 e^x+C_2 e^{-x}$，代入①得 $z=C_1 e^x-C_2 e^{-x}$，因此原方程组的通解为：$\begin{cases} y=C_1 e^x+C_2 e^{-x} \\ z=C_1 e^x-C_2 e^{-x} \end{cases}$.

(2) ①两边对 t 求 2 阶导数得 $\dfrac{d^2 y}{dt^2}=\dfrac{d^4 x}{dt^4}$，

代入②得 $\dfrac{d^4 x}{dt^4}-x=0$ ③③的特征方程为 $r^4-1=0$，解之得特征值 $r_{1,2}=\pm 1, r_{3,4}=\pm i$，故③的通解为 $x=C_1 e^t+C_2 e^{-t}+C_3\cos t+C_4\sin t$，代入①得 $y=C_1 e^t+C_2 e^{-t}-C_3\cos t-C_4\sin t$，故原方程组的通解为 $\begin{cases} x=C_1 e^t+C_2 e^{-t}+C_3\cos t+C_4\sin t \\ x=C_1 e^t+C_2 e^{-t}-C_3\cos t-C_4\sin t \end{cases}$.

(3) ①+②得 $2\dfrac{dx}{dt}=2y$，即 $\dfrac{dx}{dt}=y$，③，①-②得 $2\dfrac{dy}{dt}=-2x+6$，即 $\dfrac{dy}{dt}=-x+3$. ④，

③两边对 t 求导得，$\dfrac{dy}{dt}=\dfrac{d^2 x}{dt^2}$ 代入④得 $\dfrac{d^2 x}{dt^2}+x=3$ ⑤，⑤的特征方程为 $r^2+1=0$，解之得特征根 $r=\pm i$，故⑤对应的齐次方程的通解为 $X=C_1\cos t+C_2\sin t$. 而 $x^*=3$ 为⑤的一个特解，因而⑤的通解为 $x=3+C_1\cos t+C_2\sin t$，代入③得 $y=-C_1\sin t+C_2\cos t$，因而原方程组的通解为 $\begin{cases} x=3+C_1\cos t+C_2\sin t \\ y=-C_1\sin t+C_2\cos t \end{cases}$.

(4) 原方程组改写为 $\begin{cases} (D+5)x+y=e^t & ① \\ -x+(D-3)y=e^{2t} & ② \end{cases}$，故 $\begin{vmatrix} D+5 & 1 \\ -1 & D-3 \end{vmatrix}x=\begin{vmatrix} e^t & 1 \\ e^{2t} & D-3 \end{vmatrix}$，即 $(D^2$

$+2D-14)x=-2\mathrm{e}^t-\mathrm{e}^{2t}$. ③其特征方程为 $r^2+2r-14=0$,$r_{1,2}=-1\pm\sqrt{15}$,故③的齐次方程的通解为 $X=C_1\mathrm{e}^{(-1+\sqrt{15})t}+C_2\mathrm{e}^{(-1-\sqrt{15})t}$. 在方程 $(D^2+2D-14)x=-2\mathrm{e}^t$ 中,$f(t)=-2\mathrm{e}^t$,因而其具有形如 $A\mathrm{e}^t$ 的特解;而方程 $(D^2+2D-14)x=-\mathrm{e}^{2t}$ 中 $f(t)=-\mathrm{e}^{2t}$,因而其具有形如 $B\mathrm{e}^{2t}$ 的特解,因此③具有形如 $x^*=A\mathrm{e}^x+B\mathrm{e}^{2t}$ 的特解,代入③整理得 $-11A\mathrm{e}^t-6B\mathrm{e}^{2t}\equiv-2\mathrm{e}^t-\mathrm{e}^{2t}$,因而 $A=\dfrac{2}{11}$,$B=\dfrac{1}{6}$. 故③的一个特解为 $x^*=\dfrac{2}{11}\mathrm{e}^t+\dfrac{1}{6}\mathrm{e}^{2t}$,因此③的通解为 $x=C_1\mathrm{e}^{(-1+\sqrt{15})t}+C_2\mathrm{e}^{(-1-\sqrt{15})t}+\dfrac{2}{11}\mathrm{e}^t+\dfrac{1}{6}\mathrm{e}^{2t}$. 再由①得 $y=\mathrm{e}^t-Dx-5x=(-4-\sqrt{15})C_1\mathrm{e}^{(-1+\sqrt{15})t}-(4-\sqrt{15})C_2\mathrm{e}^{(-1-\sqrt{15})t}-\dfrac{\mathrm{e}^t}{11}-\dfrac{7}{6}\mathrm{e}^{2t}$. 原方程的通解为

$$\begin{cases} x=C_1\mathrm{e}^{(-1+\sqrt{15})t}+C_2\mathrm{e}^{(-1-\sqrt{15})t}+\dfrac{2}{11}\mathrm{e}^t+\dfrac{1}{6}\mathrm{e}^{2t}, \\ y=(-4-\sqrt{15})C_1\mathrm{e}^{(-1+\sqrt{15})t}-(4-\sqrt{15})C_2\mathrm{e}^{(-1-\sqrt{15})t}-\dfrac{\mathrm{e}^t}{11}-\dfrac{7}{6}\mathrm{e}^{2t}. \end{cases}$$

(5) 原方程组改写为 $\begin{cases}(D+2)x+(D+1)y=t & ① \\ 5x+(D+3)y=t^2 & ②\end{cases}$,

故 $\begin{vmatrix} D+2 & D+1 \\ 5 & D+3 \end{vmatrix}y=\begin{vmatrix} D+2 & t \\ 5 & t^2 \end{vmatrix}$,即 $(D^2+1)y=2t^2-3t$, ③其特征方程为 $r^2+1=0$,特征根为 $r_{1,2}=\pm i$,故③的相应齐次方程的通解为 $Y=C_1\cos t+C_2\sin t$,易观察出③的一个特解为 $y^*=2t^2-3t-4$,所以③的通解为 $y=C_1\cos t+C_2\sin t+2t^2-3t-4$. 又,由②得 $x=\dfrac{1}{5}(t^2-y'-3y)=\dfrac{1}{5}(t^2+C_1\sin t-C_2\cos t-4t+3-3C_1\cos t-3C_2\sin t-6t^2+9t+12)=\dfrac{C_1-3C_2}{5}\sin t-\dfrac{3C_1+C_2}{5}\cos t-t^2+t+3$,原方程组的通解为 $\begin{cases} x=\dfrac{C_1-3C_2}{5}\sin t-\dfrac{3C_1+C_2}{5}\cos t-t^2+t+3, \\ y=C_1\cos t+C_2\sin t+2t^2-3t-4. \end{cases}$

(6) 原方程组改写为 $\begin{cases}(D-3)x+(2D+4)y=2\sin t, & ① \\ (2D+2)x+(D-1)y=\cos t, & ②\end{cases}$ 故 $\begin{vmatrix} D-3 & 2D+4 \\ 2D+2 & D-1 \end{vmatrix}x=\begin{vmatrix} 2\sin t & 2D+4 \\ \cos t & D-1 \end{vmatrix}$,即 $(3D^2+16D+5)x=2\cos t$, ③③的特征方程为 $3r^2+16r+5=0$,特征根为 $r_1=-5$,$r_2=-\dfrac{1}{3}$,因而③对应的齐次方程的通解为 $X=C_1\mathrm{e}^{-5x}+C_2\mathrm{e}^{-\frac{1}{3}x}$. 在③中 $f(x)=2\cos t$,故③具有形如 $x^*=A\cos t+B\sin t$ 的特解,则 $x^{*'}=-A\sin t+B\cos t$;$x^{*''}=-A\cos t-B\sin t$,代入③得 $(2A+16B)\cos t+(2B-16A)\sin t\equiv 2\cos t$,比较系数得 $A=\dfrac{1}{65}$,$B=\dfrac{8}{65}$,于是 $x^*=\dfrac{8\sin t+\cos t}{65}$,因而③的通解为 $x=C_1\mathrm{e}^{-5t}+C_2\mathrm{e}^{-\frac{1}{3}t}+\dfrac{8}{65}\sin t+\dfrac{1}{65}\cos t$. 又由 $2\times②-①$ 得 $3Dx-7x-6y=2\cos t-2\sin t$,将③的通解代入上式得 $y=-\dfrac{4}{3}C_1\mathrm{e}^{-5t}+C_2\mathrm{e}^{-\frac{1}{3}t}+\dfrac{61}{130}\sin t-\dfrac{33}{130}\cos t$. 因而原方程组的通解为

$$\begin{cases} x = C_1 e^{-5t} + C_2 e^{-\frac{1}{3}t} + \dfrac{8}{65}\sin t + \dfrac{1}{65}\cos t \\ y = -\dfrac{4}{3}C_1 e^{-5t} + C_2 e^{-\frac{1}{3}t} + \dfrac{61}{130}\sin t - \dfrac{33}{130}\cos t \end{cases}.$$

2. **解**：(1) 为方便解题，我们设每个方程组中的第一个方程为①，第二个方程为②，其他的依次排序. ①两边对 t 求导得 $\dfrac{dy}{dt} = \dfrac{d^2 x}{dt^2}$，代之入②得 $\dfrac{d^2 x}{dt^2} + x = 0$ ③，方程③的特征方程为 $r^2 + 1 = 0$，解得特征根 $r_{1,2} = \pm i$，故③的通解为 $x = C_1 \cos t + C_2 \sin t$. 再由①得 $y = -C_1 \sin t + C_2 \cos t$，由初始条件 $x\big|_{t=0} = 0$，$y\big|_{t=0} = 1$ 而得 $C_1 = 0$，$C_2 = 1$，故原方程组的特解为

$$\begin{cases} x = \sin t \\ y = \cos t \end{cases}.$$

(2) 由②得 $y = -\dfrac{dx}{dt}$，代入①则有 $\dfrac{d^2 x}{dt^2} + x = 0$ ③，③的特征方程为 $r^2 + 1 = 0$，特征根为 $r_{1,2} = \pm i$，故③的通解为 $x = C_1 \cos t + C_2 \sin t$，于是 $y = -\dfrac{dx}{dt} = C_1 \sin t - C_2 \cos t$，因此原方程组的通解为

$$\begin{cases} x = C_1 \cos t + C_2 \sin t \\ y = C_1 \sin t - C_2 \cos t \end{cases},\text{代入初始条件得 } \begin{cases} C_1 = 1 \\ C_2 = 0 \end{cases},\text{故满足初始条件的特解为 } \begin{cases} x = \cos t \\ y = \sin t \end{cases}.$$

(3) 原方程组改写为 $\begin{cases} (D+3)x - y = 0, & ① \\ -8x + (D+1)y = 0, & ② \end{cases}$，故 $\begin{vmatrix} D+3 & -1 \\ -8 & D+1 \end{vmatrix} x = \begin{vmatrix} 0 & 1 \\ 0 & D+1 \end{vmatrix}$，即 $(D^2 + 4D - 5)x = 0$ ③，③的特征方程为 $r^2 + 4r - 5 = 0$，特征根为 $r_1 = 1$，$r_2 = -5$，因而③的通解为 $x = C_1 e^t + C_2 e^{-5t}$. 又由②得 $y = \dfrac{dx}{dt} + 3x = 4C_1 e^t - 2C_2 e^{-5t}$，因此原方程组的通解为

$$\begin{cases} x = C_1 e^t + C_2 e^{-5t} \\ y = 4C_1 e^t - 2C_2 e^{-5t} \end{cases},\text{将初始条件代入得 } C_1 = 1,\ C_2 = 0,\text{故原方程组的特解为 } \begin{cases} x = e^t \\ y = 4e^t \end{cases}.$$

(4) 原方程组改写为 $\begin{cases} (2D-4)x + (D-1)y = e^t, & ① \\ (D+3)x + y = 0, & ② \end{cases}$，故 $\begin{vmatrix} 2D-4 & D-1 \\ D+3 & 1 \end{vmatrix} x = \begin{vmatrix} e^t & D-1 \\ 0 & 1 \end{vmatrix}$，即 $D^2 x + x = e^t$ ③，方程③的特征方程为 $r^2 + 1 = 0$，特征根为 $r_{1,2} = \pm i$，故方程③对应的齐次方程的通解为 $X = C_1 \cos t + C_2 \sin t$，观察易知 $x^* = \dfrac{1}{2} e^t$ 为③的一个特解，因而方程③的通解为 $x = C_1 \cos t + C_2 \sin t - \dfrac{1}{2} e^t$. 再由②得 $y = -\dfrac{dx}{dt} - 3x = (C_1 - 3C_2)\sin t - (3C_1 + C_2)\cos t + 2e^t$. 因此原方程组的通解为

$$\begin{cases} x = C_1 \cos t + C_2 \sin t - \dfrac{1}{2} e^t \\ y = (C_1 - 3C_2)\sin t - (3C_1 + C_2)\cos t + 2e^t \end{cases}.\text{代入初}$$

始条件得 $\begin{cases} C_1 - \dfrac{1}{2} = \dfrac{3}{2} \\ -3C_1 + C_2 + 2 = 0 \end{cases}$，从而解得 $\begin{cases} C_1 = 2 \\ C_2 = -4 \end{cases}$. 故满足初始条件的特解为

$$\begin{cases} x = 2\cos t - 4\sin t - \dfrac{1}{2} e^t \\ y = 14\sin t - 2\cos t + 2e^t \end{cases}.$$

（5）原方程组改写成 $\begin{cases} (D+2)x+(-Dy)=10\cos t & ① \\ Dx+(D+2)y=4e^{-2t} & ② \end{cases}$，故 $\begin{vmatrix} D+2 & -D \\ D & D+2 \end{vmatrix} x =$

$\begin{vmatrix} D+2 & 10\cos t \\ D & 4e^{-2t} \end{vmatrix}$，即 $(D^2+2D+2)y=5\sin t$ ③，③的特征方程为 $r^2+2r+2=0$，特征值

为 $r_{1,2}=-1\pm i$，因而③的齐次方程的通解为 $Y=e^{-t}(C_1\cos t+C_2\sin t)$. 又③中的 $f(t)=$

$5\sin t$，故设③的一个特解为 $y^*=A\cos t+B\sin t$，则 $y^{*\prime}=-A\sin t+B\cos t$，$y^{*\prime\prime}=-A\cos t$

$-B\sin t$，代入③得 $(A+2B)\cos t+(B-2A)\sin t=5\sin t$，比较系数得 $A=-2$，$B=1$，

故 $y^*=-2\cos t+\sin t$，因此③的通解为 $y=e^{-t}(C_1\cos t+C_2\sin t)+\sin t-2\cos t$ ④. 由

①－②得 $2x-\dfrac{dy}{dx}-2y=10\cos t-4e^{-2t}$，从而 $x=\dfrac{dy}{dx}+y+5\cos t-2e^{-2t}\xlongequal{④}e^{-t}(C_2\cos t-$

$C_1\sin t)+4\cos t+3\sin t-2e^{-2t}$，代入初始条件得 $C_1=2$，$C_2=0$，故方程组的特解为

$\begin{cases} x=4\cos t+3\sin t-2e^{-2t}-2e^{-t}\sin t \\ y=\sin t-2\cos t+2e^{-t}\cos t \end{cases}$.

（6）原方程组改写成 $\begin{cases} (D-1)x+(D+3)y=e^{-t}-1 & ① \\ (D+2)x+(D+1)y=e^{2t}+t & ② \end{cases}$，故 $\begin{vmatrix} D-1 & D+3 \\ D+2 & D+1 \end{vmatrix} x=$

$\begin{vmatrix} e^{-t}-1 & D+3 \\ e^{2t}+5 & D+1 \end{vmatrix}$，即 $(5D+7)x=5e^{2t}+3t+2$，亦即 $\dfrac{dx}{dt}+\dfrac{7}{5}x=e^{2t}+\dfrac{3}{5}t+\dfrac{2}{5}$ ③，③为

一阶常系数线性非齐次方程，故通解为

$$x=e^{-\int\frac{7}{5}dt}\left[C+\int\left(e^{2t}+\dfrac{3}{5}t+\dfrac{2}{5}\right)e^{\int\frac{7}{5}dt}dt\right]=e^{-\frac{7}{5}t}\left[C+\int\left(e^{2t}+\dfrac{3}{5}t+\dfrac{2}{5}\right)e^{\frac{7}{5}t}dt\right],$$

即 $x=Ce^{-\frac{7}{5}t}+\dfrac{5}{17}e^{2t}+\dfrac{3}{7}t-\dfrac{1}{49}$.

又①－②得 $-3x+2y=e^{-t}-1-e^{2t}-t$，即

$$y=\dfrac{3}{2}x+\dfrac{1}{2}(e^{-t}-1-e^{2t}-t)=\dfrac{3}{2}Ce^{-\frac{7}{5}t}-\dfrac{1}{17}e^{2t}+\dfrac{1}{2}e^{-t}+\dfrac{1}{7}t-\dfrac{26}{49},$$

由初始条件 $x\big|_{t=0}=\dfrac{48}{49}$，$y\big|_{t=0}=\dfrac{95}{98}$，得 $C=\dfrac{12}{17}$.

故原方程组的特解为

$$\begin{cases} x=\dfrac{12}{17}e^{-\frac{7}{5}t}+\dfrac{5}{17}e^{2t}+\dfrac{3}{7}t-\dfrac{1}{49} \\ y=\dfrac{18}{17}e^{-\frac{7}{5}t}-\dfrac{1}{17}e^{2t}+\dfrac{1}{2}e^{-t}+\dfrac{1}{7}t-\dfrac{26}{49} \end{cases}.$$

总习题七精讲

1. **解**：(1) 三 (2) $y=e^{-\int P(x)dx}\left[\int Q(x)e^{\int P(x)dx}+C\right]$

    (3) $y'=f(x,y)$，$y\big|_{x=x_0}=0$ (4) $y=C_1(x-1)+C_2(x^2-1)+1$

2. **解**：(1) $y_1(x)-y_2(x)$ 是对应的齐次方程 $y'+P(x)y=0$ 的非零解，从而由线性微分方程解的

    性质定理知 $C[y_1(x)-y_2(x)]$ 是齐次方程的通解，再由非齐次线性方程解的结构定理

知 $y_1(x)+C[y_1(x)-y_2(x)]$ 是原方程的通解. 故选(B).

(2)由题设知 $r=-1,-1,1$ 为所求齐次线性微分方程对应的特征方程的 3 个根,而 $(r+1)^2(r-1)=r^3+r^2-r-1$,故应选(B).

3. **解**:(1)对方程 $(x+C)^2+y^2=1$ 两边关于 x 求导,得 $2(x+C)+2yy'=0$. 消去常数 C,得 $2(1-y^2)^{\frac{1}{2}}+2yy'=0$,即 $y^2(1-y'^2)=1$.

(2)将 $y=C_1e^x+C_2e^{2x}$ 对 x 求导,有 $y'=C_1e^x+2C_2e^{2x}$. 对 x 再求导,有 $y''=C_1e^x+4C_2e^{2x}$ 消去常数 C_1,C_2,有 $y''-3y'+2y=0$.

4. **解**:(1)令 $u=\dfrac{y}{x}$,则 $\dfrac{dy}{dx}=u+x\dfrac{du}{dx}$,于是原方程变为 $\dfrac{du}{2(\sqrt{u}-u)}=\dfrac{dx}{x}$. 积分得 $x(1-\sqrt{u})=c$,即 $x-\sqrt{xy}=c$.

(2)将方程改写为 $y'+\dfrac{1}{x\ln x}y=a\left(1+\dfrac{1}{\ln x}\right)$,则

$$y=\left[\int a\left(1+\dfrac{1}{\ln x}\right)e^{\int \frac{1}{x\ln x}dx}dx+c\right]e^{-\int \frac{1}{x\ln x}dx}$$

$$=\left[a\int(\ln x+1)dx+C\right]\dfrac{1}{\ln x}$$

$$=\left\{a\left[x(\ln x+1)-\int dx\right]+C\right\}\dfrac{1}{\ln x}$$

$$=(ax\ln x+C)\dfrac{1}{\ln x}=ax+\dfrac{C}{\ln x},$$

故该方程的通解为
$$y=ax+\dfrac{C}{\ln x}.$$

(3)原方程变形为 $\dfrac{dx}{dy}+\dfrac{2}{y}x=2\dfrac{\ln y}{y}$,于是

$$x=e^{-\int \frac{2}{y}dy}\left[C+\int 2\dfrac{\ln y}{y}e^{\int \frac{2}{y}dy}dy\right]=\ln y-\dfrac{1}{2}+Cy^{-2},$$

即 $x=\ln y+Cy^{-2}-\dfrac{1}{2}$.

(4)将方程改写成 $y^{-3}\dfrac{dy}{dx}+xy^{-2}=x^3$. 令 $y^{-2}=u$,则 $-2y^{-3}y'=u'$,$y^{-3}y'=-\dfrac{1}{2}u'$. 上面方程变为

$$u'-2xu=-2x^3, u=\left[\int(-2x^3e^{\int -2xdx})dx+C\right]e^{\int 2xdx}=\left(\int(-2x^3e^{-x^2})dx+C\right)e^{x^2}=Ce^{x^2}+x^2+1.$$ 将 $u=y^{-2}$ 代入上式,得 $y^{-2}=Ce^{x^2}+x^2+1$. 这就是该方程的通解.

(5)令 $y'=p$,则 $y''=p'$ $p'+p^2+1=0$,变量分离 $\dfrac{dp}{p^2+1}=-dx$,两边积分,得 $\arctan p=-x+C_1$,从而 $p=\tan(-x+C_1)$,即 $\dfrac{dy}{dx}=\tan(-x+C_1)$,所以通解为 $y=\int \tan(-x+C_1)dx=\ln|\cos(x-C_1)|+C_2$.

(6)令 $y'=p$,则 $y''=\dfrac{dp}{dx}=\dfrac{dp}{dy}\cdot\dfrac{dy}{dx}=p\dfrac{dp}{dy}$,原方程化为 $yp\dfrac{dp}{dy}-p^2-1=0$,分离变量,得

$\dfrac{p\,\mathrm{d}p}{p^2+1}=\dfrac{\mathrm{d}y}{y}$,积分得 $\dfrac{1}{2}\ln(p^2+1)=\ln y+\ln C_1$,即 $p=\pm\sqrt{(C_1y)^2-1}$,将 $p=y'$ 代入上式,得 $y'=\pm\sqrt{(C_1y)^2-1}$. 对于 $y'=\sqrt{(C_1y)^2-1}$,分离变量,得 $\dfrac{\mathrm{d}y}{\sqrt{(C_1y)^2-1}}=\mathrm{d}x$,两边积分,得 $\ln[C_1y+\sqrt{(C_1y)^2-1}]=C_1x+C_2$,即 $C_1y+\sqrt{(C_1y)^2-1}=\mathrm{e}^{C_1x+C_2}$,另有 $C_1y-\sqrt{(C_1y)^2-1}=\dfrac{1}{C_1y+\sqrt{(C_1y)^2-1}}=\mathrm{e}^{-C_1x-C_2}$. 将上面两个式子相加,得 $C_1y=\dfrac{\mathrm{e}^{C_1x+C_2}+\mathrm{e}^{-C_1x-C_2}}{2}=\mathrm{ch}(C_1x+C_2)$,所以 $y=\dfrac{1}{C_1}\mathrm{ch}(C_1x+C_2)$. 由上面的计算可知,对于 $y'=-\sqrt{(C_1y)^2-1}$ 也有同样的结论. 故该方程的通解为 $y=\dfrac{1}{C_1}\mathrm{ch}(C_1x+C_2)$.

(7) 该方程所对应的齐次方程为 $y''+2y'+5y=0$,它的特征方程为 $r^2+2r+5=0$,其根为 $r_{1,2}=-1\pm2i$,该齐次方程的通解为 $Y=\mathrm{e}^{-x}(C_1\cos 2x+C_2\sin 2x)$. 由于 $f(x)=\sin 2x$,$\lambda=0$,$w=2$,$\lambda\pm iw=\pm 2i$ 不是特征方程的根,所以设特解 $y^*=A\cos 2x+B\sin 2x$. 将 y^* 代入所给方程中,得 $(4B+A)\cos 2x+(B-4A)\sin 2x=\sin 2x$. 比较上式两边同类项的系数,得 $A=-\dfrac{4}{17}$,$B=\dfrac{1}{17}$,所以 $y^*=-\dfrac{4}{17}\cos 2x+\dfrac{1}{17}\sin 2x$. 该方程的通解为 $y=\mathrm{e}^{-x}(C_1\cos 2x+C_2\sin 2x)-\dfrac{4}{17}\cos 2x+\dfrac{1}{17}\sin 2x$.

(8) 由特征方程 $\varphi(r)=r^3+r^2-2r=0$ 的根为 $r_1=0$,$r_2=1$,$r_3=-2$,得对应的齐次方程的通解 $Y=C_1+C_2\mathrm{e}^x+C_3\mathrm{e}^{-2x}$. 设方程 $y'''+y''-2y'=x\mathrm{e}^x$ 和 $y'''+y''-2y'=4x$ 的特解分别为 y_1^*,y_2^*,且 $y_1^*=x(Ax+B)\mathrm{e}^x$,$y_2^*=x(Cx+D)$,分别代入方程中,得 $A=\dfrac{1}{6}$,$B=-\dfrac{4}{9}$,$C=D=-1$,即 $y_1^*=x\left(\dfrac{1}{6}x-\dfrac{4}{9}\right)\mathrm{e}^x$,$y_2^*=x(-x-1)$,故通解为 $y=C_1+C_2\mathrm{e}^x+C_3\mathrm{e}^{-2x}+x\left(\dfrac{1}{6}x-\dfrac{4}{9}\right)\mathrm{e}^x-x^2-x$.

(9) 因 $\dfrac{\partial Q}{\partial x}-\dfrac{\partial P}{\partial y}=-7x$,且 $\dfrac{\dfrac{\partial Q}{\partial x}-\dfrac{\partial P}{\partial y}}{P}=-\dfrac{7}{y}$ 可取积分因子 $\mu=\mathrm{e}^{\int\frac{\partial Q/\partial x-\partial P/\partial y}{P}\mathrm{d}y}=\mathrm{e}^{-\int\frac{7}{y}\mathrm{d}y}=y^{-7}$,并用 y^{-7} 乘以方程两边,得 $xy^{-6}\mathrm{d}x+(y^{-3}-3x^2y^{-7})\mathrm{d}y=0$,分组凑微分得 $(2xy^{-6}\mathrm{d}x-6x^2y^{-7}\mathrm{d}y)+2y^{-3}\mathrm{d}y=0$,即 $\mathrm{d}(x^2y^{-6})-\mathrm{d}(y^{-2})=0$,积分得 $x^2y^{-6}-y^{-2}=C$.

(10) 令 $u=\dfrac{\sqrt{x^2+y}}{x}$,则 $x+y'=(u+xu')2xu-x$,原方程变为 $\dfrac{2u\mathrm{d}u}{1+u-2u^2}=\dfrac{\mathrm{d}x}{x}$,积分得 $\dfrac{1}{(1-u)^2(1+2u)}=C_1x^3$,即 $(x-\sqrt{x^2+y})^2(x+2\sqrt{x^2+y})=C_2$. 经整理得 $\sqrt{(x^2+y)^3}=x^2+\dfrac{3}{2}xy+C$.

5. 解: (1) 原方程变形为 $\dfrac{\mathrm{d}x}{\mathrm{d}y}-\dfrac{2}{y}x=-\dfrac{2}{y^3}x^2$. 令 $z=x^{-1}$,则方程又变为 $\dfrac{\mathrm{d}z}{\mathrm{d}y}+\dfrac{2}{y}z=\dfrac{2}{y^3}$,于是有 $z=\mathrm{e}^{-\int\frac{2}{y}\mathrm{d}y}\left[C+\int\dfrac{2}{y^3}\mathrm{e}^{\int\frac{2}{y}\mathrm{d}y}\mathrm{d}y\right]=y^{-2}(2\ln y+C)$,即 $x(2\ln y+C)-y^2=0$. 又由 $y\big|_{x=1}=1$,

得 $C=1$,故特解为 $x(2\ln y+1)-y^2=0$.

(2)令 $y'=p$,则 $y''=p'$.原方程化为 $p'-ap^2=0$,即 $\dfrac{\mathrm{d}p}{p^2}=a\mathrm{d}x$,两边积分,得 $-\dfrac{1}{p}=ax+C_1$,即 $y'=-\dfrac{1}{ax+C_1}$.由于 $x=0$ 时,$y'=-1$,所以 $C_1=1$.这时,有 $y'=-\dfrac{1}{ax+1}$,即 $\mathrm{d}y=-\dfrac{1}{ax+1}\mathrm{d}x$.两边积分,得 $y=-\dfrac{1}{a}\ln|ax+1|+C_2$.由于 $x=0$ 时,$y=0$,所以 $C_2=0$.故所求特解为 $y=-\dfrac{1}{a}\ln|ax+1|$.

(3)令 $y'=p$,则 $y''=p\dfrac{\mathrm{d}p}{\mathrm{d}y}$.原方程变为 $2p\dfrac{\mathrm{d}p}{\mathrm{d}y}=\sin 2y$.积分得 $p^2=\sin^2 y+C_1$,由 $y(0)=\dfrac{\pi}{2}$,$y'(0)=1$,得 $C_1=0$,从而 $\dfrac{\mathrm{d}y}{\mathrm{d}x}=\sin y$,再积分得 $x=\ln\tan\dfrac{y}{2}+C_2$,又由 $y(0)=\dfrac{\pi}{2}$,得 $C_2=0$,故所求的特解为 $y=2\arctan e^x$.

(4)该方程所对应的齐次方程的特征方程为 $r^2+2r+1=0$,它的根为 $r_1=r_2=-1$,该方程所对应的齐次方程的通解为 $Y=(C_1+C_2x)e^{-x}$,由于 $f(x)=\cos x$,$\lambda=0$,$\omega=1$,$\lambda\pm i\omega=\pm i$,不是特征方程的根,所以设特解 $y^*=A\cos x+B\sin x$,将 y^* 代入所给方程,得 $(-A\cos x-B\sin x)+2(-A\sin x+B\cos x)+(A\cos x+B\sin x)=\cos x$,即 $2B\cos x-2A\sin x=\cos x$.比较上式两边同类项的系数,得 $A=0$,$B=\dfrac{1}{2}$,故 $y^*=\dfrac{1}{2}\sin x$.所给方程的通解为 $y=(C_1+C_2x)e^{-x}+\dfrac{1}{2}\sin x$.由初始条件:$x=0$ 时 $y=0$,$y'=\dfrac{3}{2}$,得 $C_1=0$,$C_2=1$,故所求特解为 $y=xe^{-x}+\dfrac{1}{2}\sin x$.

6.**解**:设点 (x,y) 为曲线上任一点,则曲线在该点的切线方程为 $Y-y=y'(X-x)$,该切线在纵轴上的截距为 $y-xy'$.由于切线在纵轴上的截距等于切点的横坐标,所以该曲线所满足的微分方程为 $y-xy'=x$,即 $y'-\dfrac{1}{x}y=-1$.这是一阶线性微分方程,它的通解为 $y=\left(\int-e^{\int-\frac{1}{x}\mathrm{d}x}\mathrm{d}x+C\right)e^{\int\frac{1}{x}\mathrm{d}x}=x(C-\ln|x|)$.由于所求曲线经过点 $(1,1)$,即 $x=1$ 时,$y=1$,所以 $C=1$.故所求曲线的方程为 $y=x(1-\ln|x|)$.

7.**解**:设 $x(t)$ 为 t 时刻车间内 CO_2 的体积分数函数,M 为每分钟输入的新鲜空气(m^3),则 t 时刻车间内 CO_2 的体积分数为 $\dfrac{x}{30\times 30\times 6}=\dfrac{x}{5400}$.当时间增量 Δt 很小时,排出的气体中 CO_2 的体积分数可近似看作是相同的.排出的 CO_2 为 $M\Delta t\cdot\dfrac{x}{5400}=\dfrac{Mx}{5400}\Delta t$,输入的 CO_2 为 $M\Delta t\cdot 0.0004$,$\Delta x=0.0004M\Delta t-\dfrac{Mx}{5400}\Delta t$,所以 $\dfrac{\mathrm{d}x}{\mathrm{d}t}=\lim\limits_{\Delta t\to\infty}\dfrac{\Delta x}{\Delta t}=0.0004M-\dfrac{Mx}{5400}$,于是有 $\begin{cases}\dfrac{\mathrm{d}x}{\mathrm{d}t}+\dfrac{M}{5400}=0.0004M\\ x(0)=5400\times 0.0012=6.48\end{cases}$.解之得 $x=2.16+Ce^{-\frac{M}{5400}t}$,将 $x(0)=6.48$ 代入,得 $C=4.32$,故 $x(t)=2.16+4.32e^{-\frac{M}{5400}t}$.据题意 $\dfrac{x(30)}{5400}\leqslant 0.06\%$,所以,求得 $M\geqslant 180\ln 4\approx 249.48 m^3$,即每分钟应输入约 $250 m^3$ 的新鲜空气,才能满足题中的要求.

8. **解**: 在 $\varphi(x)\cos x + 2\int_0^x \varphi(t)\sin t\,dt = x+1$ 两边对 x 求导, 得 $\varphi'(x)\cos x - \varphi(x)\sin x + 2\varphi(x)\sin x = 1$, 即 $\varphi'(x)\cos x + \varphi(x)\sin x = 1$. 记 $y = \varphi(x)$, 则上式可写成 $y'\cos x + y\sin x = 1$, 即 $y' + y\tan x = \sec x$, 这是一阶线性微分方程. $y = \left(\int \sec x \cdot e^{\int \tan x\,dx}\,dx + C\right)e^{-\int \tan x\,dx} = \sin x + C\cos x$. 在 $\varphi(x)\cos x + 2\int_0^x \varphi(t)\sin t\,dt = x+1$ 中, 令 $x=0$, 得 $\varphi(0)=1$, 即 $y\big|_{x=0}=1$, 于是, 求得 $C=1$. 故 $y = \sin x + \cos x$, 即 $\varphi(x) = \sin x + \cos x$.

9. **解**: 由已知 $\int_0^x \sqrt{1+\varphi'^2(x)}\,dx = e^x - 1$, 整理, 得 $\varphi'(x) = \sqrt{e^{2x}-1}$, 两边积分, 得 $\varphi(x) = \int \sqrt{e^{2x}-1}\,dx = \sqrt{e^{2x}-1} - \arctan\sqrt{e^{2x}-1} + C$, 又 $\varphi(0)=0$, 得 $C=0$. 所以 $\varphi(x) = \sqrt{e^{2x}-1} - \arctan\sqrt{e^{2x}-1}$.

10. **解**: (1) 由题设知 $y_i'' + p(x)y_i' + q(x)y_i = 0$ $(i=1,2)$. 又由 $w' = y_1 y_2'' - y_1'' y_2$, 所以 $w' + p(x)w = y_1 y_2'' - y_1'' y_2 + p(x)y_1 y_2' - p(x)y_1' y_2 = y_1(y_2'' + p(x)y_2') - y_2(y_1'' + p(x)y_1') = y_1(-q(x)y_2) - y_2(-q(x)y_1) = 0$ 即 $w(x)$ 满足方程 $w' + p(x)w = 0$.

(2) 由 $w' + p(x)w$, 有 $\dfrac{dw}{w} = -p(x)\,dx$ $\int_{x_0}^x \dfrac{dw}{w} = -\int_{x_0}^x p(x)\,dx = -\int_{x_0}^x p(t)\,dt$, 故 $w(x) = w(x_0) e^{-\int_{x_0}^x p(t)\,dt}$.

*11. **解**: (1) 令 $x = e^t$, 即 $t = \ln x$, 则原方程变为 $D(D-1)y + 3Dy + y = 0$, 即 $D^2 y + 2Dy + y = 0$, 亦即 $y_t'' + 2y_t' + y = 0$ ①. 方程①的特征方程为 $r^2 + 2r + 1 = 0$, 解之得特征根 $r_1 = r_2 = -1$, 于是方程①的通解为 $y = (C_1 + C_2 t)e^{-t}$. 将 $t = \ln x$ 代入即得原方程的通解为 $y = \dfrac{C_1 + C_2 \ln|x|}{x}$.

(2) 令 $x = e^t$, 即 $t = \ln x$, 则 $\dfrac{dy}{dx} = \dfrac{1}{x}\dfrac{dy}{dt}$, $\dfrac{d^2y}{dx^2} = \dfrac{1}{x^2}\left(\dfrac{d^2y}{dt^2} - \dfrac{dy}{dt}\right)$, 故原方程化为 $\dfrac{d^2y}{dt^2} - 5\dfrac{dy}{dt} + 6y = e^t$ ①. 方程①的特征方程为 $r^2 - 5r + 6 = 0$, 解之得特征根 $r_1 = 2, r_2 = 3$, 因而方程①对应的齐次方程的通解为 $Y = C_1 e^{2t} + C_2 e^{3t}$. 又由于 $f(t) = e^t, \lambda = 1$ 不是特征根, 所以方程①具有形如 $y^* = Ae^t$ 的特解, 代入方程①得 $2Ae^t = e^t$, 即 $A = \dfrac{1}{2}$, 故 $y^* = \dfrac{1}{2}e^t$, 从而方程①的通解为 $y = C_1 e^{2t} + C_2 e^{3t} + \dfrac{1}{2}e^t$. 将 $t = \ln x$ 代入即得原方程的通解为 $y = C_1 x^2 + C_2 x^3 + \dfrac{x}{2}$.

*12. **解**: (1) 原方程组可表示成 $\begin{cases} Dx + (2D+1)y = 0 & ① \\ (3D+2)x + (4D+3)y = t & ② \end{cases}$, ①$\times (3D+2) - $②$\times D$, 得 $(2D^2 + 4D + 2)y = -1$, 即 $2y'' + 4y' + 2y = -1$ ③. 方程③的特征方程为 $2r^2 + 4r + 2 = 0$, 解之得特征根 $r_1 = r_2 = -1$, 因此方程③对应的齐次方程的通解为 $Y = (C_1 + C_2 t)e^{-t}$, 由于 $f(t) = -1, 0$ 不是特征根, 所以方程③具有形如 $y^* = A$ 的特解, 把 y^* 代入方程③得 $2A = -1$, 即 $A = \dfrac{-1}{2}$, 从而 $y^* = -\dfrac{1}{2}$. 因此方程③的通解为 $y = (C_1 + C_2 t)e^{-t} - \dfrac{1}{2}$. 又由②$-$①

×3 得 $2x-2Dy=t$，即 $x=\dfrac{dy}{dt}+\dfrac{1}{2}t=C_2e^{-t}+(C_1+C_2t)e^{-t}\cdot(-1)+\dfrac{1}{2}t=(-C_1+C_2-C_2t)e^{-t}+\dfrac{1}{2}t$. 即原方程组的通解为
$$\begin{cases} x=(-C_1+C_2-C_2t)e^{-t}+\dfrac{1}{2}t \\ y=(C_1+C_2t)e^{-t}-\dfrac{1}{2} \end{cases}.$$

(2)原方程组可表示成 $\begin{cases}(D+1)^2x+(D+1)y=0，①\\ (D+1)x+(D+1)^2y=e^t，②\end{cases}$ ①$\times(D+1)-$②，得 $(D^3+3D^2+2D)x=-e^t$，即 $x'''_t+3x''_t+2x'_t=-e^t$ ③. 方程③的特征方程为 $r^3+3r^2+2r=0$，解之，得特征根 $r_1=0, r_2=-1, r_3=-2$. 因此方程③对应的齐次方程的通解为 $X=C_1+C_2e^{-t}+C_3e^{-2t}$. 由 $f(t)=-e^t, \lambda=1$ 不是特征根，所以方程③有形如 $x^*=Ae^t$ 的特解，代入方程③得 $6Ae^t=-e^t$，即 $A=-\dfrac{1}{6}$，从而 $x^*=-\dfrac{1}{6}e^t$. 因此方程③的通解为 $x=C_1+C_2e^{-t}+C_3e^{-2t}-\dfrac{1}{6}e^t$. 由原方程组中的第一个方程有

$$\dfrac{dy}{dt}+y=-\dfrac{d^2x}{dt^2}-2\dfrac{dx}{dt}-x$$
$$=-\left(C_2e^{-t}+4C_3e^{-2t}-\dfrac{1}{6}e^t\right)-2\left(-C_2e^{-t}-2C_3e^{-2t}-\dfrac{1}{6}e^t\right)-\left(C_1+C_2e^{-t}+C_3e^{-2t}-\dfrac{1}{6}e^t\right)$$
$$=-C_1-C_3e^{-2t}+\dfrac{2}{3}e^t,$$

即 $\dfrac{dy}{dt}+y=-C_1-C_3e^{-2t}+\dfrac{2}{3}e^t$，其通解为

$$y=e^{-\int dt}\left[\int\left(-C_1-C_3e^{-2t}+\dfrac{2}{3}e^t\right)e^{\int dt}\,dt+C_4\right]$$
$$=e^{-t}\left[\int\left(-C_1e^t-C_3e^{-t}+\dfrac{2}{3}e^{2t}\right)\,dt+C_4\right]$$
$$=e^{-t}\left(-C_1e^t+C_3e^{-t}+\dfrac{1}{3}e^{2t}+C_4\right)$$
$$=-C_1+C_3e^{-2t}+\dfrac{1}{3}e^t+C_4e^{-t}.$$

因此原方程组的通解为
$$\begin{cases} x=C_1+C_2e^{-t}+C_3e^{-2t}-\dfrac{1}{6}e^t \\ y=-C_1+C_3e^{-2t}+C_4e^{-t}+\dfrac{1}{3}e^t \end{cases}.$$